中国国家标准汇编

2008年修订-70

中国标准出版社　编

中国标准出版社
北京

图书在版编目（CIP）数据

中国国家标准汇编：2008 年修订 .70/中国标准出版社编 .—北京：中国标准出版社，2009

ISBN 978-7-5066-5492-0

Ⅰ.中… Ⅱ.中… Ⅲ.国家标准-汇编-中国-2008 Ⅳ.T-652.1

中国版本图书馆 CIP 数据核字（2009）第 183724 号

中国标准出版社出版发行
北京复兴门外三里河北街 16 号
邮政编码:100045
网址 www.spc.net.cn
电话:68523946 68517548
中国标准出版社秦皇岛印刷厂印刷
各地新华书店经销

*

开本 880×1230 1/16 印张 37 字数 1 130 千字
2009 年 11 月第一版 2009 年 11 月第一次印刷

*

定价 200.00 元

出 版 说 明

1.《中国国家标准汇编》是一部大型综合性国家标准全集。自1983年起，按国家标准顺序号以精装本、平装本两种装帧形式陆续分册汇编出版。它在一定程度上反映了我国建国以来标准化事业发展的基本情况和主要成就，是各级标准化管理机构，工矿企事业单位，农林牧副渔系统，科研、设计、教学等部门必不可少的工具书。

2.《中国国家标准汇编》收入我国每年正式发布的全部国家标准，分为"制定"卷和"修订"卷两种编辑版本。

"制定"卷收入上年度我国发布的、新制定的国家标准，顺延前年度标准编号分成若干分册，封面和书脊上注明"20××年制定"字样及分册号，分册号一直连续。各分册中的标准是按照标准编号顺序连续排列的，如有标准顺序号缺号的，除特殊情况注明外，暂为空号。

"修订"卷收入上年度我国发布的、被修订的国家标准，视篇幅分设若干分册，但与"制定"卷分册号无关联，仅在封面和书脊上注明"20××年修订-1,-2,-3,……"字样。"修订"卷各分册中的标准，仍按标准编号顺序排列(但不连续)；如有遗漏的，均在当年最后一分册中补齐。需提请读者注意的是，个别非顺延前年度标准编号的新制定的国家标准没有收入在"制定"卷中，而是收入在"修订"卷中。

读者配套购买《中国国家标准汇编》"制定"卷和"修订"卷则可收齐上一年度我国制定和修订的全部国家标准。

3. 由于读者需求的变化，自1996年起，《中国国家标准汇编》仅出版精装本。

4. 2008年制修订国家标准共5946项。本分册为"2008年修订-70"，收入新制修订的国家标准9项。

中国标准出版社

2009年10月

目　　录

ICS 55.140
A 82

中华人民共和国国家标准

GB/T 14187—2008
代替 GB/T 14187—1993

包装容器 纸桶

Packing containers—Fibre drum

2008-07-18 发布 2009-01-01 实施

中华人民共和国国家质量监督检验检疫总局
中国国家标准化管理委员会 发布

前言

本标准代替GB/T 14187—1993《包装容器　纸桶》。

本标准与GB/T 14187—1993相比，主要变化如下：

——范围中增加了“本标准适用于各类运输包装用纸桶的设计、生产、检验与试验”和“本标准不适用于直接接触食品、药品包装用纸桶”；

——产品分级改为按储运流通环境恶劣程度分为3级；

——删除了产品种类；

——删除了纸桶封闭器的最大外径优选尺寸；

——删除了封闭器最大外径检验项目；

——增加了纸桶内径检验项目；

——修改了抗跌落性能中跌落高度要求。

本标准由中国包装联合会提出。

本标准由全国包装标准化技术委员会归口。

本标准起草单位：深圳市美盈森环保科技股份有限公司、中国包装科研测试中心、中国包装联合会、深圳职业技术学院。

本标准主要起草人：杨薇、蔡少龄、牛淑梅、王利婕、罗陈、袁文广、王海燕。

本标准所代替标准的历次版本发布情况为：

——GB/T 14187—1993。

包装容器　纸桶

1　范围

本标准规定了纸桶的分类、要求、试验方法、检验规则及标志、包装、运输和贮存。

本标准适用于运输包装用纸桶的设计、生产、检验与试验。

本标准不适用于直接接触食品、药品的包装用纸桶。

2　规范性引用文件

下列文件中的条款通过本标准的引用而成为本标准的条款。凡是注日期的引用文件，其随后所有的修改单(不包括勘误的内容)或修订版均不适用于本标准，然而，鼓励根据本标准达成协议的各方研究是否可使用这些文件的最新版本。凡是不注日期的引用文件，其最新版本适用于本标准。

GB/T 2828.1　计量抽样检验程序　第一部分：按接收质量限(AQL)检索的逐批检验抽样计划(GB/T 2828.1—2003，ISO 2859-1:1999，IDT)

GB/T 4857.1　包装　运输包装件　试验时各部位的标示方法

GB/T 4857.3　包装　运输包装件　第3部分：静载荷堆码试验方法

GB/T 4857.5　包装　运输包装件　跌落试验方法

3　术语和定义

下列术语和定义适用于本标准。

3.1

纸桶　fibre drum

具有用纸或纸板加粘合剂制造的桶身和用相同材料或其他材料制造的桶底和桶盖的刚性圆桶，以便形成可靠堆码的包装容器。

3.2

封闭器　closure

容器开口的封闭装置。

3.3

桶箍　drum band

为增强纸桶强度而固定在纸桶上、下口部的环形凹槽。

4　结构、分级及代号

4.1　结构

纸桶结构见图1所示。

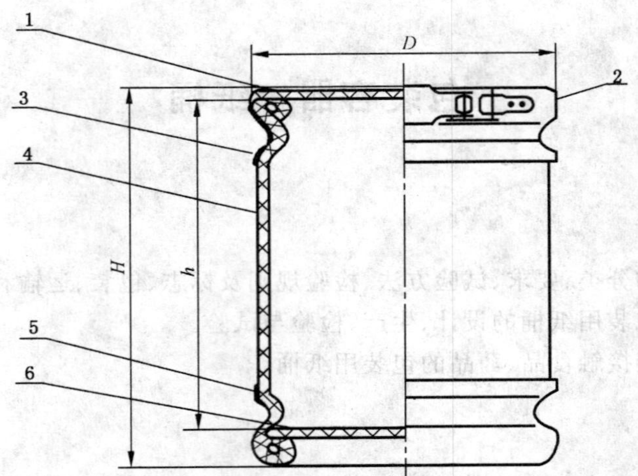

1——桶盖；
2——封闭器；
3——上箍；
4——桶身；
5——下箍；
6——桶底。

图 1　纸桶结构示意图

4.2　分级

纸桶根据流通环境分为 3 级，见表 1。

表 1　纸桶分级

级　别	流　通　环　境
1 级	主要用于储运流通环境比较恶劣的情况
2 级	主要用于流通环境较好的情况
3 级	主要用于短途、低廉商品的运输包装

4.3　代号

ZT-X-XX

ZT："纸桶"汉语拼音字头；

X-XX：纸桶级别-纸桶最大容积。

5　要求

5.1　外观

纸桶外观要求见表 2。

表 2　外观

项　目	要　求
桶体	纸桶应圆整，无明显失圆、凹瘪、歪斜等缺陷；光滑，无损伤，无皱褶，无开胶；油漆涂布均匀，无漏涂，无泡，无明显流挂
圆卷边	无纸舌
桶箍	牢固、平整。金属桶箍不得有烧穿或虚焊，无明显锈蚀、剥层和龟裂。镀锌的桶箍应光亮、无脱落
封闭器	连接牢固开启灵活，闭合后桶盖与桶体封闭良好，镀锌的封闭器应光亮、无脱落
印刷	图文清晰均匀，附着牢固
清洁	纸桶内外清洁，无明显污染

5.2 尺寸规格和极限偏差

纸桶尺寸规格和极限偏差见表3。

表3 尺寸偏差

单位为毫米

项　目	极限偏差
内径	±2
内高	±4
外高	±6

5.3 物理机械性能

5.3.1 堆码性能

纸桶堆码性能要求见表4。

表4 堆码性能要求

分　级	堆码载荷/N	要　求
1级	4 900	24 h不漏、不破裂、永久变形，应不影响纸桶的堆码能力。
2级	3 900	
3级	3 400	

5.3.2 抗跌落性能

纸桶抗跌落性能要求见表5。

表5 抗跌落性能要求

分　级	跌落高度/mm	要　求
1级	1 200	不漏、不破裂、封闭器不开。
2级	800	
3级	600	

6 试验方法

6.1 样品的状态调节和试验的标准环境

样品的状态调节和试验的标准环境条件为温度23 ℃±2 ℃、相对湿度50%±5%，并在此条件下进行24 h以上的样品预处理后完成试验。堆码和跌落试验应尽量用实际内装物进行试验，如采用模拟物，桶内应填干沙和锯末混合物达到规定容积的95%和最大容纳质量并封闭。混合物的温湿度与样品预处理条件一致。

6.2 外观检验

纸桶外观应在自然光线下目测。

6.3 尺寸检验

纸桶尺寸偏差用精度为1 mm的通用量具检测。

6.4 堆码、跌落性能

6.4.1 堆码试验按GB/T 4857.3规定进行试验，试验数量3只。

6.4.2 跌落试验按GB/T 4857.1对样品进行标识，按GB/T 4857.5规定进行试验。首先使每个桶的底边任一点对着地面碰撞，再使每个桶的顶面外缘与封闭器把手相邻的一点对着地面碰撞。试验数量3只。

7 检验规则

7.1 检验分类

7.1.1 出厂检验

按照5.1、5.2的要求对产品的外观、尺寸规格和极限偏差进行检验。

7.1.2 型式检验

型式检验项目为5中规定的全部项目。当有下列情况之一时，应进行型式检验：

a) 新产品或老产品转厂生产的试制定型鉴定时；

b) 正常生产后，如材料、结构、工艺有较大改变，可能影响产品性能时；

c) 正常生产时，一年进行一次；

d) 长期停产6个月后，恢复生产时；

e) 出厂检验结果与上次型式检验有较大差异时；

f) 国家质量监督检验机构提出进行型式检验的要求时。

7.2 抽样

7.2.1 组批

产品以批为单位进行验收。同一品种，同一规格，同一天产量为一检验批。

7.2.2 抽样方案

7.2.2.1 外观及尺寸偏差按GB/T 2828.1规定进行，采用特殊检验水平S-3，合格质量水平AQL=10，正常检查二次抽样方案。

7.2.2.2 用于包装单元运输的纸桶，对不符合标准的不能用于包装单元运输。

7.2.2.3 物理机械性能中堆码性能、跌落性能检验的抽样方案见表6。

表6 堆码性能和跌落性能检验的抽样方案

序号	项 目	样 本	样本大小	Ac	Re
1	堆码性能	第一	3	0	1
		第二	3	1	2
2	跌落性能	第一	3	0	1
		第二	3	1	2

7.3 判定规则

7.3.1 外观及尺寸偏差检验按5.1、5.2进行单项判定，若符合标准规定，则判定该项合格。若以上全部项都合格，则该样本的外观及尺寸偏差为合格。

7.3.2 物理机械性能检验分别按5.3的规定进行单项判定，并按表6进行批判定。

7.3.3 若物理机械性能全部合格，则判定该批产品合格，若出现不合格项，则判定该批型式检验不合格。

8 标志、包装、运输和贮存

8.1 标志

出厂纸桶应按用户要求，进行标记和盖印生产日期。

8.2 包装

需要时，纸桶应按用户要求进行包装。

8.3 运输、贮存

产品贮运应避免受到雨淋、曝晒、潮湿和污染、防止锐器划伤，仓贮时应有防潮措施。

ICS 55.020
A 82

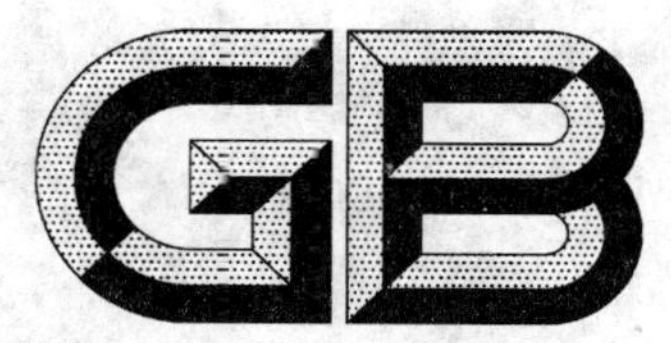

中华人民共和国国家标准

GB/T 14188—2008
代替 GB/T 14188—1996

气相防锈包装材料选用通则

General rules for selection and using of packaging materials with volatile corrosion inhibitor

2008-04-01 发布　　2008-10-01 实施

中华人民共和国国家质量监督检验检疫总局
中国国家标准化管理委员会　发布

前言

本标准修改采用美军标 MIL-1-8574E:1997《挥发性缓蚀剂的应用》。

本标准与美军标 MIL-1-8574E:1997 主要差异性如下:

——增加了气相防锈材料的主要类型;

——增加了选择依据;

——删除了“4.质量承诺”。

本标准代替 GB/T 14188—1996《气相防锈包装材料选用通则》。

本标准与 GB/T 14188—1996 相比,主要变化如下:

——增加了气相防锈材料主要类型;

——增加了选择依据;

——删除了“5 质量检验”;

——增加了适应性试验方法;

——修改了层间隔离气相防锈包装材料的使用内容;

——增加了防油阻隔材料的使用方法;

——明确了干燥剂的使用条件;

——增加了附录 A 和附录 B。

本标准的附录 B 为规范性附录,附录 A 为资料性附录。

本标准由全国包装标准化技术委员会提出并归口。

本标准起草单位:机械科学研究总院、沈阳防锈包装材料有限责任公司、宝山钢铁股份有限公司研究院。

本标准主要起草人:黄雪、刘清林、陈红星、吴秀伟、祁庆琚、丁国桢。

本标准所代替标准的历次版本发布情况为:

——GB/T 14188—1996。

气相防锈包装材料选用通则

1 范围

本标准规定了气相防锈包装材料的选择和使用要求。

本标准适用于金属材料及其制品(以下简称制品)进行气相防锈包装时,对气相防锈包装材料的选用。

2 规范性引用文件

下列文件中的条款通过本标准的引用而成为本标准的条款。凡是注日期的引用文件,其随后所有的修改单(不包括勘误的内容)或修订版均不适用于本标准,然而,鼓励根据本标准达成协议的各方研究是否可使用这些文件的最新版本。凡是不注日期的引用文件,其最新版本适用于本标准。

GB/T 16267 包装材料试验方法 气相缓蚀能力

JB/T 5520 干燥箱技术条件

3 主要类型

3.1 气相防锈纸

在防锈原纸中加入气相缓蚀剂(Volatile Corrosion Inhibitor,VCI)而构成。

3.2 气相防锈塑料薄膜

用聚烯烃类树脂作基材,加入 VCI 并经熔融、挤吹而成的塑料薄膜。

3.3 气相防锈剂

以 VCI 添加辅料制成不同剂型并以固态形式使用的气相防锈材料。

4 选用要求

4.1 选择依据

应根据制品的防锈包装要求,从附录 A 中选用适合的气相防锈包装材料。

4.2 材料质量

选用的气相防锈包装材料质量,应符合相应的产品标准要求。使用单位可根据需要确定并验证其入厂指标。

4.3 贮存和环境条件

4.3.1 贮存

密封包装好的气相防锈包装材料及其包装制品,应贮存在阴凉干燥的库房中。使用时打开。在连续使用过程中,亦应保存在密闭、自密封容器中。如无自密封包装容器,含有 VCI 的一面在空气中暴露的时间不应大于 8 h。如果这种包装受到破坏或经日晒、风吹、雨淋、酸、碱、盐类物质的污染,应按 GB/T 16267 重新检验气相缓蚀能力,合格后方可使用。

4.3.2 环境条件

4.3.2.1 温度

气相防锈包装材料及其包装的制品,贮存环境温度应低于 65℃。

4.3.2.2 相对湿度

气相防锈包装材料及其包装的制品,贮存环境相对湿度应低于 85%。

4.3.2.3 **光照**

气相防锈包装材料及其包装的制品,应避免阳光照射。不可避免时,应用遮光材料将其遮蔽。

4.3.2.4 **气流**

气相防锈包装材料及其包装的制品,在有强气流的场合,不仅要很好的密封,而且应外加屏蔽。

4.3.2.5 **酸及其蒸汽**

采用气相防锈包装的制品,包装前不得使用含有盐酸的金属清洗剂及任何含硫的化合物的溶剂清洗。

气相防锈包装材料及其包装的制品,不能贮存在含盐酸、氯化氢、硫化氢、二氧化硫或其他酸蒸汽的工业烟气中。

4.4 **使用限制**

4.4.1 **基本要求**

除非另有说明和验证数据,气相防锈包装材料,不能用于保护光学装置和高爆炸性物质以及与其相连的发射器的产品上。

涂有防腐剂或润滑剂保护的精密活动部件的组合件,如用气相防锈包装材料包装贮运后,影响制品性能及技术要求者不能使用。

气相防锈包装材料不能用于包装食品。

4.4.2 **用于有色金属材料**

4.4.2.1 气相防锈包装材料在同铝及其合金以外的有色金属直接接触前,应按附录B进行适应性试验,合格后方可使用。

4.4.2.2 含有锌、锌板、镉、镉板、锌基合金、镁基合金、铅基合金及其他含有大于30%的锌或大于9%的铅的合金(包括焊料)及其制件,当这些材料或它们经过其他方法处理或屏蔽后,采用气相防锈包装材料包装前,应按附录B进行适应性试验,合格后方可使用。

4.4.3 **用于非金属材料**

气相防锈包装材料包装含有塑料、橡胶、油料、涂料等非金属材料的零部件、组合件,使用前应按附录B进行适应性试验,合格后方可使用。

4.4.4 **同一包装中使用不同气相防锈包装材料**

在同一包装中使用不同气相防锈包装材料时,应按附录B进行适应性试验,合格后方可使用。

4.4.5 **与润滑剂的联合使用**

当气相防锈包装材料用于含有润滑剂的组合件时,应按附录B进行适应性试验,合格后方可使用。用气相防锈包装材料包装组合件之前,应除去组合件上多余的油脂,如果是分散均匀并结合到基体的粘结剂或固体润滑剂则不用除去。

5 使用要求

5.1 **用量**

气相防锈包装材料的用量取决于密封程度、环境条件和制品材质等因素。一般情况下,气相防锈纸或气相防锈塑料薄膜的使用面积不小于被包装制品的表面积。采用粉状、结晶状气相防锈材料或其他多孔载体吸附的气相防锈材料,在密封包装体积内,VCI有效含量不少于35 g/m^3。

5.2 **清洁与干燥**

制品使用气相防锈包装材料包装前,应清洁干燥。

在防锈包装过程中,不应赤手接触制品,当不能采用机械化或半机械化程序完成包装时,其清洗工序最好采用含5%~10%除指纹型防锈油或脱水防锈剂的溶剂汽油或煤油清洗。

5.3 **使用方法**

5.3.1 使用气相防锈纸、气相防锈塑料薄膜及其所制作的袋、带、封套等,一般情况应将零件包裹。含有 VCI 的一面应面向金属。当直接使用气相防锈纸或气相防锈塑料薄膜作包装袋时，袋中空气应尽可能的少，并将开口处密封。

5.3.2 使用气相防锈剂时，可用挂袋方式使缓蚀剂蒸汽到达金属表面。也可采用喷射、雾化方式把气相防锈粉直接喷入密封容器内，然后立刻将容器密封。

5.3.3 在制品与气相防锈包装材料之间不应有其他材料。允许采用溶剂稀释型、除指纹型防锈油或脱水防锈油清洗干燥后残留的微量油膜和有保护作用的钝化膜。

5.3.4 被防锈的制品表面应该在气相防锈包装材料的 300 mm 距离之内。

5.3.5 所有的气相防锈包装都应密封。

5.3.6 气相防锈包装材料对使用要求另有说明时，可按其说明使用。

5.3.7 气相防锈包装材料用于层层堆置的金属制品时，应放置于每层之间。用于带有隔离板的纸箱时，除在纸箱内壁衬气相防锈包装材料外，每层隔离板上下表面均需衬气相防锈包装材料。

5.3.8 为了防止制品或密封包装破损，采用衬垫和缓冲材料衬垫在突出锐角及边缘，衬垫的地方要紧密围绕制品。若使用气相防锈缓冲材料对接触的制品有影响时，应用铝箔或其他屏蔽材料将制品和气相防锈缓冲材料隔开。

5.3.9 密封部件如气缸、齿轮箱等，应在其内施加气相防锈材料，如气相防锈油，并立即密封。对于具有较小的通孔的构件，孔深度大于 150 mm 时，应将气相防锈材料嵌入孔内，需要保护的部位距离气相防锈材料不超过 300 mm。保护密封部件和盲孔构件内部，气相防锈材料的最低用量应符合 5.1 要求。必要时在构件上用标签或其他形式注明“在气相防锈材料除去前不得使用”。

5.3.10 当制品涂有工作用油时，需要在气相防锈包装材料和外包装材料之间添加防油阻隔材料，以防止外包装被油浸透。也可以直接采用具有气相防锈和阻隔双重性能的气相防锈包装材料。

5.3.11 采用气相防锈包装材料的包装内，一般不需要放干燥剂。但在不能满足以上使用条件或有特殊要求时，可适当放入干燥剂，以防止在气相防锈包装材料诱导期内金属的锈蚀。

5.3.12 对于一般产品，拆除气相防锈包装材料即可。对于精密活动部件，表面有粉状或晶体沉积物而又不需继续存放时，可用酒精类溶剂去除。

附 录 A
（资料性附录）
常用气相防锈包装材料

表 A.1 常用气相防锈包装材料

分类	名称	结构	特性用途
纸类	气相防锈纸	防锈原纸内含浸 VCI	适用于汽车配件、工具量具、机械、武器装备、电子电器产品等轻型制品的防锈包装
	复膜气相防锈纸	复合塑料防锈原纸内含浸 VCI	适用于汽车配件、工具量具、机械、武器装备、电子、电器产品等轻型制品的防锈、防潮包装
	增强型气相防锈纸	防锈原纸内含浸 VCI，并通过塑料复合织物增强层	强度优，防水性好，适于冶金制品、重型机械、汽车配件、武器装备等重、大型制品防锈包装
	气相防锈瓦楞纸板	防锈瓦楞纸板内含浸 VCI	有缓冲和防锈双重功能，适用作防锈包装箱、垫板或隔板
	气相防锈板纸	防锈原纸（板纸）内含浸 VCI	较厚、挺度大，可做钢卷内芯防锈纸、包装箱、垫板或隔板
膜类	气相防锈塑料薄膜	聚烯烃塑料膜内含 VCI	可自作密封包装层，用于机床、汽配、仪器仪表、电器等防锈包装
	抗静电气相防锈塑料薄膜	含有 VCI 和抗静电剂的聚烯烃塑料膜	电子元器件、线路板、电控设备等封存包装
	增强型气相防锈塑料薄膜	气相防锈塑料膜复合织物增强层	冶金制品、重型机械、武器装备等重大型制品防锈包装
	气相防锈拉伸薄膜	拉伸塑料薄膜内含有 VCI	用于自动化和贴体防锈包装
	气相防锈热收缩膜	热收缩塑料薄膜内含有 VCI	用于通过加热制成茧式包装
	增强型铝塑复合气相防锈塑料薄膜	含有 VCI 的塑料膜与镀铝膜、织物增强层多层复合膜	强度高，阻隔性好，适用于大型、精密机电产品、武器装备采用气相防锈和真空干燥的综合包装
剂类	气相防锈粉	VCI 与辅料混合的粉末	装入小袋，悬挂于密闭包装空间防锈或局部增强防锈
	气相防锈片（丸）	VCI 与辅料经加工成形的小片或小丸	装入小袋，置于密闭包装内防锈或局部增强防锈
	可喷型气相防锈粉	VCI 与辅料混合的极细粉末	直接喷撒于管道或容器内腔防锈
缓冲类	气相防锈泡沫	片状聚氨酯泡沫内含浸 VCI	衬垫、缓冲及尖锐部位防锈保护

表 A.1(续)

分　类	名　称	结　构	特性用途
缓冲类	气相防锈珍珠棉	珍珠棉(PE发泡料)内含VCI	有缓冲、减震、包裹功能，宜用于电子元器件、仪器仪表的防锈包装
	气相防锈气泡垫	塑料气泡垫内含有VCI	衬垫、缓冲及尖锐部位防锈保护
布类	气相防护布	布、膜复合层中加入VCI和多种功能添加剂	需兼具多种特殊性能的遮盖、屏蔽、长期封存防锈
液类	水基气相防锈液	水中溶入VCI等缓蚀剂及助剂	机械加工工序间短期防锈、清洗防锈处理液、管道或内腔防锈液、试压液
	气相防锈油	矿物油中溶入VCI及接触型缓蚀剂	有防锈与润滑；气相防锈与接触防锈多功能，用于减速箱等封闭系统防锈
其他	气相防锈棒	棒状基材中加入VCI，棒端有活连接	各种火炮、战车身管内腔及管状零件内腔防锈
	气相防锈发散体	盒形基体中加入VCI，底面可粘贴	粘于任何部位之表面，增加局部气相防锈能力

附 录 B
（规范性附录）
适应性试验方法

B.1 试验目的

通过模拟制品的实际防锈包装要求，在指定环境条件下进行气相防锈包装材料与制品表面接触和非接触加速腐蚀试验，以检测气相防锈包装材料与制品的适应性。

B.2 包装试验体

一个有代表性的包装单元，密封性能好。

B.3 试验件

包装试验体内的试验件应是真实的制品，其形状、大小，决定于试验仪器的大小。若不能选取真实的制品，可用同种材料，同样表面处理工艺制备的试片代替。

B.4 试验仪器、材料

a） 干燥箱；
b） 干燥器：内有可吊挂包装试验体的结构；
c） 甘油水溶液：24℃时，其质量分数为35%；
d） 根据实际防锈包装要求，选取所需的气相防锈包装材料；
e） 粘胶带：保证包装密封。

B.5 试验过程

a） 按照实际防锈包装要求，组装包装试验体，并用粘胶带做好密封；
b） 干燥器内加入甘油水溶液，使其深度达10 mm，在60℃下形成90%相对湿度空间；
c） 把包装试验体吊挂于干燥器内，试验体下端离液面高度应为10 mm；
d） 在干燥器磨口处涂抹少量真空密封油膏，盖上盖，并用医用胶布在三处固定盖子；
e） 把试验容器放入已加热到60℃±2℃的烘箱内，并保温72 h至试验期满。

B.6 试验结果评定

取出包装试验体，拆开包装，观察试验件（若其表面涂有防锈油或其他暂时性涂层，应把它们清除后再观察）和其他防锈包装材料的变化：

a） 金属试验件表面应无明显变色和锈蚀；
b） 气相防锈包装材料应无明显剥离；
c） 塑料、橡胶等非金属材料应没有分层、脆化、变形、变色、或龟裂现象；
d） 表面虽有轻微的沉积物，但可用乙醇去除。

符合上面各项规定的，认为是适应的。

ICS 59.060.20
W 51

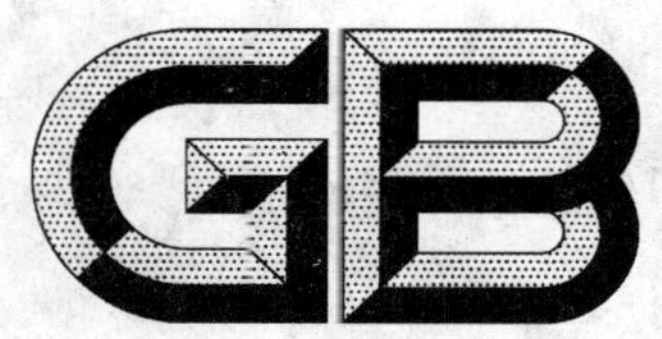

中华人民共和国国家标准

GB/T 14189—2008
代替 GB/T 14189—1993

纤维级聚酯切片(PET)

Fiber grade polyester chip

2008-08-06 发布　　2009-06-01 实施

中华人民共和国国家质量监督检验检疫总局
中国国家标准化管理委员会　发布

前 言

本标准代替 GB/T 14189—1993《纤维级聚酯切片》。

本标准与 GB/T 14189—1993 相比主要变化如下：

——扩大了标准的适用范围，增加全消光聚酯切片；

——增加了全消光聚酯切片、生产批和检验批的定义，修改了粉末的定义；

——在产品分类中增加了全消光聚酯切片；

——在技术要求中增加了全消光聚酯切片的性能项目和指标；

——提高了特性粘度、二氧化钛含量、灰分和铁分考核值的要求；

——原“异状切片和粉末”考核项目改为“异状切片”和“粉末”两项考核项目；

——羧基含量和二甘醇含量考核值由原单边控制改为双边控制；

——铁分考核项目的计量单位由“%”改为“mg/kg”；

——修改了检验规则中部分内容，明确仲裁时如相关项目涉及两种试验方法的，原则上按 GB/T 14190—2008 中相关试验方法的 A 法进行试验，如利益双方协商一致可采用 B 法。

本标准由中国纺织工业协会提出。

本标准由上海市纺织工业技术监督所归口。

本标准起草单位：中国石化上海石油化工股份有限公司、中国石化仪征化纤股份有限公司、上海联吉合纤有限公司联合起草、江苏三房巷集团有限公司、中国石油化工股份有限公司洛阳分公司。

本标准主要起草人：林菘、朱刚、叶丽华、瞿德方、孙黎峰、韩宏囤、虞辛日。

本标准所代替标准的历次版本发布情况为：

——GB/T 14189—1993。

纤维级聚酯切片(PET)

1 范围

本标准规定了纤维级聚酯切片(PET)的产品分类、要求、试验方法、检验规则和标志、包装、运输、贮存。

本标准适用于以对苯二甲酸、乙二醇为原料生产的有光、半消光和全消光纤维级聚酯切片(PET)的出厂检验、用户验收及仲裁检验等。其他聚酯切片可参照使用。

2 规范性引用文件

下列文件中的条款通过本标准的引用而成为本标准的条款。凡是注日期的引用文件,其随后所有的修改单(不包括勘误的内容)或修订版均不适用于本标准,然而,鼓励根据本标准达成协议的各方研究是否可使用这些文件的最新版本。凡是不注日期的引用文件,其最新版本适用于本标准。

GB/T 1250 极限数值的表示方法和判定方法

GB/T 6678—2003 化工产品采样总则

GB/T 6679 固体化工产品采样通则

GB/T 8170 数值修约规则

GB/T 14190—2008 纤维级聚酯切片(PET)试验方法

3 术语和定义

下列术语和定义适用于本标准。

3.1

有光聚酯切片 bright polyester chip

二氧化钛含量小于或等于0.12%(质量分数)的聚酯切片。

3.2

半消光聚酯切片 semi dull polyester chip

二氧化钛含量大于0.12%且小于或等于0.5%(质量分数)的聚酯切片。

3.3

全消光聚酯切片 full dull polyester chip

二氧化钛含量大于或等于1.8%(质量分数)的聚酯切片。

3.4

凝集粒子 agglomerate particle

聚酯切片中大于或等于10 μm的粒子。

3.5

异状切片 irregular chip

长度长于或等于规定尺寸的四倍,厚度、宽度或直径大于或等于规定尺寸的二倍的聚酯切片。

3.6

粉末 powder dust

通过833 μm标准筛的碎屑。

3.7

生产批 product lot

原、辅料、工艺条件、产品品种相同,一定时间内连续生产的产品批号。

3.8

检验批 test lot

为检验生产批的产品质量特性和稳定性,采用周期性或根据生产情况确定的产品批号。

4 产品分类

纤维级聚酯切片根据其所含的二氧化钛含量不同可分为有光、半消光、全消光。

5 要求

纤维级聚酯切片(PET)分为优等品、一等品、合格品三个等级,各等级的性能项目和指标见表1。

表1 纤维级聚酯切片(PET)性能项目和指标

序号	项目			有光、半消光			全消光		
				优等品	一等品	合格品	优等品	一等品	合格品
1	特性粘度[a]			$M_1\pm0.010$	$M_1\pm0.013$	$M_1\pm0.025$	$M_1\pm0.010$	$M_1\pm0.013$	$M_1\pm0.025$
2	熔点[b]/℃			$M_2\pm2$	$M_2\pm2$	$M_2\pm3$	$M_2\pm2$	$M_2\pm2$	$M_2\pm3$
3	羧基含量[c]/(mol/t)			$M_3\pm4$	$M_3\pm4$	$M_3\pm5$	$M_3\pm4$	$M_3\pm4$	$M_3\pm5$
4	色度	*L*值		报告值	报告值	报告值	报告值	报告值	报告值
		*b*值[d]		$M_4\pm2$	$M_4\pm3$	$M_4\pm4$	$M_4\pm2$	$M_4\pm3$	$M_4\pm4$
5	凝集粒子(≥10 μm)/(个/mg)		≤	1.0	3.0	6.0	1.0	3.0	6.0
6	水分(质量分数)/%		≤	0.4	0.4	0.5	0.4	0.4	0.5
7	异状切片(质量分数)/%		≤	0.4	0.5	0.6	0.4	0.5	0.6
8	粉末/(mg/kg)		≤	100	100	100	100	100	100
9	二氧化钛含量[e](质量分数)/%			$M_5\pm0.03$	$M_5\pm0.05$	$M_5\pm0.06$	$M_5\pm0.2$	$M_5\pm0.2$	$M_5\pm0.3$
10	灰分(质量分数)/%		≤	0.06	0.07	0.08	0.07	0.08	0.09
11	铁分/(mg/kg)		≤	2	4	6	2	4	6
12	二甘醇含量[f](质量分数)/%			$M_6\pm0.15$	$M_6\pm0.20$	$M_6\pm0.30$	$M_6\pm0.15$	$M_6\pm0.20$	$M_6\pm0.30$

注1:表中第9项对有光聚酯切片的考核由供需双方确定。

注2:色度用亨特色度系统表示。

[a] M_1 为特性粘度中心值,根据供需双方确定,确定后不得任意变更。

[b] M_2 为熔点中心值,由供需双方在252 ℃~262 ℃范围内确定,确定后不得任意变更。

[c] M_3 为羧基含量中心值,由供需双方在18 mol/t~36 mol/t范围内确定,确定后不得任意变更。

[d] M_4 为色度*b*值中心值,由供需双方在≤8范围内确定,确定后不得任意变更。

[e] M_5 为二氧化钛含量中心值,半消光聚酯切片在0.12%~0.50%范围内确定,全消光聚酯切片在≥1.8%范围内确定,确定后不得任意变更。

[f] M_6 为二甘醇含量中心值,由供需双方在0.80%~2.00%范围内确定,确定后不得任意变更。

6 试验方法

6.1 取样方法

6.1.1 取样方法按GB/T 6679规定执行。

6.1.2 取样包数按GB/T 6678—2003中的7.6.1规定执行。

6.1.3 试验用样品量不低于0.5 kg,仲裁时样品量为1 kg。

6.2 试验方法

按GB/T 14190规定执行。所有性能指标的表示结果均按表1规定的有效位数,依照GB/T 8170数值修约规则进行修约。

7 检验规则

7.1 检验类型

检验分为型式检验和出厂检验。

7.2 检验项目

7.2.1 表1中的各项性能项目均为型式检验项目。

7.2.2 表1中特性粘度、羧基含量、色度、异状切片、粉末、二氧化钛含量、二甘醇含量等7项性能项目均为出厂检验项目。

7.2.3 当有下列情况之一时，应进行型式检验：

a) 正式生产过程中，原材料或工艺有较大改变，可能影响产品性能时；

b) 生产装置检修，恢复生产时；

c) 出厂检验结果与上次型式检验结果有较大差异时；

d) 上级质量监督机构提出进行型式检验要求时。

7.3 组批规则

一个生产批可由一个检验批或由若干检验批组成。

7.4 等级评定

性能项目的测定值或计算值按GB/T 1250中修约比较法与表1各项指标的极限数值比较，按最低一项的等级定为该批等级，达不到合格品等级定为等外品。

7.5 复验规则

7.5.1 产品到收货方时，应及时检查包装件的外包装质量、件数、重量与货单是否相符。如外观是由于运输或贮存过程中出现的问题，需查明原因，由责任方负责。

7.5.2 一批产品到收货方三个月内，如发现产品质量不符合质量报告单或数量不符合时可提交复验。若该批产品的数量使用了三分之一以上时，不应申请复验。

7.5.3 如果是由于该批产品质量影响了后加工产品质量，并造成损失时，供需双方应分析原因、明确责任、协商处理。必要时，可申请仲裁。

7.5.4 检验项目：同7.2.1。仲裁时如有项目涉及到两种以上试验方法时，原则上按GB/T 14190—2008中相关试验方法的A法进行试验，如利益双方协商一致可采用B法。

7.5.5 组批规定：按原生产批组批。

7.5.6 取样规定：同6.1。

7.5.7 复验评定：按7.4以检验批性能项目指标中最低项的等级判定为该产品的等级。

8 标志

包装件上应标明产品名称、规格、等级、批号、净质量、生产日期、产品标准编号、商标、生产企业名称、地址等标志，同时应标明产品防护、搬运等警示标志。

9 包装、运输和贮存

9.1 包装

9.1.1 产品以包装袋包装或槽车装运的形式出厂。包装袋应为带有内衬的编织袋。装运产品的槽车应清洁、干燥。

9.1.2 每批产品应附产品合格证。

9.2 运输

产品运输和装卸时应按产品警示标志规定执行，应采取防范措施防止产品受潮、曝晒、受污染和包装受损，禁止抛卸。

9.3 贮存

产品按批堆放，应置于阴凉、干燥、通风处贮存，避免日光直射。

ICS 59.060.01
W 50

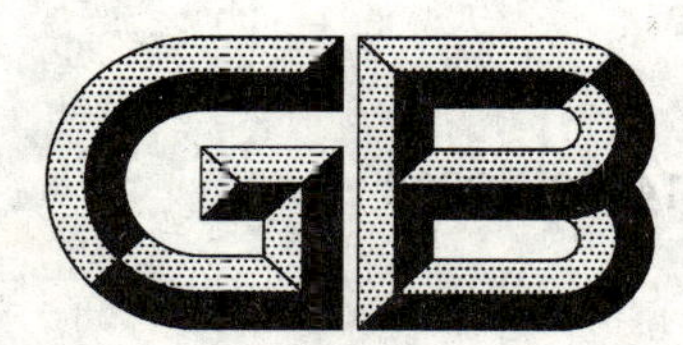

中华人民共和国国家标准

GB/T 14190—2008
代替 GB/T 14190—1993

纤维级聚酯切片(PET)试验方法

Testing methods of fiber grade polyester chip

2008-06-18 发布　　　　2009-03-01 实施

中华人民共和国国家质量监督检验检疫总局
中国国家标准化管理委员会　发布

前言

本标准参照 ISO 1628-1:1998《塑料 用毛细管粘度计法测定稀溶液中聚合物粘度》、ASTM D 5225—1998《用相对粘度仪测定高聚物溶液粘度的标准测定方法》、JIS Z 8722—2000《物体色的测定》。

本标准代替 GB/T 14190—1993《纤维级聚酯切片分析方法》。

本标准与 GB/T 14190—1993 相比主要变化如下：

——修改了标准的名称；

——增加了采样方法和通则；

——增加了特性粘度试验的溶剂种类(见 5.1.1.3)和相对粘度仪法(见 5.1.2)；

——增加了二甘醇试验的甲醇酯交换法(见 5.2.1)；

——取消了软化点的测试方法；

——增加了熔点试验的差示扫描量热法(见 5.3.2)

——增加了端羧基试验的容量滴定法和光度滴定法，取消了电位滴定仪法(见 5.4)；

——增加了水分试验的卤素水分仪法(见 5.7.2)；

——增加了二氧化钛试验的 X 射线法(见 5.9.2)。

本标准由中国纺织工业协会提出。

本标准由上海市纺织工业技术监督所归口。

本标准起草单位：上海联吉合纤有限公司、中国石化仪征化纤股份有限公司、中国石化上海石油化工股份有限公司、江苏三房巷集团有限公司、江苏恒力化纤有限公司、江苏盛虹化纤有限公司、中国石油化工股份有限公司洛阳分公司、纺织工业化纤产品质量监督中心。

本标准主要起草人：瞿德方、宁润堂、陈慧丽、孙黎峰、郁秀峰、辛婷芬、李观涛、陈敏、陈利兴、陆军、石春红。

本标准所代替标准的历次版本发布情况为：

——GB/T 14190—1993。

纤维级聚酯切片(PET)试验方法

1 范围

本标准规定了纤维级聚酯切片(PET)各分析项目的试验方法。

本标准适用于以对苯二甲酸、乙二醇为原料生产的PET切片,其他功能性聚酯也可参照使用。

2 规范性引用文件

下列文件中的条款通过本标准的引用而成为本标准的条款。凡是注日期的引用文件,其随后所有的修改单(不包括勘误的内容)或修订版均不适用于本标准,然而,鼓励根据本标准达成协议的各方研究是否可使用这些文件的最新版本。凡是不注日期的引用文件,其最新版本适用于本标准。

GB/T 601 化学试剂 标准滴定溶液的制备

GB/T 603 化学试剂 试验方法中所用制剂及制品的制备

GB/T 4146 纺织名词术语(化纤部分)

GB/T 6678 化工产品采样总则

GB/T 6682 分析实验室用水规格和试验方法

GB/T 8170 数值修约规则

ISO 3105 玻璃毛细管运动粘度计 规范和操作说明

3 术语和定义

GB/T 4146确立的以及下列术语和定义适用于本标准。

3.1

大有光PET切片 bright polyester chip

二氧化钛含量小于或等于0.12%(质量分数)的PET切片。

3.2

半消光PET切片 semi-dull polyester chip

二氧化钛含量大于0.12%(质量分数)小于或等于0.5%(质量分数)的PET切片。

3.3

全消光PET切片 full dull polyester chip

二氧化钛含量大于或等于1.8%(质量分数)的PET切片。

3.4

凝集粒子 agglomerate particle

在PET切片中测定大于或等于10 μm的粒子。

3.5

异状切片 irregular chip

长度长于或等于规定尺寸的四倍,厚度、宽度或直径大于或等于规定尺寸的二倍的PET切片。

3.6

粉末 powder dust

通过833 μm标准筛的碎屑。

4 试验通则

4.1 取样

批量样品中实验室样品按GB/T 6678执行,试样量不低于0.5 kg。

4.2 安全警告

试验方法中使用的苯酚、四氯乙烷、二氯苯、邻甲酚、甲醇等溶剂具有毒性，应避免接触皮肤和吸入其蒸气；硫酸、盐酸、过氧化氢等试剂具有强腐蚀性，应避免接触皮肤。操作者应采取适当的安全和健康防护措施。操作气相色谱时，检测器不点火，严禁开启氢气针形阀，以防止氢气泄入空间引起爆炸。

4.3 一般规定

本标准所用试剂和水，在没有注明其他要求时，均指分析纯试剂和 GB/T 6682 中规定的三级水。

本标准所用标准滴定溶液、制剂与制品，在没有注明其他要求时，均按 GB/T 601、GB/T 603 规定制备。

5 试验方法

5.1 特性粘度的试验方法

5.1.1 方法 A(毛细管粘度计法)

5.1.1.1 方法提要

测定 25 ℃的溶剂和浓度为 0.005 g/mL 的 PET 溶液的流出时间，根据测量所得的流出时间和试样的溶液浓度计算其特性粘度。毛细管粘度计可选用 1B 或 1C，达到使粘度计的动能校正项不予考虑的要求。

5.1.1.2 仪器和设备

5.1.1.2.1 恒温浴：温度控制(25±0.05)℃。

5.1.1.2.2 乌氏粘度计：符合 ISO 3105 规定的气承液柱式乌氏粘度计(见图 1)，型号为 1B，1C。也可使用在 ISO 3105 标准中列出的其他类型粘度计，需保证其测定结果与上述规定的乌氏粘度计相等。有争议时，应使用乌氏粘度计。

5.1.1.2.3 具塞三角烧瓶：100 mL。

5.1.1.2.4 移液管或加液器：25 mL。

5.1.1.2.5 分析天平：精度 0.1 mg。

5.1.1.2.6 过滤器具：不锈钢丝网 70 μm～120 μm 或相应的砂芯漏斗。

5.1.1.2.7 计时器：精度 0.01 s。

5.1.1.2.8 加热装置：温度控制(90±2)℃。

5.1.1.2.9 真空干燥箱：压力小于 133.3 Pa，温度控制(105±5)℃。

5.1.1.3 溶剂

5.1.1.3.1 苯酚/1,1,2,2-四氯乙烷(质量比 50：50)

两种溶剂以质量比 50：50 充分混匀，称量精确至少为 1%。在(25±0.02)℃时其密度范围为(1.280±0.003)g/cm³。

5.1.1.3.2 苯酚/1,1,2,2-四氯乙烷(质量比 60：40)

两种溶剂以质量比 60：40 充分混匀，称量精确至少为 1%。在(25±0.02)℃时其密度范围为(1.235±0.003)g/cm³。

5.1.1.3.3 苯酚/1,2-二氯苯(质量比 60：40)

两种溶剂以质量比 60：40 充分混匀，称量精确至少为 1%。

5.1.1.3.4 溶剂的储存

溶剂应保存在棕色玻璃瓶中，避光保存，并放置在 25 ℃左右环境温度，避免结晶。

5.1.1.3.5 溶剂的选择

PET 切片的特性粘度计算方法与所用的溶剂有关。本标准可选用 5.1.1.3.1、5.1.1.3.2、5.1.1.3.3 三种不同的溶剂。

单位为毫米

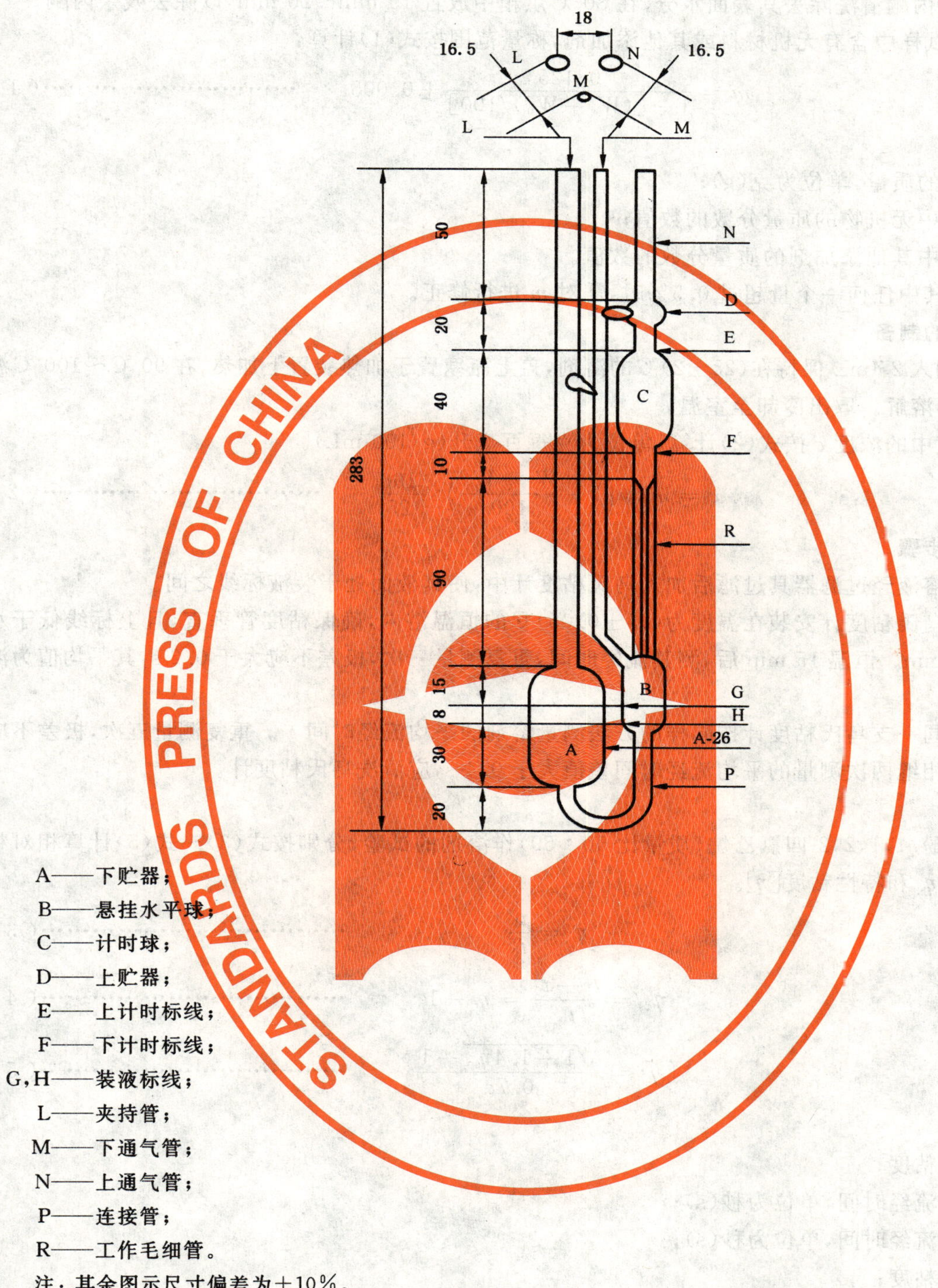

A——下贮器；
B——悬挂水平球；
C——计时球；
D——上贮器；
E——上计时标线；
F——下计时标线；
G,H——装液标线；
L——夹持管；
M——下通气管；
N——上通气管；
P——连接管；
R——工作毛细管。
注：其余图示尺寸偏差为±10%。

图 1 乌氏粘度计

5.1.1.3.6 溶剂稳定性试验

每天至少要测量一次所用溶剂的流出时间。如果溶剂的流出时间超过初始值的 1%(初始值为溶剂配制后测量的溶剂流出时间)，则应将溶剂废弃并配制新的溶剂。

5.1.1.4 试样

5.1.1.4.1 称取(0.125±0.005)g 试样，精确至 0.1 mg，放入具塞三角烧瓶中。若试样含水量高于

0.5%，则需将试样放在真空干燥箱中，压力低于133.5 Pa，温度为105 ℃，干燥3 h。然后在干燥器中冷却待测。或用丙酮清洗除去其表面水分，在80 ℃烘箱中放置15 min～20 min，以除去残余丙酮。

5.1.1.4.2 如试样中含有无机材料或其他添加剂，称量范围按式(1)计算：

$$m = \frac{0.125}{1-[(W_i+W_0)/100]} \pm 0.005 \qquad (1)$$

式中：

m——试样的质量，单位为克(g)；

W_i——试样中无机物的质量分数的数值；

W_0——试样中其他添加剂的质量分数的数值。

当W_i、W_0其中任何一个量超过0.5%时，需对m进行修正。

5.1.1.5 **溶液的制备**

将试样中加入25 mL保持在(25±2)℃的溶剂，盖上瓶塞置于加热装置上加热，在90 ℃～100 ℃温度下使试样全部溶解。取出冷却至室温。

试样在溶液中的浓度c按式(2)计算，单位为克每百毫升(g/100 mL)。

$$c = m \times \left(1-\frac{W_i+W_0}{100}\right) \times \frac{100}{25} \qquad (2)$$

5.1.1.6 **试验步骤**

5.1.1.6.1 将溶液经过滤器具过滤后加入乌氏粘度计中，使其液面处于装液标线之间。

5.1.1.6.2 将乌氏粘度计安装在温度为(25±0.05)℃的恒温浴内，确保粘度管垂直，且上标线低于水浴表面至少30 mm。恒温15 min后，测其流经时间，重复测量三次，极差不应大于0.2 s，其平均值为溶液流经时间t_1。

5.1.1.6.3 用同一支乌氏粘度计按同样的方法测量溶剂的平均流经时间t_0。重复测量五次，极差不应大于0.1 s。若相继两次测量的平均流经时间差值大于0.4 s，应清洗乌氏粘度计。

5.1.1.7 **计算**

5.1.1.7.1 苯酚/1,1,2,2-四氯乙烷(质量比50：50)作溶剂的试验，分别按式(3)～式(5)计算相对粘度η_r、增比粘度η_{sp}和特性粘度$[\eta]$。

$$\eta_r = \frac{t_1}{t_0} \qquad (3)$$

$$\eta_{sp} = \frac{t_1 - t_0}{t_0} = \eta_r - 1 \qquad (4)$$

$$[\eta] = \frac{\sqrt{1+1.4\eta_{sp}}-1}{0.7c} \qquad (5)$$

式中：

η_r——相对粘度；

t_1——溶液流经时间，单位为秒(s)；

t_0——溶剂流经时间，单位为秒(s)；

η_{sp}——增比粘度；

$[\eta]$——特性粘度；

c——溶液浓度，单位为克每百毫升(g/100 mL)。

5.1.1.7.2 PET切片的稀溶液粘度也可用粘数(I)来表示，粘数单位为毫升每克(mL/g)，按式(6)计算：

$$I = \frac{100 \times \eta_{sp}}{c} \qquad (6)$$

5.1.1.7.3 苯酚/1,1,2,2-四氯乙烷(质量比60：40)作溶剂的试验，其结果按式(7)计算：

$$[\eta]=\frac{0.25(\eta_r-1+3\ln\eta_r)}{c} \qquad\cdots\cdots(7)$$

5.1.1.7.4　苯酚/1,2-二氯苯(质量比 60∶40)作溶剂的试验,其结果按式(7)计算。

5.1.1.8　**结果表述**

特性粘度的计算结果以两个平行样品测试值的平均值表示,按照 GB/T 8170 修约到三位有效数字。

5.1.1.9　**精密度**

5.1.1.9.1　**重复性**

在重复性条件下获得的两次独立测试结果的测定值,特性粘度在 0.630～0.720 时,这两个测试的绝对差值不超过重复性限(0.006),超过重复性限(0.006)的情况不超过 5%。

5.1.1.9.2　**再现性**

在再现性条件下获得的两次独立测试结果的绝对差值,特性粘度在 0.630～0.720 时,不大于再现性限(0.010),超过再现性限(0.010)的情况不超过 5%。

5.1.2　**方法 B(相对粘度仪法)**

5.1.2.1　**方法提要**

将 PET 试样溶解在苯酚和四氯乙烷的混合溶剂中,然后该溶液和不含试样的空白溶剂在粘度仪的两根不锈钢毛细管中流动。粘度仪监测第一根溶剂参比毛细管上压力降 P_1 和第二根试样毛细管上压力降 P_2,由 P_2 和 P_1 之比求得相对粘度,最后通过数学模型求得试样的特性粘度。原理示意图如图 2 所示。

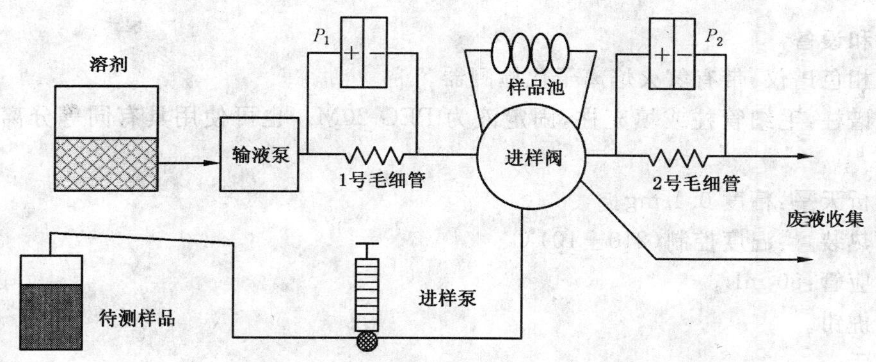

图 2　相对粘度仪测试原理示意图

5.1.2.2　**溶剂**

同 5.1.1.3。

5.1.2.3　**仪器和设备**

5.1.2.3.1　相对粘度仪:包括主机系统、温控系统、称样系统、自动加液系统、自动加样系统、仪器控制系统和数据处理系统。

5.1.2.3.2　溶样瓶:专用溶样瓶或具塞三角烧瓶(100 mL)。

5.1.2.3.3　加热装置:温度控制(90±2)℃。

5.1.2.3.4　过滤器具:不锈钢滤网 120 μm～200 μm 或相应的过滤漏斗。

5.1.2.3.5　分析天平:精度 0.1 mg。

5.1.2.4　**试验步骤**

5.1.2.4.1　**仪器常数的确定**

设置好仪器的仪器初始参数,用所选用的混合溶剂进行仪器常数的测定。

参考设定条件:混合溶剂压力范围 28 kPa～35 kPa,控制温度 25 ℃,恒温时间 30 s,数据采集时间 12 s。

5.1.2.4.2 测量

称取 0.125 g～0.128 g 试样，精确到 0.1 mg，放入溶样瓶，加一定量的溶剂，配制成试样浓度为(0.500 0±0.007 0)g/100 mL，放在加热装置上溶解，试样溶解后冷却到室温，将滤液用相对粘度仪进行测定。如试样中含水率高于 0.5%，处理方法同 5.1.1.4.1；如试样中含有无机材料或其他添加剂，且其质量分数分别超过 0.5%时，要将其质量分数作为杂质输入到仪器参数设定表中。根据所选择的溶剂及相对应的数学模型，仪器自动计算试样特性粘度值。

5.1.2.5 结果表述

计算结果以两个平行样品测试值的平均值表示，按照 GB/T 8170 修约到三位有效数字。

5.1.2.6 精密度

5.1.2.6.1 重复性

在重复性条件下获得的两次独立测试结果的测定值，特性粘度在 0.630～0.720 时，这两个测试的绝对差值不超过重复性限(0.006)，超过重复性限(0.006)的情况不超过 5%。

5.1.2.6.2 再现性

在再现性条件下获得的两次独立测试结果的绝对差值，特性粘度在 0.630～0.720 时，不大于再现性限(0.010)，超过再现性限(0.010)的情况不超过 5%。

5.2 二甘醇的试验方法

5.2.1 方法 A(甲醇酯降解法)

5.2.1.1 方法提要

试样在高温、甲醇存在的条件发生降解反应，二甘醇游离，然后用气相色谱法检测滤液中二甘醇含量。

5.2.1.2 仪器和设备

5.2.1.2.1 气相色谱仪：带有氢火焰离子化检测器。

5.2.1.2.2 色谱柱：毛细管柱或填充柱，固定液为 PEG-20M。也可使用具有同等分离效果的其他色谱柱。

5.2.1.2.3 分析天平：精度 0.1 mg。

5.2.1.2.4 加热装置：温度控制(210±10)℃。

5.2.1.2.5 反应管：50 mL。

5.2.1.2.6 台虎钳。

5.2.1.2.7 扳手。

5.2.1.2.8 自动移液装置或移液管：30 mL。

5.2.1.2.9 微量注射器或自动进样器：1 μL、10 μL。

5.2.1.2.10 具塞三角瓶：100 mL。

5.2.1.3 试剂

5.2.1.3.1 甲醇。

5.2.1.3.2 乙二醇(EG)。

5.2.1.3.3 二甘醇：色谱纯。

5.2.1.3.4 对苯二甲酸二甲酯。

5.2.1.3.5 内标物(ST)：四甘醇二甲醚或 1,6-己二醇，色谱纯。

5.2.1.3.6 醋酸锌。

5.2.1.3.7 酯交换液：称取约 400 mg 内标物，60 mg 醋酸锌，用甲醇溶解并稀释至 2 L。此溶液内标物浓度为 0.2 mg/mL，醋酸锌浓度为 0.03 mg/mL。

5.2.1.3.8 二甘醇储备液的制备：称取 2.0 g 二甘醇(DEG)与 98.0 g 乙二醇(EG)，精确到 0.1 mg，充分混匀，待用。

5.2.1.4 **采用毛细管柱时推荐的气相色谱测试条件**

5.2.1.4.1 氮气流速:25 mL/min。

5.2.1.4.2 氢气流速:35 mL/min。

5.2.1.4.3 空气流速:350 mL/min。

5.2.1.4.4 柱温:180 ℃。

5.2.1.4.5 进样口温度:250 ℃。

5.2.1.4.6 检测器温度:250 ℃。

5.2.1.4.7 进样量:0.8 μL。

5.2.1.5 **校正溶液的制备**

按表1配制二甘醇校正溶液。

表1 二甘醇校正溶液配制

序号	称取储备液质量/g	含二甘醇质量/mg	二甘醇含量/%
1	0.4	8	0.8
2	0.5	10	1.0
3	0.6	12	1.2
4	0.7	14	1.4
5	0.8	16	1.6
注:二甘醇含量参照理论试样量为1.000 0 g得到。			

5.2.1.6 **校正因子的测定**

在配好的上述校正溶液中加入30 mL酯交换溶液和100 mg对苯二甲酸二甲酯,充分摇匀,过滤至三角瓶中,吸取0.8 μL滤液用气相色谱进行测试。测定结果按置信度95%取舍,求出平均值。应定期校准校正因子。

5.2.1.7 **校正因子的计算**

二甘醇的相对校正因子 f_i 按式(8)计算:

$$f_i = \frac{A_s m_i}{A_i m_s} \quad \cdots\cdots(8)$$

式中:

f_i——二甘醇与内标物的质量相对校正因子;

m_i——二甘醇标准样品的质量,单位为毫克(mg);

A_i——二甘醇峰面积,单位为平方厘米(cm^2);

m_s——内标物的质量,单位为毫克(mg);

A_s——内标物峰面积,单位为平方厘米(cm^2)。

5.2.1.8 **试验步骤**

称取1 g试样,精确至0.1 mg,到反应管中,精确加入30 mL酯交换溶液,用扳手将反应管拧紧,放入加热装置中,在210 ℃下反应2 h后取出,用自来水冷却至室温,过滤至三角瓶中,吸取0.8 μL滤液用气相色谱进行测试。

5.2.1.9 **计算**

试样二甘醇含量按式(9)计算:

$$X_1 = \frac{A_i f_i m_s}{A_s m} \times 100 \quad \cdots\cdots(9)$$

式中：

X_1——试样的二甘醇质量分数，%；

m——试样的质量，单位为毫克(mg)。

计算结果以两次测试值的平均值表示，按照GB/T 8170修约到三位有效数字。

5.2.1.10 精密度

5.2.1.10.1 重复性

在重复性条件下获得的两次独立测试结果的测定值，给出的二甘醇在0.80%～1.60%时，这两个测试的绝对差值不超过重复性限(0.06%)，超过重复性限(0.06%)的情况不超过5%。

5.2.1.10.2 再现性

在再现性条件下获得的两次独立测试结果的绝对差值，给出的二甘醇在0.80%～1.60%时，不大于再现性限(0.08%)，超过再现性限(0.08%)的情况不超过5%。

5.2.2 方法B(乙醇胺降解法)

5.2.2.1 方法提要

试样在高温、乙醇胺存在条件下，发生降解反应，二甘醇游离，然后滤液用气相色谱法检测二甘醇含量。

5.2.2.2 仪器和设备

5.2.2.2.1 气相色谱仪：带有氢火焰离子化检测器。

5.2.2.2.2 色谱柱：毛细管柱或填充柱，固定液为PEG-20M。也可使用具有同等分离效果的其他色谱柱。

5.2.2.2.3 分析天平：精度0.1 mg。

5.2.2.2.4 加热装置：温度控制(220±20)℃。

5.2.2.2.5 球型冷凝管：长度300 mm。

5.2.2.2.6 移液管：10 mL、20 mL。

5.2.2.2.7 刻度移液管：5 mL。

5.2.2.2.8 微量注射器或自动进样器：1 μL、10 μL。

5.2.2.2.9 具塞三角烧瓶：100 mL。

5.2.2.2.10 玻璃漏斗：ϕ50 mm。

5.2.2.2.11 定性滤纸：ϕ90 mm。

5.2.2.2.12 容量瓶：100 mL、2 000 mL。

5.2.2.3 试剂

5.2.2.3.1 乙醇。

5.2.2.3.2 乙二醇(EG)。

5.2.2.3.3 二甘醇(DEG)：色谱纯。

5.2.2.3.4 对苯二甲酸：工业品。

5.2.2.3.5 内标物：四甘醇二甲醚或1,6-己二醇，色谱纯。

5.2.2.3.6 二甘醇溶液：称取1.5 g二甘醇，加乙醇至100 mL。

5.2.2.3.7 内标液

A液：称取5.0 g内标物，加乙醇至100 mL。

B液：取A液10 mL，用乙醇稀释至2 000 mL。此溶液20 mL内含有5 mg内标物。

C液：取A液5 mL，用乙醇稀释至100 mL。

5.2.2.4 采用填充柱时推荐气相色谱测试条件

5.2.2.4.1 氮气流速：25 mL/min～35 mL/min。

5.2.2.4.2 氢气流速：30 mL/min～40 mL/min。

5.2.2.4.3　空气流速：300 mL/min～400 mL/min。

5.2.2.4.4　柱温：180 ℃。

5.2.2.4.5　进样口温度：220 ℃。

5.2.2.4.6　检测器温度 220 ℃。

5.2.2.4.7　进样量：1 μL。

5.2.2.5　校正因子的制作

5.2.2.5.1　取 5 个 100 mL 容量瓶，各加入 10 mL 内标液 C 液。

5.2.2.5.2　分别逐个加入二甘醇溶液 2 mL、3 mL、4 mL、5 mL、6 mL，用乙醇定容。

5.2.2.5.3　吸取 1 μL 上述溶液用气相色谱进行测试。测定结果按置信度 95%取舍，求出平均值。应定期校准校正因子。

5.2.2.6　校正因子的计算

二甘醇的相对校正因子 f_i 按式(8)计算。

5.2.2.7　试验步骤

5.2.2.7.1　称取 1 g 试样，精确至 0.1 mg，放入三角烧瓶内。加入 3 mL 左右乙醇胺(浸没样品即可)。将三角烧瓶装上冷凝管，在 240 ℃加热装置上加热回流 40 min。

5.2.2.7.2　用隔热板将装有冷凝管的三角烧瓶与加热装置分离约 3 min，从冷凝管上部缓慢加入 20 mL 内标液 B 液。

5.2.2.7.3　抽去隔热板继续回流约 5 min 后，关闭加热装置电源，取下三角烧瓶用水冷却，加入 4 g～5 g 对苯二甲酸中和到中性。

5.2.2.7.4　吸取 1 μL 滤液用气相色谱进行测试。

试样二甘醇含量按式(9)计算。

5.2.2.7.5　结果表述

计算结果按两次测试值的平均值表示，按照 GB/T 8170 修约到三位有效数字。

5.2.2.8　精密度

5.2.2.8.1　重复性

在重复性条件下获得的两次独立测试结果的测定值，给出的二甘醇在 0.80%～1.60%时，这两个测试的绝对差值不超过重复性限(0.08%)，超过重复性限(0.08%)的情况不超过 5%。

5.2.2.8.2　再现性

在再现性条件下获得的两次独立测试结果的绝对差值，给出的二甘醇在 0.80%～1.60%时，不大于再现性限(0.10%)，超过再现性限(0.10%)的情况不超过 5%。

5.3　熔点的试验方法

5.3.1　方法 A(显微镜法)

5.3.1.1　方法提要

试样在升温控制单元内以一定的速率升温，在偏光显微镜下观察其熔融过程，晶粒引起的光效应消失时的温度即为熔点。

5.3.1.2　仪器和设备

5.3.1.2.1　切片机：可调节厚度，最小值 2 μm。

5.3.1.2.2　偏光显微镜：放大倍数 100 倍以上。

5.3.1.2.3　升温控制单元(包括加热台和控制装置)。

5.3.1.2.4　载玻片：厚度 1 mm。

5.3.1.2.5　盖玻片：厚度 0.17 mm。

5.3.1.3　熔点标准物

5.3.1.3.1　糖精，GBW(E)130141，228.8 ℃。

5.3.1.3.2 咖啡因,GBW(E)130142,236.6 ℃。

5.3.1.3.3 偶氮苯,GBW(E)130133,241.2 ℃。

5.3.1.3.4 酚酞,GBW(E)130143,262.6 ℃。

5.3.1.4 温度指示的校正

5.3.1.4.1 取适量的熔点标准物放于载玻片上,用盖玻片压紧晶粒,使其互相接触,在显微镜下观察是一个单层。

5.3.1.4.2 将装有标准物的载玻片放在加热台上加热,在熔点 20 ℃前以 2 ℃/min 的速率升温。

5.3.1.4.3 在显微镜下观察,当晶粒引起的光效应消失时,所显示的温度即为该标准物的熔点。

5.3.1.4.4 根据标准物的熔点和显示出的温度,计算出温度指示的修正值。

5.3.1.5 试验步骤

5.3.1.5.1 用切片机将试样切成厚为 25 μm 的薄片,再用剪刀取约 0.5 mm^2 的试样,放在载玻片上,用盖玻片压紧。

5.3.1.5.2 将载玻片放在加热台上,快速升温至 180 ℃,然后以 10 ℃/min 的速率升温,至 240 ℃(其他功能性聚酯可视其熔点的高低做适当调整),再以 2 ℃/min 的升温速率升温,根据需要观察初熔,记下读数。

5.3.1.5.3 试样达到初熔后,快速升温至 280 ℃,使其在此温度下保持 3 min,然后快速降低到180 ℃,再以 10 ℃/min 的升温速率升温至 240 ℃,最后以 2 ℃/min 的速率升温,观察终熔,所显示的温度即为试样熔点。

5.3.1.6 结果表述

计算结果按两次测试值的平均值表示,按照 GB/T 8170 修约到四位有效数字。

5.3.1.7 精密度

5.3.1.7.1 重复性

在重复性条件下获得的两次独立测试结果的测定值,给出的熔点在 250 ℃~263 ℃时,这两个测试的绝对差值不超过重复性限(0.5 ℃),超过重复性限(0.5 ℃)的情况不超过 5%。

5.3.1.7.2 再现性

在再现性条件下获得的两次独立测试结果的绝对差值,给出的熔点在 250 ℃~263 ℃时,不大于再现性限(1.0 ℃),超过再现性限(1.0 ℃)的情况不超过 5%。

5.3.2 方法 B(差示扫描量热法)

5.3.2.1 方法提要

试样和适宜的参照材料在差示扫描量热仪上,在程序温度控制下,测量输入到试样和参比样的热流速率随温度和时间变化的关系,由 DSC 曲线得到试样的熔点。

5.3.2.2 材料

熔点标准物:铟:156.6 ℃;锡:231.9 ℃;锌:419.6 ℃。

5.3.2.3 仪器和设备

5.3.2.3.1 差示扫描量热仪(DSC)。

5.3.2.3.2 压片机。

5.3.2.3.3 分析天平:精度 0.1 mg。

5.3.2.3.4 平口钳。

5.3.2.3.5 铝皿。

5.3.2.4 温度校正

用熔点标准物校正仪器。升温速率为 10 ℃/min,铟从 130 ℃至 175 ℃,锡从 210 ℃至 255 ℃,锌从 390 ℃至 450 ℃。

5.3.2.5 **试验步骤**

5.3.2.5.1 用平口钳将切片夹扁、夹平，称取约 6.0 mg 试样，放于铝皿中，盖上盖子，用压片机压好，放于仪器试样盘位置。

5.3.2.5.2 推荐采用氮气或其他惰性气体进行保护，流速：30 mL/min～50 mL/min。

5.3.2.5.3 以 10 ℃/min 的升温速率将温度升至 280 ℃，保温 3 min，以 10 ℃/min 的速率冷却至 140 ℃（或结晶峰以下 50 ℃），再以 10 ℃/min 的速率重新升温至 280 ℃，记录下 DSC 曲线。

5.3.2.6 **结果表述**

从 DSC 曲线上读取重结晶后的熔融峰温作为试样的熔点，按照 GB/T 8170 修约到四位有效数字。

5.3.2.7 **精密度**

5.3.2.7.1 **重复性**

在重复性条件下获得的两次独立测试结果的测定值，给出的熔点在 250 ℃～263 ℃时，这两个测试的绝对差值不超过重复性限（0.5 ℃），超过重复性限（0.5 ℃）的情况不超过 5%。

5.3.2.7.2 **再现性**

在再现性条件下获得的两次独立测试结果的绝对差值，给出的熔点在 250 ℃～263 ℃时，不大于再现性限（1.0 ℃），超过再现性限（1.0 ℃）的情况不超过 5%。

5.4 **端羧基的试验方法**

5.4.1 **方法 A（容量滴定法）**

5.4.1.1 **方法提要**

试样在混合溶剂中回流溶解，冷却后用溴酚蓝作指示剂，用氢氧化钾-乙醇标准滴定溶液进行滴定。根据标准滴定溶液消耗的体积数，计算出端羧基的含量。

5.4.1.2 **仪器和设备**

5.4.1.2.1 天平：精度 0.1 mg。

5.4.1.2.2 加热装置：带恒温调节和搅拌装置。

5.4.1.2.3 磨口三角烧瓶：250 mL。

5.4.1.2.4 球型冷凝管：与 250 mL 磨口配套，六球以上。

5.4.1.2.5 滴定装置或微量滴定管：分度值 0.01 mL。

5.4.1.2.6 移液管或加液器：50 mL。

5.4.1.3 **试剂**

5.4.1.3.1 邻甲酚。

5.4.1.3.2 苯酚。

5.4.1.3.3 三氯甲烷。

5.4.1.3.4 氢氧化钾。

5.4.1.3.5 乙醇。

5.4.1.3.6 氢氧化钾-乙醇标准滴定溶液：$c(KOH)=0.05$ mol/L。

5.4.1.3.7 溴酚蓝指示剂（0.1%）：称取 0.1 g 溴酚蓝指示剂用乙醇溶解并定容至 100 mL。

5.4.1.4 **混合溶剂**

5.4.1.4.1 邻甲酚-三氯甲烷混合溶剂：将邻甲酚和三氯甲烷按 7：3（质量比）混合。

5.4.1.4.2 苯酚-三氯甲烷混合溶剂：将苯酚和三氯甲烷按 2：3（体积比）混合。

5.4.1.5 **试验步骤**

5.4.1.5.1 称取 2 g 试样，精确到 0.1 mg，放入磨口三角烧瓶中，加入混合溶剂（5.4.1.4.1 或 5.4.1.4.2）50 mL，加热回流至试样完全溶解，冷却至室温。

5.4.1.5.2 在试样溶液中加入 5 滴～6 滴溴酚蓝指示剂，用氢氧化钾-乙醇标准滴定溶液（5.4.1.3.6）滴定，当溶液由黄色变成蓝色即为滴定终点，记录标准滴定溶液消耗的毫升数。

5.4.1.5.3 同样条件下做空白试验。

5.4.1.6 计算

端羧基含量按式(10)计算：

$$X_2 = \frac{(V - V_0)c \times 10^3}{m} \quad \cdots\cdots(10)$$

式中：

X_2——试样的端羧基含量，单位为摩尔每吨(mol/t)；

V——试样溶液所消耗的氢氧化钾-乙醇标准滴定溶液体积，单位为毫升(mL)；

V_0——空白溶液所消耗的氢氧化钾-乙醇标准滴定溶液体积，单位为毫升(mL)；

c——氢氧化钾-乙醇标准滴定溶液的量浓度，单位为摩尔每升(mol/L)；

m——试样的称样质量，单位为克(g)。

5.4.1.7 结果表述

计算结果按两次测试值的平均值表示，按照 GB/T 8170 修约到三位有效数字。

5.4.1.8 精密度

5.4.1.8.1 重复性

在重复性条件下获得的两次独立测试结果的测定值，端羧基在 15 mol/t～35 mol/t 时，这两个测试的绝对差值不超过重复性限(2.0 mol/t)，超过重复性限(2.0 mol/t)的情况不超过 5%。

5.4.1.8.2 再现性

在再现性条件下获得的两次独立测试结果的绝对差值，端羧基在 15 mol/t～35 mol/t 时，不大于再现性限(3.0 mol/t)，超过再现性限(3.0 mol/t)的情况不超过 5%。

5.4.2 方法 B(光度滴定法)

5.4.2.1 方法提要

试样在混合溶剂中回流溶解，冷却后用溴酚蓝作指示剂，根据溶液颜色的变化，溶液的光透过率也随着变化，光度计把光透过率转变为电信号并传递给滴定仪，滴定仪输出滴定曲线，同时自动判定滴定终点，并记录滴定终点所对应消耗的滴定剂。

5.4.2.2 仪器和设备

5.4.2.2.1 自动滴定仪：

——标准滴定溶液定量装置，分度值：0.001 mL；

——搅拌装置；

——控制操作装置；

——光度计：带光度电极，波长可调至 600 nm；

——数据处理系统。

5.4.2.2.2 分析天平：精度 0.1 mg；

5.4.2.2.3 球型冷凝管：与 250 mL 磨口配套，六球以上。

5.4.2.3 试剂

5.4.2.3.1 氢氧化钾-乙醇标准滴定溶液：$c(KOH) = 0.015$ mol/L。

5.4.2.3.2 其余同 5.4.1.3。

5.4.2.4 混合溶剂

同 5.4.1.4。

5.4.2.5 试验步骤

5.4.2.5.1 称取 0.5 g 左右试样，精确到 0.1 mg，放入磨口三角瓶中，加入混合溶剂(5.4.1.4.1 或 5.4.1.4.2)50 mL，加热回流至试样完全溶解，冷却至室温。

5.4.2.5.2 试样溶液转移到滴定池中，加入 5 滴～6 滴溴酚蓝指示剂，把光度探头插入溶液液面 1 cm

下，在波长 600 nm 处用氢氧化钾-乙醇标准滴定溶液(5.4.2.3.1)滴定，仪器自动判定滴定终点，记录标准滴定溶液消耗的毫升数。

5.4.2.5.3　在同一条件下作空白试验。

5.4.2.6　计算

计算方法同 5.4.1.6。

5.4.2.7　结果表述

计算结果按两次测试值的平均值表示，按照 GB/T 8170 修约到三位有效数字。

5.4.2.8　精密度

5.4.2.8.1　重复性

在重复性条件下获得的两次独立测试结果的测定值，端羧基在 15 mol/t～35 mol/t 时，这两个测试的绝对差值不超过重复性限(2.0 mol/t)，超过重复性限(2.0 mol/t)的情况不超过 5%。

5.4.2.8.2　再现性

在再现性条件下获得的两次独立测试结果的绝对差值，端羧基在 15 mol/t～35 mol/t 时，不大于再现性限(3.0 mol/t)，超过再现性限(3.0 mol/t)的情况不超过 5%。

5.5　色度的试验方法

5.5.1　方法 A(干燥粉碎法)

5.5.1.1　方法提要

试样经干燥、粉碎后用自动色差计测试试样色度，结果以 HunterLab 表示。

5.5.1.2　仪器和设备

5.5.1.2.1　自动色差计：D 65 光源，10°视角，HunterLab 色系。

5.5.1.2.2　工作标准板。

5.5.1.2.3　样品杯：石英玻璃。

5.5.1.2.4　鼓风干燥箱。

5.5.1.2.5　样筛：833 μm 和 350 μm。

5.5.1.3　试验步骤

5.5.1.3.1　把试样放入鼓风干燥箱中，大有光 PET 切片在(140±5)℃加热 60 min；半消光 PET 切片和全消光 PET 切片在(135±5)℃下加热 30 min，使之结晶。取出冷却后，粉碎过筛，取 833 μm～350 μm 的颗粒。

5.5.1.3.2　在样品杯内放入筛得的试样颗粒，使试样堆积紧密，放于测量孔上，测定试样的色度(L 值，a 值和 b 值)，每转动约 120°进行测试，共测三点。

5.5.1.4　结果表述

取三点测量值的算术平均值作为测定结果，按照 GB/T 8170 将 L 值修约到三位有效数字，a 值和 b 值修约到二位有效数字。

5.5.1.5　精密度

在重复性条件下获得的两次独立测试结果的测定值，L 值在 75～95 范围时，L 值测试的绝对差值不超过重复性限(2.0)；给出的 b 值在－1～6 范围时，b 值测试的绝对差值不超过重复性限(0.6)；给出的 a 值在－2.0～2.0 范围时，a 值测试的绝对差值不超过重复性限(0.4)，超过重复性限的情况不超过 5%。

5.5.2　方法 B(干燥法)

试样不需要粉碎过筛，其试验步骤参照 5.5.1，但需测两杯试样，取两杯试样计算结果的平均值作为测试结果。

5.6 凝集粒子的试验方法

5.6.1 方法提要

在显微镜下观察试样中的凝集粒子，进行尺寸测量并计数。

5.6.2 仪器和设备

5.6.2.1 显微镜(放大倍数 200 倍～400 倍)及显微镜照明灯。

5.6.2.2 切片机：分度值 1 μm。

5.6.2.3 分析天平：精度 0.1 mg。

5.6.2.4 盖玻片：厚度 0.17 mm。

5.6.2.5 医用镊子和剪刀。

5.6.2.6 测微尺：分度值 0.01 mm。

5.6.2.7 载玻片：厚度 1 mm。

5.6.3 试剂

折光指数接近 $nD_{20}=1.51$ 的油剂或润湿剂。

5.6.4 试验步骤

5.6.4.1 随机从试样中取五粒 PET 切片，每粒切片用切片机切取厚度为 20 μm 的薄片 5 片～8 片，使所切薄片总数的质量达到 3 mg～5 mg，精确到 0.1 mg，将这些薄片放在洁净的载玻片上，并用试剂将其很好地湿润(或其他物理方法)，把盖玻片紧紧地压在试样上，使形成一个平整的表面。

5.6.4.2 把装有薄片的载片放到显微镜台上，调节显微镜焦距，用透射光观察大于、等于 10 μm(或所需尺寸)的凝集粒子。圆形粒子按其直径测量、其他形状的粒子按最长的部分测量并计数。

5.6.5 计算

凝集粒子按式(11)计算：

$$X_3 = \frac{N}{m} \qquad \cdots\cdots(11)$$

式中：

X_3——试样中凝集粒子的数量，单位为个每毫克(个/mg)；

N——测得的凝集粒子总数，单位为个；

m——薄片总数的质量，单位为毫克(mg)。

5.6.6 结果表述

计算结果按照 GB/T 8170 修约到二位有效数字。

5.6.7 精密度

由于样品的凝集粒子分布不符合正态分布，故本方法对精密度不作规定。

5.7 水分的试验方法

5.7.1 方法 A(重量法)

5.7.1.1 方法提要

将试样放入真空干燥箱内加热，使水分挥发，根据试样干燥前后质量的变化，计算试样的水分。

5.7.1.2 仪器和设备

5.7.1.2.1 分析天平：精度 0.1 mg。

5.7.1.2.2 真空干燥箱：使用范围 20 ℃～200 ℃。

5.7.1.2.3 称量瓶：ϕ65 mm×35 mm。

5.7.1.2.4 干燥器。

5.7.1.3 试验步骤

5.7.1.3.1 把称量瓶放在真空干燥箱中，在残余压力低于 400 Pa，温度 120 ℃的条件下干燥 2 h。除去真空，打开干燥箱，把称量瓶迅速移入干燥器中，冷却 30 min 后称量，准确到 0.1 mg。

5.7.1.3.2　在上述称量瓶中称入约 20 g 试样，准确到 0.1 mg，按 5.7.1.3.1 步骤操作。

5.7.1.4　**计算**

水分按式(12)计算：

$$X_4 = \frac{m_1 - m_2}{m} \times 100 \qquad \cdots\cdots (12)$$

式中：

X_4——试样水分的质量分数，%；

m_1——干燥前试样和称量瓶的质量，单位为克(g)；

m_2——干燥后试样和称量瓶的质量，单位为克(g)；

m——试样的质量，单位为克(g)。

5.7.1.5　**结果表述**

计算结果以两次平行样测试值的平均值表示，按照 GB/T 8170 修约到二位有效数字。

5.7.1.6　**精密度**

在重复性条件下获得的两次独立测试结果的测定值，水分在 0.10%～0.40%时，这两个测试的绝对差值不超过重复性限(0.05%)，超过重复性限(0.05%)的情况不超过 5%。

5.7.2　**方法 B(卤素水分仪法)**

5.7.2.1　**方法提要**

试样在卤素加热单元内，水分快速逸出，当仪器显示值保持稳定时，根据失重计算试样的水分。

5.7.2.2　**仪器和设备**

5.7.2.2.1　卤素水分测定仪。

5.7.2.2.2　铝制试样盘。

5.7.2.3　**试验步骤**

5.7.2.3.1　开机待仪器稳定后，设置终点判断的级别为 5 级，升温模式为逐步升温模式。仪器加热温度设为 120 ℃；测试时间设为 30 min。

5.7.2.3.2　称取试样 10 g 左右放入卤素水分测定仪托盘中。

5.7.2.3.3　启动逐步升温模式，当卤素水分测定仪托盘自动弹出时，显示屏显示结果即为试样的实际水分。

5.7.2.4　**结果表述**

试验结果按照 GB/T 8170 修约到二位有效数字。

5.7.2.5　**精密度**

在重复性条件下获得的两次独立测试结果的测定值，给出的水分在 0.10%～0.40%时，这两个测试的绝对差值不超过重复性限(0.05%)，超过重复性限(0.05%)的情况不超过 5%。

5.8　**粉末和异状切片的试验方法**

5.8.1　**方法提要**

试样经规定尺寸的样筛过筛，筛出粉末并称量，从筛余物中捡出异状粒子并称量。

本方法适用于粉末的最低检出限为 50 mg/kg。

5.8.2　**仪器和设备**

5.8.2.1　分析天平：精度 0.1 mg。

5.8.2.2　称样纸。

5.8.2.3　称量瓶：ϕ70 mm×30 mm。

5.8.2.4　毛刷。

5.8.2.5　样筛：833 μm。

5.8.3　**试验步骤**

5.8.3.1　称取试样 100 g。把样筛放置在称样纸上，然后将试样倒入样筛，进行筛分。

5.8.3.2 把称样纸上的粉末进行称量并计算。

5.8.3.3 从筛余物中捡出异状切片，称量并计算。

5.8.4 计算

粉末按式(13)计算，异状切片按式(14)计算：

$$X_5 = \frac{m_1}{m} \times 1\,000 \quad \cdots\cdots(13)$$

式中：

X_5——试样的粉末含量，单位为毫克每千克(mg/kg)；

m_1——粉末的质量，单位为毫克(mg)；

m——试样的质量，单位为克(g)。

$$X_6 = \frac{m_2}{m} \times 100 \quad \cdots\cdots(14)$$

式中：

X_6——试样的异状切片的质量分数，%；

m_2——异状切片的质量，单位为克(g)。

5.8.5 结果表述

按照 GB/T 8170，粉末的计算值修约到二位有效数字；异状切片的计算值修约到二位有效数字。

5.8.6 精密度

由于样品的粉末和异状切片的分布不符合正态分布，故本方法对重复性和再现性不作规定。

5.9 二氧化钛含量的试验方法

5.9.1 方法 A(分光光度法)

5.9.1.1 方法提要

试样在加热情况下，用浓硫酸和适量过氧化氢溶解。冷却后再加入过氧化氢溶液使之形成黄色络合物，在分光光度计 410 nm 处测定其吸光值。

5.9.1.2 仪器和设备

5.9.1.2.1 分光光度计：波长 320 nm～810 nm，备有 3 cm 的比色皿。

5.9.1.2.2 分析天平：精度 0.1 mg。

5.9.1.2.3 加热装置。

5.9.1.2.4 容量瓶：100 mL、1 000 mL。

5.9.1.2.5 刻度移液管：2 mL、5 mL、10mL。

5.9.1.2.6 凯式烧瓶：50 mL 或 250 mL 三角烧瓶。

5.9.1.2.7 烧杯：100 mL、2 000 mL。

5.9.1.2.8 试剂瓶：1 000 mL。

5.9.1.3 试剂

5.9.1.3.1 硫酸。

5.9.1.3.2 硫酸铵。

5.9.1.3.3 硫酸溶液：$c(H_2SO_4)=5$ mol/L。

5.9.1.3.4 过氧化氢。

5.9.1.3.5 过氧化氢溶液：3%。

5.9.1.3.6 二氧化钛：纯度 99.9%。

5.9.1.3.7 钛标准溶液：1 mg/mL：将 166.8 mg 二氧化钛(相当于 100 mg 钛)、5 g 硫酸铵和 10 mL 硫酸(5.9.1.3.1)加入到 100 mL 烧杯中加热溶解，自然冷却后，将此溶液转移至 100 mL 容量瓶中，用蒸馏水稀释至刻度线，摇匀。

5.9.1.4 工作曲线的绘制

5.9.1.4.1 用刻度移液管移取钛标准溶液(5.9.1.3.7)0 mL、0.2 mL、0.4 mL、0.6 mL、0.8 mL、1.0 mL 分别注入 100 mL 容量瓶。

5.9.1.4.2 在上述容量瓶中,各加入 50 mL 蒸馏水和 20 mL 硫酸溶液(5.9.1.3.3),摇匀后用移液管各加入 10 mL 3%过氧化氢溶液,最后用蒸馏水稀释至刻度,摇匀。

5.9.1.4.3 在分光光度计 410 nm 波长处,用 3 cm 比色皿测定 5.9.1.4.1 中溶液的吸光度。

5.9.1.4.4 根据钛含量对应的吸光度绘制工作曲线。

5.9.1.5 试验步骤

5.9.1.5.1 称取适量试样(半消光 PET 切片约 250 mg;全消光 PET 切片约 40 mg),放入 50 mL 的凯氏烧瓶中,加入 10 mL 浓硫酸。

5.9.1.5.2 将上述凯氏烧瓶置于加热装置上加热到试样完全溶解,溶液呈深褐色。稍冷后,立即逐滴加入过氧化氢(5.9.1.3.4),使溶液脱色至无色透明并冷却至室温,转移到 100 mL 容量瓶中,加入 10 mL 3%过氧化氢溶液,以蒸馏水稀释至刻度,用 3 cm 比色皿,在 410 nm 波长处测定吸光度。

5.9.1.6 计算

二氧化钛含量按式(15)计算:

$$X_7=\frac{q\times 1.67}{m}\times 100 \qquad \cdots\cdots(15)$$

式中:

X_7——试样的二氧化钛质量分数,%;

q——在工作曲线上查得的试样溶液中钛的质量,单位为毫克(mg);

1.67——二氧化钛摩尔质量与钛摩尔质量之比;

m——试样的质量,单位为毫克(mg)。

5.9.1.7 结果表述

计算结果以两次平行样测试值的平均值表示,按照 GB/T 8170 修约到三位有效数字。

5.9.1.8 精密度

5.9.1.8.1 重复性

在重复性条件下获得的两次独立测试结果的测定值,二氧化钛含量在 0.25%~0.35%时,这两个测试的绝对差值不超过重复性限(0.020%),超过重复性限(0.020%)的情况不超过 5%;当二氧化钛含量在 2.0%~3.0%时,这两个测试的绝对差值不超过重复性限(0.120%),超过重复性限(0.120%)的情况不超过 5%。

5.9.1.8.2 再现性

在再现性条件下获得的两次独立测试结果的绝对差值,二氧化钛含量在 0.25%~0.35%时,这两个测试的绝对差值不超过再现性限(0.040%),超过再现性限(0.040%)的情况不超过 5%;当二氧化钛含量在 2.0%~3.0%时,这两个测试的绝对差值不超过再现性限(0.200%),超过再现性限(0.200%)的情况不超过 5%。

5.9.2 方法 B(X 射线法)

5.9.2.1 方法提要

钛元素在 X 射线作用下能够产生荧光。在试样表面,荧光强度与钛元素含量成正比。通过测定试样表面荧光强度,定量其中二氧化钛含量。

5.9.2.2 仪器和设备

5.9.2.2.1 X 射线荧光分光光度仪。

5.9.2.2.2 专用铬型 X 光管。

5.9.2.2.3 专用氟化锂晶体。

5.9.2.2.4 热压机(足够热熔试样)。

5.9.2.2.5 专用模具。

5.9.2.3 试剂

5.9.2.3.1 P-10气体:甲烷(10%)、氩气(90%)高纯。

5.9.2.3.2 二氧化钛标准样板。

5.9.2.4 试验条件

5.9.2.4.1 检测气使用P-10气体,以最小流量控制以保证测定数据稳定。

5.9.2.4.2 测定计数时间,100 s。

5.9.2.4.3 检测器电压,40 kV。

5.9.2.5 工作曲线的制作

5.9.2.5.1 按照仪器要求作测试准备,运行正常后,将样板置入测试孔内测定。

5.9.2.5.2 以系列二氧化钛标准样板对仪器进行多点校正。每块标准样板测定光强度,两次测定值相对误差在2%内,取平均值作为校对值。

5.9.2.5.3 以5.9.2.5.2过程中的系列标样样品测定结果与对应二氧化钛含量制作标准曲线并确定斜率K值。

5.9.2.6 试验步骤

5.9.2.6.1 将试样放入模具内,将其置入热压机预热,给予一定的压力,放气约5 min后,加压至压力表红刻度线处,约10 min后将模具取出冷却。

5.9.2.6.2 取出试样板,按5.9.2.5.2、5.9.2.5.3过程对试样进行测试。

5.9.2.7 计算

二氧化钛含量按式(16)计算:

$$X_8 = KI + C \quad \cdots\cdots(16)$$

式中:

X_8——试样二氧化钛含量,%;

K——工作曲线斜率;

C——工作曲线空白值,%;

I——测得的光强计数率。

5.9.2.8 结果表述

计算结果按照GB/T 8170修约到三位有效数字。

5.9.2.9 精密度

5.9.2.9.1 重复性

在重复性条件下获得的两次独立测试结果的测定值,二氧化钛含量在0.25%~0.35%时,这两个测试的绝对差值不超过重复性限(0.020%),超过重复性限(0.020%)的情况不超过5%;当二氧化钛含量在2.0%~3.0%时,这两个测试的绝对差值不超过重复性限(0.120%),超过重复性限(0.120%)的情况不超过5%。

5.9.2.9.2 再现性

在再现性条件下获得的两次独立测试结果的绝对差值,二氧化钛含量在0.25%~0.35%时,这两个测试的绝对差值不超过再现性限(0.040%),超过再现性限(0.040%)的情况不超过5%;当二氧化钛含量在2.0%~3.0%时,这两个测试的绝对差值不超过再现性限(0.200%),超过再现性限(0.200%)的情况不超过5%。

5.10 灰分的试验方法

5.10.1 方法提要

试样经炭化,高温灼烧,根据灼烧残渣及二氧化钛含量,算出灰分。

本方法最低检出限:0.005%。

5.10.2 **仪器和设备**

5.10.2.1 分析天平:精度0.1 mg。

5.10.2.2 瓷坩埚:50 mL或100 mL。

5.10.2.3 电炉或灰化炉。

5.10.2.4 马弗炉:温度控制[(650～1 000)±25]℃。

5.10.2.5 坩埚钳。

5.10.2.6 干燥器。

5.10.3 **试验步骤**

5.10.3.1 把瓷坩埚放入马弗炉中,于850 ℃灼烧60 min,取出后移至干燥器中,冷却30 min,称得坩埚重量,准确至0.1 mg。重复上述步骤,直到灼烧至两次称量之差不大于0.4 mg。

5.10.3.2 在上述坩埚中称入适量试样(全消光PET切片、半消光PET切片称5 g,大有光PET切片称10 g),放在电炉或灰化炉上,不燃烧地进行炭化,直至全部试样炭化完毕。

5.10.3.3 将坩埚转移到850 ℃马弗炉中,继续灼烧60 min。取出后移至干燥器中,冷却30 min,称得残渣质量,准确至0.1 mg。重复上述步骤,直到灼烧至两次称量之差不大于0.4 mg。

5.10.4 **计算**

试样的灰分按式(17)计算:

$$X_9 = \frac{m_2 - m_1}{m} \times 100 - X_7 \qquad (17)$$

式中:

X_9——试样的灰分的质量分数,%;

m_2——灼烧残渣和空坩埚的质量,单位为克(g);

m_1——空坩埚的质量,单位为克(g);

m——试样的质量,单位为克(g);

X_7——当二氧化钛含量参与灰分计算时,此值为原始测试值,%。

5.10.5 **结果表述**

计算结果以两次平行样测试值的平均值表示,按照GB/T 8170修约到一位有效数字。

5.10.6 **精密度**

5.10.6.1 **重复性**

在重复性条件下获得的两次独立测试结果的测定值,灰分在0.01%～0.07%时,这两个测试的绝对差值不超过重复性限(0.01%),超过重复性限(0.01%)的情况不超过5%。

5.10.6.2 **再现性**

在再现性条件下获得的两次独立测试结果的绝对差值,灰分在0.01%～0.07%,不大于再现性限(0.015%),超过再现性限(0.015%)的情况不超过5%。

5.11 **铁含量的试验方法**

5.11.1 **方法提要**

试样灰化灼烧后的残余物溶于盐酸,用盐酸羟铵把三价铁离子还原成二价铁离子,遇邻菲罗啉后生成橙红色络合物,用分光光度计在510 nm处测定其吸光值。

本方法适用于铁含量的最低检出限为0.5 mg/kg。

5.11.2 **仪器和设备**

5.11.2.1 分光光度计:备有5 cm的比色皿。

5.11.2.2 分析天平:精度0.1 mg。

5.11.2.3 加热装置。

5.11.2.4　容量瓶：100 mL、500 mL、1 000 mL。

5.11.2.5　量杯：20 mL。

5.11.2.6　烧杯：100 mL。

5.11.2.7　刻度移液管：2 mL、5 mL、10 mL。

5.11.2.8　pH 计。

5.11.2.9　三角漏斗：直径 55 mm。

5.11.3　试剂

5.11.3.1　硫酸溶液：$c(H_2SO_4)=9$ mol/L。

5.11.3.2　盐酸溶液：$c(HCl)=5$ mol/L。

5.11.3.3　甲醇。

5.11.3.4　氨水(85 g/L 溶液)：将 374 mL 质量分数为 25%的氨水，用水稀释至 1 000 mL 并混匀。

5.11.3.5　邻菲罗啉。

5.11.3.6　盐酸羟铵。

5.11.3.7　硫酸铁铵[$NH_4Fe(SO_4)_2 \cdot 12H_2O$]。

5.11.3.8　铁标准溶液(0.02 g/L)：称取硫酸铁铵 1.727 g，精确至 1 mg。溶解在 200 mL 的水中，转移到 1 000 mL 容量瓶中，加 20 mL 硫酸溶液，稀释至刻线混匀。移取此溶液 50 mL 到 500 mL 的容量瓶中，稀释至刻线并混匀。

5.11.4　工作曲线的制作

5.11.4.1　用刻度移液管移取 5.11.3.8 铁标准溶液 0 mL、0.5 mL、1.0 mL、1.5 mL、2.0 mL、2.5 mL、3.0 mL 分别注入 100 mL 烧杯中，各加入 40 mL 左右蒸馏水。

5.11.4.2　在上述烧杯中各加入 5 mL 4%的盐酸羟铵溶液摇匀，用氨水调节溶液的 pH 至 5.5 左右，待溶液冷却后转移至 100 mL 容量瓶中，各加入 5 mL 浓度为 1 g/L 的邻菲罗啉溶液，用蒸馏水稀释至刻度，摇匀，静置 15 min。

5.11.4.3　在分光光度计 510 nm 波长处，用 5 cm 比色皿测定 5.11.4.2 中溶液的吸光度。

5.11.4.4　根据铁含量对应的吸光度绘制工作曲线。

5.11.5　试验步骤

5.11.5.1　在灰化后的残渣中加入 5 mL 盐酸溶液，加热溶解，冷却后用滤纸滤入 100 mL 烧杯中，用约 40 mL 蒸馏水多次冲洗滤纸至烧杯中。

5.11.5.2　按 5.11.4.2、5.11.4.3 步骤测得试样液的吸光度。

5.11.6　计算

铁含量按式(18)计算：

$$X_{10}=\frac{q}{m}\times 1\,000 \quad \cdots\cdots(18)$$

式中：

X_{10}——试样的铁含量，单位为毫克每千克(mg/kg)；

q——在工作曲线上查得的试样液铁质量，单位为毫克(mg)；

m——试样的质量，单位为克(g)。

5.11.7　结果表述

计算结果按平行样测试值的平均值表示，按照 GB/T 8170 修约到二位有效数字。

5.11.8　精密度

5.11.8.1　重复性

在重复性条件下获得的两次独立测试结果的测定值，铁含量在 0.5 mg/kg～4.0 mg/kg 时，这两个测试的绝对差值不超过重复性限(0.5 mg/kg)，超过重复性限(0.5 mg/kg)的情况不超过 5%。

5.11.8.2 **再现性**

在再现性条件下获得的两次独立测试结果的绝对差值，铁含量在0.5 mg/kg～4.0 mg/kg时，不大于再现性限(1.0 mg/kg)，超过再现性限(1.0 mg/kg)的情况不超过5%。

5.12 **试验报告**

试验报告应包括：

——试样名称和来源；

——使用的标准(包括发布或出版年号)；

——使用的方法(包括标准中包括几个方法)；

——结果，包括涉及“结果计算”一章的内容，当测试结果在未检出时，报告结果以小于最低检测限报出；

——与基本分析步骤的差异；

——观察到的异常现象；

——试验日期。

ICS 29.140.20
K 71

中华人民共和国国家标准

GB 14196.1—2008/IEC 60432-1:2005
代替 GB 14196.1—2002

白炽灯安全要求 第1部分:家庭和类似场合普通照明用钨丝灯

Incandescent lamps—Safety specifications—Part 1: Tungsten filament lamps for domestic and similar general lighting purposes

(IEC 60432-1:2005,IDT)

2008-12-30 发布 2010-04-01 实施

中华人民共和国国家质量监督检验检疫总局
中国国家标准化管理委员会 发布

前　言

本部分的全部技术内容为强制性。

GB 14196《白炽灯安全要求》现有3个部分：

——第1部分:家庭和类似场合普通照明用钨丝灯；

——第2部分:家庭和类似场合普通照明用卤钨灯；

——第3部分:卤钨灯(非机动车辆用)。

本部分为GB 14196的第1部分。

本部分等同采用IEC 60432-1:2005《白炽灯安全要求　第1部分:家庭和类似场合普通照明用钨丝灯》(第2.1版,英文版)。

本部分等同翻译IEC 60432-1:2005。

为便于使用,本部分做了下列编辑性修改:

a)　“本国际标准”一词改为“本部分”；

b)　用小数点“.”代替作为小数点的“,”；

c)　删除IEC 60432-1：1999的前言；

d)　对于引用的其他国际标准中有被等同采用为我国标准的,本部分引用我国的这些国家标准或行业标准代替对应的国际标准,其余未有等同采用为我国标准的国际标准,在本部分中均被直接引用(见1.2)。

本部分代替GB/T 14196.1—2002《家庭和类似场合普通照明用钨丝灯安全要求》。

本部分与GB/T 14196.1—2002相比有如下区别:

——依据IEC 60432-1:2005进行修改,其中包括:表2、2.8、表5、3.4.2、附录K中表K.1和K.6。

——修正了上一版本中的错误,包括理解和用词的错误,并将所用术语与GB/T 14196.3—2008统一起来。

本部分的附录A、附录B、附录C、附录D、附录E、附录F、附录G、附录H、附录J为规范性附录,附录K为资料性附录。

本部分由中国轻工业联合会提出。

本部分由全国照明电器标准化技术委员会(SAC/TC 224)归口。

本部分起草单位：欧司朗(中国)照明有限公司,北京电光源研究所。

本部分主要起草人:张俊斌、江姗。

本部分所代替标准的历次版本发布情况:

——GB 14196—1993,GB 14196.1—2002。

白炽灯安全要求　第1部分:家庭和类似场合普通照明用钨丝灯

1　概述

1.1　范围

GB 14196 的本部分规定了用于普通照明用白炽钨丝灯的安全和相关的互换性要求。本部分适用于具有以下特征的灯泡:

——额定功率为 200 W 以下(包括 200 W);

——额定电压处于 50 V～250 V 之间(包括 50 V,250 V);

——玻壳形状为 A,B,C,G,M,P,PS,PAR,R,或者具有相同用途的其他形状的玻壳;

——经过表面处理的各种玻壳;

——灯头为:B15d,B22d,E12,E14,E17,E26,E26d,E25/50×39,E27 或 E27/51×39。

在合理应用的限度内,本部分也适用于用途相同的、采用其他形状玻壳和灯头的灯泡。

本部分规定了制造商为表明其产品符合本部分所应采用的方法,此方法以对全部产品的评定为基础并与成品灯的试验记录有关。本方法也可用于认证。本部分还规定了对批量产品作有限评定的检验程序细则。

本部分中只规定了产品的安全要求,而未涵盖其性能要求如:光通量、寿命、功率消耗等。对于普通照明用钨丝灯中常见型号在这些方面的要求,读者应参照 IEC 60064 标准。

1.2　规范性引用文件

下列文件中的条款通过 GB 14196 的本部分的引用而成为本部分的条款。凡是注日期的引用文件,其随后所有的修改单(不包括勘误的内容)或修订版均不适用于本部分,然而,鼓励根据本部分达成协议的各方研究是否可使用这些文件的最新版本。凡是不注日期的引用文件,其最新版本适用于本部分。

GB 1406.1　灯头的型式和尺寸　第1部分:螺口式灯头(GB 1406.1—2008,IEC 60061-1:2005,MOD)

GB 1406.5　灯头的型式和尺寸　第5部分:卡口式灯头(GB 1406.5—2008,IEC 60061-1:2005,MOD)

GB/T 1483.1　灯头、灯座检验量规　第1部分:螺口式灯头、灯座的量规(GB/T 1483.1—2008,IEC 60061-3:2004,MOD)

GB/T 1483.5　灯头、灯座检验量规　第5部分:卡口式灯头、灯座的量规(GB/T 1483.5—2008,IEC 60061-3:2004,MOD)

GB 7000.1　灯具　第1部分:一般要求与试验(GB 7000.1—2007,IEC 60598-1:2003,IDT)

GB 14196.2　白炽灯安全要求　第2部分:家庭和类似场合普通照明用卤钨灯(GB 14196.2—2008,IEC 60432-2:2005,IDT)

GB/T 21098　灯头、灯座及检验其安全性和互换性的量规　第4部分:导则及一般信息(GB/T 21098—2007,IEC 60061-4:2004,IDT)

IEC 60064　家庭和类似场合普通照明用钨丝灯　性能要求

IEC 60360　灯头温升的测量方法

IEC 60410　计数检查抽样方案和程序

IEC 60887　电光源玻壳型号的命名方法

ISO 3951　不合格品率计量抽样检查程序和抽样表

1.3　术语和定义

本部分采用下列术语和定义。

1.3.1

种类　category

制造商生产的一般结构(玻壳形状、外形尺寸、灯头型号、灯丝型号)、额定功率、额定电压及玻壳表面处理都相同的灯泡。在本部分中是指：

a)　透明、磨砂和具有磨砂效果的涂层灯泡属于同一种类；

b)　各种彩泡与涂白灯泡不属于同一种类。

注：根据 IEC 60064 定义，不同灯头的灯泡不属于同一种类，但属于同一型号。

1.3.2

型号　type

指与灯头型号无关，有着相同的光电参数的灯泡。

1.3.3

规格　class

制造商生产的一般结构(玻壳形状、外形尺寸、灯头型号、灯丝型号)、额定功率和玻壳表面处理相同，额定电压在同一电压范围(例如：100 V～150 V，200 V～250 V)但值不同的所有灯泡。

1.3.4

额定电压　rated voltage

相关的标准中规定的或由制造商或经销商规定的电压或电压范围(如果灯泡标注的是电压范围，那它将适用于该电压范围内的任一电源电压)。

1.3.5

试验电压　test voltage

除非另有规定，一般为额定电压。(如果灯泡标注的是电压范围，除非另有规定，试验电压为该范围的平均值。)

1.3.6

额定功率　rated wattage

相关的标准中规定的或由制造商或经销商规定的功率。

1.3.7

寿终　end of life

接通电源的灯泡停止发光的瞬间。

1.3.8

灯头温升　cap temperature rise

Δt_s

按照 IEC 60360 测量时，装在灯泡灯头上的标准试验灯座高于环境温度的表面温升。

1.3.9

型式试验　design test

为检验某一种类、规格或一组种类灯泡是否符合相关条款要求而对样品进行的试验。

1.3.10

例行试验　periodic test

为检验产品在某些方面没有偏离给定的设计要求而每隔一段时间重复进行的试验。

1.3.11

交收试验　running test

为评定提供数据而经常重复进行的试验。

1.3.12

批量　batch

一次提交验收的同一种类的全部灯泡。

1.3.13

全部产品　whole production

制造商在12个月期间生产并指定列入清单的属于本部分范围的所有型号的灯产品，认证证书中包括该清单。

1.3.14

碗形镜面灯泡　bowl mirror lamp

灯泡的玻壳部分涂有反射型材料以反射灯头方向大部分光的灯泡。

1.3.15

灯头的最高温度　maximum cap temperature

灯泡的灯头区域部件在灯泡寿命期间所承受的最高设计温度。

1.3.16

灯泡颈部的基准直径　lamp neck reference diameter

对于防意外接触有影响的灯泡颈部直径。该直径应在距灯头焊片一定距离之处测量。

对装有E14灯头的灯，该距离为30 mm。

2　要求

2.1　概述

灯泡的结构和设计应使其在正常使用中不致对人和周围环境造成危险。

灯泡应符合本章的要求。

2.2　标志

2.2.1　强制性标志

灯上应标有下述内容，并且在按照A1程序试验之后仍应清晰而耐久：

a)　来源标志(可以是商标、制造商名称或经销商名称)；

b)　额定电压或额定电压范围，用"V"或"伏"表示；

c)　额定功率，用"W"或"瓦"表示。

对玻壳直径在40 mm以上而实际功率在14 W(包含14 W)以下的灯泡无需标明功率。

对于采用英国电源电压的灯，所标出的额定电压可以是"240 volts"或"240 V"。

注：电源电压统一为230 V(欧洲协调过程)，在英国的实施方式允许英国的电源电压维持在240 V不变。

2.2.2　带介质膜反射型(冷光束)灯泡和碗形镜面灯泡

灯的最小包装(盒)上应标有附录B规定的相关标志。

2.2.3　限制燃点位置的灯

对于需要限制其燃点位置的灯，例如装有E27或B22d灯头的60 W烛形和球形灯，只有灯头不朝上燃点时，才能达到灯头温升的要求。所以灯的最小包装(盒)上应标注相应的标志，附录B中列有范例。

注：2.2.2和2.2.3的要求的用意是让最终用户了解相关的信息。

2.3　对意外接触螺口灯座的防护

带螺口灯头的灯泡的尺寸应确保符合GB 1406.1的要求，具有防意外接触性能。

灯泡应符合 GB/T 1483.1 给出的相应的量规,并满足表 1 的要求:

表 1 检验灯泡防意外接触性能的量规

灯头	量规活页号	灯头	量规活页号
E12	—	E26d	GB/T 1483.1-29A
E14	见 2.3.1	E27/25,E27/27	GB/T 1483.1-51A
E17	—	E27/51×39	GB/T 1483.1-51
E26/24			
E26/25	—		
E26/50×39	—		
注:表中"—"标志表示目前还没有相应的检验量规。			

2.3.1 装有 E14 灯头的灯

装有 E14 灯头的灯应满足以下要求:

a) 烛形灯泡应配用 E14/25×17 灯头并用防意外接触规进行检验;

b) 球形灯泡、小型灯泡、管形灯泡以及反射型灯泡等其颈部基准直径在 21 mm 及以上的灯泡应配用 E14/25×17 灯头并用防意外接触规进行检验;

c) 球形灯泡、小型灯泡、管形灯泡和反射型灯泡等其颈部基准直径在 16 mm～21 mm 之间的灯泡应配用 E14/23×15 灯头或 E14/20 灯头;

d) 球形灯泡、小型灯泡、管形灯泡和反射型灯泡等其颈部基准直径在 14 mm～16 mm 之间的灯泡应配用 E14/20 灯头。

对 c)和 d)不需用量规进行检验,因为灯头的选择已保证了具有同 a)、b)相同的安全性。

2.4 灯头温升(Δt_s)

2.4.1 灯头的平均温升

12 个月内生产的每个规格灯泡的灯头温升平均值不应超过以下规定:

a) 表 2 中规定的相应值,或者;

b) 在依据 2.5.4b)采用较低的最大灯头温升的情况下,必须比表 2 中的相关数值低 45 K 以上。

但是,配有 E12、E17 和 E26 灯头的专用灯泡,允许有较高的灯头温升,前提是每只灯都应附有相应的警示标志。

注:在北美灯座和光源的设计主要依据一般磨砂、透明和白色灯的灯头温升特性。因此,如玻壳表面处理或其他特性会导致更高的灯头温升的灯,要求有特殊的警戒标志。

2.4.2 合格性

根据 IEC 60360 规定的程序,通过对灯头温升测量检验同一规格灯泡的合格性。

如果灯泡标注的是电压范围,且电压范围上下限与平均电压的差值不超过平均电压的 2.5%,测量灯头温升时应使用电压范围的平均值。如果电压范围更宽,测量时应采用所标注的最高值。

注:表 2 列出了按照灯泡的功率、玻壳和灯头分类的各种灯头温升平均值的上限。实际上一些设计特性如光中心高度、灯丝支架形式和玻壳表面处理都会影响灯头的温升,但这些因素已经考虑在内了。

2.4.3 批量检验

当取 20 只灯泡测试时,平均值应不超过 2.4.1 中的相应值加 9 K。

2.5 耐扭矩性

2.5.1 灯头

灯头及玻壳的连接应保证二者在正常工作期间处于固着状态。

表 2　各种规格和功率灯的灯头最大允许温升(Δt_s),12 个月内产品测试的平均值

组号	功率[a]/W	玻壳形状	Δt_s(最大值)/K							
			B15d	B22d	E12	E14	E17	E26/24	E26/25	E27
1	25/30	A、PS、M 和用于相同灯具中的其他形状玻壳	—	—	—	—	—	95	65	—
	40		—	—	—	—	—	95	85	—
	60		—	125	—	—	—	120	95	120
	100		—	135	—	—	—	120	110	130
	150/200		—	135	—	—	—	120	100	130
2	40	B、G(直径≤45 mm),P 和用于相同灯具中的其他形状玻壳	135	140	140[d,f]	130	—	140[d,f]	—	140
	60		145	125[b]	165[d,f]	140	—	165[d,f]	—	120[b]
3	15	C、F 和用于相同灯具中的其他形状玻壳	—	—	—	—	90[i]	—	90	—
	25		—	—	120	—	110[i]	120	110	—
	40		—	—	140[d,f]	—	130[i]	140[d,f]	130	—
	60		—	—	165[d,f]	—	130[i]	165[d,f]	130	—
4	25/40	G(直径>45 mm)	—	—	—	—	110	—	110	—
	60/100		—	—	—	—	—	—	110	—
5	25	P 和 G(直径≤45 mm)带碗形镜面	—	—	—	—	110	—	110	—
	40		135	135	—	135	—	—	110	135
	60		135	—	—	135	—	—	110	—
6	60	A 和 PS,带碗形镜面	—	130	—	—	—	—	110	130
	100		—	135	—	—	—	—	110	135
	150/200		—	135	—	—	—	—	—	135
7	25	R 和用于相同灯具中的其他形状玻壳	—	—	—	—	85	—	—	—
	40		120	120	—	120	95	145[f]	95	120
	60		—	130	—	—	105	145[f]	105	130
	100,150 或 200		—	135	—	—	—	145[f,g,h]	110	135
8	75	PAR 形灯泡[c]	—	—	—	—	—	145[f,h]	85	150
	100		—	—	—	—	—	145[f,h]	100	150
	150		—	—	—	—	—	145[f,h]	125	150
9	150	带介质膜反射杯的 PAR 形灯泡[c]	—	—	—	—	—	175	150	175

[a] 对于功率处于两档中间的灯泡,采用较高一档功率的要求。

[b] 可能需要限制燃点位置。

[c] 装有带裙边灯头的灯泡:E26/50×39,E27/51×39 等。

[d] 某些规格的灯泡,制造商可能规定其燃点位置为灯头在下或灯头在下至水平。

[e] 某些规格的灯泡,制造商可能规定其燃点位置为灯头在下。

[f] 某些规格的灯泡,制造商可能规定其用于高温灯座中,因为低温灯座可能损坏。

[g] 某些规格的灯泡,制造商可能规定其配合高温灯座使用时,灯头最高温度为 260 ℃。

[h] 这些类别中的一些灯可能因为不符合最新的能源法规而不允许在美国和加拿大销售。

[i] 待定。

2.5.2 未用过的灯

对于没有使用过的灯，当按照C.1的试验程序施加表3中规定的相应的扭力矩时，灯头和玻壳之间不应松动。当采用焊泥和粘结剂之外的连接方式时，玻壳和灯头之间允许产生相对位移但不应超过10°。

表3 初始扭矩值

灯头型号	扭矩值/Nm
B15d	1.15
B22d	3.0
E12	0.8
E14	1.15
E17	1.5
E26、E26d、E27、E26/50×39及E27/51×39	3.0

2.5.3 灯的抗热性

灯头和灯泥或其他连接方式应确保能承受此规格灯的最高灯头温度值。

当在2.5.4中相应温度下进行C.2中规定的加热试验之后，灯头与玻壳间应能承受表4中给定的扭矩而不应产生相对位移。当采用焊泥和粘结剂之外的连接方式时，灯头和玻壳之间允许产生相对位移但不应超过10°。

表4 灯泡加热后的扭矩值

灯头型号	扭矩值/Nm
B15d	0.3
B22d	0.75
E12	0.5
E14	1.0
E17	1.0
E26、E26d、E27、E26/50×39及E27/51×39	2.5

2.5.4 加热试验温度

加热试验的温度设定按下列的其中一种：

a) 表K.1中按灯头种类规定的最大灯头温度，或者；

b) 表K.1中规定为210 ℃的某规格的灯，如果灯泡功率为15 W及以下，且非反射型或碗形镜面反射灯泡，则制造商可以把灯泡设计成能承受的最大灯头温度为165 ℃，那么加热试验温度也为165 ℃。

注：在北美对于特殊应用，最大灯头温升比表K.1所示温度低时，最大灯头温升可由生产商给出。当确定了一个更低温度的灯头类型时，生产商被鼓励去：

——为本部分提出特别限值；

——提醒灯具生产商。

2.6 装有B15d、B22d、E26/50×39及E27/51×39灯头和带有绝缘裙边灯头的灯的绝缘电阻

当按照A.3的程序测量时，卡口灯泡的灯头电触点和灯头壳体之间或带绝缘裙边螺口灯头的绝缘裙边和灯头壳体之间的绝缘电阻不应小于2 MΩ。

2.7 意外带电部件

2.7.1 应与带电部件绝缘的金属部件

应与带电部件绝缘的金属部件不应带电。在按照A.4规定的方法检验之前，将任何可移动的导电

体在不使用工具的条件下放置在最不利的位置上。

2.7.2 卡口灯头

应与带电部件绝缘的金属部件与灯头接触片上的任何凸出物之间的间隙应不小于 1 mm。

2.7.3 螺口灯头

对于螺口灯头，灯头壳体任何凸出物的高度不应超出灯头表面 3 mm 以上。见图 1。

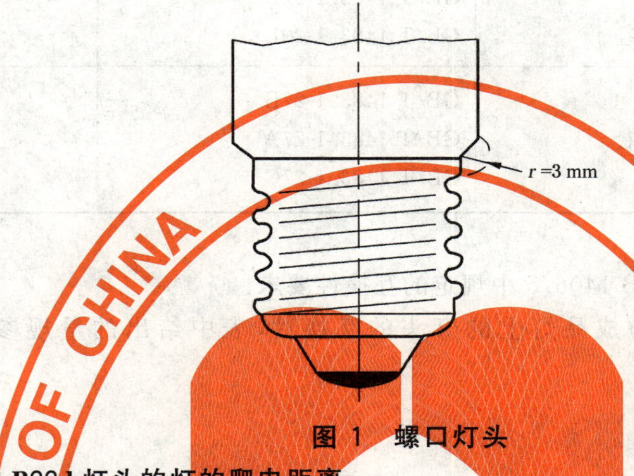

图 1 螺口灯头

2.8 装有 B15d 和 B22d 灯头的灯的爬电距离

灯头壳体的金属部分和电触点之间的爬电距离应符合 GB/T 21098，数据页 7007-6 的规定。

2.9 寿终安全性

在规定的条件下试验，灯泡失效时不应伴随出现玻壳破裂或掉头现象。对于卡口灯头灯泡在试验之后还不应出现对灯头壳体的内部短路。

试验条件如下：

——根据附录 D 进行诱导故障试验或者根据 GB 14196.2—2008 中附录 A 进行诱导故障的替代试验；

——根据附录 E 进行寿终试验。

注 1：当有争议时，则附录 D 和附录 E 为基准试验方法。

注 2：额定电压低于 100 V 的灯泡不适用于诱导故障试验，但适用于诱导故障的替代试验。

注 3：如果灯泡没有通过诱导故障试验，则不必再进行寿终试验。

注 4：在符合 H.3 规定的条件下，可用寿终试验代替诱导故障试验。

表 5 互换性量规和灯头尺寸

灯头	量规所检验的灯头尺寸	GB/T 1483.1 量规	GB/T 1483.5 量规
B15d、B22d	A_{min} A_{max}、D_{1max}、N_{min} 卡销的径向位置 灯头在灯座中保持固定的尺寸		GB/T 1483.5-10 GB/T 1483.5-11 GB/T 1483.5-4A GB/T 1483.5-4B
E12	螺纹最大尺寸 附加通规检验的螺纹尺寸 灯头螺纹的最小外径	GB/T 1483.1-27H GB/T 1483.1-27J GB/T 1483.1-28C	
E14	螺纹最大尺寸 灯头螺纹的最小外径 S_1尺寸	GB/T 1483.1-27F GB/T 1483.1-28H GB/T 1483.1-27G	

表 5（续）

灯头	量规所检验的灯头尺寸	GB/T 1483.1 量规	GB/T 1483.5 量规
E17	螺纹最大尺寸 灯头螺纹的最小外径	GB/T1483.1-27K GB/T 1483.1-28F	
E26、E26d、 E26/50×39	螺纹最大尺寸 灯头螺纹的最小外径	GB/T 1483.1-27D GB/T 1483.1-29L	
E27、 E27/51×39	螺纹最大尺寸 灯头螺纹的最小外径 S_1尺寸	GB/T 1483.1-27B GB/T 1483.1-27A GB/T 1483.1-27C	

2.10 互换性

灯头应符合 GB 1406.1 和 GB 1406.5 中规定的互换性要求。

采用表 5 中给出的量规检验成品灯上的灯头的互换性，表中给出的量规参见 GB/T 1483.1 和GB/T 1483.5。

2.11 灯具设计要求

参见附录 K。

3 评定

3.1 概述

本章规定了制造商为表明其产品符合本部分所应采用的方法，这方法以对全部产品的评定为基础并与成品灯的试验记录有关。本方法也可用于认证。3.2、3.3 及 3.5 给出了借助制造商的记录进行评定的详细说明。

3.4 和 3.6 给出了能对批量产品做出有限评定的批量试验程序的详细说明。该试验程序包括批量试验要求，从而使批量评定适用于含有安全性能不合格产品的批次。由于某些安全要求不能用批量试验进行检验，而且未必可能预先了解制造商产品的质量，所以，批量试验不能用于产品认证，也不能用于对批量产品的鉴定。如果某一批量产品试验合格，检验机构只能得出如下结论：没有理由以安全原因拒收该批产品。

3.2 依据制造商的记录对全部产品进行评定

3.2.1 制造商应提供证据表明他的产品确实符合 3.3 的特定要求。为此，制造商应提供与本部分要求有关的全部试验结果。

3.2.2 试验结果可从工作记录中提取，因此，这些记录可能并不是以已整理好的方式呈交的。

3.2.3 通常，评定工作应以达到 3.3 的验收标准的单个工厂为基础。但是，如果若干工厂处在同一质量管理下，可将这些工厂组合在一起。就认证而言，可发放一张证书以涵盖一组指定的工厂，但认证机构有权视察每个工厂，检验该厂有关的记录和质量控制程序。

3.2.4 为了认证，制造商应提交一份清单，清单内应有来源标志和本部分范围内的和指定工厂生产的相应灯的种类和规格。证书应包括生产厂清单中列出的和制造的全部灯的产品。补充和删除通知书可以随时发出。

3.2.5 在提交试验结果时，制造商可根据表 6 第 4 栏的要求对不同型号灯泡的试验结果进行归并。

对全部产品的评定，要求制造商的质量控制程序符合已被认可的最终检验的质量体系要求。在以过程检验和试验为基础的质量保证体系框架中，制造商可以通过过程检验代替成品试验来证明其产品符合本部分的某些要求。

3.2.6 制造商应提供与表 6 第 5 栏每一条款相关的足够的试验记录。

3.2.7 制造商记录中不合格品的数量不应超过附录F所示的与表6第6栏合格质量水平(AQL)相对应的限值。

3.2.8 评定所要评审的时期不必局限于预定的一个年份,而可以是评审日期之前连续的12个月。

3.2.9 曾经符合而现在不再符合特定判据的制造商,只要能提供下述证据,就有申请符合本部分的资格:

a) 一旦根据其试验记录证实有不符合标准的趋势,就采取了补救措施;

b) 在下述的时间内恢复了规定的验收合格质量水平;

——2.4.1、2.5.3和2.9为6个月;

——其他条款为1个月。

在按照a)和b)采取补救措施之后进行合格性评定时,应将不合格的那些类别的灯的试验记录按照其不合格的时间从12个月的试验结果总和中剔除。与补救期相关的试验结果应保留在该记录中。

3.2.10 如果制造商不符合某一条款的要求,而这个条款是允许按照3.2.5对试验结果进行归并的,如果他能通过补充试验证明问题只存在于某些规格的灯,则不应取消其此归并中全部规格的灯申请合格的资格。在这种情况下,或者按照3.2.9处理这些不合格规格的灯,或者将它们从制造商宣称符合本部分的灯规格的清单中删除。

3.2.11 对于根据3.2.10已从合格清单(见3.2.4)中删除的种类或规格的灯,如果再用一些灯进行出现不合格的条款所要求的试验能得到令人满意的结果,且受试灯的数量与表6所规定的每年最小样品数相等,则可将它们重新列入该清单。这种受试样品可以在短期内收集。

3.2.12 对于新产品,它们可能与现行规格的灯有着相同的特性。如果这种新产品从一开始生产就被列入抽样计划,则这些特性可视为合格。对于不同的特性,应在生产开始之前对其进行试验。

3.3 对制造商特定试验项目记录的评定

3.3.1 表6规定了试验的类型和不同条款的合格性评定方法所适用的其他资料。对于一些特定的试验,下面有更详细的信息。

只有当相关产品的物理或机械结构、材料或生产工艺发生实质性变化时才需要重复进行型式试验。并且只要求对受到这些变化的影响的那些特性进行试验。

3.3.2 有关2.5.3加热要求之后的耐扭力性试验,制造商可选择两种试验方法,即附录C所规定的方法。

注:如果采用方法C.1.4 b)得到的数据分布近似于高斯分布,则可以用正态分布的统计技术来评定产品的合格性,而且与方法C.1.4 a)比较,用较少的样品就可以达到相同的置信度水平。在这种情况下,应采用附录G的方法来评定。

3.3.3 有关2.4灯头温升要求,制造商应出示以下其中一种的试验记录:

——型式试验记录:样本量为五个,其中每个灯泡的灯头温升都比表2中数值至少低5 K;或

——例行试验记录:其平均值不超过表2的规定值,评定周期少于完整的12个月时,评定时须假定有5%的变异系数。

3.3.4 爬电距离应按照型式试验要求来评定。如果五个样品灯都达到2.8的要求,则通过试验。如果有两个或两个以上灯泡未达到要求,则要作为不符合记录下来。如果只有一个灯泡未达标,则需另取五个样品做进一步的试验,如果这五个灯泡全达到要求,则通过试验。

3.4 批量拒收条件

3.4.1 除3.4.2灯头温升试验外,不需要考虑已测试样品数量,只要达到表7所示任一不合格数,则拒收的条件已成立。当达到某一特定试验的不合格数时,则该批产品拒收。

3.4.2 对于灯泡灯头温升的批次试验,应先取五个灯泡进行测试,如果五个灯泡的灯头温升都比表2规定的值至少低5 K,则不需对灯头温升做进一步的测试。如果五个灯泡中有一个或更多个在测试中灯头温升值未达到至少比表2中规定值低5 K的要求,则需对总共20个灯泡进行测试,且平均温度不

应超过2.4.3规定的要求。

3.5 用于全部产品试验的抽样程序

3.5.1 采用表6中规定的要求。

3.5.2 每个生产日至少进行一次全部产品的交收试验。这些试验可在过程检验和试验中进行。

只要符合表6的要求,各种试验进行的频率可以不一样。

3.5.3 对全部产品的试验应在随机抽取的样品上进行,样品数不低于表6第5栏的规定。被抽取用于某一试验的灯泡不再用于其他试验。

3.5.4 对全部产品试验中意外带电部件的要求(见2.7),制造商应提供连续进行的100%检验的记录。

3.5.5 对寿终安全试验要求(见2.9),制造商应有一个抽样计划,该计划不应有意排除其合格产品清单中的任何规格。

表6 批量样品数及拒收数

1	2	3	4	5		6
条款	试验	试验类型	不同规格灯泡测试记录的归并原则	各个归并总体中最小年样品数		AQL[a]/%
				常年生产的灯泡	不经常生产的灯泡	
2.2.1	标志的清晰度 标志的耐久性	交收试验 交收试验	标志方法相同的所有规格灯泡 标志方法相同的所有规格灯泡	200 200	— —	2.5 2.5
2.2.2	符号的完备性	交收试验	标志方法相同的所有规格灯泡	—	32	2.5
2.3	意外接触防护	交收试验	用适当的灯头量规测试	200	32	1.5
2.4	灯头温升	型式试验或例行试验[e]	按灯泡规格	在设计改变时为5 20		—
2.5.2	耐扭力性 未用过的灯 a) 根据C.1.4a)定性测量 b) 根据C.1.4b)定量测量[c]	 交收试验 交收试验	 具有相同灯泥和相同灯头的所有灯泡 具有相同灯泥和相同灯头的所有灯泡	 200 75	 80 25	 0.65 0.65
2.5.3	加热试验后 a) 根据C.2.3a)进行试验 b) 根据C.2.3b)进行试验	 例行试验[b] 例行试验[b]	 具有相同灯泥和相同灯头的所有灯泡	 125 50	 80 20	 0.65 0.65
2.6	绝缘电阻	交收试验	装有B15d、B22d、E26/50×39和E27/51×39灯头所有规格灯泡	315		0.4
2.7	意外带电部件	100%检验	—	—		—
2.8	爬电距离	型式试验	a) B15d灯头的所有灯泡 b) B22d灯头的所有灯泡	当设计改变时5或10个[d] 当设计改变时5或10个[d]		

表 6（续）

1 条款	2 试验	3 试验类型	4 不同规格灯泡测试记录的归并原则	5 各个归并总体中最小年样品数		6 AQL[a]/%
				常年生产的灯泡	不经常生产的灯泡	
2.9	诱导故障试验 寿终试验	型式试验 例行试验	见 H.1 所有规格的所有灯泡	H.2 315		H.4 0.25
2.10	互换性	例行试验	具有同种灯头的所有灯泡	32		2.5

[a] 这个术语和表 F.1 的用法，参见 IEC 60410，该标准给出了抽检特性曲线。

[b] 对于不用灯泥固定灯头的灯，此为型式试验。

[c] 按附录 G 评定。

[d] 见 3.3.4。

[e] 见 3.3.3。

表 7　批量样品数及拒收数

条款序号	试验	样品数量	拒收数
2.2.1	标志的清晰度	200	11
2.2.1	标志的耐久性	200	11
2.2.2	符号的完备性	200	11
2.3	意外接触防护(螺口灯头)	200	8
2.4	灯头温升	见 3.4.2	
2.5.2	初始扭力矩	125	3
2.5.3	加热后扭力矩	125	3
2.6	绝缘电阻	500	6
2.7	意外带电部件	500	1
2.8	B15d 和 B22d 灯头的爬电距离	见 3.3.4	
2.9	寿终要求	200	2
2.10	互换性要求	200	11

3.6　用于批量产品试验的抽样程序

3.6.1　试验样品应按照协商一致的方法抽取，以确保具有充分的代表性。样品应从该批量的包装箱总数的三分之一中随机抽取，抽样的包装箱的总数不少于 10 箱。

3.6.2　为了防止灯意外破损，除规定的试验样品之外，还应选取一定数量的灯备用。这些灯只在需要补足所需求的受试灯数量时用于代替受试灯。

如果意外破损的灯更换与否不会影响试验结果，那么，只要能达到随后的试验所要求的灯的数量，则不必更换。如要更换这种破损的灯，则在计算试验结果时应不计入破损灯泡的结果。

经过运输后从包装盒中取出玻壳即已破损的灯泡不应用于试验。

3.6.3　批量样品灯数量

至少 500 只灯泡(见表 7)。

3.6.4　试验顺序

按照最方便的顺序完成表 7 所列条款的全部测试。

附　录　A
（规范性附录）
各种试验程序

A.1　标志

A.1.1　标志的清晰度和完备性用目测法检验。

A.1.2　标志的耐久性按照以下方法对未使用的灯泡进行检验。

标志的耐久性用一块质地平滑的湿布在灯泡的标志部分轻轻擦拭 15 s。

A.1.3　灯泡的最小包装（盒）上应有的标志用目测法检验。

A.2　灯头量规的使用

见 GB/T 1483.1 和 GB/T 1483.5 中的有关规定。

A.3　绝缘电阻

A.3.1　绝缘电阻用 500 V 直流兆欧表测量。

A.3.2　试验在成品灯上进行。如果必要的话，灯应在额定电压下老炼 1 h。

A.4　外露的金属部件

对于超出 2.7 规定限值的外露金属部件应该用目测法或自动化的仪器进行检验。此外，应该每天对自动化的仪器进行检查或对目测法的有效性进行验证。

附　录　B
（规范性附录）
包装标志符号

下图所示图形符号的高度不应小于 5 mm，包装上的字体不应小于 2 mm。

B.1　带介质膜的反射型冷光束灯泡和碗形镜面灯泡的包装标志

此类标志旨在防止将下述灯泡用于可能产生过高温度的不适当的灯具装置内，该类灯具上也应有相应的标志。见 GB 7000.1。

带介质膜反射杯的冷光束灯泡：

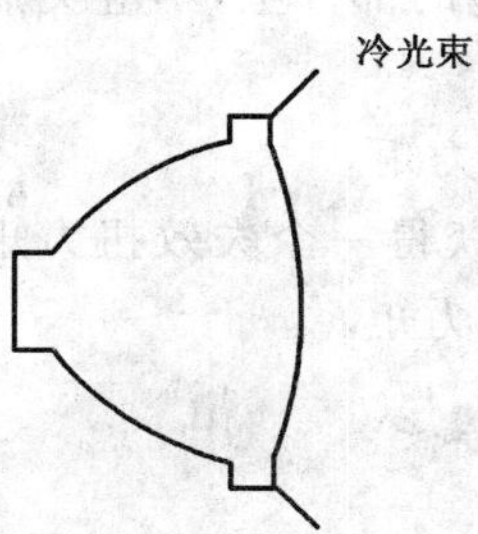

碗形镜面灯泡：

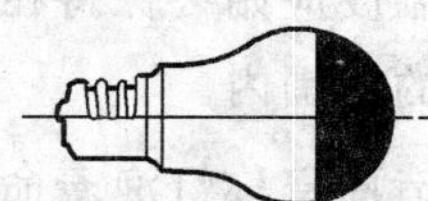

注：此标志中的灯头可根据实际情况画成卡口或螺口灯头。玻壳的形状可依照灯泡的实际形状而改变。

B.2　限制燃点位置的灯

这些标志表明灯泡仅允许灯头在下至水平位置燃点，否则可能过热。

标志的旁边应用文字说明以防阅读方向颠倒。

以下所列为烛形玻壳和球形玻壳灯泡的燃点位置限制标志：

烛形灯泡：

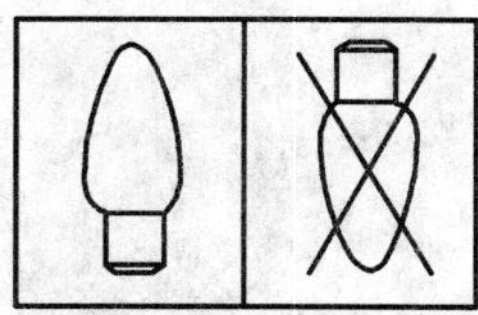

球形灯泡：

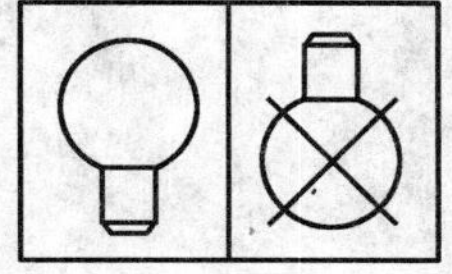

附　录　C
（规范性附录）
耐扭力性的试验程序

C.1　初始扭力矩

C.1.1　B15 和 B22 灯头用扭力试验灯座尺寸见图 C.1，E12、E14、E17、E26、E26d 和 E27 灯头用扭力试验灯座尺寸见图 C.2。

C.1.2　检验前应检查螺口灯头的试验灯座以确保试验灯座洁净并且没有油脂和润滑剂。

C.1.3　被测灯泡的灯头装入相应的灯座中，将灯头或者玻壳用机械方法固定紧。

C.1.4　扭力矩应该平稳缓慢地施加到灯泡的部件上，不应突然施力。施加扭力矩时应遵循下述任一方案：

a)　根据表 3 的规定，施加所要求的扭力矩。

b)　施加高于相应规定值的扭力矩以获得一个失效扭力矩。这样就需要试验用扭力仪有合适的装置，能在较宽范围内测定失效扭力矩。

C.2　加热后的扭力矩

C.2.1　把灯泡放于烘箱中。

C.2.1.1　在放置灯泡的整个工作区域内，温度应始终保持在 2.5.4 规定的温度。

C.2.1.2　烘箱的温度应维持在公差 $^{0}_{-5}$ ℃的范围内。

C.2.1.3　连续加热受试灯，加热时间为制造商宣称灯泡寿命的 1.5 倍。

C.2.2　在规定时间结束后，使灯泡冷却至室温。

C.2.3　扭力矩的测量

遵循以上 C.1.1～C.1.4 的程序并作如下更改：

a)　当使用 C.1.4 的 a)，应按照表 4 规定施加扭力矩；

b)　当根据 C.1.4 的 b)方案试验时，必须将卡口灯头灯泡的灯头壳体夹牢以防止灯头卡销断裂。

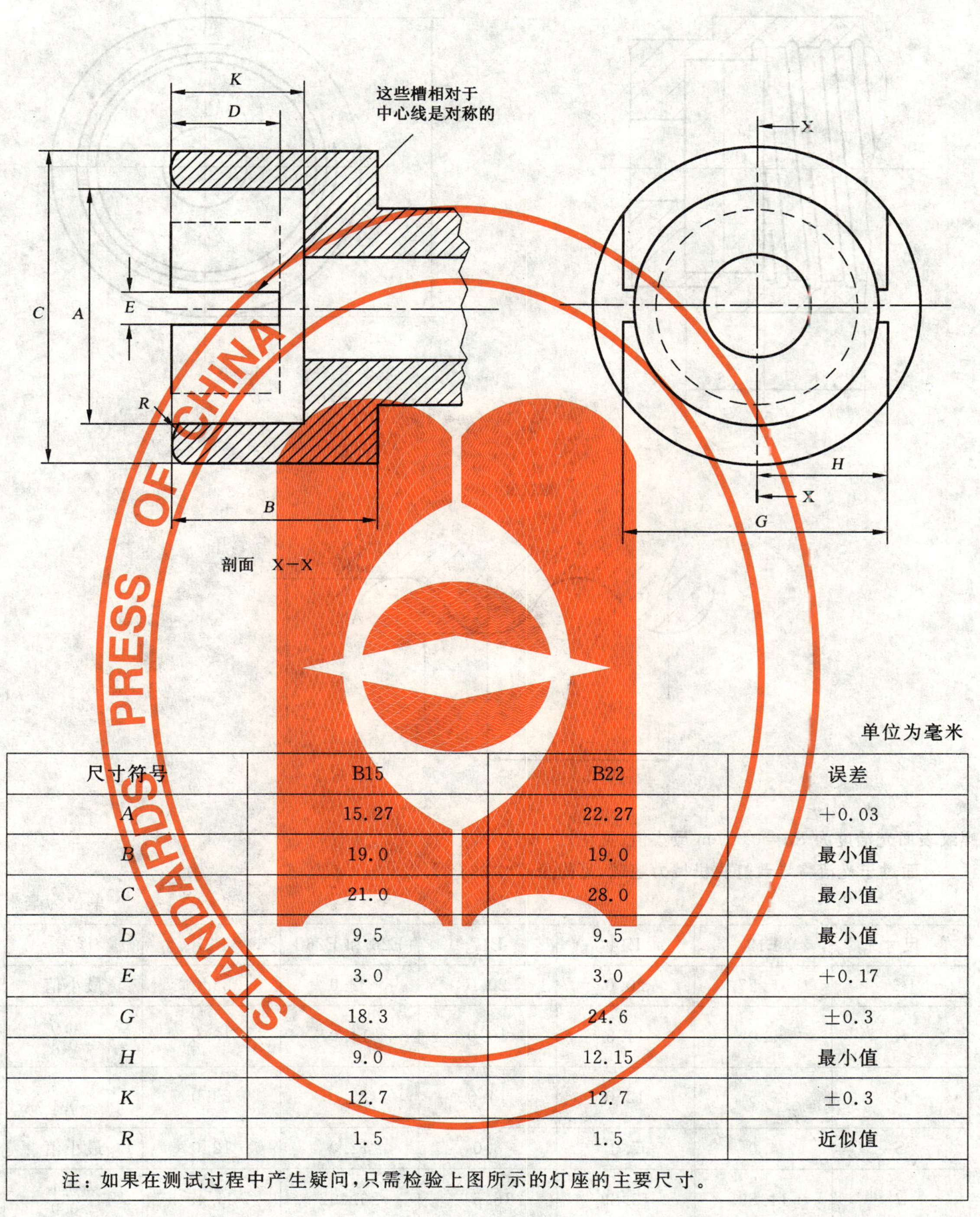

单位为毫米

尺寸符号	B15	B22	误差
A	15.27	22.27	+0.03
B	19.0	19.0	最小值
C	21.0	28.0	最小值
D	9.5	9.5	最小值
E	3.0	3.0	+0.17
G	18.3	24.6	±0.3
H	9.0	12.15	最小值
K	12.7	12.7	±0.3
R	1.5	1.5	近似值
注：如果在测试过程中产生疑问，只需检验上图所示的灯座的主要尺寸。			

图 C.1 卡口灯头灯泡扭力试验用灯座

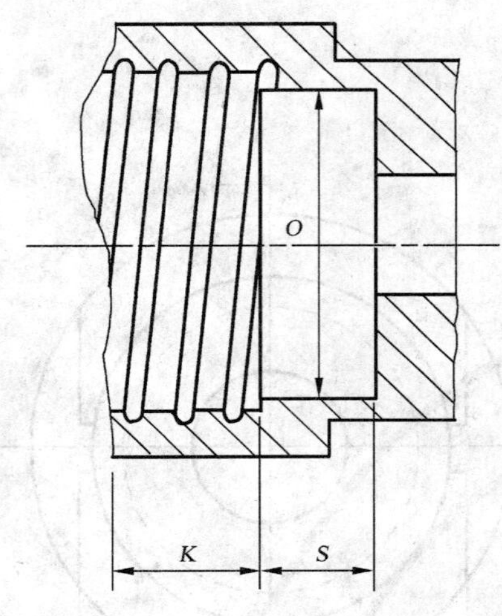

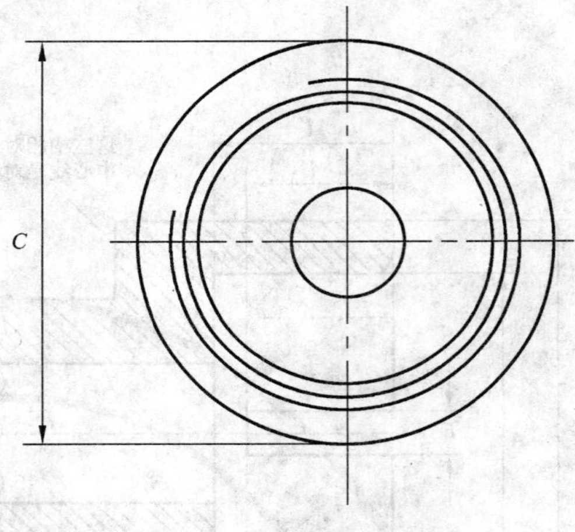

螺纹放大图

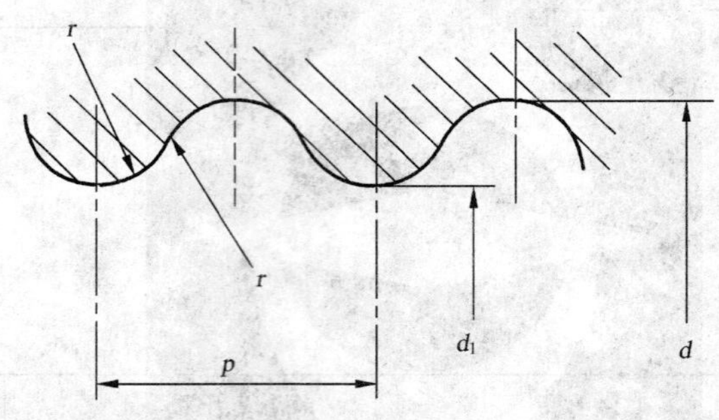

螺纹表面光洁度为 $Ra=0.4\ \mu m$ 最小值(见注)

注：表面过于光滑将导致灯头机械力超载，见附录 C 中的 C.1.2。

单位为毫米

尺寸	E12	E14	E17	E26 和 E26d	E27	误差
C	15.27	20.0	20.0	32.0	32.0	最小值
K	9.0	11.5	10.0	11.0	13.5	0.0 −0.3
O	9.5	12.0	14.0	23.0	23.0	+0.1 −0.1
S	4.0	7.0	8.0	12.0	12.0	最小值
d	11.89	13.89	16.64	26.492	26.45	+0.1 0.0
d_1	10.62	12.29	15.27	24.816	24.26	+0.1 0.0
P	2.540	2.822	2.822	3.629	3.629	—
r	0.792	0.822	0.897	1.191	1.025	—
注：如果在测试过程中产生疑问，只需检验上图所示的灯座主要尺寸。						

图 C.2　螺口灯泡的扭力试验用灯座

附 录 D
（规范性附录）
诱导故障试验

D.1 试验线路和设备

D.1.1 试验线路图应由下列部件组成(见图 D.1)。

a) 50 Hz 或 60 Hz 的电源,其电压与灯泡的额定电压相比允差在－2%的范围内。如灯泡标注的是电压范围,其试验电压应取该电压范围的平均值;

b) 开关 S;

c) 电感 L,能使电感总值达到 D.1.4 的规定;

d) 电阻 R,能使电阻总值达到 D.1.4 的规定;

e) 灯座 H,用于 B15 或 B22 灯头时,应带一个接地壳体;

f) 熔丝 F,对于 220 V～250 V 的灯泡,其额定值不超过 25 A;对于 100 V～150 V 灯泡,其额定值为 15 A(待定)。

D.1.2 应备有安全罩以覆盖在试验位置上的灯泡。

D.1.3 脉冲发生器的特性应符合以下规定(在受试灯泡两端测定,见图 D.2 和图 D.3):

——峰值(kV):额定功率 100 W 以下(包括 100 W)的灯泡为:2.9～3.1;
额定功率 100 W 以上的灯泡为:2.4～3.1;

——宽度(峰值的 40%时的)(μs):额定功率 100 W 以下(包括 100 W)的灯泡为:8～20;
额定功率 100 W 以上的灯泡为:10(最大值);

——上升时间 t_r(μs):1(最大值);

——计时(电角度):$\Phi=70°\pm10°$。

注:峰值以零电压为基准进行测定(见图 D.3)。

D.1.4 整个线路中的电感和电阻,包括 D.1.1 中的各种组件以及熔丝及电线,都应符合下述要求:

a) 对于额定电压在 200 V～250 V 之间的灯泡:
——电阻(Ω):0.4～0.45
——电感(mH):0.6～0.65

b) 对于额定电压在 100 V～150 V 之间的灯泡:
——电阻(Ω):0.3～0.35
——电感(mH):0.6～0.65

D.2 试验程序

D.2.1 将待测灯泡插入灯座内,并使安全罩就位。

D.2.2 开灯时只施加线电压,过 5 s 后施加一个高压脉冲,如果灯泡保持发光,则重复施加脉冲 5 次。

D.2.3 如果灯泡仍然保持发光,则可用过电压进行调节性燃点,燃点时间相当于额定寿命的 60%(见 H.2.3),然后再按 D.2.2 对灯泡施加高压脉冲。

等效寿命可用下式进行计算:

$$L_0=L\left(\frac{U}{U_0}\right)^n$$

式中:

L_0——表示额定电压下的寿命;

L——表示试验电压下的寿命；

U_0——额定电压；

U——测试电压；

n——真空灯泡为 13，充气灯泡为 14。

D.3 调节性燃点程序

D.3.1 检测机构的调节性试验

由检测机构进行的调节性试验允许施加 10％的过电压。在燃点过程中烧毁的灯泡，均应计入最后的评定数之内，前提是符合阻抗限值的要求。

D.3.2 制造商的调节性试验

由制造商进行的调节性试验允许施加 30％的过电压。如过电压超过了额定电压的 10％或者点灯架不符合要求，则燃点期间烧毁的灯泡不应计入最后的评定数之内。

注：检测机构调节性燃点的要求不同于制造商的调节性燃点要求，其目的在于确保检测机构不致造成在燃点期间无意中对灯泡施加不切实际的过电压。另一方面，允许制造商利用其对产品耐过电压性能的了解以节省试验费用和时间。

D.4 检验和评定

试验后检验每只灯泡，如出现下列情况之一，即认为未能通过试验并计入不合格品：

a） 玻壳有破损，或者；

b） 玻壳与灯头相脱离，或者；

c） 对于卡口灯头，触点和壳体之间出现短路。

如果灯泡经过 D.2.3 规定的试验程序后仍保持发光，则认为试验合格。

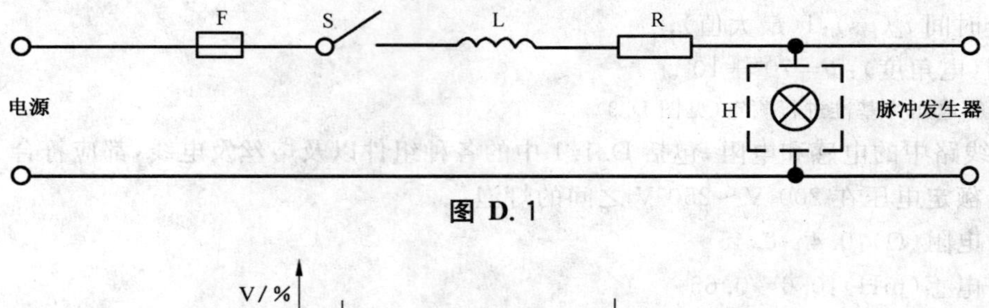

图 D.1

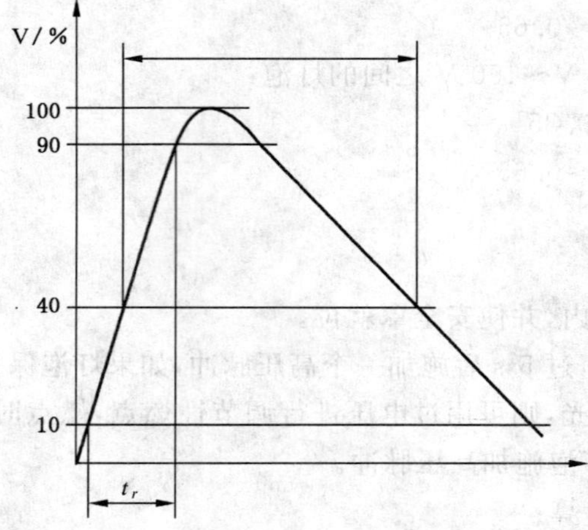

图 D.2

图 D.3

附　录　E
（规范性附录）
寿　终　试　验

试验将在下述条件下进行：

E.1　试验持续至灯泡寿终。除非灯标注电压范围，试验应在额定电压的 $^{+10}_{\ 0}$% 的条件下进行。如果标注的是电压范围，并且电压范围超过其平均值的 2.5%，那么试验应在所标注的电压范围上限的 $^{+10}_{\ 0}$% 上进行。

E.2　除非制造商另有规定，燃点位置应为灯头在上。点灯架上的灯座轴线相对于所规定的燃点位置的偏离不应超过 5°。

E.3　试验设备应符合下述要求：

——点灯架上的灯座应结构坚实，其设计应确保充分的电接触并可防止出现过热情况；

——在电源线上测量点和灯头触点之间的电压降不应超过试验电压的 0.1%；

——对于卡口灯座，灯头壳体的电位应与灯头的其中一个触点相同，此触点不与带熔丝的电源火线相连；

——灯头与玻壳结合部分的工作温度不应超过表 K.1 规定的极限值；

——灯泡不应在过热的环境温度下工作，灯泡彼此间不应相互产生不适当的加热；

——灯泡燃点时不应受到明显的振动，无论在燃点期间或开关灯泡时，当触摸灯座时均不应感受到震动或冲击；

——灯泡每 24 h 关灯两次，每次不少于 15 min。在北美，灯泡每 24 h 关灯一次，且持续不少于 30 min。

注：建议不要用弹簧柱塞型卡口灯座做长时间的试验。

E.4　对于额定电压为 100 V～250 V 的灯泡，点灯架的线路在用附录 J 所规定的方法测量时应具备表 E.1 所规定的值。

表 E.1　点灯架线路特性

	100 V～150 V	200 V～250 V
——电阻(Ω)	见注 3	0.5±0.1
——电感(mH)	见注 3	0.5±0.1 见注 1
——单个点灯架的外部熔丝最小额定值(A)	见注 3	10(慢反应式)
——浪涌电压限制(V)	见注 2	见注 2

注 1：制造商自行试验时可提高电感水平，只要总阻抗不超过 0.7 Ω 即可。在 60 Hz 电源上，电感应按比例降低(数值待定)。

注 2：为符合 IEC 60064 要求，可以安装有浪涌电压限制器。

注 3：待定。

E.5　对于 200 V～250 V 灯泡的测试点灯架线路，同时接通的最大灯电流负载为 16 A。

附 录 F
（规范性附录）
各种样品数量和 AQL 的接收数

表 F.1 属性试验的合格判定数

样品数	各种 AQL 值的接收数(在制造商记录中允许的不合格数)				
	AQL＝0.25％	AQL＝0.4％	AQL＝0.65％	AQL＝1.5％	AQL＝2.5％
32				1	2
50				2	3
80			1	3	5
125			2	5	7
200			3	7	10
315	2	3	5	10	14
500	3	5	7	14	21
800	5	7	10	21	
1 250	7	10	14		
……					

表 F.2 AQL＝0.25％的接收数

第 1 部分		第 2 部分	
制造商记录中灯数量	接收数	制造商记录中灯数量	允收极限，表达为记录中灯数量的百分比/％
315	2	2 001	0.485
316～500	3	2 200	0.48
501～635	4	2 600	0.46
636～800	5	3 300	0.44
801～1 040	6	4 200	0.42
1 041～1 250	7	5 400	0.40
1 251～1 500	8	7 200	0.38
1 501～1 750	9	10 000	0.36
1 751～2 000	10		

表 F.3 AQL＝0.4%的接收数

第1部分 第2部分

制造商记录中灯数量	接收数	制造商记录中灯数量	允收极限,表达为记录中灯数量的百分比/%
315	3	2 001	0.73
316～400	4	2 150	0.72
401～500	5	2 400	0.70
501～650	6	2 750	0.68
651～800	7	3 250	0.66
801～950	8	3 750	0.64
951～1 100	9	4 500	0.62
1 101～1 250	10	5 400	0.60
1 251～1 400	11	6 700	0.58
1 401～1 600	12	8 500	0.56
1 601～1 800	13	11 000	0.54
1 801～2 000	14	15 000	0.52
		22 000	0.50
		33 500	0.48
		60 000	0.46
		130 000	0.44
		540 000	0.42
		1 000 000	0.41

表 F.4 AQL＝0.65%的接收数

第1部分 第2部分

制造商记录中灯数量	接收数	制造商记录中灯数量	允收极限,表达为记录中灯数量的百分比/%
80	1	2 001	1.03
81～125	2	2 100	1.02
126～200	3	2 400	1.00
201～260	4	2 750	0.98
261～315	5	3 150	0.96
316～400	6	3 550	0.94
401～500	7	4 100	0.92
501～600	8	4 800	0.90
601～700	9	5 700	0.88
701～800	10	6 800	0.86
801～920	11	8 200	0.84
921～1 040	12	10 000	0.82
1 041～1 140	13	13 000	0.80
1 141～1 250	14	17 500	0.78
1 251～1 360	15	24 500	0.76
1 361～1 460	16	39 000	0.74
1 461～1 570	17	69 000	0.72
1 571～1 680	18	145 000	0.70
1 681～1 780	19	305 000	0.68
1 781～1 890	20	1 000 000	0.67
1 891～2 000	21		

表 F.5 AQL＝1.5%的合格判定数

第1部分		第2部分	
制造商记录中灯数量	接收数	制造商记录中灯数量	允收极限，表达为记录中灯数量的百分比/%
32	1	991	2.40
33～50	2	1 150	2.35
51～80	3	1 300	2.30
81～110	4	1 450	2.25
111～125	5	1 700	2.20
126～165	6	2 000	2.15
166～200	7	2 400	2.10
201～240	8	2 900	2.05
241～285	9	3 500	2.00
286～315	10	4 350	1.95
316～360	11	5 400	1.90
361～410	12	8 000	1.85
411～460	13	9 400	1.80
461～500	14	13 500	1.75
501～545	15	21 000	1.70
546～585	16	38 000	1.65
586～630	17	86 000	1.60
631～670	18	310 000	1.55
671～710	19	1 000 000	1.53
711～755	20		
756～800	21		
801～850	22		
851～915	23		
916～990	24		

表 F.6 AQL＝2.5%的合格判定数

第1部分		第2部分	
制造商记录中灯数量	接收数	制造商记录中灯数量	允收极限，表达为记录中灯数量的百分比/%
32	2	1 001	3.65
33～50	3	1 075	3.60
51～65	4	1 150	3.55
66～80	5	1 250	3.50
81～100	6	1 350	3.45
101～125	7	1 525	3.40
126～145	8	1 700	3.35
146～170	9	1 925	3.30
171～200	10	2 200	3.25
201～225	11	2 525	3.20
226～255	12	2 950	3.15

表 F.6（续）

第 1 部分		第 2 部分	
制造商记录中灯数量	接收数	制造商记录中灯数量	允收极限，表达为记录中灯数量的百分比/%
256～285	13	3 600	3.10
286～315	14	4 250	3.05
316～335	15	5 250	3.00
336～360	16	6 400	2.95
361～390	17	8 200	2.90
391～420	18	11 000	2.85
421～445	19	15 500	2.80
446～475	20	22 000	2.75
476～500	21	34 000	2.70
501～535	22	60 000	2.65
536～560	23	110 000	2.60
561～590	24	500 000	2.55
591～620	25	1 000 000	2.54
621～650	26		
651～680	27		
681～710	28		
711～745	29		
746～775	30		
776～805	31		
806～845	32		
846～880	33		
881～915	34		
916～955	35		
956～1 000	36		

当测试数量大于相关的表格中给出的最大值时，相应的接收数根据下式计算：

$$Q_L = \frac{AN}{100} + 2.33\sqrt{\frac{AN}{100}}$$

式中：

N——记录中灯泡的数量；

A——对应的百分比；

Q_L——接收数。

如果结果是一个小数，那么就四舍五入成整数。

附 录 G
（规范性附录）
合格判据——测量结果为连续变化量

本附录旨在确定按照附录 C 进行的灯泡的扭力试验结果是否合格，扭力值是按连续变化量记录下来的，并取 AQL 值为 0.65%。

合格性的判定：

合格性判据是基于制造商记录中灯泡测量值相对于规定限值的位置和变化特性，即平均值和标准偏差来估算的。

对于质量水平正好等于 AQL 的批量，其被判定为合格品的几率，随样品数量的增大而增大，它所遵循的斜率和用于计算按属性进行试验的接收数的斜率相似但不相同。

Q_L 是一个质量参数，它能指示出样品中测量结果的分布是否反映出批量产品不合格。用下式计算：

$$Q_L = \frac{\overline{X} - L}{S}$$

式中：

$\overline{X}$——制造商记录中测试结果的平均值；

L——规定的下限值；

S——根据制造商的记录计算出的标准偏差，S 用下式计算：

$$S = \sqrt{\frac{\sum_{i=1}^{n} (X_i - \overline{X})^2}{n-1}}$$

式中：

X_i——单个样品的测量值；

n——被测灯泡的数量。

如果 $Q_L \geqslant k$，则试验合格；

如果 $Q_L < k$，则试验不合格，k 是合格常数，可以从表 G.1 中查出。

当制造厂记录的测量值的数量超过 200 时，采用与 200 相对应的 k 值，在不知道确切的测量值的数量时，采用相邻的下一个较小的 k 值。

上述的统计依据，均基于假定测试结果为正态分布或近似于正态分布。测量结果是否属于正态分布，可以通过适当地使用概率坐标纸来进行检验。

另一个会出现的情况是测试结果被测量仪器的测量范围的上限所截取，那么在仪器设计良好，其测量范围至少为规定极限值的三倍的前提下，该情况将表示产品质量优良的几率提高。但是对于一项特定的合格试验，可以先用概率坐标纸确定 $\overline{X}$ 和 S 值，然后再按照公式计算出 Q_L。

注：在本附录中合格判据与 ISO 3951 一致。

表 G.1 合格常数

制造商记录中的测量值的数量	合格常数 k
20	1.96
25	1.98
35	2.03
50	2.08
75	2.12
100	2.14
150	2.18
200	2.18

附　录　H
（规范性附录）
诱导故障试验的归并、抽样和合格判定方法

本试验为型式试验，仅在设计改变时进行。

H.1　归并

除以下情况外，灯泡应按照不同的规格分别进行试验：

a）　如果各个规格仅仅是灯头不同，则按照以下方式归并：
B15 和 B22
E14 和 E27
E12、E17 和 E26

b）　如果是对具有额外涂层（透明或磨砂型除外）的各种规格的灯进行试验时，仅仅是（玻壳）表面处理不同的各种规格，例如白色、彩色、镜面反射等可以归并成一组。在同时存在带内外涂层的灯泡时，应首先选择带内涂层的灯泡进行试验。

H.2　抽样

H.2.1　在仅有一个规格（或按照 H.1 归并成一组的几种规格）需要试验时，抽样数量为 125 只；根据试验结果，可能需要另外再取 125 只样品（见 H.4.2）。

H.2.2　如果需要同时对几种规格（或组）进行试验，则每一规格的样品数量可减少至 50 只（但不应少于 50 只），而且各种样品数的总和不少于 1 000 只，每种规格的首批样品数量应大致相等。

H.2.3　遇到灯泡在诱导故障试验中不是全部烧毁的情形，只要受试的每个规格中有不少于 25 只灯泡烧毁，就算取得了明确的结果。如果烧毁的灯泡不足 25 只，就应该采取下列两种方法中的一种进行试验：

H.2.3.1　增加被测灯泡的数量，直至被烧毁数量达到 25 只。如果这样做仍然达不到所需烧毁灯泡的数量，则将其数量足以补足到烧毁 25 只的灯泡进行附录 D 中的 D.3 和 D.4 规定的试验。如果每种规格被测灯泡中有不少于 25 只灯泡通过诱导故障试验，就算取得明确的结果。

H.2.3.2　另一种方法，是将一批数量足以补足 H.2.3 中规定的最小数量的灯泡进行附录 D 中的 D.3 和 D.4 规定的试验。如果每种规格被测灯泡中有不少于 25 只灯泡通过诱导故障试验，就算取得明确的结果。

H.3　试验数据的替代

H.3.1　在已达到 H.1、H.2.1 和 H.2.2 的要求的前提下，允许对于强制性型式测试程序采用附录 E 中的试验而不需进行附录 D 的试验。

H.3.2　在不改变设计的前提下，在附录 E 规定的条件下取得的任何一段时间内累积的关于寿终试验的数据，都可以全部地或部分地用于替代 H.2.1 和 H.2.2 中对样品数量的部分要求，替代的原则是一对一。

H.4　合格判定条件

H.4.1　在仅对一种规格的灯泡进行试验时（见 H.2.1）按照以下条件来评定首批 125 只灯泡的测试结果。

——不合格数为 0，试验合格；

——不合格数为 2（及 2 以上），试验不合格；

——不合格数为 1，则再取 125 只灯泡进行试验，如果没出现不合格品就算通过试验。

对于第二次抽取的样品单独按照 H.2.3 的要求进行试验。

注：不合格的定义见 D.4。

H.4.2 在样品数量按照 H.2.2 规定减少后，应将所有规格灯泡一并检验，但是如果任一规格（或组）灯泡出现以下情况，则按照相应的规定处理：

a) 不合格品在两只或两只以上：

就算作提交检验的所有规格的灯泡都没有通过试验；

b) 不合格品为一只：

则再提交一批该规格样品进行试验，当该规格灯泡样品总数达到 250 只时，如没有再出现不合格品，则该规格就算通过了试验。

在各个规格灯泡分别经过试验之后，应将所有规格灯泡的总数加在一起，并参照表 6 进行判定。如不合格品的数量没有超过相对应的接收数或允收极限百分比，则认为所有规格的灯泡都通过了试验。

在被检验规格较少时，样品数量不应减少，应按照 H.4.1 的规定，分别对每个规格进行试验。

H.5 诱导故障试验抽样举例

H.5.1 制造商要求检验以下规格的灯泡：

——200 V～250 V 40 W 单螺旋磨砂灯泡；

——200 V～250 V 40 W 双螺旋内涂白灯泡；

——200 V～250 V 40 W 双螺旋红、蓝、绿和黄（釉面）灯泡；

——200 V～250 V 60 W 双螺旋磨砂灯泡；

——200 V～250 V 60 W 双螺旋碗形镜面反射型灯泡；

制造商抽取的样品如下：

——40 W 单螺旋磨砂灯泡；125 只；

——40 W 双螺旋内涂白灯泡；125 只；

——60 W 双螺旋碗形镜面反射型灯泡；125 只。

（如果每个规格出现一个不合格品，则再抽取 125 只样品进行试验）

H.5.2 如果制造商希望检验 11 种规格，那么他应该在每个规格里抽取 91 只灯泡（总样品数为 1 001 只）。

H.5.3 如果制造商希望检验 25 个规格，那么从每个规格里首次抽取 50 只灯泡（总样品数为 1 250 只）。

H.5.4 在对 H.5.2 实例中的灯泡进行试验时，就其中某一种规格灯泡而言，如果 91 只灯泡中仅有 27 只灯泡烧毁，但没有出现如 D.4 所述的玻壳损坏现象。由于被测的 91 只灯泡中烧毁的灯泡数量超过了 25 只，而且没有不合格品，则该种规格通过了试验。

H.5.5 再就 H.5.2 实例中的另一规格来说，其中只有 13 只灯泡烧毁，此时应再取一批样品以使烧毁的灯泡总数达到 25 只，为此可以另外再检验 85 只灯泡，也可以按照 H.2.3.2 和 D.4 的规定检验 12 只灯泡以获得该批规格灯泡的试验结果。

H.5.6 在 H.5.2 的实例中有 91 只灯泡进行了试验，结果有 39 只灯泡烧毁，并有 1 只灯泡出现了如 D.4 所述的情况。此时应再取 159 只样品灯泡。这时候如有 70 只灯泡烧毁但没有 1 只灯泡出现如D.4 所述情况。这样该批灯泡前后一共有 250 只灯泡进行了试验，其中有 109 只灯泡烧毁，有一只灯泡出现了如 D.4 所述的玻壳损坏现象，达到对单个规格的要求。那么我们最终应将 11 种规格的试验结果累加在一起，并按照表 6 来判定该批灯泡合格与否。

H.5.7 在 H.5.1 的实例中，对 125 只 40 W 内涂白灯泡进行了试验，其中有 103 只灯泡烧毁，并有一只不合格。此后在追加试验的 125 只灯泡中，有 87 只烧毁并又有一只灯泡不合格。试验结果应根据 250 只受试样品中有两只灯泡不合格的情况而定。因此，生产厂家的所有 200 V～250 V、40 W 双螺旋灯泡，包括内涂白和彩色灯泡在内，均被认为不合格。

H.5.8 在 H.5.1 的实例中，对 125 只 60 W 反射型灯泡进行了诱导故障试验，有 7 只灯泡烧毁，没有出现不合格品；再对 18 只灯泡进行寿命试验，其中有一只出现如 D.4 所述的情况。此时应再追加 125 只灯泡进行试验，在追加的诱导故障试验中有 11 只灯泡烧毁但没有不合格品。然后再取 14 只灯泡按照 H.2.3.2 和 D.4 的规定进行试验，在寿命终了时没有一只出现如 D.4 所述的现象。

那么在前后 250 只灯泡中只有 1 只灯泡不合格，因此，认定该批灯泡通过了试验。

附　录　J
（规范性附录）
电源阻抗的测量方法

本附录给出的测定电源阻抗的方法，具有足够的精确度以证明试验条件符合 D.2 和 E.4 的要求。

本方法是利用在正常工作条件且电源电压保持在不变的情况下所产生的电流。

根据 ΔU 测量原理，可采用桥式电路并通过大的电阻性和电感性负载产生一个可测量的电位差 U，见图 J.1。

图中电桥的终端 a 和 b 即为有待测量其阻抗的电源终端。电源的电动势为 E_m，其阻抗 $Z_m = R_m + jX_m$。

当 R_{21} 或 X_{22} 接入线路时，如 S 的闭合不至改变电压 U_{ac}，即 $\Delta U = 0$，则该电桥达到平衡。

平衡条件为：

$$R_m \cong \frac{R_{21}}{R_4} R_3 = R'_m \text{（电阻性电桥）}$$

$$X_m \cong \frac{X_{22}}{R_4} R_3 = X'_m \text{（电感性电桥）}$$

R_{21} 和 X_{22} 为负载，可产生约 10 A 的电流。

固定电阻 R_4 和电阻 R_3（可调范围 0～103）加在一起构成高阻抗分路。对于开关 S，可采用一个三端双向可控硅元件，并将开关接通点调至电流零点。

测量 ΔU 的装置，其灵敏度应足以识别零点。在测定 R_m 和 X_m 时，由于 X_m 和 $(R_m + R_{22})$ 分别存在的误差，将会出现轻微的误差。R_{22} 为负载 X_{22} 的较低但不可避免的电阻。测定 R_m 时出现的误差可忽略不计。

测定 X_m 时误差通常为百分之几，也可以忽略不计。但当误差值超过 10% 时，则应按照通常的电工原理进行修正。

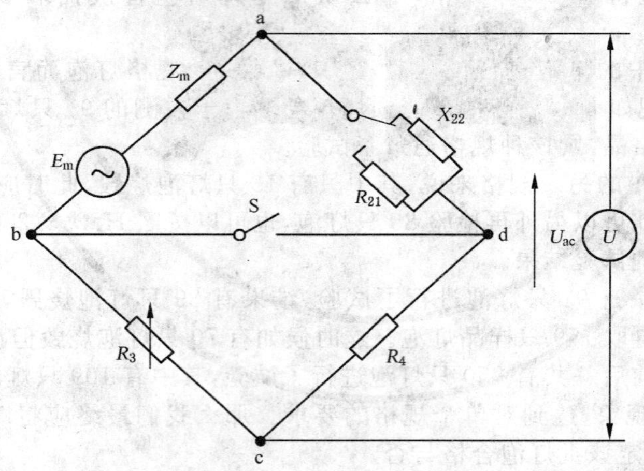

图 J.1　电桥电路图

附 录 K
（资料性附录）
灯具设计要求

K.1 灯泡安全燃点指南

为确保灯泡安全工作，应该遵守如下建议。

K.2 最高灯头温度

灯具的设计应保证灯泡灯头的温度不超过最高灯头温度。

此外必须适当考虑表2中规定的灯头温升值。

为确保不超过灯泡材料的耐热度，灯泡工作时，灯头温度应不超过以下规定。

a) 表K.1按灯头型号规定了灯头的最高温度；或者

b) 在表K.1中规定的210 ℃的某个规格的灯泡，如果其功率在15 W及以下，且非反射型或碗形镜面灯泡，则制造商可将灯头最高承受温度设计为165 ℃。

注：在北美对于特殊应用，最大灯头温升比表K.1所示温度低时，最大灯头温升可由生产商给出。当确定了一个更低温度的灯头类型时，生产商被鼓励去：

——为本部分提出特别限值；

——提醒灯具生产商。

表 K.1 最高灯头温度

灯头型号	灯头最大温度/℃
B15d	210
B22d	210
E12	210[a]
E14	210
E17	165
E26/24	210[a]
E26/25	165
E26/50×39	250[a]
E27	210
E27/51×39 PAR	250
E27/51×39 PAR形 冷光束灯泡	300[a]

[a] 待定。

K.3 测量方法

根据GB 7000.1中规定的测试方法，采用适当的热电偶系统并将灯装入配套的灯座/灯具中测量灯头温度。

有两种灯头温度的测量方法：

a) 方法1

热电偶的热接点应安装在距离灯头与玻壳连接处不超过2 mm灯头壳体上；

b) 方法2

此方法用于对测量结果有疑问的情况下：

在灯头上到灯头与玻壳连接处距离为 1 mm～2 mm 的位置上钻个孔，然后把热电偶的热接点与灯泥相接。该孔应选择在灯头的最不利位置处(尽可能选择在紧靠灯丝中心的位置)。

注：对于那些机械方法连接的灯头，不需钻孔，直接将热电偶固定在距离灯头与玻壳连接处的 1 mm～2 mm 的灯头壳体最不利的位置上(对于裙边灯头，应是在裙边到玻壳连接处的 1 mm～2 mm 处)。

在热电偶达到稳定后测量的最高灯头温度不应超过表 K.1 中所给出的相关值。

由于灯泡对热电偶的热接点的热辐射，在热电偶达到稳定后测量的灯头温度允许比表 K.1 中所给出的相关值高出 5℃。

警告：测量灯头温度不要接触带电的灯头外壳。

K.4 专用灯具

带有 2.2.2 标志的带介质膜反光型和碗形镜面灯泡应使用专用灯具。

由于会出现过热情况，该类灯泡不适合用于相同形状灯泡所用的普通灯具中，相关的灯具标注要求见 GB 7000.1。

K.5 灯泡的燃点位置

某些灯泡，例如烛型和球型灯泡，其燃点位置应严格要求并根据 2.2.3 进行标注，这些灯泡不能用于灯头在上燃点的灯具中。

K.6 防止灯泡与水接触

如下规格的灯泡适合用于与水接触，如滴水、溅水等，因此不需要额外的灯具防护。

- GLS——所有灯泡，额定功率为 15W 及以下；
- GLS——所有彩色灯泡，额定功率为 25W 及以下；
- PAR38——所有功率。

本部分范围内所有的其他灯泡，若灯具的防护等级为 IPX1 或更高，灯具应能防止直接与水接触，如滴水、溅水等。

注：上面 IP 等级中的 X 表示缺省的数字，而在灯具上都标出了适当的两位数字。

ICS 29.140.20
K 71

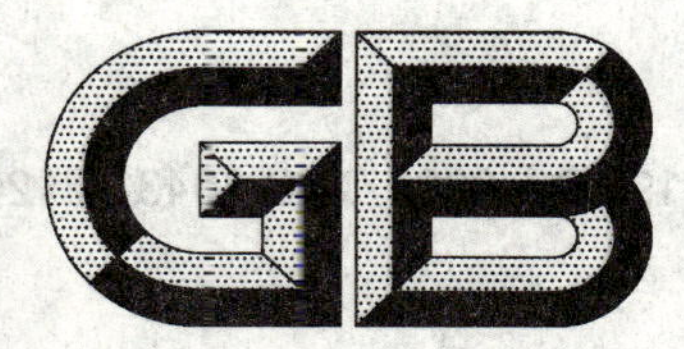

中华人民共和国国家标准

GB 14196.2—2008/IEC 60432-2:2005
代替 GB 14196.2—2002

白炽灯安全要求 第2部分:家庭和类似场合普通照明用卤钨灯

**Incandescent lamps—Safety specifications—Part 2:
Tungsten halogen lamps for domestic and similar general lighting purposes**

(IEC 60432-2:2005,IDT)

2008-12-30 发布　　　　2010-04-01 实施

中华人民共和国国家质量监督检验检疫总局
中国国家标准化管理委员会　发布

前　言

本部分的全部技术内容为强制性。

GB 14196《白炽灯安全要求》现有3个部分：

——第1部分：家庭和类似场合普通照明用钨丝灯；

——第2部分：家庭和类似场合普通照明用卤钨灯；

——第3部分：卤钨灯(非机动车辆用)。

本部分为GB 14196的第2部分。

本部分等同采用IEC 60432-2:2005《白炽灯安全要求　第2部分：家庭和类似场合普通照明用卤钨灯》(英文版)。

本部分等同翻译IEC 60432-2:2005。

为便于使用，本部分做了下列编辑性修改：

a) “本国际标准”一词改为“本部分”；

b) 用小数点“.”代替作为小数点的“,”；

c) 删除IEC 60432-2:2005的前言；

d) 对于引用的其他国际标准中有被等同采用为我国标准的，本部分引用我国的这些国家标准或行业标准代替对应的国际标准，其余未有等同采用为我国标准的国际标准，在本部分中均被直接引用(见1.2)。

本部分代替GB 14196.2—2002《家庭和类似场合普通照明用卤钨灯　安全要求》。

本部分与GB/T 14196.2—2002相比主要差异如下：

——依据IEC 60432-1在2005年的修定1进行修改，其中包括：1.1、1.3.1、2.4、表1、2.10、2.11、第3章、附录B中的图、附录C中的表C.1和C.3；

——修正了上一版本中的错误，包括理解和用词的错误，并将所用术语与GB/T 14196.3—2008统一起来。

本部分的附录A、附录B为规范性附录，附录C、附录D为资料性附录。

本部分由中国轻工业联合会提出。

本部分由全国照明电器标准化技术委员会(SAC/TC 224)归口。

本部分起草单位：欧司朗(中国)照明有限公司、桐乡市生辉照明电器有限公司、北京电光源研究所。

本部分主要起草人：张俊斌、沈锦祥、赵秀荣。

本部分2002年首次发布，本次为第1次修订。

白炽灯安全要求　第2部分:家庭和类似场合普通照明用卤钨灯

1　概述

本部分需与 GB 14196.1—2008 一起使用。

1.1　范围

GB 14196 的本部分规定了普通照明用卤钨灯的安全和互换性要求。它包括直接代替传统钨丝灯的卤钨灯和 GB 14196.1—2008 中没有作相应规定的新型卤钨灯,本部分中规定的这些卤钨灯的安全和互换性要求应与 GB 14196.1—2008 的规定结合使用。这些卤钨灯有如下特性:

——额定功率为 250 W 以下(包括 250 W);

——额定电压为 50 V～250 V 之间(包括 50 V,250 V);

——灯头为:B15d,B22d,E12,E14,E17,E26,E26d,E25/50×39,E27 或 E27/51×39。

符合本部分要求的灯是自屏蔽的,但不需要用特殊符号进行标记。由于它们直接替代传统的钨丝灯,因此也没有相应的灯具标记。

注 1:这并不表明那些用于替代白炽钨丝灯的卤钨灯使用与白炽钨丝灯相同形状的玻壳。

注 2:E26 有 2 种类型,它们是不完全兼容的:E26/24 用于北美而 E26/25 用于日本。

注 3:自屏蔽灯指不需要灯具为其提供防护屏的灯。

1.2　规范性引用文件

下列文件中的条款通过 GB 14196 的本部分的引用而成为本部分的条款。凡是注日期的引用文件,其随后所有的修改单(不包括勘误的内容)或修订版均不适用于本部分,然而,鼓励根据本部分达成协议的各方研究是否可使用这些文件的最新版本。凡是不注日期的引用文件,其最新版本适用于本部分。

GB/T 2900.65　电工术语　照明(GB/T 2900.65—2004,IEC 60050(845):1987,MOD)

GB 14196.1—2008　白炽灯安全要求　第1部分:家庭和类似场合普通照明用钨丝灯(IEC 60432-1:2005,IDT)

IEC 60410　计数检查抽样方案和程序

1.3　术语和定义

GB 14196.1—2008 确定的以及下列术语和定义适用于本部分。

1.3.1

特定有效紫外辐射功率　specific effective radiant UV power

灯相对于其光通量的紫外辐射的有效功率,单位:mW/klm。

对于反射型灯,特定有效紫外辐射功率是指相对于照度的紫外辐射有效辐照度,单位:mW/(m^2·klx)。

注:紫外辐射的有效功率是将灯的光谱能量分布,按照紫外线危险作用量函数 $S_{UV}(\lambda)$ 加权计算后得出的。与紫外线危险作用量函数相关的信息,请参考 GB/T 20145—2006《灯和灯系统的光生物安全性》。此标准并没涵盖光辐射对材料的影响,如机械损伤或褪色。

1.3.2

外玻壳　outer envelope

透明或半透明的内装有卤钨光源的外壳。

1.3.3

普通照明用卤钨灯　general lighting tungsten halogen lamp

本部分与 GB 14196.1—2008 标准一起使用时，规定了安全及互换性要求的卤钨灯。

1.3.4

卤钨灯　tungsten halogen lamp

充有卤素或卤化物的钨丝灯。

[GB/T 2900.65 中 845-07-10]

2　要求

2.1　概述

采用 GB 14196.1—2008 的要求。

2.2　标志

采用 GB 14196.1—2008 的要求。

如果外壳爆裂会存在危险，灯的制造商应标有警告性说明或适当的图形符号（如附录 B 所示）。

2.3　对意外接触螺口灯座的防护

采用 GB 14196.1—2008 的要求。

2.4　灯头温升（Δt_s）

采用 GB 14196.1—2008 的要求。为了保证灯具的互换性不因光源散热量而受到影响，普通照明用卤钨灯的 Δt_s 不能超过被替换的灯的温升 Δt_s，该 Δt_s 值参见 GB 14196.1—2008 的表 2。

对于装有不带裙边灯头，设计用于代替 R 形灯的 PAR 形灯泡，适用于 GB 14196.1—2008 表 2 中第 7 组的限值。

对于装有不带裙边灯头，且不用于代替 R 形灯的 PAR 形灯泡，限值参看表 1。

对于外壳为 BT 形状，设计用于代替 A 形灯的灯泡，适用于 GB 14196.1—2008 表 2 中第 1 组的限值。

表 1 规定了 GB 14196.1—2008 表 2 中没有相应型号的灯的附加要求。

表 1　灯头最大允许温升（Δt_s）

普通照明用卤钨灯的灯头温升（GB 14196.1—2008 表 2 之外的限值）

组号	功率/W	玻壳形状	Δt_s（最大值）/K							
			B15d	B22d	E12	E14	E17	E26/24	E26/25	E27
1	250	用于同一灯具中的T形或其他形状玻壳	—	165	—	—	—	—	—	—
2	100	用于同一灯具中的T形或其他形状玻壳	145	—	—	140	—	—	—	—
8	250	PAR 形[a]	—	—	—	—	—	c	—	—
10[b]	75	无外玻壳的 T 形玻壳	145	—	—	—	—	—	—	—
	100		150	—	—	—	—	—	—	—
	150		165	—	—	—	—	—	—	—
	250		165	—	—	—	—	—	—	—

表 1（续）

组号	功率/W	玻壳形状	Δt_s（最大值）/ K							
			B15d	B22d	E12	E14	E17	E26/24	E26/25	E27
11[b]	100	对于装有不带裙边灯头，且不用于代替R形灯的PAR形灯泡	—	—	—	—	—	145	—	—

a 装有带裙边的：E26/50×39，E27/51×39 等灯头的灯泡。

b 第 10 组、第 11 组是新组别。

c 待定。

2.5 耐扭矩性

采用 GB 14196.1—2008 的要求。加热试验应按照 GB 14196.1—2008 表 K.1 或本部分表 C.1 的相关数值进行。

2.6 装有 B15d，B22d，E26/50×39 及 E27/51×39 灯头和带有绝缘裙边灯头的灯的绝缘电阻

采用 GB 14196.1—2008 的要求。

2.7 意外带电部件

采用 GB 14196.1—2008 的要求。

2.8 装有 B15d 和 B22d 灯头的灯的爬电距离

采用 GB 14196.1—2008 的要求。

2.9 寿终安全性

采用 GB 14196.1—2008 的要求。但是诱导故障试验应由本部分附录 A 规定的诱导故障替代试验所代替。

注：诱导故障替代试验也适用于额定电压 100 V 以下的灯泡。

2.10 互换性

采用 GB 14196.1—2008 的要求。

2.11 紫外辐射

灯的特定有效紫外辐射功率应不超过：

——2 mW/klm，或；

——对于反射灯，2 mW/(m^2·klx)。

合格性通过测量光谱能量分布再计算特定有效紫外辐射功率进行检查。

2.12 灯具设计要求

参见附录 C。

3 评定

采用 GB 14196.1—2008 的要求，并做如下修改：

表 2 代替 GB 14196.1—2008 的表 6。

在提供测试结果时，制造商可以按照 GB 14196.1—2008 表 6 第 4 栏和本部分中表 2 第 4 栏中将不同规格灯的结果归并在一起，前提是这些不同规格的灯泡有相同的技术要求。

GB 14196.1—2008 附录 H 中的 H.2.3 不适用。

表 2　普通照明用卤钨灯——试验记录的归并、抽样及合格质量水平(AQL)

1 条款	2 按 GB 14196.1—2008 进行的试验项目[a]	3 试验类型	4 不同规格灯泡测试 记录的归并原则	5 各个归并总体中 最小年样品数	6 AQL[b] %
2.2	标志的清晰度	交收试验	标志方法相同的全部种类灯泡	200	2.5
	标志的耐久性	交收试验	标志方法相同的全部种类灯泡	32	2.5
2.2	符号的完备性	交收试验	标志方法相同的全部种类灯泡	32	2.5
2.3	意外接触防护	交收试验	用适当的灯头量规测试	32	1.5
2.4	灯头温升	型式试验[c] 或 例行试验		在改变设计时为 5 20	
2.5	耐扭矩性 初始扭矩				
	a) 根据 C.1.4a)定性测量	交收试验	具有相同灯泥和相同灯头的所有灯泡	80	0.65
	b) 根据 C.1.4b)[d] 定量测量		具有相同灯泥和相同灯头的所有灯泡	25	0.65
2.5	加热试验后				
	1) 根据 C.2.3a)定性测量	例行试验[e]	具有相同灯泥和相同灯头的所有灯泡	80	0.65
	2) 根据 C.2.3b)[d] 定量测量	例行试验[e]	具有相同灯泥和相同灯头的所有灯泡	20	0.65
2.6	绝缘电阻	交收试验	装有 B15d, B22d, E26/50×39, E27/51×39 灯头的所有规格灯泡	315	0.4
2.7	意外带电部件	100%检验	—	—	—
2.8	爬电距离	型式试验	a) B15d 灯头的所有灯泡	在改变设计时为 5 或 10[f]	
			b) B22d 灯头的所有灯泡	在改变设计时为 5 或 10[f]	
2.9	寿终安全要求	型式试验	参见条款 H.1	参见条款 H.2	根据条款 H.4 所述
	诱导故障替代试验	例行试验			
	寿终试验	例行试验	所有规格的灯泡	315	0.25
2.10	互换性	型式试验	相同灯头的全部规格灯泡	32	2.5
2.11	紫外辐射		相同外玻壳或玻壳的所有灯泡	5	—

a　2、4、5、6 栏所引用条款和附录参见 GB 14196.1—2008。

b　这个术语的用法，参见 IEC 60410，此标准给出了抽检特性曲线。

c　参见 GB 14196.1—2008 中的 3.3.3。

d　按照 GB 14196.1—2008 中的附录 G 进行评定。

e　对于不用灯泥固定灯头的灯，此项为型式试验。

f　参见 GB 14196.1—2008 中的 3.3.4。

附　录　A
（规范性附录）
诱导故障替代试验

A.1　试验线路及设备

采用 GB 14196.1—2008 附录 D 中 D.1、D.2 的要求，但采用大功率激光器代替脉冲发生器来导致灯丝烧坏。

注：适用的激光器例子，如钕玻璃激光器。

A.2　试验程序

将待测的灯泡插在灯座内，并使安全罩就位。激光通过安全罩的小孔对准并聚焦在灯丝上。

开灯，仅施加额定电压。在灯完全预热之后，对其施加激光脉冲。

如果灯保持发光，则提高激光的输出功率，对其再次施加激光脉冲。如此重复进行直至灯丝烧坏。

注：如果灯的表面光洁度或外玻壳结构干扰了激光束的聚焦，应使用特制样品。

A.3　检验和评定

试验后检验每只灯泡，如出现下列情况之一，即认为未能通过试验并计入不合格品：

a)　玻壳有破损；或者

b)　玻壳与灯头相脱离；或者

c)　对于卡口灯头，触点和壳体之间出现短路。

附 录 B
（规范性附录）
符 号

图形符号的高度应不小于 5 mm，字母应不小于 2 mm。

与外玻壳爆裂有关的警告标志如下图：

注 1：灯头和玻壳的形状可依照灯泡的实际形状而改变。

注 2：如果要提高符号标志的可读性，可改变图中的交叉。

附 录 C
（资料性附录）
灯具设计参数

C.1 概述

采用 GB 14196.1—2008 中的要求。

C.2 最高灯头温度

表 C.1 包括了 GB 14196.1—2008 附录 K 的表 K.1 中无对应型号的灯的参数。

表 C.1 最高灯头温度

灯头型号	功率/W	温度/℃
B15d	75、100	210
	150、250	250
B22d	250	250
E14	100	210
E26/24	100	210
E26/50×39	250	250
E27	250	250

C.3 防止与水接触

本部分范围内所包括的灯，若灯具的防护等级为 IPX1 或更高，灯具应能防止直接与水接触，如滴水、溅水等。

注：上面 IP 等级中的 X 表示缺省的数字，而在灯具上都标出了适当的两位数字。

附 录 D
（资料性附录）
参 考 文 献

［1］ GB/T 20145—2006 灯和灯系统的光生物安全性(CIE S 009/E:2002,IDT)

［2］ ACGIH:“阈值极限值和生物曝光指数”,美国俄亥俄州辛辛那提政府工业卫生学家美国会议

［3］ IRPA/INIRC:“波长为 180 nm～400 nm 紫外辐射曝光极限准则”,保健物理学,Vol. 49,pp331～340,1985

［4］ IRPA/INIRC:“对 IRPA1985 紫外辐射曝光极限准则的更改建议”,保健物理学,Vol. 56,pp971～972,1989

注：INIRC——国际非离子辐射委员会;IRPA——国际辐射防护协会。

ICS 29.140.20
K 71

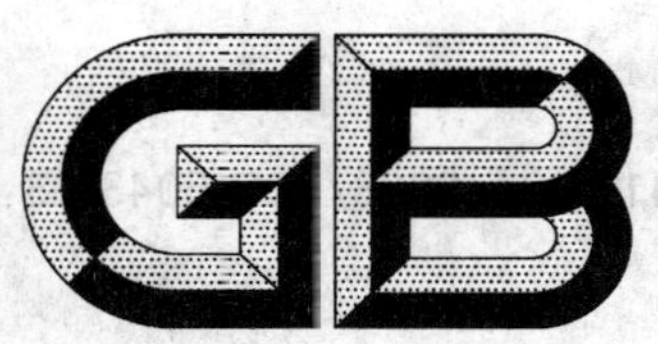

中华人民共和国国家标准

GB 14196.3—2008/IEC 60432-3:2005

自炽灯　安全要求
第3部分:卤钨灯(非机动车辆用)

Incandescent lamps—Safety specifications—
Part 3: Tungsten-halogen lamps (non-vehicle)

(IEC 60432-3:2005,IDT)

2008-06-13 发布　　　　2009-07-01 实施

中华人民共和国国家质量监督检验检疫总局
中国国家标准化管理委员会　发布

前　言

本部分的全部技术内容为强制性。

GB 14196《白炽灯　安全要求》为系列标准，现有 3 个部分：

——第 1 部分：家庭和类似场合普通照明用钨丝灯；

——第 2 部分：家庭和类似场合普通照明用卤钨灯；

——第 3 部分：卤钨灯（非机动车辆用）。

本部分为 GB 14196 的第 3 部分。

本部分等同采用 IEC 60432-3:2005《白炽灯　安全要求　第 3 部分：卤钨灯（非机动车辆用）》（英文版）。

为便于使用，本部分做了下列编辑性修改：

——“本国际标准”一词改为“本部分”；

——用小数点“.”代替作为小数点的“,”；

——删除 IEC 60432-3:2005 的前言；

——对于 IEC 60432-3:2005 引用的其他国际标准中有被等同采用为我国标准的，本部分引用我国的这些国家标准或行业标准代替对应的国际标准，其余未有等同采用为我国标准的国际标准，在本部分中均被直接引用（见 1.2）。

本部分的附录 A、附录 B、附录 D、附录 F 是规范性附录，附录 C 和附录 E 是资料性附录。

本部分由中国轻工业联合会提出。

本部分由全国照明电器标准化技术委员会（SAC/TC 224）归口。

本部分起草单位：北京电光源研究所、欧司朗（中国）照明有限公司、江苏省工矿及民用灯具产品质量监督检验中心、佛山市顺德区本邦电器有限公司。

本部分主要起草人：张俊斌、赵秀荣、杨静华、何君健、杨宇华、杨小平、江姗、蔡干强、段彦芳。

本部分首次发布。

白炽灯　安全要求
第3部分:卤钨灯(非机动车辆用)

1　概述

1.1　范围

GB 14196 的本部分规定了额定电压在 250 V 以下用于下述用途的单端和双端卤钨灯的安全要求:

- 投影(包括电影放映和静止投影);
- 摄影(包括摄影棚);
- 泛光照明;
- 特殊用途照明;
- 一般用途照明;
- 舞台照明。

本部分不适用于 GB 14196.2 中所规定的,用于替代传统钨丝灯的普通照明用单端卤钨灯。

1.2　规范性引用文件

下列文件中的条款通过 GB 14196 的本部分的引用而成为本部分的条款。凡是注日期的引用文件,其随后所有的修改单(不包括勘误的内容)或修订版均不适用于本部分,然而,鼓励根据本部分达成协议的各方研究是否可使用这些文件的最新版本。凡是不注日期的引用文件,其最新版本适用于本部分。

GB/T 2900.65　电工术语　照明(GB/T 2900.65—2004,IEC 60050-845:1987,MOD)

GB/T 21098　灯头、灯座及检验其安全性和互换性的量规　第4部分:导则及一般信息(GB/T 21098—2007,IEC 60061-4:2004,IDT)

IEC 60061-1　灯头、灯座及检验其安全性和互换性的量规　第1部分:灯头

IEC 60061-3　灯头、灯座及检验其安全性和互换性的量规　第3部分:量规

IEC 60357:2002　卤钨灯(非机动车辆用)性能要求

1.3　术语和定义

GB/T 2900.65 确定的以及下列术语和定义适用于本部分。

1.3.1

卤钨灯　tungsten halogen lamp

内部充有卤素或卤化物气体的钨丝灯。

1.3.2

单端卤钨灯　single-capped tungsten halogen lamp

只装有一个灯头或灯端的卤钨灯。

1.3.3

双端卤钨灯　double-capped tungsten halogen lamp

在灯的每一端各装有一个灯头或灯端的卤钨灯。

1.3.4

超低电压卤钨灯　extra low voltage tungsten halogen lamp

额定电压小于 50 V 的卤钨灯。

注:缩写为:ELV 的卤钨灯。

1.3.5

超低电压低气压卤钨灯 extra low voltage low-pressure tungsten halogen lamp

气压低于某一确定的值，额定电压小于或等于 12 V 的卤钨灯。

1.3.6

自屏蔽式卤钨灯 self-shielded tungsten halogen lamp

不需要灯具为其提供防护外壳的卤钨灯。

注：缩写为：自屏蔽式灯。

自屏蔽式卤钨灯示例如下：

- 带整体式外壳的超低电压卤钨灯；
- 超低电压低气压卤钨灯；
- 符合 GB 14196.2 的，使用电源电压的卤钨灯；
- 符合本部分相关要求的，使用电源电压的卤钨灯。

1.3.7

外玻壳 outer envelope

内部装有卤钨光源的透明或半透明玻壳。

注：外玻壳也可由带整体式前罩的反光碗构成。

1.3.8

额定电压 rated voltage

由本部分规定的或由制造商或销售商指定的电压或电压范围。

注：如果灯泡上标出的是电压范围，这种灯可采用该电压范围内的任一电源电压。

1.3.9

试验电压 test voltage

除非另有规定，一般为额定电压。

注：如果灯上标出的是电压范围，试验电压为该电压范围的平均值，但另有规定时除外。

1.3.10

额定功率 rated wattage

由本部分规定或由制造商或销售商指定的功率。

1.3.11

额定电流 rated current

由本部分规定或由制造商或销售商指定的电流。

1.3.12

试验电流 test current

除非另有规定，一般为额定电流。

1.3.13

特定有效紫外辐射功率 specific effective radiant UV power

灯的相对于其光通量的紫外辐射的有效功率。

单位：mW/klm

对于反射型灯，特定有效紫外辐射功率是指与照度有关的紫外辐射的有效辐照度。

单位：mW/(m^2 · klx)

注：有效紫外辐射功率（或辐射照度）是按照美国政府工业卫生学家联合会（ACGIH）公布的作用量频谱，与灯的光谱能量分布进行加权平均计算得出的。此方法已被世界卫生组织（WHO）认可，并由国际辐射保护协会（IR-PA）推荐。关于参考资料，参见参考文献。

1.3.14

压封部位的最高温度 maximum pinch temperature

灯的压封部位的零部件在灯的预定寿命期间所能承受的最高设计温度。

1.3.15

灯的灯头触点、灯端插脚或灯端接线柱的最高温度　maximum lamp cap-contact，base-pin or base-post temperature

为确保在灯的寿命期间电接触良好，灯的灯头触点、灯端插脚或灯端接线柱允许的最高温度。

1.3.16

灯头最高温度　maximum cap temperature

灯泡的灯头区域部件在灯泡寿命期间所承受的最高设计温度。

1.3.17

反光碗边缘的最高温度　maximum reflector-rim temperature

反光碗与其前罩的连接部位在灯的预定寿命期间所能承受的最高设计温度。

1.3.18

类别　group

具备本部分所规定的相同用途的灯。

1.3.19

型号　type

具有相同的标称功率、玻壳形状和灯头的同一类别的灯。

1.3.20

系列　family

按照在材料、零部件和/或生产方法等方面所具有的共同特征进行分类的灯。

1.3.21

型式试验　design test

为了检验某一系列、某一类别或若干类别的灯是否符合相关条款要求而对样品进行的试验。

1.3.22

例行试验　periodic test

为检验产品在某些方面没有偏离给定的设计要求而每隔一段时间重复进行的一项或若干项试验。

1.3.23

交收试验　running test

为评定提供数据而经常重复进行的试验。

1.3.24

批量　batch

一次提交验收的，同一个系列和/或类别的全部的灯，这些灯以系列和/或类别加以识别。

1.3.25

全部产品　whole production

制造商在12个月期间生产并指定列入清单的属于本部分范围的所有型号的灯产品，认证证书中包括该清单。

2　要求

2.1　概述

灯的结构和设计应使其在正常使用中不致对人和周围环境造成危险。

通常，合格性通过本部分规定的所有相关试验进行检验。

2.2　标志

2.2.1　灯的标志

灯上应清晰耐久地标有下述内容：

——来源标志(可以是商标、制造商或销售商的名称);

——额定功率(用"W"或"瓦"表示);

——额定电压或额定电压范围(用"V"或"伏"表示);对于飞机场用灯,要标出额定电流(用"A"表示)。

对于采用英国电源电压的灯,所标出的额定电压可以是"240 volts"或"240 V"。

注:英国实施 230 V(欧洲协调过程)的方式允许英国的电源电压维持在 240 V 不变。

合格性用未使用过的灯按照下述要求进行检验:

——用目视法检验标志的清晰度;

——用下述试验检验标志的耐久性:

用一块蘸过水的平滑的布擦拭灯上标志区域 15 s。

此试验之后,标志应仍清晰可见。

2.2.2 补充信息和标志

应标出下述适用的内容:

a) 灯上应标有适宜的灯具需要装有防护屏的警告性说明。或者,可以在灯的最小包装套或包装盒上标有 A.1 中所示相关符号。

注:在北美,要求使用适宜的警告性说明。符号的使用不是强制性的。

b) 对于自屏蔽式灯(无需灯具提供防护屏),灯的最小包装套或包装盒上应标有 A.2 所示符号。

注 1:本要求不适用于 GB 14196.2 所规定的灯。

注 2:在北美,不采用该种符号。

c) 对于带介质膜反光碗的灯,灯的包装盒或包装箱上应标有 A.3 所示符号。

d) 额定电压为 50 V～250 V 的双端灯上应标有警告性说明或符号,如 A.4 中所示,表明在插入或拔出灯之前,应切断灯具与电源的连接。

注 1:在美国,对住宅室内灯具用的 500 W 双端卤钨灯要求采用特殊的包装标志。

注 2:在北美,要求使用适宜的警告性说明。符号的使用不是强制性的。

合格性采用目视法检验。

2.3 灯头或灯端

2.3.1 一般要求

为单端超低电压灯研制的灯头或灯端不应该用于额定电压大于 50 V 的普通照明卤钨灯。

注:这种超低电压灯使用的灯头有:G4、GU4、GY4、GX5.3、GU5.3、G6.35、GY6.35、GU7 和 G53。

GU10 灯端只用于带镀铝反光碗的灯。

合格性采用目视法进行检验。

2.3.2 爬电距离

灯头的触点之间或触点与金属外壳之间的最小爬电距离应符合 GB/T 21098 的要求。

合格性通过测量进行检验。

2.3.3 尺寸

如果卤钨灯使用标准灯头/灯端,这些灯头/灯端应符合 IEC 60061-1 的要求。

成品灯上的灯头/灯端的尺寸采用 IEC 60061-3 中的量规检验。

非标准灯头/灯端应符合制造商的技术要求。

合格性通过目测进行检验。

2.4 自屏蔽式灯的最大紫外辐射

自屏蔽式卤钨灯的特定有效紫外辐射功率应不超过:

——2 mW/klm,或;

——对于反射灯,2 mW/(m^2·klx)。

合格性通过测量光谱能量分布进行检验。

2.5 超低电压低气压自屏蔽式灯的气压

工作期间,单端超低电压低气压自屏蔽式卤钨灯的气压应进行限定。这可以通过下述限制条件来实现:

a) 冷态气压不超过 1×10^5 Pa(1 bar);和

b) 灯容积最大值为 1 cm^3;和

c) 额定功率最大值为 100 W。

合格性由检验和附录 B 所规定的试验进行确认。

2.6 额定电压为 50 V~250 V 的自屏蔽式灯在寿终时的安全性

当在规定的条件下进行试验时,灯失效时不应伴随出现玻壳破裂或掉头现象。

对于带卡口灯头的灯,还要求在试验之后灯头壳体不应出现内部短路。

试验条件如下:

——按照附录 F 进行诱导故障试验,或;

——燃点至寿终试验。

燃点至寿终试验应在 IEC 60357:2002 的附录 A 中寿命试验程序所规定的条件下进行。该试验应持续至寿终。

注:如有争议,将诱导故障试验作为基准试验方法。

2.7 灯具设计要求

见附录 C。

3 评定

3.1 概述

本章规定了制造商为表明其产品符合本部分所应采用的方法,本方法以对全部产品的评定为基础并与成品灯的试验记录有关。本方法也可用于认证。3.2 给出了借助制造商的记录进行评定的详细说明。

3.3 给出了能对批量产品做出有限评定的批量试验程序的详细说明。该试验程序包括批量试验要求,从而使批量评定适用于含有安全性能不合格产品的批次。由于某些安全要求不能用批量试验进行检验,而且未必可能预先了解制造商产品的质量,所以,批量试验不能用于产品认证,也不能用于对批量产品的鉴定。如果某一批量产品试验合格,检验机构只能得出如下结论:没有理由以安全原因拒收该批产品。

3.2 依据制造商的记录对全部产品进行评定

制造商提供证据表明其产品符合 3.2.1 的特定要求。为此,制造商应提供与本部分要求有关的全部试验结果。

试验结果可从工作记录中提取,因此,这些记录可能并不是以已整理好的方式呈交的。

通常,评定工作应以达到 3.2.1 的验收标准的单个工厂为基础。但是,如果若干工厂处在同一质量管理下,可将这些工厂组合在一起。就认证而言,可对一组指定的工厂发放一张证书,但认证机构有权视察每个工厂,检验该厂有关的记录和质量控制程序。

为进行认证,制造商应将来源标志和符合本部分范围要求并由一组指定的工厂生产的相应系列、类别和/或型号的灯列成清单予以公布。证书应包括制造商上述清单中的全部产品。有关增加和删减产品的通知可随时发出。

在提交试验结果时，制造商可按照表1第4栏的要求对不同系列、不同类别和/或不同型号的灯的试验结果进行归纳。

对全部产品进行评定的，要求制造商的质量控制程序符合已被认可的最终检验质量体系要求。在以过程检验和试验为基础的质量保证体系框架中，制造商可以通过过程检验代替成品试验来证明其产品符合本部分的某些要求。

制造商应提供与表1第5栏所示各条款要求相关的足够的试验记录。

制造商记录中不合格品的数量不应超过与表1第6栏所示合格质量水平(AQL)值相对应的表2、表3或表4所示极限值。

表1 试验记录的归并——抽样及合格质量水平(AQL)

1	2	3	4	5		6
条款	试验	试验类型	对试验记录的归并原则	各个归并总体中最小年样品数		AQL[a] %
				常年生产的灯泡	不经常生产的灯泡	
2.2.1	标志的清晰度	交收试验	标志方法相同的所有系列的灯	200	32	2.5
2.2.1	标志的耐久性	例行试验	标志方法相同的所有系列的灯	50	20	2.5
2.2.2	补充标志	交收试验	依据灯的类别和型号	200	32	2.5
2.3.2	灯头或灯端——爬电距离	型式试验	具有相同灯头或灯端的所有系列的灯	采用D.1		—
2.3.3	灯头或灯端——尺寸	例行试验	具有相同灯头或灯端的所有系列的灯	32		2.5
2.4	紫外辐射	型式试验		采用D.2		—
2.5	气压	例行试验	依据灯的类别和型号	125	80	0.65
2.6	寿终时的安全性： ——诱导故障 ——诱导故障或寿终	型式试验 例行试验	所有系列的所有灯	采用D.3 315		— 0.25

[a] 关于该术语的用法，参见IEC 60410。

表2 AQL=0.25%的合格判定数

制造商记录中灯的数量	合格判定数	制造商记录中灯的数量	允收极限，表达为记录中灯数量的百分比/%
315	2	2 001	0.485
316～500	3	2 200	0.48
501～635	4	2 600	0.46
636～800	5	3 300	0.44
801～1 040	6	4 200	0.42
1 041～1 250	7	5 400	0.40
1 251～1 500	8	7 200	0.38
1 501～1 750	9	10 000	0.36
1 751～2 000	10		

表 3 AQL＝0.65%的合格判定数

制造商记录中灯的数量	合格判定数	制造商记录中灯的数量	允收极限，表达为记录中灯数量的百分比/%
80	1	2 001	1.03
81～125	2	2 100	1.02
126～200	3	2 400	1.00
201～260	4	2 750	0.98
261～315	5	3 150	0.96
316～400	6	3 550	0.94
401～500	7	4 100	0.92
501～600	8	4 800	0.90
601～700	9	5 700	0.88
701～800	10	6 800	0.86
801～920	11	8 200	0.84
921～1 040	12	10 000	0.82
1 041～1 140	13	13 000	0.80
1 141～1 250	14	17 500	0.78
1 251～1 360	15	24 500	0.76
1 361～1 460	16	39 000	0.74
1 461～1 570	17	69 000	0.72
1 571～1 680	18	145 000	0.70
1 681～1 780	19	305 000	0.68
1 781～1 890	20	1 000 000	0.67
1 891～2 000	21		

评定所要评审的时期不必局限于预定的一个年份，而可以是评审日期之前连续的12个月。

曾经符合而现在不再符合标准规定的制造商，只要能提供下述证据，就有申请符合本部分的资格：

a) 一旦根据其试验记录证实有不符合标准的趋势，就采取了补救措施；

b) 在下述时间内恢复了规定的验收合格质量水平：

1) 对于2.6，为六个月；

2) 对于其他条款，为一个月。

在按照a)和b)采取补救措施之后进行合格性评定时，应将不合格的那些系列、类别和/或型号的灯的试验记录按照其不合格的时间从12个月的试验结果总和中剔除。与补救期相关的试验结果应保留在该记录中。

如果制造商不符合某一条款的要求，而这个条款是允许对试验结果进行归类的，如果他能通过补充试验证明问题只存在于某些系列、类别和/或型号的灯上，则不应取消其全部这种系列、类别和/或型号的灯申请合格的资格。在这种情况下，或者按照上述a)和b)处理这些系列、类别和/或型号的灯，或者将它们从制造商宣称符合本部分的那些系列、类别和/或型号的灯的清单中删除。

对于已被删除出该清单的某一系列、类别和/或型号的灯，如果再用一些灯进行未通过的条款所要求的试验能得到令人满意的结果，且受试灯的数量要与表1所规定的每年最小样品数相等，则可将它们重新列入该清单。这种样品可以在短时期内收集。

对于新产品，它们可能与现行系列、类别和/或型号的灯有着相同的特性，如果这种新产品从一开始生产就被列入抽样计划，则这些特性可视为合格。对于不同的特性，应在生产开始之前对其进行试验。

表 4 AQL＝2.5%的合格判定数

制造商记录中灯的数量	合格判定数	制造商记录中灯的数量	允收极限，表达为记录中灯数量的百分比/%
20	1	1 001	3.65
21～32	2	1 075	3.60
33～50	3	1 150	3.55
51～65	4	1 250	3.50
66～80	5	1 350	3.45
81～100	6	1 525	3.40
101～125	7	1 700	3.35
126～145	8	1 925	3.30
146～170	9	2 200	3.25
171～200	10	2 515	3.20
201～225	11	2 950	3.15
226～255	12	3 600	3.10
256～285	13	4 250	3.05
286～315	14	5 250	3.00
316～335	15	6 400	2.95
336～360	16	8 200	2.90
361～390	17	11 000	2.85
391～420	18	15 500	2.80
421～445	19	22 000	2.75
446～475	20	34 000	2.70
476～500	21	60 000	2.65
501～535	22	110 000	2.60
536～560	23	500 000	2.55
561～590	24	1 000 000	2.54
591～620	25		
621～650	26		
651～680	27		
681～710	28		
711～745	29		
746～775	30		
776～805	31		
806～845	32		
846～880	33		
881～915	34		
916～955	35		
956～1 000	36		

3.2.1 对制造商的特定试验记录的评定

表 1 规定了试验的类型和不同条款的合格性的评定方法所适用的其他资料。

只有当相关产品的物理或机械结构、材料或生产工艺发生实质性变化时才需要重复进行型式试验。并且只要求对受到这些变化的影响的那些特性进行试验。

3.2.2 全部产品试验的抽样程序

采用表 1 所列条件。

每个生产日应至少进行一次全部产品的交收试验。这些试验均可在过程检验和试验中进行。

只要能满足表 1 所列条件,各种试验进行的频率可以不一样。

对全部产品的试验应在生产完成后随机抽取的样品上进行,样品数不低于表 1 第 5 栏的规定。被抽取用于某一试验的灯不再用于其他试验。

对寿终时的安全性要求(见 2.6),制造商的抽样方法不应将其指定清单中的任一型号的灯有意排除在外。

3.3 对批量产品的评定

3.3.1 批量试验的抽样方法

试验样品应按照协商一致的方法抽取,以确保具有充分的代表性。样品应从该批量的包装箱总数的三分之一中随机抽取,包装箱的总数不少于 10 箱。

为了防止灯意外破损,除规定的试验样品之外,还应选取一定数量的灯备用。这些灯只在需要补足所需求的受试灯数量时用于代替受试灯。

如果意外破损的灯更换与否不会影响试验结果,那么,只要能达到随后的试验所要求的灯的数量,则不必更换该灯。如要更换这种破损的灯,则在计算试验结果时应不计入破损灯泡的结果。

经过运输后从包装盒中取出玻壳即已破损的灯泡不应用于试验。

3.3.2 批量样品灯的数量

至少 500 只灯(见表 5)。

3.3.3 试验顺序

试验应按照表 5 中所列条款编号的顺序进行,一直进行至 2.4(包括 2.4)。随后的试验可能会损坏灯泡,每个试验样品应从原始样品中分别抽取。

3.3.4 批量的拒收条件

不需要考虑受试样品总量,只要达到表 5 和附录 D 所示任一不合格数,则拒收的条件已成立。当达到某一特定试验的不合格数时,则该批产品拒收。

表 5 批量试验样本数及拒收数

条款序号	试验	受试灯数量	拒收数
2.2.1	标志——清晰度	200	11
2.2.1	标志——耐久性	50	4
2.2.2	补充标志	200	11
2.3.2	灯头和灯端——爬电距离	采用 D.1	
2.3.3	灯头和灯端——尺寸	32	3
2.4	紫外辐射	采用 D.2	
2.5	气压	125	3
2.6	寿终时的安全性——诱导故障	采用 D.3	

附　录　A
（规范性附录）
符　号

本附录涉及符号如 2.2.2 所述。

图形符号的高度应不小于 5 mm，字母符号的高度应不小于 2 mm。

A.1　表示灯只应在带防护屏的灯具中工作的符号

A.2　表示可以在不带防护屏的灯具中工作的自屏蔽式灯的符号

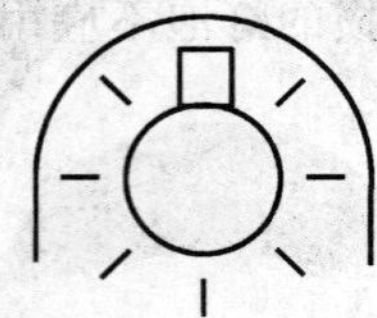

A.3　带介质膜反光碗的灯的符号

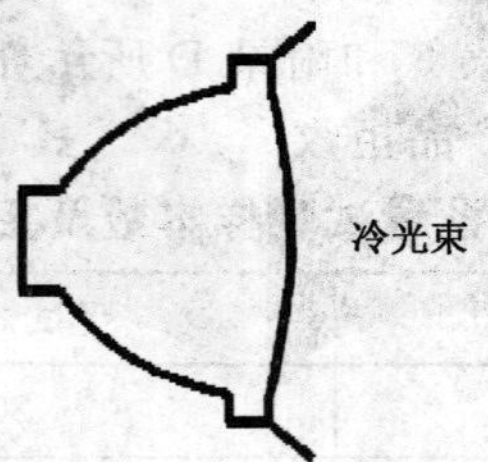

注：玻壳形状可依照灯的形状而有所不同。

A.4　表示在插入或拔出灯之前应切断灯具与电源的连接的符号

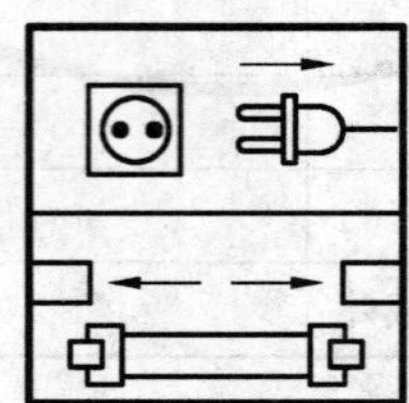

附 录 B
（规范性附录）
测试灯气压的方法

如有疑问，以本方法为基准方法。

使用超声波钻头在灯上钻一个最大直径为 1 mm 的孔，直至剩余的玻壳壁的厚度为 0.5 mm。

然后，

1） 将该样品浸入 15 ℃的水中，最大浸泡深度为 30 cm，再将样品擦干，并称质量(G_1)。

2） 将样品再次浸入水中，并打开预先钻出的孔。当灯内压力处于平衡状态时，将样品从水中取出，注意不要使填充气体或水逸出，然后，擦干样品，再称质量(G_2)。

3） 将样品第三次浸入水中，使用注射器将灯注满水，然后，擦干样品，称质量(G_3)。

4） 计算灯的容积和冷态气压。

注：注意在给玻壳钻孔期间，要将所有的玻璃颗粒收集起来。

在温度为 15 ℃，气压为 1.103×10^5 Pa(760 mm 汞柱)的条件下，1 L 水质量为 1 kg。

G_3-G_1(单位：g)$=L=$灯的体积(单位：cm^3)

G_3-G_2(单位：g)$=V=$在流通的大气压力下填充气体的体积(单位：cm^3)

由于在相同的温度下，P 和 V 是常数，冷态填充气体的压力(P)可根据下述公式求出：

$$P=V/L\times H$$

式中：

H——流通的大气压力，单位为帕斯卡(Pa)。

附 录 C
（资料性附录）
灯具设计要求

C.1 概述

为了保证卤钨灯工作时的安全性，应遵守下述建议。

C.2 防护屏

卤钨灯用的灯具应装有一玻璃防护屏，但自屏蔽式卤钨灯用的灯具除外。

注：自屏蔽式卤钨灯的示例，见1.3.6。

C.3 自屏蔽式卤钨灯用的灯具

自屏蔽式卤钨灯用灯具应标有A.2所示符号。

注：此要求不适用于传统钨丝灯用的灯具。

C.4 卤钨反射灯用的灯具

这种灯具在设计上应考虑到带介质膜反光碗的灯（大部分热向后辐射）与带镀铝反光碗的灯（大部分热向前辐射）之间在热性能方面存在的差异。带GZ10灯端的反射灯用的灯具在设计上应适用于这两种类型的灯。

带有2.2.2规定标志的带介质膜反光碗的（冷光束）卤钨灯，要使用专用的灯具。由于这种卤钨灯会导致（灯具）过度发热，它们不适用于能安装类似形状灯泡的普通灯具。相关灯具标志的要求在GB 7000.1中给出。

C.5 灯头/灯座配套系统

本意是为单端超低电压卤钨灯研制的灯座不应该用于额定电压大于50 V的普通照明灯用的灯具中。

注：超低电压灯头/灯座配套系统有：G4、GU4、GY4、GX5.3、GU5.3、G6.35、GY6.35、GU7和G53。

C.6 串联工作

超低电压卤钨灯不应串联工作，除非这种灯是专门设计用于这种串联工作的，并且灯的制造商也认可这种用法。允许使用能适当限制灯电压和/或电流的特殊线路。

C.7 外部熔断器

C.7.1 普通照明用超低压单端卤钨灯

额定电压在24 V～50 V之间的普通照明用超低电压单端卤钨灯应与表C.1所规定的熔断器串联工作。

该熔断器应连接在变压器/换流器的次级（灯）电路上。

C.7.2 摄影卤钨灯

摄影卤钨灯应与表C.2所规定的熔断器串联工作。

表 C.1 普通照明用超低电压卤钨灯用熔断器

灯		熔断器[a]
额定电压/V	额定功率/W	额定电流/A
24	20	2.0
	50	4.0
	75	6.3
	100	6.3
	150	10.0[b]
其他额定功率和电压的灯所用熔断器的推荐值尚在研究之中。		

[a] 具有高断路容量的 250 V 快速小型熔断器(见 GB 9364.2—1997)。

[b] 未包括在 GB 9364.2—1997 中,但普遍使用。

表 C.2 摄影卤钨灯用熔断器

灯		熔断器	
额定电压/V	额定功率/W	额定电流/A	
		a	b
100～135	500	6.3	
200～250		4.0	—
100～135	600	6.3	—
200～250		4.0	
100～109	650	10.0[c]	10.0
110～135		6.3	6.0
200～250		4.0	4.0
100～135	800	10.0[c]	10.0
200～250		6.3	6.0
100～109	1 000	—	16.0
110～135		10.0[c]	10.0
200～250		6.3	6.0
200～250	1 250	10.0[c]	10.0
100～135	2 000	—	25.0
200～219		—	16.0
220～250		—	10.0
110～135	5 000	—	50.0
200～219		—	35.0
220～250		—	25.0
110～135	10 000	—	100.0
200～250		—	50.0

[a] 具有高断路容量的 250 V 快速小型熔断器(见 GB 9364.2—1997)。

[b] 500 V 快速小型熔断器(见 GB/T 13539.5—1999)。

[c] 未包括在 GB 9364.2—1997 中,但普遍使用。

C.8 自屏蔽式灯的最高玻壳壁温度

自屏蔽式卤钨灯能触及的玻壳壁的温度应不超过表 C.3 所示之值。

遵守这些极限值会避免使玻壳的强度降低。

表 C.3 玻壳最高温度

额定功率	玻壳最高温度/℃
≤20 W	600
>20 W 和≤50 W	待定
>50 W	900

测量条件和方法在附录 E 中给出。

C.9 自屏蔽式灯的压封部位最高温度

自屏蔽式石英卤钨灯的压封部位的温度应不超过 350 ℃，但相关灯参数表中另有规定时除外。

压封部位温度的测量方法在 GB/T 20152 中给出。

C.10 灯头触点、灯端插脚、灯端接线柱或灯头的最高温度

卤钨灯的灯头触点，灯端插脚，灯端接线柱或灯头的温度应不超过下述规定值，但相关灯参数表中另有规定时除外。

该温度要在与灯座形成电接触的区域内进行测量。

测量条件在 E.1 中给出。

注 1：这种测量可在灯具试验期间对灯座的工作温度进行检验时一起进行。灯座触点与灯触点之间的温度差异通常忽略不计。

注 2：根据 GB 19651.1，灯座工作温度的测量点位于灯座与灯头/灯端形成电接触的区域。

a) 双插脚灯端

这种类别的灯端包括 G4、GU4、GX5.3、GU5.3 和 GY6.35。

对于普通照明灯，其灯端插脚的温度应不超过表 C.4 所示之值：

表 C.4 灯端插脚最高温度

额定功率	温度/℃
≤20 W	220
>20 W 和≤50 W	250
>50 W	300

b) 双接线柱灯端

这种类别的灯端包括 GU7，GU10 和 GZ10 灯端。

对于普通照明卤钨灯，其灯端接线柱的温度应不超过 250℃。

c) 卡口灯头和螺口灯头

对于普通照明超低电压卤钨灯，灯头温度应在上述形成电接触的区域内进行测量，所测得的值应不超过表 C.5 所示之值：

表 C.5 触点最高温度

灯头	温度/℃
EZ10	待定
B15d/BA15d	250

对于使用电源电压的带 B15d 灯头的普通照明卤钨灯，灯头温度要在灯头边缘进行测量，所测得的值应不超过 GB 14196.2—2002 中附录 C 所示相关值。

注：对带 E11 灯头的灯的要求尚在研究之中。

C.11 反光碗边缘的最高温度

带整体式前罩的卤钨灯的反光碗边缘温度应不超过表 C.6 所规定的值。

测量条件在 E.1 中给出。

表 C.6 反光碗边缘的最高温度

反光碗直径/mm	灯头/灯端	额定电压/V	额定功率/W	温度/℃
35	GU4/GZ4	12	12、20、35	220
51	GU5.3/GX5.3	12	20、35	180
51	GU5.3/GX5.3	12	50、65、75	220
51	GU7	12	20、35	180
51	GU7	12	50、65	220
51	GU10/GZ10	50～250	50	240
64	GU10/GZ10	50～250	70	240

C.12 防止与水接触

本部分范围内所包括的灯，若灯具的防护等级为 IPX1 或更高，灯具应能防止直接与水接触，如滴水、喷溅等。

注：上面 IP 等级中的 X 表示缺省的数字，而在灯具上都标出了适当的两位数字。

附 录 D
（规范性附录）
型式试验的合格条件

D.1 灯头的爬电距离

第一组样品：5； 拒收数：2

——如未出现不合格样品则视为合格；

——如果出现一只样品不合格，则测试第二组样品。

第二组样品：5； 拒收数：2（在全部样品中）

D.2 紫外辐射

样品数量：5； 拒收数：1

D.3 寿终时的安全性——诱导故障试验

第一组样品：125； 拒收数：2

——如未出现不合格样品则视为合格；

——如果出现一只样品不合格，则测试第二组样品。

第二组样品：125； 拒收数：2（在全部样品中）

附 录 E
（资料性附录）
玻壳壁温度的测量方法

E.1 测量条件

C.8所规定的温度极限值与按照相应的设备/灯具的技术要求所进行的测量有关，也就是说：

——对于投影卤钨灯，参照GB 4706.43—2005的第11章；

——对于摄影、泛光、普通照明和舞台照明用卤钨灯，参照IEC 60598-2系列标准中（标准号取决于用途）加热试验（正常工作）的条款；

——对于特殊用途卤钨灯，此要求尚在研究。

E.2 测量方法

使用红外温度测量仪可以方便地测定玻壳壁温度。

只有在不能使用这种仪器进行测量时才使用热电偶测量玻壳壁的温度。

注：热电偶的接头与玻壳壁之间的热接触非常重要，使用簧片或粘合剂可达到此要求。关于热电偶和粘合剂的详细要求，参见GB/T 20152。

由于热电偶本身（以及所使用的粘合剂）会吸收一定量的辐射热，应将其与一自动曲线记录仪相连接。在温度达到稳定状态之后，将灯关闭。此时，温度首先会快速下降，但在大约0.5 s之后，温度下降的速度会趋于稳定。借助于外推法可由温度/时间曲线上的稳定部分确定出灯关闭时的玻壳壁实际温度。

附　录　F
（规范性附录）
诱导故障试验

F.1　试验线路和仪器

试验线路由下述部件组成：

——50 Hz 或 60 Hz 电源线，其电压应为灯的试验电压，公差为−2%；

——熔断器，对于 220 V～250 V 的灯，其额定电流不小于 25 A；对于 220 V 以下的灯，其额定电流为 15 A(待定)。

应提供一安全防护罩，用来盖住处在试验位置上的灯。

应使用一具有足够功率的激光器，用来诱发灯丝烧毁。

注：适用的激光器的例子是钕玻璃激光器。

整个线路的电感和电阻(包括上述零部件、各种熔断器和所有连接引线)应符合下述要求：

a)　对于额定电压在 220 V～250 V 之间的灯：

——电阻(Ω)：0.4～0.45；

——电感(mH)：0.6～0.65。

b)　对于额电压在 100 V～150 V 之间的灯：

——电阻(Ω)：0.3～0.35；

——电感(mH)：0.6～0.65。

F.2　试验程序

将受试灯插入灯座，盖好安全防护罩。通过防护罩上的一个小孔将激光束对准并聚焦在灯丝上。

将灯接通电源。在灯完全加热之后，施加激光脉冲。

如果灯仍旧保持发光，则应升高激光器的输出功率，并再次施加激光脉冲。此试验程序应重复至灯丝烧毁。

注：如果激光束的聚焦受到灯的涂层或外壳结构的干扰，应使用经过特殊处理的样品。

F.3　检验与评定

在试验结束之后，要检验每一只受试灯。如果：

a)　玻壳不再完整无损；

b)　玻壳与灯头脱离；

c)　卡口灯头的触点与外壳发生短路。

那么，该灯被视为试验失败，并判定为不合格品。

参 考 文 献

[1] GB 4706.43—2005 家用和类似用途电器的安全投影仪和类似用途器具的特殊要求(IEC 60335-2-56:2002,IDT)

[2] GB 7000.1 灯具 第1部分:一般要求和试验(GB 7000.1—2007,idt IEC 60598-1:2003)

[3] GB 9364.2—1997 小型熔断器 第2部分:筒式熔断器(idt IEC 60127-2:1989)

[4] GB/T 13539.5—1999 低压熔断器 第3部分:非熟练人员使用的熔断器的补充要求(主要用于家用和类似用途的熔断器)标准化熔断器示例(idt IEC 60269-3-1:1994)

[5] GB 14196.1 家庭和类似场合普通照明用钨丝灯安全要求(GB 14196.1—2002,idt IEC 60432-1:1999)

[6] GB 14196.2—2002 家庭和类似场合普通照明用卤钨灯安全要求(idt IEC 60432-2:1999)

[7] GB 19651.1 杂类灯座 第1部分:一般要求和试验(GB 19651.1—2005,IEC 60838-1:1997,IDT)

[8] GB/T 20152 石英卤钨灯压封部位温度的标准测量方法(GB/T 20152—2006,IEC 60682:1980,IDT)

[9] IEC 60410:1973 按照特性进行检验的抽样方法和程序

[10] IEC 60598-2(全部) 灯具 第2部分:特殊要求

[11] ACGIH0022 临界极限值和生物辐照指数,1992～1993

[12] IRPA/INIRC 波长在180 nm～400 nm之间的紫外辐射的辐照极限导则.有害辐射防护学.1985(49):331～340.

[13] IRPA/INIRC 对IRPA/1985年紫外辐射的辐照极限导则的修改建议.有害辐射防护学.1989(56):971～972.

注:ACGIH:美国政府工业卫生学家联合会

INIRC:国际非电离辐射委员会

IRPA:国际辐射保护协会

ICS 83.120
Q 23

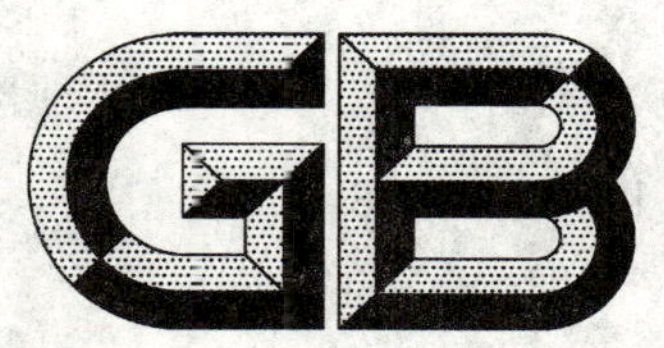

中华人民共和国国家标准

GB/T 14207—2008
代替 GB/T 14207—1993

夹层结构或芯子吸水性试验方法

Test method for water absorption of sandwich constructions or cores

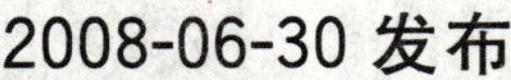

2008-06-30 发布　　　　2009-04-01 实施

中华人民共和国国家质量监督检验检疫总局
中国国家标准化管理委员会　发布

前言

本标准代替 GB/T 14207—1993《夹层结构或芯子吸水性试验方法》。与 GB/T 14207—1993 相比主要变化如下：

——删去试验步骤中未经加热处理部分(GB/T 14207—1993 中的 6.6，本标准的 6.6)；

——增加试样的干燥温度；(本标准的 6.6)；

——删去吸水率高的材料的吸水浸泡时间(GB/T 14207—1993 中的 6.9)；

——删去热固化塑料的加热干燥处理温度要求(GB/T 14207—1993 中的 6.10)；

——删去未经干燥处理部分和质量损失百分率的相关计算公式(GB/T 14207—1993 中的 7.1)；

——增加考虑水溶性物质的质量损失的吸水百分率计算公式(本标准的 7.2)。

本标准由中国建筑材料联合会提出。

本标准由全国纤维增强塑料标准化技术委员会归口。

本标准主要起草单位：上海玻璃钢研究院。

本标准主要起草人：张汝光、张小苹、王中林。

本标准于 1993 年首次发布，本次为第一次修订。

夹层结构或芯子吸水性试验方法

1 范围

本标准规定了夹层结构或芯子吸水性试验方法的原理、试样、试验环境和设备、试验步骤及计算等。

本标准适用于测试夹层结构或芯子的吸水百分率、单位体积吸水量及水溶性物质的质量损失百分率。

2 规范性引用文件

下列文件中的条款通过本标准的引用而成为本标准的条款。凡是注日期的引用文件，其随后所有的修改单(不包括勘误的内容)或修订版均不适用于本标准，然而，鼓励根据本标准达成协议的各方研究是否可使用这些文件的最新版本。凡是不注日期的引用文件，其最新版本适用于本标准。

GB/T 1446—2005 纤维增强塑料性能试验方法总则

3 原理

夹层结构或芯子材料与水相接触时，水分子向夹层结构或芯子材料内部扩散，以物理的或化学的方式存在于固体中，同时夹层结构或芯子材料中也会有部分分子溶解于水中，宏观表现为夹层结构或芯子材料质量的增加或减少，质量增加的多少是材料固有的性质，即材料的吸水性。

4 试样

4.1 试样形状为方形，试样厚度与夹层结构制品或芯子厚度相同。

4.1.1 泡沫塑料、轻木等连续芯子或夹层结构，试样边长为 60 mm。

4.1.2 蜂窝、波纹等格子型芯子或夹层结构，试样边长为 60 mm，或至少包括 4 个完整格子。

4.1.3 当夹层结构制品厚度未定时，芯子试样厚度取 15 mm。

4.2 试样数量：5 个。

5 试验环境和设备

5.1 试验环境

按 GB/T 1446—2005 中第 3 章规定。

5.2 试验设备

a) 鼓风干燥箱：能控制在(50±2)℃及(105±2)℃；

b) 干燥器；

c) 天平：感量为 0.001 g；

d) 恒温水浴：能控制水温在(23±0.5)℃；

e) 量具：精度为 0.01 mm。

6 试验步骤

6.1 试样制备按 GB/T 1446—2005 中 4.1 规定。

6.2 试样外观检查按 GB/T 1446—2005 中 4.2 规定。

6.3 试样状态调节按 GB/T 1446—2005 中 4.4 规定。

6.4 将合格试样编号，测量试样尺寸长、宽、厚，并分别用 a、b、h 表示，精确至 0.01 mm。

6.5 对于夹层结构试样，用树脂、石蜡或密封胶带等将试样封边，或按实际使用要求及其他方法处理，使水不能由试样切割边渗入。

6.6 对于温度到 110 ℃不会影响其吸水性能的试样（如酚醛类试样），放进(105±2)℃的干燥箱中干燥 2 h；对于温度到 110 ℃会影响其吸水性能的试样，可在(50±2)℃的干燥箱中干燥(24±1)h，移至干燥器中冷却至室温，取出后随即称量每个试样质量 m_1，精确至 0.001 g。

6.7 将试样完全浸入(23±0.5)℃蒸馏水中，表面不应有吸附气泡，且试样相互间和与容器壁不应接触。对于能浮起的试样，应罩在稀网内浸入水中。试样离水面深度至少 30 mm。

6.8 浸泡(24±0.5) h 后，将试样从水中取出，用滤纸吸干表面水分，再浸入无水乙醇中约 1 min，然后取出，用滤纸吸干表面乙醇，放在通风处约 1 min，立即称出质量 m_2，精确至 0.001 g。

6.9 当需要考虑水溶性物质质量损失的吸水百分率时，浸泡后试样应加热干燥处理，按 6.6 规定进行，称出质量 m_3，精确至 0.001 g。

7 计算

7.1 吸水百分率按公式(1)计算：

$$W_{P,1}=\frac{m_2-m_1}{m_1}\times 100 \qquad \cdots\cdots(1)$$

式中：

$W_{P,1}$——夹层结构或芯子的吸水百分率，%；

m_2——浸泡后试样的质量，单位为克(g)；

m_1——浸泡前试样的质量，单位为克(g)。

7.2 考虑水溶性物质的质量损失时，相对于浸泡前试样质量的吸水百分率按公式(2)计算；相对于浸泡后再干燥试样质量的吸水百分率按公式(3)计算：

$$W_{P,2}=\frac{m_2-m_3}{m_1}\times 100 \qquad \cdots\cdots(2)$$

$$W_{P,3}=\frac{m_2-m_3}{m_3}\times 100 \qquad \cdots\cdots(3)$$

式中：

$W_{P,2}$——相对于浸泡前试样质量的夹层结构或芯子的吸水百分率，%；

$W_{P,3}$——相对于浸泡后再干燥试样质量的夹层结构或芯子的吸水百分率，%；

m_1——浸泡前试样的质量，单位为克(g)；

m_2——浸泡后试样的质量，单位为克(g)；

m_3——浸泡后再干燥试样的质量，单位为克(g)。

7.3 单位体积吸水量按公式(4)计算：

$$W_V=\frac{m_2-m_1}{V}\times 10^6 \qquad \cdots\cdots(4)$$

$$V=a\times b\times h \qquad \cdots\cdots(5)$$

式中：

W_V——夹层结构或芯子试样单位体积吸水量，单位为千克每立方米(kg/m³)；

m_2——浸泡后试样的质量，单位为克(g)；

m_1——浸泡前试样的质量，单位为克(g)；

V——试样体积，单位为立方毫米(mm³)；

a——试样的长度，单位为毫米(mm)；

b——试样的宽度，单位为毫米(mm)；

h——试样的厚度，单位为毫米(mm)。

7.4 考虑水溶性物质的质量损失后的单位体积吸水量按公式(6)计算：

$$W_V = \frac{m_2 - m_3}{V} \times 10^6 \qquad (6)$$

式中：

W_V——夹层结构或芯子试样单位体积吸水量，单位为千克每立方米(kg/m³)；

m_2——浸泡后试样的质量，单位为克(g)；

m_3——浸泡后再干燥试样的质量，单位为克(g)；

V——试样体积，单位为立方毫米(mm³)。

7.5 水溶性物质的质量损失百分率按公式(7)计算：

$$m_{SL} = \frac{m_1 - m_3}{m_1} \times 100 \qquad (7)$$

式中：

m_{SL}——试样水溶性物质的质量损失百分率，%；

m_1——浸泡前试样的质量，单位为克(g)；

m_3——浸泡后再干燥试样的质量，单位为克(g)。

8 试验结果处理

按 GB/T 1446—2005 第 6 章规定。

9 试验报告

试验报告应包括下列内容：

a) 试验方法和标准号。若浸水时间另有商定，应写出浸水时间；

b) 试样材料的完整性说明；

c) 试样的类型、尺寸和表面状况；

d) 每个试样的测量结果和一组试样的算术平均值；

e) 实验室环境温度和相对湿度；

f) 试样外观上的任何观察结果，如翘曲、裂纹等；

g) 试验人员、日期及其他。

ICS 25.040.40
L 67

中华人民共和国国家标准

GB/T 14213—2008
代替 GB/T 14213—1993

初始图形交换规范

The initial graphics exchange specification (IGES)

2008-08-19 发布　　　　2009-03-01 实施

中华人民共和国国家质量监督检验检疫总局
中国国家标准化管理委员会　发布

前　言

本标准是在参考了美国 US PRO/IPO-100《初始图形交换规范(IGES)》最新草案的技术内容基础上,对 GB/T 14213—1993《初始图形交换规范》进行的修订,其技术内容与 US PRO/IPO-100 保持一致,结构上作了适当调整。

为了保持与原文一致和便于使用,一些关键字及表的表头使用黑体标出。

根据 GB/T 1.1—2000《标准化工作导则　第1部分:标准的结构和编写规则》的要求对标准进行了如下编辑性处理:

1)　增加第2章规范性引用文件。

2)　将原标准附录K的内容提到前面作为本标准的第3章术语和定义。

3)　增加第4章基本原理,将原标准的1.2到1.9的内容列入其中,对照如下:

——原标准的1.2对应本标准的4.1;

——原标准的1.3对应本标准的4.2;

——原标准的1.4对应本标准的4.3;

——原标准的1.5对应本标准的4.4;

——原标准的1.6对应本标准的4.5;

——原标准的1.7对应本标准的4.6;

——原标准的1.8对应本标准的4.7;

——原标准的1.9对应本标准的4.8。

4)　将原标准的第2章作为本标准的第5章。

5)　将原标准的第3章作为本标准的第6章。

6)　将原标准的第4章作为本标准的第7章。

本标准代替 GB/T 14213—1993,与 GB/T 14213—1993 相比,技术内容的修改主要包括:

1)　增加了多媒体实体(类型232);

2)　对通用注释实体(类型212)进行了修改,增加了新图;

3)　增加了简单闭合平面曲线实体(类型106,格式63);

4)　增加了信号总线宽度特性(类型406,格式37);

5)　增加了统一资源定位符(URL)锚点特性(类型406,格式38);

6)　增加了平面特性(类型406,格式39);

7)　增加了连续特性(类型406,格式40);

8)　增加了直线实体(类型110,格式1～2);

9)　对流形实体 B-Rep 对象实体(类型186)、环实体(类型508)和壳实体(类型514)的参数数据表进行了修改;

10)　增加了线型定义实体(类型304);

11)　增加了新的通用注释实体(类型213);

12)　增加了文本显示模板实体(类型312);

13)　增加了字符间距特性(格式18)的示例图;

14)　增加了尺寸显示数据特性(格式30)。

本标准的附录A、附录B、附录C、附录D、附录E、附录F、附录G、附录H和附录I为资料性附录。

本标准由中国标准化研究院提出。

本标准由全国工业自动化系统与集成标准化技术委员会(SAC/TC 159)归口。

本标准主要起草单位:中国标准化研究院。

本标准主要起草人:洪岩、詹俊峰、秦光里、李文武、史立武。

本部分所代替标准的历次版本发布情况为:

——GB/T 14213—1993。

初始图形交换规范

1 范围

本标准规定了产品定义数据的数字化表达与交换的信息结构，适用于计算机辅助设计和计算机辅助制造(CAD/CAM)系统间的数据交换。

本标准为表示几何、拓扑及非几何产品定义数据而定义了文件结构与语言格式。这些格式独立于所使用的建模方法，并且它们支持用物理介质或电子通讯协议(在其他标准中定义的)所进行的数据交换。

2 规范性引用文件

下列文件中的条款通过本标准的引用而成为本标准的条款。凡是注日期的引用文件，其随后所有的修改单(不包括勘误的内容)或修订版均不适用于本标准，然而，鼓励根据本标准达成协议的各方研究是否可使用这些文件的最新版本。凡是不注日期的引用文件，其最新版本适用于本标准。

GB/T 1988—1998　信息技术　信息交换用七位编码字符集(eqv ISO/IEC 646:1991)

GB/T 3057—1996　信息技术　程序设计语言 Fortran(idt ISO/IEC 1539:1991)

GB/T 16656.31—1997　工业自动化系统与集成　产品数据的表达与交换　第31部分:一致性测试方法论与框架:基本概念(idt ISO 10303-31:1994)

GB/T 16656.32—1997　工业自动化系统与集成　产品数据表达与交换　第32部分:一致性测试方法论与框架:对测试实验室和客户的要求(idt ISO 10303-32:1998)

IEEE 260.1-2004　测量单位字母符号

IEEE 754-1985　二进制浮点算法

ISO 7942:1985　信息处理图像内核系统功能描述

3 术语和定义

下列术语和定义适用于本标准。

3.1

角度尺寸标注实体　angular dimension entity

一种注释实体，规定了两条几何线间的角度尺寸标注。

3.2

注释　annotation

文本或符号，不属于几何模型部分，它为后者给出说明信息。

3.3

弧式连通　arcwise conection

如果集合中给定的两点能够用曲线连通，且该曲线上的所有点都在这个集合中，那么称该集合是弧式连通。

3.4

装配件　assembly

若干基本零件、子装配件或它们的任意组合，连接在一起实现一个特定的功能。

3.5

相关性　associativity

定义不同实体间逻辑链接或关系的结构实体。

3.6

相关性定义实体　associativity definition entity

规定链接结构类型和关系的通用含义的结构实体。

3.7

相关性实例实体　associativity instance entity

通过给定义相关性的数据项赋特定值构成的结构实体。

3.8

属性　attribute

实体目录条目特定域中的信息，用于限定实体的定义。

3.9

轴测投影　axonometric projection

只使用一个投影面，转动物体显示出三个面。主要的轴测位置有正轴测、正二测和正三测。

3.10

后注释　back annotation

在电子工程中，当电路被封装时，线路图上由符号注释的组件变更唯一标识以匹配那些安装的真实部件。

3.11

反向指针　back pointer

实体参数数据段中的指针，它指向相关性实例的一个成员。

3.12

基本零件　basic part

一件或两件以上连接起来的零件，正常情况下不拆卸，否则将破坏其设计功能。

3.13

空白状态标记　blank status flag

实体目录条目状态号域的一部分，表示在输出设备上是否显示数据项。

3.14

有界平面　bounded plane

平面上定义的有限区域。

3.15

分割点　breakpoint

实数递增序列的一个成员，它是用于规定参数样条曲线节点序列的子序列。

3.16

B样条基　B-spline basis

一组函数在给定节点序列上生成指定次数的一组样条基。B样条基函数的特点是属于最小支撑样条。详见附录B。

3.17

中心线实体　centerline entity

表示所有对称视图或部分视图的对称轴(如圆柱或圆锥的轴)的注释实体。

3.18

圆弧实体　circular arc entity

连接整个圆或圆的一部分的几何实体。

3.19

类 class

在关联性定义中，与公共逻辑关系有关的一组数据项。

3.20

剪取 clip

沿相交曲线或曲面缩放或终止实体显示。

3.21

剪取框 clipping box

曲面定界集合，用于缩放位于框内的数据显示。

3.22

剪取平面 clipping plane

定界平面用于缩放位于平面上或平面一侧的数据显示。

3.23

闭合曲线 closed curve

起点和终点重合的曲线。

3.24

补弧 complementary arc

一条封闭、连通、不自交的曲线，被曲线上的两个不同点分割成两个连通段中的任一段。

3.25

构件 component

一般为零件的同义词(电阻、电容、微型电路)，但还指看作为单个零件的子装配件。构件可能表示为实体、相关性和特性的总和。

3.26

复合曲线 composite curve

由一个或多个曲线段合成一条的连通曲线。

3.27

二次曲线弧实体 conic arc entity

椭圆、抛物线或双曲线有限连通部分的几何实体。

3.28

连接点实体 connect point entity

给出连接点 X、Y、Z 位置或连接点的其他信息(如文本标记)的几何实体，独立或从属于网络子图定义或实例，用于网表信息。

3.29

连通曲线 connected curve

该曲线上任何两点 P_1 和 P_2，可以不离开曲线从 P_1 运动到 P_2。

3.30

连通图 connected graph

如任何两顶点间有通路，则图是连通的。

3.31

组成成分 constitution

集合的成员。

3.32

控制点 control point

有理B样条曲线或曲面表达式分子中出现的定义空间中的点。由于权值必须都是正的，结果曲线或曲面位于控制点的凸包内。它的形状与控制点多边形或多面体相似。控制点有时被称为B样条的系数。详见附录B。

3.33

孔斯曲面片　coons patch

通过边界曲线超限插值得到的曲面。典型的曲面是双三次多项式样条曲面。

3.34

数据块实体　copious data entity

几何实体,有时用作注释实体,包括赋予特定意义的一组实数数组,每个格式号对应于一个特定的含义。

3.35

定义层(或显示级)　definition level (or display level)

图形显示级(或层),其上已定义了一个或多个实体。

3.36

定义矩阵　definition matrix

把定义空间中表示的坐标变换为模型空间中坐标的矩阵。

3.37

定义空间　definition space

为了数学上简洁的目的,选择一个笛卡尔局部坐标系来表示几何实体。

3.38

定义空间比例　definition space scale

应用于实体定义空间的比例因子。

3.39

可展曲面　developable surface

可在一个平面上展开的曲面。

3.40

直径尺寸标注实体　diameter dimension entity

标注圆弧直径尺寸的注释实体。

3.41

有向曲线　directed curve

带有方向的曲线。

3.42

目录条目段　directory entry section

交换文件中的段,包括固定域数据项,形成文件中所有实体索引和属性表。

3.43

准线　directrix

用于列表柱面实体定义的曲线实体。

3.44

显示符号　display symbol

用于标识目的的用图形表达某一实体(平面、点、剖面)的方法。

3.45

图样实体　drawing entity

结构实体,用以给出模型在平面上的投影,包括必要的注释和尺寸标注。

3.46

钻孔特性　drilled hole property

对于可由钻头加工的孔赋予物理属性的预定义特性。可能用于:1)定义贯通一个印刷电路板的特性,PCB、层到其他层;2)定义一个镀通孔;3)给出沉孔和通孔直径。它通常附加在点、圆、子图定义或子图实例上。

3.47

边顶点　edge vertex

一种几何建模方法中,其中二维或三维物体是用曲线段(物体的边)连接物体的点或顶点来表示的。这个模型可以比“线框”术语所隐含的内容包含更高层的拓扑信息,但在本标准的相关环境内以上两种术语是可互换使用的。

3.48

实体　entity

文件中的基本信息单元。该术语应用于单一项(可能是单个几何元素),形成尺寸标注的注释集合,或形成结构实体的实体集合。

3.49

实体标记　entity label

1 到 8 个字符的实体标识符。这个术语可隐含包括实体下标,以供使用附加字符。

3.50

实体下标　entity subscript

与实体标记关联的 1 至 8 位无符号整数。标记和下标规定了实体阵列中某一实体的唯一实例。

3.51

实体类型号　entity type number

用于规定实体种类的整数。如圆弧实体的实体类型号是 100。

3.52

实体使用标记　entity use flag

实体的目录条目的状态号域的一部分,表示该实体是否被用作几何、注释、结构、逻辑或其他应用。例如,圆用作点尺寸标注的一部分时将有一个实体使用标记来标示注释。

3.53

外部引用实体　external reference entity

引用定义的一种机制,定义本身与其实例不驻留在同一交换文件中。

3.54

面边界　face boundary

在 MSBO 相关环境中,它是把两个面连接在一起的曲线。

3.55

有限元　finite element

结构的一小部分通过节点连接、材料和物理特性来定义。

3.56

标记注释实体　flag note entity

带标记信息的注释实体,用特定形式的符号圈住文本。

3.57

闪烁实体　flash entity

用于光绘窗口和其他填充区域的几何实体。可用于表示印刷电路板上的金属导体材料如焊点和焊道,还可用于集成电路芯片掩膜中。

3.58

柔性印刷电路　flexible printed circuit

印刷电路和构件的一种安排,利用柔性基材料,带/不带柔性覆盖层。

3.59

字体特征 font characteristic

用于标识文本字体的整数。字体特征号可为正，表示定义文本字体；如为负，解释为文本字体定义实体。

3.60

格式号 form number

当需要进一步定义一个特定实体时使用的整数。应用于当一个实体类型有几种解释时。例如，二次曲线弧实体的格式号表示曲线可能是椭圆、双曲线、抛物线或未指定。格式号还用于提供实体目录条目的足够信息，为参数数据条目中的参数结构给出解码。

3.61

通用标记实体 general label entity

注释实体，含有一条通用注释和一条或多条关联尺寸线。

3.62

通用注释实体 general note entity

在指定位置，按指定方向和大小显示注释中的文本。

3.63

母线 generatrix

扫成列表柱面或旋转形成旋转曲面的定义曲线。

3.64

全局段 global section

交换文件段，包括描述文件、文件生成器(前置处理器)和后置处理器必需的一般信息。

3.65

栅格 grid

(ui,uj)的集合。ui、uj 是 u、v 坐标上的分割点。u、v 坐标分别用于定义参数样条或有理 B 样条曲面。栅格术语还应用于样条曲面上的投影成像。

3.66

地平面 ground plane

导体层或导体层的一部分(通常是有空隙连续金属板)，用作电路回路、屏蔽或散热的公共参考点。

3.67

组相关性 group association

为构成实体任何组合的预定义相关性。

3.68

柄 handle

当在三维体积中钻出通孔，在该体积的二维边界曲面上的相应操作是增加了一个柄。这可以设想为切开两个圆盘并用圆柱管连通它们的边界。例如，给球体加一个柄产生圆环体。

3.69

层次结构 hierarchy

树结构包括一个根和一个或多个从节点。通常根可有任何数目的从节点，每个从节点又可有任何数目底层的从节点，等等。

3.70

实例 instance

一些项或关系的特定具体值。同一项可以有多个实例引用。

3.71

节点序列　knot sequence

非递减实数数列，用于定义参数样条曲线。

3.72

标记显示相关性　label display association

预定义相关性，使用它的实体可通过其实体标记生成一种或多种显示。要求这种相关性的实体在目录条目中设有一个指针，指向标记显示相关性实例实体。

3.73

尺寸线实体　leader entity

注释实体，也称箭头线，包括一个箭头和一条或多条线段。对于角度尺寸标注实体，线段由圆弧段代替。总之，使用这些实体把其他注释实体与文本连接到某个位置。

3.74

层　level

实体属性，定义与该实体关联的图形显示级别。

3.75

层功能特性　level function property

给层赋予“应用数据库定义功能”的预定义特性，这个特性可以是独立的（如 DE 状态是独立的），即没有其他实体指向它。见目录条目中的层域。

3.76

线型　line font

曲线外观模式。模式是指空白和非空白线段或子图实例的重复序列。

3.77

线型定义实体　line font definition entity

定义线型的结构实体。

3.78

线条权值　line weight

用于决定实体直线显示粗细的实体属性。

3.79

线加宽特性　line widening property

通过给出实际宽度值而超越实体目录条目中给出的线条权值的预定义特性。在电气中可能用于描述印刷电路板的金属喷镀，如焊道或板子外连接。参见闪烁、剖面实体和区域填充特性。

3.80

线性尺寸标注　linear dimension

用于表示两个位置间距离的注释实体。

3.81

线性路径实体　linear path entity

定义构成路径的一组线段的几何实体，参见数据块实体格式 11 和格式 12。

3.82

列表索引　list index

通用构件表中的索引，表起始为 1。如表索引 1 指向表的第一个构件。

3.83

宏功能体　macro body

宏定义部分，它是定义宏的动作的语句。

3.84

宏定义实体　macro definition entity

结构实体,包括参数数据段中的宏功能体,用于定义特定的宏。

3.85

宏实例实体　macro instance entity

结构实体,调用由宏定义实体定义的宏。

3.86

模型空间　model space

表示产品的右手三维笛卡尔坐标空间。

3.87

负的有界平面部分　negative bounded planar portion

孔。

3.88

网络子图定义实体　network subfigure definition entity

在电子和管线应用中,用于定义图示符号、构件和管线的结构实体。应用于每当关联连接点实体需使用网络子图实例实体实例化时。对于实际构件,它可能有从属实体(数据块、简单封闭平面曲线、子图定义或实例等),从属实体还附带区域限制特性,为印刷电路板线路 PCB 的自动布线给出了设计规则。另外,也可能给出二维构件外形和三维物理描述的定义。

3.89

网络子图实例实体　network subfigure instance entity

在电子和管道应用中,用于规定图示符号、构件或管道具体值的结构实体。它由关联"实例"连接点实体给出 *XYZ* 模型空间的连接点。该结构实体在网表信息和零件表中使用。

3.90

节点位移和旋转实体　nodal displacement and rotational entity

本实体用于有限元后处理数据的通讯。对于每种载荷情况的每个节点,它包括每个节点标识符,原始节点坐标,增量位移量和旋转量。

3.91

节点载荷/约束实体　nodal load/constraint entity

在有限元模型中使用的实体,给特定的节点施加力、力矩、其他载荷或约束。

3.92

节点　node

用于定义有限元拓扑的空间点。

3.93

空实体　null entity

空实体(类型 0)是要被处理器忽略的实体。处理器跳过与这个实体有关的所有 DE 和 PD 数据。

3.94

空串　null string

空串是一个空白串参数。这个值对于任何实体的 PD 段含有串参数时是合法的。例如,在通用注释实体(类型 212)内规定一个空串,那么字符参数数(NC)是 0,并且 Z 深度参数后将跟随两个参数定界符。

3.95

坐标尺寸标注实体　ordinate dimension entity

一种注释实体,在 XT 或 YT 轴方向上的尺寸标注都用一个公共参考线作基准。

3.96

正交 orthonormal

描述两个矢量正交和有单位长度的术语。

3.97

参数数据段 parameter data section

一个交换文件段包括实体的特定几何或注释信息和指向相关实体的指针。

3.98

参数化曲面 parameterized surface

如果 $S(u,v)$ 符合下列标准，则是曲面的参数化表示。$S(u,v)$ 的非剪裁域是直角矩形 D，其中包含的点 (u,v) 满足：

$a\leqslant u\leqslant b$，并且 $c\leqslant v\leqslant d$；a,b,c,d 为给定常数，且 $a<b,c<d$；

在 D 域中每个有序对 (u,v) 定义了映射 $S=S(u,v)=(x(u,v),y(u,v),z(u,v))$。

在 D 内部它是一对一的(但在边界上不一定是一对一的)。

在 D 的每个点上都有连续的单位法矢，除非点映射到极点。

3.99

参数样条曲线实体 parametric spline curve entity

由多项式构成的几何实体，各段间满足一定连续条件。

3.100

参数样条曲面实体 parametric spline surface entity

几何实体是由曲面片网格构成的曲面，每张曲面片是相邻参数曲线组元间的区域。

3.101

源曲线 parent curve

一段曲线所在的整条曲线。

3.102

零件号特性 part number property

预定义特性提供了一个或多个文本串，给出 1 到 4 个不同零件号(通用名、军标名、供应商、内部名)以表示一个实际零件。可用于电子、管道和其他应用。通常附属于表示零件的子图定义或实例。也可在零件表中使用。

3.103

曲面片 patch

用双参数函数表示的曲面，该曲面可看作为给定四条边界曲线的融合。

3.104

路径 path

如果 V_0 和 V_n 是图的顶点，且 V_k 和 $V_{k+1}(k=0,n-1)$ 相邻，则 $V_0...V_k...V_n...$ 是路径。

3.105

引脚号特性 pin number property

预定义特性提供了一个文本串，给出实体构件引脚号值，用以表示一种电子构件。参见连接点实体。

3.106

平面实体 plane entity

包括整个或部分平面的几何实体。

3.107

点尺寸标注实体 point dimension entity

注释实体,包括尺寸线、文本和圈住文本的圆或六角形框选件。

3.108

点实体 point entity

无大小但有空间位置的几何实体。

3.109

指针 pointer

在交换文件内指明实体位置的数。

3.110

极点 pole

设 P 是 $R3$ 中的点,如下列任一式子成立,那么 P 是曲面上通过映射 $S(u,v)$ 定义的极点。

$P=S(a, v)$, $c\leqslant v\leqslant d$,

$P=S(b, v)$, $c\leqslant v\leqslant d$,

$P=S(u, c)$, $a\leqslant u\leqslant b$,

$P=S(u, d)$, $a\leqslant u\leqslant b$。

3.111

后置处理器 postprocessor

把符合本标准定义格式的产品定义数据交换文件转换为特定 CAD/CAM 系统数据格式的程序。

3.112

预定义相关性 predefined associativities

本标准中定义的相关性。

3.113

前置处理器 preprocessor

把产品数据文件从特定 CAD/CAM 系统的数据格式转换为本标准定义格式的程序。

3.114

产品定义 product definition

用于描述和传送制造产品物理对象的各类特征的数据。

3.115

特性定义 property definition

结构实体,可使数值或文本信息与其他实体建立关系。

3.116

半径尺寸标注实体 radius dimension entity

注释实体,是圆弧半径的度量。

3.117

有理 B 样条曲线 rational B-spline curve

参数曲线,表示为 B 样条基函数两组线性组合的比值。分子中的每个基函数都乘以比例权因子和矢量 B 样条系数。分母中的每个相应基函数仅乘以相应的权值。

3.118

有理 B 样条曲面 rational B-spline surface

参数曲面,表示为成对 B 样条基函数乘积的两组线性组合的比值。分子中的每个基函数都乘以比例权因子和矢量 B 样条系数。分母中的每个相应基函数乘积仅乘以相应的权值。

3.119

区域　region

由闭合曲线或组合曲线封闭的有界区域。

3.120

区域填充特性　region filling property

预定义特性用于实心填充或不填充(嵌套的)封闭区。可能用于横断面材料表示(如混凝土、钢等)和布线图。另外,参见剖面实体、填充和剖面实体和线宽特性。

3.121

关系　relation

某种外观或质量把两个或两个以上的物体由于并存、有从属性、共同工作或属于同一类型而联系在一起。

3.122

重复模式　repeating pattern

有序序列项(单元)经过某一确定点后,重复自己。

3.123

右手笛卡尔坐标系　right hand cartesian coordinate system

在坐标系中轴互相垂直且定位方式为:当从正的 Z 轴向原点观察会发现正的 X 轴沿逆时针方向转 90°与正的 Y 轴重合。

3.124

直纹曲面实体　ruled surface entity

曲面是用一组直线连接两条空间曲线上的对应点生成的。

3.125

接缝　seam

假设 C 是 $R3$ 中的曲线。如果它是以下模型空间的图像,那么 C 是曲面 $S(u,v)$ 的接缝。

$C(v)=S(a,v), c \leqslant v \leqslant d$;

并且 $C(v)=S(b,v), c \leqslant v \leqslant d$。

或 $C(u)=S(u,c), a \leqslant u \leqslant b$;

并且 $C(u)=S(u,d), a \leqslant u \leqslant b$。

3.126

剖面显示符号　section display symbol

以指定间距和角度,以重复平面模式布置有一定线型的直线。

3.127

剖面实体　section entity

用于辨别图中封闭区域的样式。它表示为数据块实体格式。

3.128

简单封闭曲线　simple closed curve

简单封闭曲线可通过以下方法得到:(1)连接两个非零有限长度的无限细串的两个端点;(2)处置得到的环使之不自交。

3.129

单父相关性　single parent association

预定义相关性,为许多子实体提供单父实体而形成逻辑组。

3.130

样条　spline

分段连续多项式。

3.131

开始段　start section

包括可读文件头的交换文件段。

3.132

子组件　subassembly

两个或两个以上基本零件构成组件或单元的一部分，可整件替换，但有一个零件或多个零件可单独替代。

3.133

子图定义实体　subfigure definition entity

结构实体，允许单独定义一个细节，以便在多个实例中应用。

3.134

子图实例实体　subfigure instance entity

结构实体规定了子图定义的具体值。

3.135

从属实体开关　subordinated entity switch

实体目录条目的状态号域部分。如果一个实体是几何或注释实体结构的一个元素或是逻辑关系结构的成员，那么该实体是从属的。在本文件中术语从属与依赖具有等同的含义。

3.136

旋转曲面实体　surface of revolution entity

几何实体曲面，由一条曲线饶轴旋转生成。曲线也称为母线，轴也称为旋转轴。

3.137

列表数据特性　tabular data property

列表数据特性提供了一个结构以表达点格式数据，基本结构是一个包括独立和非独立变量数据表的二维数组。

3.138

列表柱面实体　tabulated cylinder entity

几何实体曲面是通过沿空间曲线平行移动直线段而形成的。移动的直线段称为母线，空间曲线称为准线。

3.139

结束段　terminate section

交换文件的最后段，表明每个以前文件段的大小。

3.140

文本显示模板实体　text display template entity

用于定义文本串显示位置的注释实体。在电气中，它给出构件引脚号和引脚功能(如集成电路、IC、芯片引脚)，按连接点确定相对位置。对于电子图解符号和物理构件，它可能给出引用表示器文本和零件号的显示位置。

3.141

文本字体　text font

字符外观规范。

3.142

文本字体定义实体　text font definition entity

实体用于定义文本字体中字符的外观。字符是用字符码与其显示笔画序列和位置信息配对定义的。

3.143

变换矩阵实体　transformation matrix entity

允许其他实体实现平移和旋转的实体。它为定义和观摩其他实体而定义一个新的坐标系。

3.144

平移矢量　translation vector

三要素矢量规定在空间线性移动实体时，沿各坐标轴的偏移量。

3.145

单元　unit

系统或集合的主要构造块。它包括基本零件、子组件和组件并打包为物理上独立的实体。

3.146

版本号　version number

唯一标识一个规范定义或从以前或随后的一个规范定义中转换而来。

3.147

通路孔　via hole

镀通孔，用于对穿连通，不打算插入构件引线或其他加固材料。

3.148

视图实体　view entity

结构实体，用于为模型中选定的子集或非几何信息定义一个人可读的二维投影。

3.149

视框　viewing box

用于定义视图的剪取框。

3.150

权值　weight

有理B样条曲线和曲面表达式分子和分母中出现的正实数。增加某一特定控制点的权会将曲面和曲线拉向该控制点。详见附录B。线框在几何建模方法中，二维或三维物体是通过物体边的曲线段表示的。在本标准相关环境中，线框和边顶点模型被认为是同一种技术并且使用的术语是可互换的。

3.151

线框模型　wire-frame

二或三维对象的几何建模方法是由组成模型边的曲线线段表示的。在本标准的相关范围内，“线-框”和“边-顶点”模型可以认为是使用了相同的技术，使用到的术语是可互换的。

4　基本原则

4.1　应用领域

本标准规定了表达几何、拓扑及非几何产品定义数据的文件结构与语法格式，这些格式独立于具体的建模方法，并支持使用物理介质或通过电子通讯协议（在其他标准中定义的）进行的数据交换。

本章描述了基本概念以及一致性要求；第5章定义了交换文件结构的各段内容；第6章对实体进行了分类；第7章定义了每个实体，并描述了如何将这些实体用于表示一个完整的产品定义的几何、注释、定义及构成部分。

4.2 产品定义的概念

本标准描述了用于"产品"物理对象的基本工程特性的信息交换框架。由于这些特性描述了产品的形状、尺寸及特征等信息,因此可用于产品的设计、制造、营销及维护。

传统的工程图样及其相关信息定义了产品,但在CAD/CAM应用环境中,大多数工程图样是以数字化形式保存的。因为现代计算机技术已从二维的绘图系统延伸到复杂的实体建模系统,故数据是以各种不兼容的格式存在的。采用一种公共的数据交换格式有助于促进不同系统的用户之间进行并行产品和工艺开发,并且最终也便于与制造和检验该产品的计算机化设备之间的通讯。

按照产品定义数据在产品描述中的主要作用进行分类,如图1所示。本标准主要规范了与基本及高级CAD/CAM系统功能相对应的那部分数据的交换。

- **管理**
  - 产品标识
  - 产品结构
- **设计/分析**
  - 理想模型
- **基本形状**
  - 几何
  - 拓扑
- **增强的物理特性状**
  - 尺寸与公差
  - 内在特性
- **加工信息**
- **表示信息**

图1 产品定义数据的类型

4.3 一致性要求

4.3.1 背景

因本标准的各种功能可以按照多种方式使用,使得评价其实现的一致性比较复杂。实际上不同功能的应用系统(如机械CAD和电气设计CAD)可能使用本标准中所定义实体的不同组合,甚至本质上功能相同的应用系统(如两个同类CAD产品)也可能使用实体的不同组合,这可能因为各系统对同样的任务具有不同的方法,也可能因为设计人员直接选定使用不同的实体去表示原来相同的信息。为了帮助解决不同的问题,通过明确规定实体如何应用于特定的目的而建立了应用协议,这些应用协议包括了它们各自的一致性要求,是对本条一致性要求的补充。

当一致性评价完全基于客观评价准则时,仅能确定这些文件是否含有文档中所提供的实体组合,以及这些实体在语法和结构上是否都是正确的。一个符合全部评价准则的实现未必与其他的实现是可相互操作的。因此,一致性只是可互操作性成功的前提,而不能保证互操作性。虽然可互操作性不是一致性的一个评价准则,但有效的可互操作性是本标准所定义的交换文件的主要目标。

好文档的可用性可以改进测试的效率,并且有助于评估潜在数据交换伙伴之间的可互操作性。

4.3.2 文档要求

声明符合本标准的所有实现都应满足本条中的所有要求,并满足其声明支持的每个实体的所有特定要求。

声明符合本标准的所有实现应提供用户文档,准确指明该实现支持的在本标准中定义的实体。前置处理器与后置处理器也应当提供实体映射的文档。如果没有这样的文档,则一致性评价的成本将很高,会面临各种问题,而且可能完全是主观的。

文档应当规定某实现声明所符合的本标准中定义的全部实体的预期处理结具(即映射信息应是全面的)。这并不意味着一个实现为了符合本标准必须支持全部可能的实体数据,因为被声明和评价的支持是针对单个实体或相关的实体组合而言的,不是把该实现作为一个整体处理。此外,由于没有哪一个实现能完全支持在本标准中或在其本地系统中定义的所有事物,因此文档中应通过实体类型、格式号或元素标识支持程度(全面支持、部分支持或不支持)(例如,很多实现因为不支持汉字,对通用注释实体(类型 212)都声明为“部分支持”)。本标准未要求有严密的数学约束文档,但是,若由于这些约束导致评价未通过,则表明该实现是不符合本标准的。

4.3.3 一致性规则

符合本标准要求的实现应能够根据其文档说明处理输入文件,即使有坏数据,也不暂停或异常终止。任何其他操作都是一种缺陷。开发人员负责对缺陷的修正,而用户则负责确定缺陷是否不可接受。当使用一个特定的有效测试套件去评价所声明的一致性时,任何故障都是表明不符合本标准要求。

基于上述原理的一致性规则是:

1) 一致性是根据一个规范的交换文件和实现的映射表文档来定义的。

2) 一致性是针对一个单一的处理系统独立定义的(即不是按照可互操作性来定义)。

3) 一致性要根据实现的类型分别定义:前置处理器、后置处理器(包括格式转换器)及其他工具(包括编辑器、分析器、浏览器及图形显示器)。

4) 一致性是建立在真实信息的基础上的,而不是基于一个值的判断;其分类为“一致的”或“非一致的”。

5) 如果文档中记录的针对每个实体的所有支持要求都能满足时,就认为该实现是“一致的”。

4.3.4 交换文件一致性规则

按照本标准中规范交换文件全局段的规定,交换文件的各段在语法上和结构上都应当是正确的。

4.3.4.1 不可处理实体

为了评价一致性,不可处理的实体定义为:1)附录 F 中列出的废除无用的实体;2)根据用户文档记录,本标准中比实现所支持的版本更新的实体类型或格式;3)在用户文档中规定为“不支持的”实体。如果一个文件在一个多实体结构(例如,一个复合曲线)中含有一个不可处理的实体,则实现可以忽略该实体或整个结构;这两种情况如果在用户文档中作了规定,则可认为它们符合本标准一致性要求。

本标准中有关具有 UNTESTED(未测试的)状态的实体信息,参见 4.9。

4.3.5 前置处理器一致性规则

前置处理器是一种实现,用来把 CAD 系统本地数据、其他图形系统的数据、或符合其他标准交换格式的数据转换成本标准所定义的交换文件格式。

符合标准的前置处理器应能创建遵守一致性原则的交换文件。文件的内容应根据用户文档要求表达本地实体。前置处理器应能转换所有被支持的本地实体,应报告所有不被支持的本地实体,并应报告全部处理错误。在报告错误时,只需要报告每一种错误条件的第一次出现情况并对错误进行累积。

前置处理器的一致性是针对本地实体及它们与交换文件格式的映射而言的(即,一个前置处理器不针对弧实体(类型 100)声明一致性,而是对称作“圆”的本地实体及它与弧实体的映射而声明一致性)。如果一致性测试证实了这种映射,则前置处理器是符合标准的。用户应审查映射及一致性测试的结果,以确定该实现是否满足需要。

一致性示例:本地数据库含有由始点和终点定义的称为“直线”的一个实体,文档中指明该实体被映射成两个点实体(类型 116)的实例。对交换文件的测试评估表明该实现满足它对“直线”实体的一致性声明,因为输出文件中包含了两个点实体的实例,且具有与该“直线”始点及终点同样的坐标。

非一致性示例:本地数据库含有由始点和终点定义的称为“直线”的一个实体,文档中指明该“直线”被映射成直线实体(类型110)。输出文件的测试评估表明对于“直线”该实现没能满足它的一致性声明,因为输出文件含有两个点实体(类型116)的实例。

4.3.6 后置处理器一致性规则

后置处理器是一种实现,用来把本标准定义的交换文件格式的数据转换成CAD系统的本地数据、其他图形系统的数据或符合其他标准的交换格式。

一致的后置处理器应能够读取任何符合本标准一致性要求的交换文件,而不终止或退出,包括含有不可处理实体的交换文件。所有不可处理的实体都无需转换。由于未对实体类型或格式进行充分确认而导致本标准中定义的任何实体出现错误转换,则该后置处理器就是非一致的。后置处理器应当转换全部被支持的实体,应当报告全部不可处理的实体,并应报告全部处理错误。对于每一类错误条件,只需报告发生错误的第一次情况和对错误数量进行统计就可以。包含图形显示能力的后置处理器应当遵守图形浏览器的一致性规则(见4.3.7)。

后置处理器的一致性是针对交换文件的实体及它们如何被映射到本地格式而言的。所有被转换的实体都应映射成本地实体,并根据用户文档,保留交换文件中实体的功能和属性且满足实体之间的关系。任何被处理成不同于所提供文档的实体都是非一致的。如果一致性测试证实了该映射,则后置处理器是一致的。用户应审查映射与一致性测试的结果,以确定该实现是否满足需要。

4.3.7 编辑器、分析器或图形浏览器工具的一致性规则

编辑器、分析器或图形浏览器专指一类特定的实现,能够智能编辑、检查或浏览符合本标准所定义格式的交换文件,通用的文本编辑器除外。

一致的工具应能够读取和处理任何符合本标准要求的交换文件,而不暂停或异常终止,包括含有不可处理实体的文件。

如果一个交换文件因有不正确的记录结构或不包含本标准所定义的数据而不能处理,则符合标准要求的工具应发出错误信息并退出(例如,本地格式文件)。这些工具应报告所有文件处理的错误,每一种错误只需报告第一次出现的情况并记录错误总数即可。

任何带有图形显示能力的工具也应当满足浏览器的功能一致性要求,参见4.3.7.3。

4.3.7.1 编辑器与分析器功能要求

这些工具主要用于文件的分析和修改,所以带有编辑或分析能力的一个一致的工具也应当能够正确地读取和处理在正确结构化记录中含有不正确数据的“非一致的”的交换文件,而不暂停或异常终止。

在任何用户初始化编辑之后(假设没有用户错误),一致的编辑器在生成符合标准的交换文件之前应正确更新所有自动维护的值(例如,在目录条目DE段中的参数数据行计数)。

一致的编辑器不应影响用户没有编辑的实体(除了指针、行号及其他“内部”值,如实体计数等);缺省值仍然应当保持是缺省的(即如果输出了该取值域的预定义缺省值,被认为是不一致的),这个要求的目的是防止因为编辑器赋予错误的缺省值而引出问题。

如果域的值根据本标准是相等的,则一致的编辑器可以以不同的表现形式输出这样的数字域(例如,在一整数域中用前导“空”代替前导零是符合要求的)。

4.3.7.2 浏览器功能要求

一致的浏览器应显示文件中每个实体(包括不可处理的或用户定义的实体)的域值,因为这样做不需要知道域的功能意义。域描述标签是一个可选特征,根据实现的文档,它的有无都是符合要求的。

4.3.7.3 图形浏览器功能要求

每一个在文档中声称“受支持的”可显示实体,图形浏览器都应创建一个与本标准出现的、用于描述该实体功能意义的实例等价的可视外观表达。“只能显示”实现提供错误报告是一个可选特征,根据实现的文档,它的有无都是符合要求的。

4.4 文件结构的概念

本标准将产品定义数据视为用与具体应用系统无关的格式组织而成的实体集合。这些实体包含了

当前和新技术所共用的形式，因而简化了到每个系统本地表示的映射。

一个文件按下述次序由五个或六个顺序编号的段组成：

Flag（标志段）：可选段，仅用于提示文件采用了压缩的 ASCII 格式或二进制格式，不推荐采用二进制格式（见附录 H）。

Start（开始段）：发送方的说明。

Global（全局段）：文件的一般特性。

Directory Entry（目录条目段）：实体索引及公共属性。

Parameter Data（参数数据段）：实体数据。

Terminate（结束段）：控制总数。

标志段、目录条目段和结束段含有固定长度域的数据；全局段和参数数据段含有不受限制的可变长度域；开始段是自由格式的。

在文件中，数据的基本单元是实体。实体可分成几何和非几何类型的，并且它们可根据产品定义数据的表达要求不限数量地使用。

- 几何实体定义产品的物理形状，包括点、线、面、体及相似类构实体集合的关系。
- 非几何实体规定注释、定义及结构。它们作为平面图样的构成部分，提供了一种视图浏览机制。它们还规定实体的属性，诸如颜色和状态、实体间的关系以及一种灵活的分组结构，以允许实例化包含有该文件中的实体或含有外部定义文件中实体的实体组。

每个实体的格式包括一个实体类型和格式号。虽然目前尚未全部分配，但类型号 0000～0599 和 0700～5000 已分配给本标准定义的实体，而类型号 0600～0699 和 10000～99999 留给实现者定义的（即宏）实体（见 4.5.6）。

在每一种实体类型中，缺省格式号为 0；某些实体有大于 0 的格式号，用以区分附加的功能。每个实体的格式还包括一个指向相关性及特性实体的任意个数的指针的结构，这些实体也支持本标准定义的和实现者定义的类型和格式。

4.5 产品模型信息结构的概念

产品的几何模型使用第 7 章中定义的实体集来建立。由于几何实体通常是彼此独立定义的，所以用特性和关联实体来描述和定义它们的关系。

4.5.1 特性实体

Property Entity（特性实体）（类型 406）允许把非几何的数字或文本信息关联到：

——引用它的一个或多个实体，或

——在不引用特性实体时共享该特性实体层的所有实体（该方式可对某一层赋予一个应用功能）。

因为目录条目层可指向一个定义层特性实体（类型 406，格式 1），故一个特性可用于多个层别。如果一个特性有一个指向文本显示模板实体（类型 312）的附加指针，则该特性值也可以显示为文本（见 5.2.4.5.2）。

4.5.2 关联实体

Associativity Entity（关联实体）（类型 302 和类型 402）允许若干个实体彼此相关联。本标准包括可按需要实例化的预定义相关性（见 7.81.1）；实现者定义的相关性可在相关性定义实体（类型 302）被用于定义相关性实例实体（类型 402）的结构之后实例化。

4.5.3 视图实体

视图描述了产品的几何模型。它是该模型选定子集的二维投影，可以包括非几何信息，如文本等。

View Entity（视图实体）（类型 410）和视图可见的关联实体（类型 402，格式 3，4 及 19）控制着与各视图相关的方位、比例、剪裁、隐藏线消去及其他特性。需要明确的是视图仅定义了描述几何模型的规则和参数。在各个视图中产品定义数据是不重复的，以消除矛盾或二义性信息的风险。

4.5.4 图样实体

Drawing Entity(图样实体)(类型 404)是向人展示的视图和注释。每个文件都可包含一个或多个图样。

4.5.5 变换矩阵实体

Transformation Matrix Entity(变换矩阵实体)(类型 124)用于几何模型中的任何实体按需要进行的平移和旋转。它可辅助模型自身的构造并支持视图和图样的开发。

4.5.6 实现者定义的实体

本标准允许实现者定义实体,以支持特定系统独有的数据格式存档。

4.6 附录说明

为了标准实现者或用户理解本标准,本标准包含一系列附录。

4.7 示例文件说明

在转换为本标准定义的数据文件格式前,本标准的技术示例文件是在各种 CAD/CAM 系统上建立的.某些数据文件还通过不同的工具进行了编辑,以建立平面的二维表示。最后,这些文件还通过过滤软件的处理,以消除各类创建系统的标志。

为了帮助后置处理器实现的测试,某些数据文件含有它们说明的实际实体;在这种情况下,数据文件名要嵌入图的标题中。例如,图 109 显示了为剖面实体(类型 230)定义的 20 个填充样式代码,数据文件 F230.IGS 实际上含有该实体的 20 个实例。

4.8 未测试实体

本标准确定的未经测试的实体或标有"‡"符号(这类实体列表见第 7 章)的实体格式在实现时应给予特殊的考虑。实现者一定要注意那些已被实现而又不为所知的实体或实体格式,这些实体可能不起作用,也可能在实现经验的基础上已经有了较大的改变。当知道这些扩展是有用的、完善的和正确的时候,本标准的起草组织会考虑取消它们的未测试状态。

5 数据格式

5.1 概述

本标准支持固定格式或压缩格式的 ASCII 码(见 GB/T 1988—1998)文本文件的数据交换(二进制格式在附录 H 中描述,二进制格式将不用于建立新的文件)。

5.2 ASCII 码文件格式

Fixed Format(固定格式)文件由第一个字符开始,每行 80 列。这些行分成若干段。每一行的 1～72 列中,都含有特定段的数据域,第 73 列是标识字母代码,第 74～80 列是一个递增的序号。在每一段中,其序号都从 1 开始,且每增加一行,序号加 1。序号在其域中是右对齐的,其左边用前导空格或前导零填充。固定格式的诸段应按下列次序出现:

段　名	第 73 列的字母代码
Start(开始)	S
Global(全局参数)	G
Directory Entry(目录条目)	D
Parameter Data(参数数据)	P
Terminate(结束)	T

有关文件诸段的用途和数据内容详见 5.2.4。

在一个段内,每一个实体的数据域的集合(出现在一行或多行上)称为一个记录。不应当有未排序的行(即空行)出现在结束段之前,也不应当有任何排序的行出现在结束段之后。当发送系统的文件结构有大于 80 个字节的块且文件中记录的数量不是块大小的倍数时,未排序的行可出现在结束段之后。

后置处理器应略去出现在结束段之后的全部行。

Compressed Format (压缩格式)文件由一行构成的标志段开始，其第 1～72 列为空格，第 73 列的段标识符字母代码为“C”，在第 74～80 列中的序号为 1 且是右对齐的。开始段、全局段和结束段与固定格式相同；目录条目段和参数数据段合并成一个可变行长的数据段，通过省略与前一个实体具有同样值的域而节省空间。压缩格式的诸段应按下列次序出现：

段　　名	第 73 列的字母代码
Flag(标志)	C
Start(开始)	S
Global(全局参数)	G
Data(数据)	无
Terminate(结束)	T

有关文件诸段的用途和数据内容详见 5.2.4。

商业压缩软件可减少固定格式文件的大小，参见 5.3。

5.2.1　域的种类与缺省

符合本标准要求的文件中，所有数据域都符合下述种类之一。当一个域的描述没有规定其种类时，那么，它的正确种类由使用的标识判据与示例来确定。大部分域都指明是“必要的”，因为它们(即使在缺省时)是强制性的，使其能够正确地分析记录的剩余部分。

——必要的，固定值：

- 该域应当出现，且它应当含有本标准中所定义的固定值。
- 后置处理器应使用本标准中所定义的值。

标识：该域允许一个显式定义的值。

示例：实体使用了图样实体(类型 404)的标志，对名字特性(类型 406，格式 15)的参数域计数。

——必要的，缺省值：

- 该域应当出现，且可以提供一个值；但一个值的提供并不意味着是原系统用户记录的，而且当一个域的值等于它的缺省值时含有不附加信息的意思。
- 后置处理器应当使用所提供的值或当该域为空时，应赋予缺省值，不应从现存的任何值去推断它是否与该域的缺省值相同的附加信息。

标识：该域有一个显式定义的缺省值或有一个隐式的缺省值，因为它不可标志为其他种类。

示例：全局段域 1 中的域分界符，目录条目段中的实体格式号，在每个实体定义的参数数据域之出现的相关实体指针的计数。

——必要的，非缺省值：

- 该域应当出现，且应当提供一个值。
- 后置处理器应当使用所提供的值。

标识：该域不显式地定义“不可以缺省”，该域可含有一个指针且对 0 值规定为无意义，或前一个整数域规定所需要的域的非 0 计数。

示例：指向参数数据记录的目录条目段的指针，结束段计数，指向复合曲线实体(类型 102)构成实体的指针。

——可选的，非缺省值：

- 该域可以出现。如果它出现了，可以提供它的值或者为空。
- 后置处理器应当使用所提供的值，但当该域为空时，可赋予一个系统相关的值。

标识：在目录条目段中该域被显式的定义为“可选择的”。可选择的域不出现在自由格式的段中，以避免语法分析方面的问题。虽然后随的各域可能起作用，似乎它们是可选择的，但它们被分类为“需要的，缺省值”，并且隐式的缺省值解释为“未规定的”意思。

示例：目录条目段中的实体标号和下标。

——忽略的：

- 该域可以出现，且如果它出现了，可以给出它的值；任何给出的值都应当用该域所定义的数据类型表示（例如，尽管该域的值可以忽略，但前置处理器不应把字符串数据置入一个整数域）。
- 处理器应当忽略所提供的任何值。

标识：该域显式的定义为“忽略的”或“不用的（n. a.）”。

示例：关联实体（类型 402）的颜色，所有与空实体（类型 0）的实体类型号不同的数据。

——保留的：

- 应出现一个空域；为避免引起兼容性问题，禁止使用这些保留的域。
- 置处理器应忽略所提供的任何值。

标识：该域显式的定义为“保留的”。

示例：目录条目段的域 16 和 17。

在固定长度域的各段中，缺省值（即空值）应通过使用空格符填充该域来规定。在分界的可变长度域的各段中，缺省值应当由两个连续的域分界符的出现来规定，或由一个记录分界符后随一个域分界符来规定。

当本标准没有定义隐式或显式缺省值时，域值不应当是缺省的。

注：无论是含有 0 的数值域（即“0”域）还是填充空格的 Hollerith 字符串（即一个“空白” 字符串，如“4H ␣ ␣ ␣ ␣”）都不是“缺省”域（其中 ␣ 不显示）。

5.2.2 数据类型

本标准为域值定义了 6 种数据类型：

a) 整数（定点）；

b) 实数（浮点）；

c) 字符串；

d) 指针；

e) 语句；

f) 逻辑。

不管数据域是固定长的还是可变长的，下列规则都适用于各数据类型：

- 空白仅是字符串域内和语言语句中的值；对所有其他数据类型，一个全空白（即空）域指的是一个“缺省的”域。
- 后置处理器应略掉数值域中的前导空，数值域不应含有嵌入其中或置入末尾的空。
- 数值数据类型可以是有符号的，也可以是无符号的。如果是有符号的，则前面的加或减号确定该数值的正、负意义；如果是无符号的，则其意义为非负的。
- 数值数据类型不应含有嵌入的逗号，即使全局段的域 1 把域分界符改变成其他字符。当文件来源于某些用逗号代替句点作为实数中的小数点的国家，这条规则也是适用的。
- 字符串域或语言的语句可以跨越行界，因为它们的长度可能超过一行中可用的列数，因而容许该规则。当一个字符串域超越了行界时，它的字符计数和 Hollerith 分界符（“H”）应当依次连续地出现在首行上。字符串值或语言语句值延续到当前行的最后可用列上（即参数数据段到 64 列，其余各段都到 72 列）。该域从后续行的列 1 继续直到字符总数处理完。

5.2.2.1 整数

一个整数（即一个定点值）总是表示一个精确的整数值。它可以有正值、负值或零值。整数的绝对值不应超过值 $2^{(N-1)}-1$，其中 N 是表示整数值的二进制位数（见全局参数 7）。

对整数域的隐式缺省值是零。

一个整数是由一个可选择的符号与后随的表示十进制数的非空数字串组成。

下面是有效整数的例子(假设全局参数 7 的值是 32):

1	150	2147483647	+3451
0	-10	-2147483647	

5.2.2.2 **实数**

实数数据类型(即浮点值)是系统相关的实数值的近似值。它可以是正值、负值或零值。一个实数的绝对值及精度不能超过全局段参数 8—9(单精度的)和 10—11(双精度的)所指出的。

实数域的隐式缺省值为零。

下面的规则适用于或作为参数数据或作为文本显示处理的实数数据类型:

- 一个基本的实数值含有(按此次序)一个可选择的符号、一个整数部分、一个小数点、一个小数部分和一个指数。整数部分与小数部分两者都是 0—9 的数字系列,两者中之一可以省略,但不能两者都省略。小数点或指数可以省略一个,但也不能两者都省略。基本实数值解释为一个十进制数。
- 整数部分的前导零或小数部分末尾的零都不应解释为精度的改变或含有实数值容差的意思。
- 指数是字母"E"或"D"后随一个表示十的幂可选择符号的整数。它可以用来乘以前面的基本实数。"E"规定单精度(对应于全局段的参数 9),"D"规定双精度(对应于全局段的参数 10)。在无符号时,指数的意义是非负的。

下面是合法实数值的例子:

256.091	0.	-0.58	+4.21
1.36E1	-1.3E-02	0.1E-3	1.E+4
145.98763D4	-2145.980001D-5	0.123456789D+09	-.43E2

5.2.2.3 **字符串**

按 FORTRAN 标准(GB/T 3057—1996)中规定的 Hollerith 格式来表示字符串。一个字符串是一个不限制长度的 ASCII 字符的序列。空、参数分界符以及记录分界符都当作字符串中的普通字符对待。

字符串由非零的无符号整数值(字符计数)后随 Hollerith 分界符("H"),再后随由字符计数规定数目的连接字符。一个字符串不应含有任何 ASCII 控制的字符(即十六进制的 00 到 1F 和十六进制的 7F)。

字符串域的隐含缺省值是 NULL(空)(见 3.94 空串)。

下面是合法字符串的例子:

3H123	10HABC.,;ABCD
8H0.457E03	12HHELLO THERE

5.2.2.4 **指针**

指针是由从 -9999999 到 9999999 范围内的整数值表示的;在定长域中可用前导 0 或前导空格来填充。

指针域的隐式缺省值为 0,具有 0 值的指针(显式地或由于缺省指定的)也可以称为空指针。对于指针的缺省指定规则不同于其他数据类型的规则;对于指针域,缺省仅应在本标准定义了其意义时出现。典型的允许指针缺省的域描述是指向"〈被引用项〉或零(缺省值)的 DE(目录条目段)的指针"。

指针的绝对值表示为目录条目或参数数据序号。本标准使用了术语,其意义就是"指向"。

在域中出现负的指针值其定义了与 0 或正值不同的意思。例如,在目录条目段的颜色域中,负的指针引用一个颜色定义实体(类型 314),而非负值则规定实体的颜色。

负的或 0 指针值只有在本标准中显式定义的地方才有效。

5.2.2.5 **语句**

语句是含有来自 ASCII 字符集的字母数字、标点符号及空格字符的任意字符串。语句不应含有任何ASCII控制的字符(即16进制的00到1F和16进制的7F)。

不同于字符串数据类型,语句在其文本前不含有字符计数和Hollerith分界符“H”。7.72.3定义了适用于宏实体的语句的句法。语句的长度借助于该实体在目录条目记录中的参数数据行记数来确定(见目录条目参数14)。

5.2.2.6 逻辑

逻辑仅有两个值:“TRUE”(真)与“FALSE”(假);无符号整数0表示FALSE,无符号整数1表示TRUE。

逻辑域的隐式缺省值为FALSE。

5.2.3 构成和解释自由格式数据的规则

若干文件段中的数据在指定的列范围内以“自由格式”出现。在使用自由格式时,下列的规则是适用的(除5.2.2规则外附加的规则):

- 参数分界符(全局参数1)分隔参数。
- 记录分界符(全局参数2)结束该记录(即其结束一个参数表)。
- 如果两个参数分界符,或者一个参数分界符后随一个记录分界符连续地出现,或者仅用一些空分隔开,则它们划定的域是“空”的(即“缺省的”),后置处理器应根据其数据类型赋予显式或隐式的缺省值。
- 当一个记录分界符出现在一个参数表结束之前,则所有余下的“需要的、固定值”域应赋予它们所定义的值,而所有余下的“需要的、缺省值”域应根据它们的数据类型赋予它们显式或隐式的缺省值。参数数据段记录可以用在两组附加参数之前的记录分界符字符来结束(见5.2.4.5.2)。这是有效的,因为在未使用“需要的、不缺省值”指针域之前的两个“需要的、缺省值”数值域中的指针计数已被缺省。后置处理器应赋予隐式缺省值0,使它不指望未使用的指针域。
- 自由格式行的最后数据列(即全局段的72列,及参数数据段的64列)不能替代参数分界符或记录分界符。数值域应至少在最后数据列之前的一列结束,从而使该数值域的结束分界符的字符在同一行上。参数分界符和记录分界符的字符当它们出现在字符串域中时都作为文本(不作为分界符)来对待。

5.2.3.1 参数和记录分界符的组合

下列的ASCII字符既禁止用作全局参数1(参数分界符),也禁止用作全局参数2(记录分界符),因为它们可能引起后置处理器句法分析的困难。

名	十六进制范围
控制符号	0～1F,7F
空格字符	20
数字0～9	30～39
字符＋ － ·	2B,2D,2E
字母DEH	44、45、48

在全局段中仅允许参数分界符和记录分界符的4种组合。它们是(其中α和β表示ACSII字符):

格　式	解　释	
	参数分界符字符	记录分界符字符
1. ,,	,	;
2. 1Hαα1Hβα	α	β
3. 1Hααα	α	;
4. ,1Hβ	,	β

5.2.4 文件结构

该文件包含6个子段，它们在文件中应按下列次序相继出现，其中不插入空行：

(1) 标志段(仅用于二进制或压缩格式文件)；

(2) 开始段；

(3) 全局段；

(4) 目录条目段；

(5) 参数数据段；

(6) 结束段。

目录条目段和参数数据段的信息组合在压缩格式文件(见5.3)的数据段中。

图2说明了固定格式，其中不包括标志段。

<table>
<tr><td>1 8</td><td>9 16</td><td>17 24</td><td>25 32</td><td>33 40</td><td>41 48</td><td>49 56</td><td>57 64</td><td>65 72</td><td>73 80</td></tr>
<tr><td colspan="9">开始段：人可读的文件序言。

它含有1行或多行，
⋮
在1～72列使用ASCII字符</td><td>S0000001
S0000002
S0000003
⋮
S000000N</td></tr>
<tr><td colspan="9">全局段：发送系统和文件的信息。

它含有用参数分界符分隔的、保持参数域所需的行数，
⋮
其用一个记录分界符结束，在1～72列中</td><td>G0000001
G0000002
G0000003
⋮
G000000N</td></tr>
<tr><td colspan="9">目录条目段：每个实体含有两行。
在九个8列宽的域中的　目录条目域1～9；
在九个8列宽的域中的　目录条目域10～18</td><td>D0000001
D0000002</td></tr>
<tr><td colspan="7">参数数据段：值和参数分界符。
在1～64列中用一个记录分界符结束；65列不使用</td><td colspan="2">DE返回指针</td><td>P0000001
P0000002</td></tr>
<tr><td colspan="5">S0000020　G0000003D0000500　P0000261</td><td colspan="4">结束段——前面诸段的记录计数，
33～72列不使用</td><td>T0000001</td></tr>
</table>

图2 固定格式的一般文件结构

5.2.4.1 标志段

可选择的标志段指明该文件是二进制格式的(见附录H)或压缩格式的(见5.3)。

5.2.4.2 开始段

所要求的开始段对该文件提供一个人们可读的序言。

- 开始段的各行用73列中的字母代码"S"标识，用74～80列排顺序号。
- 开始段的各行在1～72列中有一个数据域。除了不能含有任何ASCII控制字符外(即十六进制的00～1F及十六进制的7F)，该域可以含有发送者想要的任何内容。
- 在该文件中至少应出现一个开始段行，即使除排序域外它是空的。开始段的例子见图3。

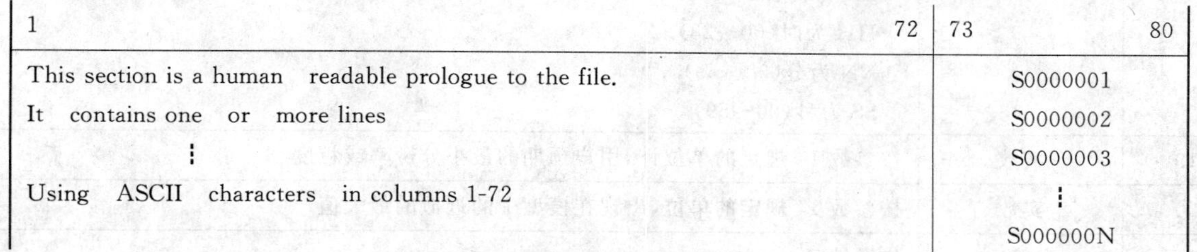

图3 在固定格式中开始段的格式

5.2.4.3 全局段

所需要的全局段包含描述前置处理器的信息及处理该文件的后置处理器所需要的信息。

● 全局段的记录用73列中的字母代码“G”来标识，用74～80列排顺序号(见5.2.1)。

前两个全局参数定义参数分界符和记录分界符的字符，如果为缺省值(其分别为逗号“,”和分号“;”)时，则不使用这两个参数。

全局段的参数如5.2.3中所描述的书写成有确定界限的、可变长域值。据5.2.3所述，全局段的参数值以记录分界符为结束。如果全局段规定了新的分界符字符，则它们将立即生效并用于全局段的剩余部分以及本文件的余下部分。表1及以下的各条定义了全局段中参数。

表1 全局段中的参数

索引	类 型	描 述
1	字符串	参数分界符字符
2	字符串	记录分界符字符
3	字符串	发送系统的产品标志
4	字符串	文件名
5	字符串	原系统标识符(ID)
6	字符串	前置处理器的版本
7	整数	整数表示的二进制位数
8	整数	发送系统单精度浮点数可表示的以10为底的最大幂指数
9	整数	发送系统单精度浮点数有效数字的个数
10	整数	发送系统双精度浮点数可表示的以10为底的最大幂指数
11	整数	发送系统双精度浮点数有效数字的个数
12	字符串	接收系统的产品标志
13	实数	模型空间的比例
14	整数	单位标志
15	字符串	单位名称
16	整数	线宽等级的最大数。参见目录条目段参数12
17	实数	按单位计的最大线宽权值。参见使用该参数的目录条目段参数12(见5.2.4.4.12)
18	字符串	交换文件生成的日期和时间 15HYYYY MMDD. HHNNSS或 13HYY MMDD. HHNNSS 其中： YYYY或YY为4位或2位数的年 MM为月(01～12) DD为日(01～31) HH为时(00～23) NN为分(00～59) SS为秒(00～59)
19	实数	按参数14规定的单位计，用户预期的最小分辨率或粒度
20	实数	按参数14规定的单位，出现在模型中的近似的最大值
21	字符串	作者姓名

表 1（续）

索引	类　　型	描　　　　　述
22	字符串	作者属于的机构
23	整数	该文件遵照本标准相应版本的标志值
24	整数	如果有的话，为该文件遵照相应绘图标准的标志值
25	字符串	按与域 18 同样的格式建立和最后修改模型的日期和时间
26	字符串	如果有的话，是指明应用协议、应用子集、军用规范或用户定义的协议或子集的描述符

5.2.4.3.1　参数分界符的字符

该“必要的，缺省值”域指明用什么字符来分隔全局段和参数数据段的参数值。缺省值为逗号“,”。该字符的每次出现都表明当前参数的结束和下一个参数的开始，除了下述情况之外：

(1)　该分界符的字符可以是字符串的一部分的那些字符串；

(2)　该分界符字符可以是语言句法一部分的语言语句(见 5.2.3)。

5.2.4.3.2　记录分界符

该“必要的，缺省值”域指出用什么字符指明在全局段中和在每一个参数数据段条目中诸参数结束。该缺省值为分号“;”。该字符的每次出现都指明当前参数及该参数表的结束。有两种例外的情况：

(1)　该分界符字符可以是字符串的一部分的那些字符串；

(2)　该分界符字符可以是语言句法的一部分的语言语句(见 5.2.3)。

5.2.4.3.3　发送者的产品标识

该“必要的，非缺省值”域含有发送者引用该产品所使用的名称或标识符。

5.2.4.3.4　文件名

该“必要的，非缺省值”域含有交换文件的名称。

5.2.4.3.5　原系统标识符

该“必要的，非缺省值”域唯一地标识了建立用于生成该交换文件的原格式文件的原系统软件(即它指的不是前置处理器的版本，其在下一个参数中规定)。它应包括完整的营销该系统的销售商的名字及产品标识符、原系统软件的版本号或发布日期。

5.2.4.3.6　前置处理器的版本

该“必要的，非缺省值”域唯一地标识建立该文件的前置处理器的版本或发布日期(即它指的不是由该前置处理器所支持的本标准的版本，本标准的版本在参数 23 中规定)。如果原系统的软件包含该前置处理器(即它们是可以一次执行的)，则该值可以与原系统标识符域相同，也可以不同，这取决于销售商发布命名的习惯。

5.2.4.3.7　整数表示的二进制位数

该“必要的，非缺省值”域表示在发送系统的整数表示中需要多少个二进制位。借此限制了本文件中整数参数的有效值的范围。

5.2.4.3.8　单精度的量级

该“必要的，非缺省值”域表示在发送系统上能够表示单精度浮点数的以 10 为底的最大幂指数。

5.2.4.3.9　单精度的有效位数

该“必要的，非缺省值”域表示十进制有效数字的个数，它能够精确地表示在发送系统中单精度浮点表示法的精度。

5.2.4.3.10　双精度的量级

该“必要的，非缺省值”域表示在发送系统上能够表示双精度浮点数的以 10 为底的最大幂指数。

5.2.4.3.11　双精度的有效位数

该“必要的，非缺省值”域表示十进制有效数字的个数，它能够精确地表示在发送系统中双精度浮点表示法的精度。

示例：对具有32位(bit)的IEEE浮点表示法(见IEEE 754—1985)来说，量级和有效数字参数的值分别为38和6；对于具有64位(bit)的表示法来说，则它们的值分别是308和15。

5.2.4.3.12 接收者的产品标识

该"必要的，缺省值"域含有接受系统软件引用该产品时要使用的名字或标识符。其缺省值是参数3中规定的值。

5.2.4.3.13 模型空间的比例

该"必要的，缺省值"域含有模型空间与真实的世界空间的比例(例如，0.125表明1个模型空间单位等于8个真实世界空间单位)。其缺省值为1.0。

5.2.4.3.14 单位标志

该"必要的，缺省值"域含有一个按照下表指明在文件中使用的模型单位的整数。后置处理器使用该域的值控制单位(该值为3时除外。在该值不为3时，域15是冗余的，但对人们读取是方便的)。其缺省值为1。

值	模型单位
1	毫米(可缺省)
2	毫米
3	(单位名见参数15)
4	英尺
5	英里
6	米
7	公里
8	密耳(即0.0254毫米)
9	微米
10	厘米
11	微英寸

5.2.4.3.15 单位名称

该"必要的，缺省值"域含有在本系统中命名模型单位的字符串，该值应规定与域14同样的单位(域14为3时除外)。其缺省值为1。如果它与域14不一致，则后置处理器应略掉该域。

值	模型单位
2HIN 或 4HINCH	毫米(可缺省)
2HMM	毫米
2HFT	英尺
2HMI	英里
1HM	米
2HKM	公里
3HMIL	密耳(即0.0254毫米)
2HUM	微米
2HCM	厘米
3HUIN	微英寸

当域14的值是3时，命名描述单位的字符串应当与IEEE 260.1—2004相一致。

5.2.4.3.16 线宽的最大分级数

该"必要的，缺省值"域是线浓度的等分数。该值应大于0。其缺省值为1。

5.2.4.3.17 **按单位的最大线宽的宽度**

该“必要的,非缺省值”域含有按文件中可能的最厚线的模型单位的实际宽度。

5.2.4.3.18 **交换文件生成的日期和时间**

该“必要的,非缺省值”域是指明建立这个交换文件时的时间标记。其格式为:

15HYYYYMMDD.HHNNSS

或 13HYYMMDD.HHNNSS

如果使用两个数字的年格式,这是假设前两个数字为“19”。在超过1999或在1900之前的年必须用四个数字的年格式。

这个日期格式适用于本标准中全局段和参数数据段中的全部日期域。

5.2.4.3.19 **用户要求的最小分辨率**

该“必要的,非缺省值”域规定按模型空间单位接收系统认为是可辨别的坐标之间的最小距离。(例如,该值如果为0.0001,则后置处理器把在该文件中小于0.0001模型空间间隔的任何位置都视为是“重合的”。

5.2.4.3.20 **近似的最大坐标值**

该“必要的,缺省值”域含有在变换之后该模型实际出现的全部坐标数据绝对值的上界(例如,这个值为1000.0,即意味着全部坐标为$|X|$、$|Y|$、$|Z|$<或=1000.0)。它规定了一个中心在原点,能够包围整个模型的立方体的体积。这个包围的体积可能大于该模型的实际体积,这取决于它的形状和它与原点的距离(例如,一个坐标范围从(999,999,0)到(1000,1000,0)的模型具有1个立方单位的体积,而在这种情况下,该域的值是1000,其规定的体积为1,000,000,000个立方单位)。

如果这个域的值不能准确地确定,则该域应当缺省或应含有0.0(即在文件中有与实际实体无关的大量的值不应去规定)。其缺省值为0.0,解释为“未规定最大坐标值”。

5.2.4.3.21 **作者名**

该“必要的,缺省值”域含有建立这个交换文件的人的姓名。缺省值为NULL.其解释为“未规定”。

5.2.4.3.22 **作者属于的机构**

该“必要的,缺省值”域含有与作者相关联的机构或集团的名称。其缺省值为NULL,并解释为“未规定的”。

5.2.4.3.23 **版本标志**

该“必要的,缺省值”域是一个整数值,表示文件中的数据所符合的IGES标准的版本。其缺省值为3。若遇到小于1的值,后置处理器则赋予缺省值3,若发现大于11的值,后置处理器为其赋予11。

本标准下表中的值是有效的。

值	IGES 版 本	参考文献序号
1	IGES 1.0	[27]
2	ANSI Y14.26M—1981	[5]
3	IGES 2.0	[28](缺省值)
4	IGES 3.0	[29]
5	ASME/ANSI Y14.26M—1987	[13]
6	IGES 4.0	[30](GB/T 14213—1993)
7	ASME Y14.26M—1989	[14]
8	IGES 5.0	[31]
9	IGES 5.1	[32]
10	IGES 5.2	[33]
11	IGES 5.3及以上	本标准

5.2.4.3.24 **制图标准标志**

该“必要的,缺省值”域含有相应于这个文件允许的绘图标准(如果有的话)的整数值。其缺省值为0。

代码	制图标准	
0	无	没有规定的标准(缺省)
1	ISO	国际标准化组织
2	AFNOR	法国标准化协会
3	ANSI	美国国家标准化学会
4	BSI	英国标准学会
5	CSA	加拿大标准协会
6	DIN	德国标准化学会
7	JIS	日本标准化学会
8	SAC	国家标准化管理委员会
9	无	其他国家标准

5.2.4.3.25 **建立或修改模型的日期与时间**

该“必要的,缺省值”域是指明建立或最后修改原系统模型时的时间标记。如果其值是无效的,则应当缺省;即它既不是域18的值,也不是代替该域缺省规定的任何值。其缺省值为NULL,并解释为“未规定的”。

5.2.4.3.26 **应用协议/子集标识符**

该“必要的,缺省值”域规定文件内容与应用协议、子集或用户定义的协议相一致。其缺省为NULL,并解释为“未规定的”。协议定义以统一的方法使用本标准的规则,以改善为某种特定目的的信息交换。在不缺省时,该域的值按与文件内容一致的应用协议或子集定义。

5.2.4.4 **目录条目段**

目录条目段对在文件中的每个实体有一个目录条目记录。每个实体的目录条目记录的大小是固定的,并且包含每个域8个字符的20个域、在两个相邻的80个字符的行中。在每个域中的值是右对齐的。除编号为10、16、17、18和20外,本段的所有其他域或为整数数据类型或为指针数据类型。在本段中,有时用“号”代替“整数”。

目录条目段的目的是提供一个文件的索引,并包含每个实体的属性信息。在目录条目段中目录条目记录的次序是任意的。

在目录条目段中,一个全空白的域(即空域)是缺省的域,后置处理器应赋予本标准定义的缺省值(根据实体类型而变化的值)。域1、2、10、11、14和20除在压缩格式的文件的情况外不应缺省。

在目录条目中的某些域可以含有一个属性值,也可以有指向含有一个或多个这种值的实体的指针。在这些域中,正值对应于一个属性,负值指明它的绝对值是指向含有一个或多个属性值实体的目录条目指针。

因为有效的文件具有从1开始递增的序号,所以,仅当一个零值的特定说明已被本标准对该域作了定义时,这个零值才是一个有效的指针值。在这样的情况下,空域或空白域等价于零域。一个这样的实例见5.2.4.4.7(即一个缺省域用来代替一个指向含有单位矩阵的变换矩阵实体(类型124)的指针)。图4显示了构成每个实体目录条目的域格式。表2及随后的各条描述了每个目录条目域。

在本标准的其他地方,类似于图4的图与单个实体的定义一起使用。同样的术语与下述的补充与例外情况一起使用。

如果某域为空,则它即是缺省的,且处理器应赋予0(例外情况:未定义的域16和17,以及作为空文本字符串的域18)。

- 域中明确的值是仅有的允许值,如实体类型号及格式号。
- 符号〈n. a〉指明对这个实体该域无意义。该域应为空或应为0。后置处理器应忽略这个值。
- 在状态号域中,使用了下述符号:

——符号(* *)具有与5.2.1中定义的〈n.a.〉同样的意思。后置处理器应为该域提供00,并且后置处理器应忽略该值。

注1:当该域标识为* *时,为了清楚起见,该表可以含有00。因为* *意味着该域可被后置处理器忽略,所以00在功能上与* *等价(即 * *?? 01* * 与00?? 0100在功能上等价)。

——符号(??)的意思是对该域所定义的范围的适当值应当出现。

——明确的数值(如00或02)是应在该域中提供的仅有的值。

- 为了指明某些域的值在特定的条件下应当忽略而使用了脚注。

1　　8	9　　16	17　　24	25　　32	33　　40	41　　48	49　　56	57　　64	65　　72	73　　80
(1) 实体类型号 #	(2) 参数数据 ⇒	(3) 结构 #,⇒	(4) 线型模式 #,⇒	(5) 层 #,⇒	(6) 视图 0,⇒	(7) 变换矩阵 0,⇒	(8) 相关性 0,⇒	(9) 状态号 #	(10) 序号 D #
(11) 实体类型号 #	(12) 线宽 #	(13) 颜色号 #,⇒	(14) 参数行计数 #	(15) 格式号 #	(16) 保留	(17) 保留	(18) 实体标号	(19) 实体下标 #	(20) 序号 D#+1

术语:

(*n*)——域号 *N*;

#——整数;

⇒——指针;

#,⇒——整数或指针(指针是负的);

0,⇒——零或指针。

图4　在固定格式中目录条目(DE)段的格式

表2　目录条目(DE)段

域号	域　名	意　义　与　注　解
1	实体类型号	标识实体的类型
2	参数数据	指向该实体参数数据记录第一行的指针。不包括字母P
3	结构	指向规定该实体意义的定义实体的目录条目的负的指针或零(缺省)。不包含字母D
4	线型样式	线型样式号,或指向线型样式定义实体(类型304)目录条目的负的指针,或零(缺省)
5	层	保存实体层的层号,或指向定义层特性实体(类型406,格式1)目录条目的负的指针,或零(缺省)
6	视图	指向视图实体(类型410)目录条目的指针,指向视图可见相关性实例(类型402,格式3、4或19)的指针,或零(缺省)
7	变换矩阵	指向定义某实体时使用的变换矩阵实体(类型124)目录条目的指针,或零(缺省)
8	标号显示	指向标号显示(类型402,格式5)目录条目的指针,或零(缺省)

表 2（续）

域号	域　　名	意 义 与 注 解
9	状态号	由 4 个两位数值组成，它们按次序串联地排满在该域的 8 个数位中；不允许有空格符。 1～2 可见状态 00 可见的 01 不可见的 3～4 从属实体开关 00 独立的 01 物理从属的 02 逻辑从属的 03 (01)与(02)两者 5～6 实体使用标志 00 几何 01 注释 02 定义 03 其他 04 逻辑的/位置的 05 二维参数的 06 构造几何 7～8 层 00 总体自顶向下 01 总体推延 02 应用层特性
10	段代码与序号	以字母 D 为前导，从目录条目段开始行算起到本行的物理计数（奇数行）。
11	实体类型号	（与域 1 同值）
12	线宽	系统显示厚度；它作为在 0 到最大值（全局段的参数 16）范围中的等级值给出的。
13	颜色号	颜色号或指向颜色定义实体（类型 314）目录条目的负的指针，或零（缺省）。
14	参数行计数	该实体参数数据记录中的行数。
15	格式号	对于实体的参数值具有多于一种解释或零（缺省）的实体的格式号。实体格式号包括在每个实体的描述中。
16	保留备将来使用	
17	保留备将来使用	
18	实体标号	最多 8 个字母数字字符（右对齐的）或 NULL（缺省）。
19	实体下标	与实体标号相关联的 1 到 8 位的无符号数。
20	段代码与序号	与域 10 同意义（偶数行）。

5.2.4.4.1　实体类型号

规定实体类型的整数。该号应当与这个目录条目记录在参数数据中的实体类型号相同。

5.2.4.4.2　参数数据指针

是该实体的第一个参数数据记录的序号。不包括字母 P。该序号应大于 0 且小于或等于结束段（见 5.2.4.6）中域 4 的值。

5.2.4.4.3　结构

对于负值，该域的绝对值是指向结构定义实体的指针。结构定义实体规定该实体类型号的模式。

该域仅对宏实例实体(未经测试的)、实现者定义的相关性实例实体(类型 402、格式 5001—9999)及属性表实例实体(类型 422、格式 0 和 1)有意义。在该域中允许非负的整数值,但后置处理器应忽略它们(在 3.0 版本以前的各版本中,该域的非负整数值用来表示版本号)。

5.2.4.4.4 **线型模式**

与用于显示一个实体的线型(即显示模式)相对应的整数。正值表示应使用已标明线型的接收系统中相应版本。负值表示其绝对值是指向规定显示模式的线型定义实体(类型 304)的指针。

值	模　式
0	未规定模式(缺省)
1	实线
2	虚线
3	剖面线
4	中心线
5	点线

5.2.4.4.5 **层**

这个值规定与该实体相关的一个或多个层。正值规定与该实体相关的单一层号。负值指明其绝对值是指向含有一个与该实体相关的层的定义层特性实体(类型 406,格式 1)的指针,从而允许该实体在多个层上出现。

5.2.4.4.6 **视图**

有三种选择:

- 当该实体在全部视图中是可见时,并且在全部视图中其显示特征相同时,则该值为零(缺省)。
- 当该实体仅在一个视图中可见时,该值应指向一个视图实体(类型 410)。
- 在其他情况时,该值应指向一个视图可见的关联实体(类型 402,格式 3、4 或 19)。当在全部视图中该实体的显示特征不相同时,应使用类型 402,格式 4 或 19。

5.2.4.4.7 **变换矩阵**

该值指向一个变换矩阵实体(类型 124)或为零(缺省)。零的意思是单位旋转矩阵和一个零平移矢量。变换矩阵实体的格式号规定变换矩阵的特征。见 7.21。

5.2.4.4.8 **标号显示关联性**

该值指向一个标号显示实体(类型 402,格式 5),定义了该实体的标号及下标在不同的视图中应如何显示,或者为零(缺省)。

5.2.4.4.9 **状态号**

该值含有四组信息,它们连在一起构成在该域中右对齐的一个整数,不允许有空格字符。这四个两位数值从左到右按下列各条的次序连接。

5.2.4.4.9.1 **可见状态**

该值规定在接收系统显示器上实体的可见性。值 00 规定要显示该实体;值 01 规定不显示该实体。

5.2.4.4.9.2 **从属实体开关**

该值指明在文件中这个实体是否要被其他实体引用;如果要被引用,那么存在什么类型的关系。一个实体可能是无关的、物理相关的、逻辑相关的或物理及逻辑两者相关的。

这些值定义如下:

00:独立的。该实体在文件中不被任何其他实体引用(即指向)。它可以单独存在于原数据库中。

01:物理从属的。该实体(子实体)在文件中要被另一个实体(父实体)引用。如果父实体不存在,则子实体不可能存在。为了确定该实体(作为子实体在父实体定义空间(见 6.2.3)中的位置,该实体所引用的矩阵应适用于该实体的定义。而且仅当实体 B 的参数数据条目引用实体 A 时，实体 A 才是从属于实体 B 的。对于这个定义，根据 5.2.4.5.2 中所定义的附加指针便可以忽略。这意味着这些实体不从属于在显示实体中定义视图的视图(或视图可见相关性)实体。

由父实体及其物理从属部分构成的结构是不可分的，且因此可以当做一个实体。下列是物理从属实体的例子：

- 一个线性尺寸标注实体引用一个尺寸线实体。
- 一个平面实体引用一个圆弧实体。
- 一个复合曲线实体引用一个圆弧实体。
- 一个子图定义实体引用一个复合曲线实体(注意：子图定义不引用复合曲线的组成部分的实体)。

复合实体的例子：

- 实体 A 物理从属于实体 B。
- 实体 A 引用变换矩阵 M1。
- 变换矩阵 M1 引用变换矩阵 M2。
- 实体 B 从属于子图定义实体 C。
- 实体 B 引用变换矩阵 M3。
- 在子图实例 D 中引用了实体 C。
- 实体 D 的参数数据规定了它的比例因子 Sd 和位置(Xd，Yd，Zd)。
- 实体 D 引用变换矩阵 M4。
- 实体 D 引用视图实体 E。
- 在实体 E 的参数数据中定义的视图比例因子为 Se。
- 实体 E 在图样坐标(Fx，Fy)处出现在图样 F 中。
- 实体 E 引用变换矩阵 M5。

为了得到实体 A 的图样空间坐标，要执行下列操作：

1) 通过 M1 变换实体 A 的坐标。
2) 通过 M2 变换由前一步所得到的坐标。
3) 通过 M3 变换由前一步所得到的坐标。
4) 通过 Sd 放缩由前一步所得到的坐标。
5) 通过 M4 变换由前一步所得到的坐标。
6) 通过矢量(Xd，Yd，Zd)平移由前一步所得到的坐标。由本步所得到的坐标是实体 A 的模型空间坐标。
7) 通过 M5 变换由前一步所得到的坐标。
8) 通过比例系数 Se 计算由前一步所得到的坐标。
9) 通过矢量(Fx，Fy)平移由前一步所得到的坐标。

02：逻辑从属的。该实体(子实体)可在原数据库中单独存在，但它要被一个或多个组实体(父实体)引用，诸如组关联实体(类型 402，格式 1、7、14 或 15)。由任何父实体引用的矩阵对子实体的位置无影响。

逻辑从属实体的一个例子是由一个组关联实体引用的一个直线实体(类型 110)。

03：物理与逻辑两者从属的。该实体(子实体)与引用它并服从于物理从属性规则的一个实体(物理父实体)是物理从属的；该实体也被一个或多个逻辑组实体(逻辑父实体)引用，并且也服从于所描述的逻辑从属性规则。此外，一个实体不应物理和逻辑地从属于同一个父实体。在子实体定位时，应使用由物理父实体引用的矩阵。

逻辑和物理从属实体的一个例子是一条直线，它是一个子图中的直线组的一部分。该直线实体被子图定义实体引用,并且也被组关联实体引用。

5.2.4.4.9.3 **实体用途标志**

实体用途标志值表示的分类如下:

00:几何。该实体用于定义产品结构的几何图形。

01:注释。这包括用于构成注释或描述的几何实体,该实体用于在文件中增加注释或描述。

02:定义。该实体用于文件的定义结构。这并不规定在引用该定义结构的其他实体之外是有效的。一个例子是在子图定义中的实体,其规定在引用该子图定义的子图实例中是有效的。该类包括在实体类型号 300 的范围内的全部实体。

03:其他。该实体还可用于其他用途,诸如定义文件的结构特征等。这一种类大致对应于实体类型号 400 的范围内,但也有例外。例如,一个子图实例(类型 408)可以定义几何图形,因此其实体用途标志为 00;它也可以一种图样格式,这样,其实体用途标志为 01。相关性实例通常实体用途标志为 03。例外的情况包括涉及具有实体用途标志为 01 的显示的相关性。视图和图样实体具有 01 的实体用途标志(注释)。变换矩阵实体(类型 124)根据它们的用途来分类:如果仅用于注释(例如定义一个视图),则赋予实体用途标志 01;如果用于定义几何图形或几何图形与注释,则赋予实体用途标志 00。

04:逻辑的/位置的。该实体通过其他实体用作一个逻辑的或位置的引用。这个用途不妨碍该实体引用其他实体,也不妨碍其自身固有的属性。可以按照这种方式引用的一些实体是主要用途为引用的节点、连接点以及点。

用作逻辑连接器的仅由两个连接点构成的复合曲线,它们的实体用途标志应设置为 04。

05:二维参数的。该实体在二维 XY 参数空间中定位,其忽略了 Z 坐标,即作为三维 XYZ 空间的一个子集。从定义空间到参数空间的变换矩阵应是二维的(即在 7.21 的实体 124 中,$T_3=R_{13}=R_{31}=R_{32}=R_{23}=0.0$ 而 $R_{33}=1.0$)。此外,这些坐标没有长度单位(即模型空间的比例和单位变换都不适用)。这预计用于曲面上的曲线的定义。

06:构造几何。该实体的使用仅为了便于模型或图样的准备,不是为了定义产品结构的几何图形。一个例子是为找出一个矩形的中心而相交的两条直线。当一个实体用途标志为 06 的实体是父实体时,除子实体的实体用途标志为 02(定义)者外,所有子实体的实体用途标志都应为 06。实体用途标志为 06 的实体可以与实体用途标志为 00(几何)的实体组合。

5.2.4.4.9.4 **层次结构**

该值表示在一个层结构中各实体间的关系并确定哪些实体的目录条目属性应控制线型、视图、实体层、可见状态、线宽及颜色号。其给出三个值:

00:全部上面的目录条目属性都适用于物理从属于该实体的实体。

01:该实体上面的目录条目属性没有一个适用于物理从属的实体。任何物理从属实体都应使用它们自己的目录条目属性。

02:允许上面的目录条目属性的每一个都单独设置。层特性实体(类型 406,格式 10)(见 7.107)应规定是 00 还是 01 适用于物理从属实体的每个目录条目属性。

例子:如果实体 A 在 DE 状态数位 7 和 8 中为 00,则直接从属于实体的各实体都使用 A 的属性,而不使用它们自己的属性;相反,如果实体 A 在 DE 状态数位 7 和 8 中为 01,则直接从属于 A 的各实体都使用它们自己的属性而不使用 A 的属性。

5.2.4.4.10 **序号**

在目录条目段中规定 DE 行序号的数。对任何实体第一个 DE 行的序号总是奇数,而第二个 DE 行的序号总是偶数。

5.2.4.4.11 **实体类型号**

与域 1 相同。

5.2.4.4.12 **线宽号**

该值规定一个实体显示的厚度(或宽度)。全局参数 16 和 17 规定均匀的一系列可能的厚度。最大厚度可能是在全局参数 17 中规定的,并通过设置线宽等于全局参数 16 中的值来表示。最小厚度可能等于全局参数 17 除以全局参数 16 的结果并用设置线宽等于 1 来表示。最小与最大厚度间的厚度是最小可能厚度的多个增量,并且通过设置线宽等于所需(邻接)增量的整数来表示。

因此,显示厚度为:

线宽号 *(全局参数 17/全局参数 16)。

0 值表示接收系统要使用缺省的线宽来显示厚度。

厚度是一个显示属性,它对一个实体的所有出现的值都相同,当在多个视图或多个子图实体中查看它时可以不考虑用于该实体的比例因子。

5.2.4.4.13 **颜色号**

域 13 规定实体显示的颜色。非负的颜色号表示“标准”的颜色,且在精确的色调不重要时规定;当精确的色调很重要时应规定为负值,其绝对值引用一个颜色定义实体(类型 314)。

后置处理器应当使用接收系统的显示颜色,其最好对应于下列描述的名称:

颜色号	颜　色
0	未赋给颜色(缺省)
1	黑　色
2	红　色
3	绿　色
4	蓝　色
5	黄　色
6	深红色
7	深蓝色
8	白　色

注:由于本标准没有包括规定背景色的机制,所以交换双方需要实现使实体具有与显示背景相同的颜色是可能的,这就使它们虽然存在,但却是“不可视的”。

5.2.4.4.14 **参数行计数**

这是在参数数据段中包含该实体参数数据记录行的数目,包括含有记录分界符字符紧随该行之后的任何注解行。该值应大于 0,除可规定 0 参数数据记录的 NULL 实体(类型 0)之外。

5.2.4.4.15 **格式号**

对于其参数数据有多种解释或零(缺省)的那些实体来说,该值表示在处理这种实体的参数数据时使用该实体的单一的解释,格式号与实体类型号唯一地规定了参数数据的解释。

5.2.4.4.16 **保留域**

该域被保留以备将来使用,其应为空。

5.2.4.4.17 **保留域**

该域被保留以备将来使用,其应为空。

5.2.4.4.18 **实体标号**

这是对该实体说明应用的字母数字标识符或名字。它与实体下标连起来使用可对该实体提供说明应用的字母数字标识符。实体标号在域中是右对齐的,用前导空格添充左边的空。

5.2.4.4.19 **实体下标**

这是对实体标号(域 18)的一个数字限定符。

5.2.4.4.20 **序号**

见 5.2.4.4.10。

5.2.4.5 **参数数据段**

该文件段含有与每个实体相连的参数数据。对所有参数数据,下述信息都是正确的。

5.2.4.5.1 **参数数据**

参数数据是自由格式的(见5.2.3),但其第一个域总含有实体类型号。因此,即使参数数据段表没指明这一点,实体类型号和一个参数分界符也位于交换文件中每个实体的索引1之前。参数行的自由格式部分结束于64列。65例含有一个空格字符;所有参数行的66~72列都应含有该实体在目录条目段中第一行的序号;在参数数据段中所有行的73列都为字母P,而74~80列为序号。见5.2.1。

5.2.4.5.2 **对于每个实体,在给定参数结束处都定义两组参数**

第一组参数可含有指向一个或多个下列实体任意组合的指针:相关性实例实体(类型402)、通用注释实体(类型212)、文本模板实体(类型312)。

- 指向相关性实例的指针称为"反向指针",因为它们指回到引用它们的相关性实例实体(类型402);仅当相关性定义需要它们时才使用反向指针。
- 如果一个实体引用了相关的文本,则一个指向通用注释实体(类型212)的指针可包含在第一组指针中。所引用的注释规定了字符串及其显示参数。
- 如果一个实体自身含有要显示的字符串,则一个指向文本模板实体(类型312)的指针可包含在第一组指针中。这样,文本模板实体就为引用它们的实体中的第1个信息项提供显示参数(见7.76)。

第二组参数可以包含指向一个或多个特性或属性表的指针。这两组参数中的一个或两个都可以缺省(即空)。

当它们存在时,构成这些参数的指针加在全部其他规定的(或缺省的)参数之后,而在记录分界符之前。如下:

索引	名字	类型	说明
⋮	⋮	⋮	⋮
设NV=最后的参数号			
NV +1	NA	整数	指向相关实例/文本实体DE的指针个数
NV +2	DE(1)	指针	指向第一个相关实例/文本实体DE的指针
⋮	⋮	⋮	⋮
NV+NA+1	DE(NA)	指针	指向最后一个相关实例/文本实体DE的指针
NV+NA+2	NP	整数	指向特性或属性表实体DE的指针个数
NV+NA+3	DE(1)	指针	指向第一个特性或属性表实体DE的指针
NV+NA+NP+2	DE(NP)	指针	指向最后一个特性或属性表实体DE的指针

5.2.4.5.3 **附加注释**

任何所希望的注解都可加在记录分界符之后。附加的注解行可以供保持在65~72列中的同样的目录条目指针及包括在实体参数行计数(DE的域14)中的注解行使用。

图5示出了参数数据段的格式。

1　　　　　　　　　　　　　　64		66　　　72	73　　　　80
实体类型号,后随参数分界符,后随由参数分界符分隔的参数		DE指针	P0000001
由参数分界符分隔的参数,后随记录分界符		指　针	P0000002
⋮		⋮	⋮

注1:DE指针是该实体第一个目录条目行的序号。

图5　在固定格式下参数数据(PD)段的格式

5.2.4.6 结束段

文件的结束段仅有一行，其分成每个域 8 列的十个域。结束段应是一个文件排在最后的一行。

未排序的行(即完全空白的行)不应出现在结束段之前，也不应有任何排序的行出现在结束段之后。当发送系统的文件结构有大于 80 个字节的块，并且文件中的记录数目不是块大小的倍数时，在结束段之后可以出现未排序的行。后置处理器应忽略出现在结束段之后的全部行。

结束段的 73 列有字母“T”，74～80 列含有其值为 1 的序号。

结束段记录中的每个域都含有一个在该域中左对齐的段标识符，及在该域中右对齐的该段使用的最后的序号。下表中定义了每个域并示于图 6 中。在序号中不要求前导 0。

域	列	段
1	1～8	开始段
2	9～16	全局段
3	17～24	目录条目段
4	25～32	参数数据段
5～9	33～72	(不使用)
10	73～80	结束段

1　　8	9　　16	17　　24	25　　32	33　　40	41　　48	49　　56	57　　64	65　　72	73　　80
S0000020	G0000003	D0000500	P0000261	不使用					T0000001

图 6　固定格式中结束段的格式

5.3 压缩格式

这里所描述的格式是对大型文件使用的固定格式的一种替代格式。压缩格式可以转换成固定格式，固定格式也可以转换成压缩格式。附录 E 给出了一个转换软件的例子。

5.3.1 文件结构

在开始段之前有一个单独的标志段记录，并且在第 73 列的字符位置上有一个字符“C”以标志该文件是压缩格式的。开始段、全局段及结束段与固定格式的这些段相同，而目录条目段与参数数据段组合一个单独的数据段。

该数据段中的一个记录含有来自该实体的目录条目记录的数据，其后面紧接着的是来自它的参数数据记录的数据。这个数据记录的第一行以字母“D”开始，跟随其后(不插入空格)的是一个无符号整数，这个值就是对应于目录条目记录的序号(见图 7)。

跟在“ D〈序号〉”字符组之后的是零个或多个目录条目域区分符。这个域区分符是由符号“@”(引用的商用符号)后随一个标志规定该域的无符号整数。在“@〈域号〉”字符组之后跟随的是字符“_”(下划线)，接下去后随的是该域的值(“@〈域号〉_〈值〉”)。在目录条目域区分符之间不使用分界符，但要用记录分界符的字符(缺省时为“;”)来结束域描述的集合。

目录条目的域号与固定格式中标志目录条目域所使用的号相同。不记入域 2、10、11 和 20，因为它们在压缩格式中或者是冗余的、或者是无意义的。在记入几个目录条目域时，可能要使用附加行。各完整描述之间仅可能用一系列域区分符隔开，因此，这就保证了新行从字符“@”开始。

目录条目域的值仅当它们改变时才需要给出。因此，除非要明显地规定一个新值外，一个域将一个实体接一个实体地保持它的值，这样，仅有文件中的第一个实体肯定会有完整的域描述集合。

数据段记录的目录条目部分之后紧随着它的参数数据部分。参数数据记录的数据在新的一行上开始，且压缩格式中的数据与固定格式的相同。每一行都可变长的，并且在第 65 个字符位置之前结束，这就保证了字符位置 65，如果存在的话(即如果把这一行理解为固定长，80 个字符的缓存)总含有一个空白字符。

图 7　压缩格式中的总体文件结构

6　实体种类

6.1　概述

本章规定了实体的种类及其在产品数据交换文件中的结构。本标准定义的五种实体是：曲线与曲面几何实体、构造实体几何实体、边界表达实体实体、注释实体以及结构实体。实体类型号 100 到 199 通常留给几何实体使用。

6.2　曲线与曲面几何实体

6.2.1　实体类型

表 3 列出了本标准所定义曲线与曲面几何实体。

6.2.2　坐标系

本条介绍了模型空间的概念和定义空间的概念。模型空间是三维的直角坐标系，要表示的“模型”(或产品)即存在于该空间。模型空间的 X、Y、Z 坐标系是一个右手笛卡尔坐标系。相对于该模型来说，它是不变的。

定义空间也是三维欧几里得空间，但它有自己的右手笛卡尔 XT、YT、ZT 坐标系。与具有单一固定坐标系的模型空间相比较，定义空间坐标系从一个实体到另一个实体是可变的。定义空间坐标系的原点可以是模型空间中的任意点，且就模型空间来说，其方向也是任意的。在模型空间和定义空间坐标系中假设其长度单位总是相同的。

在定位某几何实体到模型空间时，定义空间的概念允许使用临时坐标系。就包含在单一平面内的那些实体来说，这个概念可以起到非常明显的简化作用。利用定义空间需要在定义空间中描述最初的实体，然后转换到模型空间。因此要使用一个正交矩阵和一个平移矢量以从定义空间的坐标生成模型空间的坐标。应用于该目的的正交矩阵称为定义矩阵，该矩阵与平移矢量两者在变换矩阵实体的描述中(见 7.21)规定。

正交矩阵行列式的值总是＋1 或－1，在该行列式等于 1 的情况下，有两种等价的观点涉及如何建立定义空间描述的几何实体与模型空间的联系。为了简化以下的讨论，假设平移矢量为零矢量，这意味着定义空间坐标系的原点与模型空间坐标系的原点重合。

表 3 曲线与曲面实体

实体类型号	实 体 类 型
100	圆弧
102	复合曲线
104	圆锥曲线段
106	数据块
106/11	2D 线性路径
106/12	3D 线性路径
106/63	简单闭合平面曲线
108	平面
110	直线
112	参数样条曲线
114	参数样条曲面
116	点
118	直纹面
120	回转曲面
122	列表柱面
124	变换矩阵
125	闪烁
126	有理 B 样条曲线
128	有理 B 样条曲面
130	偏置曲线
140	偏置曲面
141	边界
142	参数曲面上的曲线
143	有界曲面
144	剪裁参数曲面
190	平面曲面
192	正圆柱面
194	正圆锥面
196	球面
198	圆环面

- 第一种观点设想两个坐标系最初是重合的(即 X 轴重合于 XT 轴等)，但 XT、YT、ZT 坐标系相对于 X、Y、Z 坐标系是可以自由旋转的。几何实体被认为是相对于 XT、YT、ZT 坐标系定义的，然后由定义矩阵旋转该坐标系，包括几何实体，致使该几何实体定位于所希望的、相对于 X、Y、Z 坐标系的位置。
- 第二种观点设想 XT、YT、ZT 坐标系开始被定位，使在定义空间中的几何实体按所希望的方式、相对于模型空间来定位。然后几何实体固定不变而通过定义矩阵旋转 XT、YT、ZT 坐标系。在该旋转完成时，XT、YT、ZT 坐标系就变成了 X、Y、Z 坐标系。这个结果也使该几何实体定位于所希望的、相对于 X、Y、Z 坐标系的位置。

需要强调的是这里的讨论与单一的定义矩阵有关,能够以两种方式直观地观察它在坐标变换的作用。每一种视角都强调 *XT*、*YT*、*ZT* 坐标系的临时性质,最终关注的是几何实体与 *X*、*Y*、*Z* 坐标系的关系。

要在模型空间中定位可能包含在一个平面内的几何实体的情况下,可以看出,定义空间的概念可以使用这样一种方法,即作为最初在定义空间中所描述的该几何实体可以认为是在 *XT*、*YT* 平面内(即平面 *ZT*=0)。由此,也可以方便地容许实体定位于定义空间的任何平行于 *XT*、*YT* 的平面(即 *ZT*=任意常数)内。

每个实体都受到变换矩阵的影响,这意味着每个实体都利用定义空间的概念,即开始在定义空间中定义,然后变换到模型空间中。因此,一个几何实体相对于是模型空间的完整定义包含变换矩阵实体。然而,在某些情况下,变换矩阵完全可能不改变全部坐标,这种情况仅在定义矩阵为单位旋转矩阵,平移矢量为零矢量时才会出现。(在这种情形下,为了防止不必要的处理而提供了一种惯例,见 5.2.4.4.7 对目录条目域 7 所给予的说明。)

6.2.3 复合变换实体

仅在两种情况下实体可通过Multiple Transformation Entities (复合变换实体)进行操作。一种情况是显式的情况,在其中,一个实体通过它的目录条目域 7 指针指向一个变换实体,而这个变换实体又通过它的目录条目域 7 指针指向另一个变换实体。这个结构示于图 8a)中。

在图 8a)说明的情况下,实体×××表示的坐标点由矩阵 1 进行首次运算,通过变换运算后应用矩阵 1 所产生结果的坐标点由矩阵 2 进行再次运算。

另一种情况是隐式的,其中的两个实体是父子关系,且每一个指针都通过其各自的目录条目域 7 指向变换实体。父子关系发生在一个实体(父实体)指向另一个实体(子实体)的时候。这个结构示于图 8b)。在图 8b)所说明的情况下,实体 XXX 所表示的坐标点由矩阵 2 进行运算,然后把这些变换后的点同实体 YYY 的坐标点一样由矩阵 1 进行运算。

当示于表 4 中的特定的父子关系出现时,应当应用隐式关系规则。表 4 中的每个关系通常都是由设置为 01(物理相关的)的子实体的从属实体开关中产生的。例外的情况是前置处理器要求实际引用该子实体的情况。在这种情况下,子实体的从属实体开关设置为 02(逻辑相关的)且由父实体所指向的矩阵不影响子实体的位置(见 5.2.4.4.9.2)。

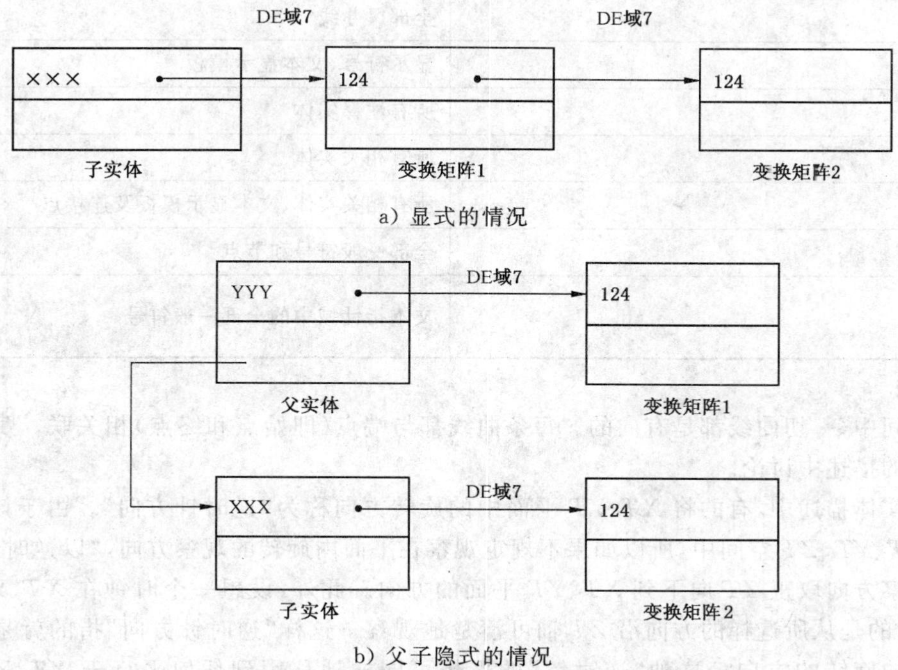

a) 显式的情况

b) 父子隐式的情况

图 8 复合变换实体的情况

表 4 物理父子关系的例子

父	子
复合曲线	所有的组成部分
平面	界定曲线
点	显示符号
直纹面	轨道曲线
闪烁	定义实体
回转曲面	轴、母线
列表柱面	准线
偏置曲线	基准线
偏置曲面	曲面
剪裁曲面	曲面
角度尺寸	全部从属实体
直径尺寸	全部从属实体
标志符号	全部从属实体
一般标号	全部从属实体
线性尺寸	全部从属实体
坐标尺寸	全部从属实体
点的尺寸	全部从属实体
半径尺寸	全部从属实体
通用符号	全部从属实体
剖面	全部边界曲线
实体标号显示	全部尺寸线
连接点	显示符号、文本显示模板
图样	所有注释实体
子图定义	所有相关实体
网络子图定义	所有相关实体、文本显示模板及连接点
节点显示和旋转	全部一般符号和节点
任意实体 标志＝00 或 01	文本指针域中的全部一般符号

6.2.4 **方向性**

在模型空间中，一切曲线都是有向的。每条曲线都与端点(即始点和终点)相关联。赋予方向的方法在各个实体的描述中讨论。

在下述的实体描述中，有的将 XT、YT 平面中的旋转方向称为“逆时针方向”。由于该 XT、YT 平面位于三维 XT、YT、ZT 空间中，所以如果不规定观察在平面内旋转的观察方向，“以逆时针方向”就具有二义性。观察方向取正 ZT 向下到 XT、YT 平面的方向。此外，设想一个时钟在 XT、YT 平面内并且钟盘向上，为的是从所选择的方向沿 ZT 轴可清楚地观察。这样“逆时针方向”指的就是与时钟指针旋转方向相反的旋转的方向。这种“逆时针”的思想可同样地移用到任何平行于 XT、YT 平面的平面上。

6.2.5 连续性与非退化性

- 全部模型空间的曲线和曲面至少应是 C^0(位置)连续的。
- 全部曲线应具有非零的弧长。
- 全部曲面应具有非零的面积。
- 全部实体应具有非零的体积。

6.3 构造实体几何实体

6.3.1 实体类型

CONSTRUCTIVE SOLID GEOMETRY(构造实体几何(CSG))的体素实体是一组预定义的实体建模体素结构集合,用于所有实体建模器,可直接用于CSG建模器,或用于转换之后的其他类型的建模器。

CSG体素实体包括下述实体:

实体类型号	实 体 类 型
150	长方体
152	直角楔形体
154	正圆柱体
156	正截头圆锥体
158	球体
160	圆环体
162	回转体
164	线性拉伸实体
168	椭球体

这些基本体素实体和流形实体B-Rep对象实体使用下述实体可组合成更复杂的CSG实体:

实体类型号	实 体 类 型
180	布尔树
182	有选择的组成部分
184	实体部件
430	实体实例

6.3.2 构造实体几何(CSG)模型

Constructive Solid Geometry Models(构造实体几何模型)(CSG)实体支持两个最广泛使用的实体模型表达CSG之一的标准格式。

在本条中CSG实体可认为是几何的或结构的两种类型之一。几何实体是实体体素。体素的模型信息包括定义体素形状的尺寸、定义体素局部坐标系的点和矢量的坐标,以及一个有选择的指向可进一步定位体素的变换矩阵的指针。如果没有给出定义局部坐标系的点和矢量的坐标值,则该局部坐标系缺省为全局坐标系。对于回转体和线性延拓实体的实体来说,其形状部分地通过一个指向平面边界曲线的指针间接地来定义。

结构实体是布尔树,实体实例及实体部件实体。布尔树实体包含指向该树各元素的指针及对这些元素执行的诸如并、差与交的运算。这些元素可能是体素、其他的布尔树、实体实例或流形实体B-Rep对象实体,也可能有一个指向为重新定位整个布尔结果的变换矩阵的目录条目指针。

实体实例实体含有一个指向表示实体实体的指针和一个指向可变换该实体的变换矩阵的指针。这是在全局空间中重新定位该实体实体的一个拷贝。实体实体可以是体素、布尔树、其他的实体实例或一个部件、或一个流形实体的 B-Rep 对象实体。

相应于由部件表示的每个零部件都是一个指向应用于该零部件的变换矩阵的可选择的指针。这样，该部件的每个零部件都可以独立地移动。还有一个选择目录条目的指针，其指向应用于诸零部件构成的完整部件的全局变换矩阵。在各个变换矩阵的每一个都应用之后才应用这个全局变换矩阵。

一个实体模型的描述是一个非循环的有向图。图中的诸节点是各种几何实体和结构实体。这种类型的图很像一个树结构，只是该图的各分支可以如同使该图自上向下移动一样地重新集结，其中自上向下是从根节点到末端节点的总的方向。可以有任意数目的根节点表示实际的实体模型。一个根节点甚至可以在另一个根的图的分支之中。

末端节点是体素和流形实体的 B-Rep 对象实体的几何实体。全部其他节点都是结构实体。结构实体全都能够指向每一个其他的结构实体以及指向体素或流形实体的 B-Rep 对象实体，有一种情况例外，布尔树不能指向一个部件。

由适当的组合几何实体及结构实体表示的一个 CSG 实体模型可构成一个图结构。

6.4 边界表示（B-Rep）实体实体

6.4.1 实体类型

边界表示(B-Rep)的实体模型实体由一组拓扑实体、一组曲面实体及一组曲线实体构成。

本标准定义了下列的用于 B-Rep 实体模型的拓扑实体。

实体类型号	实 体 类 型
186	‡流形实体的 B-Rep
502	‡顶点
504	‡边
508	‡环
510	‡面
514	‡壳

在 B-Rep 实体模型的构造中仅可以使用下列曲面实体：

实体类型号	实 体 类 型
114	参数样条曲面
118/1	直纹面
120	回转曲面
122	列表柱面
128	有理 B 样条曲面
140	偏置曲面
190	‡平面曲面
192	‡正圆柱面
194	‡正圆锥面
196	‡球面
198	‡圆环面

在 B-Rep 实体模型的构造中仅可以使用下列曲线实体：

实体类型号	实 体 类 型
100	圆弧
102	复合曲线
104	圆锥曲线段
106/11	2D 路径
106/12	3D 路径
106/63	简单封闭平面曲线
110	直线
112	参数样条曲线
126	有理 B 样条曲线
130	偏置曲线

6.4.2 B-Rep 实体模型的拓扑结构

在机械 CAD 系统中，按照惯例，拓扑结构的作用仅限用于定义 B-Rep 实体模型。

以用于 B-Rep 实体模型特定应用领域为目的的一些约束条件都已置于每个拓扑实体上。如果另一种应用领域（如 AEC 或 FEM）需要不同的约束条件，则应建立这些实体的新的格式号，以限制它们的相关环境或应用。

每个实体都有其自己的一组约束条件。高层实体（如，一个环）可能将一些约束条件强加于较低层的实体（如，一个边）上。在高层的状态下，低层实体的约束条件是高层实体与低层实体链间由每个实体所施加的约束条件的总和。

若干拓扑实体都使用一个方向标志（OF），用以指明一个被引用实体的方向与引用实体的方向一致还是相反。如果 OF 为 ·TRUE·，则被用实体的方向与其相一致，如果 OF 为·FALSE·，则被引用实体的方向（在理论上）与其相反。这种情况可能发生，即从高层的引用实体到低层的被引用实体的实体链中有若干个方向标志。

6.4.3 B-Rep 实体模型的解析曲面

本条中所定义的实体通常用来描述 B-Rep 实体模型的曲面几何。这里给出的曲面通过点、矢量与标量来定义。一般点用于提供位置信息，矢量提供方向信息，而一个或多个标量提供尺寸数据。

下表示出了在这些实体的定义中所习惯使用的符号：

适用于解析曲面的符号

符 号	定 义
α	标量
A	矢量
〈 〉	矢量的规格化
a	规格化矢量（例，a =〈A〉= A/|A|）
×	矢量（叉）积
.	标量（点）积
S (x ,y, z)	解析曲面
σ(u, v)	参数曲面
S_x	S 关于 x 的偏导数

6.4.3.1 实体类型

本标准中定义了下列用于B-Rep实体模型的解析曲面实体：

实体类型号	实 体 类 型
123	‡方向
190	‡平面曲面
192	‡正圆柱面
194	‡正圆锥面
196	‡球面
198	‡圆环面

注意：平面曲面实体(类型190)不应用作一个视图的裁剪平面，并且这些曲面中有几种是无界的(平面、圆柱面及圆锥面)，即它们是无限曲面。除了平面曲面外，这些曲面仅应与B-Rep实体模型一起使用。

6.4.3.2 解析曲面的参数化

对于要使用参数化曲面的那些系统来说，对每一个曲面要进行参数化定义。这里所定义的全部曲面都包含构成局部坐标系(LCS)原点的点。两个方向矢量用于实现LCS的定义，一个是局部 Z 轴的方向，另一个是近似于局部 X 轴的方向。设 z 是局部 Z 轴的方向，α 是近似的局部 X 轴的方向，则局部 X 轴和 Y 轴方向的计算方法是投影矢量 α 到由原点 P 和矢量 Z 所定义的平面上。由此，局部轴由下式给出：

$$x = \langle a - (a \cdot z)z \rangle$$

和

$$y = \langle z \times x \rangle$$

6.5 注释实体

6.5.1 实体类型

本标准定义了下列注释实体：

实体类型号	实 体 类 型
106	数据块 　中心线 　剖面线 　尺寸界线
202	角度尺寸标注
204	‡曲线尺寸标注
206	直径尺寸标注
208	标志符号
210	一般标号
212	一般符号
213	‡新的一般符号
214	尺寸线(箭头)
216	线性尺寸标注
218	坐标尺寸标注
220	点尺寸标注
222	半径尺寸标注
228	一般符号
230	剖面

6.5.2　构造

许多注释实体是由其他实体构造而成的。例如，尺寸标注实体可能有 0 个、1 个或 2 个指向尺寸界线实体(数据块的一种格式)的指针，0 个、1 个或两个指向尺寸线(箭头)实体的指针及一个指向一般注解实体的指针。

对某些注释实体而言，尽管允许尺寸界线或尺寸线，但它们可以不存在。对于这些情况其参数数据域指针值可置为零。如果任意构造的实体存在，而又不显示它，则可设置为不可见状态，或如果允许的话，其指针值可置为零。

6.5.3　定义空间

注释实体可定义在 *XT*、*YT*、*ZT* 定义空间(见 6.2.2 中的讨论)中或定义在与某个图样实体(类型 404)相关的二维空间中。在 *XT*、*TY*、*ZT* 定义空间的情况下，为确定这个注释实体在模型空间中的位置要应用一个变换矩阵。

在 *XT*、*YT*、*ZT* 定义空间中，一个注释实体的诸从属实体可以具有不同的 *ZT* 的位移量。例如，在线性尺寸标注中，在一般注解、尺寸线和尺寸界线(在线性尺寸标注参数数据中指向它们)的每一个中都可发现不同的 *ZT* 值。图 9 示出了指明利用 *ZT* 位移量(深度)的一个例子。

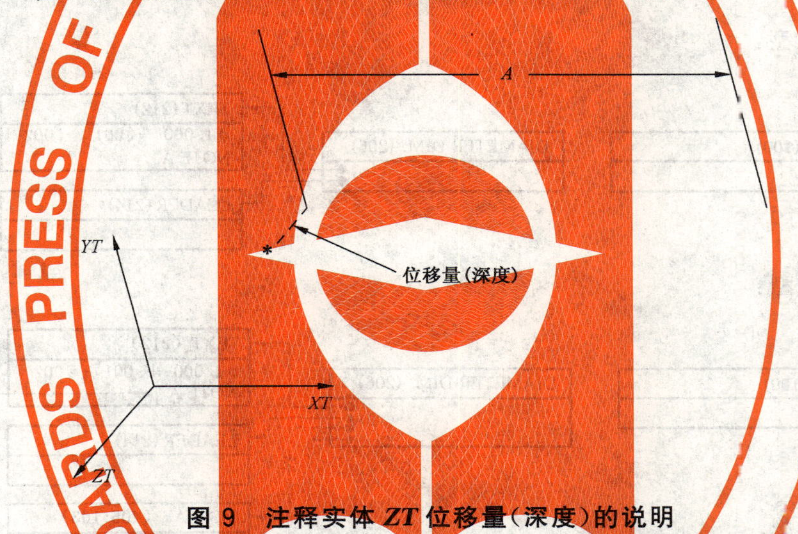

图 9　注释实体 *ZT* 位移量(深度)的说明

当存在对象的选择尺寸标注占用不同平面时，仅使用一个平面是所希望的，其存在的原因是由于注释实体的结构。因为每个尺寸标注都可能包含若干个从属实体，所以根据它的定义，每个从属实体都具有独立的能力并可能要求它自己的 *ZT* 位移量。每个 *ZT* 位移量都相等是可能的(尽管没有必要)。

在具有从属实体的尺寸标注实体的情况下(不考虑曲线的尺寸标注的情况)，从属于尺寸标注实体的实体必须是共面的或是在平行的平面中。一个特定的尺寸标注实体的全部子实体在目录条目域 7(矩阵指针)中必须有同样的值。无论是子的还是父的矩阵指针都可以是非空的，但不能两者都是非空。

6.5.4　尺寸标注属性

6.5.4.1　概述

本标准定义的大部分尺寸标注实体仅为接收系统重建原型的等效可视表达提供足够的数据；一些附加的信息(如尺寸标注的几何)将略去。尺寸标注属性使这种附加数据的交换以最大限度地增强在支持它们的系统间进行功能等价实体的传递。缺少包含全部属性数据的 CAD 实体的接收系统可能会发现某些有用的数据，或它们可以忽略某些属性，而不失去可视化的数据。

CAD 系统的尺寸标注能力可以分成下述三种类型：

1)　手工型：用直线、弧及文本来构造尺寸标注。

2)　生成型：用所选择的几何自动生成尺寸标注，但是在生成之后不再维持与几何的联系。

3)　联动型：用所选择的几何自动生成尺寸标注，并且维持这种联系，致使随后几何的改变也将引起尺寸标注值的相应改变。某些带有化参数设计能力的联动型系统，当尺寸标注值改变时，也能够改变几何。

尺寸标注属性实体的用法直接对应于CAD系统的类型。类型1的系统不能发送任何属性，并且在接受的文件中可能忽略了它们。类型2的系统能够发送和接收尺寸标注特性：尺寸标注单位特性实体(类型406，格式28)、尺寸标注公差特性实体(类型406，格式29)、尺寸标注显示数据特性实体(类型406，格式30)及基本尺寸标注特性实体(类型406，格式31)。类型3的系统还能发送和接收尺寸标注几何关联实体(类型402，格式21)；该实体组合了尺寸标注几何与必要的尺寸标注特性。图10说明了对直径尺寸标注的类型用法。

CAD系统实体：

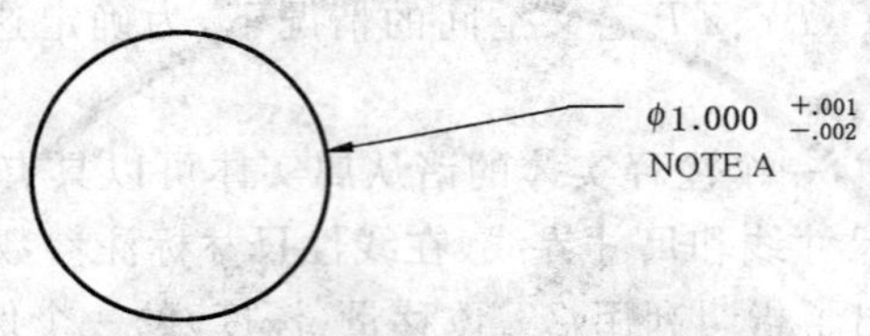

分类1——手工型：

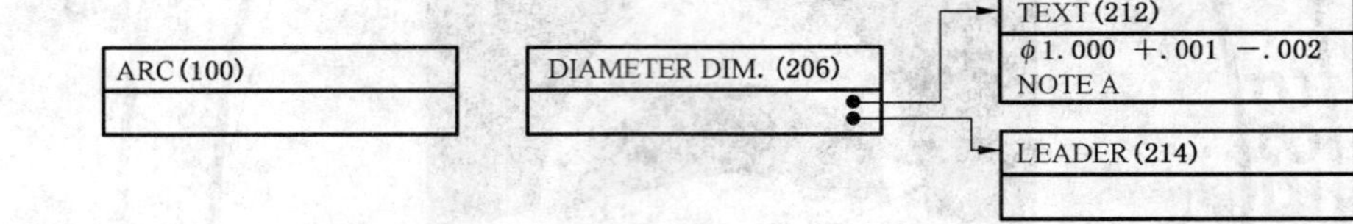

分类2——生成型：

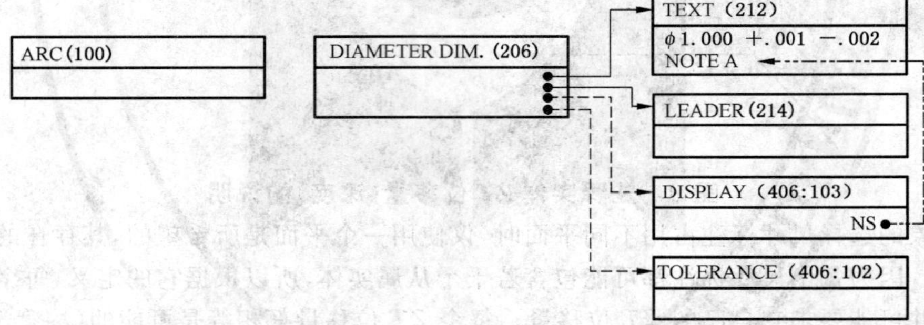

分类3——联动型：

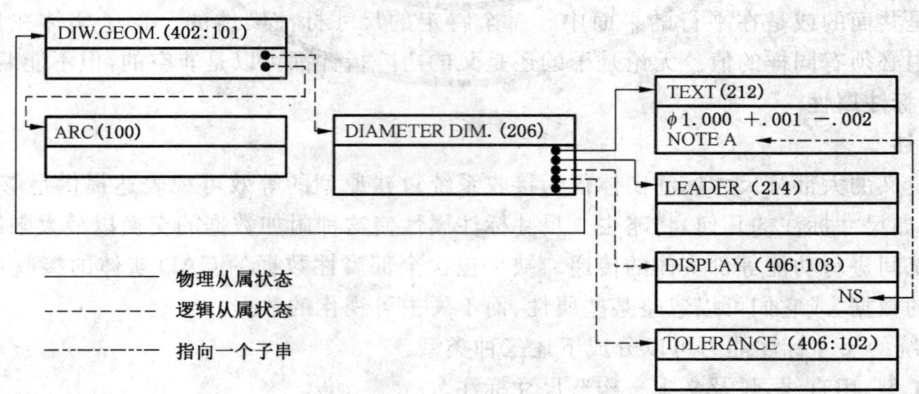

图10 不同系统类型的实体用法

6.5.4.2 使用规则

尺寸标注特性不可以是独立的，它们应当逻辑从属于至少一个尺寸标注实体。在某些情况下(例如尺寸标注单位特性实体)，多于一个的尺寸标注可能引用一个特性实例。特性可以按与尺寸标注实体数据相一致的任意组合来使用，因此，同一个尺寸标注不可以指向尺寸标注公差实体和基本尺寸标注特性实体两者；因为基本尺寸标注不是公差。特性数据应当对应于引用该特性的尺寸标注中所存储的数据。

当使用尺寸标注几何关联实体时，尺寸标注实体和几何应逻辑从属于它，并且任何尺寸标注特性应具有逻辑从属状态。尺寸标注几何关联实体通常仅具有物理从属状态，通常只通过一个尺寸标注实体的反向指针来引用它。参见图 10，分类 3。

某些系统维持有关尺寸标注的总体性质及为尺寸标注的一个具体实例规定的某些附加信息。某些系统能够把尺寸标注与几何按下述方式联系起来，即当几何改变时，尺寸标注值也自动地更新，以反映出这个新的值。为了支持各种各样的尺寸标注功能的应用，提供了特性实体(类型 406)的若干个格式号及尺寸标注几何相关性实体(类型 402，格式 21)。

所有这些特性都是任选的，但没有任何一个在文件中是独立存在的；每一个实例都至少要被 5.2.4.5.2 中所描述的一个尺寸标注实体所引用。例如，对于尺寸标注单位特性实体(类型 406，格式 28)，该特性的一个实例就可能足以满足图样中的全部尺寸标注，即全部角度尺寸标注实体(类型 202)可引用一个实例，而全部线性尺寸标注实体(类型 216)可引用另一个实例。对于尺寸公差特性实体(类型 406，格式 29)也存在类似的情况。

某些特性仅应被一个实体引用，例如，基本尺寸标注特性实体(类型 406，格式 31)含有环绕尺寸标注文本而画出的框的各角点的坐标，于是，该特性的一个实例就仅可能被一个尺寸标注所引用。

在引用这些特性时，对引用的次序没有限制，它们中的任何一个或全部都可以以任意的组合出现。如果出现了，则某些就包含有要替代被其 PD 段中尺寸标注引用的通用注释实体(类型 212 和 213)中的文本字符串的数值，或者它们可以提供这个(些)文本字符串的解释信息。

通用注释实体(类型 212)的若干格式号用于指明尺寸标注的类型，特别是格式号 1、2、3、4 和 5 可连通文本的二元方位和公差标注的信息。通用符号的尺寸标注属性特性及格式号应以在逻辑上一致的、非矛盾的方式使用。

6.6 结构实体

6.6.1 实体类型

本标准定义了下列结构实体：

实体类型号	实 体 类 型
0	空
132	连接点
134	节点
136	有限元
138	节点位移与旋转
146	‡节点结果
148	‡单元结果
302	相关定义
304	线型定义
306	宏定义
308	子图定义

实体类型号	实 体 类 型
310	文本字体定义
312	文本显示模板
314	颜色定义
316	‡单位数据
320	网络子图定义
322	属性表定义
402	相关性实例
404	图样
406	特性
408	单子图实例
410	视图
412	矩形阵列子图实例
414	圆形阵列子图实例
416	外部引用
418	节点载荷/约束条件
420	网络子图实例
422	属性表实例
600～699	实现者规定的 MACRO 实例
10000～9999	实现者规定的 MACRO 实例

6.6.2 子图

Subfigures(子图)提供在模型中按不同位置、不同方向和不同比例多次使用一个实体集合的能力。在某些情况下,这个集合本身是由子图定义实体(类型 308)规定的,且该集合的每一个方位都由一个单个子图实例实体(类型 408)规定。网络子图定义实体(类型 320)与实例实体(类型 420)在概念上是相似的,但在提供网络中连接点的思想上有其附加特性(6.6.3 给出了关于网络子图的附加信息)。在另一些情况下,矩形阵列(类型 412)或圆形阵列(类型 414)子图实例实体规定了根据这两种总体模式进行拷贝的基本实体。

子图可以嵌套。例如,一个子图定义实体可以包含一个单个子图实例实体作为在其集合中的一个实体。图 11 说明了子图的嵌套。深度(Depth)的一个同样的解释也适用于网络子图定义与实例实体对。在这些情况下,子图实例实体中的 X、Y、Z 位置和比例因子有助于在该引用子图定义实体的定义空间而不是模型空间中定位该子图定义实体。

因此,在这些情况下,其处理顺序如下:子图定义中的每个实体都要遵照它的定义矩阵平移矢量进行操作,这时,每个实体都在子图定义实体的定义空间中定位;然后,应用子图定义实体的定义矩阵和平移矢量,这时,子图定义实体的实体集合就在子图实例实体的定义空间中定位;接下去应用子图实例实体参数数据中所定位的比例因子,这就获得了关于子图实例实体定义空间原点的比例放缩结果;继而应用子图实例实体的定义矩阵和平移矢量,这就在模型空间中或在另一个子图定义实体的定义空间中定位了这些已进行比例放缩的实体;最后,应用在子图实例实体参数数据中定位的 X、Y、Z 平移数据,注意,这个平移数据可能是相对于模型空间的,也可能是相对于子图定义实体定义空间的,当该网络子图实例实体被另一个实体引用时发生后一种情况。

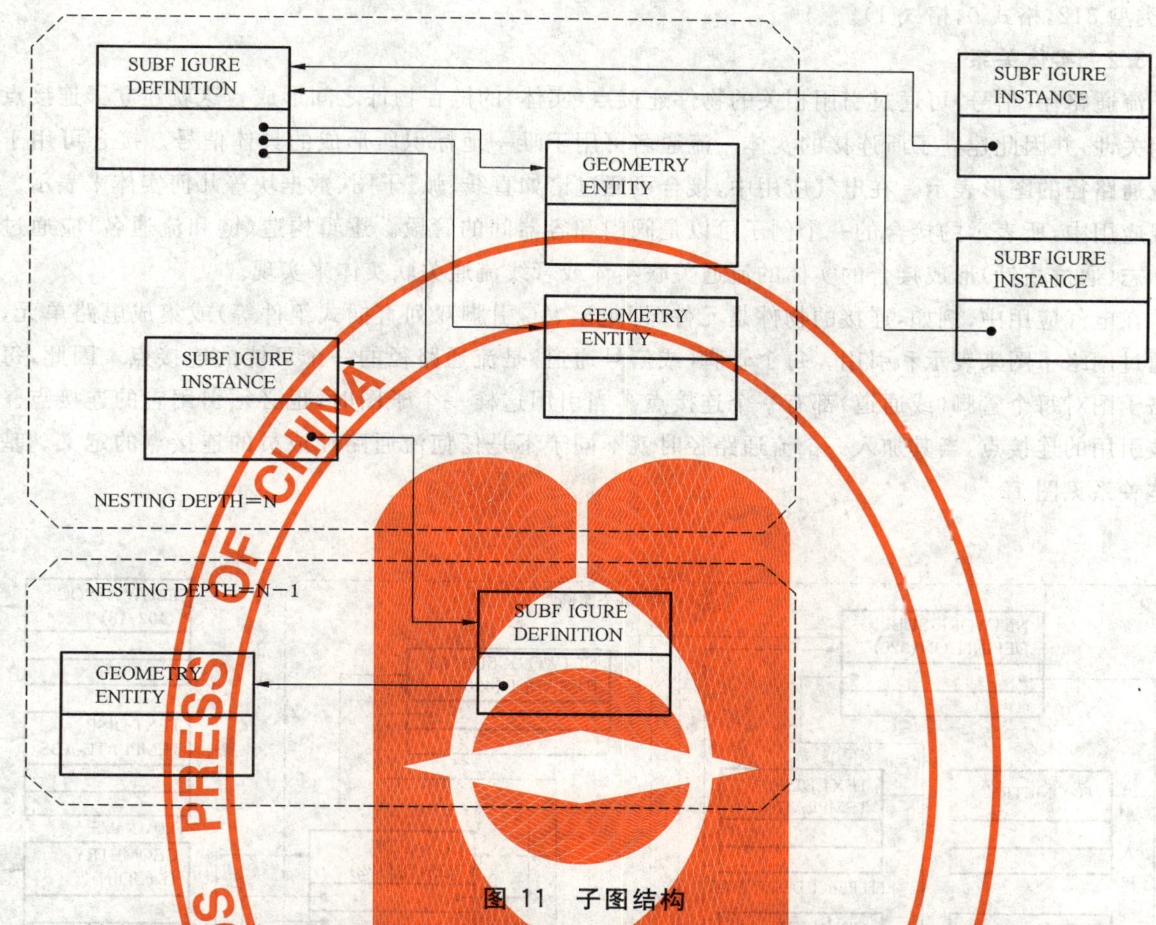

图 11　子图结构

上面所述的处理顺序要求由被引用实例实体所引用的变换矩阵实体(类型 124)不应当应用于：

- 单个子图实例实体(类型 408)的 X,Y,Z 的平移数据；
- 网络子图实例实体(类型 420)的 X,Y,Z 的平移数据；
- 矩形阵列子图实例实体(类型 412)的 X,Y,Z 的坐标数据；
- 圆形阵列子图实例实体(类型 414)的 X,Y,Z 的坐标数据。

6.6.3　连接性

下述的文件结构应适用于定义对象间逻辑的(及物理位置的)连接。

一个在 2 个或多个对象间已形成的连接需要表示的数据：

1)　每个连接点的确切位置；

2)　已形成的流通路径及其标志(如果有的话)；

3)　对象间的物理连接(如果有的话)。

这些对象可能包括电气元件或机械零部件，例如，晶体管、管线和阀门或空调的管件等。

每一个所形成的连接都定义一个对象间的流通路径允许流体(电、水或空气)从一个对象流到另一个对象。网络子图定义和实例实体用于表示这些互连的对象。连接点实体(类型 132)用于表示连接的确切位置。术语“链”指的是所形成流通路径(信号)的逻辑表示，而“流通名”指的是流路径标识符。术语“接合”指的是表示物理连接(物理间几何)的某个文件实体或某些实体。

6.6.3.1　连接性实体

用于实现连接性的实体有网络子图定义(类型 320)及网络子图实例(类型 420)实体、流通关联实体

(类型 402,格式 18)、管线流通关联实体(类型 402,格式 20)、连接点实体(类型 132)及文本显示模板实体(类型 312,格式 0,格式 1)。

6.6.3.2 实体关系

流通路径(信号)可通过引用相关的物件连接点(实体)的链在物件之间形成。这就建立了连接点间的相关性,并因此建立了所连接的实体。流通名可用于唯一地标识所形成的具体信号。接合可用于提供流通路径的图形表示。在电气应用中,接合可通过诸如直线、弧、子图、数据块等几何实体来表示。在管线应用中,所表示的接合的一个例子可以是阀门和容器间的管段。逻辑构造(链和流通名)应通过依次标志(通过指针)形成接合的实体的流通关联实体或管线流通关联实体来实现。

在电气应用中,例如,连接的物件是元件(即电阻、16 引脚双列直插式组件等)或集成电路单元,它们通过网络子图来表示和引用。每个管脚(或信号通道)是流通路径的一个可能的连接点。因此,每个网络子图对每个管脚(或通道)都有一个连接点。当引用这样一个子图时,也必须引用它的连接点。一个被引用的连接点,当其加入一个流通路径时就不同于不是任何流通路径成员的连接点的定义。基本实体关系见图 12。

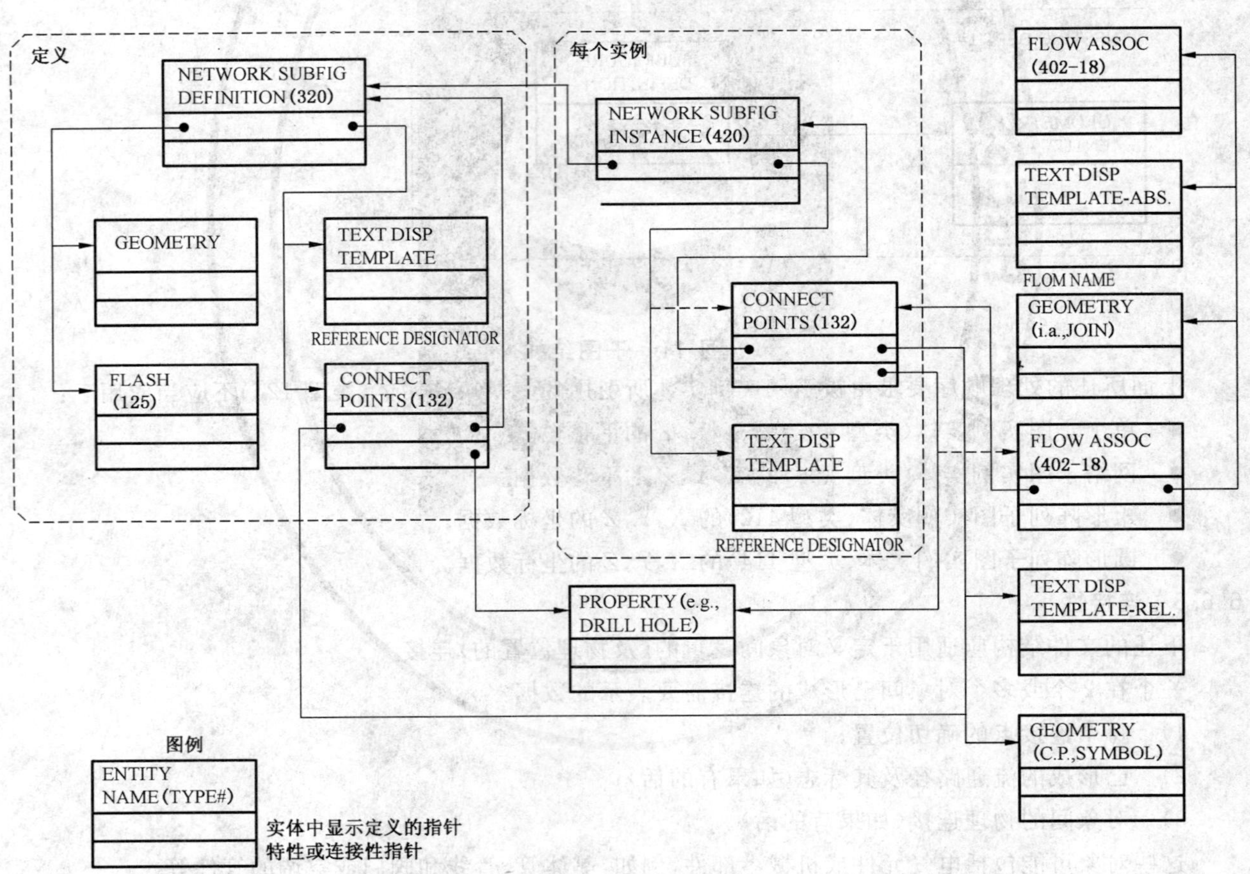

图 12 一般连接性指针框图

6.6.3.3 信息显示

例如,表示电气元件的网络子图,通常包含描述元件及其管脚的文本。文本显示模板实体(类型 312)允许文本嵌入另一个要显示的实体,而无需经过文本字符串的冗余说明。文本显示模板实体可以用于显示引用标志符和管脚号。对于引用标志符文本在网络子图中推荐了一种无条件的形式。子图的每个实例仅需要提供文本字符串。管脚号可按递增的形式表示。相对于要显示其号的管脚具有同样 X,Y 和 Z 偏置量的一个组件简图给定的一侧的全部管脚号都可以使用同一个文本显示模板来定义。

6.6.3.4 补充考虑

对于逻辑的和物理的产品表示来说,其情况完全相同,仅有的差别出现在所使用的子图和接合实体中。一个文件可以含有一个产品的原理和物理表示两者。流通关联实体(类型 402,格式 18)为了指明连接类型(逻辑的还是物理的)含有一个类型标志。在这种情况下,一个流通关联实体表示逻辑连接,而另一个则表示物理连接。这两种相关性通过在流通关联实体中提供的指针而相关联。

6.6.4 外部引用的链接

各实体间的连接不仅可以发生在一个文件之内,也可能出现不同文件中实体间的连接。为了建立这个连接,在引用的文件中使用两个实体:为被引用文提供实际连接的外部引用实体(类型 416),及提供全部所引用文件名表的外部引用文件表特性实体(类型 406,格式 12),还有一点,即在这个特性参数表中只有直接被引用的文件。在这个特性的参数数据中开列的每一个文件名都应与被引用文件的第 4 个全局参数中的名字相一致。

在应用类型 416,格式 0 或 2 时(即在被引用文件中有多于一个被引用的实体时),在被引用文件中需要一个外部引用文件索引关联实体(类型 402,格式 12)。该相关性提供一个在被引用文件中被引用实体的目录,并且把该文件中的实体符号名与目录条目两者联系起来(见图 13)。通过引用链接起来的一组文件中所使用的全部符号名都应是唯一的。定义可以嵌套,并且所使用的符号名仅在使用该名的嵌套层上需要是唯一的。

由于连接是错综复杂的,所以下面给出一个例子(参见图 13)。考虑一个包含子图实例实体(类型 408)的文件,在其参数数据记录中的第一项是一个指向该文件目录条目段的子图定义条目的指针。在子图定义实体(类型 308)被包含在库文件的情况下,这第一个参数是指向外部引用实体(类型 416)的指针。这个外部引用实体在它的参数数据记录中应有该文件的名字,该文件含有定义及该定义自身的符号名。这个文件名是在被引用文件中的第 4 个全局参数。符号名是标识专供被引用定义的字符串。

在包含若干个定义,其每一个都可能被另一个文件引用的库文件的情况下,外部引用文件索引关联实体(类型 402,格式 12)提供一个该文件中可利用定义的“目录表”。这个相关性的参数数据记录含有一些数据对:与该定义(在类型 416 实体的参数数据记录中所使用的同一个定义)相关的符号名,以及指向含有所需定义的目录条目记录的指针。

在整个外部文件(即超子图)被包含的情况下,要使用类型 416 实体的格式 1,其不包含参数数据记录中的符号名。按照同样的方法被引用文件不包含相关性类型 402,格式 12 的实本;这不需要,因为要使用整个文件。

在这两种情况下,在引用文件中都可建立外部引用文件表特性实体(类型 406,格式 12)。这个参数数据记录包含一个被本文件引用的各外部文件的文件名的简表。与上述情况相同,所使用的文件名是在被引用文件的第 4 个全局参数中。注意,该表仅包含那些被直接引用的文件名;它不给出有关被本文件使用的那些文件可能再次引用的文件的信息。

外部引用的限制条件是不能使用反向指针(在“指向相关性的反向指针”中,加进一个实体的参数)。如果在每一个方向中都需要一个指针,则在每个文件中必须有单独的外部引用机制(例如,图 13 中文件 A 和 B 间的双向连接。

前置处理器的实现者应慎用外部引用机制,因为这要会加重后置处理器开发者的负担。

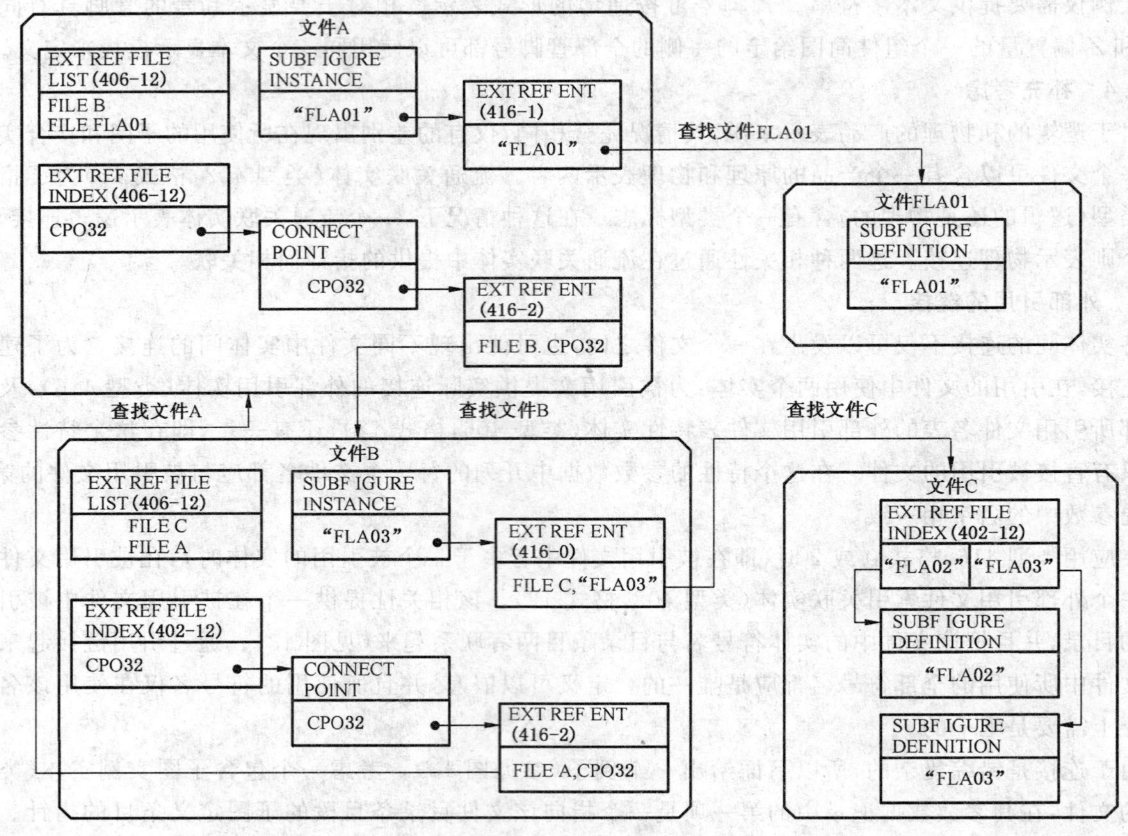

图 13 外部链接

6.6.5 图样与视图

本标准提供了一种模型和图样保持一致性关联的机制,该机制建立在某些 CAD/CAM 图形系统原有的实际应用的基础上,以通过一个简单的三维(3D)模型定义在一个图样上的某个部分的各个视图。

图样实体(类型 404)规定在专用的图样空间坐标系中给定尺寸的一个图样。该实体可能涉及一个或多个视图实体(类型 410),它们将给定从 3D 模型空间到 2D 图样空间的投影。诸如尺寸标注等注释实体可在图样坐标系中直接定义,也可在 3D 模型空间中定义而后包括到各个视图中。在一个文件中可能包括一个以上的图样实体。

除了与图样实体一起使用外,还可能应用模型各部分的特定视图显示以传递隐藏线、虚线等。

不具有按照这种方式定义模型的图样和视图能力的图形系统不需要把这个结构在文件中进行预处理,但是所有带有后置处理器的系统都必须能够在所接收的文件中处理图样与视图实体。

为了表示不显示所定义的视图,前置处理器应对该视图设置可见状态标志为 01(不可见的)。

6.6.6 有限元建模

本条定义支持有限元建模(FEM)应用及在支持有限元分析后处理的系统上显示分析结果的实体及它们的关系(指针)。

在图 14 和图 15 中说明了为交换 FEM 数据可利用的实体。图 14 的左边说明了定义模型参数属性的实体间的关系,右边说明了补加的分析结果。图 15 说明了用于定义附有材料特性、一个载荷及一个约束条件的一个梁结构例子 FEM 实体。在支持有限元分析中所定义的实体是元实体(类型 136)、节点实体(类型 134)、节点载荷/约束条件实体(类型 418)、列表数据特性实体(类型 406,格式 11)、节点结果实体(类型 146),以及元结果实体(类型 148)。

单元实体(类型 136)定义用于有限元模型的有限元。本标准中定义了几种有限单元。单元的几个例子是:BEAM、CTRIA 及 DAMP。确切地说,实体规定拓扑类型、节点数及单元类型名。指针定位所定义的节点及单元的材料特性。根据所含有的指针与拓扑类型暗示着节点的连接性。

节点实体(类型 134)定义单元的网格点或节点。它含有确定该节点的空间值及指向定义该节点所在坐标系的指针。

节点载荷/约束条件实体(类型 418)是一个表示节点的实体,它定义应用于该节点的一个载荷或约束条件。它还含有一个指向通用注释实体(类型 212)的指针,其定义载荷情况。特性指针引用含有载荷或约束矢量值的列表数据特性实体(类型 406,格式 11)。

列表数据特性实体(类型 406,格式 11)含有单元的材料特性数据及所需要的载荷和约束条件数据。

节点结果实体(类型 146)用于传递节点有限元分析结果的数据,它包含独立于连接它们的 FEM 单元的、在 FEM 节点处的分析结果(如果这个分析结果数据取决于 FEM 单元,则应使用单元结果实体(类型 148)。节点结果实体意欲放弃老的节点位移及旋转实体(类型 138),因为在节点结果的传递上允许有更大的灵活性。

单元结果实体(类型 148)用于传递在 FEM 单元内变化的 FEM 单元的结果。所传递的数据可以是 FEM 单元内各层的结果:在 FEM 单元及节点处的、在 FEM 质量中心处的、在 FEM 元素高斯点处的、或者在这些位置的任意结合处的。

例如,考虑在若干二次的、平面应力 FEM 单元的节点处的外推应力值。不能保证在公共节点处相邻 FEM 单元的节点应力值是相等的,至少有与在它们的拓扑结构中包含公共节点的有限单元一样多的 FEM 单元结果值。这些数据不同于节点结果实体中同一节点处所表示的结果数据。

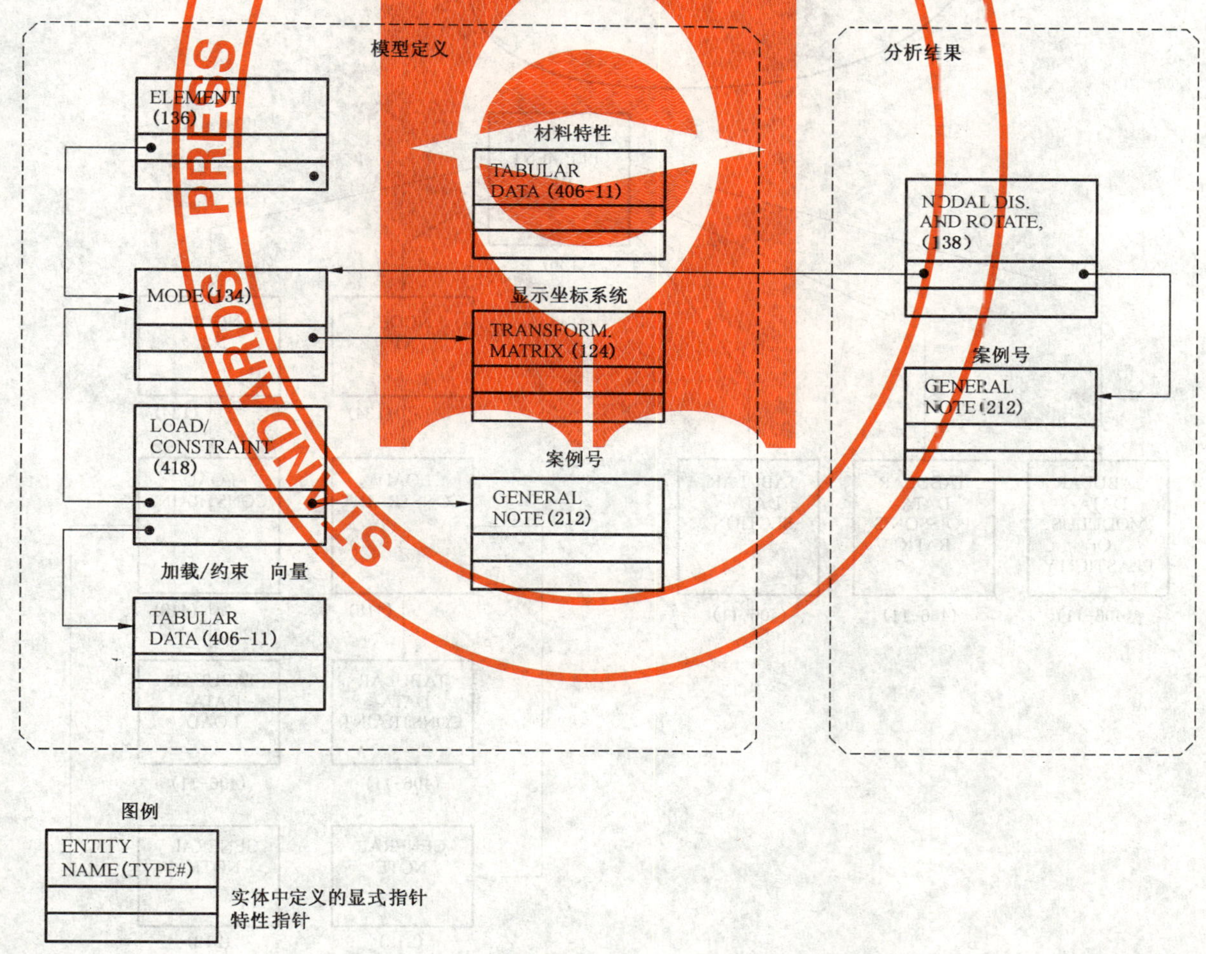

图 14 有限元建模的文件结构

6.6.7 属性表

属性表(见 7.80 和 7.145)是以单行或表的形式给出的属性定义和值的集合。该结构由一个属性表定义实体(类型 322)构成,其中每个属性都用一个名字、一个数据类型和一个计数来定义。该属性的值或者作为属性定义的一部分给出,或者作为使用属性表实例实体(类型 422)被引用。一个或多个属性表实例实体可以使用它们的目录条目的第 3 个域来指向属性表定义实体。

本标准规定了属性表定义实体的三种类型和属性表实例实体的两种类型。属性表定义实体可以存储的三种类型是:1)仅有属性定义;2)属性定义直接后随有该属性的值;3)属性定义后随属性值,其每一个值又后随一个指向文本显示模板实体(类型 312)的指针;属性表实例实体可能有的两种类型是:1)单行的属性值;或 2)按主行顺序存贮的属性值行的一个表。

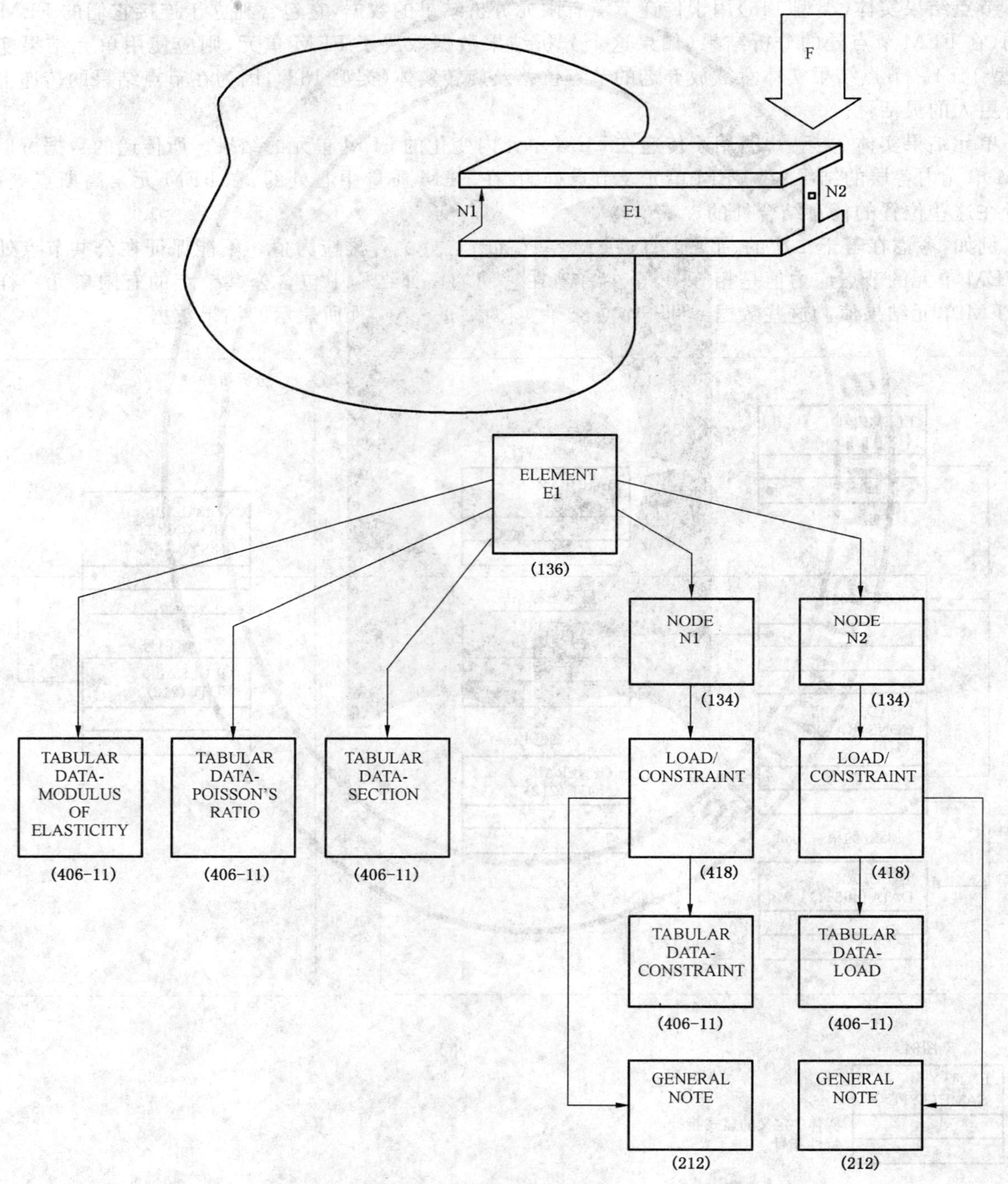

图 15 有限元建模的逻辑结构

6.7 分类法

本条描述了实体的基本信息及其分类目录,参考或引用指南需要使用这些由实体构成的类目,术语

“引用”表示指向的意思，一般在目录条目或参数数据段中出现。

由于分类法是通过对本标准的内容进行总结得出的，而不是在制定本标准前预先定义好的，所以有些实体关系按照某一类目的一般分类概念就会出现例外的情况，这些例外的情况都在实体描述的文字后用括号标识了出来。

注：有关实体定义或关系的内容详见第7章。

6.7.1 特定目的

特定目的类目的实体仅包括空实体。空实体的主要用途是帮助简化文件的人工编辑，当要删除一个不需要的实体时，只需要将它的类型改为0就可以了。7.2规定了如何正确使用空实体。尽管空实体可以替换任何其他类型的实体，但在有些后置处理器的实现中，当它作为多实体结构的组成部分（例如多实体曲线或定义类型）时会产生问题。

表5 特定目的类型

实体类型号	格式	实体类型
0	0	空实体

6.7.2 曲线

曲线类目包括除点实体以外的其他基本几何实体，这类实体可以是独立的实体，也可以被定义、多实体曲线或拟拓扑曲线类目的实体引用的实体。

表6 曲线类目

实体类型号	格式	实体类型
100	0	圆弧
104	0	圆锥曲线弧——一般格式[不推荐]
104	1	圆锥曲线弧——椭圆
104	2	圆锥曲线弧——抛物线
104	3	圆锥曲线弧——双曲线
106	11	数据块——分段平面，线性字符串(2D线性路径)
106	12	数据块——分段线性字符串(3D线性路径)
106	13	数据块——分段线性字符串(六元组)
106	63	简单封闭平面曲线
110	0	直线
110	1	直线，半有界
110	2	直线，无边界
112	0	参数样条曲线
126	0	有理B样条曲线
126	1	有理B样条曲线——直线
126	2	有理B样条曲线——圆弧
126	3	有理B样条曲线——椭圆弧
126	4	有理B样条曲线——抛物线弧
126	5	有理B样条曲线——双曲线弧

6.7.3 多实体曲线

多实体曲线类目包括由相互连接的曲线实体组成的那些实体，这类实体可以是独立的实体，也可以被定义和拟拓扑曲线类目引用的实体。

表 7 多实体曲线类目

实体类型号	格式	实体类型
102	0	复合曲线

6.7.4 点

点类目包括规定了一个或多个 XYZ 坐标位置的实体，这类实体可以是独立的实体，也可以是被定义或连接类目的实体引用的实体。

表 8 点类目

实体类型号	格式	实体类型
106	1	数据块——坐标对
106	1	数据块——坐标三元组
106	1	数据块——坐标六元组
116	0	点

6.7.5 注释

注释类目包括规定了尺寸特性、取值和文字的实体，注释类目的实体最初是为了便于人的理解，但有些软件也需要这些信息。注释类目的实体可以是独立的实体，也可以是被定义类目引用的实体。实体类型 212 和 213 可以被特性类目的实体引用。

表 9 注释类目

实体类型号	格式	实体类型
106	20	中心线
106	21	通过圆心的中心线
106	31	剖面线——通用、铸铁、砖或石料
106	32	剖面线——钢
106	33	剖面线——青铜、黄铜、紫铜
106	34	剖面线——塑料、橡胶
106	35	剖面线——防火、难熔材料
106	36	剖面线——大理石、板石、玻璃
106	37	剖面线——石墨、锌、镁、绝缘材料
106	38	剖面线——铝
106	40	剖面线——尺寸界线
202	0	角度尺寸标注
204	0	曲线尺寸标注
206	0	直径尺寸标注
208	0	标志注释
210	0	通用标记
212	0	通用注释
212	1	通用注释——双对齐注释
212	2	通用注释——嵌入字体变化注释

表 9（续）

实体类型号	格式	实体类型
212	3	通用注释——上标注释
212	4	通用注释——下标注释
212	5	通用注释——上下标注释
212	6	通用注释——多对齐——左对齐注释
212	7	通用注释——多对齐——中心对齐注释
212	8	通用注释——多对齐——右对齐注释
212	100	通用注释——简单分式注释
212	101	通用注释——双对齐分式注释
212	102	通用注释——嵌入式字体变化/双分式注释
212	105	通用注释——上下标分式注释
213	0	新的通用注释
214	1	尺寸线箭头——楔形
214	2	尺寸线箭头——三角形
214	3	尺寸线箭头——填充的三角形
214	4	尺寸线箭头——无箭头
214	5	尺寸线箭头——圆形
214	6	尺寸线箭头——填充圆形
214	7	尺寸线箭头——矩形
214	8	尺寸线箭头——填充矩形
214	9	尺寸线箭头——斜线形
214	10	尺寸线箭头——积分符号形
214	11	尺寸线箭头——空心三角形
214	12	尺寸线箭头——尺寸标注原点
216	0	线性尺寸标注
216	1	线性尺寸标注(直径)
216	2	线性尺寸标注(半径)
218	0	坐标尺寸标注
218	1	带辅助尺寸线的坐标尺寸标注
220	0	点尺寸标注
222	0	半径尺寸标注
222	1	半径尺寸标注/多尺寸线
228	0	通用符号
228	1	数据特征符号
228	2	数据标牌符号
228	3	特征控制框

表 9（续）

实体类型号	格式	实体类型
230	0	剖面(标准剖面线)
230	1	剖面(反相剖面线)
232	0	多媒体

6.7.6 曲面

曲面类目包括定义一个对象的平表明或者雕刻面的实体，有些曲面可定义去除的材料。这类实体可以使独立的实体，也可以是被定义类实体或者实体类型 510 所引用的实体。

表 10 曲面类目

实体类型号	格式	实体类型
108	—1	平面孔[不推荐]
108	0	平面，无边界
108	1	平面，有边界
114	0	参数样条曲面
118	0	直纹面(等相对弧长)
118	1	直纹面(等相对参数值)
120	0	回转曲面
122	0	列表柱面
123	0	方向
128	0	有理 B 样条曲面
128	1	有理 B 样条曲面——平面
128	2	有理 B 样条曲面——正圆柱面
128	3	有理 B 样条曲面——圆锥面
128	4	有理 B 样条曲面——球面
128	5	有理 B 样条曲面——圆环面
128	6	有理 B 样条曲面——回转曲面
128	7	有理 B 样条曲面——列表柱面
128	8	有理 B 样条曲面——直纹面
128	9	有理 B 样条曲面——一般二次曲面

6.7.7 定位

定位类目包括确定实体位置的实体，这类实体可以被除特性类目和 B-Rep 集类目以外的所有实体类目所引用。

表 11 定位类目

实体类型号	格式	实体类型
124	0	变换矩阵
124	1	正交镜像
124	10	笛卡尔坐标系[仅 FEM 使用]
124	11	圆柱坐标系[仅 FEM 使用]
124	12	球面坐标系[仅 FEM 使用]

6.7.8 电工

电工类包括规定分层电工产品及图表特性的实体，这类实体可以是被定义类目的实体所引用的实体。

注：见6.7.19的表数据类目中PD值ALT等于2或5的实体，以及6.7.21的特性类目中格式为3、5、8、24、25或26的实体。

表12 电工类目

实体类型号	格式	实体类型
125	0	闪烁——由被引用实体定义
125	1	闪烁——圆
125	3	闪烁——圆环形
125	4	闪烁——皮划艇形
320	0	网络子图定义[被类型420的实体引用]
420	0	网络子图实例

6.7.9 相对

相对类目包括在距一个已有的实体的特定偏置距离创建另一个实体的实体，这类实体可以是独立的实体，也可以是被定义类目的实体所引用的实体。

表13 相对类目

实体类型号	格式	实体类型
130	0	偏置曲线[可能引用曲线或多实体曲线类目]
140	0	偏置曲线[可能引用曲面类目]

6.7.10 有限元建模(FEM)

有限元建模类目的实体被用于分析一个几何模型的应力等，以代替物理测试。这类实体之间的关系是复杂的，详见各特定实体类型的相关内容。

表14 FEM类目

实体类型号	格式	实体类型
132	0	连接点
134	0	节点
136	0	有限元
138	0	节点位移与旋转
146	0	节点结果
148	0	单元结果
418	0	载荷/约束条件数据

6.7.11 拟拓扑曲线

拟拓扑曲线类目包括定义曲面边界的实体，这类实体可以是被拟拓扑曲面类目的实体所引用的实体。

表15 拟拓扑曲线类目

实体类型号	格式	实体类型
141	0	边界[只被类型143的实体引用]
142	0	参数曲面上的曲线[只被类型144的实体引用]

6.7.12 拟拓扑曲面

拟拓扑曲面类目包括定义非无限曲面的实体，这类实体可以是独立的实体，也可以是被定义类目的实体引用的实体。

表 16 拟拓扑曲面类目

实体类型号	格式	实体类型
143	0	有界曲面
144	0	裁剪曲面

6.7.13 构造实体几何(CSG)

构造实体几何类目包括利用基本形状的组合描述实体对象的实体，CSG 类目的实体可以是独立实体，也可以是被其他 CSG 实体(不包括自引用)或定义类目、B-Rep 集类目的实体所引用的实体。

表 17 CSG 类目

实体类型号	格式	实体类型
150	0	块
152	0	直角楔形体
154	0	正圆柱体
156	0	正截头圆锥
158	0	球
160	0	圆环体
162	0	回转体——轴封闭
162	1	回转体——自封闭
164	0	线性延拓体
168	0	椭球体
180	0	布尔树
182	0	CSG 选择部件
184	0	实体装配
430	0	实体实例

6.7.14 B-Rep 实体

B-Rep 实体是指用壳、面、边和顶点定义的实体对象。B-Rep 实体类目的实体可以是独立实体或者被定义类目的实体所引用的实体。

表 18 B-Rep 实体类目

实体类型号	格式	实体类型
186	0	流形实体 B-Rep 对象

6.7.15 B-Rep 曲面

B-Rep 曲面用于辅助定义 B-Rep 实体对象，除实体类型 190 以外，B-Rep 曲面类目的实体不能是独立实体，而是被类型 510 实体所引用的实体。

表 19 B-Rep 曲面类目

实体类型号	格式	实体类型
190	0	平面内曲面——未参数化
190	1	平面内曲面——参数化
192	0	正圆柱面——未参数化
192	1	正圆柱面——参数化
194	0	正圆锥面——未参数化
194	1	正圆锥面——参数化
196	0	球面——未参数化
196	1	球面——参数化
198	0	圆环面——未参数化
198	1	圆环面——参数化

6.7.16 B-Rep 集

B-Rep 集类目的实体通过对实体间拓扑关系的组织来辅助定义 B-Rep 实体对象。B-Rep 类目的实体不允许是独立实体，且必须引用类型 514 实体。

表 20 B-Rep 集类目

实体类型号	格式	实体类型
502	1	顶点实体
504	1	边实体[仅引用顶点实体]
508	1	环实体[仅引用顶点或边实体]
510	1	面实体[仅引用环实体或级别Ⅰ、Ⅱ或Ⅲ曲面实体]
514	1	壳实体[仅引用面实体]

6.7.17 定义

定义类目的实体用于描述其他实体的特征。定义类目的实体可以是独立实体，也可以是被其他定义类目实体(除自引用以外)或实例化类目实体所引用的实体。类型 312 实体可被特性类目的实体引用，参见具体的实体定义中有关的许可组合描述。

表 21 定义类目

实体类型号	格式	实体类型
302	1	组定义——预定义
302	3	视图可视定义——预定义
302	4	视图可视、颜色、线宽定义——预定义
302	5	实体标记显示定义——预定义
302	7	不含反向指针的组定义——预定义
302	9	单父定义——预定义
302	12	外部引用文件索引定义——预定义
302	13	标定尺寸的几何定义——预定义
302	14	含反向指针的有序组定义——预定义

表 21（续）

实体类型号	格式	实体类型
302	15	不含反向指针的有序组定义——预定义
302	16	平面组定义——预定义
302	18	流定义——预定义
302	20	管道流定义——预定义
302	21	标定尺寸的几何定义——预定义
304	1	线型定义——子图
304	2	线型定义——重复模式
306	0	宏定义
308	0	子图定义
310	0	正文字体定义
312	0	正文模板——绝对坐标
312	1	正文模板——相对坐标
314	0	颜色定义
316	0	单位数据

6.7.18 实例化

实例化类目的实体创建了一个定义类目实体的特定实例。实例化类目的实体可以是独立实体，也可以是被定义类目实体所引用(除循环引用或自引用以外)的实体，参见具体实体定义中有关的许可组合描述。

表 22 实例化类目

实体类型号	格式	实体类型
402	1	组实例
402	3	视图可视实例
402	4	视图可视、颜色、线宽实例
402	5	实体标记显示实例
402	7	不含反向指针的组实例
402	9	单父实例
402	12	外部引用文件索引
402	13	尺寸标定几何实例
402	14	含反向指针的有序组实例
402	15	不含反向指针的有序组实例
402	16	平面组实例
402	18	流实例
402	20	管道流
402	21	标定几何
408	0	单子图实例

表 22(续)

实体类型号	格式	实体类型
412	0	矩形子图实例
414	0	循环子图实例
416	0	库的外部引用
416	1	整个库的外部引用
416	2	文件的外部逻辑引用
416	3	子图的外部引用
416	4	子图的外部引用

6.7.19 列表数据

列表数据类目的实体将数据用表格的形式组织起来。

表 23 列表数据类目

实体类型号	格式	实体类型
322	0	属性表定义——一对多(只有定义)
322	1	属性表定义——一对一
322	2	属性表定义——一对多(带文字模板)
422	0	属性表实例
422	1	属性表实例——以行为主定序的表

6.7.20 图样

图样类目和视图类目的实体一起提供了二维或三维尺寸模型的人类可解释的表达。图样类目的实体可以是独立实体,但不能被其他类目的实体所引用。

表 24 图样类目

实体类型号	格式	实体类型
404	0	图样
404	1	带旋转视图的图样

6.7.21 特性

特性类目的每个实体包含了数值或文本数据,用于描述实体或引用实体的附加信息。特性类目的实体可被其他特性类目实体引用(除自引用或循环引用以外),或者被其他类目的实体引用。当被特定目的类目实体引用时,表示忽略该引用,详见 7.98。

表 25 特性类目

实体类型号	格式	实体类型
406	1	特性——定义层
406	2	特性——区域约束
406	3	特性——层功能
406	4	特性——区域填充
406	5	特性——线加宽
406	6	特性——钻孔

表 25（续）

实体类型号	格式	实体类型
406	7	特性——引用指示器
406	8	特性——引脚号
406	9	特性——零件号
406	10	特性——层结构
406	11	特性——列表数据
406	12	特性——外部引用文件列表
406	13	特性——公称尺寸
406	14	特性——流线规范
406	15	特性——名称
406	16	特性——图样尺寸
406	17	特性——图样单位
406	18	特性——字符间距
406	19	特性——预定义线型模式
406	20	特性——高亮
406	21	特性——选取
406	22	特性——统一的矩形栅格
406	23	特性——相关性组的类型
406	24	特性——层到 PWB 层的映象
406	25	特性——PWB 原图的叠层
406	26	特性——PWB 的钻孔
406	27	特性——一般数据
406	28	特性——尺寸标注单位
406	29	特性——尺寸公差
406	30	特性——尺寸显示数据
406	31	特性——基本尺寸
406	32	特性——图纸审批
406	33	特性——图纸标识
406	34	特性——下划线
406	35	特性——上划线
406	36	特性——结束
406	37	特性——信号总线宽度
406	38	特性——URL 锚点
406	39	特性——平面
406	40	特性——连续性

7 实体类型

7.1 概述

本章定义了基于实体的产品定义文件中使用的、有效的实体类型。各个目录条目域的描述已在5.2.4.4中给出。这些域的意义对所有的实体都是同样的。在本章中通过利用目录条目的域15(格式号)指明了使功能得到扩展的那些实体,并列出各种选择。本章还描述了每个实体的参数数据记录。对这个记录的域因实体的不同而不相同。

本标准使用标号"‡"标记那些尚未完成测试的实体,见4.8。表26列出了未经测试的实体。

表 26 未经测试的实体

实体类型号	格 式	实 体 类 型
123		方向
136		有限元(附加拓扑结构)
141		边界
143		有界曲面
146	0~34	节点结果
148	0~34	单元结果
182		选择构件
186		流形实体 B-Rep 对象
190		平面曲面
192		正圆柱面
194		正圆锥面
196		球面
198		圆环面
204		曲线的尺寸标注
212	所有的	附加的一般注解字体: OCR-B 正文字体 汉字正文字体
213		新的一般注解
216	0~2	线性尺寸标注(格式号)
218	1	坐标尺寸标注(格式号)
222	1	半径尺寸标注(复式尺寸线)
228	1~3	通用符号(格式号)
230	0	剖面(剖面线模式图)
230	1	剖面(格式号)
306		宏
316		单位数据
402	19	分段视图可见性的相关性
402	20	管系流通的相关性

表 26（续）

实体类型号	格 式	实 体 类 型
402	21	标定尺寸的几何相关性
404	1	带有旋转视图的图样
406	18	字符间的间距特性
406	19	线型特性
406	20	辉亮特性
406	21	选取特性
406	22	统一的矩形栅格特性
406	23	相关性组的类型特性
406	24	层到 PWB 层的映像特性
406	25	PWB 原图的叠层特性
406	26	PWB 的钻孔特性
406	27	一般数据特性
406	28	尺寸标注单位特性
406	29	尺寸公差特性
406	30	尺寸显示数据特性
406	31	基本尺寸特性
406	32	图纸审批特性
406	33	图纸标识特性
406	34	下划线特性
406	35	上划线特性
406	36	结束特性
410	1	视图(透视)
416	3	外部引用(格式号)
516	4	外部引用(格式号)
502		顶点
504		边
508		环
510		面
514		壳

7.2 空实体(类型 0)

处理器不处理 Null Entity (空实体)(类型 0)。在它的 PD 数据中可能含有任意量的数据。在处理器遇到它时，将跳过它而不做处理。在标有〈 n. a. 〉的 DE 域中允许有任何值，且后置处理器均予以忽略。

在编辑一个文件时，该实体是有用的。把一个文件的某个实体的实体类型号改为 0 即可保证不处理该实体，在一个文件中替换一个实体可通过在 DE 段和 PD 段的末端加入该替换实体并把被替换实体的类型号改为 0 来实现。

在编辑一个要建立空实体的文件时，应注意修改DE段的实体类型号域，以及第一个PD行的第一个域。

目录条目

编号和名字	值
(1)　实体类型号	0
(3)　结构	〈n. a.〉
(4)　线型模式	〈n. a.〉
(5)　层	〈n. a.〉
(6)　视图	〈n. a.〉
(7)　变换矩阵	〈n. a.〉
(8)　标号显示联接	〈n. a.〉
(9a)　空白状态	??
(9b)　次级　实体　开关	??
(9c)　实体用途标记	??
(9d)　层次结构	??
(12)　线宽	〈n. a.〉
(13)　颜色号	〈n. a.〉
(15)　格式号	〈n. a.〉

7.3　圆弧实体(类型100)

Circular Arc(圆弧)是不同始点和终点的圆的连接部分。通常选择定义空间坐标系，使该圆弧所在平面与 X_T，Y_T 平面平行或重合。

一个圆弧确定了该弧独有的两个端点和该弧的一个中心点(父圆的圆心)。鉴于按有序方式计数和列出弧的端点的考虑，故始点在前，后随终点，相对于定义空间的一个方向也因此能够与该弧联系起来。端点的排序对应于按逆时针方向划出该弧所需的顺序(见6.2.4)。这个惯例可用来区分所需要的圆弧及其补弧(相对于父圆的补弧)。

关于模型空间的圆弧的方向由该弧在定义空间中的原逆时针方向与作用于该弧的变换矩阵一起确定。

如果需要的话，缺省的参数化表示为：

$$C(t)=(X_1+R\cdot\cos t, Y_1+R\cdot\sin t, Z_T), t_2\leqslant t\leqslant t_3$$

其中，Z_T 是点沿 Z_T 轴的坐标，对于 $i=2$ 和3时，

$$R=\sqrt{(X_i-X_1)^2+(Y_i-Y_1)^2},$$

这使得

$$(R\cos t_i, R\sin t_i)=(X_i-X_1, Y_i-Y_1),$$

且：

$$0\leqslant t_2\leqslant 2\pi$$

$$0\leqslant t_3-t_2\leqslant 2\pi。$$

图16示出了圆弧实体的例子。在图16的例1中，实线弧是一个完整的圆，且始点和终点是重合的，在图16的例2中，用作为始点的点A和作为终点的点B定义了实线弧。如果短划线的补弧是所需要的，则在参数数据条目中列出的始点应为点B，而终点应为点A。

a) 目录条目

编号和名字	值
(1) 实体类型号	100
(3) 结构	〈n. a.〉
(4) 线型模式	＃,⇒
(5) 层	＃,⇒
(6) 视图	0,⇒
(7) 变换矩阵	0,⇒
(8) 标号显示联接	0,⇒
(9a) 空白状态	??
(9b) 次级 实体 开关	??
(9c) 实体用途标记	??
(9d) 层次结构	＊＊
(12) 线宽	＃
(13) 颜色号	＃,⇒
(15) 格式号	0

b) 参数数据

索引	名称	类型	说 明
1	ZT	实数	X_T、Y_T 平面(沿 Z 向)的圆弧在 Z_T 方向上的位移
2	X_1	实数	弧中心的横坐标
3	Y_1	实数	弧中心的纵坐标
4	X_2	实数	始点的横坐标
5	Y_2	实数	始点的纵坐标
6	X_3	实数	终点的横坐标
7	Y_3	实数	终点的纵坐标

按需要附加的指针(见 5.2.4.5.2)。

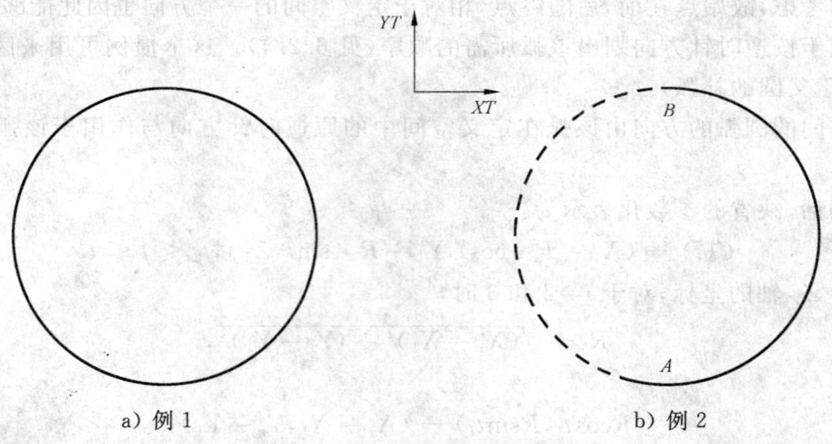

a) 例 1　　b) 例 2

图 16 用圆弧实体定义的 F100X. IGS 的例子

7.4 复合曲线实体(类型 102)

Composite Curve(复合曲线)是由某些单个的构成实体组合而成的一个逻辑单元所产生的连续曲线。

复合曲线定义为由点、连接点及参数曲线实体(除复合曲线实体外)组成的一个有序实体表。这个实体表出现在参数数据条目中。出现在定义表中的每个实体都通过指向相应实体目录条目的指针加以指明。在定义表中的顺序与开列这些指针的次序相同。

每个构成实体都有它自己的变换矩阵和显示属性。每个构成实体都可以有正文或与它相关的特性。由于构成实体从属于复合实体，所以，每个构成实体的从属实体开关(目录条目域 9 的 3—4 位)应指示为物理相关的。

复合曲线是具有始点和终点的有向曲线。复合曲线的方向由构成曲线实体(即不是点实体的那些构成实体)的方向按下述方法确定：复合曲线的始点是定义表中出现的第一个曲线实体的始点；复合曲线的终点是定义表中出现的最后一个曲线实体的终点；在定义表内，每个构成由线实体的终点坐标与随后一个曲线实体的始点坐标相同。

可容许的实体类型包括点实体和连接点实体，使得特性或通用注解都能够加到定义表中任何构成曲线实体的始点或终点上。

逻辑连接关系可通过两个复合曲线或一个复合曲线和一个网络子图引用连接点实体来指明。对于在一个子图实例上的连接点与在另一个子图实例上的连接点的逻辑连接的特殊情况，该表允许一个复合曲线仅含有两个连接点实体而其中间不插入曲线实体。在这种情况下，复合曲线实体的实例不是一条常规意义下的曲线；它不是连续的，也没有弧长。在某些应用(例如，FEM 和 AEC)中允许这种用法。关于复合实体中点实体的应用有一些约束条件，它们是：

a)个点实体或连接点实体不能在定义表中连续地出现，除非它们是该复合曲线中仅有的实体。这种用作逻辑连接器的复合曲线应当具有一个实体用途标志值=04(逻辑的/位置的)。

b)果一个点实体或连接点实体在定义表中与一个曲线实体相邻，则该点实体或连接点实体的坐标必须总是与在该点实体或连接点实体之前的曲线实体的终点坐标相同；并且它也必须总是与在该点实体或连接点实体之后的曲线实体的始点坐标相同。

c)合曲线不能由单个的点实体或单个的连接点实体构成。

需要时，复合曲线的缺省参数化表示可按下面的定义从构成曲线的参数化表示中得出。因为点和连接点实体不为复合曲线提供参数化表示，故在这个定义中不考虑它们。

设：

C　是复合曲线；

N　是构成曲线的个数($N \geqslant 1$)；

$CC(i)$是第 i 个构成曲线，对于每个 i，有 $1 \leqslant i \leqslant N$；

$PS(i)$是 $CC(i)$的始点的参数值；

$PE(i)$是 $CC(i)$的终点的参数值；

$T(0)$是 0.0；

$T(i)$是 $\sum_{j=1}^{i}(PE(j)-PS(j))$ 对于每个 i，有 $1 \leqslant i \leqslant N$；

则

a)的参数值在 $T(0)$到 $T(N)$之间变化；并且

b)$C(u)=CC(i)(u-T(i-1)+PS(i))$，其中 u 是参数值，有 $T(i-1) \leqslant u \leqslant T(i)$。

仅由点和/或连接点实体构成的复合曲线不给出参数化表示。

作为复合曲线实体参数化表示的一个例子，令 $N=3$，且对于每个 i 有 $1 \leqslant i \leqslant 3$，设 $CC(i)$是该复合曲线的第 i 个构成曲线。假设每个 $CC(i)$始点和终点的参数值由下表给出：

I	$PS(i)$	$PE(i)$
1	0.0	0.4
2	3.3	3.5
3	0.0	0.3

则 $T(0)=0.0$，$T(1)=0.4$，$T(2)=0.6$，$T(3)=0.9$，并且该复合曲线 C 是从 0.0 到 0.9 定义的。

图 17 说明了这个状况。

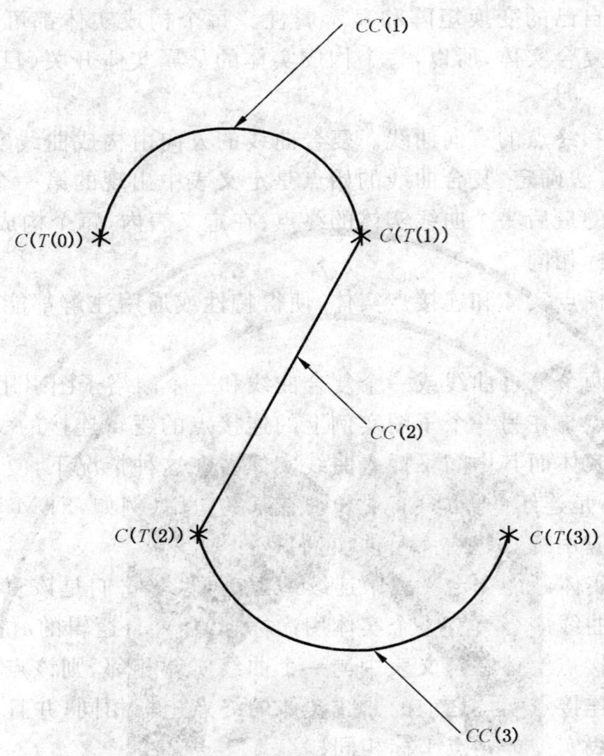

图 17 复合曲线的参数化

由 $CC(1)$、$CC(2)$ 和 $CC(3)$ 组成的曲线表示了复合曲线 C。

图 18 中示出了复合曲线及其参数化的一个例子。

a) 目录条目

编号和名字	值
(1) 实体类型号	102
(3) 结构	〈n. a.〉
(4) 线型模式	#,⇒
(5) 层	#,⇒
(6) 视图	0,⇒
(7) 变换矩阵	0,⇒
(8) 标号显示联接	0,⇒
(9a) 空白状态	??
(9b) 次级 实体 开关	??
(9c) 实体用途标记	??
(9d) 层次结构	??
(12) 线宽	#
(13) 颜色号	#,⇒
(15) 格式号	0

注：当该层结构设置成总体推延(01)时，下面的所有状态都将忽略并且可以缺省：线型模式、线宽、颜色号、层、视图及可见性状态。

b) 参数数据

索引	名称	类型	说　明
1		整数	实体个数
2	DE(1)	指针	指向第一个构成实体 DE 的指针
⋮	⋮	⋮	
1+N	DE(N)	指针	指向最后一个构成实体 DE 的指针

按需要附加的指针(见 5.2.4.5.2)。

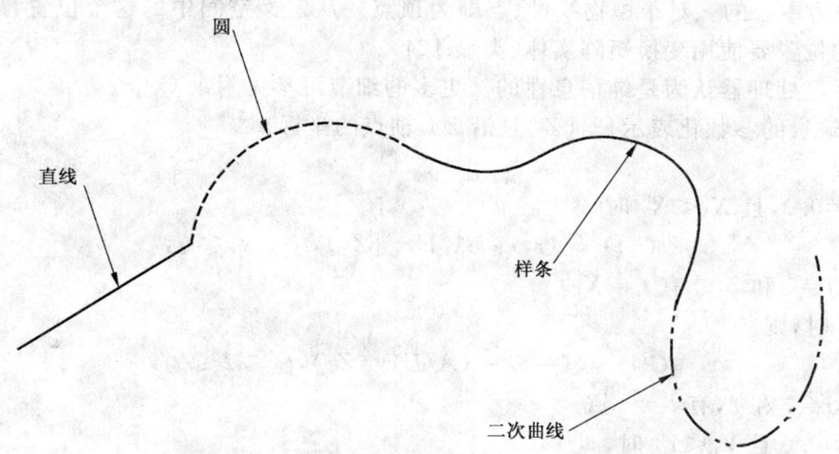

图 18 用复合曲线实体定义的例子

7.5 圆锥曲线段实体(类型 104)

Conic Arc(圆锥曲线弧)是具有不同始点和终点的圆锥曲线的有界连接部分。父圆锥曲线是椭圆、抛物线或双曲线。通常选择定义空间坐标系,使该圆锥曲线弧位于与 XT、YT 平面重合或平行的平面内。在这种平面中,按下列方程由六个系数定义一个圆锥曲线,其中 X_T,Y_T 是 XT、YT 平面内一个点的坐标:

$$AX_T^2 + BX_TY_T + CY_T^2 + DX_T + EY_T + F = 0$$

每个系数都是一个实数。下面给出了通过这六个系数的椭圆、抛物线及双曲线的定义。

一个圆锥曲线弧确定了该弧独有的两个端点。一个圆锥曲线弧在定义空间中由上面的六个系数和两个端点来定义。鉴于圆锥曲线弧的端点按有序的方式计数和排列的考虑,始点后随的是终点,相对于定义空间的一个方向也因此能够与该弧联系起来。为了使所需要的椭圆弧能够与它的补椭圆弧相区别,所需要的椭圆弧的方向应是逆时针的(见 6.2.4)。在抛物线或双曲线的情况下,在参数数据段中给出的参数可唯一地定义该抛物线的一部分或该双曲线一个分支部分;因此,这里不应用逆时针方向的概念。

关于模型空间的圆锥曲线弧的方向由在定义空间中该弧的原方向与作用于该弧的变换矩阵一起确定。

术语椭圆、抛物线和双曲线的定义通过 Q_1、Q_2 和 Q_3 的值给出,它们的值是:

$$Q_1 = \begin{vmatrix} A & B/2 & D/2 \\ B/2 & C & E/2 \\ D/2 & E/2 & F \end{vmatrix}$$

$$Q_2 = \begin{vmatrix} A & B/2 \\ B/2 & C \end{vmatrix}$$

$$Q_3 = A + C$$

其父圆锥曲线为:

- 当 $Q_2>0$ 且 $Q_1Q_3<0$ 时，是椭圆；
- 当 $Q_2<0$ 且 $Q_1\neq0$ 时，是双曲线；
- 当 $Q_2=0$ 且 $Q_1\neq0$ 时，是抛物线；

图 19 示出了每一种圆锥曲线弧的例子。

可能表示为各种圆锥曲线方程退化形式的那些实体(例如，点和直线)不应放在实体类型 104 中，对这些形式存在更为合适的实体类型。

由于圆锥曲线描述的隐含形式的数值敏感性，所以各种圆锥曲线都应按标准位置放入定义空间中。所谓圆锥曲线弧实体是在定义空间中的标准位置，即假如它的每个轴都平行于 XT 轴或 YT 轴并且假如它是以 ZT 轴为中心的。对于抛物线，原点即为顶点。从定义空间中的这个位置移动圆锥曲线到在空间中所需要的位置要使用变换矩阵实体(类型 124)。

格式号被后置处理器认为是纯信息性的。更多的细节可参见附录 C。

当需要时，缺省的参数化表示是：(Z_T 是沿 ZT 轴点的坐标)

a) 抛物线

当 A 和 $E\neq0.0$，且 $X_1<X_2$ 时

$$C(t)=(t,-(A/E)t^2,Z_T),t_1\leqslant t\leqslant t_2,$$

其中，对于 $i=1$ 和 2， 有 $t_i=X_I$。

当 $X_2<X_1$ 时，则

$$C(t)=(-t,-(A/E)t^2,Z_T),t_1\leqslant t\leqslant t_2,$$

其中，对于 $i=1$ 和 2，有 $t_i=-X_i$

当 C 和 $D\neq0.0$ 且 $Y_1<Y_2$ 时，

$$C(t)=(-(C/D)t^2,t,Z_T),t_1\leqslant t\leqslant t_2,$$

对于 $i=1$ 和 2，有 $t_i=Y_i$。

当 $Y_2<Y_1$ 时，则

$$C(t)=(-(C/D)t^2,-t,Z_T),t_1\leqslant t\leqslant t_2,$$

其中，对于 $i=1$ 和 2，有 $t_i=-Y_i$。

b) 椭圆

对于椭圆，

$$C(t)=(a\cos t,b\sin t,Z_T),t_1\leqslant t\leqslant t_2$$

其中 $a=\sqrt{-F/A}$，$b=\sqrt{-F/C}$，且对于 $i=1$ 和 2，t_i 有

$$(a\cos t_i,b\sin t_i,Z_T)=(X_i,Y_i,Z_T)$$

$$0\leqslant t_1\leqslant 2\pi$$

$$0\leqslant t_2-t_1\leqslant 2\pi$$

c) 双曲线

当 $F\cdot A<0.0$ 且 $F\cdot C>0.0$ 时，令 $a=\sqrt{-F/A}$，$b=\sqrt{F/C}$。

对于 $i=1$ 和 2，

$$(a\sec t_i,b\tan t_i,Z_T)=(X_i,Y_i,Z_T),$$

$$t_i \text{ 有 } \quad -\pi/2<t_1,t_2<\pi/2;$$

当 $t_1<t_2$ 时，

$$C(t)=(a\sec t,b\tan t,Z_T),t_1\leqslant t\leqslant t_2;$$

当 $t_2<t_1$ 时，

$$C(t)=(a\sec(-t),b\tan(-t),Z_T),-t_1\leqslant t\leqslant -t_2。$$

当 $F\cdot A>0.0$ 且 $F\cdot C<0.0$ 时，令 $a=\sqrt{F/A}$，$b=\sqrt{-F/C}$。

对于 $i=1$ 和 2，有

$$(a\tan t_i,b\sec t_i,Z_T)=(X_i,Y_i,Z_T);$$

$$-\pi/2 < t_1, t_2 < \pi/2$$

当 $t_1 < t_2$ 时，

$$C(t) = (a\tan t, b\sec t, Z_T), t_1 \leqslant t \leqslant t_2;$$

当 $t_2 < t_1$ 时，

$$C(t) = (a\tan(-t), b\sec(-t), Z_T), -t_1 \leqslant t \leqslant -t_2。$$

圆锥曲线弧实体的格式号如下表：

格　式	意　义
1	父圆锥曲线是椭圆(见图 19)
2	父圆锥曲线是双曲线(见图 19)
3	父圆锥曲线是抛物线(见图 19)

注：本标准以前的各版本允许有 0 格式号，现在去掉了。

d)　目录条目

编号和名字	值
(1)　实体类型号	104
(3)　结构	〈n. a.〉
(4)　线型模式	#,⇒
(5)　层	#,⇒
(6)　视图	0,⇒
(7)　变换矩阵	0,⇒
(8)　标号显示联接	0,⇒
(9a)　空白状态	??
(9b)　次级　实体　开关	??
(9c)　实体用途标记	??
(9d)　层次结构	* *
(12)　线宽	#
(13)　颜色号	#,⇒
(15)　格式号	1-3

注：格式号的有效值为 1～3。

e)　参数数据

索引	名称	类型	说　明
1	A	实数	圆锥曲线系数
2	B	实数	圆锥曲线系数
3	C	实数	圆锥曲线系数
4	D	实数	圆锥曲线系数
5	E	实数	圆锥曲线系数
6	F	实数	圆锥曲线系数
7	ZT	实数	定义平面的 Z_T 坐标
8	X1	实数	始点的横坐标
9	Y1	实数	始点的纵坐标
10	X2	实数	终点的横坐标
11	Y2	实数	终点的纵坐标

按需要附加的指针(见 5.2.4.5.2)。

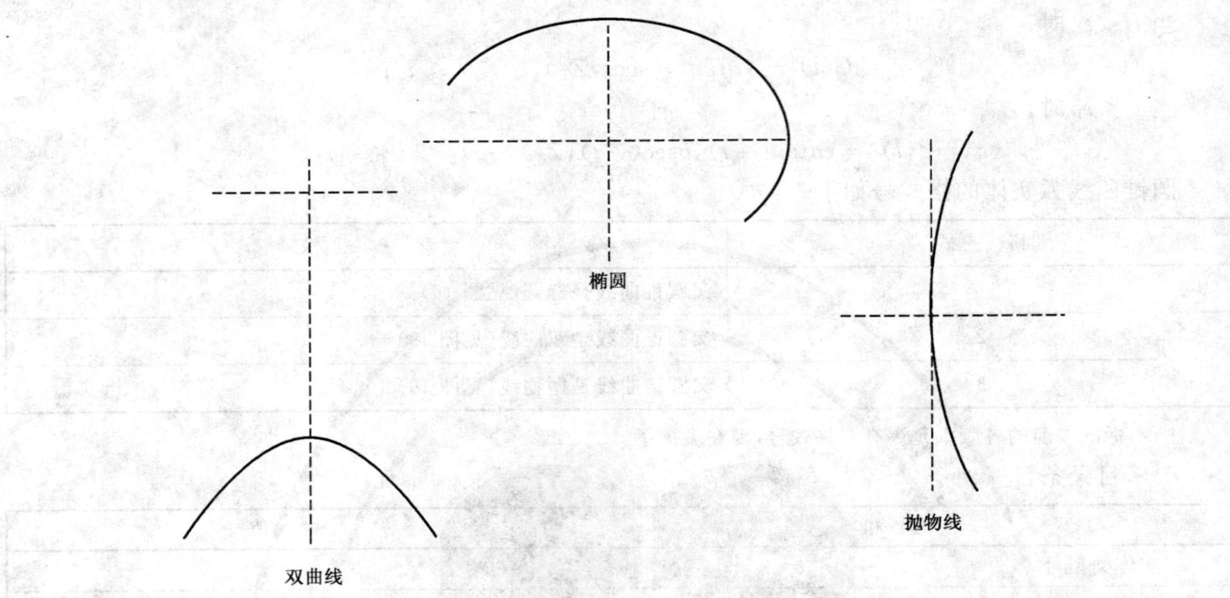

图 19 用圆锥曲线实体定义的 F104X. IGS 例子

7.6 数据块实体(类型 106,格式 1～3)

该实体以对、三元组或六元组的形式存储数据点。说明标志值指明要使用其格式中的哪一个,该值是第一个参数数据条目。以下用 IP 字母缩写说明标志。

在定义空间中位于单一平面内的数据点按 *XT*、*YT* 坐标对的格式规定,在这种情况下也需要共同的 *ZT* 值。在定义空间中任意位置的数据点以 *XT*、*YT*、*ZT* 坐标三元组的格式规定。在定义空间中带有一个关联矢量的数据点以六元组的格式规定,即首先规定 *XT*、*YT*、*ZT* 坐标,接着规定与该点相关联的矢量 *i*、*j*、*k* 坐标(注意,对关联的矢量,不隐含特定的意义)。

Copious Data(**数据块**)实体的格式号如下:

格　式	意　　义
1	以坐标对的形式规定数据点。全部数据点都位于 *ZT*=常数的平面内(IP=1)。
2	以坐标三元组的形式规定数据点(IP=2)。
3	以六元组的形式规定数据点(IP=3)。
11	以坐标对的形式表示一个平面的分段线性曲线。全部数据点都位于 *ZT*=常数的平面内(IP=1)。
12	以坐标三元组的形式表示分段线性曲线的顶点(IP=2)。
13	以六元组的形式规定数据点。每个六元组的前三元表示分段线性曲线的顶点,而后三元是关联的矢量(IP=3)。
20	通过点的中心线实体(IP=1)
21	通过圆心的中心线实体(IP=1)
31	剖面实体,格式 31(IP=1)
32	剖面实体,格式 32(IP=1)
33	剖面实体,格式 33(IP=1)
34	剖面实体,格式 34(IP=1)
35	剖面实体,格式 35(IP=1)

格　式	意　　　义
36	剖面实体,格式 36(IP=1)
37	剖面实体,格式 37(IP=1)
38	剖面实体,格式 38(IP=1)
40	标示实体(IP=1)
63	简单封闭的平面曲线实体(IP=1)

对于不同于格式 1,2 或 3 的格式描述指的是适当实体的描述。

a) 目录条目

编号和名字	值
(1) 实体类型号	106
(3) 结构	〈n. a.〉
(4) 线型模式	〈n. a.〉
(5) 层	♯,⇒
(6) 视图	0,⇒
(7) 变换矩阵	0,⇒
(8) 标号显示联接	0,⇒
(9a) 空白状态	??
(9b) 次级　实体　开关	??
(9c) 实体用途标记	??
(9d) 层次结构	* *
(12) 线宽	〈n. a.〉
(13) 颜色号	♯,⇒
(15) 格式号	1～3

b) 参数数据

索引	名称	类型	说　明
1	IP	整数	说明标志 1=X、Y 对,共同的 Z 2=X、Y、Z 坐标 3=X、Y、Z 坐标与 I、J、K 矢量
2	N	整数	N
对于 IP=1(X、Y 对,共同的 Z),即对于格式 1:			
3	ZT	实数	共同 Z 的位移量
4	X(1)	实数	第一个数据点的横坐标
5	Y(1)	实数	第一个数据点的纵坐标
⋮	⋮	⋮	

索引	名称	类型	说　明
3+2*N	Y(N)	实数	最后一个数据点的纵坐标
对于 IP=2(*X*、*Y*、*Z* 三元组),即对于格式 2:			
3	X(1)	实数	第一个数据点的 *X* 值
4	Y(1)	实数	第一个数据点的 *Y* 值
5	Z(1)	实数	第一个数据点的 *Z* 值
⋮	⋮	⋮	
2+3*N	Z(N)	实数	最后一个数据点的 *Z* 值
对于 IP=3(*X*、*Y*、*Z*、*I*、*J*、*K* 六元组),即对于格式 3:			
3	X(1)	实数	第一个数据点的 *X* 值
4	Y(1)	实数	第一个数据点的 *Y* 值
5	Z(1)	实数	第一个数据点的 *Z* 值
6	I(1)	实数	第一个数据点的 *I* 值
7	J(1)	实数	第一个数据点的 *J* 值
8	K(1)	实数	第一个数据点的 *K* 值
⋮	⋮	⋮	
2+6*N	K(N)	实数	最后一个数据点的 *K* 值

按需要附加的指针(见 5.2.4.5.2)。

7.7 线性路径实体(类型 106,格式 11～13)

Linear Path(线性路径)是二维或三维空间中的一个有序点集。沿着路径依次连接各点定义了一系列线段。这些线段可以相互交叉或重合。路径可以是封闭的,即第一个路径点可以与最后一个路径点重合。

线性路径按照Copious Data(数据块)实体(类型 106)的三种格式来实现。格式 11 是对于二维路径的,格式 12 是对于三维路径的,而格式 13 是对于二维封闭路径的。该实体与表示功能和构成参数的特性是密切相关的,诸如线的拓宽等。

需要时,可如下定义缺省的参数化表示。其与直线实体(类型 110)的 0～1 的参数化相一致,因为它只形成对该路径每一个直线段的局部 0～1 的参数化。

设

C 是复合曲线;

$P(i)$ 是路径定义中的第 i 点;

N 是路径定义中的点的个数。

则

——C 的参数 u 的变化范围从 0 到 $N-1$;并且

——$(u)=P(i+1)+s(P(i+2)-P(i+1))$

式中,$i \leqslant u \leqslant i+1$

$0 \leqslant i \leqslant N-1$

$s=u-i$

a) 目录条目

编号和名字	值
(1) 实体类型号	106
(3) 结构	〈n. a.〉
(4) 线型模式	#,⇒
(5) 层	#,⇒
(6) 视图	0,⇒
(7) 变换矩阵	0,⇒
(8) 标号显示联接	0,⇒
(9a) 空白状态	??
(9b) 次级 实体 开关	??
(9c) 实体用途标记	??
(9d) 层次结构	* *
(12) 线宽	#
(13) 颜色号	#,⇒
(15) 格式号	11～13

b) 参数数据

索引	名称	类型	说　明
1	IP	整数	说明标志 1=*X*、*Y* 对，共同的 *Z* 2=*X*、*Y*、*Z* 坐标 3=*X*、*Y*、*Z* 坐标和 *I*、*J*、*K* 矢量
2	N	整数	*n* 元组的个数；*N*>=2
对于 IP=1(*X*、*Y* 对，共同的 *Z*)，即对于格式 11：			
3	ZT	实数	共同 *Z* 的位移量
4	X(1)	实数	第一个数据点的横坐标
5	Y(1)	实数	第一个数据点的纵坐标
⋮	⋮	⋮	
3+2＊N	Y(N)	实数	最后一个数据点的纵坐标
对于 IP=2(*X*、*Y*、*Z* 三元组)，即对于格式 12：			
3	X(1)	实数	第一个数据点的 *X* 值
4	Y(1)	实数	第一个数据点的 *Y* 值
5	Z(1)	(1)	第一个数据点的 *Z* 值
⋮	⋮	⋮	
2+3＊N	Z(N)	实数	最后一个数据点的 *Z* 值
对于 IP=3(*X*、*Y*、*Z*、*I*、*J*、*K* 六元组)，即对于格式 13：			
3	X(1)	实数	第一个数据点的 *X* 值
4	Y(1)	实数	第一个数据点的 *Y* 值
5	Z(1)	实数	第一个数据点的 *Z* 值

索引	名称	类型	说　明
6	I(1)	实数	第一个数据点的 I 值
7	J(1)	实数	第一个数据点的 J 值
8	K(1)	实数	第一个数据点的 K 值
⋮	⋮	⋮	
2+6＊N	K(N)	实数	最后一个数据点的 K 值

按需要附加的指针(见 5.2.4.5.2)。

7.8 中心线实体(类型 106,格式 20～21)

Centerline Entity(中心线实体)采用两种形式之一。第一种如图 20 例 1 中所示,作为十字准线出现,且通常与圆一起使用,第二种(例 2)是 2 个位置间的结构。

中心线实体根据Copious Data(数据块)实体的格式 20 或 21 定义。相关的矩阵把中心线的 XT,YT 平面变换成模型空间。中心线点的坐标描述了中心线的显示符号。该显示符号用直线段描述,每个直线是从

$$(X_n,Y_n,Z_n)\text{ 到 }(X_{n+1},Y_{n+1},Z_{n+1})$$

其中,$n=1,3,5,\cdots\cdots,N-1$。

关于Copious Data(数据块)实体(类型 106)的更多信息见 7.6。

a) 目录条目

编号和名字	值
(1) 实体类型号	106
(3) 结构	〈n. a.〉
(4) 线型模式	1
(5) 层	＃,⇒
(6) 视图	0,⇒
(7) 变换矩阵	0,⇒
(8) 标号显示联接	0,⇒
(9a) 空白状态	??
(9b) 次级 实体 开关	??
(9c) 实体用途标记	01
(9d) 层次结构	＊＊
(12) 线宽	＃
(13) 颜色号	＃,⇒
(15) 格式号	20～21

b) 参数数据

索引	名称	类型	说　明
1	IP	整数	说明标志:IP=1
2	N	整数	数据点的个数:N 为偶数
3	ZT	实数	共同 Z 的位移量
4	X(1)	实数	第一个数据点的横坐标
5	Y(1)	实数	第一个数据点的纵坐标
⋮	⋮	⋮	
3+2＊N	Y(N)	实数	最后一个数据点的纵坐标

按需要附加的指针(见 5.2.4.5.2)。

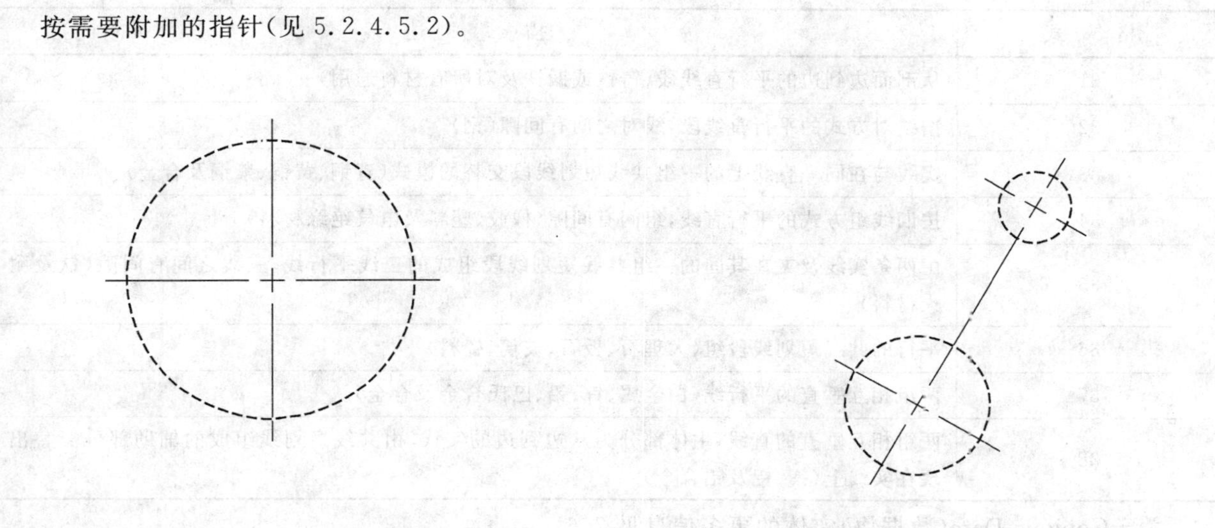

图 20 用中心线实体定义的 F10620X.IGS 例子

7.9 剖面线实体(类型 106,格式 31～38)

Section Entity(剖面线实体)定义为一个Copious Data(数据块)实体(类型 106,格式 31 到 38)。格式号描述这些数据的说明方法。考虑到与本标准以前各版本的兼容性,这里包括了这些说明。剖面实体(类型 230)为传递该信息提供了更简洁的方法。

点数据包含一个点表(X_n,Y_n),$n=1,2,\cdots\cdots,N$(Z 值为常数,N 为偶数)。

剖面线图案的显示由点(X_n,Y_n,Z)和(X_{n+1},Y_{n+1},Z)间的实线段组成(其中 $n=1,3,5,\cdots\cdots N-1$)。

出现在同一条直线段上的短划线部分应由每个短划线的点对组成。

下边描述了所定义的剖面线图案模式并示于图 21 中。

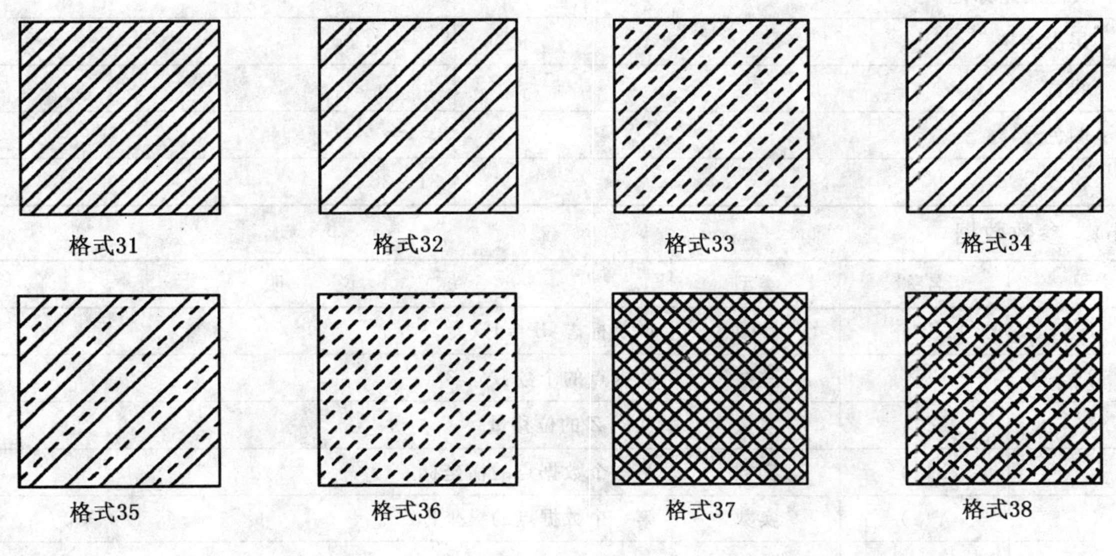

图 21 剖面线实体模式的定义

格　式	描　述
31	从剖面边到边的平行直线段(铸铁或锻铁及对所有材料通用)
32	按线对方式的平行直线段，线对之间有间隙(钢)
33	实线与在同一直线上的一组共线短划线段交替的模式(青铜、黄铜、紫铜及合金)
34	按四线组方式的平行直线，组间有间隙(橡胶、塑料及电气绝缘材料)
35	由两条实线及夹在其间的一组共线短划线段组成的三线平行线，三线之间有间隙(钛及耐火材料)
36	平行的共线短划线段组(大理石、板石、玻璃、瓷料)
37	两组相互垂直的平行线(白金属、锌、铅、巴氏合金及合金)
38	两组相互垂直的直线，主体部分为从边到边的实线，由共线短划线组成的辅助部分交替出现在实线上(镁、铝及铝合金)

关于Copious Data(数据块)实体的更多信息见7.6。

a)　目录条目

编号和名字	值
(1)　实体类型号	106
(3)　结构	〈n.a.〉
(4)　线型模式	1
(5)　层	#,⇒
(6)　视图	0,⇒
(7)　变换矩阵	0,⇒
(8)　标号显示联接	0,⇒
(9a)　空白状态	??
(9b)　次级　实体　开关	??
(9c)　实体用途标记	01
(9d)　层次结构	**
(12)　线宽	#
(13)　颜色号	#,⇒
(15)　格式号	31～38

b)　参数数据

索引	名称	类型	说　明
1	IP	整数	说明标志：IP=1
2	N	整数	数据点的个数：$N \geq 3$
3	ZT	实数	共同 Z 的位移量
4	X(1)	实数	第一个数据点的横坐标
5	Y(1)	实数	第一个数据点的纵坐标
⋮	⋮	⋮	
3+2*N	Y(N)	实数	最后一个数据点的纵坐标

按需要附加的指针(见5.2.4.5.2)。

7.10 尺寸界线实体(类型106,格式40)

Witness Line Entity(尺寸界线实体)是格式号为40的Copious Data(数据块)实体,其包含与各种绘图实体相关联的一个或多个直线段。每个线段可以是可见的或不可见的。见图22示例。

在数据块中,必须留出的尺寸界线间隙的位置。在图中用 P_1 指明这个点。这个位置应是数据块中的第一个点。P_1 应与要标注尺寸的几何相重合,或者在该几何的位置未知时应等于 P_2。

注:对于仅来自于注释平面的绘图实体不显示的那些注释方法,"与几何相重合"指的是垂直于注释平面的直线连接 P_1 和要标注尺寸的几何上的点。注意,所有的点都必须是共线的,而且点的个数为奇数,且至少为3(即3、5、7……),同时不可见段和显示段是交错的。图22中的例子示出了不可见段及在数据块中存储点的次序。

关于Copious Data(数据块)实体(类型106)的更多信息见7.6。

a) 目录条目

编号和名字	值
(1) 实体类型号	106
(3) 结构	〈n.a.〉
(4) 线型模式	1
(5) 层	#,⇒
(6) 视图	0,⇒
(7) 变换矩阵	0,⇒
(8) 标号显示联接	0,⇒
(9a) 空白状态	??
(9b) 次级 实体 开关	??
(9c) 实体用途标记	01
(9d) 层次结构	* *
(12) 线宽	#
(13) 颜色号	#,⇒
(15) 格式号	40

b) 参数数据

索引	名称	类型	说　明
1	IP	整数	说明标志:IP=1
2	N	整数	数据点的个数:N>=3且为奇数
3	ZT	实数	共同 Z 的位移量
4	X(1)	实数	第一个数据点的横坐标
5	Y(1)	实数	第一个数据点的纵坐标
⋮	⋮	⋮	
3+2*N	Y(N)	实数	最后一个数据点的纵坐标

按需要附加的指针(见 5.2.4.5.2)。

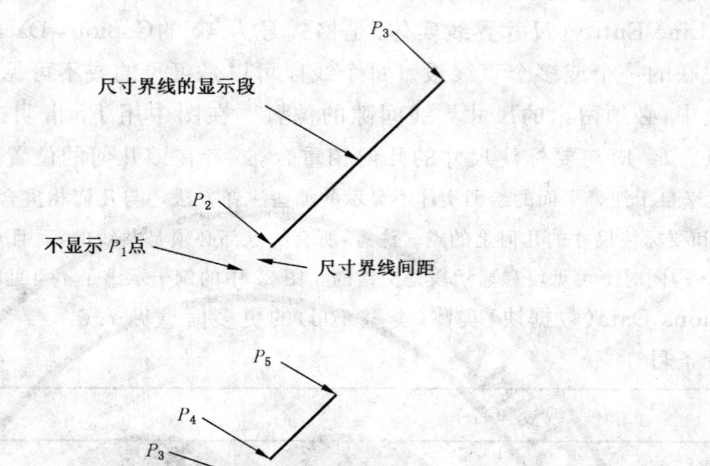

图 22 用标示线实体定义的 F106 40X·IGS 例子

7.11 简单封闭的平面曲线实体(类型 106,格式 63)

Simple Closed Planar Curve(简单封闭的平面曲线)(格式 63)定义 XY 坐标空间中一个区域的边界。该实体必须位于“ZT=常数”的平面中,这是简单封闭曲线的约束条件(见附录 J)。缺省的参数化表示与平面的线性路径(格式 11)所定义的相同。简单封闭的平面曲线与需要被封闭区域的功能性的实体密切相关。

a) 目录条目

编号和名字	值
(1) 实体类型号	106
(3) 结构	〈n. a.〉
(4) 线型模式	#,⇒
(5) 层	#,⇒
(6) 视图	0,⇒
(7) 变换矩阵	0,⇒
(8) 标号显示联接	0,⇒
(9a) 空白状态	??
(9b) 次级 实体 开关	??
(9c) 实体用途标记	??
(9d) 层次结构	* *
(12) 线宽	#
(13) 颜色号	#,⇒
(15) 格式号	63

b） 参数数据

索引	名称	类型	说　明
1	IP	整数	说明标志 1＝X、Y 对，共同的 Z 2＝X、Y、Z 坐标 3＝X、Y、Z 坐标与 $\boldsymbol{I}$、$\boldsymbol{J}$、$\boldsymbol{K}$ 矢量
2	N	整数	n 元组的个数；$N>=2$
3	ZT	实数	共同 Z 的位移量
4	X(1)	实数	第一个数据点的横坐标
5	Y(1)	实数	第一个数据点的纵坐标
⋮	⋮	⋮	
2＋2＊N	X(N)	实数	最后一个数据点的横坐标(＝$X(1)$)
3＋2＊N	Y(N)	实数	最后一个数据点的纵坐标(＝$Y(1)$)

按需要附加的指针(见 5.2.4.5.2)。

7.12　平面实体(类型 108)

Plane Entity(平面实体)可用于表示一个无界平面或一个平面的有界部分。在上述的两种情况，一个平面都通过系数 A、B、C、D 在定义空间中定义，其中 A、B 和 C 至少有一个不为零，并满足等式

$$A \cdot X_{\mathrm{T}} + B \cdot Y_{\mathrm{T}} + C \cdot Z_{\mathrm{T}} = D$$

该平面内的任一点在定义空间中的坐标为(X_{T},Y_{T},Z_{T})。

规定点的定义空间坐标以及尺寸参数，以便帮助定义一个依赖于系统的显示符号。这些值分别是参数数据条目 6 到 9。这些信息与定义平面的四个系数一起为相对于定义空间提供了足够的信息以便定位显示符号。(在图 23 的无边界平面的例子中，曲线与十字准线一起构成了显示符号)。缺省或设尺寸参数为零表明没有指定显示符号。

对于固定平面的有界部分的情况需要有一个指向位于该平面内的简单封闭曲线的指针，其为参数 5。对该曲线仅有的可重合点是始点和终点。无界平面的情况要求该指针为零。

本标准以前的各版本曾使用废弃的单亲相关性(类型 402，格式 9)来表示有孔的有界平面曲面(见附录 F)。这个功能现在用有界曲面实体(类型 143)或裁剪(参数)曲面实体(类型 144)实现。

平面实体的格式号如下：

格　式	说　明
1	有界平面部分设定为正值，PTR(指针)不应为 0
0	无界平面，PTR 应为 0
−1	有界平面部分设定为负值(洞)，PTR 不应为 0

a） 目录条目

编号和名字	值
(1)　实体类型号	108
(3)　结构	〈n. a.〉
(4)　线型模式	〈n. a.〉
(5)　层	＃，⇒
(6)　视图	0，⇒

编号和名字	值
(7) 变换矩阵	0,⇒
(8) 标号显示联接	0,⇒
(9a) 空白状态	??
(9b) 次级 实体 开关	??
(9c) 实体用途标记	??
(9d) 层次结构	* *
(12) 线宽	〈n. a.〉
(13) 颜色号	#,⇒
(15) 格式号	#

注：当用作视图剖面时间，实体用途标志应为注释(01)。

b) 无界平面实体(类型 108，格式 0)参数数据

索引	名称	类型	说 明
1	A	实数	平面的系数
2	B	实数	平面的系数
3	C	实数	平面的系数
4	D	实数	平面的系数
5	PTR	指针	0
6	X	实数	显示符号定位点的 XT 坐标
7	Y	实数	显示符号定位点的 YT 坐标
8	Z	实数	显示符号定位点的 ZT 坐标
9	SIZE	实数	显示符号的尺寸参数

按需要附加的指针(见 5.2.4.5.2)。

c) 有界平面实体(类型 108，格式 1 和格式-1)参数数据

索引	名称	类型	说 明
1	A	实数	平面的系数
2	B	实数	平面的系数
3	C	实数	平面的系数
4	D	实数	平面的系数
5	PTR	指针	指向封闭曲线实体 DE 的指针
6	X	实数	显示符号定位点的 XT 坐标
7	Y	实数	显示符号定位点的 YT 坐标
8	Z	实数	显示符号定位点的 ZT 坐标
9	SIZE	实数	显示符号的尺寸参数

按需要附加的指针(见 5.2.4.5.2)。

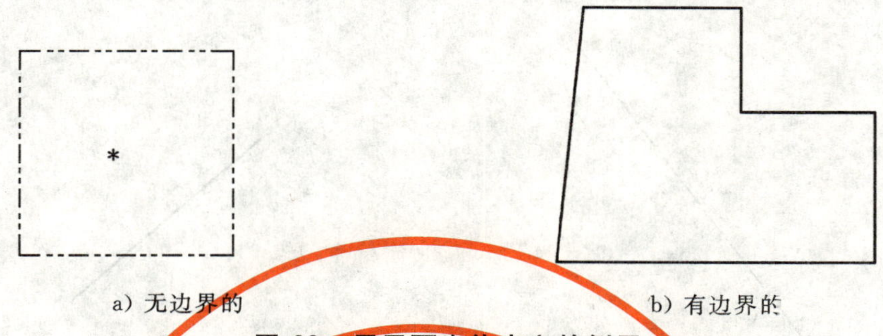

a) 无边界的　　　　b) 有边界的

图 23　用平面实体定义的例子

7.13　直线实体(类型 110)

7.13.1　线段实体(类型 110,格式 0)

Line(线段)是具有不同始、终点的直线的有界连通部分。

线段由它的两个端点定义,每个端点都由相对于定义空间的三维坐标规定。就定义空间而论,由排列在前的始点和排列在后的终点确定该线段的方向。

对应于模型空间的线段方向由定义空间的直线原始方向与作用于该直线的变换矩阵共同确定。线段实体的例子示于图 24 中。

需要时,缺省的参数化表示为:当 $0 \leqslant t \leqslant 1$ 时,$C(t)=P_1+t\cdot(P_2-P_1)$。

a)　目录条目

编号和名字	值
(1)　实体类型号	110
(3)　结构	〈n. a.〉
(4)　线型模式	#,⇒
(5)　层	#,⇒
(6)　视图	0,⇒
(7)　变换矩阵	0,⇒
(8)　标号显示联接	0,⇒
(9a)　空白状态	??
(9b)　次级　实体　开关	??
(9c)　实体用途标记	??
(9d)　层次结构	* *
(12)　线宽	#
(13)　颜色号	#,⇒
(15)　格式号	0

b)　参数数据

索引	名称	类型	说　　明
1	X1	实数	始点 P_1
2	Y1	实数	
3	Z1	实数	
4	X2	实数	终点 P_2
5	Y2	实数	
6	Z2	实数	

按需要附加的指针(见 5.2.4.5.2)。

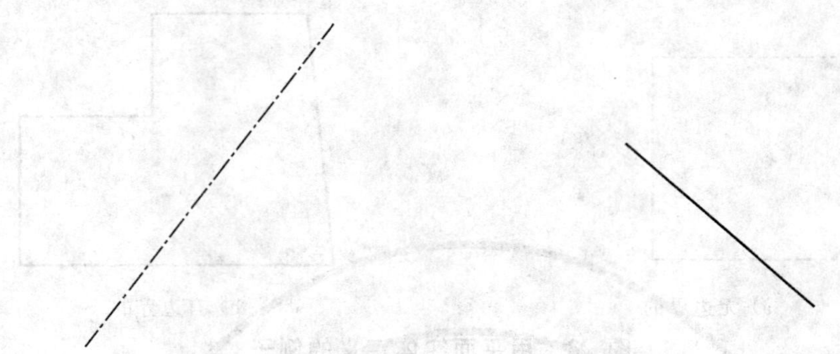

图 24　用线段实体定义的 F110X · IGS 例子

7.13.2　直线(半有界和无界)实体(类型 110,格式 1～2)‡

标记有 ‡ 的那些 Line(直线)实体的格式未经测试。见 4.8。

a)　格式 1

半有界直线是一端有界而另一端无界的直线。它由始点(P_1)和任意一点(P_2)并经 P_2 点延续而无界的直线来定义。

b)　格式 2

无界直线是无限直线。它由两个点(P_1 和 P_2)并经由它们该直线在两个方向上穿过和延续而无界来定义。

任意点应在它们的定义空间范围内选择(即图样或模型空间)。当近似最大坐标值(全局参数域 20)确定时,应使用 P_1 和 P_2 点(即不是无限的)。

格 式	说　明	缺省的参数化表示
1	半有界直线	当 $0 \leqslant t < \infty$ 时,$C(t)=P_1+t \cdot (P_2-P_1)$
2	无界直线	当 $-\infty < t < \infty$ 时,$C(t)=P_1+t \cdot (P_2-P_1)$

c)　要求

当半有界和无界直线是构造几何时,格式 1 和格式 2 实体用途标志规定为 06,当格式 1 和格式 2 被图样实体(类型 404)引用时,格式 1 和格式 2 对于实体用途标志应规定为 01。当格式 1 和格式 2 被用作定义实体如子图定义(类型 308),格式 1 和格式 2 的实体用途标志应规定为 02。

线型模式从 P_1 处开始并向 P_2 延续。对于格式 2,线型模式应从 P_1 开始按相反的方向复制,其在 P_1 处接入模式的端点,而不能有可见的间断。

d)　目录条目

编号和名字	值
(1)　实体类型号	＃
(3)　结构	〈n. a.〉
(4)　线型模式	＃,⇒
(5)　层	＃,⇒
(6)　视图	0,⇒
(7)　变换矩阵	0,⇒
(8)　标号显示联接	0,⇒
(9a)　空白状态	??

编号和名字	值
(9b) 次级 实体 开关	??
(9c) 实体用途标记	??
(9d) 层次结构	* *
(12) 线宽	#
(13) 颜色号	#,⇒
(15) 格式号	1～2

e) 半有界直线实体(类型 110,格式 1)参数数据

索引	名称	类型	说 明
1	X1	实数	始点 P_1 的 X 坐标
2	Y1	实数	始点 P_1 的 Y 坐标
3	Z1	实数	始点 P_1 的 Z 坐标
4	X2	实数	任意点 P_2 的 X 坐标
5	Y2	实数	任意点 P_2 的 Y 坐标
6	Z2	实数	任意点 P_2 的 Z 坐标

按需要附加的指针(见 5.2.4.5.2)。

f) 无界直线实体(类型 110,格式 2)参数数据

索引	名称	类型	说 明
1	X1	实数	任意点 P_1 的 X 坐标
2	Y1	实数	任意点 P_1 的 Y 坐标
3	Z1	实数	任意点 P_1 的 Z 坐标
4	X2	实数	任意点 P_2 的 X 坐标
5	Y2	实数	任意点 P_2 的 Y 坐标
6	Z2	实数	任意点 P_2 的 Z 坐标

按需要附加的指针(见 5.2.4.5.2)。

7.14 参数样条曲线实体(类型 112)

Parametric Spline Curve(参数样条曲线)是一个参数多项式曲线段序列。在参数数据 1 中的 CTYPE 值指明在转换该实体之前按发送(前处理)系统表示的曲线类型。

N 个多项式曲线段由断点 $T(1)$,$T(2)$,……$T(N+1)$分界。由下述的三次多项式给出该曲线的第 i 段点的坐标:

$$X(u)=A_X(i)+s\cdot B_X(i)+s^2\cdot C_X(i)+s^3\cdot D_x(i)$$
$$Y(u)=A_Y(i)+s\cdot B_Y(i)+s^2\cdot C_Y(i)+s^3\cdot D_y(i)$$
$$Z(u)=A_Z(i)+s\cdot B_Z(i)+s^2\cdot C_Z(i)+s^3\cdot D_z(i)$$

其中:

$$T(i)\leqslant u\leqslant T(i+1),\quad i=1,2,\cdots\cdots,N$$
$$s=u-T(i)$$

(如果多项式为 2 阶或 1 阶时,则系数 D,或 C 与 D 应相应为零。)

为了避免退化,对于每个 i 下列的九个实系数应至少有一个不为零:$B_X(i)$,$C_x(i)$,$D_X(i)$,$B_Y(i)$,$C_Y(i)$,$D_Y(i)$,$B_Z(i)$,$C_Z(i)$,$D_Z(i)$。

如果该样条是平面的，则它仅应利用 X 和 Y 多项式进行参数化。Z 多项式的系数除对每个 i 在定义空间中 $A_z(i)$ 项指示 Z 的深度外，都应为零。

参数 H 用作曲线光顺度的指示器，当 $H=0$ 时，该曲线在全部断点处是连续的；当 $H=1$ 时，该曲线在全部断点处是连续的，且其斜率也是连续的；当 $H=2$ 时，该曲线在全部断点处是连续的，且其斜率与曲率都是连续的。

为了能够确定终点及导数而无需计算多项式，则要计算在 $u=T(N+1)$ 处的第 N 段多项式及其导数。这些数据要除以适当的阶乘并存储在多项式系数之后。例如，参数数据名 TPY3 用于标定 1/3! 乘以在对应于终点参数值 $u=T(N+1)$ 所计算的第 N 段的 Y 多项式的 3 阶导数。注意，这些数据是冗余的，因为它们是从定义第 N 个多项式曲线段的数据推导出来的。

图 25 和图 26 示出了参数样条的例子，附加的数学细节参见附录 B。

a) 目录条目

编号和名字	值
(1) 实体类型号	112
(3) 结构	〈n. a.〉
(4) 线型模式	#,⇒
(5) 层	#,⇒
(6) 视图	0,⇒
(7) 变换矩阵	0,⇒
(8) 标号显示联接	0,⇒
(9a) 空白状态	??
(9b) 次级 实体 开关	??
(9c) 实体用途标记	??
(9d) 层次结构	**
(12) 线宽	#
(13) 颜色号	#,⇒
(15) 格式号	0

b) 参数数据

索引	名称	类型	说　明
1	CTYPE	整数	样条类型： 1=线性的 2=2 次的 3=3 次的 4=Wilson-Fowler 5=修正的 Wilson-Fowler 6=B 样条
2	H	整数	关于弧长的连续性的阶

索引	名称	类型	说　明
3	NDIM	整数	维数 2=平面的 3=非平面的
4	N	整数	曲线段数
5	T(1)	实数	分段多项式的第一个断点
⋮	⋮	⋮	
5+N	T(N+1)	实数	分段多项式的最后一个断点
6+N	AX(1)	实数	X 坐标多项式
7+N	BX(1)	实数	
8+N	CX(1)	实数	
9+N	DX(1)	实数	
10+N	AY(1)	实数	Y 坐标多项式
11+N	BY(1)	实数	
12+N	CY(1)	实数	
13+N	DY(1)	实数	
14+N	AZ(1)	实数	Z 坐标多项式
15+N	BZ(1)	实数	
16+N	CZ(1)	实数	
17+N	DZ(1)	实数	
⋮	⋮	⋮	随后的 X,Y,Z 坐标多项式，到第 N 个多项式段的 12 个系数为止

下面的参数由在对应于终点的参数值 $u=T(N+1)$ 处的第 N 段多项式的值及其导数(这些导数要除以适当的阶乘)组成。

索引	名称	类型	说　明
6+13＊N	TPX0	实数	X 值
7+13＊N	TPX1	实数	X 的一阶导数
8+13＊N	TPX2	实数	X 的二阶导数/2!
9+13＊N	TPX3	实数	X 的三阶导数/3!
10+13＊N	TPY0	实数	Y 值
11+13＊N	TPY1	实数	Y 的一阶导数
12+13＊N	TPY2	实数	Y 的二阶导数/2!
13+13＊N	TPY3	实数	Y 的三阶导数/3!
14+13＊N	TPZ0	实数	Z 值
15+13＊N	TPZ1	实数	Z 的一阶导数
16+13＊N	TPZ2	实数	Z 的二阶导数/2!
17+13＊N	TPZ3	实数	Z 的三阶导数/3!

按需要附加的指针(见 5.2.4.5.2)。

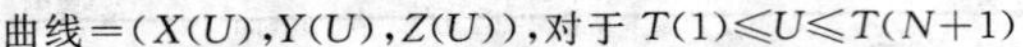

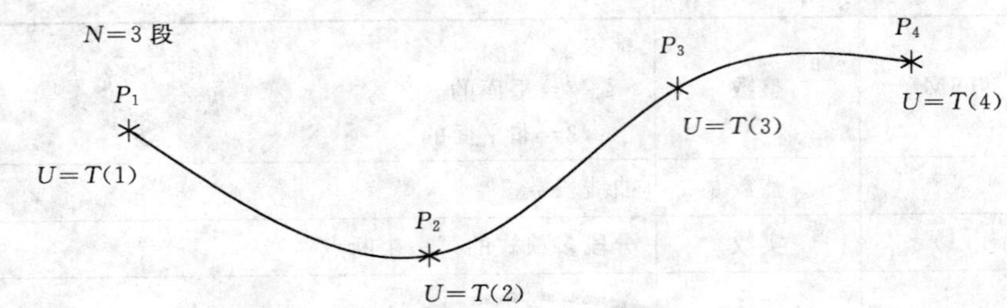

$P_1=(AX(1),AY(1),AZ(1))$

$P_2=(AX(2),AY(2),AZ(2))$

$P_3=(AX(3),AY(3),AZ(3))$

$P_4=TPO=(TPXO,TPYO,TPZO)$

首先推导点 P_4＝TPI＝(TPXI,TPYI,TPZI)

图 25　参数样条曲线实体 F112PX·IGS 的参数

图 26　用参数样条曲线实体定义的 F112X. IGS 的例子

7.15　参数样条曲面实体(类型 114)

Parametric Spline Surface(参数样条曲面)是一个参数多项式曲面片的网格。在参数数据段中的 PTYPE 表明在讨论中的曲面片的类型。

$M\times N$ 个曲面片的网格是由 u 的断点 $T_u(1),\cdots\cdots,T_u(M+1)$ 和 v 的断点 $T_v(1),\cdots\cdots,T_v(N+1)$ 定义的。在每个曲面片中点的坐标由一般双三次多项式给出(这里给出的是(i,j)曲面片)。

$$\begin{aligned}X(u,v)=&A_X(i,j)+s\cdot B_X(i,j)+s^2\cdot C_X(i,j)+s^3\cdot D_X(i,j)\\&+t\cdot E_X(i,j)+t\cdot s\cdot F_X(i,j)+t\cdot s^2\cdot G_X(i,j)+t\cdot s^3\cdot H_X(i,j)\\&+t^2\cdot K_X(i,j)+t^2\cdot s\cdot L_X(i,j)+t^2\cdot s^2\cdot M_X(i,j)+t^2\cdot s^3\cdot N_X(i,j)\\&+t^3\cdot P_X(i,j)+t^3\cdot s\cdot Q_X(i,j)+t^3\cdot s^2\cdot R_X(i,j)+t^3\cdot s^3\cdot S_X(i,j)\end{aligned}$$

$Y(u,v)=\cdots\cdots$

$Z(u,v)=\cdots\cdots$

其中：

$T_u(i)\leqslant u\leqslant T_u(i+1),i=1,\cdots\cdots,M$

$s=u-T_u(i)$

及 $T_v(j)\leqslant v\leqslant T_v(j+1);i=1,\cdots\cdots,N$

$t=v-T_v(j)$

后置处理器应当略去带有下述索引的参数：

$7+M+N+48\cdot(k\cdot N+(k-1))$

到 $6+M+N+48\cdot(k\cdot(N+1))$

其中　$k=1,2,3,\cdots\cdots,M$

(即曲面片的第$(N+1)$行)以及

$7+M+N+48\cdot(M\cdot(N-1))$

到 $6+M+N+48\cdot(M+1)\cdot(N+1)$

(即曲面片的第$(M+1)$列)。

为了维护与本标准以前各版本的向上兼容性,前置处理器对这些参数的每一个都应记入一个实数,或者记入一系列的参数分界符(见5.2.3)。这些值在参数表中起着位置保持器的作用。这些参数本想用于沿外边或沿边界处理曲面片的第 N 行和第 M 列的一阶二阶或三阶偏导数,但是,接收系统可根据需要计算这些参数,即从本实体中所含有其他参数值计算出来,因此,这里便不需要了。

图27示出了双三次曲面的例子,更多的细节可查阅附录B。

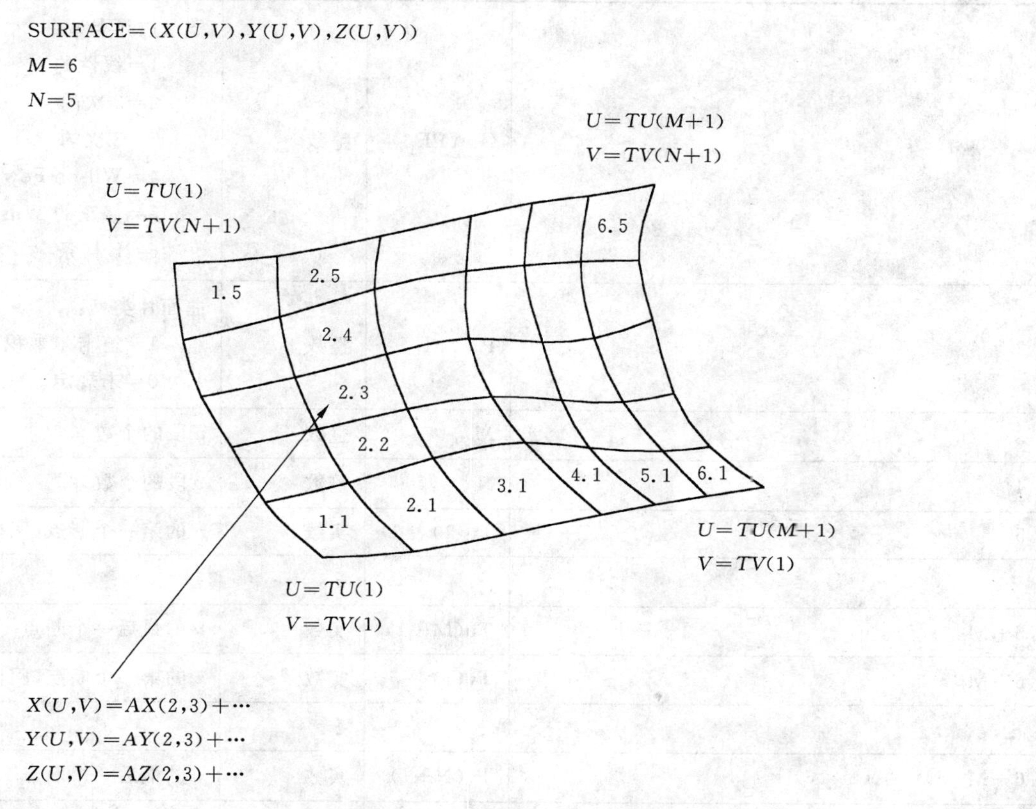

图 27　参数样条曲面实体的参数

a)　目录条目

编号和名字	值
(1)　实体类型号	114
(3)　结构	<n. a.>
(4)　线型模式	#,⇒
(5)　层	#,⇒
(6)　视图	0,⇒
(7)　变换矩阵	0,⇒
(8)　标号显示联接	0,⇒
(9a)　空白状态	??
(9b)　次级 实体 开关	??
(9c)　实体用途标记	??

编号和名字	值
(9d) 层次结构	＊＊
(12) 线宽	＃
(13) 颜色号	＃,⇒
(15) 格式号	0

b) 参数数据

索引	名称	类型	说明
1	CTYPE	整数	样条边界类型: 1＝线性的 2＝2次的 3＝3次的 4＝Wilson-Fowler 5＝修正的 Wilson-Fowler 6＝B样条
2	PTYPE	整数	曲面片类型: 1＝笛卡尔乘积 0＝未规定
3	M	整数	u 段的个数
4	N	整数	v 段的个数
5	Tu(1)	实数	u 的第一个断点(网格线的 u 值)
⋮	⋮	⋮	
5＋M	Tu(M＋1)	实数	u 的最后一个断点
6＋M	Tv(1)	实数	v 的第一个断点(网格线的 v 值)
⋮	⋮	⋮	
6＋M＋N	Tv(N＋1)	实数	v 的最后一个断点
7＋M＋N	Ax(1,1)	实数	(1,1)曲面片的第一个 X 系数
⋮	⋮	⋮	
22＋M＋N	SX(1,1)	实数	(1,1)曲面片的最后一个 X 系数
23＋M＋N	AY(1,1)	实数	(1,1)曲面片的第一个 Y 系数
⋮	⋮	⋮	
38＋M＋N	SY(1,1)	实数	(1,1)曲面片的最后一个 Y 系数
39＋M＋N	AZ(1,1)	实数	(1,1)曲面片的第一个 Z 系数
⋮	⋮	⋮	
54＋M＋N	SZ(1,1)	实数	(1,1)曲面片的最后一个 Z 系数
55＋M＋N	AX(1,2)	实数	(1,2)曲面片的第一个 X 系数
⋮	⋮	⋮	
102＋M＋N	SZ(1,2)	实数	(1,2)曲面片的最后一个 Z 系数

索　引	名 称	类 型	说　明
⋮	⋮	⋮	
7+M+N+48*(N−1)	AX(1,N)	实数	(1,*N*)曲面片的第一个 *X* 系数
⋮	⋮	⋮	
6+M+N+48*N	SZ(1,N)	实数	(1,*N*)曲面片的最后一个 *Z* 系数
7+M+N+48*N	<n.a.>	实数	任意值开始处
⋮	⋮	⋮	
6+M+N+48*(N+1)	<n.a.>	实数	任意值结束处
7+M+N+48*(N+1)	AZ(2,1)	实数	(2,1)曲面片的第一个 *X* 系数
⋮	⋮	⋮	
6+M+N+48*(N+2)	SZ(2,1)	实数	(2,1)曲面片的最后一个 *Z* 系数
⋮	⋮	⋮	
7+M+N+48*(2*N)	AX(2,N)	实数	(2,*N*)曲面片的第一个 *X* 系数
⋮	⋮	⋮	
6+M+N+48*(2*N+1)	SZ(2,N)	实数	(2,*N*)曲面片的最后一个 *Z* 系数
7+M+N+48*(2*N+1)	<n.a.>	实数	任意值开始处
⋮	⋮	⋮	
6+M+N+48*(2*N+2)	<n.a.>	实数	任意值结束处
⋮	⋮	⋮	
7+M+N+48*[(J−1)*(N+1)+K−1]	AX(J,K)	实数	(*J*,*K*)曲面片的第一个 *X* 系数
⋮	⋮	⋮	
6+M+N+48*[(J−1)*(N+1)+K]	SZ(J,K)	实数	(*J*,*K*)曲面片的最后一个 *Z* 系数
⋮	⋮	⋮	
7+M+N+48*[(M−1)*(N+1)+N−1]	AX(M,N)	实数	(*M*,*N*)曲面片的第一个 *X* 系数
⋮	⋮	⋮	
6+M+N+48*[(M−1)*(N+1)+N]	SZ(M,N)	实数	(*M*,*N*)曲面片的最后一个 *Z* 系数
7+M+N+48*[(M−1)*(N+1)+N]	<n.a.>	实数	任意值开始处
⋮	⋮	⋮	
6+M+N+48*[(M−1)*(N+1)+N+1]	<n.a.>	实数	任意值
7+M+N+48*[M*(N+1)]	<n.a.>	实数	任意值
⋮	⋮	⋮	
6+M+N+48*[(M*(N+1)+(N+1))	<n.a.>	实数	任意值结束处

按需要附加的指针(见 5.2.4.5.2)。

7.16 点实体(类型 116)

Point(点)由它在定义空间中的坐标定义。一个任选的指向子图定义实体(类型 308)的指针引用一个显示符号。图 28 示出了点实体的例子。

a) 目录条目

编号和名字	值
(1) 实体类型号	116
(3) 结构	<n. a.>
(4) 线型模式	#,⇒
(5) 层	#,⇒
(6) 视图	0,⇒
(7) 变换矩阵	0,⇒
(8) 标号显示联接	0,⇒
(9a) 空白状态	??
(9b) 次级 实体 开关	??
(9c) 实体用途标记	??
(9d) 层次结构	??
(12) 线宽	#
(13) 颜色号	#,⇒
(15) 格式号	0

注：如果PD索引4(到显示几何的指针)为0或缺省，则线型模式、线宽及层结构均可忽略。

b) 参数数据

索　引	名　称	类　型	说　明
1	X	实数	点的坐标
2	Y	实数	点的坐标
3	Z	实数	点的坐标
4	PTR	指针	指向用来规定显示符号的子图定义实体DE的指针或为0。如果为0，不规定显示符号

按需要附加的指针(见5.2.4.5.2)。

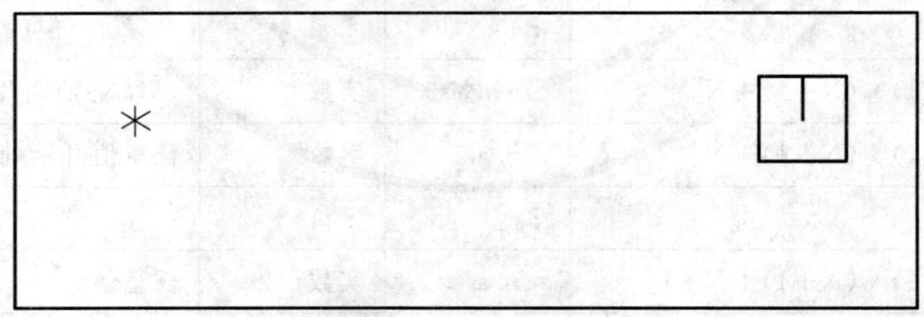

图28 用点实体定义的例子

7.17 直纹面实体(类型118)

Ruled Surface(直纹面)是在两条参数曲线上从其始点到其终点移动的等相对弧长(格式0)或等相对参数值(格式1)的点连接的直线所形成的。这两条参数曲线可以是点、直线、圆、圆锥曲线、参数样条、有理B样条、复合曲线或本标准定义的(平面的和非平面的)任何参数曲线。图29和图30示出了直纹面实体的例子。

需要时，缺省的参数化表示为：

$$X(u,v)=(1-v)\cdot C1_x(t)+v\cdot C2_x(s)$$
$$Y(u,v)=(1-v)\cdot C1_y(t)+v\cdot C2_y(s)$$
$$Z(u,v)=(1-v)\cdot C1_z(t)+v\cdot C2_z(s)$$

其中，两条曲线是通过函数($C1_x(t)$,$C1_y(t)$,$C1_z(t)$)和($C2_x(s)$,$C2_y(s)$,$C2_z(s)$)的参数化形式表示的，

$$a\leqslant t\leqslant b,$$
$$c\leqslant s\leqslant d,$$
$$0\leqslant u\leqslant 1,$$
$$0\leqslant v\leqslant 1,$$
$$t=a+u\cdot(b-a),$$
$$s=c+u\cdot(d-c),\text{DIRFLG}=0$$
$$s=d+u\cdot(c-d),\text{DIRFLG}=1$$

当 t 和 s 在同一 u 值下计值时，$C1(t)$和 $C2(s)$即是所谓的等相对参数值的。

当 DIRFLG＝0 时，曲线 1 的第一点与曲线 2 的第一点，曲线 1 的最后一点与曲线 2 的最后一点连接；当 DIRFLG＝1 时，曲线 1 的第一点与曲线 2 的最后一点，曲线 1 的最后一点与曲线 2 的第一点连接。

当 DEVFLG＝1 时，曲面是可展曲面(见[34])；当 DEVFLG＝0 时，曲面可能是也可能不是可展曲面。

直纹面实体的格式如下：

格　式	意　　义
0	等相对弧长
1	等相对参数值

格式 0：DE1 和 DE2 规定了所定义的轨道曲线，但是在生成直纹面时，人们不使用它们给出的参数化表示，而是使用它们的弧长参数化表示(分别为)$C1$ 和 $C2$。

格式 1：DE1 和 DE2 规定了所定义的轨道曲线，(分别为)$C1$ 和 $C2$，并且在生成直纹面时，人们就使用它们给出的参数化表示。

a)　目录条目

编号和名字	值
(1)　实体类型号	118
(3)　结构	<n. a.>
(4)　线型模式	＃,⇒
(5)　层	＃,⇒
(6)　视图	0,⇒
(7)　变换矩阵	0,⇒
(8)　标号显示联接	0,⇒
(9a)　空白状态	??
(9b)　次级 实体 开关	??
(9c)　实体用途标记	??
(9d)　层次结构	* *
(12)　线宽	＃
(13)　颜色号	＃,⇒
(15)　格式号	0～1

b) 参数数据

索 引	名 称	类 型	说 明
1	DE1	指针	指向第一个曲线实体 DE 的指针
2	DE2	指针	指向第二个曲线实体 DE 的指针
3	DIRFLG	整数	方向标志： 0=起点和起点连接,终点和终点连接； 1=起点和终点连接,终点和起点连接
4	DEVFLG	整数	可展曲面标志： 1=可展的； 0=可能是不可展的

按需要附加的指针(见 5.2.4.5.2)。

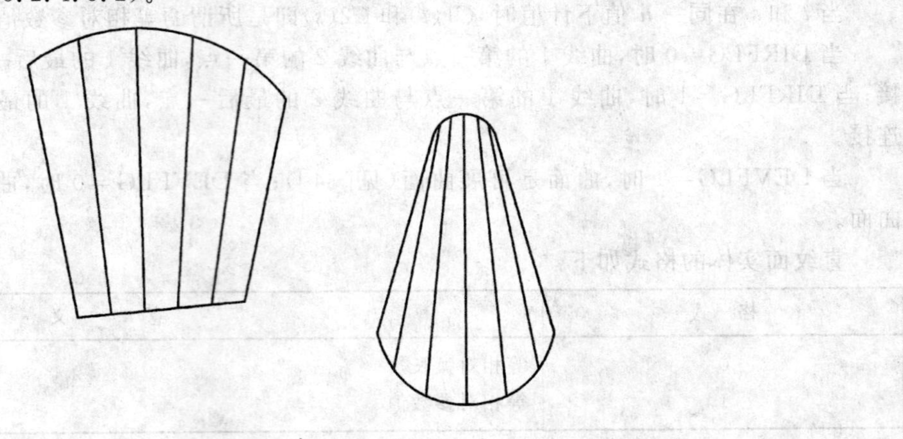

图 29 用直纹面实体定义的例子

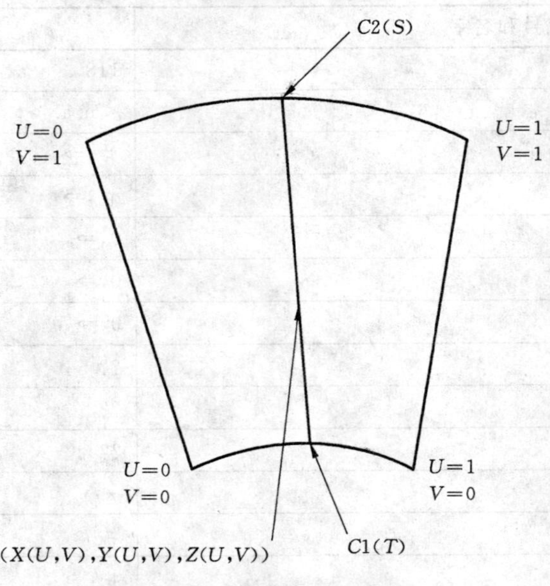

图 30 直纹面实体的参数

7.18 回转曲面实体(类型 120)

Surface of Revolution(回转曲面)是由回转轴(应是一个直线实体),母线,以及起始、终止回转角定义的。该曲面通过绕回转轴从始角到终角回转母线生成。由于回转轴为直线实体(类型 110),所以在它的参数数据段中,放在前面的是它的始点坐标,随后放的是它的终点坐标。沿回转轴定义的直线实体的终点到始点的方向,回转角按逆时针的方向度量。母线可以是任何已参数化的曲线实体。图 31 给出了回转曲面的例子。

图 32 示出了定义回转曲面实体的各参数。直线实体 L 定义一条唯一的直线,该直线定义回转轴。该轴的方向与赋给直线实体 L 的方向相同。设 R_θ 是从固定的回转轴的每一点出发绕该回转轴按逆时针方向在三维坐标系空间中旋转每一点 θ 弧度的特有的刚性运动,则 R_θ 把三维直角坐标系空间的每个元素赋予三维直角坐标系空间的另一个元素。

曲线 C 是该回转曲面的母线。对于在该曲线定义域的参数区间$[a,b]$中的每个实数,C 都确定三维直角坐标系空间的一个元素。

SA 和 TA 是定义该回转曲面的按弧度度量的始角和终角。SA 和 TA 的约束条件为 $0<TA \sim SA \leqslant 2\pi$。

由该实体定义的回转曲面 S 是绕有向回转轴逆时针旋转母线 C 从角 SA 到角 TA 的一个扫成曲面。

需要时,回转曲面 S 的缺省参数化表示为:

$$S(x,\theta)=R_\theta(C(x))$$

对于每一对实数(x,θ),有 $a\leqslant x\leqslant b$ 及 $SA\leqslant\theta\leqslant TA$。

a) 目录条目

编号和名字	值
(1) 实体类型号	120
(3) 结构	＜n. a.＞
(4) 线型模式	#,⇒
(5) 层	#,⇒
(6) 视图	0,⇒
(7) 变换矩阵	0,⇒
(8) 标号显示联接	0,⇒
(9a) 空白状态	??
(9b) 次级 实体 开关	??
(9c) 实体用途标记	??
(9d) 层次结构	* *
(12) 线宽	#
(13) 颜色号	#,⇒
(15) 格式号	0

b) 参数数据

索 引	名 称	类 型	说 明
1	L	指针	指向直线实体(回转轴)DE 的指针
2	C	指针	指向母线实体 DE 的指针
3	SA	实数	按弧度计的始角
4	TA	实数	按弧度计的始角

按需要附加的指针(见 5.2.4.5.2)。

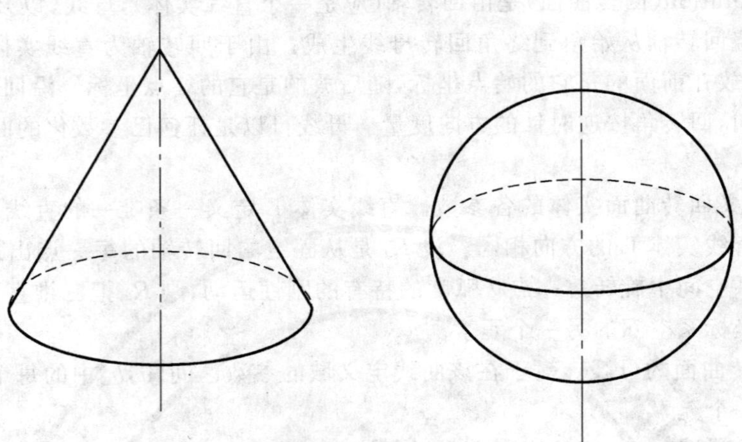

图 31 用回转曲面实体定义的例子

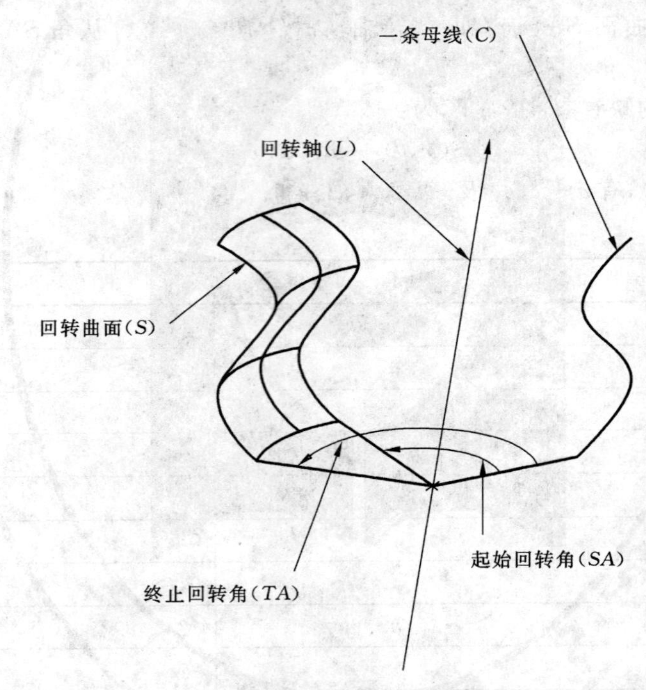

图 32 回转曲面实体的参数

7.19 列表柱面实体(类型 122)

Tabulated Cylinder(列表柱面)是称为母线的直线段沿着称为准线的一条曲线平行移动所形成的曲面。该曲线可以是直线、圆弧、圆锥曲线弧、参数样条曲线、有理 B 样条曲线、复合曲线或任何本标准定义的(平面或非平面的)参数曲线。母线的始点与准线的始点相同。图 33 示出了列表柱面的一个例子。

注意:生成曲线的不同参数化方法将生成不同的参数化曲面,但是基础的点集曲面仍是同一个。

需要时,缺省的参数化表示为:

$$X(u,v)=CX(u)+v\cdot(LX-CX(0))$$
$$Y(u,v)=CY(u)+v\cdot(LY-CY(0))$$
$$Z(u,v)=CZ(u)+v\cdot(LZ-CZ(0))$$

其中,该曲线由$(CX(t),CY(t),CZ(t))$参数化,

$$a \leqslant t \leqslant b$$
$$0 \leqslant u \leqslant 1$$
$$0 \leqslant v \leqslant 1$$
$$t = a + u \cdot (b - a)$$

且 CX、CY、CZ 分别表示为沿准线的 X、Y、Z 分量。($CX(0)$,$CY(0)$,$CZ(0)$)和(LX,LY,LZ)分别表示母线段的始点和终点的坐标。

a) 目录条目

编号和名字	值
(1) 实体类型号	122
(3) 结构	<n.a.>
(4) 线型模式	#,⇒
(5) 层	#,⇒
(6) 视图	0,⇒
(7) 变换矩阵	0,⇒
(8) 标号显示联接	0,⇒
(9a) 空白状态	??
(9b) 次级 实体 开关	??
(9c) 实体用途标记	??
(9d) 层次结构	* *
(12) 线宽	#
(13) 颜色号	#,⇒
(15) 格式号	0

b) 参数数据

索 引	名 称	类 型	说 明
1	DE	指针	指向准线实体 DE 的指针
2	LX	实数	母线终点坐标
3	LY	实数	
4	LZ	实数	

按需要附加的指针(见 5.2.4.5.2)。

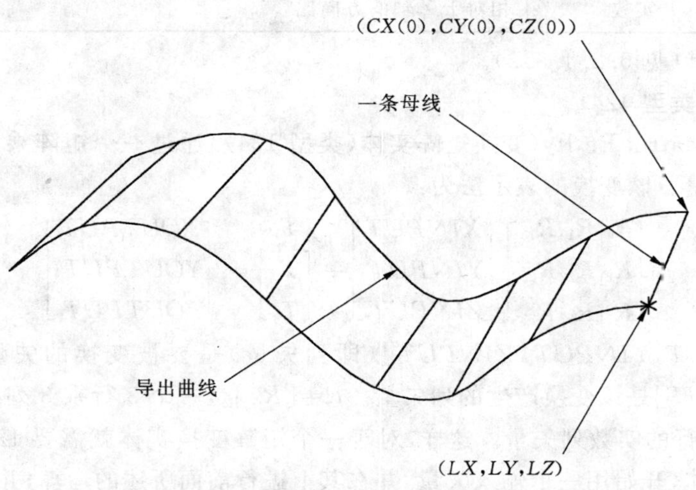

图 33 列表柱面实体的参数

7.20 方向实体(类型 123)‡

‡Direction Entity(方向实体)尚未经过测试。参见 4.8。

方向实体是三维直角坐标系空间中的一个非零矢量,它通过相对于坐标轴的三个分量(方向比)定义。如果(x,y,z)是方向比,则

$$x^2+y^2+z^2>0$$

从属实体开关通常应设置为物理相关的。该实体不引用变换矩阵实体(类型 124)。

a) 目录条目

编号和名字	值
(1) 实体类型号	123
(3) 结构	<n. a.>
(4) 线型模式	<n. a.>
(5) 层	<n. a.>
(6) 视图	<n. a.>
(7) 变换矩阵	<n. a.>
(8) 标号显示联接	<n. a.>
(9a) 空白状态	**
(9b) 次级 实体 开关	01
(9c) 实体用途标记	02
(9d) 层次结构	**
(12) 线宽	<n. a.>
(13) 颜色号	<n. a.>
(15) 格式号	0

b) 参数数据

索 引	名 称	类 型	说 明
1	X	实数	相对于 X 轴的方向比
2	Y	实数	相对于 Y 轴的方向比
3	Z	实数	相对于 Z 轴的方向比

按需要附加的指针(见 5.2.4.5.2)。

7.21 变换矩阵实体(类型 124)

Transformation Matrix Entity(变换矩阵实体(类型 124))通过一个矩阵乘法,然后是一个矢量加法来变换三行的列矢量。该变换的表示法为:

$$\begin{bmatrix} R_{11} R_{12} R_{13} \\ R_{21} R_{22} R_{23} \\ R_{31} R_{32} R_{33} \end{bmatrix} \begin{bmatrix} XINPUT \\ YINPUT \\ ZINPUT \end{bmatrix} + \begin{bmatrix} T_1 \\ T_2 \\ T_3 \end{bmatrix} = \begin{bmatrix} XOUTPUT \\ YOUTPUT \\ ZOUTPUT \end{bmatrix}$$

这里,列$[XINPUT,YINPUT,ZINPUT]$(即列矢量)是要被变换的矢量,而列$[XOUTPUT,YOUTPUT,ZOUTPUT]$是该变换产生的列矢量。$R=[R_{ij}]$是一个 3 行乘 3 列的实数矩阵,而 T=列$[T_1,T_2,T_3]$是一个 3 行的实数列矢量。这样,对于一个矩阵变换实体就需要 12 个实数。该实体可以认为是一个“算子”实体,开始用一个输入矢量,并在其上进行前面所述的运算,并生成输出矢量。

通常,输入矢量列出的是在一个坐标系中的某点的坐标,而输出矢量列出的是在另一个坐标系中同

一个点的坐标。矩阵 R 和平移矢量 T 则表示两个坐标系间的一般关系。鉴于特殊的输入矢量，诸如列[1,0,0]，列[0,1,0]和列[0,0,1]并计算相应的输出结果，能够得到两个坐标系间空间关系的几何理解。

例如，对于

$$R=\begin{bmatrix}0 & 0 & 1\\ 0 & 1 & 0\\ -1 & 0 & 0\end{bmatrix},T=\begin{bmatrix}0\\ 0\\ 0\end{bmatrix}$$

图 34 给出了输入和输出坐标系的空间关系。

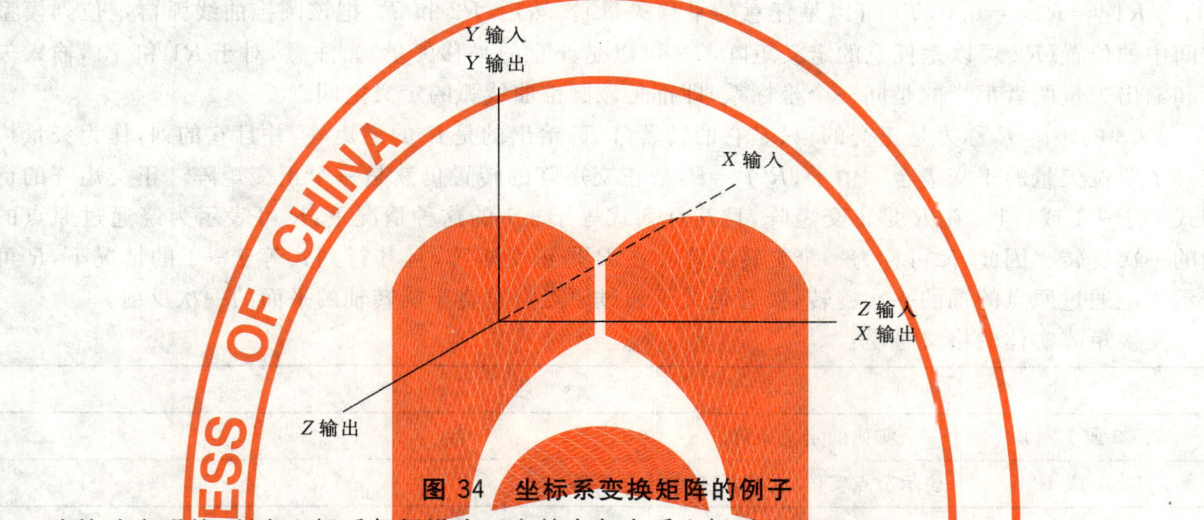

图 34 坐标系变换矩阵的例子

除特殊声明外，所有坐标系都假设为正交笛卡尔右手坐标系。

下面是三个特定的应用场合，其中变换矩阵实体用于变换坐标系间的坐标。每个应用场合的例子都说明输入和输出坐标系的特定选择。在其他应用场合坐标系的另一些选择可能更适合。

通常情况，变换矩阵实体应用于：输入矢量指的是对某特定实体的定义空间坐标系，而输出矢量指的是模型空间坐标系（见 6.2.2）。在这种情况下，矩阵 R 称为定义矩阵，而定义 R 和 F 的变换矩阵实体由该实体的目录条目的域 7（变换矩阵域）指出（见 5.2.4.4.7）。在这种变换矩阵实体的应用中，矩阵 R 要受到下述格式 0 和格式 1 中给出条件的约束。

第二种情况，输入矢量指的是模型空间坐标系，而输出矢量指的是视图坐标系的情况。在这种情况下，矩阵 R 称为视图矩阵，并且要受到下述格式 0 中给出条件的约束。注意，当在真实长度的场合观察平面实体（即观察平面平行于包含该实体的平面）时，该平面实体 DE 域 7 所指示的旋转矩阵应是该视图实体 DE 域 7 所指示矩阵的逆（等于该矩阵的转置）（见 7.138）。

第三种情况，涉及有限元建模应用。在这里，它可能是一个输入坐标系通过一个特定的 R 和 T 与一个输出坐标系相关系，该输出坐标系又作为第二个 R 和 T 组合的输入坐标系。这些坐标系通常称为局部坐标系模型空间通常称为参考系。例如，有限元节点的位置可在一个局部坐标系中给出，该坐标系可用作第二个局部坐标系的输入坐标系，而第二个局部坐标系又转而用作参考系的模型空间坐标系的输入坐标系。对于这些应用，矩阵 R 的容许格式在下面的格式 10、11 和 12 中详述。

根据以上所述，坐标系总是能够依次彼此相关联的，一个基本的结果是各个坐标系变换的组合运算可借助单一的矩阵 R 和单一的平移矢量 T 来表示。例如，当包含矩阵 R_2 和平移矢量 T_2 的坐标系的变换要应用于随后的包含矩阵 R_1 和平移矢量 T_1 的坐标系变换时，则表示该组合变换的矩阵 R 和平移矢量 T 为 $R=R_2\times R_1$，$T=R_2\times T_1+T_2$。

这里，$R_2\times R_1$ 表示 3×3 矩阵的矩阵乘法，其中乘法的次序是重要的。在连续地应用多于两个的坐标系变换时，计算矩阵 R 和平移矢量 T 是同样的。

连续的坐标系变换通过使一个变换矩阵实体可以利用目录条目的域 7 引用另一个变换矩阵实体确

定。在上面的例子中，含有 R_1 和 T_1 的变换矩阵实体应在它的目录条目域 7 中包含一个指向含有 R_2 和 T_2 的变换矩阵实体的指针。一般原则是，在连续变换中，较前应用的变换矩阵实体将依次引用较后应用的变换矩阵实体。注意，在上面的例子中，矩阵乘积 $R2\times R1$ 的数据并不显式地出现，但是，需要时可根据矩阵乘法的通常规则加以计算。

除上述的有限元应用的例子外，连续(链接或叠加)关联坐标系的第二个例子涉及把在定义空间中处于标准位置的圆锥曲线弧定位于模型空间的一种方法。在这种情况下，$R1$ 和 $T1$ 把圆锥曲线弧从它在满足 $ZT=$常数的定义空间中的标准位置移动到任何平面中的任意位置。(因此，$R1_{33}=1.0$，$R1_{31}=R1_{32}=R1_{13}=R1_{23}=0.0$，$T1$ 可以是任意的平移矢量)。然后，$R2$ 和 $T2$ 把该圆锥曲线弧再定位到模型空间中的位置($R2$ 可以是任意的定义矩阵，$T2$ 可以是任意的平移矢量)。注意，对于 $R1$ 和 $T1$，输入矢量和输出矢量两者都指的是同一个坐标系，即都是该圆锥曲线弧的定义空间。

3×3 的矩阵 R 称为是正交的，只是它的转置阵 R^t 给出的是 R 的逆矩阵，并且它的列，作为矢量构成一个单位矢量的正交集合。由于$(R^t)^t=R$，故正交矩阵的转置仍然是一个正交矩阵。正交矩阵的行列式等于$+1$ 或-1。在 R 是正交矩阵，且其行列式等于$+1$ 的这种情况下，R 可表示为绕通过原点的轴的一次旋转。因此，R 可称为一个旋转矩阵。在 R 是正交矩阵，且其行列式等于-1 的情况下，R 可表示为绕通过原点的轴的一次旋转，接着是关于通过原点且垂直于旋转轴的平面的一次反射。

变换矩阵实体的格式号是：

格　　式	用　　途
0 或 1	一个实体的定义矩阵
10,11 或 12	表示节点实体(类型 134)的专用矩阵

格式 0：(缺省)R 是一个正交矩阵且其行列式等于$+1$。T 是任意的。依顺序取 R 的各列形成输出右手坐标系的三元组。

格式 1：R 是一个正交矩阵且其行列式等于-1。T 是任意的。依顺序取 R 的各列形成输出左手坐标系的三元组。与视图实体(类型 410)相关的定义矩阵不应使用格式 1。

格式 10：该格式号在有限元应用中与节点实体(类型 134)一起使用时传递专用信息。对于符号用法参见图 35a)。矩阵 R 和矢量 T 用于从(u_1,u_2,u_3)坐标系到(x,y,z)局部坐标系变换坐标数据。

(u_1,u_2,u_3)坐标系在(x,y,z)坐标系中的任一固定点处有它的原点，并且假设其位移是平行于参考坐标系的。因此使得

$$\begin{bmatrix} XOFFSET \\ YOFFSET \\ ZOFFSET \end{bmatrix}$$

$$R=\begin{bmatrix} 1 & 0 & 0 \\ 0 & 1 & 0 \\ 0 & 0 & 1 \end{bmatrix} \qquad T=\begin{bmatrix} XOFFSET \\ YOFFSET \\ ZOFFSET \end{bmatrix}$$

$$\begin{bmatrix} 1 & 0 & 0 \\ 0 & 1 & 0 \\ 0 & 0 & 1 \end{bmatrix}\begin{bmatrix} u_1 \\ u_2 \\ u_3 \end{bmatrix}+\begin{bmatrix} XOFFSET \\ YOFFSET \\ ZOFFSET \end{bmatrix}=\begin{bmatrix} XLOCAL \\ YLOCAL \\ ZLOCAL \end{bmatrix}$$

注意，这两个坐标系的方向可通过这种说法来描述，即(u_1,u_2,u_3)坐标系是通过把正交曲线坐标放置到(x,y,z)空间，然后为了作为基础矢量而在给定点处对三个曲线坐标的曲线构造单位切矢量所得到的坐标系。在这种特殊的平行位移情况下，所施加的曲线坐标等于原有的(x,y,z)坐标。

格式 11：该格式号在有限元应用中与节点实体(类型 134)一起使用时传递专用信息。对于符号用法参见图 35b)。矩阵 R 和矢量 T 用于从(u_1,u_2,u_3)(节点)坐标系到(x,y,z)(局部)坐标系变换坐标数据。

(u_1,u_2,u_3)坐标系在(x,y,z)坐标系中的任意固定点处

$$XOFFSET=r_0\sin\theta_0 \qquad r_0>0$$
$$YOFFSET=r_0\sin\theta_0 \qquad 0\leqslant\theta_0\leqslant 360°$$
$$ZOFFSET=z_0 \qquad -\infty<z_0<\infty$$

有它的原点。(当 $r_0=0$ 时,取 $\theta=0°$)。(u_1,u_2,u_3)坐标系是通过把正交曲线坐 标放置到带有

$$x=r\cos\theta$$
$$y=r\sin\theta$$
$$z=z$$

的柱面坐标(r,θ,z)的(x,y,z)空间,然后为了作为基础矢量而在给定点处对三个曲线坐标的曲线构造单位切矢量所得到的坐标系。

因此,(u_1,u_2,u_3)和(x,y,z)局部坐标系间的关系由下列给出。

$$\begin{bmatrix}\cos\theta_0 & -\sin\theta_0 & 0\\ \sin\theta_0 & \cos\theta_0 & 0\\ 0 & 0 & 1\end{bmatrix}\begin{bmatrix}u_1\\ u_2\\ u_3\end{bmatrix}+\begin{bmatrix}XOFFSET\\ YOFFSET\\ ZOTTSET\end{bmatrix}=\begin{bmatrix}XLOCAL\\ YLOCAL\\ ZLOCAL\end{bmatrix}$$

格式 12:该格式号在有限元应用中与节点实体(类型 134)一起使用时传递专用信息。

对于符号用法参见图 35c)。矩阵 R 和矢量 T 用于从(u_1,u_2,u_3)坐标系到(x,y,z)局部坐标系变换坐标数据。

(u_1,u_2,u_3)坐标系在(x,y,z)坐标系中的任意固定点处

$$XOFFSET=r_0\sin\theta_0\sin\phi_0 \qquad r_0>0$$
$$YOFFSET=r_0\sin\theta_0\cos\phi_0 \qquad 0\leqslant\theta_0\leqslant 180°$$
$$ZOFFSET=r_0\cos\theta_0 \qquad 0\leqslant\phi_0\leqslant 360°$$

有它的原点。(当 $r_0=0$ 时,取 $\theta_0=\phi_0=0°$;当 $\theta_0=0°$或 180°时,$\phi_0=0°$)。

(u_1,u_2,u_3)坐标系是通过施加正交曲线坐标到带有

$$x=r\sin\theta\cos\phi$$
$$y=r\sin\theta\sin\phi$$
$$z=r\cos\theta$$

的球面坐标的(x,y,z)空间,然后为了作为基础矢量而在给定点处对三个曲线坐标的曲线构造单位切矢量所得到的坐标系。

因此,(u_1,u_2,u_3)和(x,y,z)局部坐标系间的关系由给出。

$$\begin{bmatrix}\sin\theta_0*\cos\phi_0 & \cos\theta_0*\cos\phi_0 & -\sin\phi_0\\ \sin\theta_0*\sin\phi_0 & \cos\theta_0*\sin\phi_0 & \cos\phi_0\\ \cos\theta_0 & -\sin\theta_0 & 0\end{bmatrix}\begin{bmatrix}u_1\\ u_2\\ u_3\end{bmatrix}+\begin{bmatrix}XOFFSET\\ YOFFSET\\ ZOFFSET\end{bmatrix}=\begin{bmatrix}XLOCAL\\ YLOCAL\\ ZLOCAL\end{bmatrix}$$

a) 目录条目

编号和名字	值
(1) 实体类型号	124
(3) 结构	<n. a.>
(4) 线型模式	<n. a.>
(5) 层	<n. a.>
(6) 视图	<n. a.>

编号和名字	值
(7) 变换矩阵	0,⇒
(8) 标号显示联接	<n. a.>
(9a) 空白状态	* *
(9b) 次级 实体 开关	* *
(9c) 实体用途标记	??
(9d) 层次结构	* *
(12) 线宽	<n. a.>
(13) 颜色号	<n. a.>
(15) 格式号	0-1,10-12

b) 参数数据

索　引	名　称	类　型	说　明
1	R11	实数	第一行
2	R12	实数	·
3	R13	实数	·
4	T1	实数	·
5	R21	实数	第二行
6	R22	实数	·
7	R23	实数	·
8	T2	实数	·
9	R31	实数	第三行
10	R32	实数	·
11	R33	实数	·
12	T3	实数	·

按需要附加的指针(见 5.2.4.5.2)。

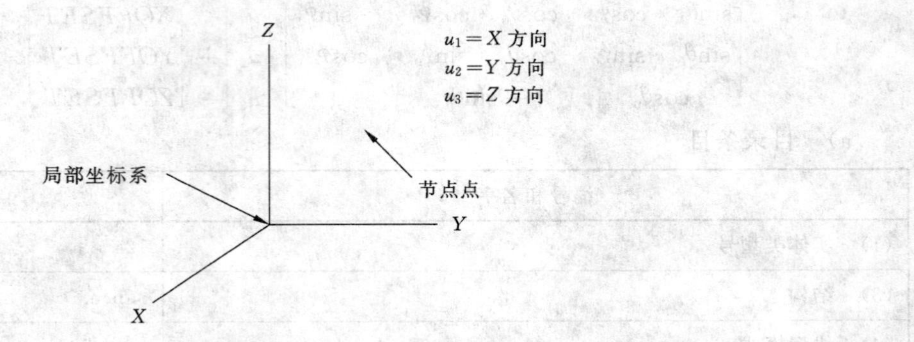

a) 笛卡儿

图 35　变换矩阵实体的 FEM 特定格式的符号用法

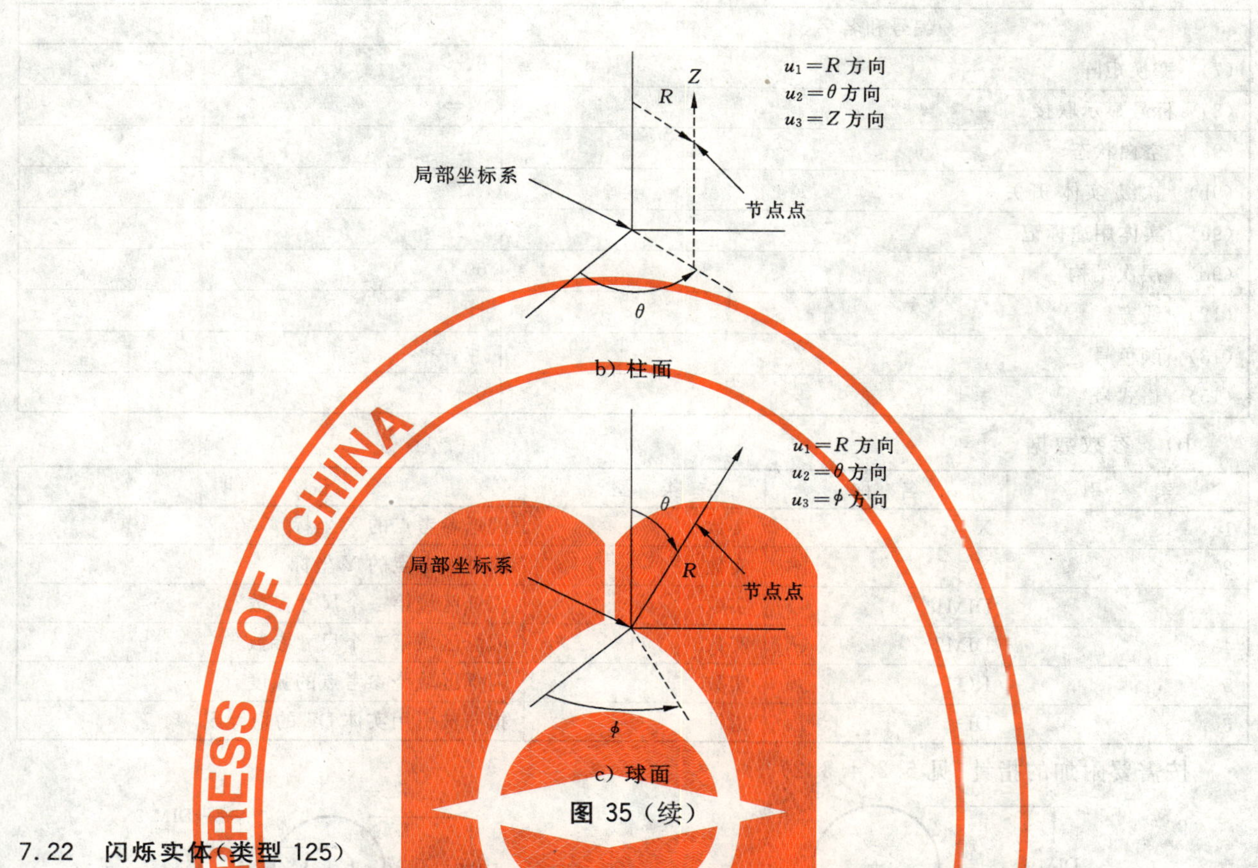

b) 柱面

c) 球面

图 35（续）

7.22 闪烁实体(类型 125)

Flash Entity(闪烁实体)是 ZT=0 平面中的一个点,它定义一个具体的封闭域的特定实例的位置。该封闭区域可能用两种方式中的一种去定义。在格式 0 的情况下,它可以是由任何能够定义封闭区域的实体所定义的任意封闭区域。这个实体的点必须全部位于 ZT=0 的平面内。对于格式 1 到 4 的情况,封闭区域可能是几种闪烁形状的预定义集合。这些形状的定义可查看图 36。

在格式 1 到 4 的情况下,闪烁实体参数 3 到 5 控制着闪烁区域的最终尺寸。图 36 指出了对于特定的闪烁格式这些参数的定义和应用。对于格式 0,参数 3 到 5 应忽略。

闪烁实体的格式号如下:

格　式	意　　义
0	由被引用实体定义
1	圆
2	矩形
3	圆环形
4	皮划艇形

a)　目录条目

编号和名字	值
(1)　实体类型号	125
(3)　结构	<n. a.>
(4)　线型模式	1
(5)　层	#,⇒
(6)　视图	0,⇒

编号和名字	值
(7) 变换矩阵	0,⇒
(8) 标号显示联接	0,⇒
(9a) 空白状态	??
(9b) 次级 实体 开关	??
(9c) 实体用途标记	??
(9d) 层次结构	00
(12) 线宽	#
(13) 颜色号	#,⇒
(15) 格式号	0-4

b) 参数数据

索 引	名 称	类 型	说 明
1	X	实数	闪烁参考点的 X 坐标
2	Y	实数	闪烁参考点的 Y 坐标
3	DIM1	实数	闪烁区域第一个尺寸参数
4	DIM2	实数	闪烁区域第二个尺寸参数
5	ROT	实数	闪烁区域绕参考点的弧度
6	DE	指针	指向被引用实体 DE 的指针或 0

按需要附加的指针(见 5.2.4.5.2)。

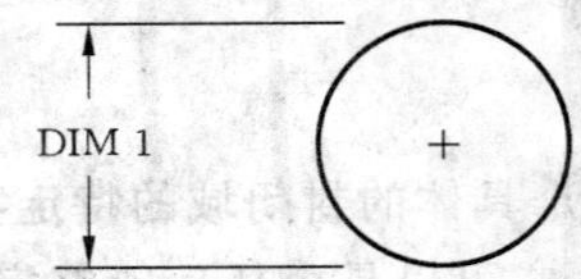

格式 1 圆
DIM 1=圆的直径
参考点是圆的中心。

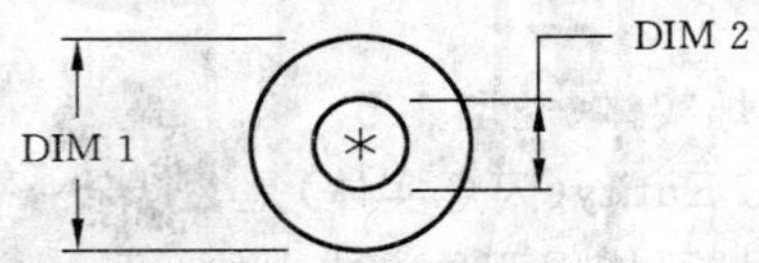

格式 3 圆环形
DIM 1=圆的外径
DIM 2=圆的内径
ROTATION=空或 0
参考点是圆心。

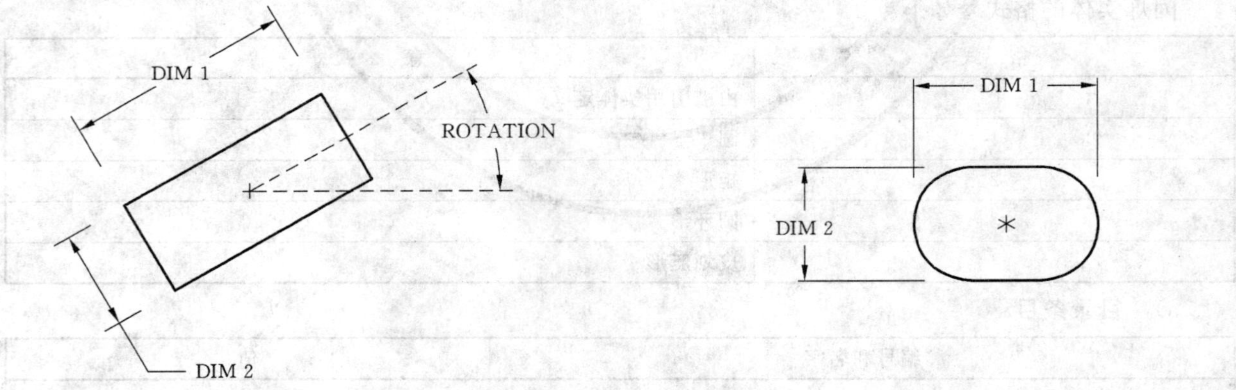

格式 2 矩形
DIM 1=旋转前 X 轴上的投影长度
DIM 2=旋转前 Y 轴上的投影长度
ROTATIION=从 X 轴正方向按逆时针方向与尺寸 1 形成的角参考点是矩形的中心。

格式 4 长圆形
DIMENSION 1=总长
DIMENSION 2=总宽
ROTATION=从 X 轴到尺寸 1 所形成的弧度角 CCW 参考点是长圆形的中心。

图 36 闪烁实体形状的定义

7.23 有理 B 样条曲线实体(类型 126)

Rational B-Spline Curve(有理 B 样条曲线)可以表示普通意义下的解析曲线。这个信息对发送系统和接收系统都是重要的。为了传递这个信息本标准提供了目录条目的格式号参数。有理 B 样条曲线的简要描述和精确定义见附录 B。图 37 示出了有理 B 样条曲线的一个例子。

如果有理 B 样条曲线表示一种优先曲线类型,则该格式号对应于最优先的类型。优先次序从 1 到 5,接下去是 0。例如,如果该曲线是一个圆或圆弧,则格式号应置为 2;如果该曲线是长短轴不等长的椭圆,则格式号应置 3;如果该曲线不是一个优先类型的,则格式号应置为 0。

如果该曲线完全位于一个唯一平面内,则该平面标志(PROP1)应置为 1;否则应置为 0。当它置为 1 时,该平面的法线(参数 $14+A+4*k$ 到 $16+A+4*k$)应包含垂直于含有该曲线的平面的单位矢量。当该曲线是非平面曲线时,这些域应存在,但要被忽略。

如果该曲线的始点和终点根据该曲线的始终参数值(即 $V(0)$ 和 $V(1)$ 计算确定是重合的,则该曲线是封闭的且 PROP2 应置为 1,如果它们不重合,则 PROP2 应置为 0。

如果该曲线是有理的(不是所有的加权值都相等),则 PROP3 置为 0;如果全部加权值都彼此相等,则该曲线是多项式,且 PROP3 应置为 1。该曲线为多项式,因为在这种情况下全部加权值可以消去,且分母都可化为 1(见附录 B)。加权值应为正实数。

如果该曲线对于它的参数变量是周期性的,则 PROP4 应置为 1;否则 PROP4 应置为 0。周期标志要解释为纯信息性的;标志为周期性的曲线要与非周期性的情况一样精确地计值。

注意,控制点是在该曲线的定义空间中。

有理 B 样条曲线实体的格式号如下:

格　式	意　　义
0	曲线的形状由有理 B 样条的参数确定
1	直线
2	圆弧
3	椭圆弧
4	抛物线弧
5	双曲线弧

a)　目录条目

编号和名字	值
(1)　实体类型号	126
(3)　结构	<n. a.>
(4)　线型模式	#,⇒
(5)　层	#,⇒
(6)　视图	0,⇒
(7)　变换矩阵	0,⇒
(8)　标号显示联接	0,⇒
(9a)　空白状态	??
(9b)　次级 实体 开关	??
(9c)　实体用途标记	??
(9d)　层次结构	* *
(12)　线宽	#
(13)　颜色号	#,⇒
(15)　格式号	0～5

b) 参数数据

索引	名称	类型	说明
1	K	整数	和的上标。见附录 B
2	M	整数	基函数的阶
3	PROP1	整数	0=非平面,1=平面
4	PROP2	整数	0=开曲线,1=闭曲线
5	PROP3	整数	0=有理的,1=多项式
6	PROP4	整数	0=非周期的,1=周期的
设 N=1+K−M 且 A=N+2*M			
7	T(-M)	实数	节点序列的第一个值
⋮	⋮	⋮	
7+A	T(N+M)	实数	节点序列的最后一个值
8+A	W(0)	实数	第一个加权值
⋮	⋮	⋮	
8+A+K	W(K)	实数	最后一个加权值
9+A+K	X(0)	实数	第一个控制点
10+A+K	Y(0)	实数	
11+A+K	Z(0)	实数	
⋮	⋮	⋮	
9+A+4*K	X(K)	实数	最后一个控制点
10+A+4*K	Y(K)	实数	
11+A+4*K	Z(K)	实数	
12+A+4*K	V(0)	实数	始参数值
13+A+4*K	V(I)	实数	终参数值
14+A+4*K	XNORM	实数	单位法矢(当曲线为平面曲线时)
15+A+4*K	YNORM	实数	
16+A+4*K	ZNORM	实数	

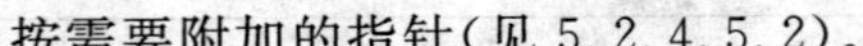
按需要附加的指针(见 5.2.4.5.2)。

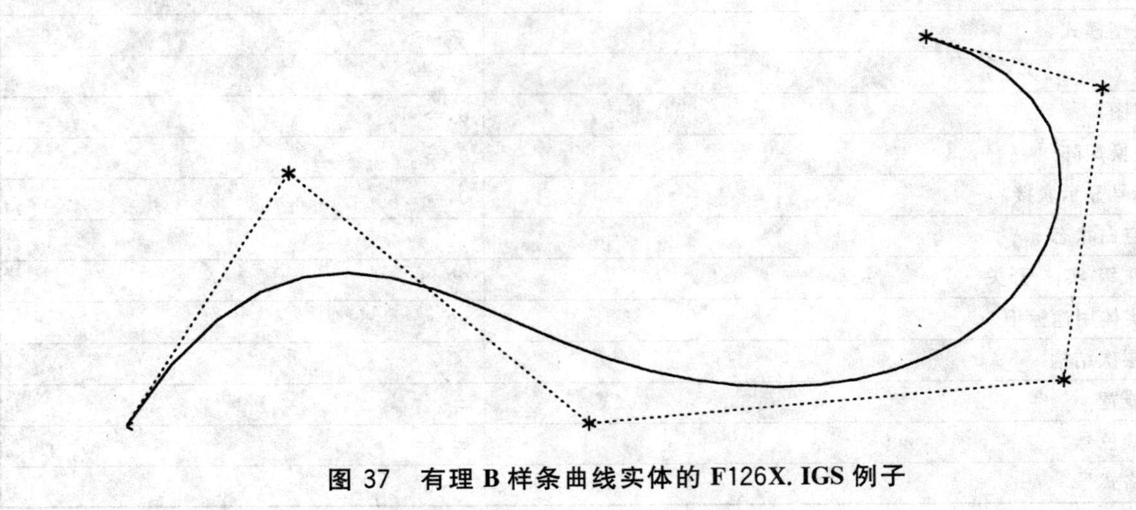

图 37 有理 B 样条曲线实体的 F126X.IGS 例子

7.24 有理B样条曲面实体(类型128)

Rational B-Spline Surface(有理B样条曲面)表示普通意义下的各种解析曲面。这个信息对于生成系统和接收系统都是重要的。为了传递这种信息本标准提供了目录条目的格式号参数。有理B样条曲面的简要描述和精确定义见附录B。

如果有理B样条曲面表示一种优先曲面类型,则该格式号对应于最优先的类型。优先次序从1到9,接下去是0。例如,如果该曲面是一个正圆柱面,则格式号应置为2。如果该曲面是一个回转曲面且是一个圆环面,则格式号应置为5。如果该曲面不是一个优先类型,则格式号置为0。

如果对于第二个参数变量的每个固定值,由第一个参数变量的函数产生的曲线是封闭的,则PROP1应置为1;否则PROP1应置为0。类似的,如果对于第一个参数变量的每个固定值由第二个参数变量的函数产生的曲线是封闭的,则PROP2应置为1;否则PROP2应置为0。在数学上其描述如下:

当且仅当对于$V(0)\leqslant V\leqslant V(1)$的每个值,曲面在$(U(0),V)$的值与在$(U(1),V)$的值为同一个点的值时,PROP1置为1。对应地,当且仅当对于$u(0)\leqslant u\leqslant u(1)$的每个值,曲面在$(U,V(0))$的值与在$(U,V(1))$的值为同一个点的值时,PROP2置为1。

如果该曲面是有理的(不是所有的加权值都相等),则PROP3应置为0;如果全部加权值都彼此相等,则该曲面是多项式,且PROP3应置为1。该曲面为多项式,因为在这种情况下,全部加权值可以消去,且分母都可化为1(见附录B)。加权值应为正实数。

如果该曲面对于第一个参数变量是周期性的,则PROP4应置为1,否则PROP4应置为0;如果该曲面对于第二个参数变量是周期性的,则PROP5应置为1,否则PROP5应置为0。周期标志应解释为纯信息性的;标志为周期性的曲面要与非周期性的情况一样精确地计值。

注:控制点是在该曲面的定义空间中。

有理B样条曲面实体的格式号如下:

格　式	意　　义
0	曲面的形状由有理B样条的参数确定
1	平面
2	正圆柱面
3	圆锥面
4	球面
5	圆环面
6	回转曲面
7	列表柱面
8	直纹面
9	一般二次曲面

a)　目录条目

编号和名字	值
(1)　实体类型号	128
(3)　结构	<n. a.>
(4)　线型模式	#,⇒
(5)　层	#,⇒

编号和名字	值
(6)　视图	0,⇒
(7)　变换矩阵	0,⇒
(8)　标号显示联接	0,⇒
(9a)　空白状态	??
(9b)　次级 实体 开关	??
(9c)　实体用途标记	??
(9d)　层次结构	＊＊
(12)　线宽	＃
(13)　颜色号	＃,⇒
(15)　格式号	0～9

b)　参数数据

索　　引	名　称	类　　型	说　　　明
1	K1	整数	第一个和的上标,见附录 B
2	K2	整数	第二个和的上标,见附录 B
3	M1	整数	第一组基函数的阶
4	M2	整数	第二组基函数的阶
5	PROP1	整数	1＝在第一个参数变量方向上封闭; 0＝不封闭
6	PROP2	整数	1＝在第二个参数变量方向上封闭; 0＝不封闭
7	PROP3	整数	0＝有理的; 1＝多项式
8	PROP4	整数	0＝在第一个参数变量方向上是非周期性的; 1＝在第一个参数变量方向上是周期性的
9	PROPS	整数	0＝在第二个参数变量方向上是非周期性的; 1＝在第二个参数变量方向上是周期性的
设 N1＝1＋K1－M1; N2＝1＋K2－M2; A＝N1＋2＊M1; B＝N2＋2＊M2; C＝(1＋K1)＊(1＋K2)			
10	S(-M1)	实数	第一个节点序列的第一个值
⋮	⋮	⋮	
10＋A	S(N1＋M1)	实数	第一个节点序列的最后一个值
11＋A	T(-M2)	实数	第二个节点序列的第一个值
⋮	⋮	⋮	

索　引	名　称	类　型	说　　明
11+A+B	T(N2+M2)	实数	第二个节点序列的最后一个值
12+A+B	W(0,0)	实数	第一个加权值
13+A+B	W(1,0)	实数	
⋮	⋮	实数	
11+A+B+C	W(K1,K2)	实数	最后一个加权值
12+A+B+C	X(0,0)	实数	第一个控制点
13+A+B+C	Y(0,0)	实数	
14+A+B+C	Z(0,0)	实数	
15+A+B+C	X(1,0)	实数	
16+A+B+C	Y(1,0)	实数	
17+A+B+C	Z(1,0)	实数	
⋮	⋮	⋮	
9+A+B+4＊C	X(K1,K2)	实数	最后一个控制点
10A+B+4＊C	Y(K1,K2)	实数	
11+A+B+4＊C	Z(K1,K2)	实数	
12+A+B+4＊C	u(0)	实数	第一个参数方向上的始值
13+A+B+4＊C	u(1)	实数	第一个参数方向上的终值
14+A+B+4＊C	v(0)	实数	第二个参数方向上的始值
15+A+B+4＊C	v(1)	实数	第二个参数方向上的终值

按需要附加的指针(见5.2.4.5.2)。

7.25　偏置曲线实体(类型130)

Offset Curve Entity(偏置曲线实体)定义由已知的基准曲线 C 确定该曲线偏置所需要的数据。该实体指出要偏置的基准曲线,并包含偏置距离及附加的相关信息。除了下一段所述之外,在曲线类型方面不设置约束条件;任何参数曲线都可以偏置。

本标准的意图是把偏置的应用限制于平面的且斜率连续的曲线。设 C 表示一条定义空间中的曲线,其通过 $r=r(t)$ 的参数形式定义,设 $T(t)$ 表示在 $r(t)$ 处的单位切线(见[FAUX79]),且设 V 是垂直于含有 C 的平面的单位矢量,则偏置曲线位于含有基准曲线的平面内且定义如下:

$$O(t)=r(t)+f(s)\cdot(V\times T(t));TT1\leqslant t\leqslant TT2$$

FLAG=1:偏置距离是不变的;$f(s)=D1$。

FLAG=2:偏置距离是线性变化的;

$$f(s)=D1+(D2-D1)\cdot(s-TD1)/(TD2-TD1)$$

同时有

$PTYPE=1$

s=沿着 r 从 $r(TT1)$ 到 $r(t)$ 的弧长;

$D1$=在弧长值 $TD1$ 处的偏置;

$D2$=在弧长值 $TD2$ 处的偏置

$PTYPE=2$

$s=t$

$D1$=在参数值 $TD1$ 处的偏置；

$D2$=在参数值 $TD2$ 处的偏置；

$FLAG=3$：偏置距离通过一个函数定义；$f(s)$是由 $DE2$ 引用的曲线的第 $NDIM$ 个坐标函数。同时有

$PTYPE=1$：

s=沿 r 从 $r(TT1)$到 $r(t)$的弧长；

$PTYPE=2$：

$s=t$

注：$TT1$ 和 $TT2$ 应在基曲线 $r(t)$的定义域内选择。

a) 目录条目

编号和名字	值
(1) 实体类型号	130
(3) 结构	<n. a.>
(4) 线型模式	#,⇒
(5) 层	#,⇒
(6) 视图	0,⇒
(7) 变换矩阵	0,⇒
(8) 标号显示联接	0,⇒
(9a) 空白状态	??
(9b) 次级 实体 开关	??
(9c) 实体用途标记	??
(9d) 层次结构	**
(12) 线宽	#
(13) 颜色号	#,⇒
(15) 格式号	0

b) 参数数据

索引	名称	类型	说明
1	DE1	指针整数	指向要偏置的曲线实体 DE 的指针
2	FLAG	整数	偏置距离标志： 1=单值偏置，即距离不变； 2=线性变化的偏置距离； 3=按特定函数的偏置距离
3	DE2	指针或 0	指向该曲线实体 DE 的指针，它的一个坐标把偏置描述为其参数的函数。除 FLAG=3 之外为 0
4	NDIM	整数	DE2 的特定坐标的指针，其把偏置描述为它的参数的函数(仅当 FLAG=3 时使用)

索　引	名　称	类　型	说　　明
5	PTYPE	整数	渐缩偏置类型标志： 1＝弧长的函数； 2＝参数的函数 (仅当 FLAG＝2 或 3 时使用)
6	D1	实数	第一偏置距离(仅当 FLAG＝1 或 2 时使用)
7	TD1	实数	第一偏置距离的弧长或参数值，取决于 PTYPE(仅当 FLAG＝2 时使用)
8	D2	实数	第二偏置距离
9	TD2	实数	第二偏置距离的弧长或参数值，取决于 PTYPE(仅当 FLAG＝2 时使用)
10	VX	实数	垂直于包含被偏置曲线的平面的单位矢量的 X 分量
11	VY	实数	垂直于包含被偏置曲线的平面的单位矢量的 Y 分量
12	VZ	实数	垂直于包含被偏置曲线的平面的单位矢量的 Z 分量
13	TT1	实数	偏置曲线的始参数值
14	TT2	实数	偏置曲线的终参数值

按需要附加的指针(见 5.2.4.5.2)。

对于某种特定情况，不需要的参数值应置为 0 值。例如，当参数 2 的值不为 3 时，参数 3 和 4 应给予 0 值。

7.26　连接点实体(类型 132)

Connect Point Entity(连接点实体)定义连接 0 个、1 个或多个实体的点。这些实体包括管系简图、电气和电子原理图及物理设计(如印刷电路板)中所需要的那些实体。连接点实体被复合曲线(类型 102)、网络子图定义(类型 320)、网络子图实例(类型 420)或流通相关性实例(类型 402，格式 18)引用。它也可以出现在文件中而不被其他实体引用。通过使用缺省显示参数的接收系统或通过符号可显示连接点。见 6.6.3。

如下是类型标志(TF)规定特定连接类型的一个枚举表：

TF 值	意　　义
0	未规定(缺省)
1	非明确的逻辑连接点
2	非明确的物理连接点
101	逻辑元件管脚
102	逻辑通道连接器
103	逻辑断页连接器
104	逻辑总体信号连接器
201	物理 PWA 表面封装管脚
202	物理 PWA 盲管脚
203	物理 PWA 直通管脚
5 001～9 999	实现者定义的

如下是功能代码(FC)规定特定连接功能的一个枚举表：

FC 值	意　　义	FC 值	意　　义
0	未规定(缺省)	27	数据
1	输入	28	时钟
2	输出	29	置位
3	输入和输出	30	复位
4	动力(VCC)	31	消除
5	接地	32	测试
6	正极	33	地址
7	负极	34	控制
8	发射极	35	进位
9	基极	36	和
10	集电极	37	写
11	电源	38	读出
12	控制极	39	V_+
13	漏极	40	读
14	管壳	41	装入
15	屏蔽罩	42	SYNC(同步)
16	反相输入	43	三状态输出
17	有规则的输入	44	VDD
18	加速输入	45	V_-
19	无规则的输入	46	VEE
20	反相输出	47	基准
21	有规则的输出	48	基准旁路
22	加速输出	49	基准电源
23	无规则的输出	98	延迟
24	散热器	99	不连接
25	选通	5 001～9 999	实现者定义
26	启动		

a)　目录条目

编号和名字	值
(1)　实体类型号	132
(3)　结构	＜n. a.＞
(4)　线型模式	♯,⇒
(5)　层	♯,⇒
(6)　视图	0,⇒
(7)　变换矩阵	0,⇒

编号和名字		值
(8)	标号显示联接	0,⇒
(9a)	空白状态	??
(9b)	次级 实体 开关	??
(9c)	实体用途标记	04
(9d)	层次结构	??
(12)	线宽	#
(13)	颜色号	#,⇒
(15)	格式号	0

注：如果PD索引4(指向显示几何的指针)为0或缺省，则线型模式、线宽加权值、及层次结构都将忽略。

b) 参数数据

索 引	名 称	类 型	说 明
1	X	实数	连接点的X坐标
2	Y	实数	连接点的Y坐标
3	Z	实数	连接点的Z坐标
4	PTR	指针	指向显示符号几何实体的指针，或为0。如果为0，则不规定显示符号
5	TF	整数	类型标志
6	FF	整数	功能标志： 0=未规定； 1=电气信号； 2=流体的流通路径
7	CID	字符串	连接点的功能标识符(如管脚号或喷管标签)
8	PTTCID	指针	对CID的指向正文显示样本实体DE的指针或0，如果为0，则不规定正文显示样板
9	CFN	字符串	连接点功能名
10	PTTCFN	指针	对CFN指向正文显示样板实体DE的指针或0。如果为0，则不规定正文显示样板
11	CPID	整数	唯一连接点标识符
12	FC	整数	连接点功能代码
13	SF	整数	交换标志： 0=可交换连接点(缺省)； 1=不可交换连接点
14	PSFI	指针	指向"物主"网络子图实例实体、网络子图定义实体DE的指针或为0

按需要附加的指针(见5.2.4.5.2)。

7.27 节点实体(类型134)

Node Entity(节点实体)是用于有限元定义的几何点。目录条目域7指示已标定的定义坐标系变换矩阵。该变换矩阵的格式号指明该定义坐标系的类型。柱面和球面坐标系的角度坐标按度表示。

每一个节点都有一个相关的节点位移坐标系。这是变换矩阵实体的格式10、11或12，其确定对于载荷、约束及位移结果的平移和旋转方向。此外，变换矩阵的格式号还指示坐标系的类型。

节点位移坐标系的原点通常是在该节点的位置，而节点位移轴的方向却取决于节点的位置和所引用位移坐标系的类型。笛卡尔（直角）、柱面及球面坐标系是三种可能的类型。图38示出了在这三种坐标系中一个节点的定义。

当位移坐标系为笛卡尔坐标系时，节点位移坐标轴平行于相应引用的坐标系。在图38a)的笛卡尔坐标系中说明了这一点。

对于柱面类型的位移坐标系，节点位移轴的方向取决于所引用位移坐标系定义的节点坐标值。在图38b)的柱面坐标系中说明了节点位移轴分别为径向的、切向的和轴向的情况。

最后，对于球面坐标系，节点位移轴的方向取决于所引用位移坐标系定义的节点的 θ 和 ϕ 两坐标。在图38c)的球面坐标系中指明了节点位移轴分别为径向的、子午线方向的、及水平方向的情况。

如果节点位于柱面或球面坐标系的极轴上，则定义该节点的位移轴平行于所引用位移坐标系的轴。对于柱面坐标系，第一个轴是 $\theta=0$ 轴，而第三个轴是 Z 轴。对于球面坐标系，第一个轴是 $\phi=0$ 轴，而第三个轴是 $\theta=0$ 轴。这两个坐标系余下的轴通过上述所定义的轴适当的叉积来定义。

a) 目录条目

编号和名字	值
(1) 实体类型号	134
(3) 结构	<n. a.>
(4) 线型模式	<n. a.>
(5) 层	<n. a.>
(6) 视图	<n. a.>
(7) 变换矩阵	⇒
(8) 标号显示联接	<n. a.>
(9a) 空白状态	??
(9b) 次级 实体 开关	??
(9c) 实体用途标记	04
(9d) 层次结构	* *
(12) 线宽	<n. a.>
(13) 颜色号	#,⇒
(15) 格式号	0

注：该实体的下标应含有节点号。任选的实体标签可以含有该节点的标签。

b) 参数数据

索 引	名 称	类 型	说 明
1	X/R/R	实数	第一个节点坐标
2	Y/θ/θ	实数	第二个节点坐标
3	Z/Z/ϕ	实数	第三个节点坐标
4	NPCSP	指针	指向变换矩阵实体格式号10、11或12的DE的指针，其定义节点位移坐标系实体。缺省(0)是全局笛卡尔坐标系

按需要附加的指针(见 5.2.4.5.2)。

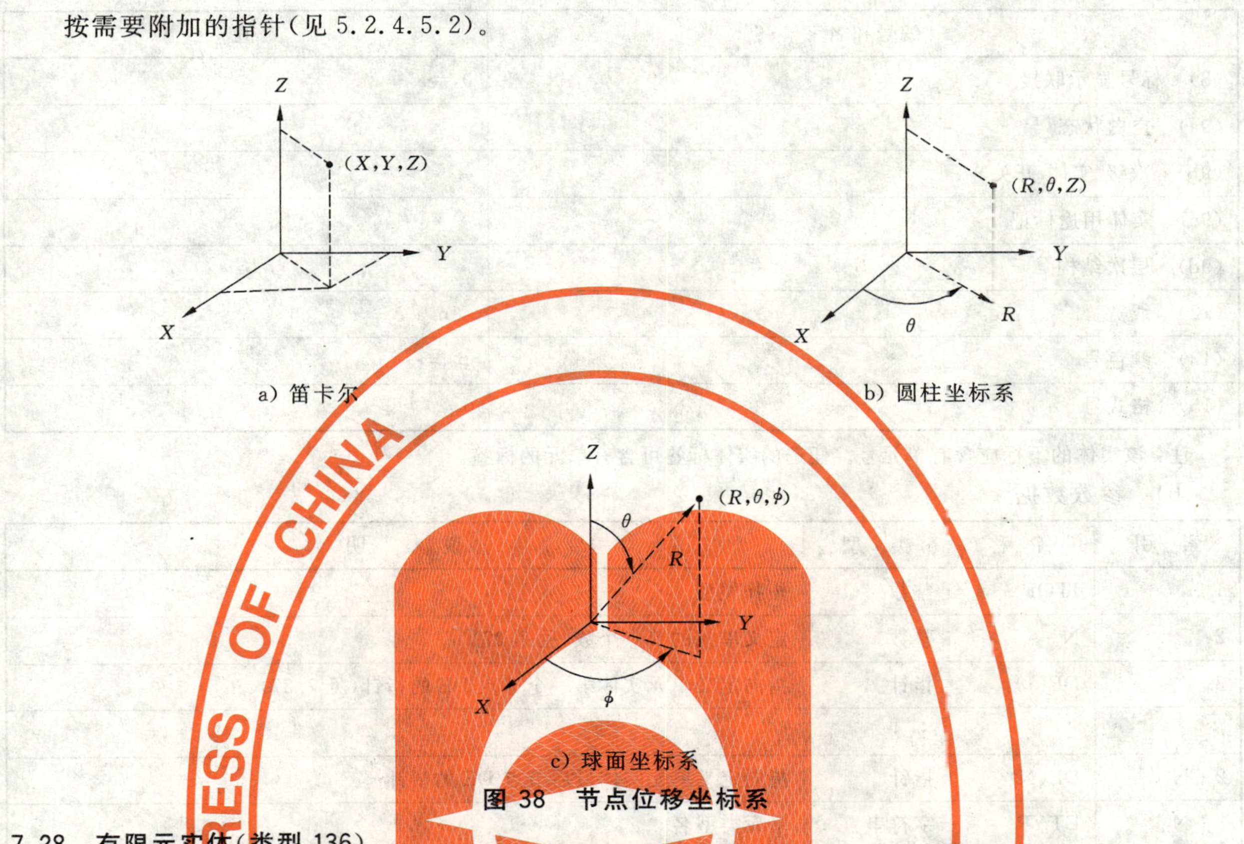

a) 笛卡尔

b) 圆柱坐标系

c) 球面坐标系

图 38 节点位移坐标系

7.28 有限元实体(类型 136)

Finite Element(有限元)通过单元拓扑(即节点连接性)以及物理和材料特性定义。表 6 概述了可利用的单元。表 27 和图 39～图 45 说明了每个单元的节点连接性。

在表 27 中,单元名(ETYP)是描述该单元的英文缩写或简称。单元的拓扑类型(ITOP)是一个整数,其应作为参数数据的第一个参数出现。ITOP 值大于或等于 5001 被认为是求解器定义的。标明边的顺序的顺序值是一个如下的整数:

值	边 的 顺 序
0	不应用
1	直线的
2	抛物线的
3	三次曲线的

表 27 的节点个数(N)应作为有限元参数数据的第二个参数出现。在连接性系列中遗漏的节点应有其对应的设置为 0 的指针值。

a) 目录条目

编号和名字	值
(1) 实体类型号	136
(3) 结构	<n. a.>
(4) 线型模式	0,⇒
(5) 层	<n. a.>
(6) 视图	<n. a.>
(7) 变换矩阵	<n. a.>

编号和名字	值
(8) 标号显示联接	0,⇒
(9a) 空白状态	**
(9b) 次级 实体 开关	**
(9c) 实体用途标记	**
(9d) 层次结构	**
(12) 线宽	＜n.a.＞
(13) 颜色号	♯,⇒
(15) 格式号	0

注：该实体的下标应含有单元号。任选的实体标签可含有单元的标签。

b) 参数数据

索引	名称	类型	说明
1	ITOP	整数	拓扑类型
2	N	整数	定义单元的节点个数(见 7.27)
3	DE(1)	指针	指向定义单元实体第一个节点 DE 的指针(见 7.27)
⋮	⋮	⋮	
2+N	DE(N)	指针	指向定义单元实体最后节点 DE 的指针
3+N	ETYP	字符串	单元类型名

按需要附加的指针(见 5.2.4.5.2)。

表 27 有限元拓扑集

单元名 (ETYP)	单元拓扑类型 (ITOP)	顺序	节点个数 (N)	边数	面数
BEAM	1	1	2	1	0
LTRIA	2	1	3	3	1
PTRIA	3	2	6	3	1
CTRIA	4	3	9	3	1
LQUAD	5	1	4	4	1
PQUAD	6	2	8	4	1
CQUAD	7	3	12	4	1
PTSW	8	2	12	9	5
CTSW	9	3	18	9	5
PTS	10	2	16	12	6
CTS	11	3	24	12	6
LSOT	12	1	4	6	4
PSOT	13	2	10	6	4
LSOW	14	1	6	9	5
PSOW	15	2	15	9	5
CSOW	16	3	24	9	5
LSO	17	1	8	12	6
PSO	18	2	20	12	6
CSO	19	3	32	12	6

表 27（续）

单元名 (ETYP)	单元拓扑类型 (ITOP)	顺　序	节点个数 (N)	边　数	面　数
ALLIN	20	1	2	1	0
APLIN	21	2	3	1	0
ACLIN	22	3	4	1	0
ALTRIA	23	1	3	3	0
APTRIA	24	2	6	3	0
ALQUAD	25	1	4	4	0
APQUAD	26	2	8	4	0
SPR	27	0	2	0	0
GSPR	28	0	1	0	0
DAMP	29	0	2	0	0
GDAMP	30	0	1	0	0
MASS	31	0	1	0	0
RBDY	32	0	2	0	0
TBEAM	33	1	3	1	0
OMASS	34‡	0	2	0	0
OFBEAM	35‡	1	4	1	0
PBEAM	36‡	2	3	1	0
CBEAM	37‡	2	3	1	0
CPSOW	38‡	3	21	9	5

‡注：元素 34～38 未经测试。

表 28　有限元拓扑

单元类型	单　元　名	边	面
1	BEAM(梁)	E1=1,2	
2	LTRIA (直线三角形)	E1=1,2 E2=2,3 E3=3,1	F1=1,2,3
3	PTRIA (抛物线三角形)	E1=1,2,3 E2=3,4,5 E3=5,6,1	F1=1,2,3,4,5,6
4	CTRIA (三次曲线三角形)	E1=1,2,3,4 E2=4,5,6,7 E3=7,8,9,1	F1=1,2,3,4,5,6,7,8,9
5	LQUAD (直线四边形)	E1=1,2 E2=2,3 E3=3,4 E4=4,1	F1=1,2,3,4
6	PQUAD (抛物线四边形)	E1=1,2,3 E2=3,4,5 E3=5,6,7 E4=7,8,1	F1=1,2,3,4,5,6,7,8

参见图 39。

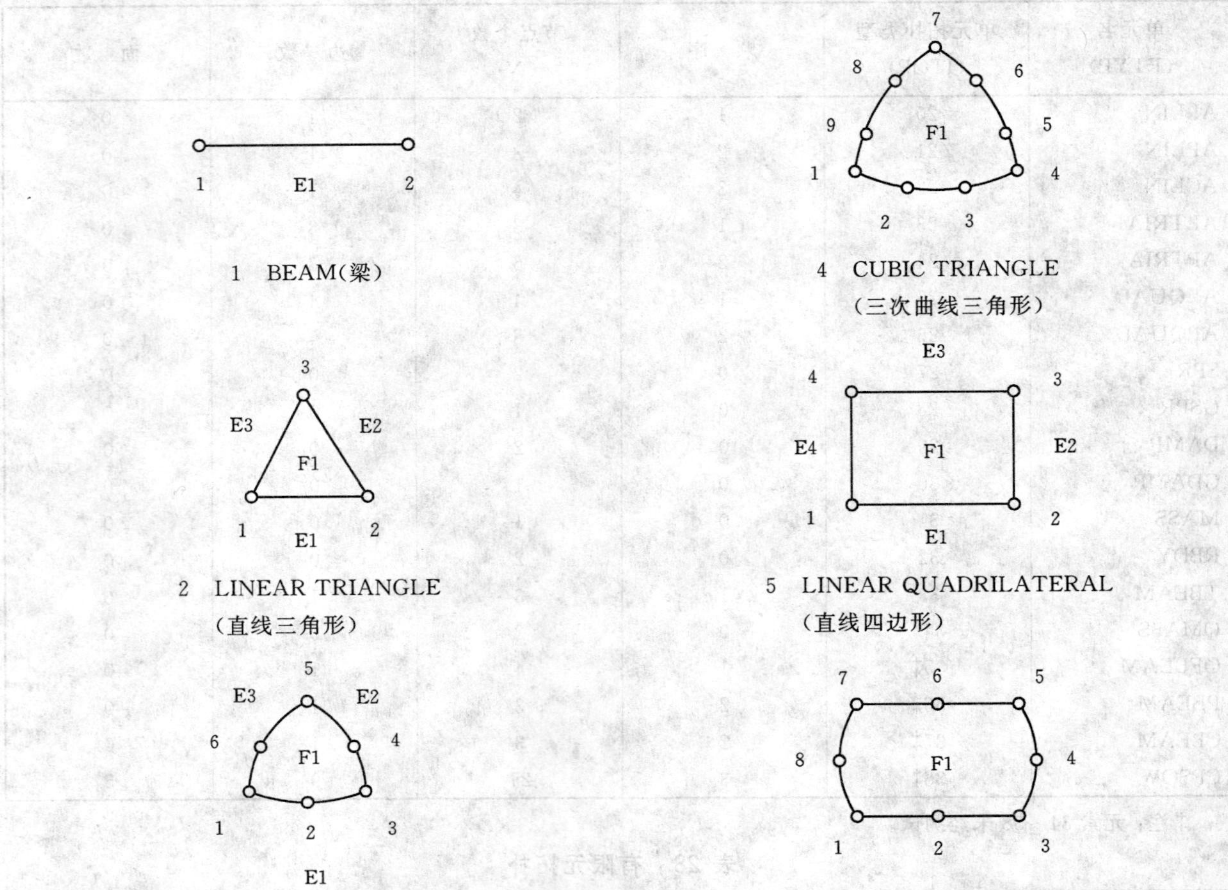

图 39 有限元拓扑集(1)

表 28(续)

单元类型	单　元　名	边	面
7	CQUAD (三次曲线四边形)	E1=1,2,3,4 E2=4,5,6,7 E3=7,8,9,10 E4=10,11,12,1	F1=1,2,3,4,5,6,7,8,9,10,11,12
8	PTSW (抛物线厚壳楔)	E1=1,2,3 E2=3,4,5 E3=5,6,1 E4=7,8,9 E5=9,10,11 E6=11,12,7 E7=1,7 E8=3,9 E9=5,11	F1=1,2,3,4,5,6 F2=7,8,9,10,11,12 F3=1,2,3,9,8,7 F4=3,4,5,11,10,9 F5=5,6,1,7,12,11

表 28（续）

单元类型	单　元　名	边	面
9	CTSW （三次曲线厚壳楔）	E1＝1,2,3,4 E2＝4,5,6,7 E3＝7,8,9,1 E4＝10,11,12,13 E5＝13,14,15,16 E6＝16,17,18,10 E7＝1,10 E8＝4,13 E9＝7,16	F1＝1,2,3,4,5,6,7,8,9 F2＝10,11,12,13,14,15,16,17,18 F3＝1,2,3,4,13,12,11,10 F4＝4,5,6,7,16,15,14,13 F5＝7,8,9,1,10,18,17,16
10	PTS （抛物线厚壳）	E1＝1,2,3 E2＝3,4,5 E3＝5,6,7 E4＝7,8,1 E5＝9,10,11 E6＝11,12,13 E7＝13,14,15 E8＝15,16,9 E9＝1,9 E10＝3,11 E11＝5,13 E12＝7,15	F1＝1,2,3,4,5,6,7,8 F2＝9,10,11,12,13,14,15,16 F3＝1,2,3,11,10,9 F4＝3,4,5,13,,12,11 F5＝5,6,7,15,14,13 F6＝7,8,1,9,16,15
11	CTS （三次曲线厚壳）	E1＝1,2,3,4 E2＝4,5,6,7 E3＝7,8,9,10 E4＝10,11,12,1 E5＝13,14,15,16 E6＝16,17,18,19 E7＝19,20,21,22 E8＝22,23,24,13 E9＝1,13 E10＝4,16 E11＝7,19 E12＝10,22	F1＝1,2,3,4,5,6,7,8,9,10,11,12 F2＝13,14,15,16,17,18,19,20,21,22,23,24 F3＝1,2,3,4,16,15,14,13 F4＝4,5,6,7,19,18,17,16 F5＝7,8,9,10,22,21,20,19 F6＝10,11,12,1,13,24,23,22

参见图 40。

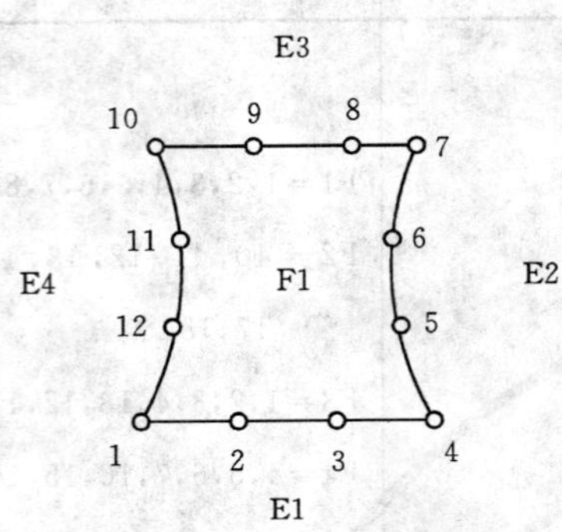

7 CUBIC QUADRILATERAL
(三次曲线四边形)

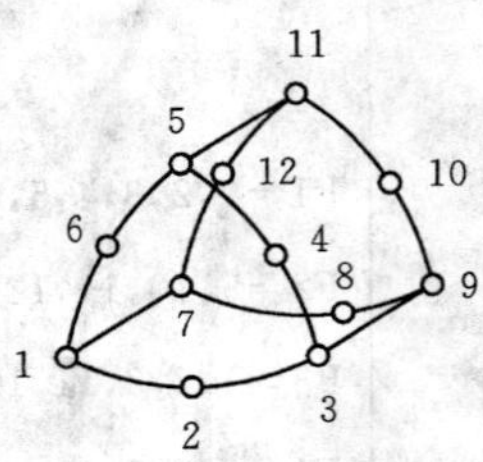

8 PARABLOIC THICK SHELL WEDGE
(抛物线厚壳楔)

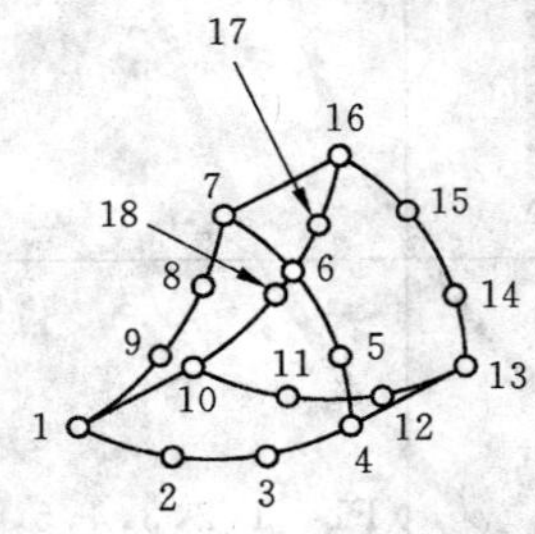

9 CUBIC THICK SHELL WEDGE
(三次曲线厚壳楔)

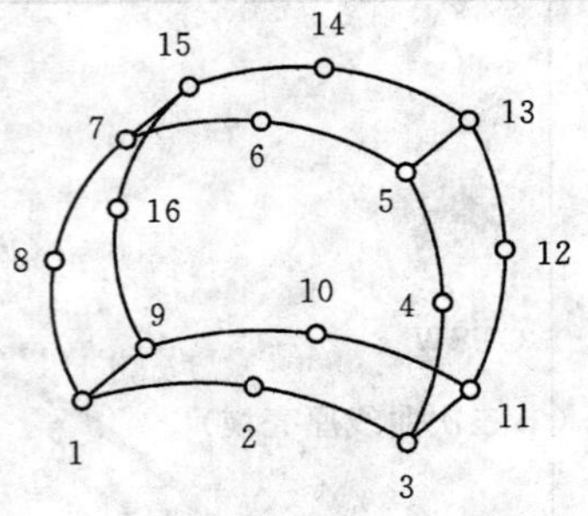

10 PARABOLIC THICK SHELL
(抛物线厚壳)

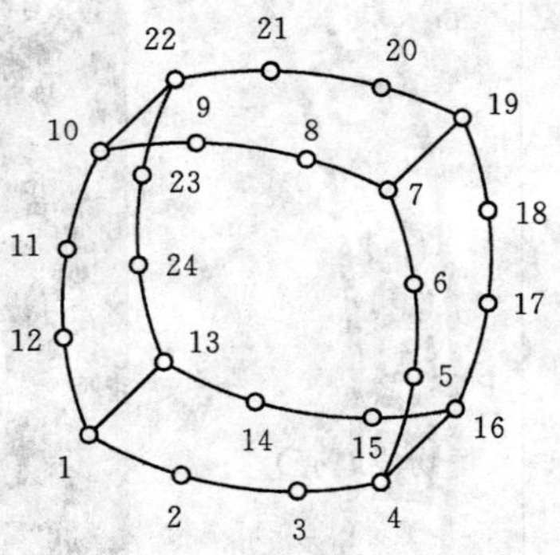

11 CUBIC THICK SHELL
(三次曲线厚壳)

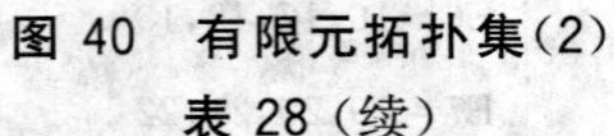

图 40 有限元拓扑集(2)

表 28(续)

单元类型	单 元 名	边	面
12	LSOT (直线实体四面体)	E1=1,2 E2=2,3 E3=3,1 E4=1,4 E5=2,4 E6=3,4	F1=1,2,3 F2=1,2,4 F3=2,3,4 F4=3,1,4

表 28（续）

单元类型	单 元 名	边	面
13	PSOT （抛物线实体四面体）	E1=1,2,3 E2=3,4,5 E3=5,6,1 E4=1,7,10 E5=3,8,10 E6=5,9,10	F1=1,2,3,4,5,6 F2=1,2,3,8,10,7 F3=3,4,5,9,10,8 F4=5,6,1,7,10,9
14	LSOW （直线实体楔）	E1=1,2 E2=2,3 E3=3,1 E4=4,5 E5=5,6 E6=6,4 E7=1,4 E8=2,5 E9=3,6	F1=1,2,3 F2=4,5,6 F3=1,2,5,4 F4=2,3,6,5 F5=3,1,4,6
15	PSOW （抛物线实体楔）	E1=1,2,3 E2=3,4,5 E3=5,6,1 E4=10,11,12 E5=12,13,14 E6=14,15,10 E7=1,7,10 E8=3,8,12 E9=5,9,14	F1=1,2,3,4,5,6 F2=10,11,12,13,14,15 F3=1,2,3,8,12,11,10,7 F4=3,4,5,9,14,13,12,8 F5=5,6,1,7,10,15,14,9
16	CSOW （三次曲线实体楔）	E1=1,2,3,4 E2=4,5,6,7 E3=7,8,9,1 E4=16,17,18,19 E5=19,20,21,22 E6=22,23,24,16 E7=1,10,13,16 E8=4,11,14,19 E9=7,12,15,22	F1=1,2,3,4,5,6,7,8,9 F2=16,17,18,19,20,21,22,23,24 F3=1,2,3,4,11,14,19,18,17,16,13,10 F4=4,5,6,7,12,15,22,21,20,19,14,11 F5=7,8,9,1,10,13,16,24,23,22,15,12

参见图41。

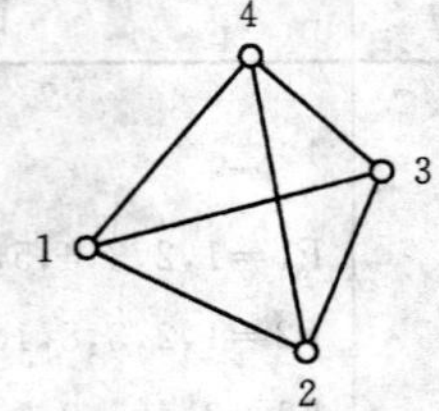

12 LINEAR SOLID TETRAHEDRON
(直线立体四面体)

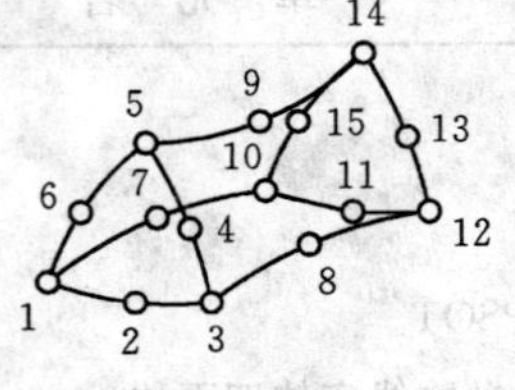

15 PARABOLIC SOLID WEDGE
(抛物线立体楔)

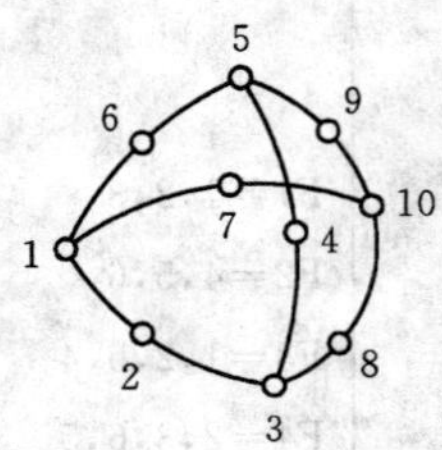

13 PARABOLIC SOLID TETRAHEDRON
(抛物线立体四面体)

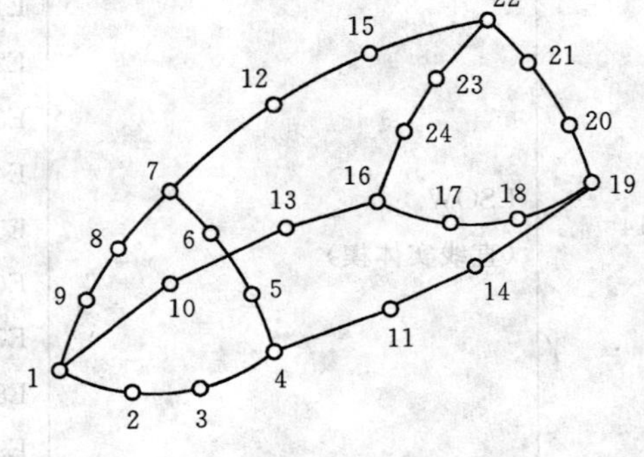

16 CUBIC SOLID WEDGE
(三次曲线立体楔)

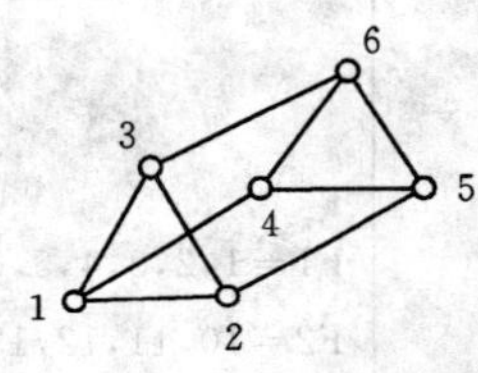

14 LINEAR SOLID WEDGE
(直线立体楔)

图41 有限元拓扑集(3)

表28(续)

单元类型	单 元 名	边	面
17	LSO (直线实体)	E1=1,2 E2=2,3 E3=3,4 E4=4,1 E5=5,6 E6=6,7 E7=7,8 E8=8,5 E9=1,5 E10=2,6 E11=3,7 E12=4,8	F1=1,2,3,4 F2=5,6,7,8 F3=1,2,6,5 F4=2,3,7,6 F5=3,4,8,7 F6=4,1,5,8

表 28（续）

单元类型	单 元 名	边	面
18	PSO （抛物线实体）	E1＝1,2,3 E2＝3,4,5 E3＝5,6,7 E4＝7,8,1 E5＝13,14,15 E6＝15,16,17 E7＝17,18,19 E8＝19,20,13 E9＝1,9,13 E10＝3,10,15 E11＝5,11,17 E12＝7,12,19	F1＝1,2,3,4,5,6,7,8 F2＝13,14,15,16,17,18,19,20 F3＝1,2,3,10,15,14,13,9 F4＝3,4,5,11,17,16,15,10 F5＝5,6,7,12,19,18,17,11 F6＝7,8,1,9,13,20,19,12
19	CSO （三次曲线实体）	E1＝1,2,3,4 E2＝4,5,6,7 E3＝7,8,9,10 E4＝10,11,12,1 E5＝21,22,23,24 E6＝24,25,26,27 E7＝27,28,29,30 E8＝30,31,32,21 E9＝1,13,17,21 E10＝4,14,18,24 E11＝7,15,19,27 E12＝10,16,20,30	F1＝1,2,3,4,5,6,7,8,9,10,11,12 F2＝21,22,23,24,25,26,27,28,29,30,31,32 F3＝1,2,3,4,14,18,24,23,22,21,17,13 F4＝4,5,6,7,15,19,27,26,25,24,18,14 F5＝7,8,9,10,16,20,30,29,28,27,19,15 F6＝10,11,12,1,13,17,21,32,31,30,20,16

参见图 42。

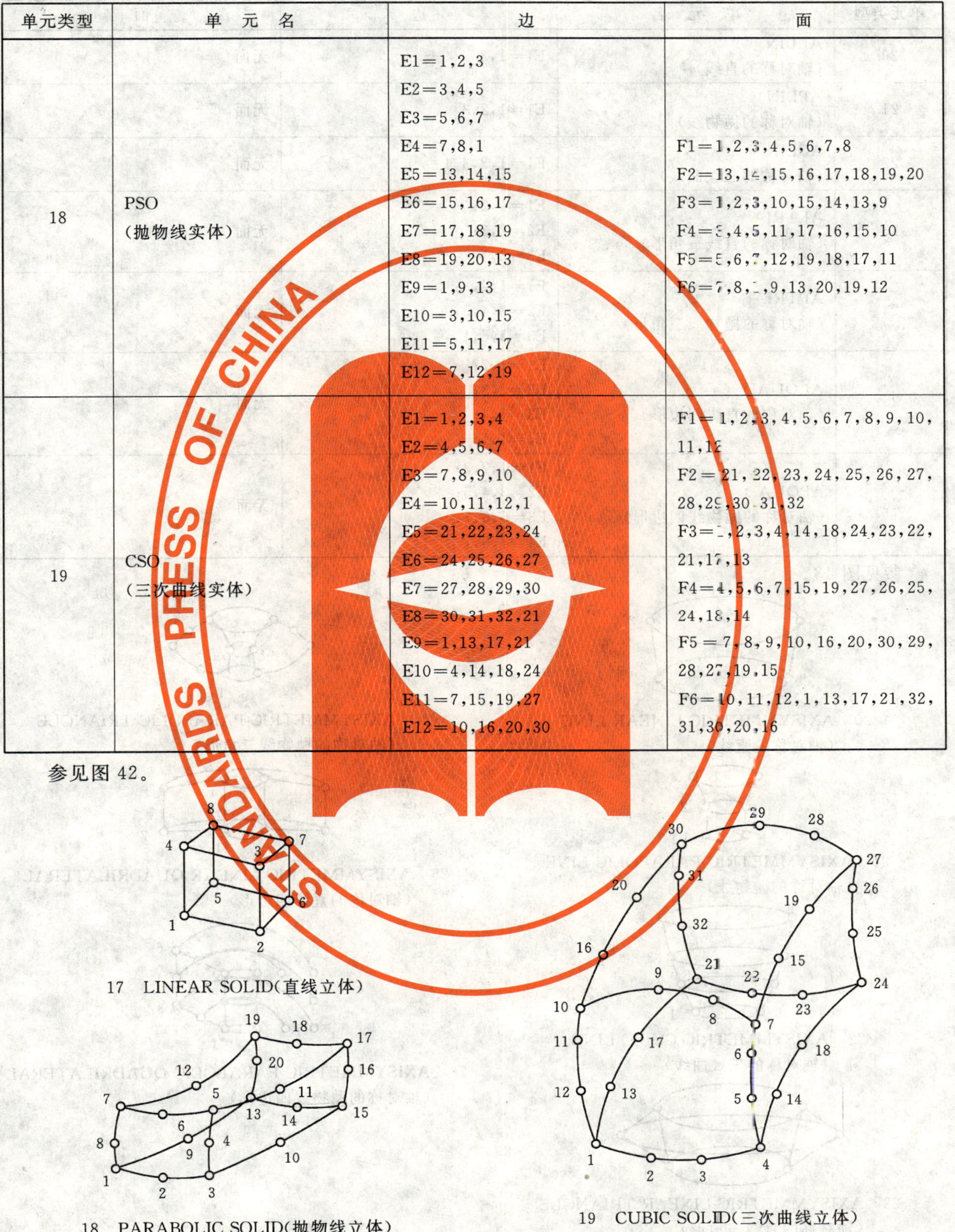

17 LINEAR SOLID(直线立体)

18 PARABOLIC SOLID(抛物线立体)

19 CUBIC SOLID(三次曲线立体)

图 42 有限元拓扑集(4)

表 28（续）

单元类型	单　元　名	边	面
20	ALLIN （轴对称的直线）	E1＝1,2	无面
21	APLIN （轴对称的抛物线）	E1＝1,2,3	无面
22	ACLIN （轴对称的三次曲线）	E1＝1,2,3,4	无面
23	ALTRIA （轴对称的直线三角形）	E1＝1,2； E2＝2,3； E3＝3,1	无面
24	APTRIA （轴对称的抛物线三角形）	E1＝1,2,3； E2＝3,4,5； E3＝5,6,1	无面
25	ALQUAD （轴对称的直线四边形）	E1＝1,2； E2＝2,3； E3＝3,4； E4＝4,1	无面
26	APQUAD （轴对称的抛物线四边形）	E1＝1,2,3； E2＝3,4,5； E3＝5,6,7； E4＝7,8,1	无面

参见图 43。

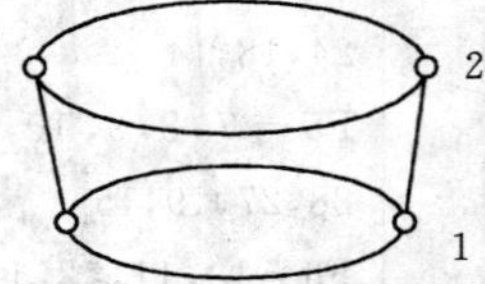

20　AXISYMMETRIC LINEAR LINE
（轴对称的直线）

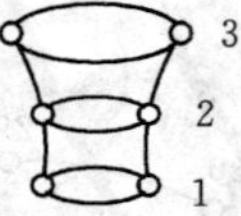

21　AXISYMMETRIC PARABOLIC LINE
（轴对称的抛物线）

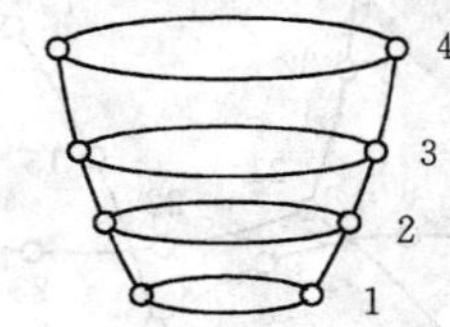

22　AXISYMMETRIC CUBIC LINE
（轴对称的三次曲线）

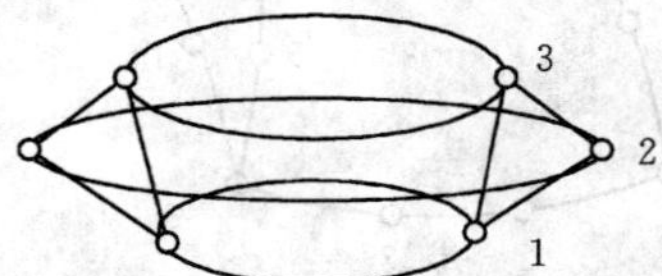

23　AXISYMMETRIC LINEAR TRIANGLE
（轴对称的直线三角形）

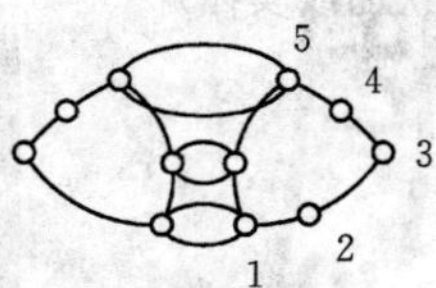

24　AXISYMMETRIC PARABOLIC TRIANGLE
（轴对称的抛物线三角形）

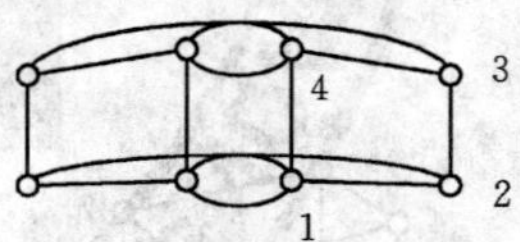

25　AXISYMMETRIC LINEAR QUADRILATERAL
（轴对称的直线四边形）

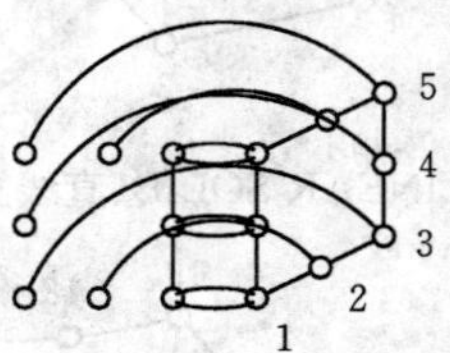

26　AXISYMMETRIC PARABOLIC QUADRILATERAL
（轴对称的抛物线四边形）

图 43　有限元拓扑集(5)

表 28（续）

单元类型	单元名	边	面
27	SPR(弹簧)	无边	无面
28	GSPR(接地弹簧)		
29	DAMP(减振器)		
30	GDAMP(接地减振器)		
31	MASS(质量)		
32	RBDY(刚体)		
33	TBEAM(三节点梁)	E1＝1,2	无面

参见图 44。

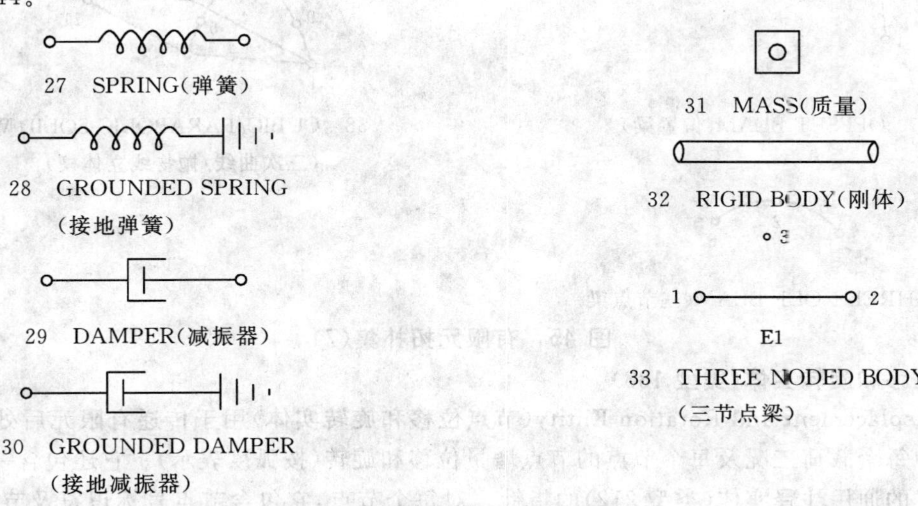

图 44 有限元拓扑集(6)

表 28（续）

单元类型	单元名	边	面
34	OFMASS(偏置质量)		节点 2 规定质量中心
35	OFBEAM(偏置梁)	E1＝3,4	
36	PBEAM(三节点梁)	E1＝1,2,3	
37	CBEAM(弯曲梁)	E1＝1,2	(圆的一部分) A＜45 度
38	CPSOW(三次曲线/抛物线实体楔)	E1＝1,2,3,4 E2＝4,5,6,7 E3＝7,8,9,1 E4＝13,14,15,16 E5＝16,17,18,19 E6＝19,20,21,13 E7＝1,10,13 E8＝4,11,16 E9＝7,12,19	F1＝1,2,3,4,5,6,7,8,9 F2＝1,2,3,4,11,16,15,14,13,10 F3＝4,5,6,7,12,19,18,17,16,11 F4＝7,8,9,1,10,13,21,20,19,12 F5＝13,14,15,16,17,18,19,20,21
5001	实现者定义的		

参见图 45。

注：单元 34-38 及 5001 未经测试。

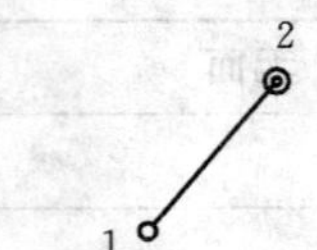

34 OFFSET MASS(偏置质量)

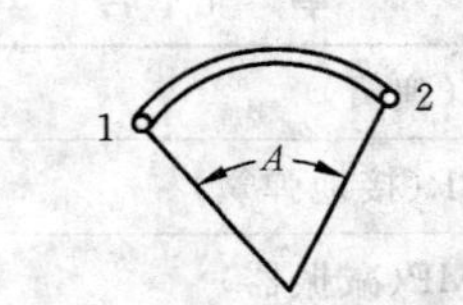

37 CURVED BEAM(弯曲梁)

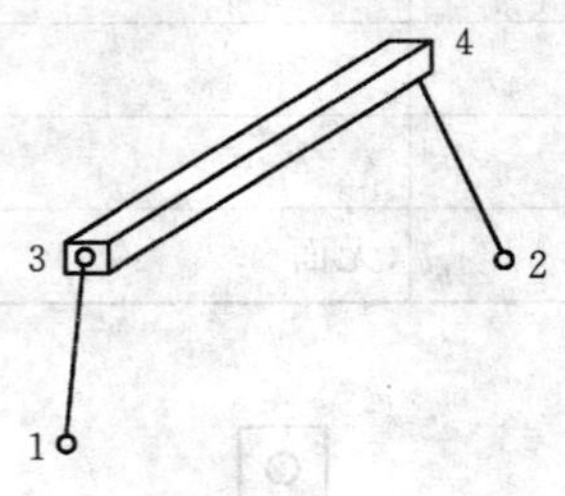

35 OFFSET BEAM(偏置梁)

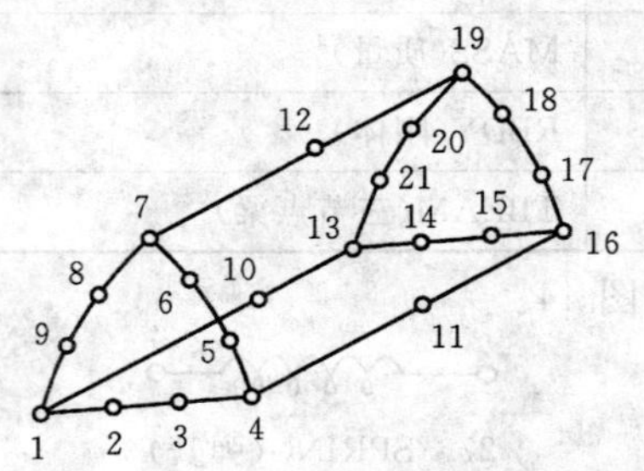

38 CUBIC/PARABOLIC SOLID WEDGE
(三次曲线/抛物线立体楔)

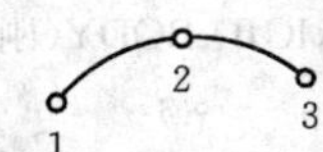

36 THREE NODE BEAM(三节点梁)

图 45 有限元拓扑集(7)

7.29 节点位移和旋转实体(类型 138)

Nodal Displacement and Rotation Entity(节点位移和旋转实体)用于传递有限元后处理数据。它包含对模型中每个载荷工况及每个节点的节点增量位移和旋转(按弧度表示)。它还包含一个指向用于载荷工况描述的通用注释实体(类型 212)的指针。对每个节点,它包含节点号标识符及节点 DE 指针。这个节点号标识符等价于节点实体(类型 134)目录条目下标域中的节点号。

a) 目录条目

编号和名字	值
(1) 实体类型号	138
(3) 结构	<n. a.>
(4) 线型模式	<n. a.>
(5) 层	<n. a.>
(6) 视图	<n. a.>
(7) 变换矩阵	<n. a.>
(8) 标号显示联接	0,⇒
(9a) 空白状态	??
(9b) 次级 实体 开关	??
(9c) 实体用途标记	??
(9d) 层次结构	* *
(12) 线宽	<n. a.>
(13) 颜色号	<n. a.>
(15) 格式号	0

b) 参数数据

索　　引	名　称	类　型	说　　明
1	NC	整数	工况的个数
2	GP(1)	指针	指向描述第一种工况的通用注释 DE 的指针
⋮	⋮	⋮	通用注释 DE 的指针
1+NC	GP(NC)	指针	指向描述最后一种工况的通用注释 DE 的指针
2+NC	NN	整数	节点个数
3+NC	NO(1)	整数	第一个节点的节点号标识符
4+NC	NP(1)	指针	指向该节点目录条目 DE 的指针
5+NC	X(1,1)	实数	第一个工况的 X 增量平移
6+NC	Y(1,1)	实数	Y 增量平移
7+NC	Z(1,1)	实数	Z 增量平移
8+NC	RX(1,1)	实数	RX 增量旋转
9+NC	RY(1,1)	实数	RY 增量旋转
10+NC	RZ(1,1)	实数	RZ 增量旋转
⋮	⋮	⋮	
−1+7 * NC	X(1,NC)	实数	最后一个工况的 X 增量平移
7 * NC	Y(1,NC)	实数	Y 增量平移
1+7 * NC	Z(1,NC)	实数	Z 增量平移
2+7 * NC	RX(1,NC)	实数	RX 增量旋转
⋮		⋮	
3+NC+(−1+NN) * (2+6 * NC)	NO(NN)	整数	第 NN 个节点的节点号标识符
4+NC+(−1+NN) * (2+6 * NC)	NP(NN)	指针	指向该节点目录条目 DE 的指针
5+NC+(−1+NN) * (2+6 * NC)	X(NN,1)	实数	第一种工况的 X 增量平移
6+NC+(−1+NN) * (2+6 * NC)	Y(NN,1)	实数	
7+NC+(−1+NN) * (2+6 * NC)	Z(NN,1)	实数	
8+NC+(−1+NN) * (2+6 * NC)	RX(NN,1)	实数	第一种工况的 RX 增量旋转
9+NC+(−1+NN) * (2+6 * NC)	RY(NN,1)	实数	
10+NC+(−1+NN) * (2+6 * NC)	RZ(NN,1)	实数	
⋮	⋮	⋮	
−3+NC+NN * (2+6 * NC)	X(NN,NC)	实数	最后一种工况的 X 增量平移
−2+NC+NN * (2+6 * NC)	Y(NN,NC)	实数	
−1+NC+NN * (2+6 * NC)	Z(NN,NC)	实数	
NC+NN * (2+6 * NC)	RX(NN,NC)	实数	最后一种工况的 RX 增量旋转
1+NC+NN * (2+6 * NC)	RY(NN,NC)	实数	
2+NC+NN * (2+6 * NC)	RZ(NN,NC)	实数	

按需要附加的指针(见5.2.4.5.2)。

7.30 偏置曲面实体(类型140)

Offset Surface(偏置曲面)是通过已有曲面定义的一个曲面。

设 $S=S(u,v)$ 是一个由本标准定义的、参数化的且法矢方向由 $N(u,v)$ 确定的曲面,$N(u,v)$ 是在整个曲面上定义的单位法矢量的可微函数,而 d 是一个固定的非零实数。S 曲面的偏置曲面是由下式给出的参数化曲面 $O(u,v)$:

$$O(u,v)=S(u,v)+d\cdot N(u,v);u_1\leqslant u\leqslant u_2$$

$$v_1\leqslant v\leqslant v_2。$$

基曲面 $S(u,v)$ 被参数数据段中的一个指针引用,而 $N(u,v)$ 按下述定义从 $S(u,v)$ 中得到。d 的值由参数数据段中的一个参数值给出。

为了确定可定向的正则曲面 $S(u,v)$ 的两个方向中的哪一个将用于定义偏置曲面 O,我们定义:

$$N(u,v)=\frac{\partial S/\partial u\times\partial S/\partial v}{\|\partial S/\partial u\times\partial S/\partial v\|}$$

为了避免与基曲面 $S(u,v)$ 的方向混淆,偏置曲面含有一个附加的偏置指示器。在图46中示出的这个指示器由在参数值 (U_m,V_m) 处单位法矢量确定的矢量 (N_x,N_y,N_z) 构成:

$$(N_x,N_y,N_z)=\frac{N(U_m,V_m)}{\|N(U_m,V_m)\|}$$

其中,当该曲面有界时,

$$U_m=(u_1+u_2)/2 \text{ 和 } V_m=(v_1+v_2)/2,$$

而当该曲面无界时,

$$U_m=0.0 \text{ 和 } V_m=0.0。$$

这指明了偏置曲面的方向,d 是在 (U_m,V_m) 处正向度量的。

注意:矢量 (N_x,N_y,N_z) 仅仅是关于基曲面 $S(u,v)$ 方向指示器,其中,偏置距离 d 是按正向测定的。这个矢量并不参与偏置曲面的计算,因为它的计算显然来自于定义偏置曲面 O 的公式。

a) 目录条目

编号和名字	值
(1) 实体类型号	140
(3) 结构	<n.a.>
(4) 线型模式	#,⇒
(5) 层	#,⇒
(6) 视图	0,⇒
(7) 变换矩阵	0,⇒
(8) 标号显示联接	0,⇒
(9a) 空白状态	??
(9b) 次级 实体 开关	??
(9c) 实体用途标记	??
(9d) 层次结构	* *
(12) 线宽	#
(13) 颜色号	#,⇒
(15) 格式号	0

b) 参数数据

索引	名称	类型	说明
1	NX	实数	偏置指示器 N(Um,Vm)末端的 X 坐标
2	NY	实数	偏置指示器 N(Um,Vm)末端的 Y 坐标
3	NZ	实数	偏置指示器 N(Um,Vm)末端的 Z 坐标
4	D	实数	曲面偏置距离,当 d>0 时,通常曲面偏置于偏置指示器的一侧,当 d<0 时,偏置于相反的一侧
5	DE	指针	指向要被偏置的曲面实体 DE 的指针

按需要附加的指针(见 5.2.4.5.2)。

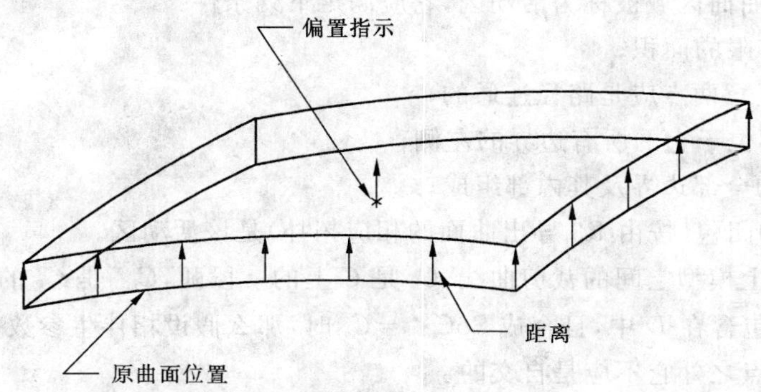

图 46 3D 欧氏空间中的偏置曲面

7.31 边界实体(类型 141)

每个Boundary Entity(边界实体)(类型 141)都确定了一个曲面边界,由位于该曲面上的一组曲线构成。下面定义该曲面、边界、以及构成该边界的曲线的特性:

D1. $S(u,v)$满足下列准则时,就是一个带有边界实体(类型 141)的参数化曲面:

a) $S(u,v)$未裁剪的定义域 D 是一个矩形,使之对于给定的常数 a,b,c 和 d,当 $a<b$ 和 $c<d$ 时,其构成点(u,v)有 $a\leqslant u\leqslant b$ 且 $c\leqslant v\leqslant d$。

b) 对于在 D 中的每个有序对(u,v),定义映射 $S=S(u,v)=(x(u,v),y(u,v),z(u,v))$。

c) 在 D 的内部,该映射是一对一的(但在边界上未必是一对一的)。

d) 除映射到极点外,在 D 中的每一点处其都有连续的法矢量(见定义 D3.)。

D2. 等参数曲线 $u=a,u=b,v=c$ 和 $v=d$ 称为参数空间的边界曲线或简单地称为边界曲线。

D3. 设 P 是 3D 欧氏(模型)空间的点。当下列条件的任何一个为真时,则 P 是由映射 $S(u,v)$所定义曲面的一个极点:

a) 对于一切 v,使 $c\leqslant v\leqslant d$ 有 $P=S(a,v)$;

b) 对于一切 v,使 $c\leqslant v\leqslant d$ 有 $P=S(b,v)$;

c) 对于一切 u,使 $a\leqslant u\leqslant b$ 有 $P=S(u,c)$;

d) 对于一切 u,使 $a\leqslant u\leqslant b$ 有 $P=S(u,d)$。

D4. 设 C 是 3D 欧氏(模型)空间的曲线。如果它在模型空间的图像为

a) 对于一切 v,使 $c\leqslant v\leqslant d$,有 $C(v)=S(a,v)$,且对于一切 v,使 $c\leqslant v\leqslant d$,有 $C(v)=S(b,v)$,

或

b) 对于一切 u,使 $a\leqslant u\leqslant b$,有 $C(u)=S(u,c)$,且对于一切 u,使 $a\leqslant u\leqslant b$,有 $C(u=S(u,d))$,则 C 是由 $S(u,v)$所定义的接合面曲线。

D5. 模型空间的曲线是参数化表示的,位于该曲面上,且除在端点外,它是不自相交的。

D6. 边界曲线是模型空间曲线(C_i,$i=1,n$)的一个有序表。每个曲线都有下列特性：

a) 它是封闭的,这意味着 C_n 的终点就是 C_1 的始点；

b) 表中的每个曲线都是有向的,曲线 C_{i-1} 的终点是曲线 C_i 的始点,$i=2,n$；

c) 除在它的端点外,它是不自交的。

边界的端点是 C_1 的始点和 C_n 的终点。除在孤立点外,它不与其他边界相交(对孤立点的要求见D10. b))。

D7. 模型空间的裁剪曲线是有向的。它是边界有序表的一部分。

D8. 正的曲面法向由 $S(u,v)$对 u 的偏导数与 $S(u,v)$对 v 的偏导数(按规定顺序)的叉积给出。

D9. 术语"在点 P 处模型空间裁剪曲线的左侧"的意思是"曲面的法矢量与在点 P 处模型空间裁剪曲线的切矢量(按规定顺序)的叉积所产生的矢量的方向"。

D10. 以上讨论的曲面区域被称为活动区,它应满足下列条件：

a) 活动区具有有限的面积；

b) 活动区内的任意两点应是路径连通的；

c) 活动区的内部位于它的所有边界的左侧；

d) 活动区由它的全部边界及其内部组成；

e) 活动区内部的闭包(按由 R3 导出曲面的相应拓扑)是该活动区。

D11. C 是曲面 S 上模型空间的裁剪曲线,C_a 是 C 上的一段弧,$C_a{}^*$ 是 C_a 的伴生参数空间曲线,对于定义域 D,如果 $C_a{}^*$ 包含在 D 中,且合成 $SoC_a{}^*=C_a$ 时,那么假设相伴生参数空间曲线是以参数化的形式表示的,且除其端点之外它不应是自交的。

D12. 用伴生参数空间曲线($C_i{}^*$,$i=1,P$)定义伴生参数空间曲线集合(或简称为"集合")使由($SoC_i{}^*$,$i=1,P$)组合给出的 C_i 构成一个复合曲线。该复合曲线中的 C_i 是有序且有向的,使得参数从初值变到终值的完整的模型空间裁剪曲线沿模型空间曲线的方向标志 SENSE 所指示的方向上生成。

图 47 示出了边界的有效和无效的例子。

对于构成一个边界的伴生参数空间曲线集合的 $C*i$ 没有要求它满足一个边界的"封闭"特性(见定义 D6.)。通过加入参数空间的一些适当的边界曲线段,$C*i$ 可以构成一个边界(见定义 D2.)。

a) 目录条目

编号和名字	值
(1) 实体类型号	141
(3) 结构	<n. a.>
(4) 线型模式	#,⇒
(5) 层	#,⇒
(6) 视图	0,⇒
(7) 变换矩阵	0,⇒
(8) 标号显示联接	0,⇒
(9a) 空白状态	??
(9b) 次级 实体 开关	??
(9c) 实体用途标记	??
(9d) 层次结构	* *
(12) 线宽	#
(13) 颜色号	#,⇒
(15) 格式号	0

b) 参数数据

索　引	名　称	类　型	说　　明
1	TYPE	整数	有界曲面表示的类型： 0=边界实体仅应引用模型空间的裁剪曲线。相关联的曲面表示(由 SPTR 定位)可以是参数化的。 1=边界实体应引用模型空间曲线及伴生的参数空间曲线集合。相关联的曲面(由 SPTR 定位)应是参数表示的
2	PREF	整数	指示在发送系统中裁剪曲线的优先表示： 0=未规定的 1=模型空间 2=参数空间 3=表示是等优先级的
3	SPTR	指针	指向要界定的未经裁剪曲面 DE 的指针。如果传送的是伴生的参数空间曲线(TYPE=1)，则该曲面的表示应是参数化的
4	N	整数	在这个边界实体中包含的曲线个数(N>0)
5	CRVPT(1)	指针	指向该边界实体第一个模型空间曲线实体 DE 的指针
6	SENSE(1)	整数	指示第一个模型空间曲线在该边界中使用之前是否应当反向的方向标志。该方向标志的可能值为： 1=模型空间曲线的方向不需要换向；PSCPT 和 CRVPT 的方向一致； 2=模型空间曲线的方向需要换向；PSCPT 和 CRVPT 的方向不一致
7	K(1)	整数	对于第一个模型空间裁剪曲线，在该集合中伴生参数空间曲线的个数。在 TYPE=0 的情况下，这个计数应为 0
8	PSCPT(1,1)	指针	指向对于第一个模型空间裁剪曲线该集合的第一个伴生参数空间曲线实体 DE 的指针
7+K(1)	PSCPT（1，K(1))	指针	指向对于第一个模型空间裁剪曲线该集合的最后一个伴生参数空间曲线实体 DE 的指针
⋮	⋮	⋮	
设 M=12+3*(N−1)+(K(1)−K(2)+…+K(N−1))			
M	CRVPT(N)	指针	指向该边界实体中最后一个模型空间曲线实本 DE 的指针
1+M	SENSE(N)	整数	指示最后一个模型空间曲线在该边界使用之前是否应当反向的方向标志。该方向标志的可能值为： 1=模型空间曲线的方向不需要换向；PSCPT 和 CRVPT 的方向一致 2=模型空间曲线的方向需要换向；PSCPT 和 CRVPT 的方向不一致

索引	名称	类型	说明
2+M	K(N)	整数	对于最后一个模型空间裁剪曲线在该集合中伴生参数空间曲线的个数。在 TYPE=0 的情况下，这个计数应为 0
3+M	PSCPT(N,1)	指针	指向对于最后一个模型空间裁剪曲线该集合的第一个伴生参数空间曲线实体 DE 的指针
⋮	⋮	⋮	
2+(4N)+M	PSCPT（N，K(N)）	指针	指向对于最后一个模型空间裁剪曲线该集合的最后一个伴生参数空间曲线实体 DE 的指针

按需要附加的指针(见 5.2.4.5.2)。

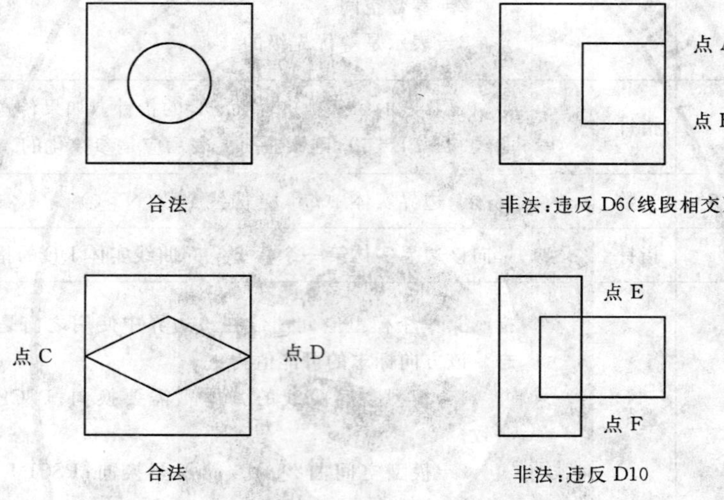

注：

——两个环路在点 A 和点 B 间都过公共的线段；

——外环和内环在点 C 和点 D 相交；

——在点 E 和点 F，线段穿过了不同的环路。

图 47　边界实体的例子

7.32　参数曲面上的曲线实体(类型 142)

Curve on a Parametric Surface Entity(参数曲面上的曲线实体)把一个已知曲线与一个曲面联系起来。并定义曲线位于曲面上。设

$S=S(u,v)=(x(u,v),y(u,v),z(u,v))$是一个正则参数化曲面，其定义域是由

$D=\{(u,v)\mid u_1\leqslant u\leqslant u_2$ 且 $v_1\leqslant v\leqslant v_2\}$定义的一个矩形。

设 $B=B(t)$是一个由 $B(t)=(u(t),v(t))$对于 $a\leqslant t\leqslant b$ 定义的曲线，其在 D 中取值。

在曲面 $S(u,v)$上的曲线 $C_c(t)$是与 S 和 B 两个映射的复合($C_c(t)$代表“复合曲线”)定义如下：

$$\begin{aligned} C_c(t) &\triangleq S o B(t) \\ &\triangleq S(B(t)) \\ &\triangleq S(u(t),v(t)) \\ &\triangleq (x(u(t),v(t)),(y(u(t),v(t)),(z(u(t),v(t))), \text{对于 } a\leqslant t\leqslant b。\end{aligned}$$

曲线 B 位于二维空间中，即位于曲面 S 的定义域中。因此，从本标准所定义的一条曲线中导出的适用于 B 的表示必须是二维的：用 BPTR 指示该曲线的 X 和 Y 坐标。

实体 B 的实体应用标志(DE 域 9)置为 05，以指明这个 B 是在该曲面的参数空间中。因此 B 不能

进行比例放缩，而且在一个变换矩阵要应用于 B 时，必须在它驻留的参数空间内对它映射。

参数曲面上的曲线由以下条件给出：

a) C_c 与该曲线位于曲面 $S(u,v)$ 的标记的映射；

b) 曲线 C_c 与 B 和 S 的复合映射。

曲面上的曲线可以按若干种方法之一给出：

a) 模型空间中已知曲线按指定的方式在该曲面上的投影。例如，平行于固定矢量的投影；

b) 两个已知曲面的交线；

c) 曲面参数 u 和 v 间指定的函数关系确定的曲线；

d) 一个特殊曲线，比如按特定方向从一给定点发出的测地线，从某一点出发的主曲线(曲率线)，从某一点出发的渐近线，对一给定值的等参数曲线，或任何其他类型的特殊曲线。

参数数据段含有三个指针：

a) 指向从 $B(t)$ 导出的曲线的指针；

b) 指向曲面 $S(u,v)$ 的指针；

c) 指向映射曲线 $C(r)$ 的指针，使：

- $C(r)$ 和 $C_c(t)$ 在模型空间中共享同一个图像。
- $C(r)$ 和 $C_c(t)$ 具有相同的始点和终点。
- 在参数 r 和 t 之间有隐含的数学关系。
- $C(r)$ 和 $C_c(t)$ 必须是以单调递增的方式使 t 与 r 相关。这保证了 $C(r)$ 和 $C_c(t)$ 的方向相同，并且两条曲线没有附加的多重轨迹。

它还包含：

a) 指明如何建立该曲线的标志；

b) 指明发送系统选用的是两种任选表示法中的哪一种的标志。

1) 目录条目

编号和名字	值
(1) 实体类型号	142
(3) 结构	<n.a.>
(4) 线型模式	#,⇒
(5) 层	#,⇒
(6) 视图	0,⇒
(7) 变换矩阵	0,⇒
(8) 标号显示联接	0,⇒
(9a) 空白状态	??
(9b) 次级 实体 开关	??
(9c) 实体用途标记	00
(9d) 层次结构	* *
(12) 线宽	#
(13) 颜色号	#,⇒
(15) 格式号	0

2） 参数数据

索　引	名　称	类　型	说　　明
1	CRTN	整数	指示已建立的曲面上的曲线的方法： 0＝未规定 1＝已知曲线在曲面上的投影 2＝两个曲面的交线 3＝等参数曲线，即或者是 u 参数曲线，或者是 v 参数曲线
2	SPTR	指针	指向曲线位于其上的曲面 DE 的指针
3	BPTR	指针	指向在曲面 S 的参数空间 (u,v) 中包含曲线 B 定义的实体 DE 的指针
4	CPTR	指针	指向曲线 C 的 DE 的指针
5	PREF	整数	指明发送系统选用的表示法： 0＝未规定 1＝选用 SoB 2＝选用 C 3＝C 和 SoB 同等的选用

按需要附加的指针（见 5.2.4.5.2）。

7.33 有界曲面实体（类型 143）

Bounded Surface Entity（有界曲面实体）（类型 143）用于表示裁剪的曲面。假设该类曲面与裁剪曲线都是以参数化的方法表示的，并遵从 7.31 条中 D1 到 D12 的定义。

有界曲面支持两种类型的传送。TYPE＝0 的传送表示一个曲面及其模型空间的边界。TYPE＝1 的传送表示一个曲面、它的模型空间的边界以及每个边界的每个模型空间裁剪曲线的伴生参数空间曲线的集合。由于接合面曲线和极点的存在，所以一个边界的伴生参数空间曲线集合未必包围参数空间的一个区域。

表示有界曲面信息要使用若干个实体进行表示。它们是有界曲面实体（类型 143）、边界实体（类型 141）、以参数化方法表示的未裁剪的曲面实体及以参数化方法表示的曲线实体。

a） 目录条目

编号和名字	值
(1)　实体类型号	143
(3)　结构	＜n. a.＞
(4)　线型模式	♯，⇒
(5)　层	♯，⇒
(6)　视图	0，⇒
(7)　变换矩阵	0，⇒
(8)　标号显示联接	0，⇒
(9a)　空白状态	??
(9b)　次级 实体 开关	??
(9c)　实体用途标记	00
(9d)　层次结构	＊＊
(12)　线宽	♯
(13)　颜色号	♯，⇒
(15)　格式号	0

b) 参数数据

索引	名称	类型	说明
1	TYPE	整数	有界曲面表示的类型： 0=边界实体仅应引用模型间曲线。相连的曲面表示(由 SPTR 定位)可以是参数化的 1=边界实体应引用模型空间曲线及伴生的参数空间曲线集合。相连的曲面(由 SPTR 定位)应是参数化表示的
2	SPTR	指针	指向要界定的未裁剪曲面实体 DE 的指针。如果要传送的是参数空间的裁剪曲线(TYPE=1),则该曲面的表示应是参数化的
3	N	整数	边界实体的个数
4	BDPT(1)	指针	指向第一个边界实体(类型 141)DE 的指针
⋮	⋮	⋮	
3+N	BDPT(N)	指针	指向最后一个边界实体(类型 141)DE 的指针

按需要附加的指针(见 5.2.4.5.2)。

7.34 裁剪(参数)曲面实体(类型 144)

在欧氏平面中的一条简单封闭曲线把该平面分成两个部分,一个是有界的,一个是无界的。有界部分称为该曲线的内部区域(在这里称“内部”),而无界部分称为该曲线的外部区域(在这里称为“外部”)。

裁剪曲面的域定义为包括边界曲线的外边界的内部和每个内边界的外部的公共区域。注意,裁剪的曲面与原曲面(未裁剪的曲面)具有相同的映射 $S(u,v)$,但定义域却不同。描绘裁剪曲面外边界或内边界的曲线是曲面 S 上的曲线,并且是通过参数曲面上的曲线实体(类型 142)来交换的。

设 $S(u,v)$ 是一个正则参数化曲面,未裁剪的区域是一个矩形区域,由点 (u,v) 组成,并且对于给定的常数 a、b、c 和 d 且 $a<b$,$c<d$,满足 $a\leqslant u\leqslant b$ 且 $c\leqslant v\leqslant d$。假设 S 在三维欧氏空间中取值,对 D 中的每一个有序对 (u,v) 可表示为:

$$S = S(u,v) = \begin{bmatrix} x(u,v) \\ y(u,v) \\ z(u,v) \end{bmatrix}$$

又设映射 S 遵从下述的正则性条件:

- 在 D 的内部,它有连续的法矢量。
- 在 D 中它是一对一的。
- 在 D 中无奇异点,即在 D 中的任意点,S 的两个一阶偏导数矢量是线性无关的。

为定义裁剪(参数化)曲面的定义域使用了两类简单封闭曲线,即

Outer boundary(外边界):仅有一条,它位于 D 内,特别是它可以是 D 的边界曲线。

Inner boundary(内边界):可以有任意个,包括零个。内边界的集应满足下列条件:

- 这些曲线以及它们的内部是彼此隔离的。
- 每一个曲线都位于外边界的内部。

如果所定义的曲面的外边界是 D 的边界,并且无内边界时,则所定义的裁剪曲面是未裁剪的。

a) 目录条目

编号和名字	值
(1) 实体类型号	144
(3) 结构	<n.a.>
(4) 线型模式	#,⇒
(5) 层	#,⇒
(6) 视图	0,⇒
(7) 变换矩阵	0,⇒
(8) 标号显示联接	0,⇒
(9a) 空白状态	??
(9b) 次级 实体 开关	??
(9c) 实体用途标记	00
(9d) 层次结构	* *
(12) 线宽	#
(13) 颜色号	#,⇒
(15) 格式号	0

b) 参数数据

索 引	名 称	类 型	说 明
1	PTS	指针	指向要裁剪的曲面实体 DE 的指针
2	N1	整数	0=外边界是 D 的边界 1=外边界不是 D 的边界
3	N2	整数	这个数字指明构成裁剪曲面内边界的简单封闭曲线的个数。在没有内边界的情况下，它设置为 0
4	PTO	指针	指向构成裁剪曲面外边界的参数曲面上的曲线实体 DE 的指针或 0
5	PTI(1)	指针	指向第一个简单封闭内边界曲线实体(参数曲面实体上的曲线)DE 的指针，这些简单封闭内部边界曲线是任意排序的
⋮	⋮	⋮	
4+N2	PTI(2)	指针	指向最后一个简单封闭内边界曲线实体(参数曲面实体上的曲线)DE 的指针

按需要附加的指针(见 5.2.4.5.2)。

7.35 节点结果实体(类型 146)‡

‡Nodal Results Entity(节点结果实体)未经测试。见 4.8。

每个 FEM 节点的分析结果数据值的个数及它们的物理解释取决于规定的格式号(TYPE)的值及 NV(见表 29)。节点号标识符应等于该节点实体目录条目下标域中的节点号。

a) 目录条目

编号和名字	值
(1) 实体类型号	146
(3) 结构	＜n. a.＞
(4) 线型模式	＜n. a.＞
(5) 层	＜n. a.＞
(6) 视图	＜n. a.＞
(7) 变换矩阵	＜n. a.＞
(8) 标号显示联接	0,⇒
(9a) 空白状态	* *
(9b) 次级 实体 开关	??
(9c) 实体用途标记	03
(9d) 层次结构	* *
(12) 线宽	＜n. a.＞
(13) 颜色号	#,⇒
(15) 格式号	TYPE

注：该实体的下标域应包含工况号。任选的实体标号域可以包含分析标号。

TYPE 值(见表 29)指出有限元分析结果数据的物理解释。对于一个特定的数据 YTPE，在参数数据记录中按顺序定位多个值，其顺序是按它们在该表说明列括号表示中出现的先后决定的。

b) 参数数据

索 引	名 称	类型	说 明
1	GNOTE	指针	指向描述分析工况的通用注解实体 DE 的指针
2	SCN	整数	分析子工况号，如果没有子工况，该参数值应为零
3	TIME	实数	用于这个局部情况的分析时间值。(这个时间值不是执行分析的时间，也不是执行该作业所花费时间的总和。这个时间是出现在数学 FEM 模型中瞬时分析结果的时间
4	NV	整数	对一个 FEM 节点的数组 V 的实数值的个数(NV 的值应与其目录条目数据中规定的格式号一致，见表 29)
5	NN	整数	要读出数据的 FEM 节点的个数
6	NODE(1)	整数	第一个节点的 FEM 节点号标识符
7	NP(1)	指针	指向第一个 FEM 节点实体 DE 的指针
8	V(i)	实数	第一个 FEM 节点的有限元分析结果数组的值。在数组 V 中有 nv 个数据值
⋮	⋮	⋮	这要循环节点数 NN 次
在接下去的索引公式中，设 NNV=(NV+2)×(NN−1)			
6+NNV	NODE(NN)	整数	最后一个节点 FEM 的节点号标识符
7+NNV	NP(NN)	指针	指向最后一个 FEM 节点实体 DE 的指针
8+NNV	V(i)	实数	最后一个 FEM 节点的有限元分析结果数组的值。在数据 V 中有 nv 个数据值

按需要附加的指针(见 5.2.4.5.2)。

表 29　对节点和单元结果实体的 TYPE 号说明

TYPE	NV	说　　明
0	nv	未知/多样选择(对于格式类型 0,不预定义值的个数 nv。nv 的值总是正的)
1	1	温度
2	1	压力
3	3	总的位移量(xx,yy,zz——与节点位移坐标系相一致)
4	6	总的位移和旋转(Dxx,Dyy,Dzz,Rxx,Ryy,Rzz——与节点位移坐标系相一致)
5	3	速度
6	3	速度梯度
7	3	加速度
8	3	通量
9	3	基本力
10	1	应变能
11	1	应变能密度
12	3	反作用力
13	1	动能
14	1	动能密度
15	3	流体静力学
16	1	压力系数
17	3	对称的 2D 弹性应力张量(xx,yy,zz)
18	3	对称的 2D 总应力张量(xx,yy,zz)
19	3	对称的 2D 弹性应变张量(xx,yy,zz)
20	3	对称的 2D 塑性应变张量(xx,yy,zz)
21	3	对称的 2D 总应变张量(xx,yy,zz)
22	3	对称的 2D 热应变(xx,yy,zz)
23	6	对称的 3D 弹性应力张量(xx,yy,zz,xy,yz,zx)
24	6	对称的 3D 总应力张量(xx,yy,zz,xy,yz,zx)
25	6	对称的 3D 弹性应变张量(xx,yy,zz,xy,yz,zx)
26	6	对称的 3D 塑性应变张量(xx,yy,zz,xy,yz,zx)
27	6	对称的 3D 总应变张量(xx,yy,zz,xy,yz,zx)
28	6	对称的 3D 热应变(xx,yy,zz,xy,yz,zx)
29	9	一般的弹性应力张量(xx,yy,zz,xy,yz,zx)
30	9	一般的总应力张量(xx,yy,zz,xy,yz,zx)
31	9	一般的弹性应变张量(xx,yy,zz,xy,yz,zx)
32	9	一般的塑性应变张量(xx,yy,zz,xy,yz,zx)
33	9	一般的总应变张量(xx,yy,zz,xy,yz,zx)
34	9	一般的热应变(xx,yy,zz,xy,yz,zx)

7.36 单元结果实体(类型 148)‡

‡Element Results Entity(单元结果实体)未经测试。参见 4.8。

结果数据值的个数取决于:(1) NV,每个报告位置的结果数据值的个数;(2) NRL,每一层的 FEM 单元中结果数据报告位置的个数;(3) NL,在 FEM 单元中的层数。结果数据的物理说明和位置取决于:(1) TYPE,在目录条目数据段中用格式号规定的结果数据的类型(见表 29);(2) RRF,联系结果数据与 FEM 单元位置的结果报告标志;(3) DLF,规定结果数据的 FEM 单元层位置的数据层标志。

a) 目录条目

编号和名字	值
(1) 实体类型号	148
(3) 结构	<n. a.>
(4) 线型模式	<n. a.>
(5) 层	<n. a.>
(6) 视图	<n. a.>
(7) 变换矩阵	<n. a.>
(8) 标号显示联接	0,⇒
(9a) 空白状态	* *
(9b) 次级 实体 开关	??
(9c) 实体用途标记	03
(9d) 层次结构	* *
(12) 线宽	<n. a.>
(13) 颜色号	#,⇒
(15) 格式号	TYPE

注:该实体的下标域应包含工况况号。任选的实体标号域可以包含分析标号。

TYPE 值(见表 29)指明有限元分析结果数据的物理说明。对于一个特定的数据 TYPE,在参数数据记录中按顺序定位多个值,其顺序是按它们在该表说明列括号表示中出现的先后决定的。

b) 参数数据

索 引	名 称	类 型	说 明
1	GNOTE	指针	指向描述工况的通用注释实体 DE 的指针
2	SCN	整数	分析子工况号。如果没有子工况,则该参数值应为零
3	TIME	实数	用于该子工况的分析时间值。(这个时间值不是执行分析的时间,也不是执行该作业所花费时间的总和。这个时间是出现在数学 FEM 模型中瞬时分析结果的时间
4	NV	整数	每个 FEM 单元报告位置的结果值的个数。(该 NV 值应与目录条目数据中规定的格式号相一致;见表 29)
5	RRF	整数	结果报告标志。该标志用于把数据与 FEM 位置联系起来。下列是可能的值: 0——表示该结果数据从属于 FEM 单元的相关节点 1——表示该结果数据从属于 FEM 单元的形心 2——表示该结果数据在 FEM 单元的全部表面及整个实体上是一个常数 3——表示该结果数据从属于 FEM 单元的高斯点(保留做将来定义之用)

索引	名称	类型	说明
6	NE	整数	在该实体中定义的 FEM 单元的个数
7	EN(1)	整数	第一个单元的 FEM 单元号标识符
8	EP(1)	指针	指向第一个 FEM 单元实体 DE 的指针
9	ITOP(1)	整数	第一个 FEM 单元的单元拓扑类型
10	NL(1)	整数	每个结果数据报告位置的层数。该参数与格式号一起指示对于一个特定 FEM 单元要读出的结果值的总数
11	DLF(1)	整数	数据层标志。该标志说明数据实际层位置所需要的其他信息。其有 5 个可能的值： 0——表示一个层不是专用的。(对于这种情况，NL 应为 1) 1——表示该层是 FEM 板单元的上面(对于这种情况，NL 应为 1) 2——表示该层是 FEM 板单元的中间面(对于这种情况，NL 应为 1) 3——表示该层是 FEM 板单元的底面(对于这种情况，NL 应为 1) 4——表示从 FEM 单元的上面到底面，各层是一组有序的值。有 NL 专用的层
12	NRL(1)	整数	第一个 FEM 单元的结果数据报告位置的个数
13	RDRL(I)	整数	FEM 单元的结果数据报告位置。RDRL 的值取决于结果报告标志 RRF。如果 RRF 是： 0——在报告结果值处，它们是该 FEM 单元的节点号。有它们的 NRL 1——这是 FEM 单元的形心结果数据。NRL 应为 1 而该值应为 0 2——这是 FEM 单元的不变的结果数据。NRL 应为 1 而该值应为 0 3——这些是高斯点的拓扑有序表(供将来定义使用)。对 RDRL 有 NRL 值
⋮	⋮	⋮	
13+NRL	NUMV(1)	整数	该值表示在下面的 V 数组中所包含的结果总数。它是该 FEM 单元的 NV,NL 和 NRL 的乘积；例如，对于 FEM 单元号 1，有 NUMV(1)＝NV ∗ NL(1) ∗ NRL(1)
14+NRL	V(J,K,L)	实数	第一个 FEM 单元的 FEM 分析结果数据值。结果数据值按列主序排列。即最左下标变化最快。其下标是：(1) J 是从 1 增加到 NV 的值号(见表 29)；(2) K 是从 1 增加到 NL 的层号；(3) L 是从 1 增加到 NRL(I)的结果数据报告位置索引。(下标 I 指示这些值依赖于特定的 FEM 单元)。数组 V 的循环通过使用下列的 FORTRAN 代码段完成： DO 10 L＝1,NRL(I) DO 20 K＝1,NL(I) DO 30 J＝1,NV READ(unit,∗)V(J,K,L) 30 CONTINUE 20 CONTINUE 10 CONTINUE 对于数组 V，有 NUMV 个值。(循环要遍及所有的单元号)

索　引	名　称	类　型	说　　明
在下边的索引表示式中，设 NLS= ∑(7+(NL * NV+1) * NRL(I))，其中 I=1 到 NE−1，NE 表示单元个数。又设 NLSE=NLS+NRL(NE)			
7+NLS	EN(NE)	整数	最后一个单元的 FEM 单元号标识符
8+NLS	EP(NE)	指针	指向最后一个 FEM 单元实体 DE 的指针
9+NLS	ITOP(NE)	整数	最后一个 FEM 单元的单元拓扑类型
10+NLS	NL(NE)	整数	对于最后一个 FEM 单元，每个结果数据报告位置的层数
11+NLS	DLF(NE)	整数	最后一个 FEM 单元的数据层标志
12+NLS	NRL(NE)	整数	对于最后一个 FEM 单元，结果数据报告位置的个数
13+NLS	RDRL(I)	整数	对于最后一个 FEM 单元的结果数据位置表
13+NLSE	NUMV(NE)	整数	对于最后一个 FEM 单元，该值表示数组 V 中所包含的结果总数
14+NLSE	V(J,K,L)	实数	对于最后一个 FEM 单元，FEM 单元分析结果数据值

按需要附加的指针(见 5.2.4.5.2)。

7.37　块实体(类型 150)

Block(块)是用在(X_1,Y_1,Z_1)处的一个顶点和沿着局部坐标系的+X、+Y 和+Z 轴的三条边定义的长方体。图 48 示出了一个例子。局部坐标系的 X 轴由(I_1,J_1,K_1)单位矢量定义，Z 轴由(I_2,J_2,K_2)单位矢量定义，Y 轴根据 Z 到 X 的叉积导出。所生成的局部坐标系应是正交的，并带有具有最高精度优先级的(I_1,J_1,K_1)值。如图 48 所示，块由沿这些轴的正长度(LX,LY,LZ)规定。

a)　目录条目

编号和名字	值
(1)　实体类型号	150
(3)　结构	<n. a.>
(4)　线型模式	#,⇒
(5)　层	#,⇒
(6)　视图	0,⇒
(7)　变换矩阵	0,⇒
(8)　标号显示联接	0,⇒
(9a)　空白状态	??
(9b)　次级 实体 开关	??
(9c)　实体用途标记	00
(9d)　层次结构	* *
(12)　线宽	#
(13)　颜色号	#,⇒
(15)　格式号	0

b) 参数数据

索引	名称	类型	说明
1	LX	实数	局部坐标系下 X 方向上的长度
2	LY	实数	局部坐标系下 Y 方向上的长度
3	LZ	实数	局部坐标系下 Z 方向上的长度
4	X1	实数	角点坐标(缺省为(0.0,0.0,0.0))
5	Y1	实数	
6	Z1	实数	
7	I1	实数	定义局部坐标系下 X 轴的单位矢量(缺省为(1.0,0.0,0.0))
8	J1	实数	
9	K1	实数	
10	I2	实数	定义局部坐标系下 Z 轴的单位矢量(缺省为(0.0,0.0,1.0))
11	J2	实数	
12	K2	实数	

按需要附加的指针(见 5.2.4.5.2)。

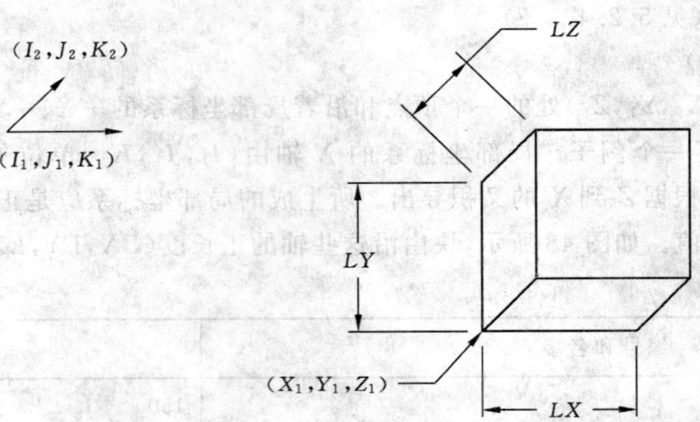

图 48 CSG 块实体的参数

7.38 直角楔形体实体(类型 152)

Right Angular Wedge(直角楔形体)由在(X_1,Y_1,Z_1)处的一个顶点及沿着局部坐标系下$+X$、$+Y$和$+Z$轴的三个正交边定义。图 49 示出了一个例子。三角形/梯形面位于局部坐标系下 XY 平面内。局部坐标系下 X 轴由单位矢量(I_1,J_1,K_1)定义,Z 轴由单位矢量(I_2,J_2,K_2)定义,Y 轴由 Z 到 X 的叉积导出。所生成的局部坐标系应是正交的,且带有具有最高精度优先级的(I_1,J_1,K_1)值。该楔形体由沿着这些轴的正长度 LX,LY,LZ 及长度 LTX 规定,LTX 为局部坐标系的正 X 方向上,楔形体与 X 轴的距离为 LY(在局部坐标系的 Y 方向上)处的长度(其中,$LTX<LX$)。如果 $LTX=0$,则该楔形体有五个面,其中的两个是三角形;否则有六个面。

a) 目录条目

编号和名字	值
(1) 实体类型号	152
(3) 结构	<n. a.>
(4) 线型模式	#,⇒
(5) 层	#,⇒
(6) 视图	0,⇒

编号和名字	值
(7) 变换矩阵	0,⇒
(8) 标号显示联接	0,⇒
(9a) 空白状态	??
(9b) 次级 实体 开关	??
(9c) 实体用途标记	00
(9d) 层次结构	* *
(12) 线宽	#
(13) 颜色号	#,⇒
(15) 格式号	0

b) 参数数据

索 引	名 称	类 型	说 明
1	LX	实数	在 Y=0.0 处,局部坐标系下 X 方向上的长度
2	LY	实数	在局部坐标系下 Y 方向上的长度
3	LZ	实数	在局部坐标系下 Z 方向上的长度
4	LTX	实数	在局部坐标系下 X 方向上,与 X 轴距离为 LY 处的长度
5	X1	实数	角点坐标(缺省为(0.0,0.0,0.0))
6	Y1	实数	
7	Z1	实数	
8	I1	实数	定义局部坐标系 X 轴的单位矢量(缺省为(1.0,0.0,0.0))
9	J1	实数	
10	K1	实数	
11	I2	实数	定义局部坐标系 Z 轴的单位矢量(缺省为(0.0,0.0,1.0))
12	J2	实数	
13	K2	实数	

按需要附加的指针(见 5.2.4.5.2)。

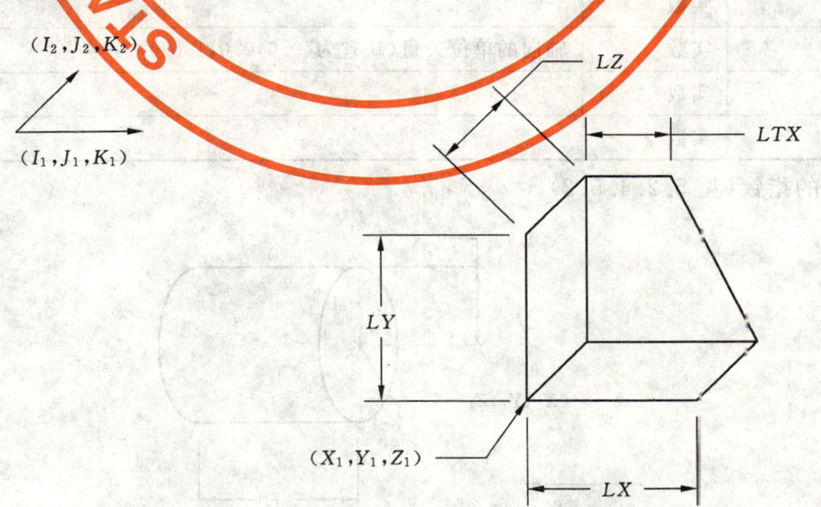

图 49 CSG 直角楔形体实体的参数

7.39 正圆柱实体(类型 154)

Right Circular Cylinder(正圆柱体)由一个圆柱面的中心、一个单位矢量、一个高和一个半径定义，如图 50 所示。该面垂直于轴向(I_1,J_1,K_1)的单位矢量且是具有规定半径 R(其中，$R>0.0$)的圆形面。高 H($H>0.0$)是按单位矢量的正向从第一个圆面中心到第二个圆面中心的距离。

a) 目录条目

编号和名字	值
(1) 实体类型号	154
(3) 结构	<n. a.>
(4) 线型模式	#,⇒
(5) 层	#,⇒
(6) 视图	0,⇒
(7) 变换矩阵	0,⇒
(8) 标号显示联接	0,⇒
(9a) 空白状态	??
(9b) 次级 实体 开关	??
(9c) 实体用途标记	00
(9d) 层次结构	* *
(12) 线宽	#
(13) 颜色号	#,⇒
(15) 格式号	0

b) 参数数据

索引	名称	类型	说明
1	H	实数	圆柱高
2	R	实数	圆柱半径
3	X_1	实数	第一个圆面的中心坐标(缺省为(0.0,0.0,0.0)
4	Y_1	实数	
5	Z_1	实数	
6	I_1	实数	轴向的单位矢量(缺省为(0.0,0.0,1.0))
7	J_1	实数	
8	K_1	实数	

按需要附加的指针(见 5.2.4.5.2)。

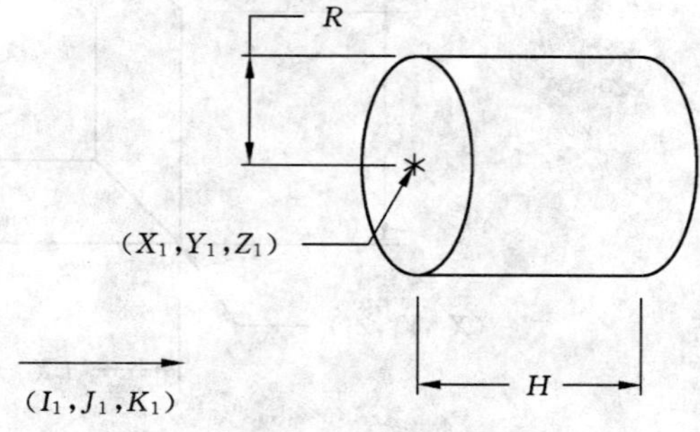

图 50 CSG 正圆柱体实体的参数

7.40 正截头圆锥实体(类型 156)

Right Circular Cone Frustum(正截头圆锥)由大圆面的中心(X_1,Y_1,Z_1)、它的半径 R_1、一个轴向单位矢量(I_1,J_1,K_1)、一个在该方向上的高 H 及半径为 R_2 的第二个圆面定义,其中,$R_1>R_2>0.0$ 及 $H>0.0$,如图 51 所示。圆面垂直于单位矢量(I_1,J_1,K_1)。

a) 目录条目

编号和名字	值
(1) 实体类型号	156
(3) 结构	<n. a.>
(4) 线型模式	#,⇒
(5) 层	#,⇒
(6) 视图	0,⇒
(7) 变换矩阵	0,⇒
(8) 标号显示联接	0,⇒
(9a) 空白状态	??
(9b) 次级 实体 开关	??
(9c) 实体用途标记	00
(9d) 层次结构	* *
(12) 线宽	#
(13) 颜色号	#,⇒
(15) 格式号	0

b) 参数数据

索 引	名 称	类 型	说 明
1	H	实数	高
2	R1	实数	大圆面半径
3	R2	实数	小圆面半径(对于圆锥顶点为 0——缺省)
4	X1	实数	大圆面中心坐标(缺省为(0.0,0.0,0.0))
5	Y1	实数	
6	Z1	实数	
7	I1	实数	轴向的单位矢量(缺省为(0.0,0.0,1.0))
8	J1	实数	
9	K1	实数	

按需要附加的指针(见 5.2.4.5.2)。

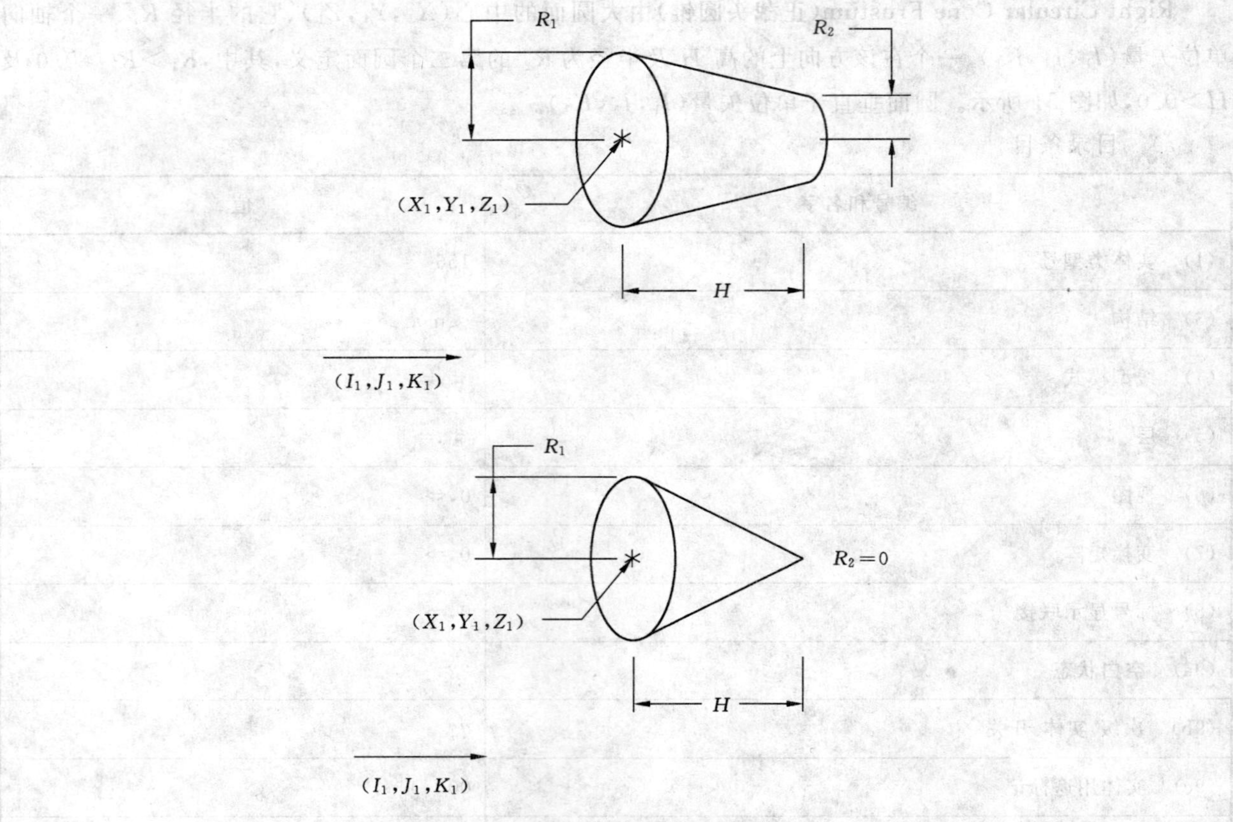

图 51 CSG 正截头圆锥实体的参数

7.41 球体实体(类型 158)

Sphere(球)是用它的中心坐标(X_1,Y_1,Z_1)及一个半径 R($R>0.0$)定义的。图 52 给出了一个例子。

a) 目录条目

编号和名字	值
(1) 实体类型号	158
(3) 结构	<n. a.>
(4) 线型模式	#,⇒
(5) 层	#,⇒
(6) 视图	0,⇒
(7) 变换矩阵	0,⇒
(8) 标号显示联接	0,⇒
(9a) 空白状态	??
(9b) 次级 实体 开关	??
(9c) 实体用途标记	00
(9d) 层次结构	* *
(12) 线宽	#
(13) 颜色号	#,⇒
(15) 格式号	0

b） 参数数据

索　引	名　称	类　型	说　　明
1	R	实数	半径
2	X1	实数	中心坐标(缺省为(0.0,0.0,0.0))
3	Y1	实数	
4	Z1	实数	

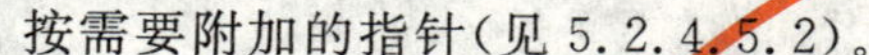

按需要附加的指针(见 5.2.4.5.2)。

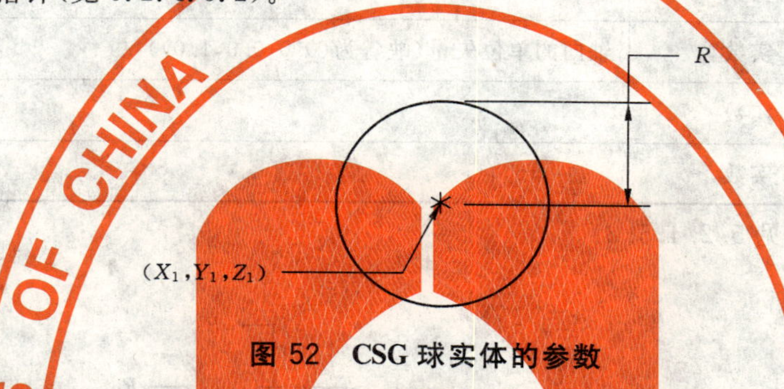

图 52　CSG 球实体的参数

7.42　圆环体实体(类型 160)

Torus(圆环体)是由一个圆面绕一个规定的共面轴旋转构成的实体。R_1 是从该轴到所定义圆面中心的距离，R_2 是所定义圆面的半径，其中 $R_1>R_2>0.0$。圆环体用它的中心(X_1,Y_1,Z_1)定位，且它的轴是按(I_1,J_1,K_1)方向定向的，如图 53 所示。

a） 目录条目

编号和名字	值
(1)　实体类型号	160
(3)　结构	<n. a.>
(4)　线型模式	#,⇒
(5)　层	#,⇒
(6)　视图	0,⇒
(7)　变换矩阵	0,⇒
(8)　标号显示联接	0,⇒
(9a)　空白状态	??
(9b)　次级 实体 开关	??
(9c)　实体用途标记	??
(9d)　层次结构	??
(12)　线宽	#
(13)　颜色号	#,⇒
(15)　格式号	0

b) 参数数据

索 引	名 称	类 型	说 明
1	R1	实数	是从圆环体的中心到要旋转的圆面中心的距离(垂直于轴)
2	R2	实数	圆面的半径
3	X1	实数	圆环体中心的坐标(缺省为(0.0,0.0,0.0)
4	Y1	实数	
5	Z1	实数	
6	I1	实数	轴向的单位矢量(缺省为(0.0,0.0,1.0))
7	J1	实数	
8	K1	实数	

按需要附加的指针(见 5.2.4.5.2)。

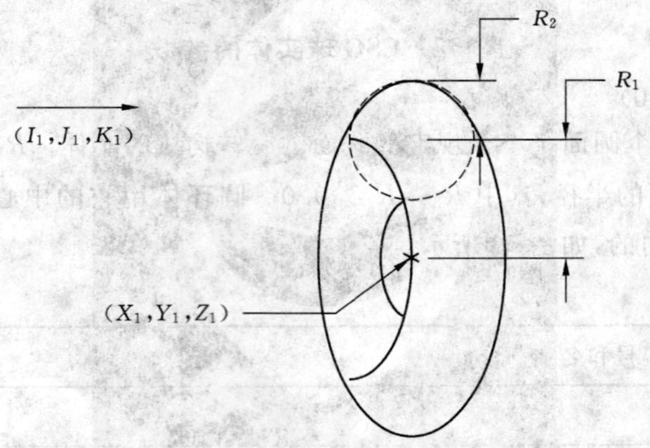

图 53 CSG 圆环体实体的参数

7.43 回转体实体(类型 162)

Solid of Revolution Entity(回转体实体)为由一条平面曲线绕着在该平面上的一条轴回转的区域围成的实体。回转体是用右手法则(即当从正向观察时的逆时针方向)给出的全旋转的一部分 $F(0.0<F\leqslant1.0)$。该曲线不应自交;也不应与轴相交,但可以相接。图 54 示出了一个例子。

两个格式号用于指示如何从该曲线确定回转区域。当该曲线是封闭的,则格式号应置 1,该区域是用该曲线围成的。当该曲线不是封闭的且格式号置 0 时,则从该曲线的端点到旋转轴进行投影,这样回转区域就由该曲线、投影线和轴围成。在这种情况下,曲线除端点外不应与其投影线相交。当该曲线不是封闭的且格式号置 1 时,则该曲线通过加入一条连接其端点的直线而变成封闭的;且由该曲线及加入的直线围成了回转区域。在这种情况下,曲线除端点外不应与加入直线相交。

回转体实体的格式号如下:

格 式	意 义
0	曲线与轴封闭
1	曲线自身封闭

a) 目录条目

编号和名字	值
(1) 实体类型号	162
(3) 结构	<n.a.>
(4) 线型模式	#,⇒
(5) 层	#,⇒
(6) 视图	0,⇒
(7) 变换矩阵	0,⇒
(8) 标号显示联接	0,⇒
(9a) 空白状态	??
(9b) 次级 实体 开关	??
(9c) 实体用途标记	00
(9d) 层次结构	**
(12) 线宽	#
(13) 颜色号	#,⇒
(15) 格式号	0-1

b) 参数数据

索 引	名 称	类 型	说 明
1	PTR	指针	指向要被回转的曲线实体 DE 的指针。该曲线必须与回转轴共面
2	F	实数	要回转的曲线回转部分与全旋转的比值;缺省时为 1
3	X1	实数	轴上点的坐标(缺省时为(0.0,0.0,0.0))
4	Y1	实数	
5	Z1	实数	
6	I1	实数	轴向的单位矢量(缺省为(0.0,0.0,1.0))
7	J1	实数	
8	K1	实数	

按需要附加的指针(见 5.2.4.5.2)。

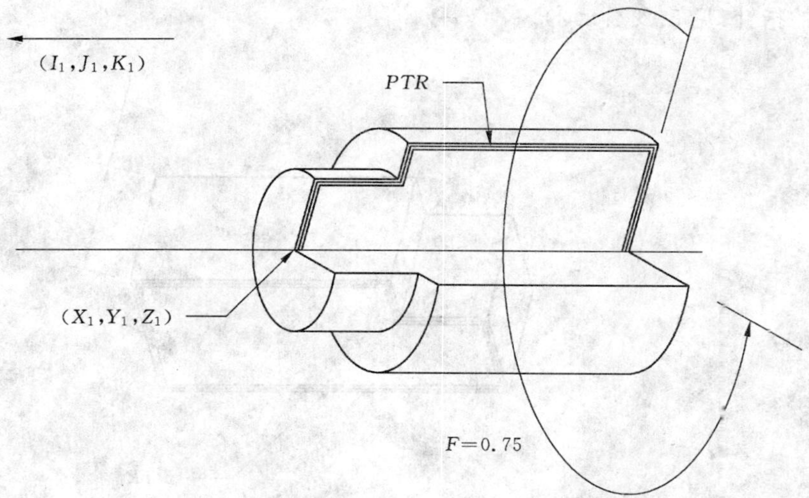

图 54 CSG 回转体实体的参数

7.44 线性延拓体实体(类型 164)

Solid of Linear Extrusion Entity(线性延拓体实体)是通过平移一个平面曲线所确定的区域定义的。在图 55 中由 PTR 所指示的曲线必须是封闭的且是非自交的。平移的方向由单位矢量(I_1,J_1,K_1)定义,而平移的长度由 L 定义($L>0.0$)。矢量(I_1,J_1,K_1)不能与这个封闭曲线共面。

a) 目录条目

编号和名字	值
(1) 实体类型号	164
(3) 结构	<n.a.>
(4) 线型模式	#,⇒
(5) 层	#,⇒
(6) 视图	0,⇒
(7) 变换矩阵	0,⇒
(8) 标号显示联接	0,⇒
(9a) 空白状态	??
(9b) 次级 实体 开关	??
(9c) 实体用途标记	00
(9d) 层次结构	* *
(12) 线宽	#
(13) 颜色号	#,⇒
(15) 格式号	0

b) 参数数据

索 引	名 称	类 型	说 明
1	PTR	指针	指向封闭的曲线实体 DE 的指针
2	L	实数	沿着矢量正向延拓的长度
3	I1	实数	规定延拓方向的单位矢量(缺省时为(0.0,0.0,0.0))
4	J1	实数	
5	K1	实数	

按需要附加的指针(见 5.2.4.5.2)。

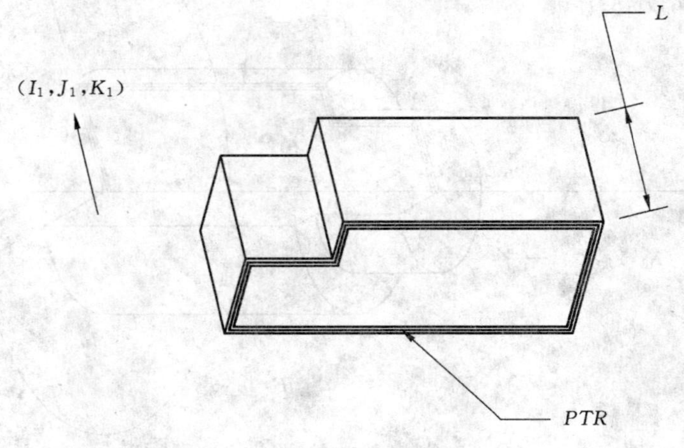

图 55 CSG 线性延拓体实体的参数

7.45 椭球体实体(类型 168)

Ellipsoid(椭球体)是由方程:

$$\frac{X^2}{LX^2}+\frac{Y^2}{LY^2}+\frac{Z^2}{LZ^2}=1$$

所定义的曲面界定的实体,其中心在原点,且 X 方向与其长轴(LX)对齐,Z 方向与短轴(LZ)对齐。椭球的长轴可通过选择椭球面上距中心最远的一点并绘制从该点到中心的直线找出。通过中心并垂直于该长轴的平面与椭球面相交成一个椭圆。椭球的其他两个轴是该椭圆的轴。

椭球用它的中心(X_1,Y_1,Z_1)及其三个与局部坐标系的轴 X、Y、Z 重合的轴来定义,如图 56 所示。局部坐标系的 X 轴通过单位矢量(I_1,J_1,K_1)定义,Z 轴通过(I_2,J_2,K_2)定义。Y 轴由 Z 到 X 的叉积导出。产生的局部坐标系应是正交的,并带有具有最高精度优先级的(I_1,J_1,K_1)值。椭球通过从局部坐标系的原点到沿局部坐标系的 $+X$,$+Y$,$+Z$ 轴的表面的正长度(分别为 LX,LY 和 LZ,其中 $LX \geqslant LY \geqslant LZ > 0.0$)规定。

a) 目录条目

编号和名字	值
(1) 实体类型号	168
(3) 结构	<n.a.>
(4) 线型模式	#,⇒
(5) 层	#,⇒
(6) 视图	0,⇒
(7) 变换矩阵	0,⇒
(8) 标号显示联接	0,⇒
(9a) 空白状态	??
(9b) 次级 实体 开关	??
(9c) 实体用途标记	00
(9d) 层次结构	* *
(12) 线宽	#
(13) 颜色号	#,⇒
(15) 格式号	0

b) 参数数据

索 引	名 称	类 型	说 明
1	LX	实数	在局部坐标系的 X 方向上的长度
2	LY	实数	在局部坐标系的 Y 方向上的长度
3	LZ	实数	在局部坐标系的 Z 方向上的长度
4	X1	实数	椭球中心点的坐标
5	Y1	实数	(缺省时为(0.0,0.0,0.0))
6	Z1	实数	
7	I1	实数	定义局部坐标系 X 轴的单位矢量(椭球长轴)
8	J1	实数	(缺省时为(1.0,0.0,0.0))
9	K1	实数	
10	I2	实数	定义局部坐标系 Z 轴的单位矢量(椭球短轴)
11	J2	实数	(缺省时为(0.0,0.0,1.0))
12	K2	实数	

按需要附加的指针(见 5.2.4.5.2)。

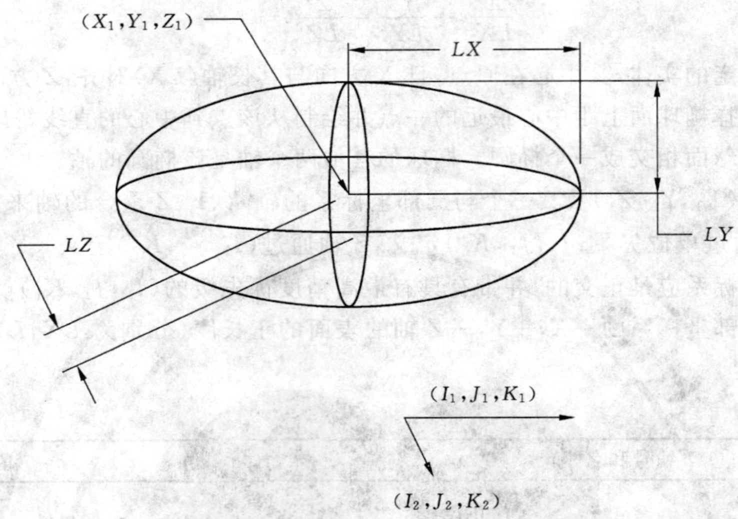

图 56 CSG 椭球实体的参数

7.46 布尔树实体(类型 180)

Boolean Tree(布尔树)描述一个由正则布尔运算和运算项按后序式表示法构成的二叉树结构。正则布尔运算定义为布尔集合运算结果的内部闭包。具体地说,用 Xo 表示集合 X 的内部,用 $\overline{X}$ 表示 X 的闭包,并用$\cup^*$,$\cap^*$和$-^*$分别表示正则布尔运算的并、交和差。由此:

$$X \cup^* Y = \overline{(X \cup Y)};$$
$$X \cap^* Y = \overline{(X \cap Y)};$$
$$X -^* Y = \overline{(X - Y)}。$$

因为所考虑的拓扑空间是一个三维空间,所以由这些运算所产生的全部低维实体都将消失。

所有的运算将赋予整数如下:

整　数	运　　算
1	并
2	交
3	差

允许的运算项为:

- 体素实体;
- 布尔树实体;
- 实体实例实体;
- 流形实体 B-Rep 对象实体。

布尔树实体的参数数据条目可以是运算代码(整数)或指向运算项的指针。参数数据条目中的正值(或无符号值)指的是运算代码;负值的绝对值为指向运算项的指针。

该 DE 的域 7 指向变换矩阵,用以确定按任何所希望的方式所产生的实体的位置。

布尔树实体的格式号如下:

格 式	意 义
0	全部运算项都是体素、实体实例或其他布尔树
1	至少一个运算项是流形实体 B-Rep 对象实体

图 57 示出了一个由 5 个运算项和 4 个运算组成的布尔树的例子,其值如下:

参 数	值
1	9
2	PTRA(负值)
3	PTRB(负值)
4	PTRC(负值)
5	1
6	3
7	PTRD(负值)
8	PTRE(负值)
9	2
10	1

a) 目录条目

编号和名字	值
(1) 实体类型号	180
(3) 结构	<n. a.>
(4) 线型模式	#,⇒
(5) 层	#,⇒
(6) 视图	0,⇒
(7) 变换矩阵	0,⇒
(8) 标号显示联接	0,⇒
(9a) 空白状态	??
(9b) 次级 实体 开关	??
(9c) 实体用途标记	00
(9d) 层次结构	??
(12) 线宽	#
(13) 颜色号	#,⇒
(15) 格式号	0-1

注:当层结构置为总体推延(01)时,下列所有实体及特性都将忽略且可以是缺省值:线型模式、线宽加权值、颜色号、层、视图及可见状态。

b) 参数数据

索 引	名 称	类 型	说 明
1	N	整数	后序式表示法的长度,包括运算及运算项(N>2)
2	PTR(1)	指针	指向第一运算项 DE 的负指针
3	PTR(2)	指针	指向第二运算项 DE 的负指针
4	PTR(3)	指针	指向第三运算项 DE 的负指针
	或	或	或
	IOP(1)	整数	表示第一个运算的整数
	⋮	⋮	
N	PTR(M)	指针	指向最后一个运算项 DE 的负指针
	或	或	或
	IOP(L−1)	整数	表示倒数第二个运算的整数
N+1	IOP(L)	整数	表示最后一个运算的整数

按需要附加的指针(见 5.2.4.5.2)。

注:参数 2 和 3 总是运算项,因此总是负数。因为 L 是运算的个数,M 是运算项的个数,所以 $N=L+M$。

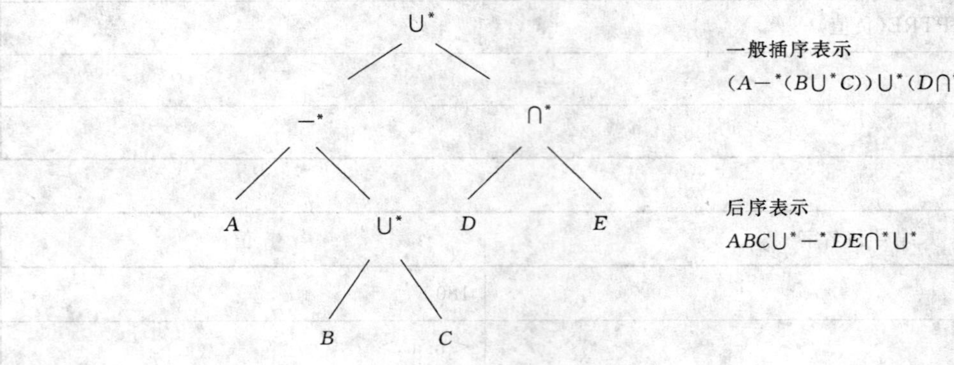

参数:9*ABC*13*DE*21

A、*B*、*C*、*D* 和 *E* 为负值表示指针到算子。

图 57 布尔树的例子

7.47 选择部件实体(类型 182)‡

‡Selected Component Entity(选择部件实体)未经测试。见 4.8。

选择部件实体提供一个在 CSG 实体中选择一个独立组成部分的方法。

a) 目录条目

编号和名字	值
(1) 实体类型号	182
(3) 结构	<n. a.>
(4) 线型模式	<n. a.>
(5) 层	#,⇒
(6) 视图	0,⇒
(7) 变换矩阵	0,⇒
(8) 标号显示联接	0,⇒
(9a) 空白状态	* *
(9b) 次级 实体 开关	??

编号和名字	值
(9c) 实体用途标记	03
(9d) 层次结构	* *
(12) 线宽	<n. a.>
(13) 颜色号	#,⇒
(15) 格式号	0

b) 参数数据

索引	名称	类型	说明
1	BTREE	指针	指向布尔树实体 DE 的指针
2	SELX	实数	所需要部件内或上的点的 X 分量
3	SELY	实数	所需要部件内或上的点的 Y 分量
4	SELZ	实数	所需要部件内或上的点的 Z 分量

按需要附加的指针(见 5.2.4.5.2)。

7.48 实体装配实体(类型 184)

Solid Assembly(实体装配)是一个具有共享固定几何关系的项的集合。即使这些项是接触的，该装配实体也不同于保持自己结构的每一项进行并运算后的实体。

在 DE 域 7 引用一个矩阵应用于该集合之前，每一项都可以单独应用一个变换矩阵。指针域的零值表示单位矩阵。

实体装配实体的格式号如下：

格式	意义
0	全部项都是体素，实体实例，布尔树，或其他装配
1	至少一项是流形实体的 B-Rep 对象实体

a) 目录条目

编号和名字	值
(1) 实体类型号	184
(3) 结构	<n. a.>
(4) 线型模式	#,⇒
(5) 层	#,⇒
(6) 视图	0,⇒
(7) 变换矩阵	0,⇒
(8) 标号显示连接	0,⇒
(9a) 空白状态	??
(9b) 次级 实体 开关	??
(9c) 实体用途标记	02
(9d) 层次结构	??
(12) 线宽	#
(13) 颜色号	#,⇒
(15) 格式号	0-1

注：当该层结构置为总体推延(01)时，所有下例实体和特性都将忽略且可以是缺省值：线型模式、线宽加权值、颜色号、层、视图及可见状态。

b) 参数数据

索　引	名　称	类　型	说　　明
1	N	整数	项的个数
2	PTR(1)	指针	指向第一项 DE 的指针
⋮	⋮	⋮	
1+N	PTR(N)	指针	指向最后一项 DE 的指针
2+N	PTM(1)	指针	指向第一项变换矩阵实体 DE 的指针
⋮	⋮	⋮	
1+2*N	PTRM(N)	指针	指向最后一项变换矩阵实体 DE 的指针

按需要附加的指针(见 5.2.4.5.2)。

7.49 流形实体 B-Rep 对象实体(类型 186)‡

Manifold Solid B-Rep Object Entity(流形实体 B-Rep 对象实体)未经测试。见 4.8。

流形实体是在三维欧氏空间 R_3 中一个有界、封闭及有限体积的实体 V。V 只限于是弧连通的 V 内部的闭包。V 内洞的个数和边界曲面的种类没有限制。在附录 I 中含有从图论观点上对流形实体的讨论。

流形实体 B-Rep 对象(MSBO)通过枚举它的边界来定义流形实体。这个边界可以分解成它的最大连通部分即封闭壳。每一个壳都由面组成,每个面下连接有基曲面几何。这些面由边组成的环界定,每个边下连接有基曲线几何。而边是由顶点界定的,顶点下连接的几何是点。在这种表示法中隐含着一个实体包含的拓扑实体是有向的概念。这允许引用实体逆转被引用实体的固有方向。这个固有方向是从其下连接的几何中推导出来的。图 58 说明了这个表示法的层特性。

顶点表示一个位置,构成顶点下连接基几何是 R_3 中的一个点。

一个边连接两个顶点。它由两个顶点(V_1 和 V_2)界定且不包含这两个顶点。始顶点和终顶点不必不同。除在它的边界处(即顶点)外,边是不相交的。支持边的几何是 R_3 中的一条曲线的某一部分。边与在 R_3 中的基曲线有相同的固有方向。因此,由于基曲线是按参数值增加的方向描述的,所以边的方向是从始点到终点描述的。在每个方向上每个边仅使用一次,因此,在 MSBO 中每个边都被引用两次。

环是始点和终点相同的有向边和顶点的一个路径。典型地,一个环表示单一面的面边界、接合面曲线和单一面极点的集合(参考附录 I 中的图)。它的基几何是 R_3 中的一条相连的曲线或一个单点。环表示为有向边的有序列表,使用的边($EU_i, i=1,n$)有下列特性:

- EU_i 的终点是 EU_{i+1} 的始点,$i=1,n-1$。
- 环是封闭的,即 EU_n 的终点与 EU_1 的始点相同。
- 环的方向定义与 EU 引用的边的方向一致。因此,在顶点 A 的环的方向可取自 EU 的方向,这个 EU 指向以 A 作为其始点或顶点的边。

EU 是构成环的边或顶点的实例,它由一个边、一个方向和任选的参数空间曲线(见相关的参数空间的定义及边界实体(类型 141)中的集合)构成,或由(在一个极点的情况下)一个顶点和一个任选的参数空间曲线构成。

当 EU 引用一个边时,则其方向描述 EU 的方向与该边原有方向是否一致。如果 EU 的方向与该边的方向一致,则 EU 的方向是从该边的始点到终点。如果 EU 的方向与该边的方向不一致,则 EU 的方向是从终点到始点。在任何一点,一个 EU 的方向都称为它的拓扑切矢量 T。为了确定如何设置方向,参见面的讨论。如果 EU 引用一个顶点,则不定义方向。

面是以 R_3 的一个弧连通开子集为界的部分且具有有限的面积。它有一个基曲面 S,并且至少被一个环界定。如果由一个以上的环界定一个面，则这些环应当是不相交的。叉积 $N \times T$ 指向面的内部，其中 N 与 S 法向同向，而 T 是界定该面的环中一个 EU 的拓扑切矢量。

注：这确定了 EU 的方向。

MSBO 应指向一个或多个封闭壳。封闭壳表示为一组与有向面（面的使用 FU）连接的边。封闭壳将 R_3 分成两个弧连通的开子集（部分）。壳的法向与它的 FU 的法向同向。一个封闭壳的每个 FU 的法向都指向 R_3 的同一个部分。FU 的法向假设为该面的基曲面的法线方向，除非这个 FU 方向指明其需要逆方向。壳所使用的面仅通过边而相互连接。每个边在封闭壳中都恰好使用两次，每个方向一次。

MSBO 通过壳的有向使用（壳的使用 SU）描述了实体的边界。正是 SU 的方向定义了 MSBO 所描述的 R_3 的空间。SU 的方向由 SU 的法向确定，它与壳的法向同向或者反向。按照惯例，SU 的法线方向背向所描述的 R_3 的部分。一个外壳应完全包围其他所有的壳，并且仅有外壳可包围其他壳。

可以用于 MSBO 的几何实体包括点、曲线和曲面。为了数据压缩，点的数据嵌入在顶点实体中。可以用于曲线的实体限定在边实体格式 1 所确定的子集范围内。可以用于曲面实体的子集是由面实体的格式 1 确定的。为了减小处理的难度，不主张使用嵌套结构。例如，虽然允许一个边为复合曲线，使用一个偏置曲线作为它的一个组成部分，但不推荐这种情况。

用于规定面几何的几何曲面的定义应是一个弧连通的、有向的、有界的、非自交的、且在该面的基曲面区域内是无柄的二维流形。这种曲面可隐式地表示为 $F(x,y,z)=0$ 或参数化地表示为 $S(u,v)$。在隐式表示法中，曲面的法线方向由 $F(x,y,z)$ 的梯度定义；如果曲面是参数化表示的，则曲面的法线方向由对于 u 和 v 的偏导数（按所述的顺序）的叉积给出。

与边的模型空间（R_3）基曲线假设是参数化表示的、在每一点处都有唯一的非零的切矢量、位于两个相交曲面上，且与该边相连的开曲线段是非自交的。

注意，由于接合面曲线的极点原因，在曲面 S_1 和 S_2 的参数空间中，曲线 C 的逆象表达由曲面 S_1 的曲线 $C_{1i}{}^*(i=1,n)$ 和曲面 S_2 的曲线 $C_{2j}{}^*(j=1,m)$ 的有序表组成。通过组合（$S_1 o C_{1i}{}^*, i=1,n$）给出 C_{1i}，通过组合（$S_2 o C_{2j}{}^*, j=1,n$）给出 C_{2j}，最后形成与曲线 C 重合的 R_3 中的组合曲线。

由 EU 所引用的任选的参数空间曲线 $C_i{}^*(i=1,n)$ 是在一个曲面参数空间定义的，引用该 EU 的环界定了该曲面所在的面。这些曲线假设在表中是有序的和有向的，即对每一个参数空间曲线的参数都从它的初值变化到它的终值。参数空间曲线的组合（$SoC_i{}^*, i=1,n$）产生组合由线 $C_i(i=1,n)$，并且 C_i 与该边的基曲线相重合，$C_i(i=1,n)$ 的方向与 EU 方向一致。

用于说明圆柱、球和圆环任一实体建模过程的一般模型的例子见附录 I。

下面是可用于表示 MSBO 的拓扑和几何实体方面的主要约束的摘要：

- MSBO 仅应含有一个外壳。
- MSBO 所描述的实体应是弧连通的。这意味着在外壳内部的洞不应包含在另一个洞内。
- 一个对象的各个壳不应相交。
- 壳的 FU 的法矢方向应是背向 MSBO 实体中的 R_3 部分，但该壳的方向标志为假（false）时，法矢方向取反。
- 一个对象的壳应是封闭的壳。
- 面的内部、边的内部及顶点不应相交。
- 仅 MSBO 和 R_3 曲线和曲面实体可以有一个变换。

下列拓扑实体可用于表示 MSBO：

- 流形实体 B-Rep 对象（MSBO）实体（类型 186，格式 0）标明构成 MSBO 的壳的使用（壳＋方向）。
- 封闭壳实体（类型 514，格式 1）通过使用面的标识和定向定义 R_3 的一个区域的边界。
- 面实体（类型 510，格式 1）实现 R_3 一部分边界的拓扑概念。这需要基曲面。
- 环实体（类型 508，格式 1）标识和定向使用边作为面的边界（部分）。这还要建立参数空间几何的联系(可选)。

- 边表实体建立一个边或一个边表的模型。在一个 MSBO 中引用的每一个边都应仅在一个边表实体中建模。因此,对于一个特定边的全部引用都应使用同一个边表实体和表索引。这还需要 R_3 中的基曲线几何。
- 顶点表(类型 502,格式 1)的模型。在一个 MSBO 中引用的每一个顶点都应仅在一个顶点表实体中建模。因此,对于一个特定顶点的全部引用都应使用同一个顶点表实体和表索引。

图 58 说明了一个 MSBO 的层特性。图 59 说明了一个 MSBO 的构造。

a) 目录条目

编号和名字	值
(1) 实体类型号	186
(3) 结构	<n. a.>
(4) 线型模式	#,⇒
(5) 层	#,⇒
(6) 视图	0,⇒
(7) 变换矩阵	0,⇒
(8) 标号显示联接	0,⇒
(9a) 空白状态	??
(9b) 次级 实体 开关	??
(9c) 实体用途标记	??
(9d) 层次结构	??
(12) 线宽	#
(13) 颜色号	#,⇒
(15) 格式号	0

b) 参数数据

索 引	名 称	类 型	说 明
1	SHELL	指针	指向壳 DE 的指针
2	SOF	逻辑	壳相对于它的基面的方向标志(真=一致)
3	N	整数	洞壳的个数或 0
4	VOID(1)	指针	指向第一个洞壳 DE 的指针
5	VOF(1)	逻辑	第一个洞壳的方向标志
⋮	⋮	⋮	
2+2*N	VOID(N)	指针	指向最后一个洞壳 DE 的指针
3+2*N	VOF(N)	逻辑	最后一个洞壳的方向标志

按需要附加的指针(见 5.2.4.5.2)。

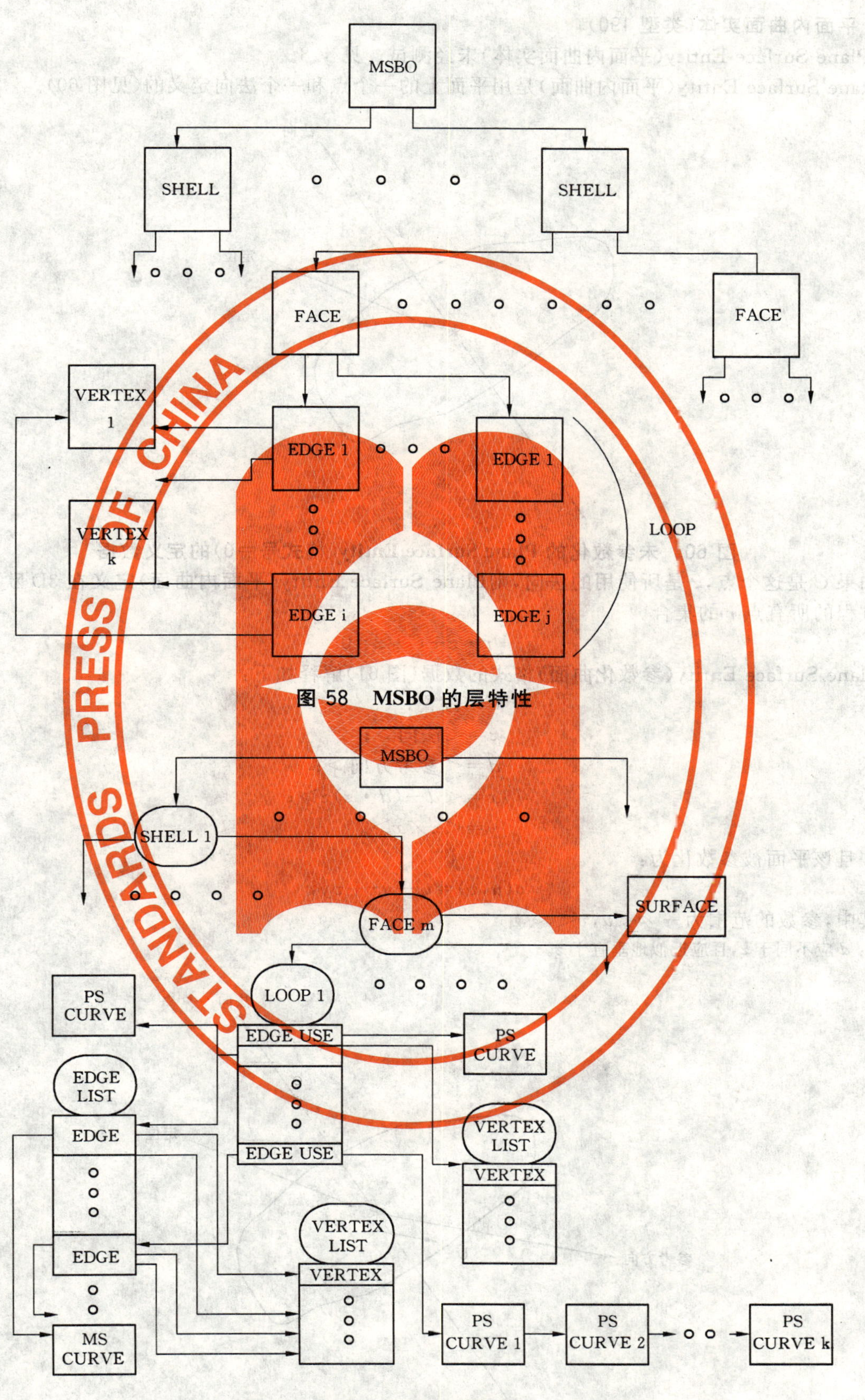

图 58　MSBO 的层特性

图 59　MSBO 的构造

7.50　平面内曲面实体(类型 190)‡

‡Plane Surface Entity(平面内曲面实体)未经测试。见 4.8。

Plane Surface Entity(平面内曲面)是用平面上的一个点和一个法向定义的(见图 60)。

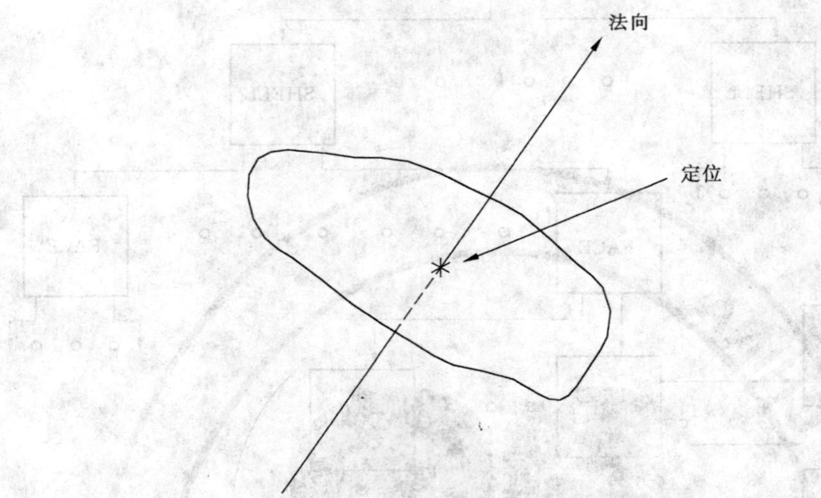

图 60　未参数化的 Plane Surface Entity(格式号=0)的定义数据

如果 C 是这个点,z 是所使用的法向,则Plane Surface Entity(平面内曲面)定义在 3D 欧氏空间中满足方程的所有点 r 的集合。

$$r \cdot z - C \cdot z = 0$$

Plane Surface Entity(参数化曲面)格式的数据(图 61)解释如下:

C=位置;

$z = \langle 法向 \rangle$;

$d = \langle 参考方向 \rangle$;

$x = \langle d - (d \cdot z) z \rangle$;

$y = \langle z \times x \rangle$。

并且该平面被参数化为:

$$\sigma(u,v) = C + ux + vy,$$

其中,参数的范围为 $-\infty < u, v < \infty$

注:d 应不同于 z,且应近似地垂直于 z。

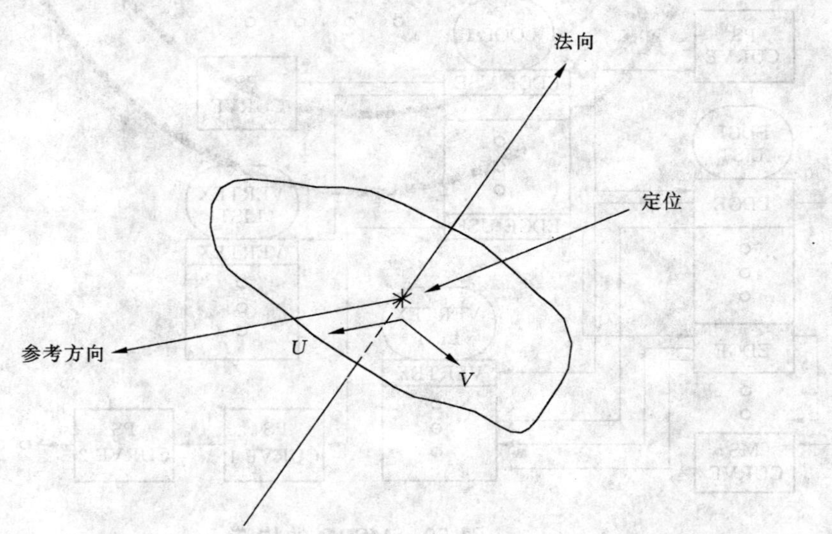

图 61　参数化的 Plane Surface Entity(格式号=1)的定义数据

Plane Surface Entity(平面内曲面)实体的格式号如下：

格 式	意 义
0	未参数化的平面
1	参数化的平面

Plane Surface Entity(平面内曲面)是无界的，除非它从属于引用它的限定几何的另一个实体，诸如有界曲面实体(类型 143)或剪裁参数曲面实体(类型 144)。如果该实体的从属实体开关设置为独立的，则该平面的范围是无限的。

该实体不应用作视图实体(类型 410)的裁剪平面。

a) 目录条目

编号和名字	值
(1) 实体类型号	190
(3) 结构	＜n. a.＞
(4) 线型模式	#,⇒
(5) 层	#,⇒
(6) 视图	0,⇒
(7) 变换矩阵	0,⇒
(8) 标号显示联接	0,⇒
(9a) 空白状态	* *
(9b) 次级 实体 开关	??
(9c) 实体用途标记	??
(9d) 层次结构	* *
(12) 线宽	#
(13) 颜色号	#,⇒
(15) 格式号	0-1

b) 未参数化的Plane Surface Entity(平面内曲面)实体(类型 190，格式 C)参数数据

索 引	名 称	类 型	说 明
1	DELOC	指针	指向平面上的点(位置)DE 的指针
2	DENRML	指针	指向平面法方向(法线)DE 的指针

按需要附加的指针(见 5.2.4.5.2)。

c) 参数化的平面内曲面实体(类型 190，格式 1)参数数据

索 引	名 称	类 型	说 明
1	DELOC	指针	指向平面上的点(位置)DE 的指针
2	DENRML	指针	指向平面法方向(法线)DE 的指针
3	DEREFD	指针	指向参考方向 DE 的指针

按需要附加的指针(见 5.2.4.5.2)。

7.51 正圆柱面实体(类型 192)‡

‡Right Circular Cylindrical Surface Entity(正圆柱面实体)未经测试。见 4.8。

正圆柱面由圆柱轴上的一点、圆柱轴的方向及半径定义(见图 62)。该曲面法线的正向是从轴向外的。

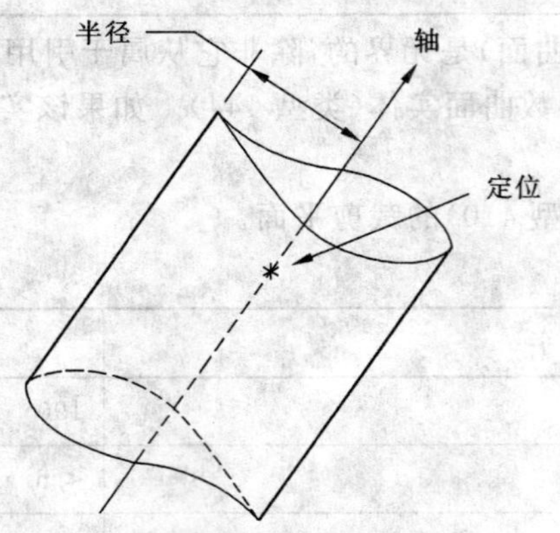

图 62 未参数化的圆柱面(格式号=0)的定义数据

如果局部坐标系用该轴上的点作原点,以该轴的方向作 Z 轴来定义,则在这个坐标系中该曲面的方程为 $S=0$,其中,

$$S(x,y,z)=x^2+y^2-r^2$$

同时,该曲面法线的正向是 S 递增的方向,即在该曲面上任意点处其法矢量 N 由

$$N=(S_x,S_y,S_z)$$

给出。

该曲面的参数化格式的数据(图 63)的解释如下:

C=位置;

z=<轴>;

d=<参考方向>;

$x=\langle d-(d\cdot z)z\rangle$;

$y=\langle z\times x\rangle$;

r=半径。

并且该曲面被参数化为

$$\sigma(u,v)=C+r(\cos(u)x+\sin(u)y)+vz$$

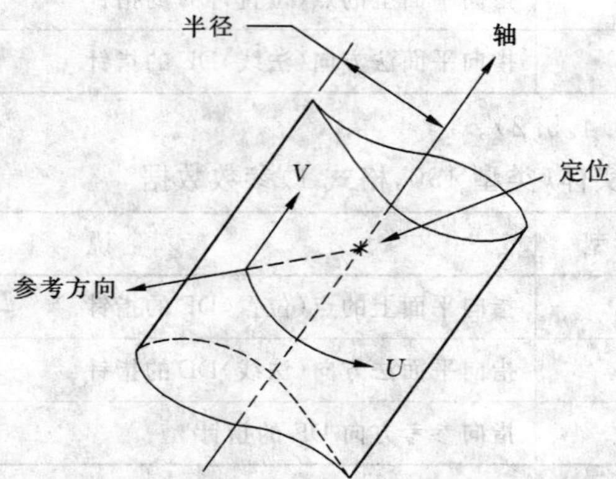

图 63 参数化的正圆柱面(格式号=1)的定义数据

其中，参数范围为 $0 \leqslant u \leqslant 360°$，而 $-\infty < v < \infty$。

注意，d 应不同于 z，且应当近似地垂直于 z。

正圆柱面实体的格式号如下：

格　式	意　　义
0	未参数化的曲面
1	参数化的曲面

该曲面类型是用来表示拓扑的基几何，且仅应由面实体（类型 510，格式 1）引用。从属实体开关总应置为物理相关的；即不允许该实体的独立实例。

a)　目录条目

编号和名字	值
(1)　实体类型号	192
(3)　结构	<n. a.>
(4)　线型模式	#，⇒
(5)　层	#，⇒
(6)　视图	0，⇒
(7)　变换矩阵	0，⇒
(8)　标号显示联接	0，⇒
(9a)　空白状态	**
(9b)　次级 实体 开关	01
(9c)　实体用途标记	??
(9d)　层次结构	**
(12)　线宽	#
(13)　颜色号	#，⇒
(15)　格式号	0-1

b)　未参数化的正圆柱面实体（类型 192，格式 0）参数数据

索　引	名　称	类　型	说　　明
1	DELOC	指针	指向轴上点（位置）DE 的指针
2	DEAXIS	指针	指向轴方向（轴）DE 的指针
3	RADIUS	实数	半径的值（>0.0）

按需要附加的指针（见 5.2.4.5.2）。

c)　参数化的正圆柱面实体（类型 192，格式 1）参数数据

索　引	名　称	类　型	说　　明
1	DELOC	指针	指向轴上点（位置）DE 的指针
2	DEAXIS	指针	指向轴方向（轴）DE 的指针
3	RADIUS	实数	半径的值（>0.0）
4	DEREFD	指针	指向参考方向 DE 的指针

按需要附加的指针（见 5.2.4.5.2）。

7.52　正圆锥面实体（类型 194）‡

‡Right Circular Conical Surface Entity（正圆锥面实体）未经测试。见 4.8。

正圆锥面是由锥轴上的一点，锥轴的方向，在该点处的半径及锥半角定义的。图 64 和图 65 示出了它的例子。该曲面法线的正方向是从轴向外的方向。

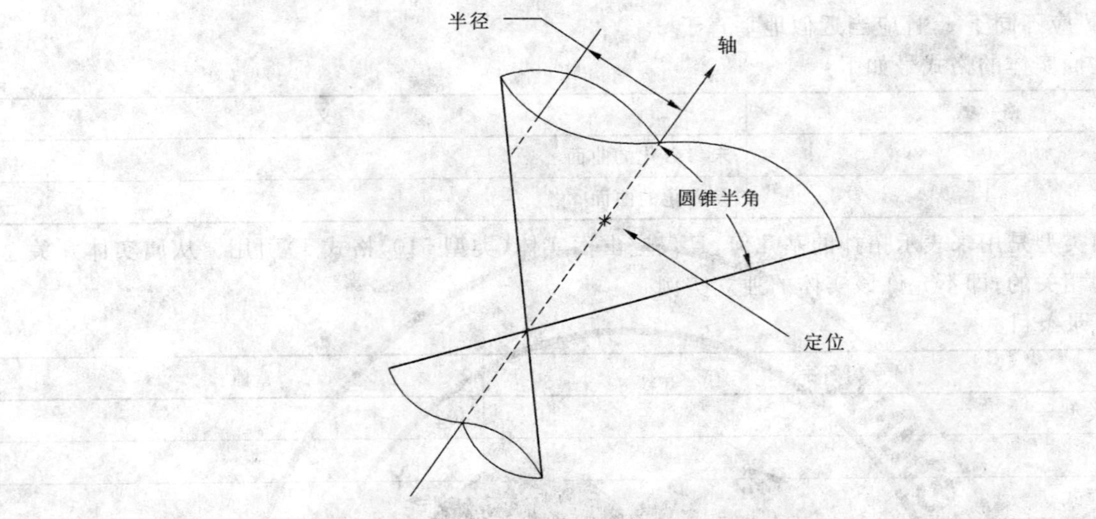

图 64　未参数化的正圆锥面(格式号＝0)的定义数据

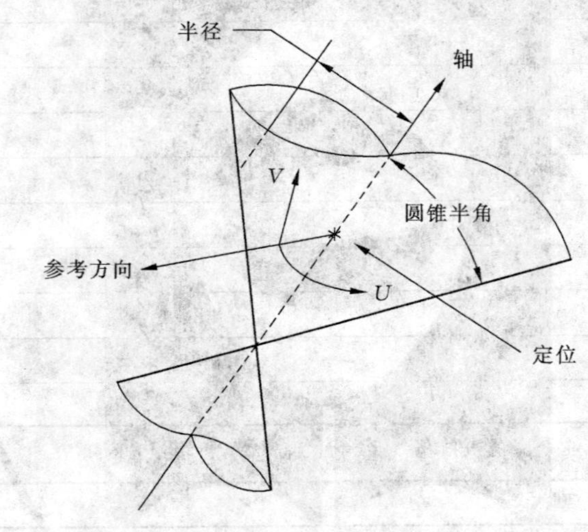

图 65　参数化的正圆锥面(格式号＝1)的定义数据

如果用该点作为原点且按轴的方向作为 Z 轴来定义局部坐标系，则在该坐标系中该曲面的方程为 $S=0$，其中

$$S(x,y,z)=x^2+y^2-(r+z\tan s)^2$$

这里 S 是锥半角，r 是已知的锥半径。该曲面法线的正方向是 S 递增的方向。在该曲面的任意点处，曲面的法线 N 为

$$N=(S_X,S_Y,S_Z)$$

该曲面的参数化格式的数据的解释如下：

C＝位置；

z＝<轴>；

d＝<参考方向>；

x＝<$d-(d\cdot z)z$>；

y＝<$z\times x$>；

r＝半径；

s＝角。

且曲面的参数化表示为：

$$\sigma(u,v)=C+(r+u\tan(s))(\cos(u)x+\sin(u)y)+vz$$

其中，参数范围为 $0\leqslant u\leqslant 360°$，而且 $-\infty<v<\infty$。

注意，d 应不同于 z，且应近似地垂直于 z。

正圆锥面实体的格式号如下：

格　式	意　　义
0	未参数化的曲面
1	参数化的曲面

该曲面类型用来表示拓扑的基几何，且仅应被面实体（类型 510，格式 1）引用。从属实体开关总应置为物理相关的；即不允许该实体有独立的实例。

a)　目录条目

编号和名字	值
(1)　实体类型号	194
(3)　结构	<n.a.>
(4)　线型模式	#，⇒
(5)　层	#，⇒
(6)　视图	0，⇒
(7)　变换矩阵	0，⇒
(8)　标号显示联接	0，⇒
(9a)　空白状态	**
(9b)　次级 实体 开关	01
(9c)　实体用途标记	??
(9d)　层次结构	**
(12)　线宽	#
(13)　颜色号	#，⇒
(15)　格式号	0-1

b)　未参数化的正圆锥面实体（类型 194，格式 0）参数数据

索　引	名　称	类　型	说　　明
1	DELOC	指针	指向轴上点（位置）DE 的指针
2	DEAXIS	指针	指向轴方向（轴）DE 的指针
3	RADIUS	实数	在轴上点处的半径值（>=0.0）
4	DEREFD	指针	按度计量的半角的值（>0.0 且<90.0）

按需要附加的指针（见 5.2.4.5.2）。

c)　参数化的正圆锥面实体（类型 194，格式 1）参数数据

索引	名称	类型	说明
1	DELOC	指针	指向轴上点(位置)DE 的指针
2	DEAXIS	指针	指向轴向(轴)DE 的指针
3	RADIUS	实数	在轴点处的半径值(>=0.0)
4	SANGLE	实数	按度计算的半角值(>0.0 且<90.0)
5	DEREFD	指针	指向参考方向 DE 的指针

按需要附加的指针(见 5.2.4.5.2)。

7.53 球面实体(类型 196)‡

‡Spherical Surface Entity(球面实体)未经测试。见 4.8。

球面是由中心点和半径定义的。图 66 和图 67 是其两个例子。该曲面法线的正向是从中心向外的。

如果用中心点作为原点来定义局部坐标系,则在该坐标系中该曲面的方程为 $S=0$,其中:

$$S(x,y,z)=x^2+y^2+z^2-r^2$$

且该曲面法线的正方向是 S 递增的方向。在该曲面上任意点处曲面的法线 N 由

$$N=(S_X,S_Y,S_Z)$$

给出。

该曲面的参数化格式的数据解释如下:

$$C=\text{位置};$$
$$z=\langle\text{轴}\rangle;$$
$$d=\langle\text{参考方向}\rangle;$$
$$x=(d-(d\cdot z)z);$$
$$y=\langle z\times x\rangle;$$
$$r=\text{半径}。$$

并且曲面的参数化表示为

$$\sigma(u,v)=C+r(\cos(v))(\cos(u)x+\sin(u)y)+r\sin(v)z$$

其中,参数范围为 $0\leqslant u\leqslant 360°$,而 $-90°<v<90°$。

注意,d 应不同于 z,且应近似地垂直于 z。

球面实体的格式号如下:

格式	意义
0	未参数化的曲面
1	参数化的曲面

这个曲面类型用来表示拓扑的基几何,且仅应被面实体(类型 510,格式 1)引用。从属实体开关总应置为物理相关的,即不允许该实体有独立的实例。

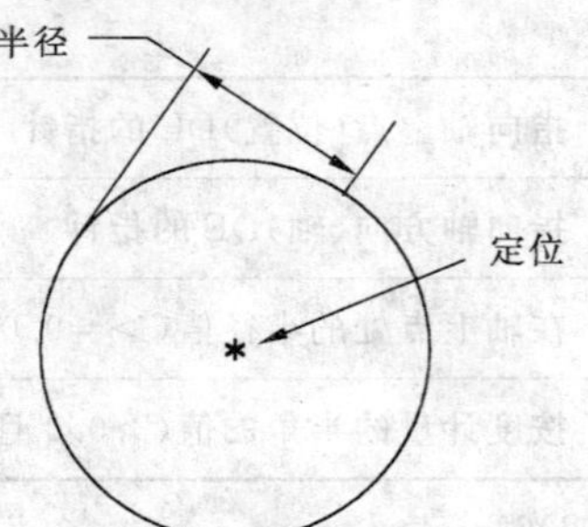

图 66 未参数化的球面(格式号=0)的定义数据

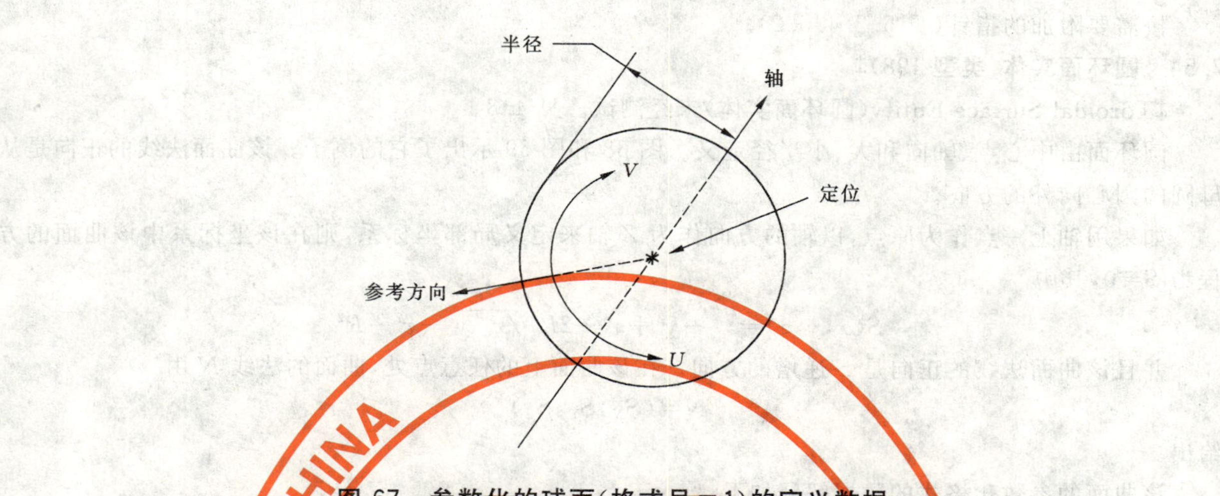

图 67　参数化的球面(格式号=1)的定义数据

a)　目录条目

编号和名字	值
(1)　实体类型号	196
(3)　结构	<n.a.>
(4)　线型模式	#,⇒
(5)　层	#,⇒
(6)　视图	0,⇒
(7)　变换矩阵	0,⇒
(8)　标号显示联接	0,⇒
(9a)　空白状态	* *
(9b)　次级 实体 开关	01
(9c)　实体用途标记	??
(9d)　层次结构	* *
(12)　线宽	#
(13)　颜色号	#,⇒
(15)　格式号	0-1

b)　未参数化的球面实体(类型 196,格式 0)参数数据

索　引	名　称	类　型	说　　明
1	DELOC	指针	指向中心点(位置)DE 的指针
2	RADIUS	实数	半径值(>0.0)

按需要附加的指针(见 5.2.4.5.2)。

c)　参数化的球面实体(类型 196,格式 1)参数数据

索　引	名　称	类　型	说　　明
1	DELOC	指针	指向中心点(位置)DE 的指针
2	RADIUS	实数	半径值(>0.0)
3	DEAXIS	指针	指向轴向(轴)DE 的指针
4	DEREFD	指针	指向参考方向 DE 的指针

按需要附加的指针(见 5.2.4.5.2)。

7.54 圆环面实体(类型 198)‡

‡Toroidal Surface Entity(**圆环面实体**)未经测试。见 4.8。

圆环面由中心点、轴向和大、小半径定义。图 68 和图 69 示出了它的例子。该曲面法线的正向是从母圆的圆心向外的方向。

如果用轴上一点作为原点,以轴的方向作为 Z 轴来定义局部坐标系,则在该坐标系中该曲面的方程为 $S=0$,其中

$$S(x,y,z)=x^2+y^2+z^2-2R\sqrt{x^{+}\,y^{2}}-r^2+R^2$$

并且该曲面法线的正向是 S 递增的方向。在该曲面上的任意点处,曲面的法线 N 由

$$N=(S_X,S_Y,S_Z)$$

给出。

该曲面的参数化格式的数据解释如下:

$C=$位置;

$z=\langle$轴$\rangle$;

$d=\langle$参考方向$\rangle$;

$x=\langle d-(d\cdot z)z\rangle$;

$y=\langle z\times x\rangle$;

$R=$大半径;

$r=$小半径。

且曲面的参数化表示为

$$\sigma(u,v)=C+(R+r\cos(u))(\cos(v)x-\sin(v)y)+r\sin(u)z$$

其中,参数范围为 $0\leqslant u,v\leqslant 360°$。

注意,d 应不同于 z,且应近似地垂直于 z。

圆环面实体的格式号如下:

格　式	意　　义
0	未参数化的曲面
1	参数化的曲面

这个曲面类型用于表示拓扑的基几何,且仅应由面实体(类型 510,格式 1)引用。从属实体开关应总是置为物理相关的,即该实体不允许有独立的实例。

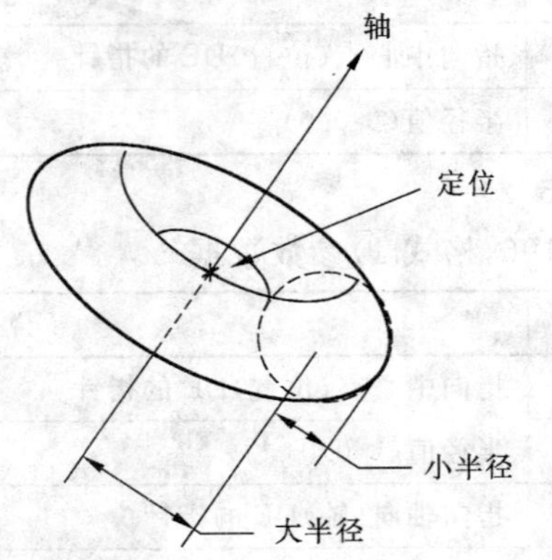

图 68　未参数化的圆环面(格式号=0)的定义数据

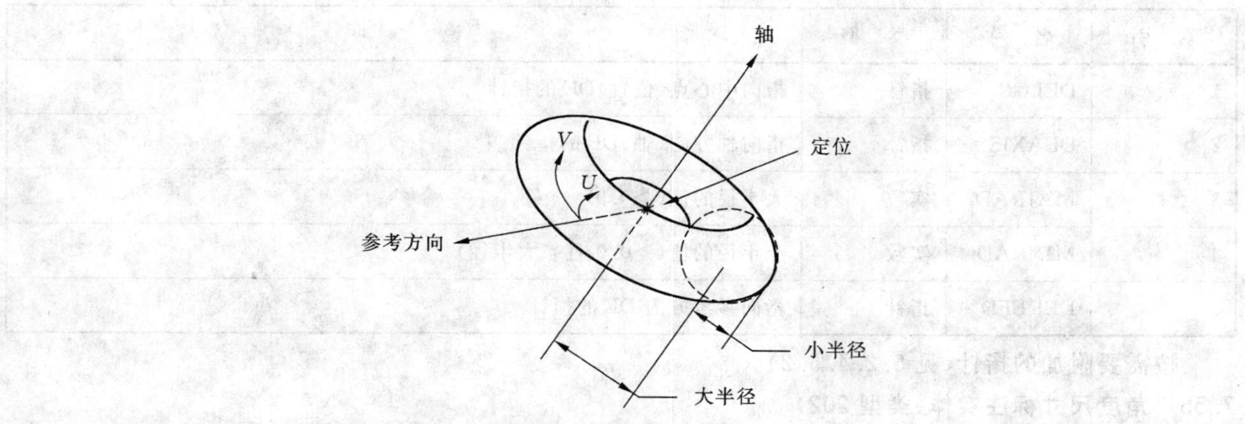

图 69　参数化的圆环面(格式号＝1)的定义数据

a) 目录条目

编号和名字	值
(1)　实体类型号	198
(3)　结构	<n.a.>
(4)　线型模式	#,⇒
(5)　层	#,⇒
(6)　视图	0,⇒
(7)　变换矩阵	0,⇒
(8)　标号显示联接	0,⇒
(9a)　空白状态	**
(9b)　次级 实体 开关	01
(9c)　实体用途标记	??
(9d)　层次结构	**
(12)　线宽	#
(13)　颜色号	#,⇒
(15)　格式号	0-1

b) 未参数化的圆环面实体(类型 198,格式 0)参数数据

索　引	名　称	类　型	说　　明
1	DELOC	指针	指向中心点(位置)DE 的指针
2	DEAXIS	指针	指向轴方向(轴)DE 的指针
3	MAJRAD	实数	大半径的值(>0.0)
4	MINRAD	实数	小半径的值(>0.0 且<大半径)

按需要附加的指针(见 5.2.4.5.2)。

c) 参数化的圆环面实体(类型 198,格式 1)参数数据

索 引	名 称	类 型	说 明
1	DELOC	指针	指向中心点(位置)DE 的指针
2	DEAXIS	指针	指向轴方向(轴)DE 的指针
3	MAJRAD	实数	大半径的值(>0.0)
4	MINRAD	实数	小半径的值(>0.0 且<大半径)
5	DEREFD	指针	指向参考方向 DE 的指针

按需要附加的指针(见 5.2.4.5.2)。

7.55 角度尺寸标注实体(类型 202)

Angular Dimension Entity(角度尺寸标注实体)由一个通用注释,0 个、一个或两个标示线,两个尺寸线及一个角顶点构成。图 70 指出所使用的构造。图 71 示出了角度尺寸标注的例子。如果使用两个标示线,则每一个都包含在它自己的Copious Data(数据块)实体(类型 106,格式 40)中。

每个尺寸线都至少由一段在一端带有箭头的圆弧构成。尺寸线指针是有序的,使第一个圆弧段的第一个尺寸线按逆时针的方式从箭头到终点定义,而第一个圆弧段的第二个尺寸线按顺时针方式定义。尺寸线圆弧段的半径按顶点与尺寸线始点的距离计算(关于术语“逆时针”的使用信息参见 6.2.4)。

7.62 含有多段尺寸线的讨论。对于由多于一段构成的角度尺寸标注实体的那些尺寸线,其前两段是圆心在顶点的圆弧,第二个圆弧段与第一个圆弧段的方向相反。其余各段,如果有的话都是直线。始点与终点相同的任何尺寸线段都可忽略。这个惯例的出现是为了简化第二个圆弧段的定义,诸如图 70 中下部的尺寸线。图 71 的第一个例子说明了一个具有三段的尺寸线。

对于尺寸标注实体的共面性要求见 6.5.3。

a) 目录条目

编号和名字	值
(1) 实体类型号	202
(3) 结构	<n. a.>
(4) 线型模式	#,⇒
(5) 层	#,⇒
(6) 视图	0,⇒
(7) 变换矩阵	0,⇒
(8) 标号显示联接	0,⇒
(9a) 空白状态	??
(9b) 次级 实体 开关	??
(9c) 实体用途标记	01
(9d) 层次结构	??
(12) 线宽	#
(13) 颜色号	#,⇒
(15) 格式号	0

b） 参数数据

索 引	名 称	类 型	说 明
1	DENOTE	指针	指向通用注释实体 DE 的指针
2	DEWIT1	指针	指向第一个标示线实体 DE 的指针或 0
3	DEWIT2	指针	指向第二个标示线实体 DE 的指针或 0
4	XT	实数	顶点坐标
5	YT	实数	
6	R	实数	尺寸线弧的半径
7	DEARRW1	指针	指向第一个尺寸线实体 DE 的指针
8	DEARRW2	指针	指向第二个尺寸线实体 DE 的指针

按需要附加的指针(见 5.2.4.5.2)。

图 70 角度尺寸标注实体尺寸线的构造

图 71 用角度尺寸标注实体定义的 F202X.IGS 例子

7.56 曲线尺寸标注实体(类型 204)‡

‡Curve Dimension Entity(曲线尺寸标注实体)未经测试。见 4.8。

曲线尺寸标注实体由一个通用注释，一个或两个曲线(其可以是任意的参数化曲线)，两个尺寸线及 0 个、一个或两个标示线构成。例子参见图 72。两个参数化曲线不应是直线实体(类型 110)；在这种情况下，线性尺寸标注实体(类型 216)是适合的。

每个尺寸线实体都由一个箭头和非零长度的一个线段构成，且其仅用于定义箭头的方向。

曲线的始点和终点由它的参数确定。曲线的始点具有最低的参数值；而终点具有最高的参数值。

在定义一条曲线的情况下，曲线始点的坐标与第一个尺寸线箭头的坐标重合；曲线终点的坐标与第二个尺寸线箭头的坐标重合。

在定义两条曲线的情况下，第一个曲线始点的坐标与第一个尺寸线箭头的坐标重合；第二个曲线终点的坐标与第二个尺寸线箭头的坐标重合。

a) 目录条目

编号和名字	值
(1) 实体类型号	204
(3) 结构	<n. a.>
(4) 线型模式	#,⇒
(5) 层	#,⇒
(6) 视图	0,⇒
(7) 变换矩阵	0,⇒
(8) 标号显示联接	0,⇒
(9a) 空白状态	??
(9b) 次级 实体 开关	??
(9c) 实体用途标记	01
(9d) 层次结构	??
(12) 线宽	#
(13) 颜色号	#,⇒
(15) 格式号	0

b) 参数数据

索 引	名 称	类 型	说 明
1	DENOTE	指针	指向通用注释实体 DE 的指针
2	DECURV1	指针	指向第一条曲线实体 DE 的指针
3	DECURV2	指针	指向第二条曲线实体 DE 的指针或 0
4	DEARR1	指针	指向第一个尺寸线实体 DE 的指针
5	DEARR2	指针	指向第二个尺寸线实体 DE 的指针
6	DEWIT1	指针	指向第一个标示线实体 DE 的指针或 0
7	DEWIT2	指针	指向第二个标示线实体 DE 的指针或 0

按需要附加的指针(见 5.2.4.5.2)。

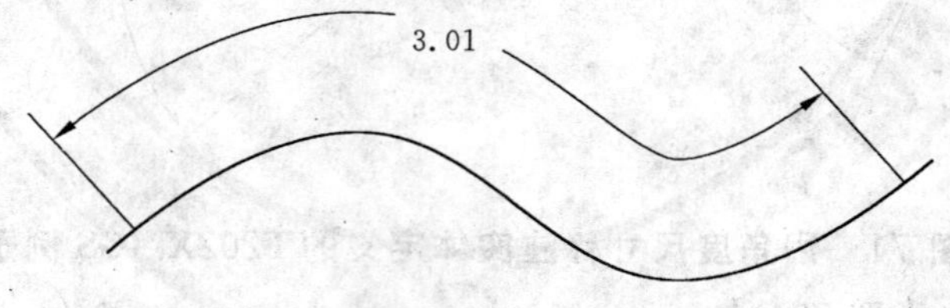

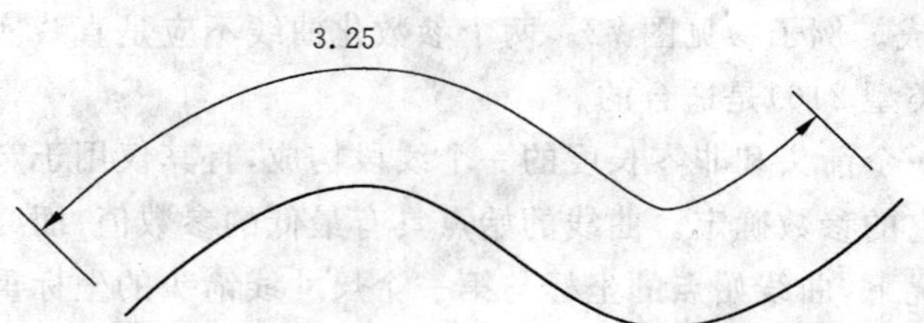

图 72 用曲线尺寸标注实体定义的例子

7.57 直径尺寸标注实体(类型 206)

Diameter Dimension Entity(直径尺寸标注实体)由一个通用注释、一个或两个尺寸线以及一个圆弧中心点构成。直径尺寸标注实体的例子参见图 73。

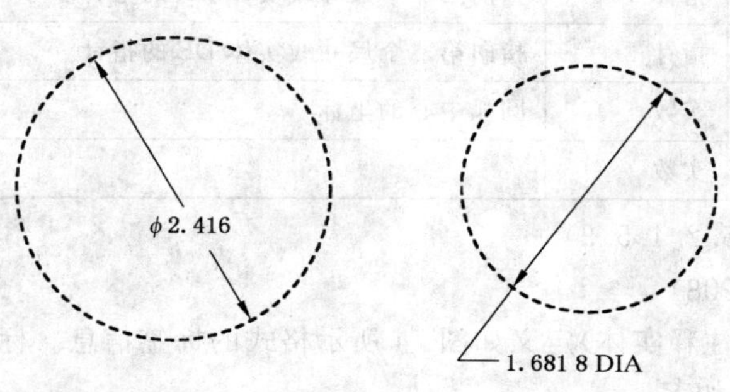

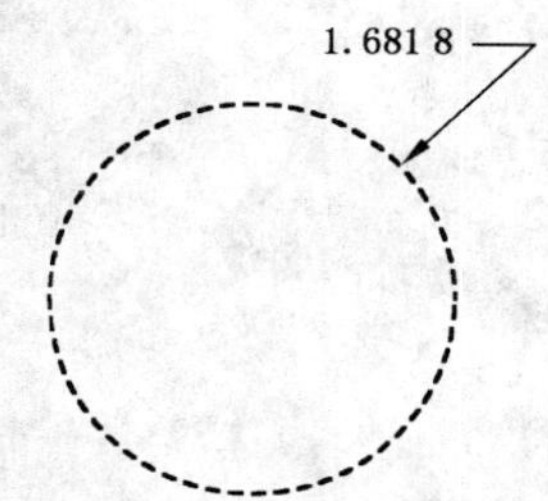

图 73 用直径尺寸标注实体定义 F206X.IGS 例子

在构造直径尺寸标注时,圆弧中心仅作为一个参考点使用,它不影响尺寸标注的组成部分。对于尺寸标注的共面性要求见 6.5.3。

a) 目录条目

编号和名字	值
(1) 实体类型号	206
(3) 结构	<n.a.>
(4) 线型模式	#,⇒
(5) 层	#,⇒
(6) 视图	0,⇒
(7) 变换矩阵	0,⇒
(8) 标号显示连接	0,⇒
(9a) 空白状态	??
(9b) 次级 实体 开关	??
(9c) 实体用途标记	01
(9d) 层次结构	??
(12) 线宽	#
(13) 颜色号	#,⇒
(15) 格式号	0

b) 参数数据

索　引	名　称	类　型	说　明
1	DENOTE	指针	指向通用注释实体 DE 的指针
2	DEARRW1	指针	指向第一个尺寸线实体 DE 的指针
3	DEARRW2	指针	指向第二个尺寸线实体 DE 的指针
4	XT	实数	圆弧中心的坐标
5	YT	实数	

按需要附加的指针(见 5.2.4.5.2)。

7.58 标志注释实体(类型 208)

Flag Note Entity(标志注释实体)定义如图 74 所示格式的标签信息。标志注释实体的几何参数使用通用注释实体的信息定义如下:

$H=2H_C$

$L=W+0.4H_C$

$T=0.5H/\tan35°$

其中:

H——高;

H_C——字符高(来自通用注释);

L——长;

W——正文宽(来自通用注释);

T——尖部长;

A——旋转角(按弧度计)。

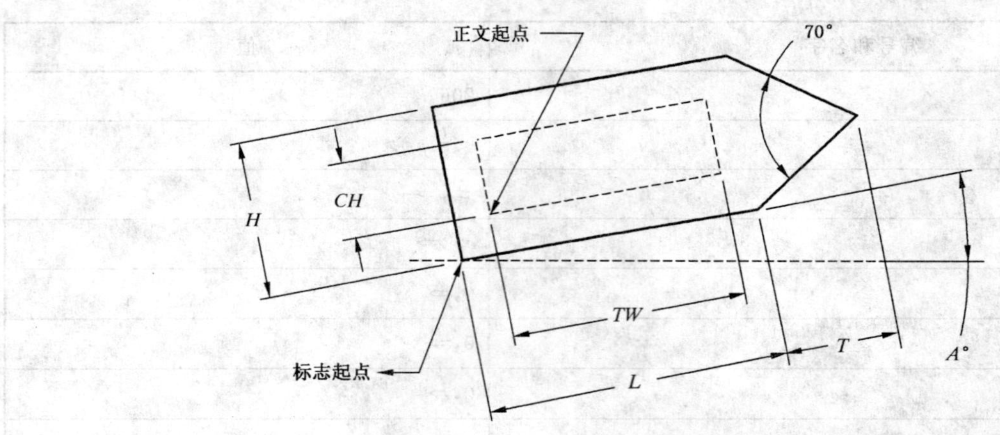

图 74 标志注释实体的参数

注意,在标志内画出的虚线框说明正文的界限,而不是一个子符号。

H 不得小于 7.62 mm(0.3 英寸),L 不得小于 15.24 mm(0.6 英寸)。含有正文的框(按通用注释实体中定义的)应集中在尺寸为($H\times L$)的标志注释框内。标志注释实体的转角和左下角坐标的位置应优先于通用注释实体(类型 212)的转角和位置。

标志注释实体可以用、也可以不用尺寸线定义。

通用注释可由多个正文字符串组成,但它们应共用一个基线。字符个数不应大于 10。

图 75 中示出了使用标志注释实体定义的例子。

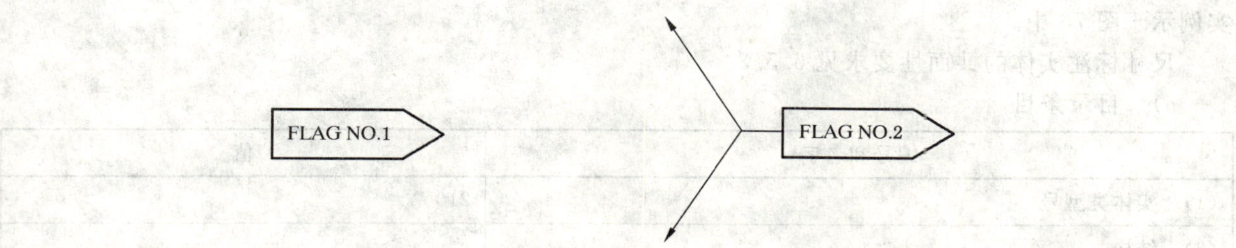

图 75 用标志注释实体定义的例子

尺寸标注实体的共面性要求见 6.5.3。

a) 目录条目

编号和名字	值
(1) 实体类型号	208
(3) 结构	<n. a.>
(4) 线型模式	#,⇒
(5) 层	#,⇒
(6) 视图	0,⇒
(7) 变换矩阵	0,⇒
(8) 标号显示连接	0,⇒
(9a) 空白状态	??
(9b) 次级 实体 开关	??
(9c) 实体用途标记	01
(9d) 层次结构	??
(12) 线宽	#
(13) 颜色号	#,⇒
(15) 格式号	0

b) 参数数据

索 引	名 称	类 型	说 明
1	XT	实数	标志左下角的坐标
2	YT	实数	
3	ZT	实数	
4	A	实数	按弧度计的转角
5	DENOTE	指针	指向通用注释实体 DE 的指针
6	N	整数	箭头(尺寸线)个数或 0
7	DEARRW(1)	指针	指向第一个相关尺寸线实体 DE 的指针
⋮	⋮	⋮	
6+N	DEARRW(N)	指针	指向最后一个相关尺寸线实体 DE 的指针

按需要附加的指针(见 5.2.4.5.2)。

7.59 通用标记实体(类型 210)

General Label Entity(通用标记实体)由带有一个或多个相关尺寸线的通用注释构成。通用标签的实例示于图 76 中。

尺寸标注实体的共面性要求见 6.5.3。

a） 目录条目

编号和名字	值
(1) 实体类型号	210
(3) 结构	<n. a.>
(4) 线型模式	#,⇒
(5) 层	#,⇒
(6) 视图	0,⇒
(7) 变换矩阵	0,⇒
(8) 标号显示连接	0,⇒
(9a) 空白状态	??
(9b) 次级 实体 开关	??
(9c) 实体用途标记	01
(9d) 层次结构	??
(12) 线宽	#
(13) 颜色号	#,⇒
(15) 格式号	0

b） 参数数据

索引	名称	类型	说明
1	DENOTE	指针	指向相关通用注释实体 DE 的指针
2	N	整数	尺寸线个数
3	DEARRW(1)	指针	指向第一个相关尺寸线实体 DE 的指针
⋮	⋮	⋮	
2+N	DEARRW(N)	指针	指向最后一个相关尺寸线实体 DE 的指针

按需要附加的指针（见 5.2.4.5.2）。

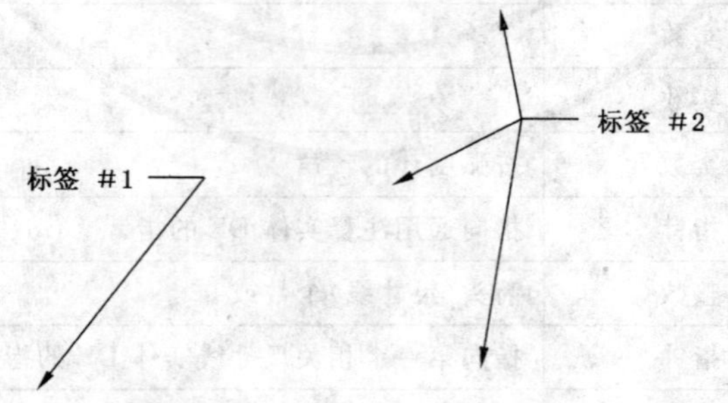

图 76 用通用标记实体定义的 F210X，IGS 的例子

7.60 通用注释实体（类型 212）

General Note Entity（通用注释实体）由一个或多个正文字符串构成。每一个正文字符串都包含有正文、一个始点、一个正文尺寸及一个正文转角。通用注释的例子示于图 77 中。字体代码（FC）是一个整数，其规定所需要的字符集及其显示特征。正值为预定义字体；负值指示通过使用正文字体定义实体

(类型 310)由实现者定义的字体或预定义字体的修改。

定义了下列字体代码(FC):

FC	说　明
0	符号字体(不再推荐)
1	ASCⅡ字符集的缺省类型
2	LeRoy (字体)
3	Futura (字体)
6	Comp 80 (字体)
12	News Gothic (字体)
13	Lightline Gothic(字体)
14	Simplex Roman (字体)
17	Century Schoolbook (字体)
18	Helvetica (字体)
19	OCR-B [ISO 1073](字体) ‡
1001	符号字体 1
1002	符号字体 2
1003	绘图字体
2001	Kanji(日本汉字字体)
3001	Latin-1 Alphabet [ISO 8859]‡

‡通用注释实体的字体代码 19 和 3001 未经测试。见 4.8。

FC 0 规定一种老式符号字体,不再使用。附录 F 中的图 F.1 是对 FC0 的一种映射符号定义。

FC 1 不规定一种确定的显示。使用字体 1 意味着接收系统可以使用任何能够显示适当 ASCⅡ格式字符的字体。这种字体的目的是在对字符实际显示的要求不高时使用。图 81 给出的这种字体的显示可作为系统实现中生成这种字体的图例。

FC 17 规定了一个已定义的显示,例如,教科书中使用的短划字体。图 82 给出的这种字体的显示可作为系统实现中生成这种字体的图例,这个图例依次被用于教科书字体公共短划表的修订版本。

FC 19 规定了 OCR-B 字体[ISO 1073]并且在图 83 中进行了定义。显示符号如图 84～图 86 中所示,应使用 7 位 ASCⅡ码,其 FC 值在 1000 以内。7 位的 ASCⅡ控制字符,即十六进制的 00 到 1F 和十六进制的 7F 不用来表示显示符号。它们不规定一个字符的显示字体。

FC 2001 规定由 JIS Kanji(汉字)(Kuten)代码表定义的日本字符。表中的值在这里实现为两位十六进制数的行号后随两位十六进制数的列号。(为了避免混淆,使用前导零或嵌入其中的零,或者这两者都要使用)。在该 FC 中,隐含使用四个邻接的 ASCⅡ字符表示字母表中的一个字母,并且支持这个 FC 的后置处理器应能做相应的处理。

十六进制的行/列代码要加上 20(即加上十进制的 32)。例如,用十进制的 Kuten 代码 20,33(“KAN”)和 27,90(“JI”)表示的字符被编码为“8H34413B7A”($20+32=52_{10}=34_{16}$等等)。这个示例的解释可参见图 88。

出现在 Hollerith 常数的值应与出现在参数数据(PD)记录的 NC(字符个数)域的值一样,例如,两个 Kanji 字符虽然表示为 8 个 Hollerith 字符,*NC* 的值应是 8 而不是 2。

预处理器应定义正文框的高和宽,为的是精确地反映出正文字符串显示框的尺寸。不能显示日文字符的后置处理器应当把这个 FC 当作 FC1 处理(ASCⅡ字符集的缺省类型)。PD 记录中旋转内部正文标志(VH)域适用于将正文转化为垂直方向显示。

当正文注释由混合的英文与日文字体组成时,应使用嵌入式字体变型格式(格式2)。不应使用嵌入的“escape”字符或非显示字符;所有这些字符都假定为是要显示的。

FC 3001‡ 规定由 ISO 8859-1 标准[ISO 8859]定义的欧洲字符,又称作 Latin-1(拉丁-1)字母。图87显示了图形实现系统中字体的表示。ISO 8859-1 中的值被实现为两个 ASCⅡ字符,首字符为空格或句点。该 FC 隐含使用两个邻接的 ASCⅡ字符去表示一个字母表中的字符。支持这个 FC 的后置处理器应能做相应的处理。

标准 ASCⅡ字符之前有一个空格;来自 Latin-1 字母表的非 ASCⅡ字符之前有一个句点。例如,短语 deja vu 编码为“14H d.i j.` v u”。一样,出现在 PD 记录的 NC 域中的值与出现在 Hollerith 常数中的值是一样的,例如,当7个法文字符表示为14个 Hollerith 字符时,NC 的值是14而不是7。图89对这个例子做了说明。

前置处理器应定义正文框的高和宽,使其精确地反映正文字符串显示框的尺寸。不能显示 ISO 8859-1字符的后置处理器应把这个 FC 当作 FC1 处理(ASCⅡ字符集的缺省类型)。

不应使用嵌入式的“escape”字符或非显示字符;所有这些字符都假定为是要显示的。

图84给出了 FC1001 的显示,图85给出了 FC1002 的显示,图86给出了 FC1003 的显示,这些显示可作为系统实现中生成的图例。

表30提供了在符号和绘图字体(FC1,FC1001,FC1002 和 FC1003)中定义的图形字符的名字。

如果预定义字体代码不足以描述所需的字符集或显示特征,则可用正文字体定义实体(类型310)去定义该种字体。如果使用了正文字体定义,则对于正文字体定义实体 DE 的负的指针值应置于字体代码(FC)参数中。图78中示出了值 *WT*、*HT*、*SL*、*A* 和正文始点的应用。

在定义空间中,正文块的参数按下列顺序应用(见图79):

a) 定义框高(*HT*)和框宽(*WT*)。

旋转内部正文标志指明是用水平正文还是用竖直正文填充正文框。当旋转内部正文标志置为1(竖直正文)时,字符的排列是一个之下接另一个,而不是一个的旁边接另一个。旋转内部正文标志不影响单个字符的方向,而仅影响它们的位置。

与旋转内部正文标志的设置无关,框宽是在字符串中 *N* 个单个字符或符号的宽度,再加上 *N*−1 个字符间的间隔的宽度之和来度量的。对于水平正文,这可以解释为按 *XT* 正方向沿正文基线从最左(第一个)的正文字符或符号开始,并延伸到最右(最后一个)的正文字符或符号结束,共延续了 *N* 个字符或符号及 *N*−1 个字符间的间隔所测量的宽度。

与旋转内部正标志的设置无关,框高按 *YT* 正方向测量,并且是单个大写字母的高度。它等价于 ANSI Y14.5M-1982 的附录 C 中使用的符号“*h*”。诸如出现在 ANSI Y14.5M-1982 附录 C 的那些高度超过“*h*”的专用符号要对准其垂直高度的中心,这样下行符号及超过“*h*”的符号的部分就延伸到框的上下界限之外(见图80)。

框的高度和宽度是在应用转角(A)之前测量的。正文的始点定义为第一个字符或符号框的左下角。

如果对于竖直正文设置了旋转内部正文标志,则相邻字符基线间的垂直间隔为框高的1.5倍。字符间的间距假定为单个字符宽度的0.1倍,除非使用了字符间距特性(类型406,格式18)才废弃这个限制。

b) 倾斜角应用于每个字符。

对于水平正文,倾斜角是从 *XT* 轴开始按逆时针方向度量的。对于竖直正文它是从 *YT* 轴开始度量的。

c) 旋转角应用于正文块。

这个旋转从正文始点按逆时针方向应用。旋转平面为在深度 *ZS*(*n*)(其中 *ZS*(*n*)是对正文始点给出的值)处的 XT,YT 平面。

d) 接下去是执行镜像操作。

值 1 指明镜像轴是垂直于正文基线并通过正文始点的(旋转的)直线。值 2 指明镜像轴是(旋转的)正文基线。

最后,变换矩阵实体用于规定在模型空间内定义空间的相对位置。

字符个数($NC(n)$)应等于其对应的正文字符串($TEXT(n)$)中的字符数。

具有特殊结构的注释的图形表示和改造通过使用该实体目录条目的域 15 中的格式号来处理。下面概述了要传递这些注释的一个系统。在格式号所规定的注释之后的任何字符串都被认为是附加的增补字符串,其在具体的风格方面与前面所引用的字符串无关。

如果已定义结构所必须的字符串在发送系统的注释中没有出现,则一个空字符串(见 3.94 空串)应插入该通用注释实体中来充当没出现的字符串,以保持该数据的结构。

含有分式符号的注释应表示为带分数。这通过使用表示整数值、分母、分子及除线的四个相邻的字符串来实现。除线字符串的例子如下:

$1H/1H-2H--1H\_$

通用注释的下列格式号适用于初始化系统注释的图形表达:

格式 0:简单注释(缺省)—— 一个或多个字符串的通用注释,这使得一个正文字符串不以任何方式与同一个通用注释实体的另一个字符串相关。

格式 1:双注释 —— 两个或多个字符串的通用注释,其中前两个字符串以某种方式相关联,使它们是左对齐的,且第二个字符串在第一个字符串之下显示。

xxxxxx

yyyyy

格式 2:嵌入字体变化 —— 试图把两个或多个字符串当作单个字符串的通用注释,但要分开表示字符串中字体的变化。

xxxxxxxxxx

格式 3:上标 —— 两个或多个字符串的通用注释,其中第二个字符串是第一个字符串的上标。

xxx^{yyy}

格式 4:下标 —— 两个或多个字符串的通用注释,其中第二个字符串是第一个字符串的下标。

xxx_{yyy}

格式 5:上下标 —— 三个或多个字符串的通用注释,其中第二字符串是第一个字符串的上标,而第三个字符串是第一个字符串的下标。

xxx_{zzz}^{yyy}

格式 6:左对齐的多注释 —— 一个通用注释,其中所有的字符串都左对齐于一个公共限界。这些字符串生成一个注释"段"。

xxxxxxxxx

yyyyyy

zzzzzzzzzz

格式 7:中心对齐的多注释 —— 全部字符串都中心对齐于一个公共轴的通用注释。

xxxxxxxx

yyyy

zzzzzzzz

格式 8:右对齐的多注释 —— 全部字符串都右对齐于一个公共限界。

xxxxxxxxxx

yyyyy

zzzzzzzzz

格式 100：简单分式 —— 四个或更多个字符串的通用注释，其中前四个字符串按如前所述的定义，定义了一个带分数。

$$xx\frac{yy}{zz}$$

格式 101：双分式 —— 八个或更多个字符串的通用注释，其中按如前所述的定义表示两个带分数。这两个带分数是相关的，使得第五个到第八个字符串分别显示在第一个到第四个字符串之下。

$$xx\frac{yy}{zz}$$

$$ii\frac{jj}{kk}$$

格式 102：嵌入字体变化的两个分式 —— 初始化为单一字符串的通用注释，但在第五个字符串中用一个特殊定符以分开传递字体的改变。这是九个或更多个字符串的通用注释，其中第一个和第六个字符串按如前所述的定义表示一个带分数的整数字符串；第五个字符串是一个字符（或几个字符），设置该字符是为区分要传递字体的改变。

$$xx\frac{yy}{zz}-ii\frac{jj}{kk}$$

格式 105：上下标分式 —— 十二个或更多字符串的通用注释，其中，第一、第五和第九个字符串按如前所述的定义表示带分数的整数字符串。第二个和第三个带分数分别是第一个带分数的上标和下标。

$$\left(xx\frac{yy}{zz}\right)^{\left(ii\frac{jj}{kk}\right)}_{\left(rr\frac{ss}{tt}\right)}$$

注：加入大括号有助于传达格式 105 的意图，它们不是该通用注释的一部分。

a) 目录条目

编号和名字	值
(1) 实体类型号	212
(3) 结构	＜n. a.＞
(4) 线型模式	1
(5) 层	＃，⇒
(6) 视图	0，⇒
(7) 变换矩阵	0，⇒
(8) 标号显示连接	0，⇒
(9a) 空白状态	??
(9b) 次级 实体 开关	??
(9c) 实体用途标记	01
(9d) 层次结构	＊＊
(12) 线宽	＃
(13) 颜色号	＃，⇒
(15) 格式号	＃

注：格式号的有效值为 0-8，100-102，105。

b) 参数数据

索　引	名　称	类　型	说　　明
1	NS	整数	在通用注释中正文字符串的个数
2	NC (1)	整数	第一字符串(TEXT(1))中的字符个数或 0。字符个数(NC(n))总应等于其对应的正文字符串(TEXT(n))的字符个数
3	WT (1)	实数	框宽(值必须≥0.0)
4	HT (1)	实数	框高(值必须≥0.0)
5	FC (1)	整数	字体代码(缺省=1)
		或指针	如果为负值,其为指向正文字体定义实体 DE 的指针
6	SL	实数	按弧度计,TEXT1 的倾斜角(π/2 是不倾斜的角并且是缺省值)
7	A (1)	实数	按弧度计的 TEXT1 的转角
8	M(1)	整数	镜像标志: 0=非镜像 1=镜像轴垂直于正文基线 2=镜像轴即正文基线
9	VH(1)	整数	旋转内部正文标志: 0=正文是水平的 1=正文是竖直的
10	XS(1)	实数	第一个正文的始点
11	YS(1)	实数	
12	ZS(1)	实数	XT、YT 平面的 Z 深度
13	TEXT(1)	字符串	第一个正文字符串
14	NC(2)	整数	第二个正文字符串的字符个数
⋮	⋮	⋮	
−10+12 * NS	NC(NS)	整数	最后一个正文字符串的字符个数
⋮	⋮	⋮	
1+12 * NS	TEXT(NS)	字符串	最后一个正文字符串

按需要附加的指针(见 5.2.4.5.2)。

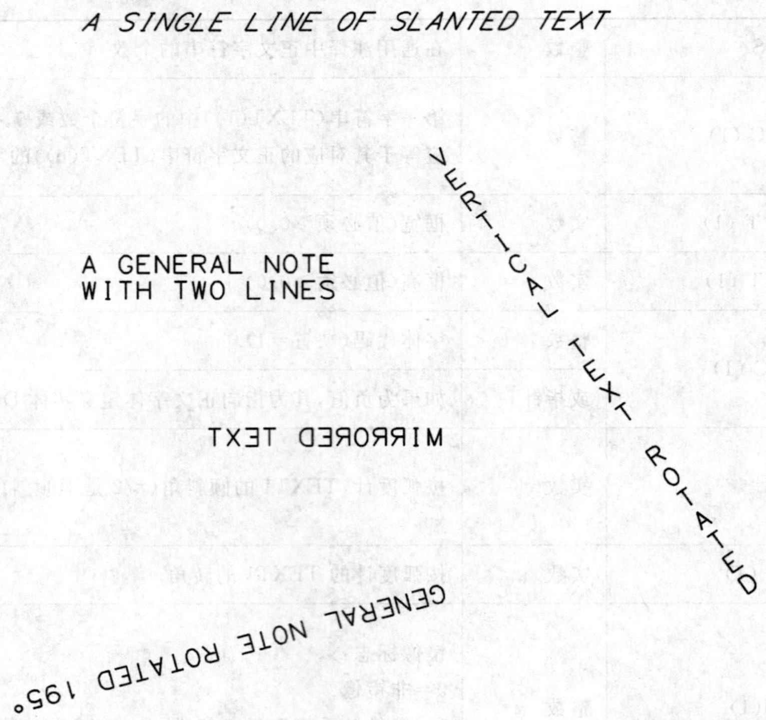

A SINGLE LINE OF SLANTED TEXT
A GENERAL NOTE
WITH TWO LINES
VERTICAL TEXT ROTATED
MIRRORED TEXT
GENERAL NOTE ROTATED 195°

图 77　利用通用注释实体定义的 F212X. IGS 的例子

如果镜像标志=1，正文以这条直线为轴镜像
WT
HT
YT
XT
A°
SL°
正文始点
(XS,YS,ZS)
正文基线

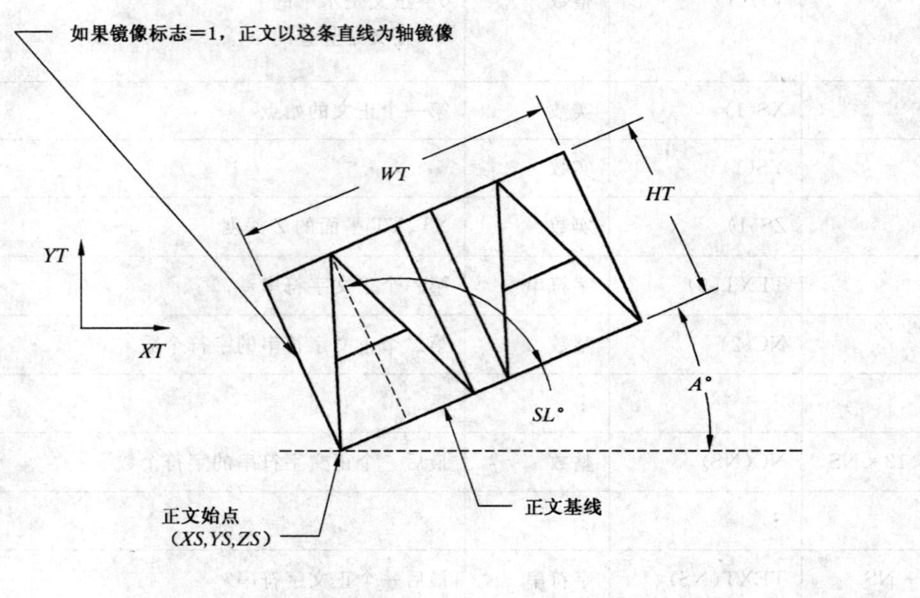

图 78　通用注释正文的构造

图 79 F212BX. IGS 通用注释的正文操作例子

图 80 超过正文框高的绘图符号例子

字体1

. ! ” # $ % & ’ ( )
* + , - . / . . . .
0 1 2 3 4 5 6 7 8 9
: ; < = > ? @ A B C
D E F G H I J K L M
N O P Q R S T U V W
X Y Z [\ ] ^ _ ‘ a
b c d e f g h i j k
l m n o p q r s t u
v w x y z { | } ~ .

图 81 FC1 规定的 FONT0001.IGS 通用注释字体

字体17

. ! " # $ % & ' ( )
* + , - . / . . . .
0 1 2 3 4 5 6 7 8 9
: ; < = > ? @ A B C
D E F G H I J K L M
N O P Q R S T U V W
X Y Z [\ ] ^ _ ‘ a
b c d e f g h i j k
l m n o p q r s t u
v w x y z { | } ~ .

图 82 FC17 规定的 FONT0017.IGS 通用注释字体

BL		0	0	@	@	P	P	`	`	p	p
!	!	1	1	A	A	Q	Q	a	a	q	q
"	"	2	2	B	B	R	R	b	b	r	r
#	#	3	3	C	C	S	S	c	c	s	s
$	$	4	4	D	D	T	T	d	d	t	t
%	%	5	5	E	E	U	U	e	e	u	u
&	&	6	6	F	F	V	V	f	f	v	v
´	´	7	7	G	G	W	W	g	g	w	w
(	(	8	8	H	H	X	X	h	h	x	x
)	)	9	9	I	I	Y	Y	i	i	y	y
*	*	:	:	J	J	Z	Z	j	j	z	z
+	+	;	;	K	K	[	[	k	k	{	{
,	,	<	<	L	L	\	\	l	l	|	|
-	-	=	=	M	M	]	]	m	m	}	}
.	.	>	>	N	N	^	^	n	n	~	~
/	/	?	?	O	O	_	_	o	o		

图 83 FC19 规定的通用注释字体(OCR-B)

图 84 FC1001 规定的 FONT1001. IGS 通用注释字体

字体1002

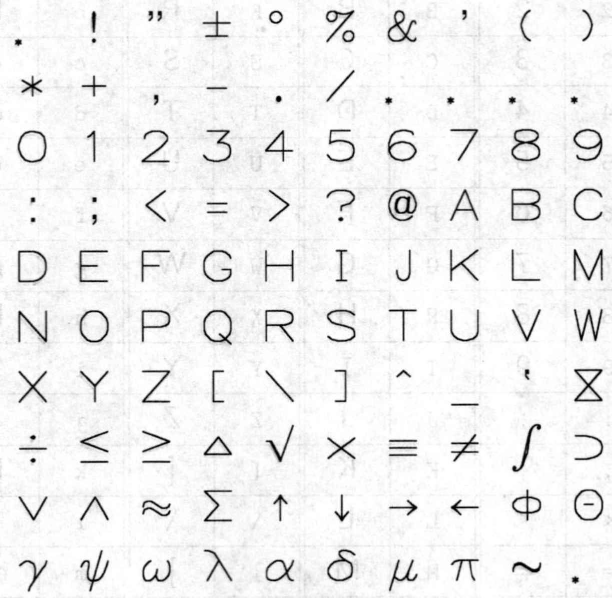

. ! " ± ° % & ' ( )

* + , – . / . . . .

0 1 2 3 4 5 6 7 8 9

: ; < = > ? @ A B C

D E F G H I J K L M

N O P Q R S T U V W

X Y Z [\ ] ^ _ ' ⧖

÷ ≤ ≥ △ √ × ≡ ≠ ∫ ⊃

∨ ∧ ≈ Σ ↑ ↓ → ← Φ Θ

γ ψ ω λ α δ μ π ~ .

图 85　FC1002 规定的 FONT1002. IGS 通用注释字体

字体1003

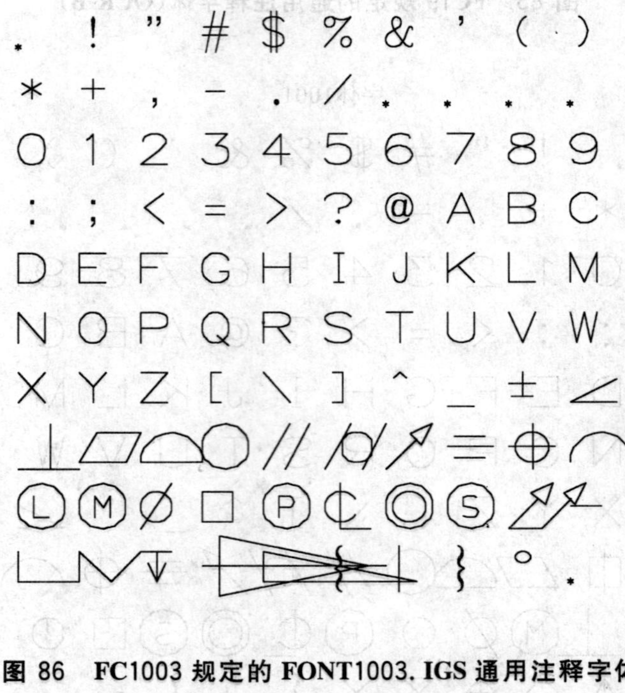

. ! " # $ % & ' ( )

* + , – . / . . . .

0 1 2 3 4 5 6 7 8 9

: ; < = > ? @ A B C

D E F G H I J K L M

N O P Q R S T U V W

X Y Z [\ ] ^ _ ± ∠

⊥ ▱ ⌓ ○ // ⌭ ↗ ≡ ⌖ ⌒

Ⓛ Ⓜ Ø □ Ⓟ ℄ ◎ Ⓢ ↗ ↗

⌴ ⌵ ↧ ▷ ⊳ } ⊣ } ° .

图 86　FC1003 规定的 FONT1003. IGS 通用注释字体

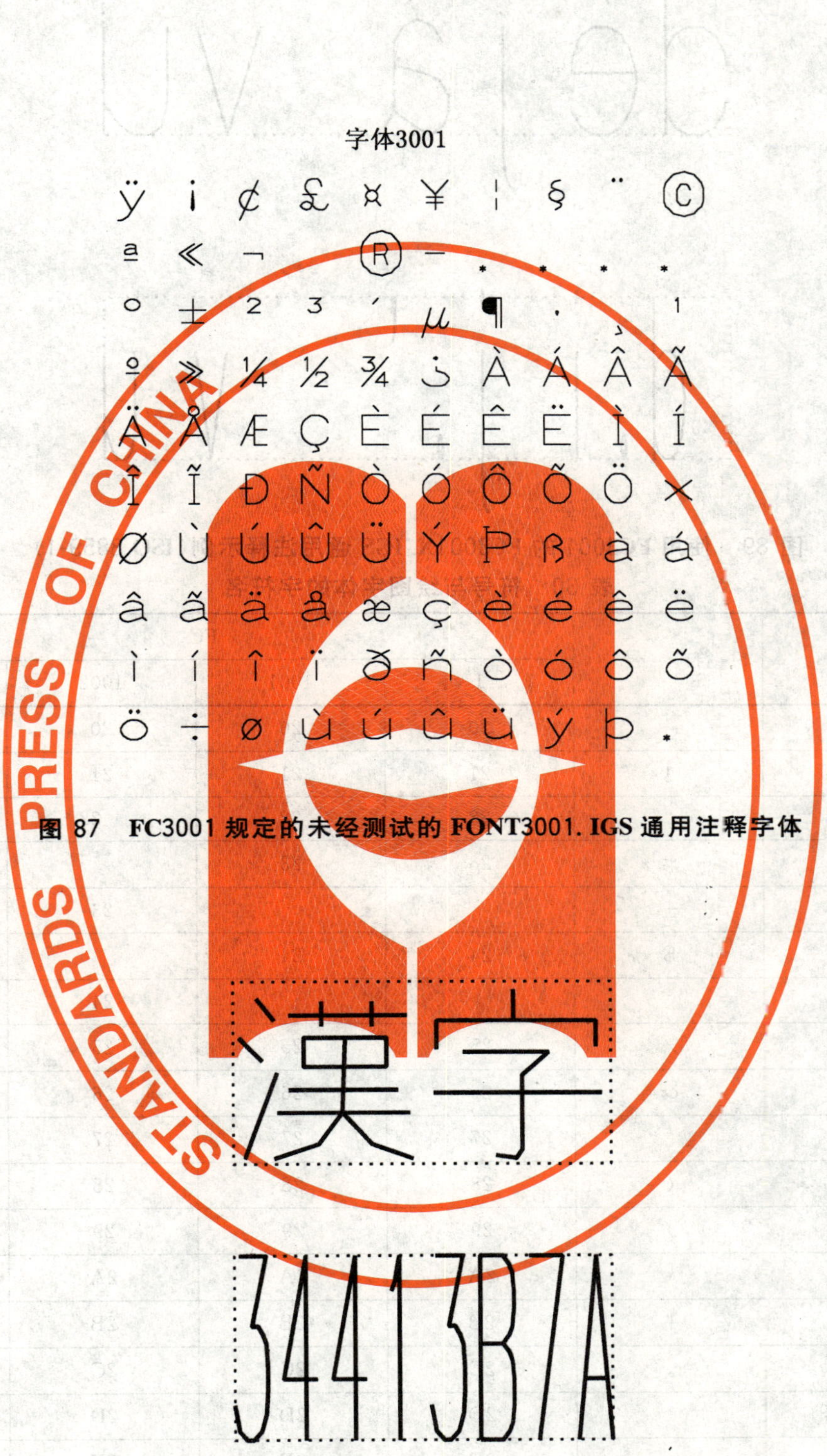

图 87　FC3001 规定的未经测试的 FONT3001. IGS 通用注释字体

图 88　使用 FC2001 的 FC2001X. IGS 通用注释示例(JIS-6226)

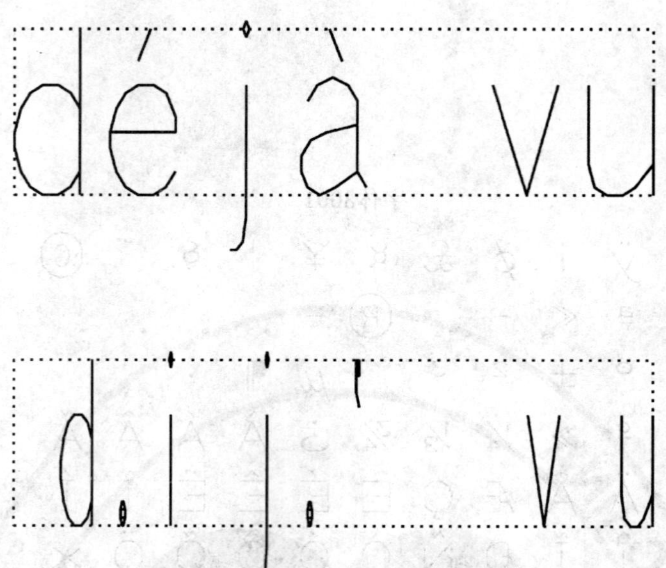

图 89　使用 FC3001 的 FC3001X.IGS 通用注释示例(ISO 8859-1)

表 30　符号与绘图字体的字符名

名　称	符　号	FC*			
		1	1001	1002	1003
空格		20	20	20	20
惊叹号	!	21	21	21	21
引　号	“	22	22	22	22
磅　符	#	23	23		23
加/减号	±			23	60
美元符	$	24	24		24
度　符	°			24	7E
百分符	%	25	25	25	25
和　符	&	26	26	26	26
撇　号	′	27	27	27	27
左括号	(	28	28	28	28
右括号	)	29	29	29	29
星　号	*	2A	2A	2A	2A
加　号	+	2B	2B	2B	2B
逗　号	,	2C	2C	2C	2C
减　号/连字号	-	2D	2D	2D	2D
句　点	。	2E	2E	2E	2E
砍号,斜杠	/	2F	2F	2F	2F
数字 0	0	30	30	30	30
数字 1	1	31	31	31	31

表 30（续）

名　称	符　号	FC[a]			
		1	1001	1002	1003
数字 2	2	32	32	32	32
数字 3	3	33	33	33	33
数字 4	4	34	34	34	34
数字 5	5	35	35	35	35
数字 6	6	36	36	36	36
数字 7	7	37	37	37	37
数字 8	8	38	38	38	38
数字 9	9	39	39	39	39
冒号	:	3A	3A	3A	3A
分号	;	3B	3B	3B	3B
小于号	＜	3C	3C	3C	3C
等　号	＝	3D	3D	3D	3D
大于号	＞	3E	3E	3E	3E
问　号	?	3F	3F	3F	3F
商务用号(花 a)	@	40	40	40	40
大写字母 A	A	41	41	41	41
大写字母 B	B	42	42	42	42
大写字母 C	C	43	43	43	43
大写字母 D	D	44	44	44	44
大写字母 E	E	45	45	45	45
大写字母 F	F	46	46	46	46
大写字母 G	G	47	47	47	47
大写字母 H	H	48	48	48	48
大写字母 I	I	49	49	49	49
大写字母 J	J	4A	4A	4A	4A
大写字母 K	K	4B	4B	4B	4B
大写字母 L	L	4C	4C	4C	4C
大写字母 M	M	4D	4D	4D	4D
大写字母 N	N	4E	4E	4E	4E
大写字母 O	O	4F	4F	4F	4F
大写字母 P	P	50	50	50	50
大写字母 Q	Q	51	51	51	51
大写字母 R	R	52	52	52	52
大写字母 S	S	53	53	53	53

表 30（续）

名称	符号	FC*			
		1	1001	1002	1003
大写字母 T	T	54	54	54	54
大写字母 U	U	55	55	55	55
大写字母 V	V	56	56	56	56
大写字母 W	W	57	57	57	57
大写字母 X	X	58	58	58	58
大写字母 Y	Y	59	59	59	59
大写字母 Z	Z	5A	5A	5A	5A
左方括号	[	5B	5B	5B	5B
反向砍号，反向斜杠	\	5C	5C	5C	5C
右方括号	]	5D	5D	5D	5D
脱字符	^	5E	5E	5E	
弧　长	⌒				5E
下划线、下杠	_	5F	5F	5F	5F
反引号	`	60	60	60	
小写字母 a	a	61			
倾斜度	∠		61		61
信号/符号	⌛			61	
小写字母 b	b	62			
信号/符号	中		62		
除 号	÷			62	
垂直度	⊥				62
小写字母 c	c	63			
平 度	▱		63		63
小于或等于号	⩽			63	
小写字母 d	d	64			
曲面外型符	⌓		64		64
大于或等于号	⩾			64	
小写字母 e	e	65			
圆度符	○		65		65
信号/符号	△			65	
小写字母 f	f	66			
平行度符	//		66		66
根 号	√			66	
小写字母 g	g	67			

表 30（续）

名　　称	符　　号	FC*			
		1	1001	1002	1003
圆柱度	⌭		67		67
叉　积	×			67	
小写字母 h	h	68			
圆跳动	↗		68		68
全等号	≡			68	
小写字母 i	i	69			
对称号	⌯		69		69
不等号	≠			69	
小写字母 j	j	6A			
位置符	⌖		6A		6A
积分号	∫			6A	
小写字母 k	k	6B			
直线外型符	∩		6B		6B
蕴涵符	⊃			6B	
小写字母 l	l	6C			
垂直度	⊥		6C		
并　号	∨			6C	
最低材料限制符	Ⓛ				6C
小写字母 m	m	6D			
最高材料限制符	Ⓜ		6D		6D
交　号	∧			6D	
小写字母 n	n	6E			
直　径	Ø		6E		6E
近似等号	≈			6E	
小写字母 o	o	6F			
处处可用性	O		6F		
希腊字母	Σ			6F	
正方形	□				6F
小写字母 p	p	70			
预定公差带	Ⓟ		70		70
向上箭头	↑			70	
小写字母 q	q	71			
中心线	℄		71		71
向下箭头	↓			71	

表 30（续）

名　称	符　号	FC*			
		1	1001	1002	1003
小写字母 r	r	72			
同轴度	◎		72		72
向右箭头	→			72	
小写字母 s	s	73			
与特征无关的尺寸	Ⓢ		73		73
向左箭头	←			73	
小写字母 t	t	74			
信号/符号	[illegible]		74		
希腊字母 phi	Φ			74	
总体偏心度	⌰				74
小写字母 u	u	75			
信号/符号	[illegible]		75		
希腊字母	θ			75	
直线度	—				75
小写字母 v	v	76			
信号/符号	[illegible]		76		
希腊字母	ϒ			76	
平底孔	⌴				76
小写字母 w	w	77			
信号/符号	[illegible]		77		
希腊字母 psi	Ψ			77	
锥底孔	⌵				77
小写字母 x	x	78			
信号/符号	[illegible]		78		
希腊字母	ω			78	
深　度	↧				78
小写字母 y	y	79			
信号/符号	⧖		79		
希腊字母 lambda	λ			79	
圆锥度	⌲				79
小写字母 z	z	7A			
信号/符号	Y		7A		
希腊字母 alpha	α			7A	
坡　度	⌳				7A

表 30（续）

名　称	符　号	FC*			
		1	1001	1002	1003
左花括号	{	7B	7B		
希腊字母 delta	δ			7B	
竖　杠	|	7C	7C		7C
希腊字母 mu	μ			7C	
右花括号	}	7D	7D		7D
希腊字母 pi	π			7D	
代字符，否定号	～	7E	7E		
上划线，上杠	—			7E	

*　每个 FC 条目都是十六进制 ASCⅡ等值的。

7.61　新的通用注释实体(类型 213)‡

‡　New General Note Entity(新的通用注释实体)未经测试。见 4.8。

新的通用注释实体比通用注释实体(类型 212)提供更为广泛的正文特性。在注释中字符串的顺序在所定义的“虚构”的正文保留区中应是从左到右和从上到下的。该实体假设所有的正文都是相关的和共面的。

7.61.1　参数域的描述

1)　1—TXTCW

在该注释中围绕全部正文字符串画出的虚构正文保留区的宽度。字符和虚构框直线间没有间隔。在应用倾角(SLn)、转角(An)、字符角(CHRANGn)和镜像(Mn)之后建立正文保留区的宽度。见图 90。全部正文都必须在所定义的正文保留区内，包括下行字符。

2)　2—TXTCH

在该注释中围绕全部正文字符串画出的虚构正文保留区的高度。字符间没有间隔并且虚构框是直线框。在应用倾角(SLn)、转角(An)、字符角(CHRANGn)和镜像(Mn)之后建立正文保留区的高度。见图 90。全部正文都必须在所定义的正文保留区内，包括下伸字符。

3)　3—JUSTCD

所有正文字符串的对齐都是以正文保留区为基准的。

4)　4—TXTCX、TXTCY、TXTCZ

围绕全部正文字符串画出的虚构保留区左上角的位置。见图 90。

5)　7—TXTAG

按弧度计，正文框的转角。见图 90。

6)　8—BASELX、BASELY、BASELZ

正文字符串第一基线的开始位置。基线是虚构的直线，依照该线放置常规的字符。控制代码适用于在离开基线的位置上放置字符。上标是移动字符离开基线的控制代码的一个例子。基线是水平的且能用 TXTAG 旋转。见图 90。

7)　11—NILS

基线之间的常规行间的间距。这个距离是两个正文行间的，其仅需有与这两行相关的新行的控制代码。如果正文是在同一基线上的分式、上标、下标等时，则行间的间距不是常规的。在图 90 中，字符串“TOLERANCE AND”的基线和字符串“CENTERED”基线间的距离是常规的线间间距。字符串“5.00”的基线和字符串“TOLERANCE AND”的基线间的距离则不是常规的线间间距。负的 NILS 是允许的。见图 90。

8） 13—FIXVAR

指明规定的字符和字体集是以固定的间距显示（即“I”使用与“M”相同的间距值）还是可变的间距显示的整数开关。框宽 WTn 建立了适合正文 TEXT(n)的外边界。

9） 14—CHRWID

字符的宽度，不包括它的前、后间隔。字符宽度不因倾角、转角或字符角度而改变。

可变宽度的字符显示字体：字体中最宽字符的宽度，典型的字符是大写字母“M”。

固定宽度的字符显示字体：任何字符的宽度。

字符宽度应是一个正的非零值。见图 92、图 96 和图 97。

10） 15—CHRHGT

大写字符的高度，典型的字符是“M”。字符的高度不因应用倾角、转角或字符角度而改变。字符高度应是正的非零值。见图 92、图 96 和图 97。

11） 16—CSPACE

字符间的间距。

固定宽度字符显示字体：在同一个正文字符串中，一个字符的右侧与下一个字符左侧之间的距离。允许 CSPACE 为负值，即允许字符串中的字符重叠。负的 CSPAEn 的下限是该字符串中字符的宽度(CHRWIDn)。见图 92、图 93、图 96 和图 97。

可变宽度字符显示字体：该字体字距调整表中标准间距的一个份数，要得到实际间距需用该值乘以标准间距。值 1 是缺省值，值 0 是最小的值，表示字符是相接的。可变宽度的字体重叠是不允许的。

在应用倾角、转角或字符角之前测量字符间的间距。

字符间的间距特性实体(类型 406，格式 18)不应连接到这个实体上。

12） 17—LSPACE

第 n 个正文字符串的基线与前一个正文行基线间的距离。LSPACE 仅对第一行之后的新行有效，对于第一个子字符串或对于已有行延续的子字符串它是无效的并且必须置为零。当相邻的字符串不在一个水平线上显示时，或当新行的第一个子字符串不放置在其基线上时，这个值是有用的。例如，尺寸标注带有上下公差限，附加的正文之后有附加的第二行正文，对于第二到第四个字符串，这个 LSPACE 值是无意义的，因为它们在同一“行”上显示，但对于第五个字符串 LSPACE 值将给出第一个和第五个字符串之间的适当距离。允许 LSPACE 为负值。见图 91。

13） 18—FONT

字符集的字体显示风格。例如，字体 18 Helvetica 是一种字体显示风格(FONT)，而 1003 是定义不同符号的字符集(CHRSET)，在字符集中的某些特殊符号不受字体风格的影响。

字　体	意　义
1	标准块
2	Leroy
3	Futura
6	Comp 80
12	News Gothic
13	Lightline Gothic
14	Simplex Roman
17	Century Schoolbook
18	Helvetica
19	OCR(ISO 1073)

14） 19—CHRANG

相对于基线的字符角(0.0≤CHRANG≤2π)。这个值不同于转角或倾角。缺省值为0.0。字符角在应用倾角之后使用。见图95和图97。

15） 20—CCTEXT

应用于被显示字符串的控制代码系列字符串。这些代码表示为字符对,其标明在显示该正文字符串之前必须采取的活动。当某些条件需要嵌入不同的控制代码(如画框、上划线、下划线)时,这些次序应保留在CCTEXT中出现的控制代码中。某些控制代码可嵌套任意层。在所有情况下都应定义对应的结束控制代码。

16） 22—WT

容纳字符串框的宽度。框的宽度在应用转角、倾角及字符角之后建立。见图92、图96和图97。

17） 23—HT

容纳字符串的框的高度。框的高度在应用转角、倾角和字符角之后建立。见图97。

18） 24—CHRSET

定义字符串的字符集。它是该符号集的功能说明。

字符集	意　义
1	标准的ASCⅡ
1001	符号字体1
1002	符号字体2
1003	符号字体3
2001	(日本)汉字
3001	ISO 8859-1(Latin-1)‡

19） 25—SL

单个字符的倾角。斜角是在字体预定义的倾角之外又附加的。见图94、图95、图96和图97。

20） 26—A

正文字符串的转角。转角是相对于结构空间中X轴正方向的角并且独立于正文保留框的角(TX-TAG)。见图94和图95。

7.61.2 控制代码

下面是目前定义的控制序列表。

注:字符“Z”用于指示一种控制代码类型的结束。例如,SU...SZ表示上标正文的开始和上标正文的结束。在最后的正文子字符串结束时,隐含着终止全部条件。

7.61.2.1 不可嵌套的控制代码

1） CC:改变字符/字体集。

这是要为后置处理器指明该字符串被隔开的唯一理由是要改变字符集。在一个分式或公差字符串的环境中要使用一个特殊字符时可能使用它。

2） BL:基线。

基线定义为该注释中的第一个字符串,直至遇到重新定义“基线”的一个“新行”为止。如果初始字符串是没有定义基线的字符串,那么,包括基线控制代码的这个字符串可从X和Y开始的位置导出它的原点。没有定义基线的字符串全都是公差、分式、上标和下标控制代码字符串。

3） NL:新行。

该条件用于指示要定义一个新的基线。

4） BD:黑体字正文显示开始。

5） BZ:黑体字正文显示结束。

6） IT:斜体字正文显示开始。

7） IZ:斜体字正文显示结束。

8） TB:双向公差正文开始。

9） TT:允许的公差正文。

10） TU:公差正文上限部分开始。

11） TL:公差正文下限部分开始。

12） TZ:(所有类型的)公差正文结束。

13） US:下划线开始。

14） UZ:下划线结束。

15） OS:上划线开始。

16） OZ:上划线结束。

17） ES:封闭的分隔符。

这将引起显示一个相对于正文转角的垂直直线,位置在靠近正文处从封闭符号的顶部延续到封闭符号底部。ES代码是不嵌套的,因此它没有结束代码。见图91。

7.61.2.2 可嵌套的控制代码

1） En:封闭符号开始。

值 n 确定要使用的符号的类型:

值	意 义
1	标准的尺寸框—上下各半个字符高,两侧各半个字符宽
2	加大的尺寸框—上下各全字符高,两侧各全字符宽
3	缩小的尺寸框—在字符与框线间没有空余
4	右侧弹头形框—右侧为半圆弧的框
5	左侧弹头形框—左侧为半圆弧的框
6	胶囊形框—用弧代替两端的框
7	标志注释开始—由实体类型208定义
8	菱形框—每一边都用＜ 和 ＞代替的框

2） EX:封闭符号结束。

停止显示当前连接的最低嵌套的封闭符号。

3） HU:水平排列的分式,上部分开始。

4） HL:水平排列的分式,下部分开始。

5） HZ:水平排列的分式,上下部分的结束。

6） VU:竖直排列的分式,上部分开始。

7） VL:竖直排列的分式,下部分的开始。

8） VZ:竖直排列的分式,上下部分的结束。

9） DU:对角排列的分式,上部分开始。

10） DL:对角排列的分式,下部分开始。

11） DZ:对角排列的分式,上下部分的结束。

12） SU:上标正文开始。

13） SL:下标正文开始。

14） SZ:上下标正文结束。

下列控制代码字符串和正文字符串值适用于图90的例子,$NS=6$:

参　数	值	参　数	值
CCTEXT 1	2HTU	TEXT 1	5H＋1.00
CCTEXT 2	4HTLTZ	TEXT 2	5H－1.00
CCTEXT 3	4HTTTZ	TEXT 3	4H5.00
CCTEXT 4	4HTZNL	TEXT 4	13HTOLERANCEAND
CCTEXT 5	2HNL	TEXT 5	3HCENERED
CCTEXT 6	2HNL	TEXT 6	4HTEXT

下列控制代码字符串和正文字符串值适用于图91的例子，*NS*＝6：

参　数	值	参　数	值
CCTEXT 1	2HTT	TEXT 1	3HAAA
CCTEXT 2	2HTU	TEXT 2	3H567
CCTEXT 3	4HTLTZ	TEXT 3	4H1234
CCTEXT 4	4HNLTT	TEXT 4	3HCCC
CCTEXT 5	2HTU	TEXT 5	2H56
CCTEXT 6	4HTLTZ	TEXT 6	2H78

目录条目

编号和名字	值
(1)　实体类型号	213
(3)　结构	＜n.a.＞
(4)　线型模式	1
(5)　层	#,⇒
(6)　视图	0,⇒
(7)　变换矩阵	0,⇒
(8)　标号显示连接	0,⇒
(9a)　空白状态	??
(9b)　次级 实体 开关	??
(9c)　实体用途标记	01
(9d)　层次结构	* *
(12)　线宽	#
(13)　颜色号	#,⇒
(15)　格式号	0

参数数据

索　引	名　称	类　型	说　明
1	TXTCW	实数	该注释中全部字符串的正文保留区的宽度(值必须≥0.0)
2	TXTCH	实数	该注释中全部字符串的正文保留区的高度(值必须≥0.0)
3	JUSTCD	整数	在该注释中全部字符串的对齐代码 0＝不对齐的 1＝右对齐的 2＝中心对齐的 3＝左对齐的

索引	名称	类型	说明
4	TXTCX	实数	正文保留区定位点 X
5	TXTCY	实数	正文保留区定位点 Y
6	TXTCZ	实数	从 TXTCX、TXTCY 平面的 Z 深度
7	TXTAG	实数	正文保留区按弧度计的转角
8	BASELX	实数	第一个基线的位置
9	BASELY	实数	第一个基线的位置
10	BASELZ	实数	从 BASELX,BASELY 平面的 Z 深度
11	NILS	实数	常规行间的间距
12	NS	整数	正文字符串的个数
13	FIXVAR(1)	整数	固定/可变宽度的字符显示 0=固定的 1=可变的
14	CHRWID(1)	实数	字符宽度(值必须≥0.0)
15	CHRHGT(1)	实数	字符高度(值必须≥0.0)
16	CSPACE(1)	实数	字符间的间距
17	LSPACE(1)	实数	行间的间距
18	FONT(1)	整数	字体风格
19	CHRANG(1)	实数	字符角
20	CCTEXT(1)	字符串	控制代码字符串
21	NC(1)	整数	第一个字符串(TEXT(1))中的字符个数或 0 字符个数(NC(n))必须总是等于其对应的正文字符串(TEXT(n))的字符个数
22	WT(1)	实数	框的宽度(值必须≥0.0)
23	HT(1)	实数	框的高度(值必须≥0.0)
24	CHRSET(1)	整数 或指针	字符集的说明(缺省=1)
25	SL(1)	实数	按弧度计 TEXT(1)的倾角(π/2 为无倾角的值且为缺省值)
26	A(1)	实数	按弧度计 TEXT(1)的转角
27	M(1)	整数	镜像标志: 0=无镜像 1=镜像轴垂直于正文基线 2=镜像轴即是正文基线
28	VH(1)	整数	旋转内部正文标志: 0=正文水平的 1=正文竖直的
29	XS(1)	实数	正文开始点
30	YS(1)	实数	正文开始点

索　　引	名　称	类　型	说　　明
31	ZS(1)	实数	从 XT、YT 平面的深度
32	TEXT(1)	字符串	第一个正文字符串
⋮	⋮	⋮	
20＊NS-7	FIXVAR(NS)	整数	固定/可变宽的字符显示
⋮	⋮	⋮	
20＊NS＋12	TEXT(NS)	字符串	最后一个正文字符串

按需要附加的指针(见 5.2.4.5.2)。

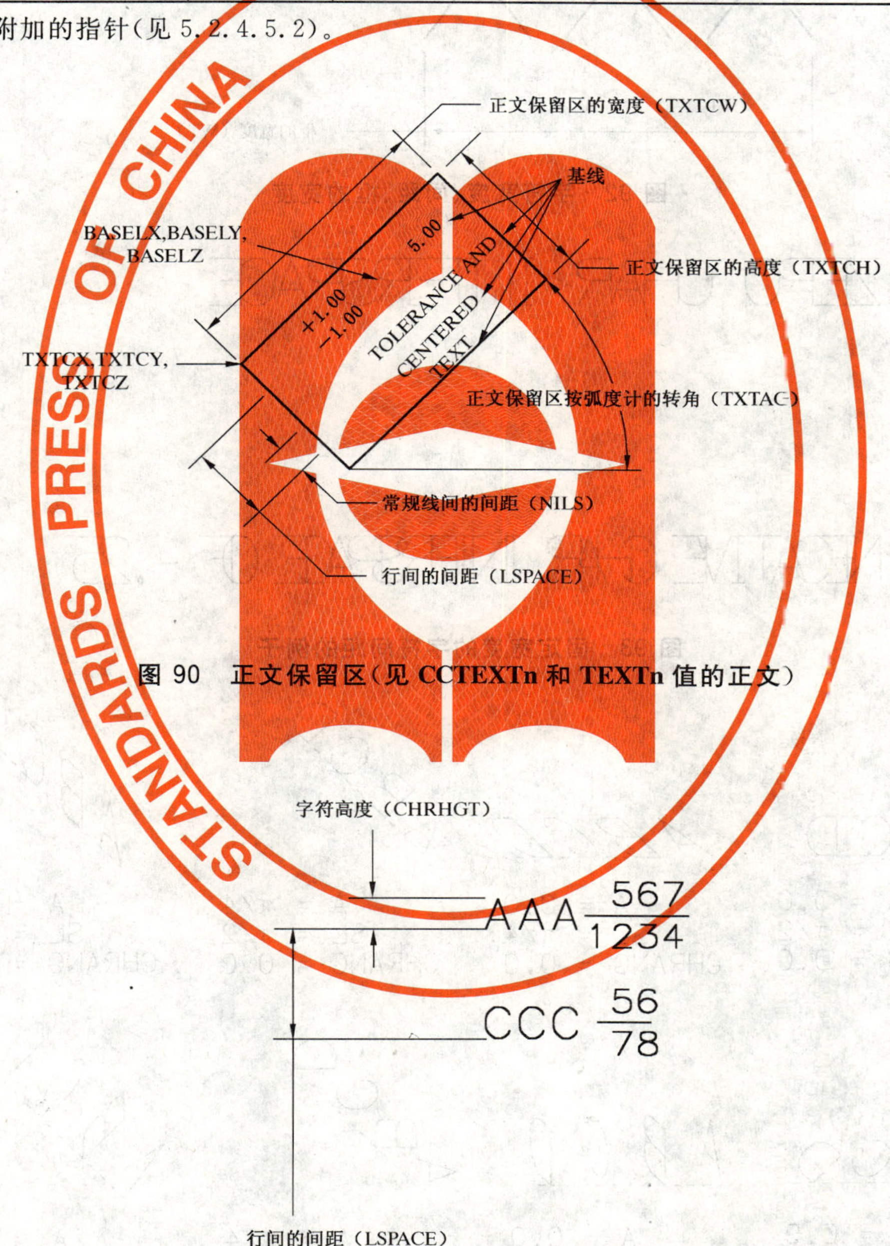

图 90　正文保留区(见 CCTEXTn 和 TEXTn 值的正文)

图 91　字符高,线间的间距(见 CCTEXTn 和 TEXTn 值的正文)

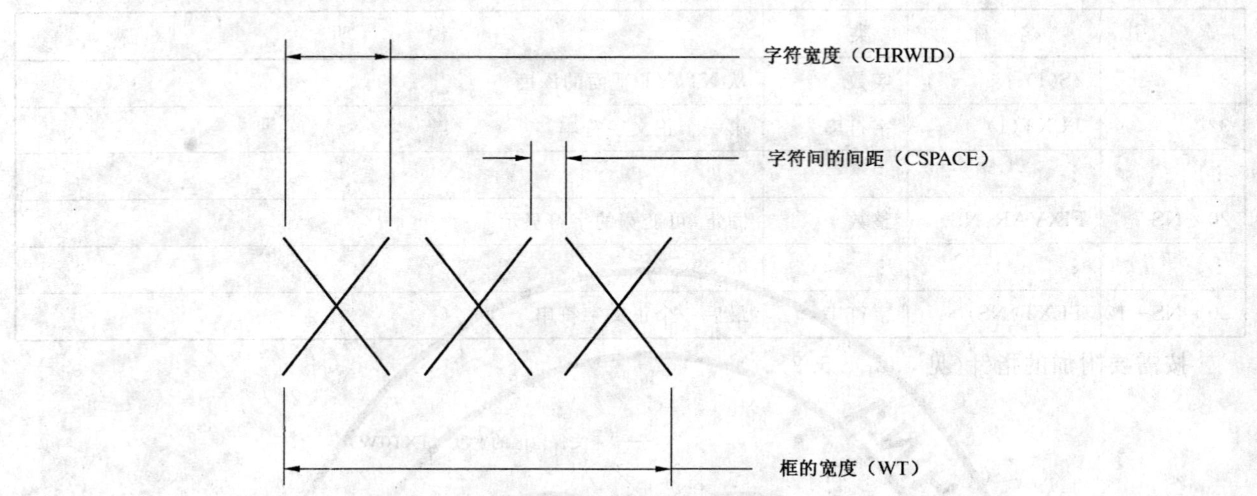

图 92 字符宽度、间距、框的宽度

ZERO CHAR INTERSPACE

NEGATIVE CHAR INTERSPACE OF −.25

图 93 固定宽度的字符间距的例子

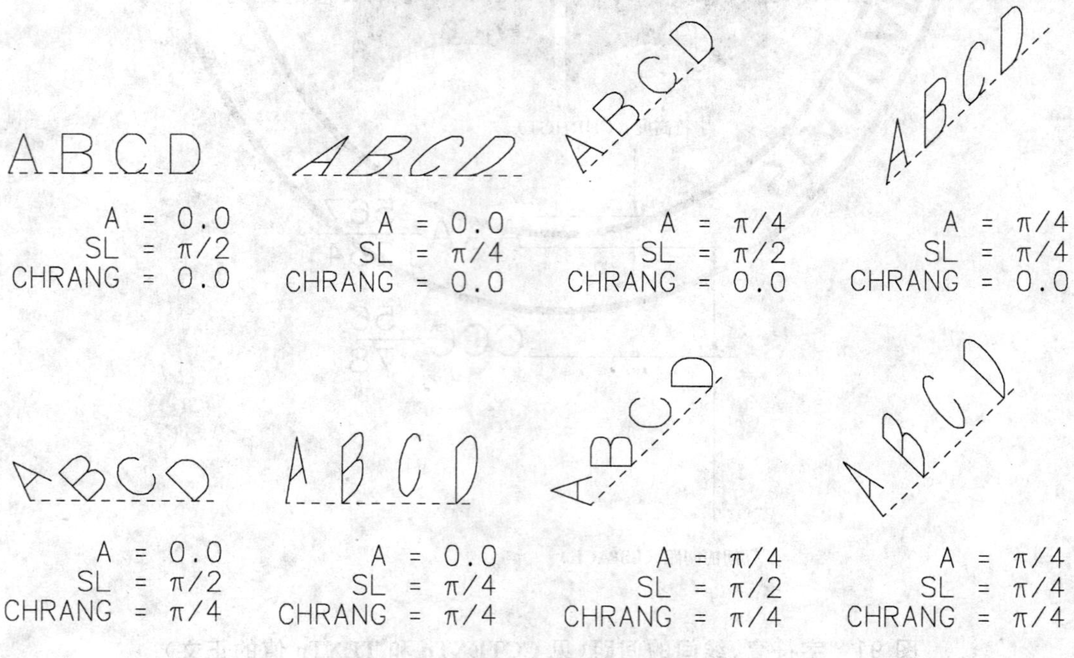

ABCD
A = 0.0
SL = π/2
CHRANG = 0.0

ABCD
A = 0.0
SL = π/4
CHRANG = 0.0

ABCD
A = π/4
SL = π/2
CHRANG = 0.0

ABCD
A = π/4
SL = π/4
CHRANG = 0.0

ABCD
A = 0.0
SL = π/2
CHRANG = π/4

ABCD
A = 0.0
SL = π/4
CHRANG = π/4

ABCD
A = π/4
SL = π/2
CHRANG = π/4

ABCD
A = π/4
SL = π/4
CHRANG = π/4

图 94 转角、倾角和字符角

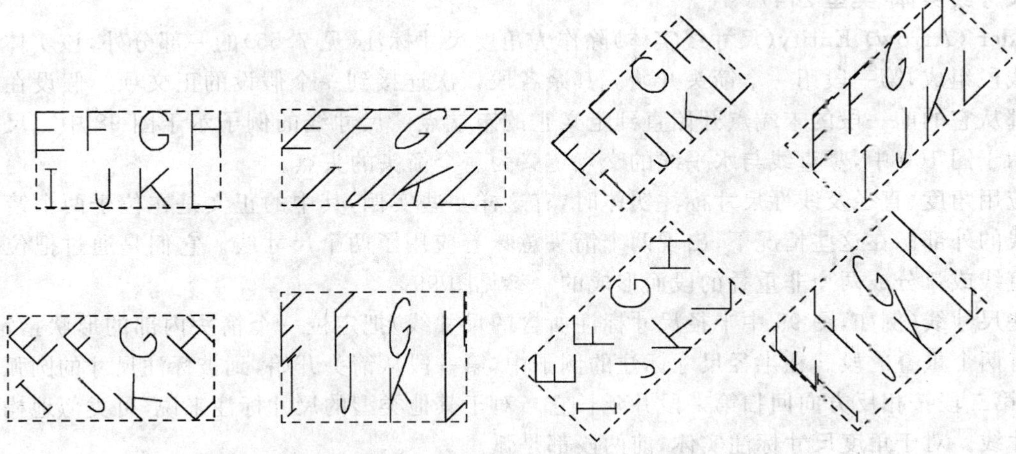

图 95　正文保留区

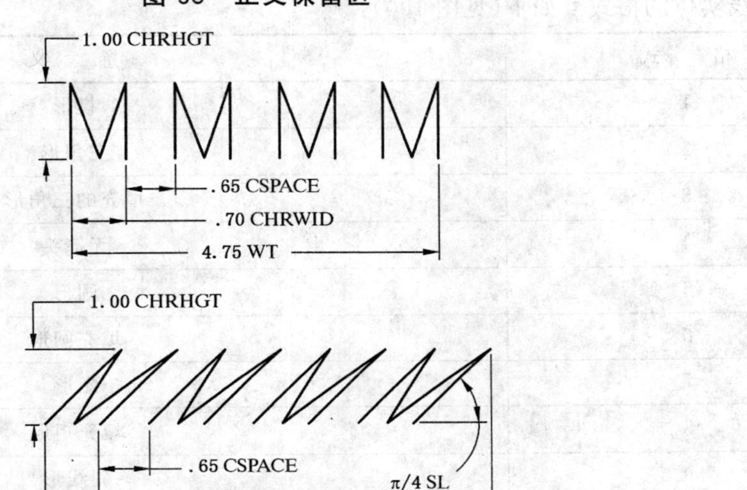

图 96　字符高度、宽度、间距、框的宽度

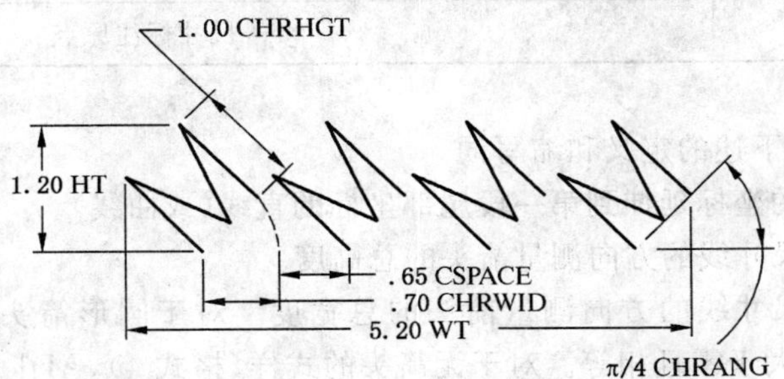

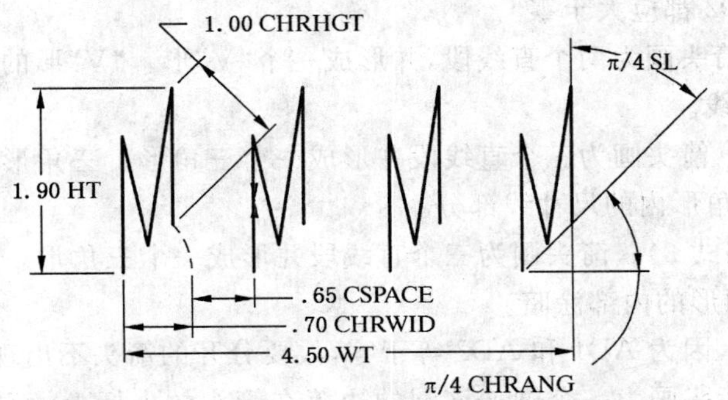

图 97　字符高度、宽度、间距、框的高度

7.62 尺寸线实体(类型 214)

Leader (Arrow) Entity(尺寸线实体)除作为角度尺寸标注(见 7.55)的一部分外,该实体由一个或多个直线段组成,第一段用一个箭头开始。其余各段依次连接到一个假设的正文项。假设在段表中的每一段都从它的前一段的末端点开始直到定义它的末端点。尺寸线的例子示于图 98 中。尺寸线箭头的例子示于图 100 中,竖直线与水平线的交点定义为每个箭头的头点。

在应用角度、直径及线性尺寸标注实体时,有这样一些实例,其中的正文是在位于两个箭头间的直线或弧线的外部。在这些情况下,出现两个箭头意味着应用了两个尺寸线。它们是通过把位于两个箭头间的直线或弧分成两个非重叠的段而形成的。参见图 99。

某些尺寸线(例如,图 99 中半径尺寸标注所含的尺寸线)把定位一个箭头内部的形状指定为一段,这样就有两个重叠的段。在半径尺寸标注的例子中,第一段从箭头开始,到被标注尺寸的圆弧中心或圆心结束;第二段按相反方向回扫第一段并延长它。对于其他类型的尺寸标注来说,可类似地构造这种类型的尺寸线。对于角度尺寸标注实体,前两段都是弧。

尺寸线实体的格式号如下(见图 100):

格　式	意　义
1	楔形
2	三角形
3	填充的三角形
4	无箭头
5	圆形
6	填充圆形
7	矩形
8	填充矩形
9	斜线形
10	积分符号形
11	空心三角形
12	尺寸标注原点

a) 定义

在实体描述中使用了下述的定义和缩写词。

——尺寸线:从箭头的坐标延伸到第一段尾部坐标的直线(或曲线)。

——AD1:按平行于尺寸线的方向测量箭头的总高度。

——AD2:按垂直于尺寸线的方向测量箭头的总宽度。对于圆形箭头的式样(格式 5.6 和 12),AD1 和 AD2 应大于零且相等。对于无箭头的式样(格式 4),AD1 和 AD2 应为零。对于其他式样,AD1 和 AD2 都应大于零。

——楔形(格式 1)。箭头画为两个直线段,并形成一个“V”形。“V”形的顶点落在箭头的坐标并由开口端延伸尺寸线。

——三角形(格式 2)。箭头画为三个直线段并形成一个三角形。三角形的顶点落在箭头的坐标上并且要显示在三角形内的尺寸线部分。

——填充的三角形(格式 3)。箭头画为三个直线段并形成一个三角形。三角形的顶点落在箭头的坐标上,并且三角形的内部涂暗。

——无箭头(格式 4)。因为 AD1 和 AD2 等于零,故要分开的箭头不出现。

——圆形(格式 5)。箭头画为一个圆。该圆的边落在箭头的坐标上,而圆心位于尺寸线上。不显示在圆内的尺寸线部分。AD1 和 AD2 应大于零并相等。

——填充的圆形(格式 6)。箭头画为一个圆。该圆的边落在箭头的坐标上,而圆心位于尺寸线上。该圆的内部涂暗。AD1 和 AD2 应大于零且相等。

——矩形(格式 7)。箭头画为四个直线段并形成一个矩形。矩形的一个边的中心落在箭头的坐标上并且矩形的中心落在尺寸线上。在矩形内的尺寸线部分不显示。

——填充的矩形(格式 8)。箭头画为四个直线段并形成一个矩形。矩形的一个边的中心落在箭头的坐标上并且矩形的中心落在尺寸线上。矩形的内部涂暗。

——斜线(格式 9)。箭头画为一个直线段,它是由中心位于箭头坐标的 AD1 和 AD2 定义的矩形的对角线。

——积分符号(格式 10)。箭头画为一个拉长的"S"形的曲线段,其中心落在箭头的坐标上。它在由中心位于箭头坐标的 AD1 和 AD2 定义的矩形范围内。

——空心三角形(格式 11)。箭头画为三个直线段并且构成一个三角形。三角形的顶点落在箭头的坐标上并且三角形内的尺寸线部分不显示。

——尺寸标注圆点(格式 12)。箭头画为一个圆。圆心落在箭头的坐标上并且圆内的尺寸线部分不显示。AD1 和 AD2 应大于零且相等。

b) 目录条目

编号和名字	值
(1) 实体类型号	214
(3) 结构	<n. a.>
(4) 线型模式	#,⇒
(5) 层	#,⇒
(6) 视图	0,⇒
(7) 变换矩阵	0,⇒
(8) 标号显示连接	0,⇒
(9a) 空白状态	??
(9b) 次级 实体 开关	??
(9c) 实体用途标记	01
(9d) 层次结构	* *
(12) 线宽	#
(13) 颜色号	#,⇒
(15) 格式号	1—12

c) 参数数据

索引	名称	类型	说明
1	N	整数	段数
2	AD1	实数	箭头高
3	AD2	实数	箭头宽
4	ZT	实数	Z 深度
5	XH	实数	箭头坐标
6	YH	实数	

索　引	名　称	类　型	说　　明
7	X(1)	实数	第一段段尾的坐标对
8	Y(1)	实数	
⋮	⋮	⋮	
5+2＊N	X(N)	实数	最后一段段尾的坐标对
6+2＊N	Y(N)	实数	

按需要附加的指针(见 5.2.4.5.2)。

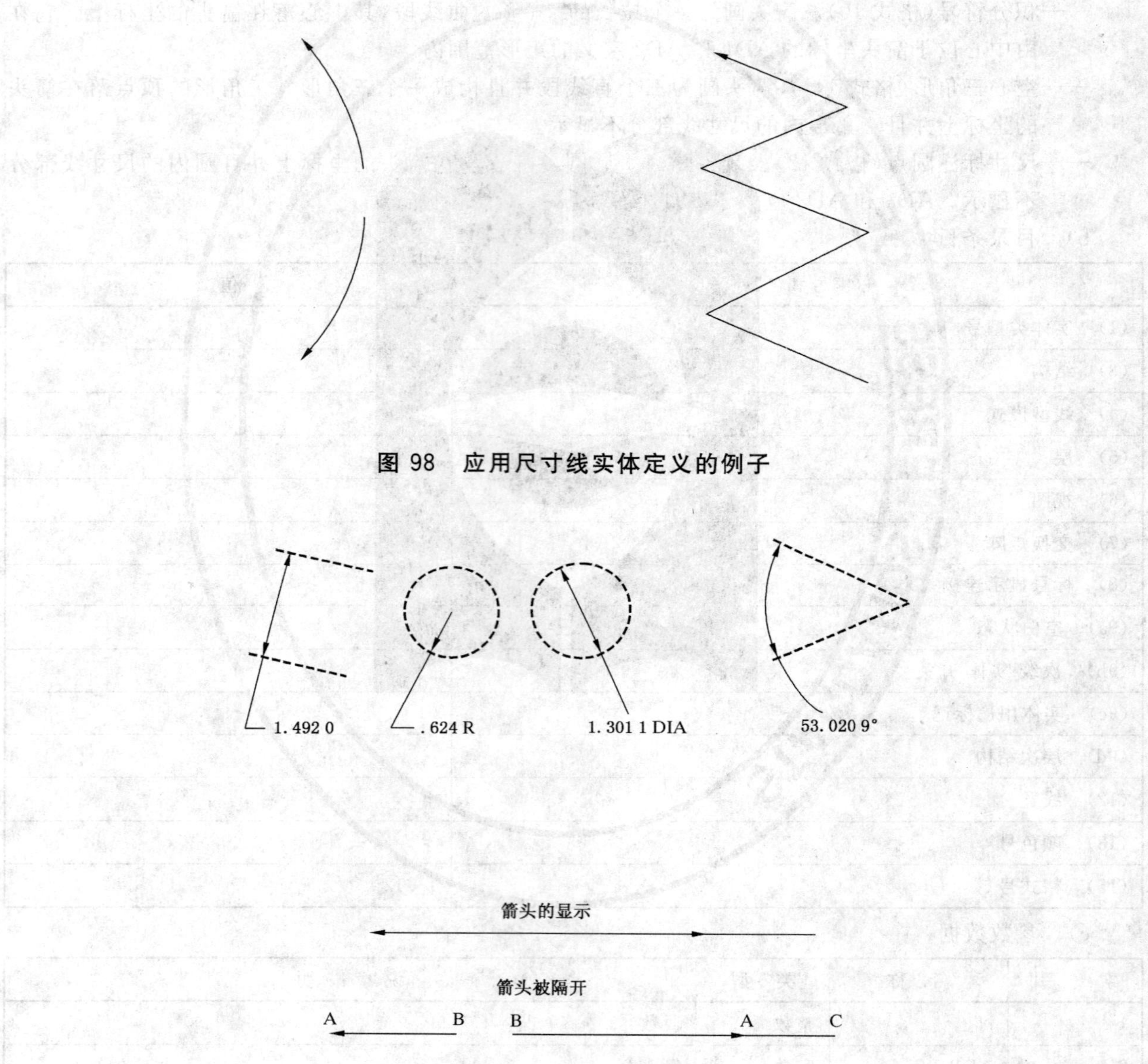

图 98　应用尺寸线实体定义的例子

A——单个箭头的起点；

B——第二点(对于两个箭头是并列的)；

C——箭头的第三点(如果需要还有其他的点)。

图 99　用于尺寸标注的尺寸线的内部结构

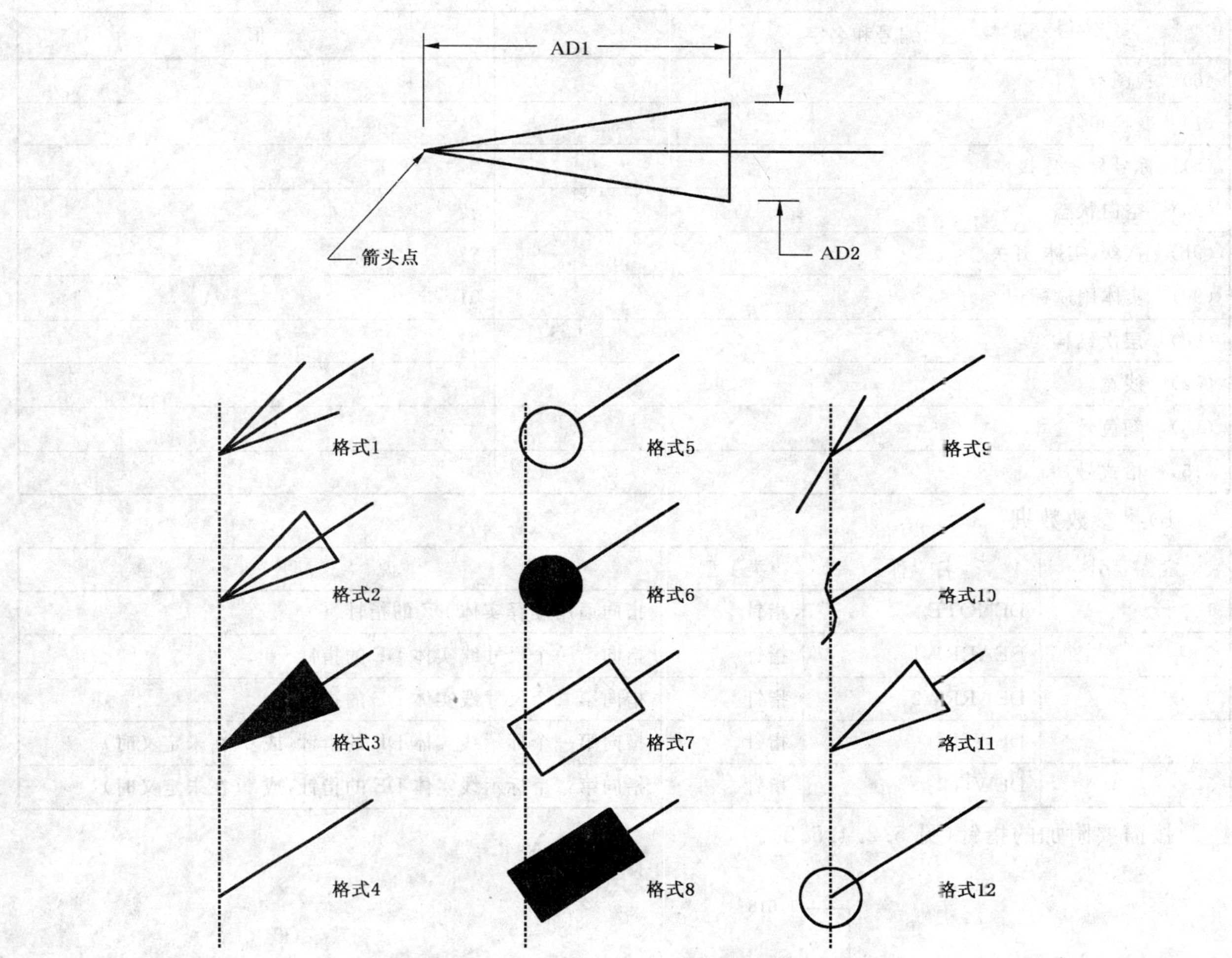

图 100　对于尺寸线实体的箭头类型的 F214X.JGS 定义

7.63　线性尺寸标注实体(类型 216)

Linear Dimension Entity(线性尺寸标注实体)由一个通用注释、两个箭头、零个、一个或两个标示线组成。线性尺寸标注的例子参见图 101。

线性尺寸标注实体的格式号定义如下,其例子示于图 102 中。

格　式	意　义
0	不确定格式的线性尺寸标注
1 ‡	直径格式的线性尺寸标注
2 ‡	半径格式的线性尺寸标注

‡线性尺寸标注实体的格式号 1 和 2 未经测试。见 4.8。

尺寸标注的共面性要求见 6.5.3。

a)　目录条目

编号和名字	值
(1)　实体类型号	216
(3)　结构	<n. a.>
(4)　线型模式	#,⇒
(5)　层	#,⇒

编号和名字	值
(6) 视图	0,⇒
(7) 变换矩阵	0,⇒
(8) 标号显示连接	0,⇒
(9a) 空白状态	??
(9b) 次级 实体 开关	??
(9c) 实体用途标记	01
(9d) 层次结构	??
(12) 线宽	♯
(13) 颜色号	♯,⇒
(15) 格式号	0—2

b) 参数数据

索 引	名 称	类 型	说 明
1	DENOTE	指针	指向通用注释实体 DE 的指针
2	DEARRW1	指针	指向第一个尺寸线实体 DE 的指针
3	DEARRW2	指针	指向第二个尺寸线实体 DE 的指针
4	DEWIT1	指针	指向第一个标示线实体 DE 的指针,或 0(在未定义时)
5	DEWIT2	指针	指向第二个标示线实体 DE 的指针,或 0(在未定义时)

按需要附加的指针(见 5.2.4.5.2)。

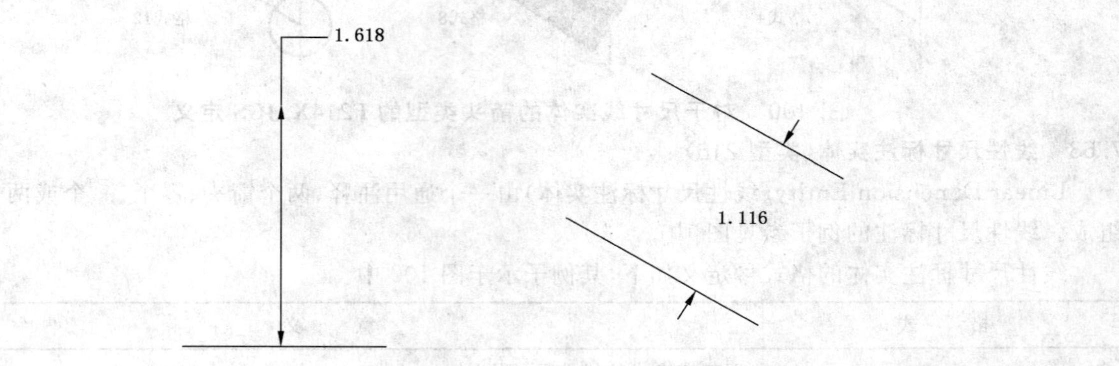

图 101 用线性尺寸标注实体格式 0 定义的 F216×IGS 的例子

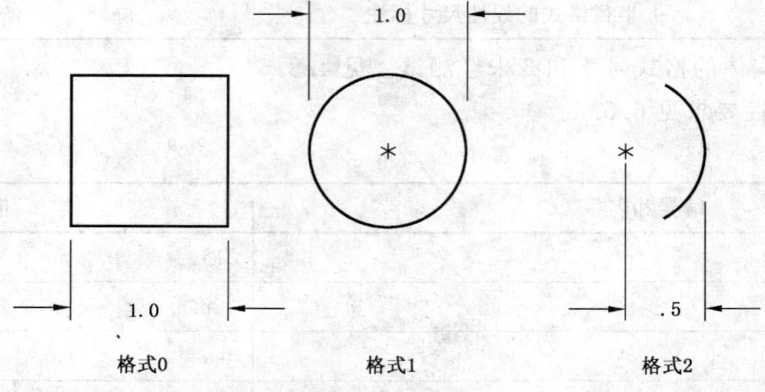

图 102 线性尺寸标注格式的 F21601X. IGS 的例子

7.64 坐标尺寸标注实体(类型 218)

Ordinate Dimension Entity(坐标尺寸标注实体)适用于指明来自公共基线的尺寸标注。该尺寸标注仅允许沿 XT 或 YT 轴。

坐标尺寸标注实体由一个通用注释和一个标示线或尺寸线组成。所存贮的值是指向相关联的通用注释和标示线或尺寸线实体 DE 的指针。标距尺寸标注的例子见图 103。

坐标尺寸标注实体的格式号如下:

格　　式	意　　义
0	简单标距尺寸标注
1 ‡	带有辅助尺寸线的标距尺寸标注

‡ 坐标尺寸标注实体的格式 1 未经测试。见 4.8。

坐标尺寸标注实体的格式 1 允许一个标示线、尺寸线及一个辅助尺寸线两种情况,如图 104 的例中所示。由 DEORD 引用的实体定义了要标注尺寸的标距位置。由 DESUPP 引用的实体对那些可能支持它的系统来说是附加的。

对尺寸标注实体的共面性要求见 6.5.3。

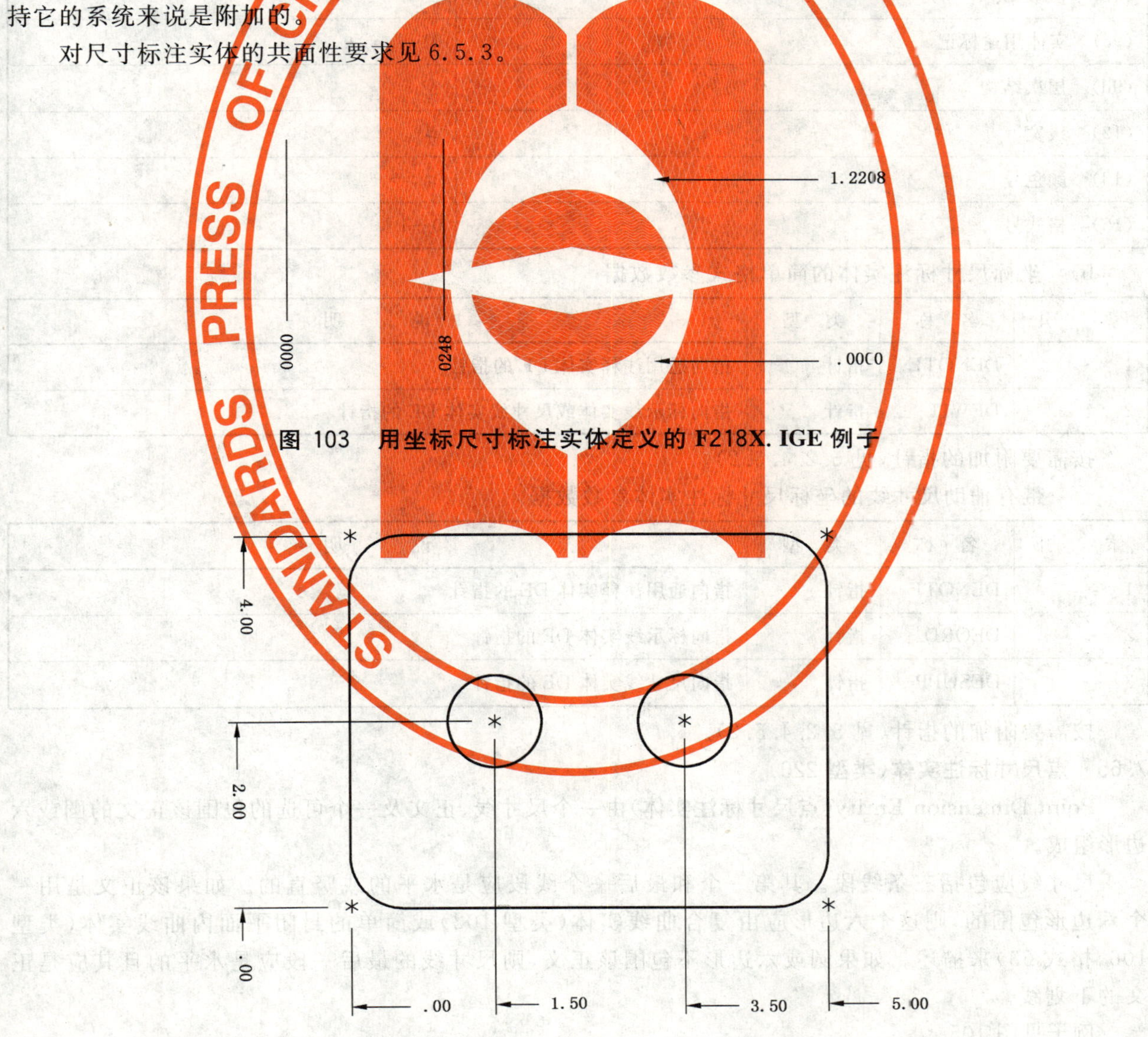

图 103　用坐标尺寸标注实体定义的 F218X. IGE 例子

图 104　用坐标尺寸标注实体格式 1‡ 定义的 F21801X. IGS 例

a） 目录条目

编号和名字	值
（1） 实体类型号	218
（3） 结构	<n.a.>
（4） 线型模式	#，⇒
（5） 层	#，⇒
（6） 视图	0，⇒
（7） 变换矩阵	0，⇒
（8） 标号显示连接	0，⇒
（9a） 空白状态	??
（9b） 次级 实体 开关	??
（9c） 实体用途标记	01
（9d） 层次结构	??
（12） 线宽	#
（13） 颜色号	#，⇒
（15） 格式号	0—1

b） 坐标尺寸标注实体的简单格式参数数据

索 引	名 称	类 型	说 明
1	DENOTE	指针	指向通用注释实体 DE 的指针
2	DEWIT	指针	指向标示线实体或尺寸线实体 DE 的指针

按需要附加的指针（见 5.2.4.5.2）。

c） 带有辅助尺寸线的坐标尺寸标注实体参数数据

索 引	名 称	类 型	说 明
1	DENOTE	指针	指向通用注释实体 DE 的指针
2	DEORD	指针	指向标示线实体 DE 的指针
3	DESUPP	指针	指向尺寸线实体 DE 的指针

按需要附加的指针（见 5.2.4.5.2）。

7.65 点尺寸标注实体（类型 220）

Point Dimension Entity（点尺寸标注实体）由一个尺寸线、正文及一个可选的包围该正文的圆或六边形组成。

尺寸线应包括三条线段。其第一个和最后一个线段应是水平的或竖直的。如果该正文是用一个六边形包围的，则这个六边形应由复合曲线实体（类型 102）或简单的封闭平面内曲线实体（类型 106，格式 63）来描述。如果圆或六边形不包围该正文，则尺寸线的最后一段应是水平的且其应是正文的下划线。

例子见图 105。

尺寸标注实体的共面性要求见 6.5.3。

a) 目录条目

编号和名字	值
(1) 实体类型号	220
(3) 结构	<n. a.>
(4) 线型模式	#,⇒
(5) 层	#,⇒
(6) 视图	0,⇒
(7) 变换矩阵	0,⇒
(8) 标号显示连接	0,⇒
(9a) 空白状态	??
(9b) 次级 实体 开关	??
(9c) 实体用途标记	01
(9d) 层次结构	??
(12) 线宽	#
(13) 颜色号	#,⇒
(15) 格式号	0

b) 参数数据

索　引	名　称	类　型	说　　明
1	DENOTE	指针	指向通用注释实体 DE 的指针
2	DEARRW	指针	指向尺寸线实体 DE 的指针
3	DEGEOM	指针	指向圆弧实体、复合曲线实体、或简单封闭平面内曲线实体 DE 的指针或 0

按需要附加的指针(见 5.2.4.5.2)。

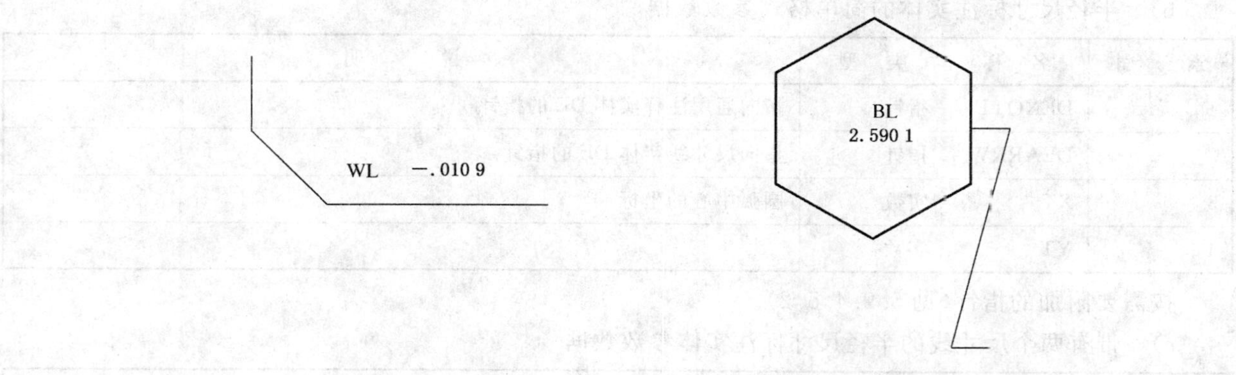

图 105　用点尺寸标注实体定义的例子

7.66　半径尺寸标注实体(类型 222)

Radius Dimension Entity(半径尺寸标注实体)由一个通用注释、一个尺寸线和一个圆弧中心点(XT,YT)组成。半径尺寸标注的例子参见图 106。

圆弧中心在半径尺寸标注中用作参考,而对尺寸标注的组成没有影响。

半径尺寸标注实体的格式号如下：

格　式	意　义
0	简单半径尺寸标注
1	带有两个尺寸线的半径尺寸标注

半径尺寸标注实体的格式1讨论了需要偶尔引用两个尺寸线实体的情况。在这种情况下，DEARRW2 指针仅应引用一个尺寸线实体(类型214，格式4)。一个例子示于图107中。

尺寸标注实体的共面性要求见6.5.3。

a)　目录条目

编号和名字	值
(1)　实体类型号	222
(3)　结构	<n.a.>
(4)　线型模式	♯,⇒
(5)　层	♯,⇒
(6)　视图	0,⇒
(7)　变换矩阵	0,⇒
(8)　标号显示连接	0,⇒
(9a)　空白状态	??
(9b)　次级 实体 开关	??
(9c)　实体用途标记	01
(9d)　层次结构	??
(12)　线宽	♯
(13)　颜色号	♯,⇒
(15)　格式号	0—1

b)　半径尺寸标注实体的简单格式参数数据

索　引	名　称	类　型	说　明
1	DENOTE	指针	指向通用注释实体 DE 的指针
2	DEARRW	指针	指向尺寸线实体 DE 的指针
3	XT	实数	圆弧中心的坐标
4	YT	实数	

按需要附加的指针(见5.2.4.5.2)。

c)　带有两个尺寸线的半径尺寸标注实体参数数据

索　引	名　称	类　型	说　明
1	DENOTE	指针	指向通用注释实体 DE 的指针
2	DEARRW1	指针	指向第一个尺寸线实体 DE 的指针；箭头应与弧相接
3	XT	实数	圆弧中心的坐标
4	YT	实数	
5	DEARRW2	指针	指向第二个尺寸线实体 DE 的指针或零

按需要附加的指针(见 5.2.4.5.2)。

图 106　用半径尺寸标注实体定义的 F222X.IGS 的例子

图 107　用半径尺寸标注实体格式 1 定义的 F22201X.IGS 的例子

7.67　通用符号实体(类型 228)

General Symbol Entity(通用符号实体)由 0 个或 1 个通用注释,0 个或多个相关联的尺寸线及 1 个或多个定义符号的几何实体组成。通用符号实体的例子示于图 108 中。

建立符号所使用的任何几何实体中都应有一个开关值为 01 的从属实体,并且在其目录条目段的域 9 中应有 01 的实体使用标志。

对于该实体,格式号用于维持在发送系统上符号的特性。注意,在图 108 中的每个例子都可表示为格式 0。通用符号实体的格式号如下:

格　式	意　义
0	通用符号——初始化为一个符号,其未必是一个标准的符号
1‡	数据特征符号——所包含的数据初始化为一个数据特征符号,它由一个框.框内确定该数据的字母及在字母前和后的长划线组成。该字母是字母表中的一个字母(除 I,O 和 Q 外)。当数据特征非常之多,用尽了单字母系列,可以使用双字母系列,如—AA 到 AZ,BA 到 BZ 等
2‡	数据标牌符号——初始化为包括由被水平线分成两半的圆组成的数据标牌符号所生成的数据。下半部分含有一个标识相关数据的字母,接着是对每个数据从 1 开始顺序赋给的标牌号。标牌是一个区域,该区域的大小可以记入该符号的上半部分,否则上半部分为空白。如需要,附加于该符号的一个径向直线指向该标牌的点、直线或区域
3‡	特征控制框——数据初始化为一个划分为几个部分的框组成的特征控制框,这些部分包含后随公差的几何特征符号。这个公差可以是横断面符号或者是在前或后随材料条件符号
5001～9999‡	由实现者定义

‡通用符号实体的格式1、2、3和5001～9999未经测试。见4.8。

对于格式1,2和3,通用注释是强制性的。

格式1(数据特征符号)和格式3(特征控制框)与所讨论的特征的关系可以通过标示线实体(类型106,格式40)或尺寸线实体(类型214)建立。详细信息见证ANSI Y14.5M-1982的3.5 b)或c)。

保留从5001～9999的格式号保留给实现者定义其意义。实现者定义的格式应与通用符号实体(类型228)的参数要求相一致,并且当实现者定义的意义不能被理解时,这样的定义就被解释为格式0。

a) 目录条目

编号和名字	值
(1) 实体类型号	228
(3) 结构	<n.a.>
(4) 线型模式	#,⇒
(5) 层	#,⇒
(6) 视图	0,⇒
(7) 变换矩阵	0,⇒
(8) 标号显示连接	0,⇒
(9a) 空白状态	??
(9b) 次级 实体 开关	??
(9c) 实体用途标记	01
(9d) 层次结构	??
(12) 线宽	#
(13) 颜色号	#,⇒
(15) 格式号	#

注:格式号的有效值为0～3和5001～9999。简单通用符号实体(格式0)。

b) 简单通用符号实体(格式0)参数数据

索 引	名 称	类 型	说 明
1	DENOTE	指针	指向相关的通用注释实体DE的指针或0(仅对格式0)
2	N	整数	指向几何的指针个数
3	DEGEOM(1)	指针	指向第一个定义几何实体DE的指针
⋮	⋮	⋮	
2+N	DEGEOM(N)	指针	指向最后一个定义几何实体DE的指针
3+N	L	整数	尺寸线的个数或0
4+N	DEARRW(1)	指针	指向第一个相关的尺寸线实体DE的指针
⋮	⋮	⋮	
3+L+N	DEARRW(L)	指针	指向最后一个相关的尺寸线实体DE的指针

按需要附加的指针(见5.2.4.5.2)。

c) 通用符号实体规定的格式及实现者定义的格式‡参数数据

索　引	名　称	类　型	说　明
1	DENOTE	指针	指向相关的通用注释实体 DE 的指针
2	N	整数	指向几何的指针个数
3	DEGEOM(1)	指针	指向第一个定义几何实体 DE 的指针
⋮	⋮	⋮	
2+N	DEGEOM(N)	指针	指向最后一个定义几何实体 DE 的指针
3+N	L	整数	尺寸线的个数或 0
4+N	DEARRW(1)	指针	指向第一个相关的尺寸线实体 DE 的指针
⋮	⋮	⋮	
3+L+N	DEARRW(L)	指针	指向最后一个相关的尺寸线实体 DE 的指针

按需要附加的指针(见 5.2.4.5.2)。

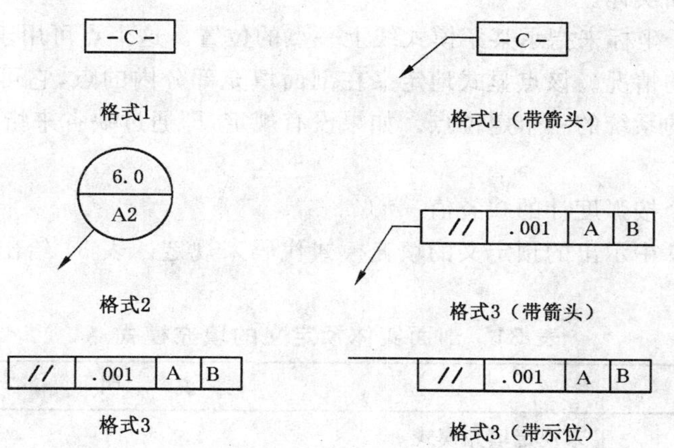

图 108　用通用符号实体定义的符号例子

7.68　剖面实体(类型 230)

剖面是一项设计的一部分,它要用一种线的模式去填充。通常该实体用于表示形状或通过其他实体定义的材料特性。Sectioned Area Entity(剖面实体)由一个指向外部定义曲线的指针、一个线模式的说明、模式线上一点的坐标、模式线间的距离、模式线与定义空间中 X 轴间的夹角、以及描述任意封闭定义曲线(通常称为"岛")的说明所构成。该实体一般用于注释,但是当全部定义曲线也是模型几何的一部分时,它也可作为几何应用。

剖面实体的格式号如下:

格　式	意　义
0	标准剖面线
1‡	反相剖面线

剖面实体的‡格式号 1 未经测试。见 4.8。

格式号 0(标准剖面线)在主边界包含剖面线时使用。如果有嵌套的岛曲线(即 $N>0$),则对每一个嵌套的内部边界剖面线改变状态。

格式号 1(反相剖面线)在主边界不包含剖面线时使用,或在没有定义主边界时使用。至少应定义一个岛曲线,即要求 $N>0$。没有被嵌套的岛曲线包含剖面线;如果任何的岛曲线被嵌套,则对每一个嵌套的内部边界剖面线改变状态。

对于标准的和反相的剖面线的例子参见图 114。

定义曲线是一个定义在平面区域上的简单封闭曲线。可能使用的曲线实体的类型和格式号的清单给出如下：

类　型	名　称
100	圆弧(仅为全圆)
102	组合曲线
104/1	圆锥曲线(仅为椭圆)
106/63	简单封闭的平面曲线
112	参数样条曲线
126	有理B样条曲线

如果仅为了定义剖面而把定义曲线从模型几何复制或投影到定义空间，则该定义曲线应标志为一个注释实体并物理地从属于剖面实体。在定义曲线为模型几何的情况下，该定义曲线应保留为几何实体且不物理地从属于剖面实体。

可以给定 *XT* 和 *YT* 坐标来指示某条模式线上一点的位置。这个点可用于需要规定模式线的布置并对它们加以适当限制的情况。该点显式地定义在剖面填充部分内的点，它可以用作那些为建立填充模式而产生显式扫描线的系统的一个定位点。如果没有规定，即通过缺省来指示，则模式线仅需要在剖面定义曲线的内部。

模式线的角度有一个按弧度计的缺省值$-\pi/4$。

填充模式根据图 109 中示出的预定义的填充模式代码来规定。表 31 给出了在可能的场合下模式的意义。

表 31　剖面实体预定义的填充模式

模　式	说　明
0	未规定填充模式
1	铁、砖、石工程
2	钢
3	(无指定意义)
4	橡胶、塑料、电器绝缘材料
5	大理石、石板、玻璃、瓷料
6	(无指定意义)
7	(无指定意义)
8	(无指定意义)
9	青铜、黄铜、紫铜及化合物
10	(无指定意义)
11	(无指定意义)
12	钛、耐火材料
13	(无指定意义)
14	(无指定意义)
15	(无指定意义)
16	白色金属、锌、铅、巴氏合金、合金

表 31（续）

模　式	说　明
17	镁、铝、铝合金
18	电器线圈、电磁体、电阻等
19	整体填充
20‡	土壤
22‡	岩石
26‡	悬岩
28‡	沙
29‡	沙与沙丘
32‡	碎石填料
34‡	石渣或矿渣
36‡	晕渲
38‡	水和其他液体
40‡	木材(横截面纹理)
41‡	木材(纵截面纹理)
42‡	成品木料
46‡	大型胶合板
50‡	迭压壁板
60‡	玻璃
70‡	软木板、毛毡、编织物皮革和纤维板
72‡	隔音材料
80‡	绝热材料
82‡	绝缘材料(松填料或棉絮)
84‡	绝缘材料(板材或垫料)
86‡	绝缘材料(实心)
90‡	混凝土
92‡	结构性混凝土
94‡	轻型混凝土
110‡	混凝土部件
124‡	普通耐火砖
134‡	例行式砖石建筑
136‡	组块式砖石建筑
140‡	大理石
142‡	板石、青石、滑石
152‡	琢石
154‡	方石

表 31（续）

模　式	说　明
156‡	铸型石(混凝土)
157‡	毛石
158‡	层砌毛石
159‡	琢方石
172‡	灰泥、沙及水泥
174‡	混凝土灰泥
178‡	水磨石
210‡	冰川
220‡	淡水沼泽地
224‡	咸水沼泽地
226‡	浸没沼泽地
234‡	潮汐沼泽地
236‡	(吃)水线
240‡	已开垦土地
244‡	已耕种土地
246‡	草地
252‡	落叶林
254‡	常青林
256‡	橡树林
262‡	果园
264‡	葡萄园
265‡	柳树
266‡	谷物
268‡	烟草

‡模式代码大于 19 的剖面实体的模式未经测试。见 4.8。

对于填充模式代码 0 和 19，因为它们不应用特定的填充模式，故它们的索引 3～7 的参数数据值缺省为 0.0。对于使用几何实体合成的填充模式代码 20～268，预处理器应置索引 3～7 为 0.0，而后置处理器应忽略它们。

这并不是试图要严格地保持视觉的等效性。接收系统应当使用类似的但未必相同的基于该模式代码的模式，其目的是要保持该代码中隐含的功能性。如果接收系统没有类似的模式，则缺省应为非模式填充。

定义剖面的封闭曲线允许嵌套使用，只要它们满足下面规定的准则。能够识别填充和不填充封闭区域的交替出现，因为模式线覆盖内部定义曲线到外部定义曲线的区域。因为没有嵌套层数的要求，所以一个内部定义曲线可以是另一个内部定义曲线的内部或者与另一个内部定义曲线在同一层上(见图 110)。

所有用于建立剖面的定义曲线都应满足下述准则：

a)　剖面实体及其所有的组成部分都应在同一个定义空间(模型或绘图)中定义。

b)　定义曲线应是一个简单的封闭曲线。当一个曲线的始点与终点重合，并且从始点到终点对曲线作一次遍历，在遍历过程中没有另外的点占用这个公共的端点，则该曲线称为简单封闭曲线。该曲线仅在其端点处自相交。定义曲线把一个平面分成两个不同的区域,即内部区域和外部区域。图 111 示出了无效定义曲线的情况。

c) 由两个或多个定义曲线定义的内部区域应具有两种关系,即两个区域或者完全分离,或者一个完全包围另一个,在这个意义上,一个“岛”或“群岛”的内部区域是外部定义曲线的内部区域的一个子集。图 112 示出了定义曲线无效关系的情况。

d) 模式线和所有定义曲线应当共面(即剖面实体及其全部组成部分应共用同一个平面)。

图 113 表示了实现可以不同但仍达到同一结果的例子。该例子是一个 T 形槽的横截面的详图。T 形槽可以表示为单一剖面的封闭区[图 113a)]。不需剖开的区域可以通过第二个定义曲线来表示[岛,图 113b)]。注意,图 113b)中的内部曲线和外部曲线有重合边。

1) 目录条目

编号和名字	值
(1) 实体类型号	230
(3) 结构	<n. a.>
(4) 线型模式	#,⇒
(5) 层	#,⇒
(6) 视图	0,⇒
(7) 变换矩阵	0,⇒
(8) 标号显示连接	0,⇒
(9a) 空白状态	??
(9b) 次级 实体 开关	??
(9c) 实体用途标记	01
(9d) 层次结构	??
(12) 线宽	#
(13) 颜色号	#,⇒
(15) 格式号	0—1

2) 具有标准截面线(格式 0)的剖面实体

参数数据

索 引	名 称	类 型	说 明
1	BNDP	指针	指向外部定义曲线——个封闭的平面曲线—DE 的指针
2	PATRN	整数	填充模式代码
3	XT	实数	一个模式线应通过的点的 X 坐标(不缺省时)
4	YT	实数	一个模式线应通过的点的 Y 坐标(不缺省时)
5	ZT	实数	模式线的 Z 深度
6	DIST	实数	相邻模式线间的垂直距离
7	ANGLE	实数	从 XT 轴到剖面的模式线间按弧度计所测得的角度.缺省时为 π/4
8	N	整数	岛曲线的个数或 0
9	ISLPT(1)	指针	指向岛的第一个内部定义曲线 DE 的指针
⋮	⋮	⋮	
8+N	ISLPT(N)	指针	指向岛的最后一个内部定义曲线 DE 的指针

按需要附加的指针(见 5.2.4.5.2)。

3）具有反相截面线(格式 1)‡的剖面实体

参数数据

索　引	名　称	类　型	说　　明
1	BNDP	指针	指向外部定义曲线实体 DE 的指针或零
2	PATRN	整数	填充模式代码
3	XT	实数	一个模式线应通过的点的 X 坐标(不缺省时)
4	YT	实数	一个模式线应通过的点的 Y 坐标(不缺省时)
5	ZT	实数	模式线的 Z 深度
6	DIST	实数	相邻模式线间的垂直距离
7	ANGLE	实数	从 XT 轴到剖面的模式线间按弧度测得的角度。缺省＝π/4
8	N	整数	岛曲线的个数(N＞0)
9	ISLPT(1)	指针	指向岛的第一个内部定义曲线实体 DE 的指针
⋮	⋮	⋮	
8＋N	ISLPT(N)	指针	指向岛的最后一个内部定义曲线实体 DE 的指针

按需要附加的指针(见 5.2.4.5.2)。

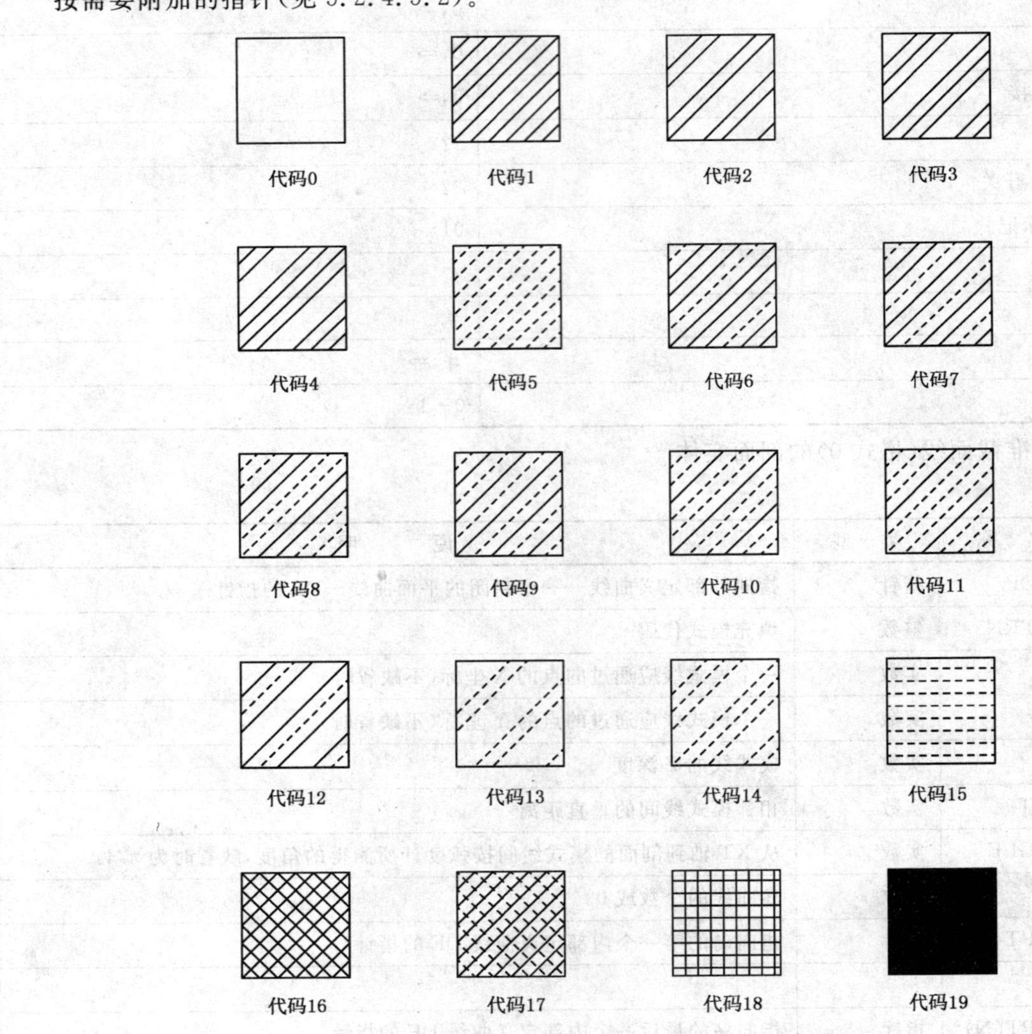

图 109　剖面实体的预定义填充模式 ‡

代码20
代码22
代码26
代码28
代码29
代码32
代码34
代码36
代码38
代码40
代码41
代码42
代码46
代码50
代码60
代码70
代码72
代码80
代码82
代码84

图 109（续）

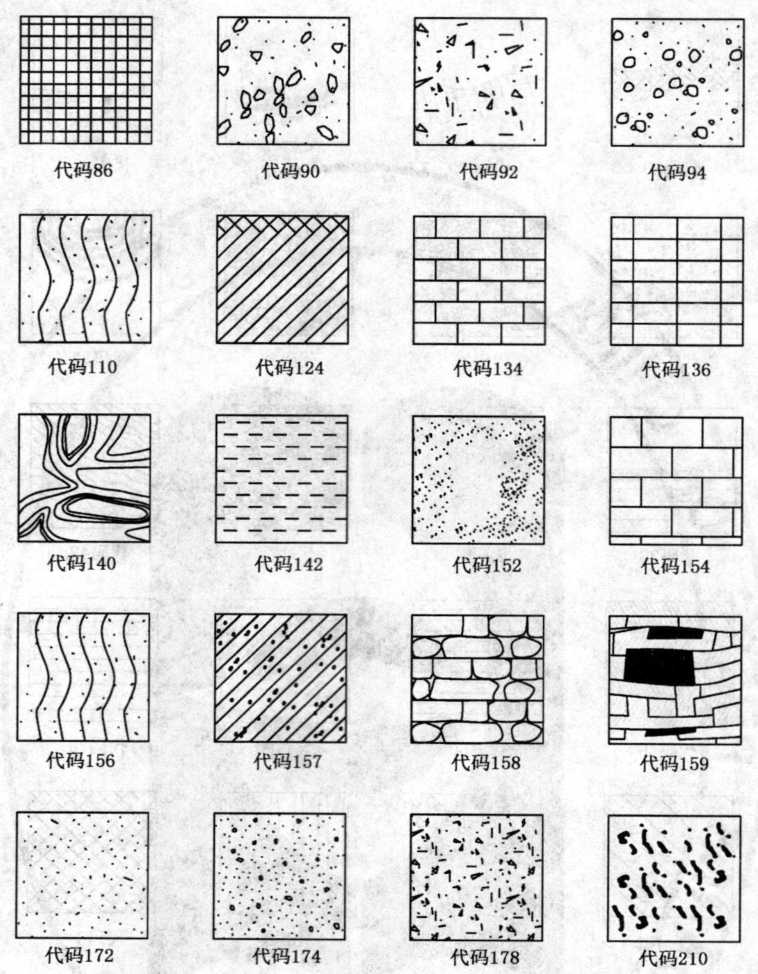

代码86
代码90
代码92
代码94
代码110
代码124
代码134
代码136
代码140
代码142
代码152
代码154
代码156
代码157
代码158
代码159
代码172
代码174
代码178
代码210

图 109（续）

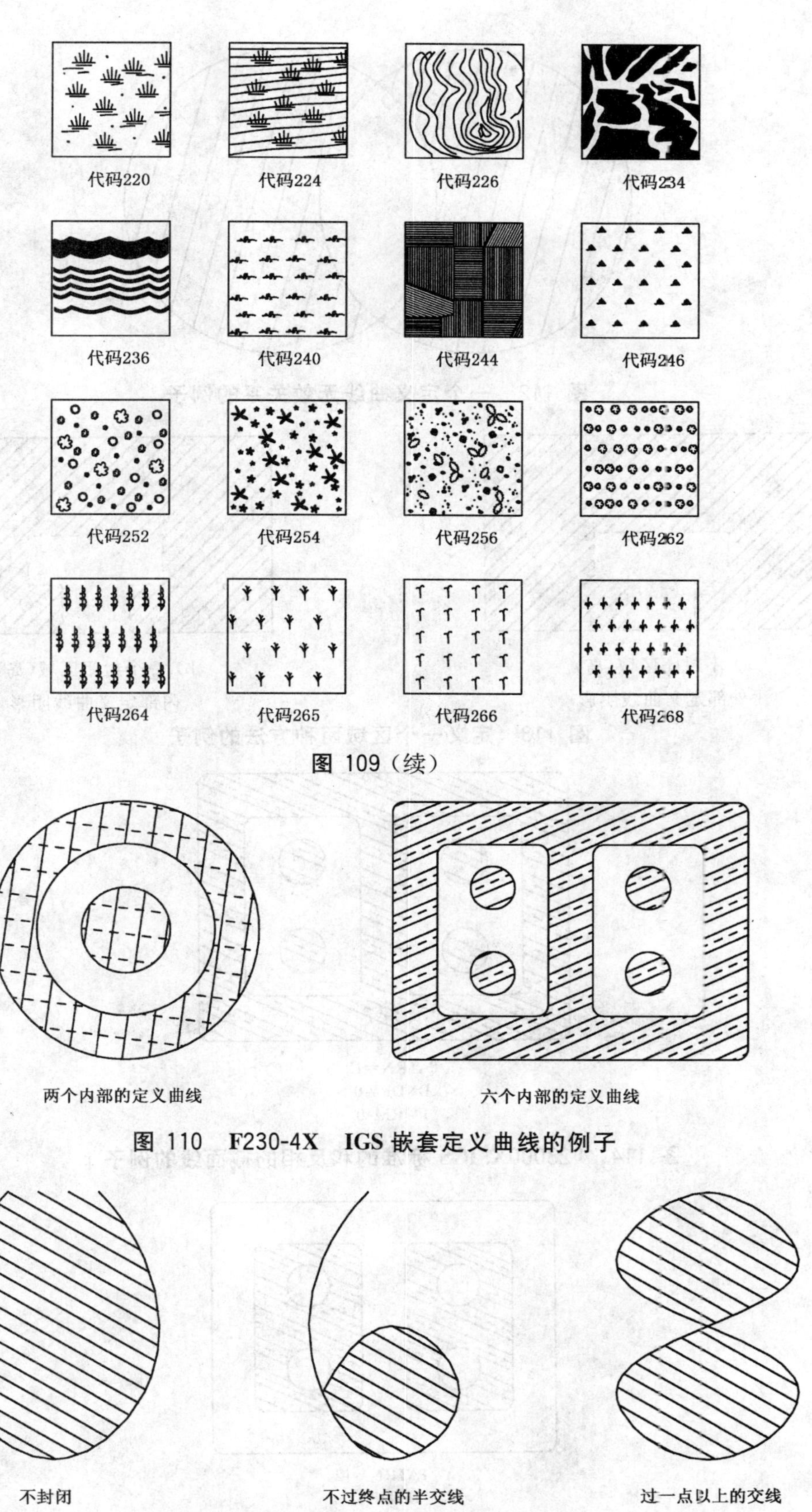

图 109（续）

图 110　F230-4X　IGS 嵌套定义曲线的例子

图 111　无效定义曲线的例子

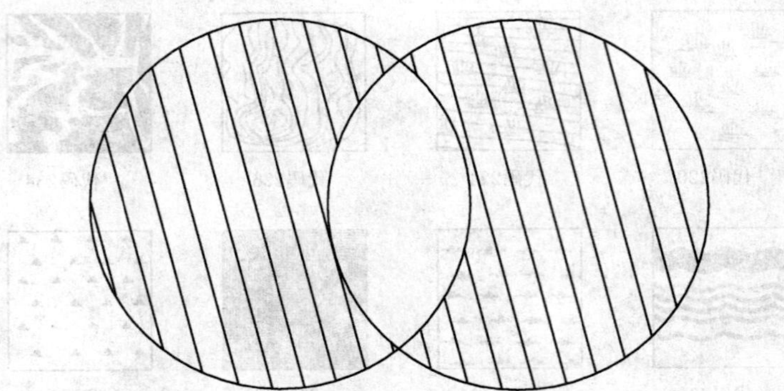

图 112　一个定义曲线无效关系的例子

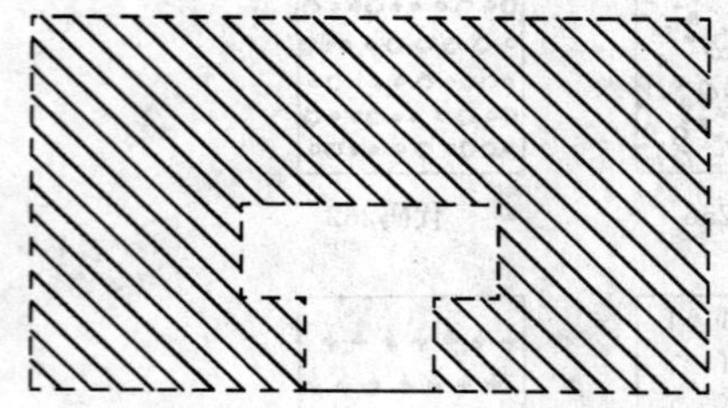

a) 不封闭区域(岛)
外部定义曲线阴影

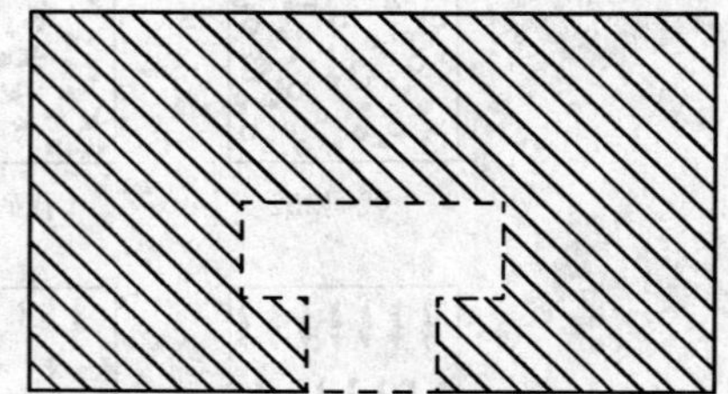

b) 一个封闭区域(岛)
内部定义曲线阴影

图 113　定义一个区域两种方法的例子

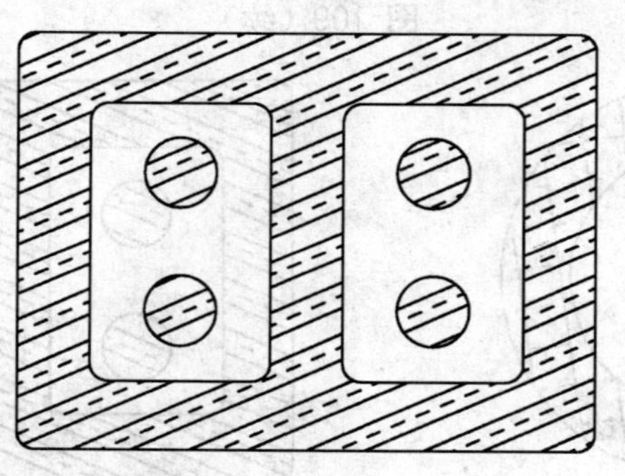

PATRN＝12
BNDP≠0
FORM 0

图 114　F23000X.IGS 标准的和反相的截面线的例子 ‡

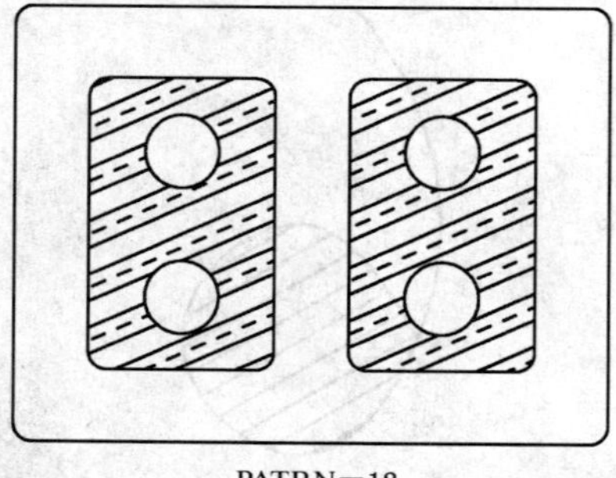

PATRN＝12
BNDP≠0
FORM 1

图 114　F23001X.IGS 标准的和反相的截面线的例子 ‡(续)

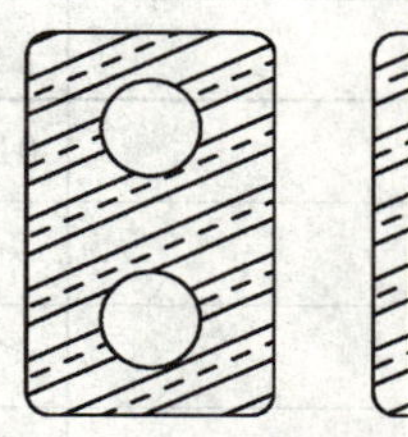
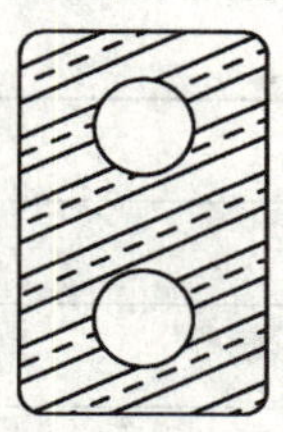

PATRN=12
BNDP=0
FORM 1

图 114　F230018X 标准的和反相的截面线的例子‡(续)

7.69　多媒体实体(类型 232)

‡ Multimedia Entity(多媒体实体)尚未经过测试。参见 4.8。

多媒体实体规定了路径/文件名.类型,以及文件或图标显示的矩形区域。图标行为意味着当实际图像尺寸大于显示矩形区域时,如果单击图标,实现将设计成显示图像的实际大小。

这个实体主要是为了(但不限于)使光栅图像作为注释能够显示在 CAD 产品模型的图样上。典型的例子是公司图标或设计标记。包括这个实体的 IGES 文件希望通过使用 IGES 浏览器能够读取非 IGES 文件类型;CAD 建模系统可能忽略这个实体。

参数 DF 既可以是统一资源定位符又可以是本地文件名。文件的数据类型可通过参数 DF 中的文件扩展名来确认,也可以是任何多用途的网际邮件扩充协议(MIME)数据类型。要显示被引用多媒体文件,除了能处理 IGES 文件,还要求具有处理多媒体文件数据类型的能力。

URL 的一个例子是"http://server. location. net/directory/file. gif",文件采用图形互换格式(. gif)。文件名的例子是"8HFILE. GIF"。

后置处理器或浏览器将调整图像的比例,以便使图像按参数数据段定义的显示矩形完整地显示图像。X 轴和 Y 轴方向的比例是一样的,这样可以保证显示的图像不失真;如果显示矩形在外表上与图像不一致,在显示矩形内将出现两个空白区(可能边上或在顶部和底部),这两个空白区将采用系统背景颜色进行填充。当 DE 状态字节 1-2 等于 00,图形将被显示;当 DE 状态字节 1-2 等于 01,图形将不被显示;当图像不显示时,显示矩形区域将采用系统背景颜色进行填充。

多媒体实体将是平面的并符合注释实体的需求:实体存在于模型空间;但不管怎样显示矩形和被显示的引用文件都应平行于视图平面。当从图样实体(类型 404)中引用时,多媒体实体存在于图纸空间。

a) 目录条目

编号和名字	值
(1)　实体类型号	232
(3)　结构	<n. a.>
(4)　线型模式	<n. a.>
(5)　层	#,⇒
(6)　视图	#,⇒
(7)　变换矩阵	#,⇒
(8)　标号显示连接	<n. a.>
(9a)　空白状态	??
(9b)　次级 实体 开关	??

编号和名字	值
(9c) 实体用途标记	01
(9d) 层次结构	* *
(12) 线宽	<n. a.>
(13) 颜色号	<n. a.>
(15) 格式号	0

注：如果该特性是个从属特性或子特性，则应当忽略表中的层(参见 7.98 和 4.5.1)。

b) 参数数据

索引	名称	类型	说明
1	DF	字符串	显示文件路径/文件名和扩展类型
2	XS	实数	显示矩形的起始点
3	YS	实数	
4	ZS	实数	从 XT、YT 平面开始的 Z 深度位置
5	WT1	实数	显示矩形的宽度
6	HT1	实数	显示矩形的高度

按需要附加的指针(见 5.2.4.5.2)。

7.70 相关性定义实体(类型 302)

Associativity Definition Entity(相关性定义实体)允许预处理器去定义一个相关性模式，即通过使用相关性定义，预处理器定义关系的类型。注意，这一机制只规定这种关系的语法而不规定它的语义，这一点是重要的。

该定义模式提供称为类的多个数据组的规范。一个类被视为一个单独的表，若干个类的存在意味着各类之间及每个类的内容之间存在一种联结。

对于每一类，该模式都有规定是否需要反向指针的条款。需要反向指针即意味着作为该相关性的一个成员的实体(当其被引用时)在它的反向指针参数段中有一个指向该相关性实例目录条目的指针。

在该模式中规定一个类是否要排序的条款指明该类中各条目出现的顺序是否有意义。

在该模式中，“条目”是类的成员，而每一个条目可能由若干项组成。在需要多个项时，则对它们要排序。例如，当各条目都是位置时，则每个条目可能有三个规定 X、Y 和 Z 值的项。

相关性定义规定相关的类的个数及在一个特定的类中每一个条目的项的个数。每一个相关实例的每一类都有可变个数的条目。为了解码定义的实例，每一项都规定为一个指针(指向一个实体的目录条目)或一个数值。

在文件中允许两种相关性实例实体(类型 402)。预定义的相关性的格式号范围为 1～5000，并且在 7.81.1 中定义。在文件中不出现预定义相关性的定义。在文件中通过使用相关性定义实体的预处理器定义第二种相关性。这些相关性实例的格式号范围为 5001～9999。对于所定义的每个格式，这些定义在文件中都出现一次。

该定义包括相关性格式、类定义的个数、每一个条目中项的个数和类型、以及是否需要反向指针(从该实体到相关性的指针)。每一个值组(反向指针 BP、顺序 OR、项的个数 N 及项目类型 IT)看作一个类型。见图 115 一个相关性的完整的例子。

a) 目录条目

编号和名字	值
(1) 实体类型号	302
(3) 结构	＜n. a.＞
(4) 线型模式	＜n. a.＞
(5) 层	＜n. a.＞
(6) 视图	＜n. a.＞
(7) 变换矩阵	＜n. a.＞
(8) 标号显示连接	＜n. a.＞
(9a) 空白状态	* *
(9b) 次级 实体 开关	00
(9c) 实体用途标记	02
(9d) 层次结构	* *
(12) 线宽	＜n. a.＞
(13) 颜色号	＜n. a.＞
(15) 格式号	5001～9999

b) 参数数据

索 引	名 称	类 型	说 明
1	K	整数	类定义的个数
2	BP(1)	整数	1＝需要反向指针 2＝不需要反向指针
3	OR(1)	整数	1＝有序类 2＝无序类
4	N(1)	整数	每一个条目的项的个数
5	IT(1.1)	整数	1＝指向一个目录条目的指针 2＝值 3＝参数是一个值或一个指针 当参数＞＝0 时为值 当参数＜0 时为指针
⋮	⋮	⋮	
4＋N(1)	IT(1,N1)	整数	

按需要附加的指针(见 5.2.4.5.2)。

对于 K 个类的每一个都重复参数 2 到 $4+N(1)$ 中的项。

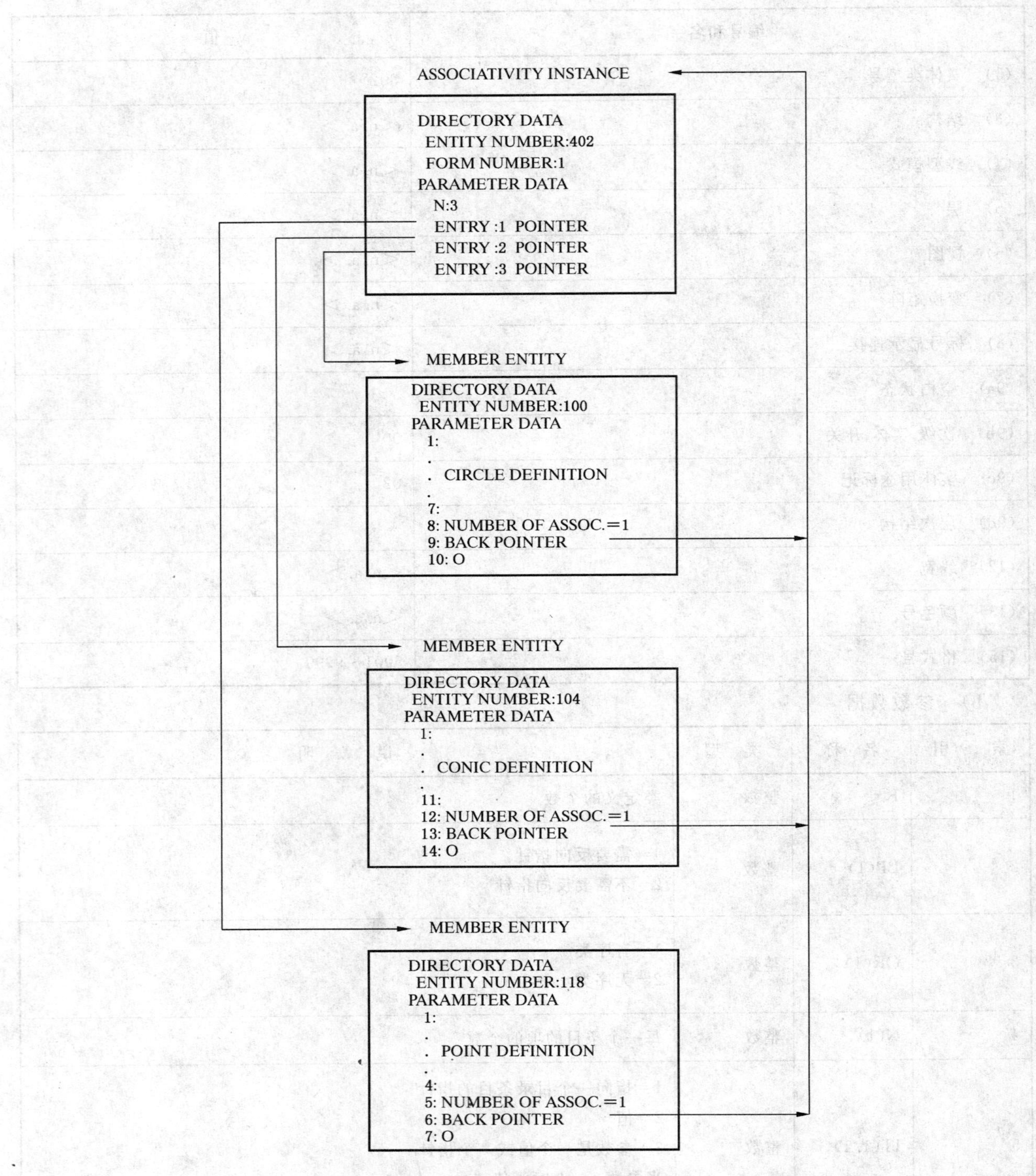

图 115 相关实体之间的关系

7.71 线型定义实体(类型 304)

可以定义三种类型的线型。第一种类型是把一个线型看作在一直线或曲线上重复放置可见—不可见(或续—断)段的基本模式的,然后这条直线或曲线按照基本模式去显示。第二种类型是把一个线型看作沿着一条平面内的贴放曲线,在有规律间隔位置重复显示样板图形。贴放曲线本身没有可视的意义。第三种类型是从样板列表中指定的,每个样板都有具体的含义,其精确的视觉当量相对与样式含义是次要的。

任何直线或曲线几何实体类型都可以通过在它的目录条目域4—线型模式域中插入一个指针来引用一个Line Font Definition Entity(线型定义实体)。然后通过在线型定义实体中的格式号指明所规定的线型的类型。

预处理器应选择线型模式之一(见5.2.4.4.4)并把该值放入线型定义实体的目录条目域4中。这个值应当在功能上几乎是等同的或者是在视觉上最大限度的相似。不能支持该线型定义实体的后置处理器将使用这个值。标准线型模式的例子示于图118中。

线型定义实体的格式号如下：

格　式	意　义
1	由重复的样板子图规定的线型
2	由重复的可见—不可见模式规定的线型
3‡	预定义列表中规定的线型

格式1:规定的线型类型应当是沿定位的贴放曲线重复显示样板图形的类型。样板图形通过子图定义实体(类型308)规定。在这种情况下,四个参数值规定该实体如下：

- 第一个参数规定样板显示的方向,它可以保持不变,也可以在每个样板图形显示位置上随贴放曲线的方向而变化。
- 第二个参数是一个指向含有该样板显示的子图定义实体的指针。
- 第三个参数规定在贴放曲线上的显示位置,该显示位置是计算显示两个连续样板图形的对应点间的弧长给出的。
- 第四个参数给出在每一个显示位置处应用样板子图的比例因子。

图116说明了应用格式1的一种线型的两个例子。在两种情况下贴放曲线都是直线。

格式2:规定的线型类型是在定位直线或曲线上重复放置的基本可见—不可见段模式。在基本模式中可使用任意数目的段(M)。在基本模式为水平安放时,第一段是最左面的段,而第M段为最右面的段。该模式的每一段的长度(按放置模式的曲线的长度单位计)可逐个规定。这使得可见—不可见的模式系列可以在可见与不可见间交替时不限制段的长度,且在使用不等长度时也不禁止相邻的两个段都是可见的或都是不可见的。对某些模式的另一种选择应是保持长度不变的交叉段,以及按需要连接可见段和不可见段来实现可见段和不可见段长度的变化。

例如:一个左边三分之二是可见的,右边三分之一是不可见的基本模式,其可以用第一段的长度为第二段长度两倍的可见—不可见序列来描绘,也可以通过三段长度皆相等的可见—可见—不可见的序列来描绘。

可见—不可见序列通过把它与一个十六进制字符串的二进制表示的最右边的M位发生联系来规定的,第M段与最右边的一个十六进制数的二进制表示的个位相关系。0表示不可见段或断段;1表示可见段或通段。

对于这种线型类型,第一个参数是在基本模式中给出段个数的正整数M。然后参数值2到$M+1$分别给出M个段的长度。最后,参数值$M+1$是其意义上面已作描述的最低限的十六进制字符串。

图117示出了格式2,具有5个不等长段的例子。说明了基本线型模式的两次重复。

格式3:从预定义列表中指定线形样板代码(LFPC)。列表内容见表32;线形样板的图示可参见图119。

它不是要保留精确视图的等效效果。接收系统将使用相似的但不必是基于样板代码的同一样板;后置处理器将使用由DE域4实体指向的实体指定的样板。

a) 目录条目

编号和名字	值
(1) 实体类型号	304
(3) 结构	＜n. a.＞
(4) 线型模式	1－5
(5) 层	＜n. a.＞
(6) 视图	＜n. a.＞
(7) 变换矩阵	0,⇒
(8) 标号显示连接	＜n. a.＞
(9a) 空白状态	* *
(9b) 次级 实体 开关	00
(9c) 实体用途标记	02
(9d) 层次结构	* *
(12) 线宽	＜n. a.＞
(13) 颜色号	＜n. a.＞
(15) 格式号	1－3

b) 重复样板子图所给出的线型(格式 1)参数数据

索引	名称	类型	说明
1	M	整数	显示标志： 0＝每个样板的显示通过把子图定义坐标系的轴与贴放曲线定义空间的轴对齐来定向。 1＝每个样板的显示通过把子图定义坐标系的 X 轴与贴放曲线和子图的原点接合点处曲线的切矢量对齐。子图定义坐标系的 Z 轴与贴放曲线定义空间的 Z 轴对齐来定向
2	L1	指针	指向样板显示的子图定义实体 DE 的指针
3	L2	实数	两个相继样板图形显示的对应点间的弧长距离
4	L3	实数	应用于子图的比例因子

按需要附加的指针(见 5.2.4.5.2)。

c) 重复可见—不可见段模式所给出的线型(格式 2)参数数据

索引	名称	类型	说明
1	M	整数	在可见—不可见段的基本模式中段的个数
2	L(1)	实数	基本模式的第一段的长度
⋮	⋮	⋮	
1＋M	L(M)	实数	基本模式的最后一段的长度
2＋M	B	字符串	指明基本模式中的哪些段是可见的，哪些段是不可见的(((M－1)/4)＋1)个十六进制数字，其中的表达式表示最大的整数结果(例如“5”指示段 1 和 3 是可见的)。二进制位是右对齐的

按需要附加的指针(见 5.2.4.5.2)。

d) 预定义表模式所给出的线型(格式 3)参数数据

索　引	名　称	类　型	说　　明
1	LFPC	整数	线型码(见表 32)

按需要附加的指针(见 5.2.4.5.2)。

$M=0$；

L_1＝指向子图定义的指针；

L_2＝分割长度；

L_3＝0.5(比例)。

图 116　用格式 1(样板子图)的线型定义

$M=5$

$L_1=L_3=L_4=L_5=2.0$

$L_2=1.0$

BIT PATTERN＝10110

HEXADECIMAL STRING＝2H16

RESULTING LINE FONT:

(2 CYCLES)

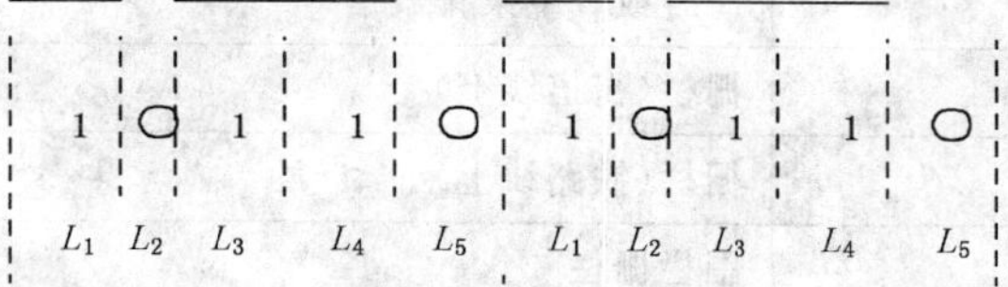

图 117　用格式 2(可见—不可见段模式)的线型定义

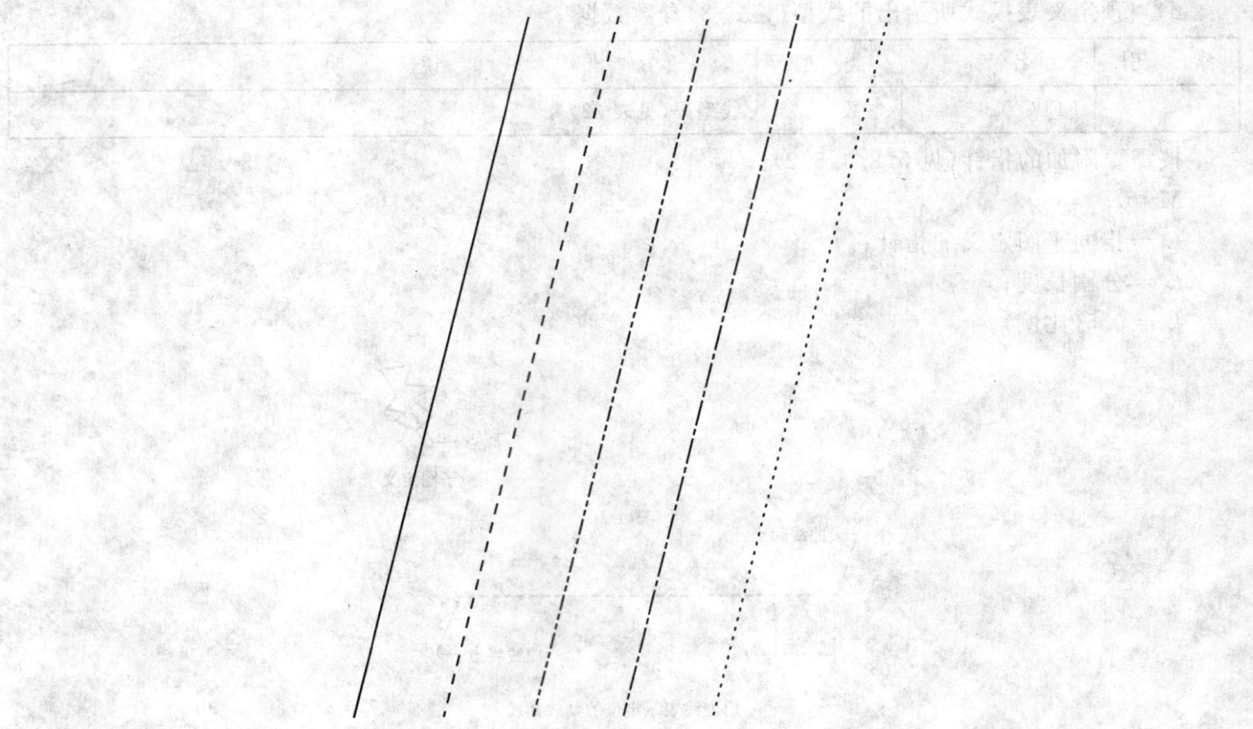

图 118 F30402X.IGS 标准线型模式的例子

表 32 线型模板代码

LFPC	含　义
12	压缩空气管道
14	排泄管和空气
16	机械管道和空气
18	机械排泄管和空气
22	煤气管线
42	高压蒸汽
44	高压回流
46	中压蒸汽
48	中压回流
52	给水泵排放
54	冷凝或真空泵排放
152	栅栏(街道线上)
154	栅栏(铁路线上)
156	围栏栅栏
162	金属栅栏
164	有刺铁丝栅栏
166	尖桩栅栏

表 32（续）

LFPC	含　义
172	篱栅
174	石围栏
176	防雪栅栏
178	曲折栅栏
192	城市
194	城市界限
198	消防界限
200	炼焦炉
203	土壤、废物或排水管(地下)
206	出口
223	冷水
227	热水
230	热水回流
232	补充水
237	酸性废物
239	酸性出口
240	迂回排水沟
253	消防线
270	真空清洗
330	气动多导管或单导管运行
355	低压蒸汽回流
360	锅炉排放
380	空气放喷管线
385	燃油回流
390	燃油罐出口
395	热水加热设备
400	热水加热回流
405	液体制冷剂
410	制冷剂排放
415	增湿管线
420	排水沟
425	盐水供给设备
430	盐水回流
445	多头洒水装置
485	栅栏埋痕

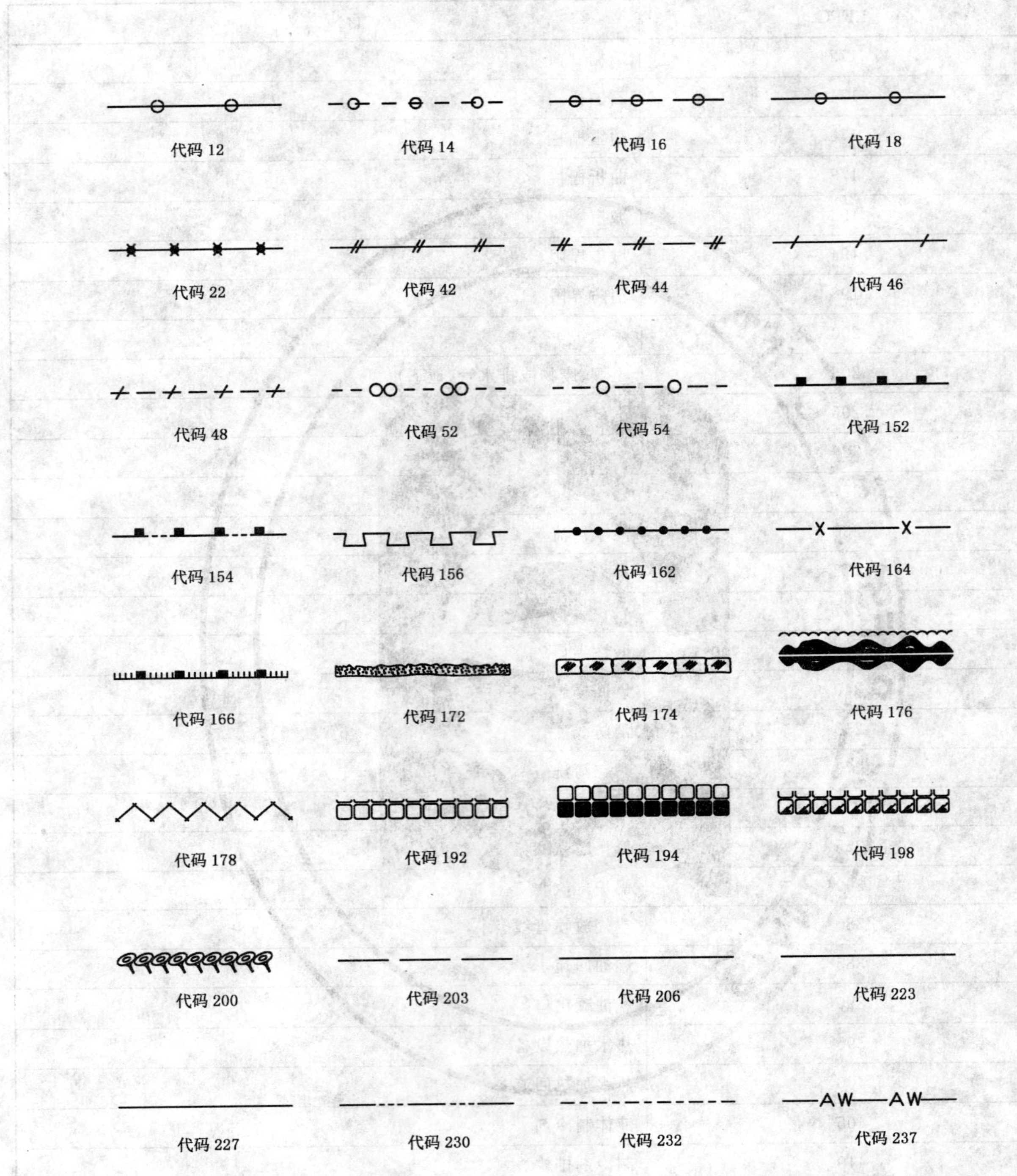

图 119 不同 LFPC 值的标准线型模式的例子

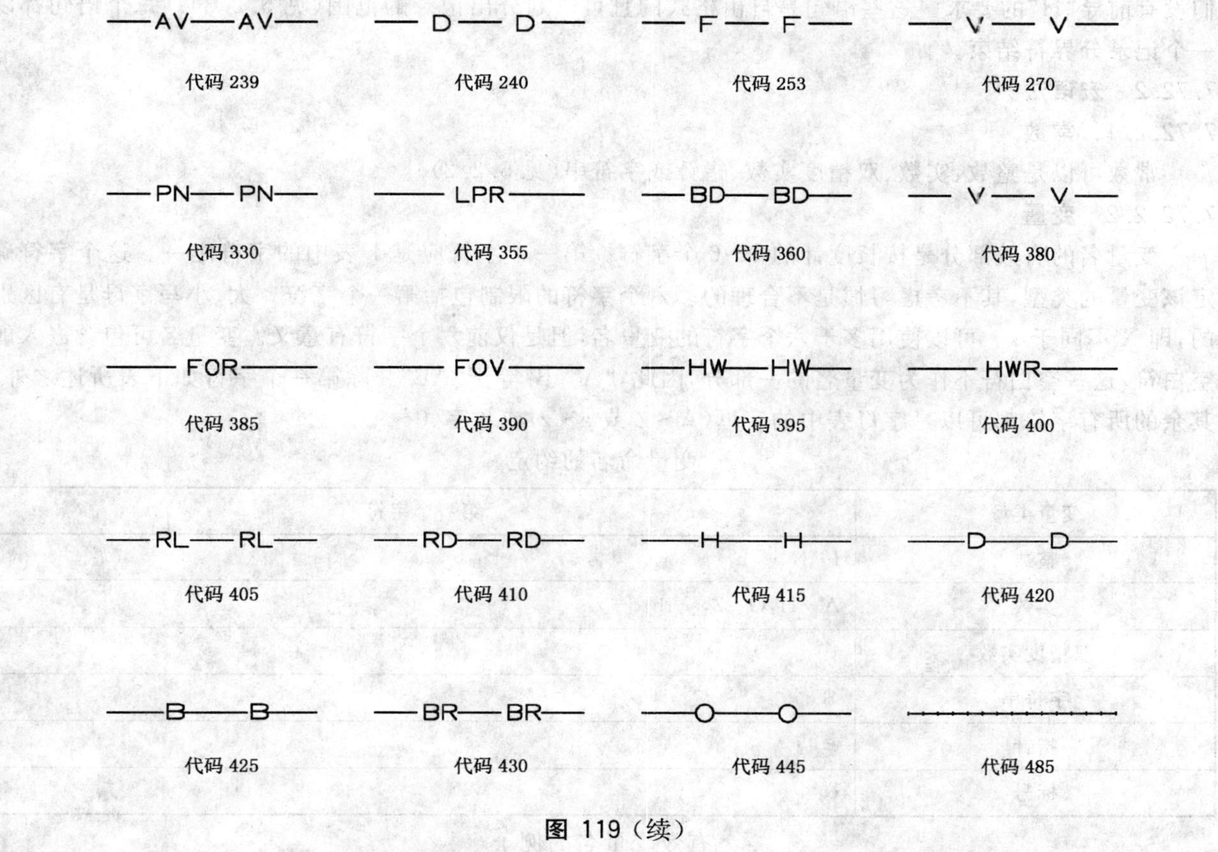

图 119（续）

7.72 宏(MACRO)定义实体(类型 306)‡

‡ Macro Definition Entity(宏定义实体)未经测试。见 4.8。

7.72.1 概述

本标准为交换产品的三维几何模型和二维图样提供了一种方法，但并不是为所有当前的 CAD/CAM 系统中的每一个可用几何或绘图实体提供一种格式，因此本标准只是这些实体的公用子集。为了实现这些实体的更大子集的交换——即本标准没有定义但能通过基本实体定义的实体子集，本标准提供了宏(MACRO)的能力。利用作为本标准一部分的一个形式化机制，这个能力能够使用本标准去扩展公用实体子集的范围。

宏(MACRO)可借助于另一些实体定义“新”实体。在宏定义中提供这种“新”实体的模式，在文件中每个“新”实体仅能出现一次。在宏处理过程中，这些“新”实体的实例被相应的宏定义中指定的那些构成实体所代替。

宏定义使用宏定义实体(类型 306)来书写。该实体的参数数据段包含着宏体。在 MACRO 体中，可以使用 11 种语句，即 LET(赋值)、SET(设置)、REPEAT(循环)、CONTINUE(继续)、BREAK(终止)、IF(如果或条件)、LABEL(标号)、GOTO(转向)、MACRO(宏)、ENDM(结束)、MREF(宏引用)。在 7.72.2 中给出 MACRO 语法的细节。在 MACRO 定义实体中每个语句都用记录分界符结束。

为了使用由宏所定义的“新”实体，在这个文件中放入一个宏实例。实例的目录条目部分规定了目录条目记录域 1 和域 11 中新实体的类型号，并在结构域(DE 域 3)中通过一个指针引用其定义。实例的参数放在该实例的参数数据记录中。

宏定义的目录条目记录具有标准格式。

属性 4 到 9、12、13、15、18 和 19 没有意义。这些属性的缺省值取自于宏实例的目录条目记录(在 7.73 中描述)。

宏定义的参数数据记录由 MACRO 语句组成。这些语句不以 Hollerith 字符串的形式出现，即它们没有前导“H”的要求。这些语句是自由格式的且可以划分出记录的范围(见 5.2.3)。每个语句都以一个记录分界符结束。

7.72.2 宏语法

7.72.2.1 常数

常数可以是整数、实数、双精度实数、指针或字符串(见 5.2.2)。

7.72.2.2 变量

变量名的有效部分是按长度计的 1～6 个字符。第一个字符应是下表中的字符之一。这个字符确定该变量的类型,其不考虑习惯是不合理的。六个字符的限制包括第一个字符。大、小写字母是有区别的,即 X 不同于 x。可以使用多于六个字符的变量名,但是仅前六个字符有意义。变量名可包含嵌入的空白符,这些空白符不作为变量名的一部分,因此,“A　B”等于“AB”。除第一个字符如下表所述之外,其余的所有字符都可以是字母表中的字母(A～Z 或 a～z)或数字(0～9)。

变量命名的约定

变量类型	第一个字符
整数	I—N,i—n
实数	A—H,O—Z,a—h,o—z
双精度实数	!
字符串	$
指针	#
标号	&

有效变量名的例子

变量类型	有　效　名
整数	IJK　ICOUNT　K101　NTIMES　max
实数	XYZ　x1　y2　QrsTu1
双精度实数	! h　　x1　! yz　! 12341
字符串	$ str　$ TITLE　$ label
指针	# line　# note　# REF　# XYZ1

无效变量名的几个例子:

$ $ $ $　在第一个字符后不准出现 $

1X43B　1 不可以为第一个字符

A. BC　　. 在变量名中. 是无效的

注意:没有“reserved(保留)”字。因此,诸如 MACRO 等语句关键字的变量名(在下面描述)虽然不会使解释器产生混淆,但 MACRO 可能使用户产生混淆。故建议避免这些字。

7.72.2.3 函数

这里提供类似于 FORTRAN 函数库的函数。已放宽了混合方式的使用规则,因此没有必要使用 SQRT(2.)去代替 SQRT(2)。在其帮助预处理器书写人员准备 MACRO 时,把混合方式处理的责任放在 MACRO 语言处理器编写人的身上。在变量为混合方式时,这些函数必须要有它们返回值的规定类型。即整数、实数、双精度实数或字符串型。下面根据返回值的类型列出了各类函数。通常使用的变量类型也要说明清楚。例如:不管是 IDINT(! d)还是 INT(! d)都可同样计算,尽管用 IDINT(! d)的意义可能更清楚一些。函数只识别大写字母的情况。

a) 返回整数值的函数如下:

函　数	返　回　值
IABS(i)	i 的绝对值
IDINT(! d)	! d 的整数部分
IFIX(x)	x 的整数部分
INT(x)	x 的整数部分
ISIGN(i)	当 i 为正值时等于 1 当 i 为 0 时等于 0 当 i 为负值时等于－1

b) 返回实数值的函数如下：

函　数	返　回　值
ABS(x)	X 的绝对值
AINT (x)	按实数形式的 X 的整数部分
ALOG (x)	X 的自然对数
ALOG10(x)	X 的常用对数(底为 10)
ATAN (x)	X 的反正切,角度按弧度返回
COX(x)	角 X 的余弦,角度按弧度计
EXP (x)	X 的自然反对数(即以 e 为底 X 为指数)
FLOAT (I)	I 的实(浮点)值,如 FLOAT(2)返回 2.
SIGN　(x)	当 x 为正值时等于 1,x 为 0 时等于 0,x 为负值时等于-1
SIN　(x)	角 x 的正弦,角度按弧度计
SNGL　(! d)	双精度变量！d 的单精度(实)值。把！d 尽可能多的有效数字用于返回值
SQRT　(x)	x 的平方根
TAN　(x)	角 x 的正切,角按弧度计

c) 返回双精度实数值的函数如下：

函　数	返　回　值
DABS　(! d)	! d 的绝对值
DATAN (! d)	! d 的反正切,按弧度返回值
DBLE　(x)	返回 x 的双精度实数值。注意,这只是惯例,并没有扩充。因此 DBLE(.333333333)将返回 .333333333DO,而不是.33333333333333333333333DO。这样 DBLE(1./3.)就未必等于 1DO/3DO
DCOS　(! d)	角！d 的余弦,角按弧度计
DEXP　(! d)	! d 的自然反对数(即 e 为底,! d 为指数)
DLOG　(! d)	! d 的自然对数
DLOG10 (! d)	! d 的常用对数(以 10 为底)
DSIGN (! d)	! d 为正值时等于 1DO,! d 为 0 时等于 0DO,! d 为负值时等于-1DO
DSIN　(! d)	角！d 的正弦,角按弧度计
DSQRT (! d)	! d 的平方根
DTAN　(! d)	角！d 的正切,角按弧度计

d) 返回字符串值的函数如下：

函　数	返　回　值
STRING(表达式,格式)	变量“expression(表达式)”的字符表示。变量“format(格式)”的描述见 7.72.3

7.72.2.4 表达式

表达式的构成可以用上面的函数、变量和常数以及下面的运算符：

运　算	符　号
加	+
减	−
乘	*
除	/
求幂	* *

运算符按常规的代数运算规则计算，即首先是求幂，然后是一元的求反，再后面是乘或除，最后是加或减。在任何一层中，运算符的求值都是从左到右。括号可以用来改变正常的计算次序，在表达式“A * (B+C)”中，其计算次序就不同于“A * B+C”。多余的括号不改变表达式的值，使用它们只是一种好的想法，尽管它们并不真的需要。表达式的例子包括：

X+1.0

−B+SQRT(B * *2−4 * A * C)

I+1

3.14159/2.

−X

! DEL *(! ALPHA-! BETA)

除 * * 运算符外，表达式中决不允许有两个彼此相邻的运算符，即不允许 2 * −2，而可以是 −2 * 2 或 2 * (−2)。乘法不可以通过括号而暗含其意，例如(A+B)(C+D)是无效的；且 AB 也并不意味着就是 A * B，而理解为一个单独的变量 AB 更恰当。

a) 表达式的计算方式

允许混合的方式(整数与实数的混合等)。每当两种不同的类型要进行计算时，都要按照“较高”的类型进行计算。整数是最低的类型，实数次之，双精度实数类型最高。但是要注意，这个决定仅仅是对每个运算做出的，而不是一次对整个表达式做出的，所以 1/3+1.0 计算为 1.0，因为“1/3”要先进行运算且按整数方式完成运算。整数方式要截掉小数，并且不进行四舍五入，因此，表达式“2/3+2/3+2/3”的值为零。

b) 条件表达式

条件表达式的构成可以用函数、变量和常数以及下面的 6 个标准关系运算符：

函　数	符　号
小于或等于	.LE.
小于	.LT.
等于	.EQ.
大于或等于	.GE.
大于	.GT.
不等于	.NE.

条件表达式的例子包括：

X. GT. 3

SQRT(A+B). NE. I+1

(! A−! B). GE. 3. 14159

7.72.3 **语句**

有十一个语句可供使用。它们是

BREAK	IF	MREF
CONTINUE	LABEL	REPEAT
ENDM	LET	SET
GOTO	MACRO	

这些“关键字”为大写字母时才被认可，且每个语句都以这些关键字之一开始。这些语句是自由格式的；除在字符串中之外，空白及标记要被忽略。语句可以扩展到几行上，也可以在一行上出现多个语句。所有的语句都应通过一个记录分界符结束。

7.72.3.1 **LET 语句(算术)**

这是一个赋值语句，且等效于 BASIC 语言中的 LET 语句。LET 语句的格式是：

LET 变量＝表达式

这个表达式和变量可以是整型的、实型的和双精度型的；它们并不需要是同类型的。注意，这是一个赋值语句而不是一个代数等式。在右边表达式中的全部变量都应预先定义；这些变量没有定义时不能假设其缺省值为零。有效的 LET 语句的一些例子如下：

```
LET  HYPOT=SQRT(A**2+B**2);
  LET  X=X+1;
  LET  ROOT1=-B+SQRT(B*B-4*A*C);
  LET  I = i;
  LET  ! XYZ=I*2;
  LET  START=0。
```

a) LET 语句(字符串)

字符串变量使得字符能够操作。字符串变量几乎可以用于语句中其他变量类型可以使用的任何地方；除下面所注明的地方外。

在 LET 语句中可以使用字符串变量。注意，它们不应与 LET 语句中任何其他类型的变量混合。还要注意，算术运算符(即＋、−、*、/、**)不能用于字符串变量。对于字符串变量的 LET 语句可能有两种格式：

LET $str = 23Hstring of 23 characters;

或

LET $str1 = $str2;

在前一种情况下，跟在 H 之后的 23 个字符赋给字符串变量 $str。在第二种情况下，字符串“$str2”要拷贝到“$str1”中。这些语句的例子包括：

LET $title = 3Hbox;

LET $subti = 6Hbottom;

LET $x = $subti。

注意，当一个变量出现在语句的右边时，它应当预先定义。在字符串常数中的空格不应忽略；它们是该字符串的一部分。任何可打印的 ASCⅡ字符都可以是字符串的一部分。

还有另一种设置字符串的形式，它包含有 STRING 函数。STRING 函数只能以这种形式出现。特别是它不应出现在 SET 语句的变量表、MACRO 语句或 MREF 语句中。但是字符串常数，如

“6Hstring”和变量,如“＄x”可以出现在SET语句和MACRO语句中。

包含字符串函数的LET语句的这种格式是:

LET ＄str = STRING(表达式,格式)

其中,“表达式”是任何通常的整数、实数或双精度实数表达式,“＄str”是一个字符串变量名,而“格式”与FORTRAN语言中FORMAT语句的格式说明用法类似。可允许的格式说明是:

Iw.

Fw.d

Ew.d

Dw.d

该语句的作用是把表达式的数字值转换成字符串,即如下面的语句:

LET ＄PI = STRING(3.14159,F7.5);

与下列语句结果相同:

LET ＄PI = 7H3.14159;

当然,STRING函数的实用性在于能够通过表达式转换字符串,比使用常数更灵活。例如:

LET x = 1;

LET y = 2;

LET ＄xyz = STRING(x+y+1,F5.0)

与下面语句产生同样的结果:

LET ＄xyz = 5H 4.;

格式说明的规则按照标准FORTRAN的习惯。“Iw”用于整数的转换,产生“w”个字符。“Fw.d”用于实数的转换,产生“w”个字符,并且在小数点后有“d”个字符。“Ew.d”也用于实数的转换,只不过使用的是指数形式。“Dw.d”与“E”同样,但其适用于双精度实数值。注意,这是一个数位,不允许使用混合方式。格式说明的类型与表达式结果的类型应当相同。

b) LET语句(属性)

属性(MACRO实例的目录条目记录中所出现的)可以使用LET语句设置。格式为:

LET/属性名=表达式

或

LET/属性名=/HDR。

第一种格式允许对任意常数值设置一个属性,包括数值表达式。对于字符串常数或字符串变量也可以设置属性,但对STRING函数的结果不可以设置属性。例子包括:

LET/LEV=1;

LET/VIEW=3;

LET/LABEL=6HBottom;

LET/LABEL=＄x。

第二种格式允许把一个属性恢复为它的缺省值。

例子包括:

LET/LEV=/HDR;

LET/LABEL=/HDR。

字“/HDR”仅允许出现在属性赋值语句右边的一个非常量。其作用是把这个属性的值恢复为该实例目录条目中的值,或者是在某些情况下把这个属性的值恢复为一个特定的缺省值。下面描述了这些缺省值。

除了上述LET语句的两种格式,这些属性既不可以与任何其他变量类型混合,也不可以出现在其他任何地方。

这里给出了可容许的属性名及其缺省值。/HDR 的缺省值指明实例的目录条目中属性的缺省值。

属　　性	名	缺　省
线型模式(Line font pattern)	/LFP	/HDR
层(Level)	/LEV	/HDR
视图(View)	/VIEW	/HDR
变换矩阵(Transformation matrix)	/MTX	/HDR
标号显示(Label display Associativity)	/CE	0
可见性状态(Blank status)	/BS	/HDR
从属实体(Subordinate entity)	/SE	/HDR
实体用途(Entity use)	/ET	/HDR
层结构(Hierarchy)	/HF	/HDR
线宽(Ling weight)	/LW	/HDR
颜色号(Color Number)	/PN	/HDR
格式号(Form Number)	/FORM	0
实体标号(Entity label)	/LABEL	空
实体下标(Entity subscript)	/SUB	0

7.72.3.2　**SET 语句**

SET 语句为一个特定实体建立目录条目和参数数据条目。其格式为：

SET＃ptr＝　实体类型号，变量表

“＃ ptr”是一个指针变量，诸如“＃XYZ”；“实体类型号”是一个实体的类型号，诸如“110”；而“变量表”是一组变量，它是该实体的参数数据。SET 语句的例子包括：

```
SET  ＃LINE＝110,X1,Y1,Z,X2,Y2,Z,0,0;
SET  ＃ABC＝828,Z,A＋B/C,Y1,X2,Y2＋1,0,0;
SET  ＃qwe＝864,15Hstrings allowed,X,Y,$this2。
```

变量表可以包含表达式，并可以延伸超过一行。变量表不可以是空的，即至少应有一个变量存在。实体类型号不可以是表达式，即它应当是一个整常数。指针变量应赋给一个值，这个值应与所建立实体目录条目(DE)序号对应。

在 SET 语句的变量表中，指针的“提前引用”是有效的。在定义指针的 SET 语句之前，该指针可以出现在某个 SET 语句的变量表中。唯一的约束是任何这样引用的指针只能在一个 SET 语句的左边出现。

出现在多个 SET 语句左边的指针或者位于 REPEAT 循环内的指针不应提前引用变量表可以包含表达式，并可以延伸超过一行。变量表不可以是空的，即至少应有一个变量存在。实体类型号不可以是表达式，即它应当是一个整常数。指针变量应赋给一个值，这个值应与所建立实体目录条目(DE)序号对应。

在 SET 语句的变量表中，指针的“提前引用”是有效的。在定义指针的 SET 语句之前，该指针可以出现在某个 SET 语句的变量表中。唯一的约束是任何这样引用的指针只能在一个 SET 语句的左边出现。

出现在多个 SET 语句左边的指针或者位于 REPEAT 循环内的指针不应提前引用。

注意，在 SET 语句中不容许有 STRING 函数——可使用一个带有字符串变量的、单独的 LET 语句代替。

7.72.3.3 REPEAT 语句

REPEAT 语句使得一组语句按照某个特定的次数循环，并由 CONTINUE 语句结束。REPEAT 语句的格式为：

REPEAT 表达式

要计算出该表达式的值，并且所得的值就是要循环的语句的循环次数。这个表达式可以是整型的、实型的或双精度实型的；在实型或双精度实型的情况下，结果要截去小数位以确定循环的计数。当循环计数为零或负值时，这组语句仍可执行一次。REPEAT 语句的例子是：

REPEAT 3；

REPEAT N＋1；

REPEAT 0；

REPEAT X＋Y。

REPEAT 语句嵌套深度仅可以为十次。

在一个 REPEAT 语句之后，如 REPEAT N，改变 N 的值是有效的。这并不影响循环计数。要注意，REPEAT 语句不同于 FORTRAN 语言中的 DO 语句，因为并没有每循环一次要增加的变量。

7.72.3.4 CONTINUE 语句

CONTINUE 语句标志一个 REPEAT 组的结束。CONTINUE 语句的格式为：

CONTINUE；

当遇到一个 CONTINUE 语句时，循环计数减 1，并检查它是否大于零。如果是大于零，则解释器要返回到最近一个 REPEAT 语句之后的第一个语句。如果不大于零，则处理接下去的语句。在一个 MACRO 中，REPEAT 语句与 CONTINUE 语句的个数应当相同。ENDM 不隐含 CONTINUE 语句的意义。

7.72.3.5 BREAK 语句

BREAK 语句用于 REPEAT 结构中，在规定的循环次数完成之前结束 REPEAT 结构中语句的处理，如在处理期间根据某个条件的检查等。BREAK 语句的格式为：

BREAK

或

IF 条件表达式，BREAK；

在遇到一个 BREAK 语句时，MACRO 语句的处理将立即转为开始执行此 REPEAT 结构中 CONTINUE 语句紧接着的语句。

7.72.3.6 IF 语句

当某一条件为真时，IF 语句将用于单个语句的执行。IF 语句的格式为：

IF 条件表达式，语句

其中“条件表达式”是 4.72.2 中所描述的一个条件表达式，“语句”是除下列语句外的任何 MACRO 语句：

MACRO；

ENDM；

IF；

LABEL。

IF 语句的例子：

IF A.LT.3，LET A＝3；

IF B.EQ.0，SET ＃LIN1＝110，…；

IF SWITCH.EQ.1，GOTO &A。

7.72.3.7 **LABEL 语句**

LABEL 语句用于标明 MACRO 中的某个位置，通过使用 GOTO 语句来实现执行控制的转移。LABEL 语句的格式为：

LABEL 标号名

这里“标号名”是以字符“&”开始的任意字符串。它的长度为 1～6 个字符(包括 &)。在单独的 MACRO 定义中，所有的标号名都应当是唯一的。例如：

LABEL &loop；

LABEL &end。

7.72.3.8 **GOTO 语句**

该语句用于转移执行控制到由 LABEL 语句标记的一个特定位置。GOTO 语句的格式为：

GOTO 标号名

其中“标号名”是 LABEL 语句中规定的任何标号名。

GOTO 语句的跳转既可以向前也可以向后，但是 GOTO 语句与目标 LABEL 应在同一个嵌套层，并且在同一个 REPEAT 结构之内。

例如：

GOTO & start；

GOTO & end。

7.72.3.9 **MACRO 语句**

MACRO 语句用于标明一个 MACRO 定义的开始。每个 MACRO 定义的第一个语句即是 MACRO 语句。MACRO 语句的格式为：

306，MACRO，实体类型号，变量表

其中，“实体类型号”是该 MACRO 赋给的实体号，而“变量表”是一个参数表，在执行时要为它们赋值。所使用的实体类型号的范围为 600～699 之间或 10000～99999 之间。

变量表也可以为空。变量表中的参数采用 7.72.2 中所描述的变量的格式。注意，变量表不可以包含表达式，仅允许符号变量名。

在变量表中可以使用一种附加的变量类型，即“类变量(Class variable)”。类变量的格式为：

size_variable(类变量 1，类变量 2，…类变量 n)

其中规模变量(size_variable)位于变量表中类变量之前，并且各成员类变量 i 在 MACRO 体中要借助于下标来引用：

类变量 i(J)

在 MACRO 语句中，规模变量用于标志要定义的类变量的集合。在 MACRO 体中，规模变量表示所包含类变量成员集合的个数(即类变量集合的重复次数)。

一个简单的类变量的例子是：

N(ITEM1 ITEM2，ITEM3，ITEM4)

其规定了带有 4 个成员的一个类变量集合。对于这个 MACRO 的实例，例子的类变量 N=3 时，有三组该集合的类变量数据可用于该 MACRO 体语句。用于这个相关的 MACRO 实例的参数表是：

ITEM1(1)，ITEM2(1)，ITEM3(1)，ITEM4(1)，…，ITEM3(3)，ITEM4(3)

类变量每个成员的每个值都可以单独引用：

ITEM1(1)，ITEM1(2)，ITEM1(3)，ITEM1(4)，等等通过使用索引变量(即 J)按任何次序或按隐含的次序实现的：

ITEM3(J)　且 J 从 1 到 3 变化

利用类变量表示 MACRO，这个宏带有等同于视图可见相关性格式 4 的参数表，可表达为：

306，MACRO，681，N1，N2，N1(#DEV，，LF，#DEF，ICN，LW)，N2(#DE)，N，N(#DEA)，M，，

M(＃DEP)；

其中：

N1(＃DEV,LF,＃DEF,ICN,LW)指出视图可见、线型、颜色号及线宽信息块。

N2(＃DE)含有在视图中所包括实体的指针。

N(＃DEA)含有反向指针/正文指针。

M(＃DEP)含有指向特性的指针。

注意，在 MACRO 实例中，零是规模变量(size_variable)的一个有效值。

7.72.3.10 ENDM 语句

ENDM 表明一个 MACRO 的结束。ENDM 语句的格式为：

ENDM

所有的 MACRO 都应有一个 ENDM 语句作为最后一个语句。ENDM 并不含有参数数据段结束的意思。

7.72.3.11 MREF 语句

MREF 语句用于从一个 MACRO 定义内引用另一个 MACRO。MREF 语句的格式为：

MREF,ptr,实体类型号,变量表

其中“ptr”既可以是一个指针变量，也可以是一个整型表达式。该值是被引用 MACRO 定义的目录条目记录的序号。“实体类型号”是被引用 MACRO 的赋值实体号。“变量表”与 SET 语句的变量表完全相同。变量表的作用是利用 MREF 语句中所包含的表达式值替代 MACRO 定义中所找到的符号名，以便被引用的 MACRO 的执行可以从一个适当的值开始。注意，MREF 并不会引起被引用 MACRO 的扩充，而是建立一个以后可以扩充的实体条目。因此，被引用的 MACRO 不可能存取变量表以外的值。(所有不在变量表中的变量都作为局部变量处理。)即使那样，MREF 语句的存在也不可能改变任何值。

MREF 语句的例子：

MREF,＃mac1,600,X1,Y1,Z1,X2,Y2,Z2,3.1；

MREF,33,621,A,B,3＋X/W＋1,6＊W,3.0,6Hstrinj,＄X；

对于 MREF 语句中的值，在一定限制条件下，绝对没有必要与定义 MACRO 中值的类型一致。整型、实型及双精度实型值都可以自由地混合，尽管保持值的类型一致可能是一个很好的想法。字符串的值只能出现在字符串变量定义中应该出现的地方。

7.72.4 MACRO 定义实体

MACRO 定义实体确定了特定的 MACRO 的作用。当 MARCO 在一个定义实体中明确说明之后，这个 MACRO 在必要时就可通过该 MCARO 实例实体频繁地使用。

在参数数据中，仅由语句组成的 MACRO 定义实体不同于本标准中的其他实体结构。MACRO 定义中构成语句的字符串，不是通过字符串常数的 nH 结构确定的，而只是由实际的字符串组成且利用记录分界符结束的(见 5.2.2.5)。

a) 目录条目

编号和名字	值
(1) 实体类型号	306
(3) 结构	＜n.a.＞
(4) 线型模式	＜n.a.＞
(5) 层	＜n.a.＞
(6) 视图	＜n.a.＞

编号和名字	值
(7) 变换矩阵	<n. a.>
(8) 标号显示连接	<n. a.>⇒
(9a) 空白状态	* *
(9b) 次级 实体 开关	00
(9c) 实体用途标记	02
(9d) 层次结构	* *
(12) 线宽	<n. a.>
(13) 颜色号	<n. a.>
(15) 格式号	0

b) 参数数据

索 引	名 称	类 型	说 明
1	ID	文字	MACRO
2	NE	整数	实体类型 ID
3	TEXT	语句	第一个语句
⋮	⋮	⋮	
2+N	TEXT	语句	最后一个语句
3+N	T	文字	ENDM

按需要附加的指针(见 5.2.4.5.2)。

7.73 宏实例实体

Macro Instance Entity(宏实例实体)未经测试。参见 4.8。

宏实例实体用于调用宏。实例的参数数据记录中含有宏的变量值,这一点与标准实体项类似。

宏实例实体的目录条目中含有属性值,其缺省值在宏扩充时将被用到。目录条目中较为特殊的一个域是结构域(目录条目域 3),它包含有一个指向宏定义实体目录条目的逆向指针(类型 306)。

以下给出了五个例子,用以说明宏的功能。

——等腰三角形;

——重复平行四边形;

——同心圆;

——接地符号;

——有用的特性。

a) 目录条目

——实体类型号:为每个宏定义,其取值范围在 600～699 或 10000～99999。

——结构域:指向宏定义实体目录条目的逆向指针(类型 306)。

——其他属性:其他属性:缺省值在宏扩充时将被用到。列出的属性缺省值/HDR 在此获取数据(参见对 LET 语句属性的讨论)。

b) 参数数据

实例参数数据部分有以下形式:对于所有参数数据实体,第一个记录总是从这个宏的实体类型号开始。

索 引	名 称	类 型	说 明
1,...,k	相关内容		MACRO 变量的值在格式与个数上与所定义的宏语句中的变量声明一致

按需要附加的指针(参见 5.2.4.5.2)。

7.73.1 示例 1:等腰三角形

以下宏定义在给出顶点、高、底宽和比例系数条件下,创建一个等腰三角形。

a) 目录条目

实体类型号: 306

b) 参数数据

```
306,MACRO,621,X1,Y1,A1,A2,K;
LET Z = 0;
SET #Line1 = 110,X1,Y1,Z,X1+(K * A1),Y1+(K * A2/2.),Z,0,0;
SET #Line2 = 110,X1+(K * A1),Y1+(K * A2/2.),Z,
             X1+(K * A1),Y1-(K * A2/2),Z,0,0;
SET #Line3 = 110,X1+(K * A1),Y1-(K * A2/2),Z,
             X1,Y1,Z,0,0;
ENDM。
```

利用宏实例中所提供的参数数据 X1、Y1、A1、A2 和 K 的值,该宏可以创建三角形。宏实例的参数数据部分有以下形式:

索 引	名 称	类 型	说 明
1	X1	实型	定点的 X 轴坐标
2	Y1	实型	定点的 Y 轴坐标
3	A1	实型	三角形的高
4	A2	实型	三角形底宽
5	K	整型	比例系数

按需要附加的指针(参见 5.2.4.5.2)。

特别地,创建一个底宽为 5,高为 17,定点坐标(0,0)以及比例系数为 1 的三角形,如图 120 所示。以下实例可置于文件中:

目录条目:

实体类型号:621

结构:-nnn,其中“nnn”是定义的目录条目的序列数。

其余属性:宏扩充时的缺省值。

参数数据:

621,0.,0.,17.,5.,1;

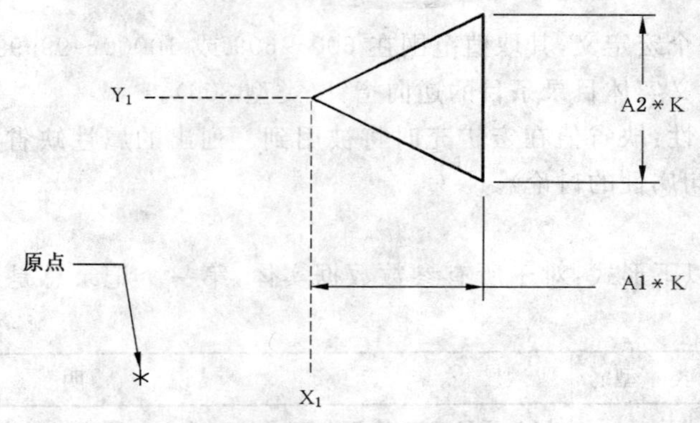

图 120 正文例 1 中等腰三角形宏参数

7.73.2 示例 2:重复平行四边形

以下宏在给定三个点的坐标及重复数为变量的条件下,创建一组重复的平行四边形,如图 121 所示。三个点坐标表示初始平行四边形的定点。重复数变量(NTANG)决定从初始平行四边形位置开始,沿 X,Y 轴正向要画的平行四边形个数,为简单起见,各点均被限制在与 X-Y 平行的平面内。

a) 目录条目

实体类型号:306

b) 参数数据

```
306,MACRO,600,X1,Y1,X2,Y2,X3,Y3,Z,NTANG;
IF NTANG.EQ.0, GOTO &END;
LET XDEL = (X2-X1)/NTANG;
LET YDEL = (Y3-Y1)/NTANG;
LET K = 0;
REPEAT NTANG +1;
        SET #VLINE = 110,X1+K*XDEL,Y1+K*YDEL,Z,
                     X2+K*XDEL,Y2+K*YDEL,Z,0,0;
        SET #HLINE = 110,X1+K*XDEL,Y1+K*YDEL,Z,
                     X3+K*XDEL,Y3+K*YDEL,Z,0,0;
        SET #VLINE = 110,X3+K*XDEL,Y3+K*YDEL,Z,
                     X3+(X2-X1)+K*XDEL,Y2+(Y3-Y1)+K*YDEL,
                     Z,0,0;
        SET #HLINE = 110,X2+K*XDEL,Y2+K*YDEL,Z,
                     X3+(X2-X1)+K*XDEL,Y2+(Y3-Y1)+K*YDEL,
                     Z,0,0;
        LET K = K+1;
  CONTINUE;
  LABEL &END;
  ENDM;
```

该宏的实例参数数据如下:

目录条目:

实体类型号:600

参数数据:

```
600,1.,1.,2.,5.,5.,2.,1.,3;
```

图 121 例二中的宏创建的重复平行四边形

7.73.3 示例 3:同心圆

在给定坐标、半径和同心圆个数的条件下,以下宏沿半径向外创建一组同心圆。圆心用一点表示。

结果见图 122。

a) 目录条目

实体类型号：306

b) 参数数据

```
306,MACRO,601,XC,YC,ZC,R,NCIRC;
IF NCIRC.EQ.0, GOTO &END;
LET DELTR = R/NCIRC;
REPEAT NCIRC;
        SET #CIR = 100,ZC,XC,YC,XC,YC+R,XC,YC+R,0,0;
        LET R = R-DELTR;
CONTINUE;
SET #PT = 116,XC,YC,ZC,0,0,0;
LABEL &END;
ENDM;
```

用该宏创建一组个数为 4 的同心圆，沿初始半径为 20 向外绘制，其实例的参数数据如下：

目录条目：

实体类型号：600

参数数据：

601,0.,0.,0.,20.,4;

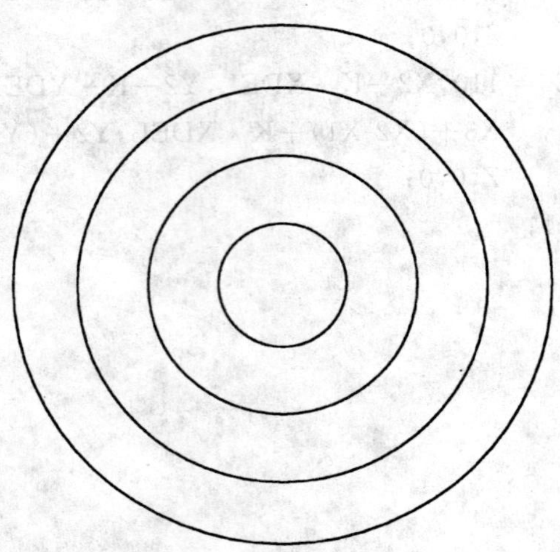

图 122 由例三中宏创建的同心圆

7.73.4 示例 4：电路接地符号

此宏给定点和底宽，在该点创建一个接地符号(水平方向)，图 123 显示其结果：

a) 目录条目

实体类型号：306

b) 参数数据

```
306,MACRO,602,X,Y,Z,B;
IF B.EQ.0, GOTO &A;
LET DELY = B/6;
LET DELX = DELY;
SET #LINE1 = 110,X,Y,Z,X+B,Y,Z,0,0;
SET #LINE2 = 110,X+DELX,Y-DELY,Z,X+B-DELX,Y-DELY,Z,0,0;
```

```
SET #LINE3 = 110,X+2*DELX,Y-2*DELY,Z,X+B-2*DELX,Y-2*DELY,
Z,0,0;
LABEL &A;
ENDM;
```

宏实例的参数数据如下：

目录条目：

实体类型号：602

参数数据：

602,1.,6.,2.,1.3;

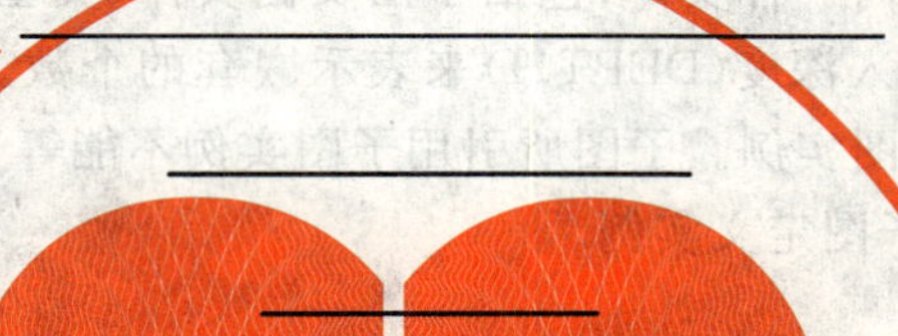

图 123 例四中宏创建的接地符号

7.73.5 示例 5:有用的特征

最后一例表示了宏特征的不同应用。这并不意味着这个例子是一个“有用的”宏。

a) 参数数据

```
        306,MACRO,613,NCOL,VDIST,HDIST,! ANGLE;
LET/LABEL = 6HPOINTS;
LET ! SIN = DSIN(! ANGLE);  LET ! COS = DCOS(! ANGLE);
LET YHD = HDIST * ! SIN;
LET XHD = HDIST * ! COS;
LET YVD = VDIST * ! COS;
LET XVD = VDIST * (-! SIN);
LET IRC = 0,  LET ICC = 0;
REPEAT NROW;
        LET XCOL = IRC * XVD;
        LET YCOL = IRC * YVD;
        REPEAT NCOL;
                LET X = XCOL + ICC * XHD;
                LET Y = YCOL + ICC * YHD;
                SET #PT = 116,X,Y,0.,0,0,0;
                LET ICC = ICC + 1;
        CONTINUE;
        LET IRC = ICC + 1;
   CONTINUE;
   LET $NPTS = STRING(NROW * NCOL,17);
   LET/LABEL = $NPTS;
   SET #LINE = 110,0.,0.,0.,10.,0.,0.;
   SET #CIRC = 100,0.,0.,0.,10.,0.,10.,0.;
   MREF, 22,601,0.,0.,0.,10.,5;
```

ENDM；

此宏实例的参数数据如下所示：

目录条目：

实体类型号：613

参数数据：

613,4,5,0.2,0.1,7.85398D-01；

7.74 子图定义实体(类型 308)

Subfigure Definition Entity(子图定义实体)用于支持已定义实体集合的多次实例化。当这个文件中需要重复使用相同的子图(例如，螺栓)时，使用子图定义实体可减少文件的长度、简化维护。每一个子图定义实体可能会用到其他任何一种实体，包括子图实例实体(类型 408)。当子图定义引用子图实例时，称之为嵌套(nesting)，用嵌入深度(DEPTH)来表示嵌套的个数。若深度为零(即 DEPTH＝0)，则称子图定义中没有引用任何子图实例。子图所引用子图实例不能等于或者大于嵌入深度。若深度为 N，则该引用是深度为 $N-1$ 的子图定义实例。

a) 目录条目

编号和名字	值
(1) 实体类型号	308
(3) 结构	<n.a.>
(4) 线型模式	#,⇒
(5) 层	#,⇒
(6) 视图	<n.a.>
(7) 变换矩阵	0,⇒
(8) 标号显示连接	0,⇒
(9a) 空白状态	* *
(9b) 次级 实体 开关	??
(9c) 实体用途标记	02
(9d) 层次结构	??
(12) 线宽	#
(13) 颜色号	#,⇒
(15) 格式号	0

注：当层次结构被设置为全局服从(Global Defer)(01)时，以下所有设置被忽略并且有可能缺省：线型、线条的粗细、颜色、层、视图和空白状态。

b) 参数数据

索 引	名 称	类 型	说 明
1	DEPTH	整型	子图深度(说明了嵌套的个数)
2	NAME	字符串	子图名称
3	N	整型	子图中的实体个数
4	DE(1)	指针	指向第一个相关实体的 DE 的指针
⋮	⋮	⋮	
3＋N	DE(N)	指针	指向最后一个相关实体的 DE 的指针

按需要附加的指针(参见 5.2.4.5.2)。

7.75 正文字体定义实体(类型 310)

该实体定义了正文字体中字符的外观显示。描述字符外观的数据将由字体码(FC)和 ASCⅡ码(AC)确定。该实体能描述字符集中任一字符或整个字符集。因此,该实体用于描述一种完整的字体,或者用于对其他字体的字符子集的修改。字体码(FC)和 字体名(FNAME)分别指发送系统中所用字体的号码和名称。当该实体是对其他字体的修改时,覆盖字体值(SF 值)(第三个参数值)说明了实体所修改的字体。若不修改,该参数被忽略。该参数值为整型,用于说明将被修改的字体码,若值为负数,则是指向另一个Text Font Definition Entity(正文字体定义实体)的目录条目(D retory Entry)的指针值。当本实体修改另一种字体时,例如,当第三个参数引用了另一字体时,本实体中定义的字体将覆盖原字体的定义。例如,本实体中有对一个完整的字符集合的字体定义的详述。另一个正文字体定义实体可以引用前面的定义并修改字符的子集。

通过使用一个占据相等空间的正方形网格覆盖字符来定义每一个字符。一个字符可分解为连接网格点的直线段。使用标准笛卡尔坐标确定网格点。字符相对于网格位置可由两个点来定义。字符的始点被置于该网络的原点(0,0),它定义了该字符相对于字符所在正文原点的位置。第二个点用于定义已被定义字符的下一个字符的始点。这样就保证了字符之间留有空隙。正文字符串的创建有两部分:将第一个字符的字符始点置于正文字符串的始点,以及将后继字符的始点置于某个位置,该位置在前一个字符中已被指定为下一个字符的始点位置。

字符形状的参数化可以由一支想象的笔在网格点之间的移动来描述,移笔命令指明了笔移动的网络位置。移笔的痕迹也许不被显示。笔的运动由一系列操作笔的命令以及网格位置来表示。笔的每一次运动由一个说明笔上/下移的标志和一对整型的格点坐标值表示。说明笔上/下移的标志的缺省值为笔向下移。标志值为 1 表示抬笔(关闭显示)并顺序移至下一个位置。当到达该位置时,笔落到"下面"的位置(打开显示)。

网格的大小与正文高度的关系通过比例参数确定。该参数定义了几个网格单位等于一个正文高度单位。

a) 目录条目

编号和名字	值
(1) 实体类型号	310
(3) 结构	<n. a.>
(4) 线型模式	<n. a.>
(5) 层	<n. a.>
(6) 视图	<n. a.>
(7) 变换矩阵	<n. a.>
(8) 标号显示连接	<n. a.>
(9a) 空白状态	* *
(9b) 次级 实体 开关	00
(9c) 实体用途标记	02
(9d) 层次结构	* *
(12) 线宽	<n. a.>
(13) 颜色号	<n. a.>
(15) 格式号	0

b） 参数数据

索　引	名　称	类　型	说　　明
1	FC	整型	字体代码
2	FNAME	字符串	字体名称
3	SF	字符串 或指针	本定义所覆盖的字体码 若嵌套深度为负，则为指向正文定义实体的 DE 的指针
4	SCALE	整型	字符高度所占的网格点数
5	N	整型	该定义中的字符数
6	AC	整型	第一个字符的 ASCⅡ码
7	NX	整型	第一个字符的始点在网格上的位置
8	NY	整型	
9	NM	整型	第一个字符的移笔次数
10	PF(1,1)	整型	笔的上/下移动标志：0＝下移（缺省） 1＝上移
11	X(1,1)	整型	笔移动的网格位置
12	Y(1,1)	整型	
⋮	⋮	⋮	
9＋3＊NM(1)	Y(1,NM(1))	整型	第一个字符的终点在网格上的位置
10＋3＊NM(1)	AC(2)	整型	第二个字符的 ASCⅡ码
11＋3＊NM(1)	NX(2)	整型	第二个字符的始点在网格上的位置
12＋3＊NM(1)	NY(2)	整型	
13＋3＊NM(1)	NM(2)	整型	第二个字符的移笔次数
⋮	⋮	⋮	
5＋4＊N＋	Y(N,NM(N))	整型	末字符的终点在网格上的位置
3＊$\sum_{i=1}^{N}$NM(i)			

按需要附加的指针（参见 5.2.4.5.2）。

字符的定义实例见图 124 和图 125。

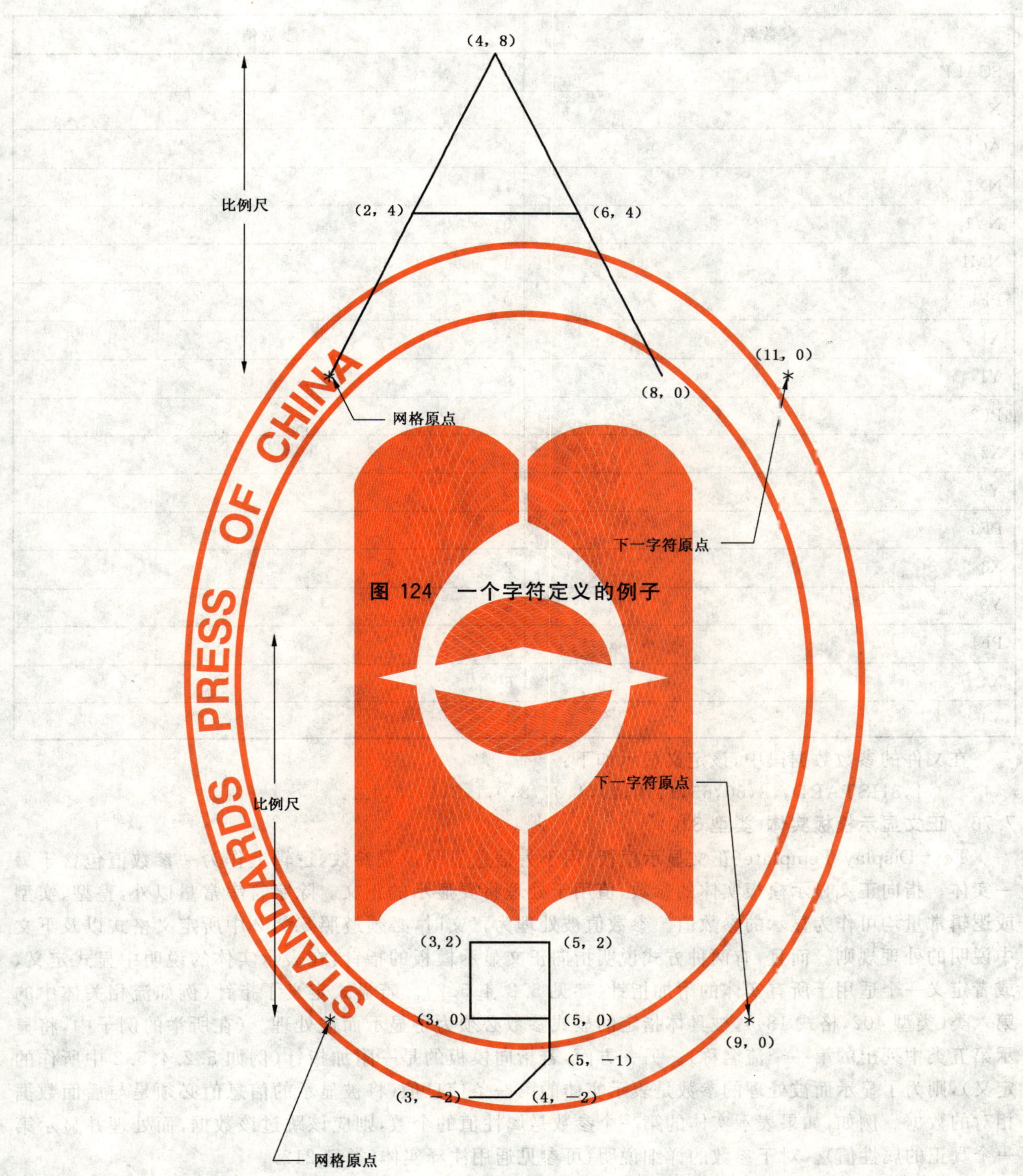

图 124 一个字符定义的例子

图 125 一个包含下一行信息的字符定义的例子

第一个实例的参数数据如下：

参数名	参数值
FC	1
FNAME	8HSTANDARD
SF	

参数名	参数值
SCALE	8
N	60
AC1	65
NX1	11
NY1	0
NM1	4
PF1	0
X1	4
Y1	8
PF2	0
X2	8
Y2	0
PF3	1
X3	2
Y3	4
PF4	0
X4	6
Y4	4

在文件的参数数据段中，该定义显示如下：

1,8HSTARD,,8,60,65,11,0,4,,4,8,,8,0,1,2,4,,6,4...

7.76 正文显示模板实体(类型 312)

Text Display Template(正文显示模板)用于为信息显示设置参数，逻辑上作为一参数值包含于另一实体。指向正文显示模板实体的参数，值用于处理将要显示的正文。除字符串常量以外，整型、实型或逻辑常量均可作为显示的参数值。参数值被处理为正文时，必须遵照 5.2.2 中所定义格式以及下文中说明的处理规则。而且，有两种方式说明指向正文显示模板的指针：在表示实体的说明中显式定义，或者定义一个适用于所有实体的附加指针(参见 5.2.4.5.2)。若显式定义了指针(例如流相关体中的第六类(类型 402，格式 18))，被具体指定的显式参数必须为了显示而被处理。(在所举的例子中，将显示第五类中列出的第一个流名称)。另一方面，若指向模板的是一附加指针(例如 5.2.4.5.2 中所作的定义)，则为了显示而被处理的参数是表示实体的第一条信息值(将被显示的信息值必须是与后面数据相对的数据。例如，如果表示实体的第一个参数是属性值的个数，则应该跳过该数据，而处理并显示第一个真正的属性值)。对于参数的详细说明，可参见通用注释实体(类型 212)。

a) 正文显示的处理规则

有时需对后处理文件作整型、实型和逻辑值的正文显示的一致性进行测试，特提出下面的规则。严格地运用这些规则，可导致覆盖其他实体、破坏可读性、降低与邻近结构相关的可视关系。因此，当不要求正文显示一致性时，地方标准与约定可以替代这些规则。

——整数值：可处理所有整数，最终的正文字符串只能由有效的十进制数字(0～9)和一个符号组成。前面的减号说明该数为负，加号说明该数为正。

——实数值：可处理所有实数，最终的字符串代表一个用科学计数法表示的数字。小数点必须出现在最高位有效数字的左边。数字 0 在小数点之前。前面的减号说明该数为负，加号则说明该数为正。

——逻辑值“真”.TRUE.(在文件中用值1表示)必须处理为如同显示字符串常量“4HTRUE”一样。逻辑值“假”.FALSE.(在文件中用值0表示)必须处理为如同显示字符串常量“SHFALSE”一样。

b) 绝对正文显示模板(格式号0)

这种正文显示模板的格式在具体的起始处指明了正文块的参数。

c) 偏移正文显示模板(格式号1)

递增正文显示模板(格式1)为正文块指定其参数,该正文块的始点是由引用它的实体的正文始点递增形成。

d) 目录条目

编号和名字	值
(1) 实体类型号	312
(3) 结构	＜n.a.＞
(4) 线型模式	＜n.a.＞
(5) 层	＃,⇒
(6) 视图	0,⇒
(7) 变换矩阵	0,⇒
(8) 标号显示连接	0,⇒
(9a) 空白状态	??
(9b) 次级 实体 开关	00
(9c) 实体用途标记	02
(9d) 层次结构	00
(12) 线宽	＜n.a.＞
(13) 颜色号	＃,⇒
(15) 格式号	0

e) 绝对正文显示模板(格式号0)参数数据

索 引	名 称	类 型	说 明
1	CBW	实型	字符框宽度
2	CBH	实型	字符框高度
3	FC	整型或 指针	字体码(缺省值=1)或 若为负,指向字符正文字体定义实体的DE的指针
4	SL	实型	倾斜角(弧度)(缺省值=π/2)
5	A	实型	旋转角(弧度)
6	M	整型	镜像标志
7	VH	整型	旋转内部正文标志
8	XS	实型	第一个字符框的左下角的坐标值
9	YS	实型	
10	ZS	实型	

按需要附加的指针(参见 5.2.4.5.2)。

f) 正文显示模板(格式号 1)参数数据

索　引	名　称	类　型	说　明
1	CBW	实型	字符框宽度
2	CBH	实型	字符框高度
3	FC	整型或 指针	字体码(缺省值=1)或 若为负,则是指针类型
4	SL	实型	倾斜角(弧度)(缺省值=π/2)
5	A	实型	旋转角(弧度)
6	M	整型	镜像标志
7	VH	整型	旋转内部正文标志
8	DXS	实型	父实体中 x 坐标值的增量
9	DYS	实型	父实体中 y 坐标值的增量
10	DZS	实型	父实体中 z 坐标值的增量

按需要附加的指针(参见 5.2.4.5.2)。

7.77 颜色定义实体(类型 314)

Color Definition Entity(颜色定义实体)说明各个不同图形设备的色彩强度级别中的基色(红,绿,蓝)之间的关系,该关系是用颜色强度所占百分比来表示的。

使用附录 D 中的变换,可很容易地用红、绿、蓝(RGB)组合成青色、洋红、黄色(CYM)等颜色以及各种色调、亮度和饱和度不同的颜色。

前置处理器应选择一个颜色值(参见 5.2.4.4.13),并且将其值置于颜色定义实体的目录条目域 13 中。该值必须在功能上最能体现意图,或者做到视觉上最相似。若后置处理器不支持颜色定义实体,则可使用该值。

a) 目录条目

编号和名字	值
(1) 实体类型号	314
(3) 结构	<n. a.>
(4) 线型模式	<n. a.>
(5) 层	<n. a.>
(6) 视图	<n. a.>
(7) 变换矩阵	<n. a.>
(8) 标号显示连接	<n. a.>
(9a) 空白状态	* *
(9b) 次级 实体 开关	00
(9c) 实体用途标记	02
(9d) 层次结构	* *
(12) 线宽	<n. a.>
(13) 颜色号	1-8
(15) 格式号	0

b) 参数数据

索　引	名　称	类　型	说　明
1	CC1	实型	第一种基色(红)占最大颜色强度的百分比(0—100)
2	CC2	实型	第二种基色(绿)占最大颜色强度的百分比(0—100)
3	CC3	实型	第三种颜色(蓝)占最大颜色强度的百分比(0—100)
4	CNAME	字符串	颜色名称;这是一个可供选择的字符串,可以包含对颜色的文字描述。如果颜色名字不存在,并且需要附加指针,应将颜色名称置为缺省值

按需要附加的指针(参见 5.2.4.5.2)。

7.78 单位数据实体(类型 316)

Units Data Entity(单位数据实体)未经测试,参见 4.8。

本实体存储模型的基本单位数据。第一个条目(NP)是 PD 中数据字符串的数量。本实体中有记录,每个记录均记载了一对字符串变量和一个实际的比例因子。第一个字符串变量描述了将要设置的单位,第二个字符串变量描述了一个有效项,第三个变量描述了用于该单位的比例因子。

若在全局段定义长度的单位中,或在表数据实体(类型 406,格式号 11)的 SI (MKSA) 缺省值中,不能表达与任何实体有关的真实数据,则一个单位数据实体就需通过一属性指针附加到这个数据实体中去。

七个基本单位和两个辅助单位可以派生出所有其他单位。因此,上述参数数据中的 TYP 值必须从以下有效 TYP 字符串列表中选择:

TYP	所说明的单位
LENGTH	长度
MASS	质量
TTME	时间
CURRENT	电流
TEMPERATURE	热力学温度
AMOUNT	物质的量
INTENSITY	光的强度
PLANE	平面
SOLID	三维实体

一个给定的 TYP 决定了下列表中用于详细说明某一特定单位的内容:

TYP=LENGTH 时,有效的 VAL 字符串:

VAL	说　明
A	埃
AU	天文单位
FT	英尺
IN	英寸
LY	光年
M	米
UM	微米

VAL	说　明
MIL	密耳(0.0254 毫米)
MI	英里
KN	海里
Y	码

TYP＝MASS 时有效 VAL 字符串：

VAL	说　明
C	克拉
DR	打蓝
GA	格令
KG	千克
MT	公吨
OU	盎司
LB	磅
S	斯勒格

TYP＝TIME 时的有效 VAL 字符串：

VAL	说　明
D	日
HR	小时
M	分
S	秒
W	星期
Y	年

TYP＝CURRENT 时的有效的 VAL 字符串：

VAL	说　明
A	安培

TYP＝TEMPERATURE 时的有效 VAL 字符串：

VAL	说　明
C	摄氏温度
F	华氏温度
K	绝对温度
R	兰氏温度

TYP＝AMOUNT 时的有效 VAL 字符串：

VAL	说　明
M	摩尔

TYP＝INTENSITY 时的有效 VAL 字符串：

VAL	说明
C	坎德拉

TYP＝PLANE 时的有效 VAL 字符串：

VAL	说明
D	度
G	梯度
M	分
R	弧度
REV	转数
S	秒

TYP＝SOLID 时的有效 VAL 字符串：

VAL	说明
C	球面角

a) 目录条目

编号和名字	值
(1) 实体类型号	316
(3) 结构	＜n. a.＞
(4) 线型模式	＜n. a.＞
(5) 层	＜n. a.＞
(6) 视图	＜n. a.＞
(7) 变换矩阵	＜n. a.＞
(8) 标号显示连接	＜n. a.＞
(9a) 空白状态	* *
(9b) 次级 实体 开关	00
(9c) 实体用途标记	02
(9d) 层次结构	* *
(12) 线宽	＜n. a.＞
(13) 颜色号	＜n. a.＞
(15) 格式号	0

b) 参数数据

索引	名称	类型	说明
1	NP	整型	该实体中定义的单位数
2	TYP(1)	字符串	定义的第一个单位的类型
3	VAL(1)	字符串	定义的第一个单位的单位
4	SF(1)	实型	用于放大第一个单位倍数的比例因子
⋮	⋮	⋮	

索　引	名　称	类　型	说　明
−1+3＊NP	TYP(NP)	字符串	定义的最后一个单位的类型
3＊NP	VAL(NP)	字符串	定义的最后一个单位的单位
1+3＊NP	SF(NP)	实型	用于放大最后一个单位倍数的比例因子

按需要附加的指针(参见5.2.4.5.2)。

7.79　网络子图定义实体(类型320)

类似于子图定义实体(类型308),Network Subfigure Definition Entity(网络子图定义实体)支持已定义实体集合的多个实例化。与普通子图定义不同的是,该实体定义了一类专用子图,其实例可用于网络。为了用于网络,接点(接点实体(类型132))必须定义(参见索引为7+NA以及下列各项),并和子图同时被实例化。在设计具有网络功能的产品时,常常首先进行示意图的设计(显示逻辑连接或关系),然后转化为物理的产品设计。当同一文件中同时包含逻辑设计和物理设计时,必须设法使处理器能区分出何种实体属于何种设计。类型标志域(索引为4+NA)用于实现这种区别。其他域,比如名称(NAME)和深度(DEPTH),其功能和子图定义实体(类型308)中的完全相同。

网络子图定义实体(类型320)中的接点和网络子图实例实体(类型420)有直接联系。实例中的相关(子)接点实体数量必须和定义中的数量相匹配,即顺序应一致,并且实例中没有用到的接点必须用空指针来表示。

注:子图深度同时包含了网络子图定义实体(类型320)和普通子图定义实体(类型308)。因此,这两种实体都有可能嵌套使用,应由深度参数表示出来。

a)　目录条目

编号和名字	值
(1)　实体类型号	32
(3)　结构	<n.a.>
(4)　线型模式	#,⇒
(5)　层	#,⇒
(6)　视图	<n.a.>
(7)　变换矩阵	0,⇒
(8)　标号显示连接	0,⇒
(9a)　空白状态	＊＊
(9b)　次级 实体 开关	??
(9c)　实体用途标记	02
(9d)　层次结构	??
(12)　线宽	#
(13)　颜色号	#,⇒
(15)　格式号	0

注:若层次结构被设置为全局服从型(01),以下各项被忽略且可能缺省:线型、线宽、颜色标色号、视图和空白状态。

b) 参数数据

索　引	名　称	类　型	说　明
1	DEPTH	整型	子图深度(指出嵌套数量)
2	NAME	字符串	子图名称
3	NA	整型	子图中相关子实体的个数,不包括原始参考指示器和接点
4	APTR(1)	指针	指向第一个相关实体的 DE 的指针
⋮	⋮	⋮	
3+NA	APTR(NA)	指针	指向最后一个相关实体的 DE 的指针
4+NA	TF	整型	类型标志:0=未指定;1=逻辑;2=物理
5+NA	PRD	字符串	原始参考指示器
6+NA	DPTR	指针	指向原始参考指示器正文显示模板的 DE 指针,或者为空指针。若为空指针,则未指明正文显示模板
7+NA	NC	整型	相关(子)接点实体的个数
8+NA	CPTR(1)	指针	指向第一个相关接点实体的 DE 的指针或者为零
⋮	⋮	⋮	
7+NC+NA	CPTR(NC)	指针	指向最后一个相关接点实体的 DE 的指针或者为零

按需要附加的指针(参见 5.2.4.5.2)。

7.80 属性表定义实体(类型 322)

Attribute Table Definition Entity(属性表定义实体)支持属性定义明确的集合的概念(见 6.6.7),无论该属性是用表格表示还是仅用一行罗列出来。本实体为属性表的实例(参见 7.145)或实例与模板的组合体提供了模板(参见 7.80)。本实体包括表格名称(NAME)、每个属性的属性类型(AT)、数据类型(AVDT)和一个计数器(AVC)。

定义:在实体描述中使用以下的定义和缩写形式。

a) 属性列表类型(ALT)

被指明的属性列表包含了属性表中出现的每一种属性类型的名称(或描述符)。在每一个属性列表中,标识各属性的整数不能重复。为了方便程序员和用户,属性列表中还包含了其他一些有用的辅助信息,例如,建议使用的单位和数据类型、对引用的脚注或者允许数值的范围。

值	被指定的列表名
0	对于定义属性列表的具体工程标准名,参见名称属性实体(类型 406,格式 15)
1	通用属性列表
2	电气属性列表(见表 33)
3	AEC 属性列表(见表 34)
4	流程工厂属性表(见表 35)
5	电气及 LEP(大型电子设备控制板)制造属性列表(见表 36)
6～5 000	其他应用领域
5 001～9 999	程序员自定义列表

b) 属性类型(AT)

每个整数指明了在具体指定的属性列表中定义的属性类型,该整数必须在列表中存在。

c) 属性值数据类型(AVDT)

每种属性有一种或多种在该实体中说明的相关类型值，以下的数据类型标识之一用于说明这种实体的类型值(此处无缺省值必须指明一个值)。

值	数据类型
0	无值
1	整型
2	实型
3	字符串
4	指针
5	(未使用)
6	逻辑值

注：此处与 2.2.2 中说明的常量具有相同的类型和顺序。

d) 属性值计数器(AVC)

说明了值的个数(格式 0 或格式 1)或者对应的值的对数和后继指针的个数(格式 2)。缺省计数值为 1。值为 0 表明数值存在，但现在未知，将来某个时间会记录。在这种特殊情况下，不要求有值或对应的值和指针。

e) 属性值(AV)

每一种属性都包含零个、一个或更多值，值的个数由 AVC 域来说明。每一个属性值(AV)都由当前的 AVDT 指出的数据类型域中指明。

f) 属性值指针(AVP)

正文显示模板实体(类型 312)的指针能与每一个 AV(属性值)相关。若指针非空，将通过正文显示模板显示该属性值(AV)，显示的位置或位于给出的绝对位置(格式 0)，或由父实体(若该实体不独立，指该实体所属的父实体)的位置所给出的增量(格式 2)结合而定。

g) 属性表定义(格式 0)

本类实体的格式仅适用于一组属性(名称，类型和计数器)的定义。它适用于一对多的情况，即一个属性表定义可对应于多个实例(例如，文件中可能包含一个或多个属性表实例实体，该实例实体引用同一个属性表定义实体)。

h) 属性表定义(格式 1)

本类实体的格式用于一对一的情况，即属性组中只有少量甚至只有一个实例(属性值必须遵循各自的属性定义)。

i) 属性表定义(格式 2)

本类实体的格式与格式 1 的实体相似，不同之处在于每一个属性值后有一个指向一正文显示模板实体的附加指针。

j) 目录条目

编号和名字	值
(1) 实体类型号	322
(3) 结构	<n. a.>
(4) 线型模式	#,⇒
(5) 层	#,⇒
(6) 视图	<n. a.>
(7) 变换矩阵	0,⇒

编号和名字	值
(8) 标号显示连接	0,⇒
(9a) 空白状态	* *
(9b) 次级 实体 开关	C0
(9c) 实体用途标记	C2
(9d) 层次结构	??
(12) 线宽	≠
(13) 颜色号	♯,⇒
(15) 格式号	0-2

注:若层次结构被设置为全局服从型(01),以下各项被忽略且可能缺省:线型、线宽、颜色标色号、视图和空白状态。

k) 属性表定义(格式 0)参数数据

索引	名称	类型	说明
1	NAME	字符串	属性表名称,或者注释(缺省空白符,无名称)
2	ALT	整型	属性列表类型
3	NA	整型	属性个数
(第一个属性定义)			
4	AT(1)	整型	第一个属性类型
5	AVDT(1)	整型	第一个属性值的数据类型
6	AVC(1)	整型	第一个属性值计数
⋮	⋮	⋮	
令 M=3 * NA(最后一个属性定义)			
M+1	AT(NA)	整型	最后一个属性类型
M+2	AVDT(NA)	整型	最后一个属性值数据类型
M+3	AVC(NA)	整型	最后一个属性值计数

按需要附加的指针(参见 5.2.4.5.2)。

l) 属性表定义(格式 1)参数数据

标号	名称	类型	说明
1	NAME	字符串	属性表名称,或者注释(缺省空白符,无名称)
2	ALT	整型	属性列表类型
3	NA	整型	属性个数
(第一个属性定义和值)			
4	AT(1)	整型	第一个属性类型
5	AVDT(1)	整型	第一个属性值的数据类型
6	AVC(1)	整型	第一个属性值计数
7	AV(1,1)	变量	第一个属性值
⋮	⋮	⋮	
6+AVC (1)	AV(1,AVC(1))	变量	最后一个属性值

标号	名称	类型	说　明
⋮	⋮	⋮	
令 M=3＊ NA+AVC (1)+…+AVC(NA−1) (最后一个属性的定义及值)			
M+1	AT(NA)	整型	最后一个属性的类型
M+2	AVDT(NA)	整型	最后一个属性值的数据类型
M+3	AVC(NA)	整型	最后一个属性值的计数
M+4	AV(NA,1)	变量	第一个属性的值
⋮	⋮	⋮	
M+4+AVC(NA)	AV(NA,AVC(NA))	变量	最后一个属性的值

按需要附加的指针(参见 5.2.4.5.2)。

m)　属性表定义(格式 2)参数数据

索引	名称	类型	说　明
1	NAME	字符串	属性表名称,注释(缺省空白符,无名称)
2	ALT	整型	属性列表类型
3	NA	整型	属性的个数
(第一个属性定义)			
4	AT(1)	整型	第一个属性类型
5	AVDT(1)	整型	第一个属性的数据类型
6	AVC(1)	整型	第一个属性值的计数
7	AV(1 . 1)	变量	第一个属性值
8	AVP(1. 1)	指针	指向正文显示模板的 DE 的指针
⋮	⋮	⋮	
6+AVC(1)	AV(1,AVC(1))	变量	最后一个属性值
7+AVC(1)	AVP(1,AVC(1))	指针	正文显示模板 DE 的指针
⋮	⋮	⋮	
设 M=3＊NA+2＊(AVC(1) +…+AVC(NA−1)) (最后一个属性定义)			
M+1	AT(NA)	整型	最后一个属性的类型
M+2	AVDT(NA)	整型	最后一个属性值的数据类型
M+3	AVC(NA)	整型	最后一个属性值的计数
M+4	AV(NA,1)	变量	第一个属性值
M+5	AVP(NA,1)	指针	正文显示模板 DE 的指针
⋮	⋮	⋮	
M+4+AVC(NA)	AV(NA,AVC(NA))	变量	最后一个属性值
M+5+AVC(NA)	AVP(NA,AVC(NA))	指针	正文显示模板 DE 的指针

按需要附加的指针(参见 5.2.4.5.2)。

表 33　电气属性列表(ALT=2)

序号	定　义	符号	单位	类型
1	存取时间,内存		秒	实型
2	准确度(%)			实型
3	周围空气温度	T_a	C	实型
4	放大倍数	A		实型
5	放大系数	A_f		实型
6	(波形)角		度	实型
7	阳极电压	V_a	伏	实型
8	异步输入脉冲宽度(最小)	A_{PW}	秒	实型
9	自动增益控制	AGC		实型
10	额定正向平均电流		安培	实型
11	平均栅极功耗	W_{gpd}	瓦特	实型
12	额定平均栅极功耗		瓦特	实型
13	反向栅流		度	实型
14	频宽	BW	赫兹	实型
15	基极电阻	R_B	欧姆	实型
16	基极电流	I_B	安培	实型
17	基极电极(瞬时总电流)	i_B	安培	实型
18	基极散布电阻	r_b	欧姆	实型
19	基极源电压	V_{BB}	伏特	实型
20	基极-发射极电压	V_B	伏特	实型
21	LEP 厚度		毫米	实型
22	击穿电压	V_{BR}	伏特	实型
23	电容	C	法拉	实型
24	载频	C_f	赫兹	实型
25	箱体温度	T_C	C	实型
26	阴极电流	I_c	安培	实型
27	整流回路切断时间		秒	实型
28	间隙		毫米	实型
29	时钟电平转换时间	t_{TC}	秒	实型
30	时钟脉冲宽度(最小)	C_{PW}	秒	实型
31	时钟重复率	C_{RR}	赫兹	实型
32	集电极电流	I_C	安培	实型
33	集电极电流(瞬时总电流)	i_C	安培	实型
34	集电极截止电流	I_{CEX}	安培	实型
35	集电极效率(%)			实型

表 33（续）

序号	定　义	符号	单位	类型
36	集电极功耗	P_C	瓦特	实型
37	集电极-基极电压	V_{CB}	伏特	实型
38	集电极-发射极电压	V_{CE}	伏特	实型
39	共模输入电压	V_{ICR}	伏特	实型
40	共模输出电压	V_{OC}	伏特	实型
41	共模抑制比	C_{MRR}		实型
42	共模电压增益	A_{VC}		实型
43	电导率	G	西门子	实型
44	导体间距		毫米	实型
45	导体宽度		毫米	实型
46	转换效率(%)			实型
47	转换时间,模—数		秒	实型
48	耦合系数			实型
49	临界阳极电压		伏特	实型
50	电流	I	安培	实型
51	电流容量	I_C	安培	实型
52	极限电流	I_l	安培	实型
53	额定电流	I_r	安培	实型
54	栅极截止电压	$V_{ge(off)}$	伏特	实型
55	截止电流	I_C	安培	实型
56	数据速率		赫兹	实型
57	延迟时间	t_d	秒	实型
58	介质常数	K		实型
59	介质强度		伏特/毫米	实型
60	差动控制电压		伏特	实型
61	差动输入阻抗	Z_{id}	欧姆	实型
62	差动输出阻抗	Z_{od}	欧姆	实型
63	差动输出电压		伏特	实型
64	差动电压增益	A_{ud}		实型
65	失真率(%)			实型
66	漏极电流	I_D	安培	实型
67	漏极截止电流	$I_{D(off)}$	安培	实型
68	漏极源电压	V_{DD}	伏特	实型
69	漏-栅电压	V_{DG}	伏特	实型
70	漏-源电压	V_{DS}	伏特	实型

表 33（续）

序号	定　义	符号	单位	类型
71	漏极—衬底电压	V_{Ds}	伏特	实型
72	漂移率(%)			实型
73	驱动点阻抗	Z_{dp}	欧姆	实型
74	动态阻抗	Z_{D}	欧姆	实型
75	效率(%)			实型
76	射极电流	I_{e}	安培	实型
77	发射效率(%)			实型
78	射极电流	I_{E}	安培	实型
79	射极电流(瞬时总电流)	i_{E}	安培	实型
80	射极源电压	V_{EE}	安培	实型
81	发射极-基极电压	V_{EB}	伏特	实型
82	发射极-集电极电压	V_{EC}	伏特	实型
83	基极外电阻	R_{B}	欧姆	实型
84	集电极外电阻	R_{C}	欧姆	实型
85	发射极外电阻	R_{E}	欧姆	实型
86	外插单元增益频率	f_{t}	赫兹	实型
87	失效率			实型
88	下落时间	t_{f}	秒	实型
89	场发射			
90	品质因素			
91	灯丝电压	V_{F}	伏特	实型
92	漂移电位	V_{FP}	伏特	实型
93	正向阻塞电压	V_{FBO}	伏特	实型
94	正向导通电流	I_{FBR}	安培	实型
95	正向导通电压	V_{FBR}	伏特	实型
96	正向电流	I_{F}	安培	实型
97	正向电流，过载	$I_{\mathrm{F(OV)}}$	安培	实型
98	正向电流，浪涌峰值	I_{FSM}	安培	实型
99	正向栅极电流	I_{GF}	安培	实型
100	正向栅-源击穿电压	V_{FBRGS}	伏特	实型
101	正向栅-源电压	V_{FGS}	伏特	实型
102	正向功耗	P_{F}	瓦特	实型
103	正向恢复时间	t_{fr}	秒	实型
104	正向电压	V_{F}	伏特	实型
105	频率	F	赫兹	实型

表 33（续）

序号	定　　义	符号	单位	类型
106	增益			实型
107	栅控制断开时间	$t_{gc(off)}$	秒	实型
108	栅极电流	I_G	安培	实型
109	栅极源电压	V_{GG}	伏特	实型
110	栅-源电压	V_{GS}	伏特	实型
111	栅触发电流	I_{gt}	安培	实型
112	栅触发电压	V_{gt}	伏特	实型
113	栅断开电流	$I_{gt(off)}$	安培	实型
114	栅断开电压	$V_{gt(off)}$	伏特	实型
115	栅极电压	$V_{g'}$	伏特	实型
116	栅-源截止电压	$V_{gs(off)}$	伏特	实型
117	栅-源阀电压	V_{gst}	伏特	实型
118	栅-源电压	V_{gs}	伏特	实型
119	栅极控制比			实型
120	栅极电流	I_g	安培	实型
121	栅极电压	V_g	伏特	实型
122	时钟脉冲高电平	V_{CH}	伏特	实型
123	高电平输入电流	I_{IH}	安培	实型
124	高电平点输入电流	I_{INH}	安培	实型
125	高电平点输入电压	V_{INH}	伏特	实型
126	高电平输出电流	I_{OH}	安培	实型
127	高电平输出电压	V_{OH}	伏特	实型
128	高电平源时电耗	I_{CCH}	安培	实型
129	保持电流	I_H	安培	实型
130	阻抗	Z	欧姆	实型
131	增量电阻	R_{Inc}	欧姆	实型
132	电感	L	亨利	实型
133	输入偏置电流	I_{IB}	安培	实型
134	输入偏置电流，温度灵敏度	$I_{IB/T}$	安培/度 C	实型
135	输入阻抗	Z_t	欧姆	实型
136	输入补偿电流	I_{IO}	安培	实型
137	输入补偿电流，温度灵敏度	$I_{IO/T}$	安培/度 C	实型
138	输入补偿电压	V_{IO}	伏特	实型
139	输入补偿电压，温度灵敏度	$V_{IO/T}$	伏特/度 C	实型
140	输入信号时间关系	I_{TR}		实型

表 33（续）

序号	定　义	符号	单位	类型
141	绝缘电阻	R_I	欧姆	实型
142	极间电容	C_{IE}	法拉	实型
143	中断电流	I_I	安培	实型
144	电离时间		秒	实型
145	结温度	T_J	度 C	实型
146	弯头阻抗	Z_k	欧姆	实型
147	弯头电压	V_k	伏特	实型
148	闭锁电流	I_l	安培	实型
149	泄漏电流	I_{lk}	安培	实型
150	极限电流	I_L	安培	实型
151	极限电压	V_L	伏特	实型
152	载荷导抗			实型
153	逻辑电平(高)	H		实型
154	逻辑电平(低)	L		实型
155	时钟脉冲低电平	V_{CL}	伏特	实型
156	低电平输入电流	I_{CL}	安培	实型
157	低电平点输入电流	I_{INL}	安培	实型
158	低电平点输入电压	V_{INL}	伏特	实型
159	低电平输出电流	I_{OL}	安培	实型
160	低电平输出电压	V_{OL}	伏特	实型
161	低电平源电流耗损	I_{CCL}	安培	实型
162	光能	c_d		实型
163	材料			字符串
164	最大振荡频率	f_{max}	赫兹	实型
165	最大浪涌电流(非重复)	I_{smax}	安培	实型
166	最大额定浪涌电流(非重复)		安培	实型
167	最小通电压	V_{min}	伏特	实型
168	操作模式			字符串
169	防潮耐湿			逻辑
170	互阻抗	Z_m	欧姆	实型
171	互电导率	G_m	西门子	实型
172	N-沟道场效应管	N_{fet}		实型
173	负逻辑			逻辑
174	噪声系数	N_F	dB	实型
175	噪声容限	V_N	伏特	实型

表 33(续)

序号	定　义	符号	单位	类型
176	有噪声时温度	T_N	度 C	实型
177	非线性度(%)			实型
178	非重复断态峰值电压	V_{DSM}	欧姆	实型
179	非重复反向峰值电流	I_{RSM}	安培	实型
180	非重复反向峰值电压	V_{RSM}	欧姆	实型
181	断态电流	I_D	安培	实型
182	断态电压	V_D	伏特	实型
183	补偿误差			实型
184	通态电流	I_T	安培	实型
185	通态漏极电流	$I_{D(on)}$	安培	实型
186	通态漏-源电压	$V_{DS(on)}$	伏特	实型
187	通态电压	V_T	伏特	实型
188	开环增益	A_v		实型
189	操作温度	T_{op}	度 C	实型
190	操作者(姓名或姓名首字母)			字符串
191	定向			字符串
192	输出阻抗	Z_o	欧姆	实型
193	输出泄漏电流(高)	i_{ozh}	安培	实型
194	输出电流		安培	实型
195	输出频率	F_o	赫兹	实型
196	输出频率(高)	F_{oh}	赫兹	实型
197	输出频率(低)	F_{ol}	赫兹	实型
198	输出泄漏电流(低)	i_{ozl}	安培	实型
199	输出补偿电压	V_{OO}	伏特	实型
200	输出极性			字符串
201	输出脉冲宽度	t_{op}	秒	实型
202	输出脉冲宽度(高)	t_{oph}	秒	实型
203	输出脉冲宽度(低)	t_{opl}	秒	实型
204	输出短路电流	I_{OS}	安培	实型
205	输出最大漂移频宽	B_{OM}	赫兹	实型
206	输出类型			字符串
207	输出电压	V_o	伏特	实型
208	输出电压(高)	V_{oh}	伏特	实型
209	输出电压(低)	V_{ol}	伏特	实型
210	输出电压调整率((高—低)/额定,%)			实型

表 33（续）

序号	定义	符号	单位	类型
211	输出电压对温度的灵敏度		$(degC)^{-1}$	实型
212	输出电压最大漂移量	V_{OPP}	伏特	实型
213	输出			字符串
214	过电压检测			字符串
215	噪声总平均值	N_{foa}		实型
216	超载恢复时间	t_{or}	秒	实型
217	P-沟道场效应管	P_{fet}		实型
218	并行输入			字符串
219	电气参数试验			逻辑
220	额定电流峰值		安培	实型
221	额定正向阻塞电压峰值		伏特	实型
222	(重复)额定正向阻塞电流峰值			实型
223	额定正向电压峰值		伏特	实型
224	栅电流峰值	I_{GP}	安培	实型
225	栅电流功耗峰值	W_{GP}	瓦特	实型
226	栅电压峰值	V_{GP}	伏特	实型
227	额定栅电流峰值		安培	实型
228	额定栅功耗峰值		瓦特	实型
229	额定栅压峰值		伏特	实型
230	重复通态电流峰值	I_P	安培	实型
231	相补角	ϕ_m	度	实型
232	相位漂移	ϕ_s	度	实型
233	光电流	I_λ	安培	实型
234	管脚尺寸		毫米	实型
235	阳极效率(%)			实型
236	极性			字符串
237	螺柱极性			字符串
238	正逻辑			逻辑
239	功率	W	瓦特	实型
240	功耗	P_D	瓦特	实型
241	功率增益	G_P	dB	实型
242	单个二极管功率	W_D	瓦特	实型
243	额定功率		瓦特	实型
244	电源(高)	W_{sh}	伏特	实型
245	电源(低)	W_{sl}	伏特	实型

表 33（续）

序号	定　义	符号	单位	类型
246	电源衰减系数	P_{SRR}		实型
247	实施说明书＃1			字符串
248	实施说明书＃2desc xxxxx			字符串
249	可编程			逻辑
250	可编程增益			实型
251	传播延时时间		秒	实型
252	传播延时时间(高至低电平)	t_{PHL}	秒	实型
253	传播延时时间(低至高电平)	t_{PLH}	秒	实型
254	输出高电平的延时	t_{pdh}	秒	实型
255	输出低电平的延时	t_{pdl}	秒	实型
256	协议			字符串
257	脉冲存储时间	t_{ps}	秒	实型
258	脉冲时间	t_p	秒	实型
259	脉冲宽度	t_w	秒	实型
260	静态输入电压	V_I	伏特	实型
261	静态输出电压	V_O	伏特	实型
262	辐射能	J_w	焦耳	实型
263	增加辐射度			逻辑
264	穿透电压		伏特	实型
265	电抗	X	欧姆	实型
266	接收机输入阻抗	Z_I	欧姆	实型
267	整流效率(%)			实型
268	整流电压	V_{rect}	伏特	实型
269	注册号			字符串
270	注册类型			字符串
271	稳压器电流	I_S	安培	实型
272	稳压器电压	V_S	伏特	实型
273	稳压器阻抗	Z_S	欧姆	实型
274	反向电压重复峰值	V_{RRM}	伏特	实型
275	断态电流重复峰值	I_{DRM}	安培	实型
276	断态电流重复峰值	V_{DRM}	安培	实型
277	通态电流重复峰值	I_{TRM}	安培	实型
278	反向电压重复峰值	V_{RRM}	伏特	实型
279	额定反向电压重复峰值		伏特	实型
280	可重置			逻辑

表 33（续）

序号	定义	符号	单位	类型
281	电阻	R	欧姆	实型
282	容许电阻(高)(%)			实型
283	容许电阻(低)(%)			实型
284	电阻值(测量值)		欧姆	实型
285	电阻率(欧姆/每平方)	Ω	欧姆	实型
286	电阻器结构类别			字符串
287	分辨率(比特)			整型
288	响应时间	t_r	秒	实型
289	最终进位			字符串
290	反向阻塞电流	I_{IBO}	安培	实型
291	反向击穿电流	I_{rb}	安培	实型
292	反向击穿电压	V_{rb}	伏特	实型
293	反向电流	I_R	安培	实型
294	反向电流(重复峰值)	I_{RRM}	安培	实型
295	反向电流(浪涌峰值)	I_{RSM}	安培	实型
296	反向栅极电流	I_{GR}	安培	实型
297	反向栅-源电压	V_{SG}	伏特	实型
298	反向功耗	P_R	瓦特	实型
299	反向恢复电流	$I_{RM(REC)}$)	安培	实型
300	反向恢复时间	t_{rr}	秒	实型
301	反向电压	V_R	伏特	实型
302	上升时间	t_r	秒	实型
303	饱和电流	I_{sat}	安培	实型
304	饱和电阻	V_{sat}	欧姆	实型
305	饱和电压		伏特	实型
306	屏蔽测试			字符串
307	密封			字符串
308	回复时间	t_s	秒	实型
309	回复时间(高)	t_{sh}	秒	实型
310	回复时间(低)	t_{sl}	秒	实型
311	达到最终最大值的%p的回复时间	t_{pmax}	秒	实型
312	达到最终最小值的%p的回复时间	t_{pmIn}	秒	实型
313	轴直径		毫米	实型
314	移动方向(如4Hleft)			字符串
315	偏移时钟节拍频率	F_{shIft}	赫兹	实型

表 33（续）

序号	定义	符号	单位	类型
316	短路			字符串
317	信噪比	SNR	dB	实型
318	单端输入阻抗	Z_{Is}	欧姆	实型
319	单端输入电压	V_{ISR}	伏特	实型
320	单端输出阻抗	Z_{ps}	欧姆	实型
321	单端电压放大倍数	A_{us}		实型
322	转换率	S_R	伏特/秒	实型
323	小信号击穿阻抗	Z_{BR}	欧姆	实型
324	小信号前向阻抗	z_f	欧姆	实型
325	小信号电阻	R	欧姆	实型
326	软起动			字符串
327	可焊性			逻辑
328	源电流	I_S	安培	实型
329	源截止电流	$I_{S(off)}$	安培	实型
330	源电压	V_{SS}	伏特	实型
331	源端子			实型
332	源极-衬底电压	V_{ss}	伏特	实型
333	空间电荷密度			实型
334	参考标准			实型
335	驻波波率	SWR		实型
336	静态漏-源通态电阻	$R_{sds(on)}$	欧姆	实型
337	静态前向电流传导系数	I_{sft}		实型
338	静态输入电阻	R_{In}	欧姆	实型
339	静态电导	G_M	西门子	实型
340	存储温度	T_{STG}	度 C	实型
341	存储时间	t_s	秒	实型
342	存储电荷	Q_S	库仑	实型
343	剥蚀力		磅力	实型
344	选通输入电流	I_{st}	安培	实型
345	选通脉冲宽度	T_{st}	秒	实型
346	螺柱转距		英寸-磅力	实型
347	副载频			实型
348	衬底长		毫米	实型
349	衬底宽		毫米	实型
350	衬底极			实型

表 33（续）

序号	定　义	符号	单位	类型
351	电源电压	V_{CC}	伏特	实型
352	浪涌电流	I_S	安培	实型
353	浪涌通态电流	I_{TSM}	安培	实型
354	符号函数			字符串
355	温度	T	度 C	实型
356	温度系数			实型
357	端接类型			字符串
358	热平衡			实型
359	热噪声			实型
360	热电阻	R_{θ}	欧姆	实型
361	热电阻，箱对环境	$R_{\theta CA}$	欧姆	实型
362	热电阻，结对环境	$R_{\theta JA}$	欧姆	实型
363	热电阻，结对箱	$R_{\theta JC}$	欧姆	实型
364	热电阻，结对引线	$R_{\theta Jl}$	欧姆	实型
365	热电阻，结对参考点	$R_{\theta JR}$	欧姆	实型
366	阀电流	I_{th}	安培	实型
367	阀电流(高)	I_{thh}	安培	实型
368	阀电流(低)	I_{thl}	安培	实型
369	阀电压	V_{th}	伏特	实型
370	阀电压(高)	V_{thh}	伏特	实型
371	阀电压(低)	V_{thl}	伏特	实型
372	容许值			实型
373	容许值(在 d℃时)(%)			实型
374	总持续时间	T_{td}	秒	实型
375	总失谐度(%)	THD		实型
376	总功耗(全部引入线)	P_T	瓦特	实型
377	传送器功率增益	G_T	dB	实型
378	瞬时响应	T_R	秒	实型
379	过渡持续时间		秒	实型
380	过渡时间(高到低)	T_{THL}	秒	实型
381	过渡时间(低到高)	T_{TLH}	秒	实型
382	关闭时间	T_{off}	秒	实型
383	接通时间	T_{on}	秒	实型
384	关闭延迟时间	$T_{d(off)}$	秒	实型
385	接通延迟时间	$T_{d(on)}$	秒	实型

表 33(续)

序号	定　义	符号	单位	类型
386	不平衡电压	V_{OU}	伏特	实型
387	低压保护			字符串
388	低压释放			字符串
389	单位			字符串
390	单位增益频宽	G_{b}	赫兹	实型
391	单位增益频宽(最大)	G_{bmax}	赫兹	实型
392	单位增益频宽(最小)	G_{bmIn}	赫兹	实型
393	更新时间			字符串
394	利用率(最大需用量/额定容量)			实型
395	数值			字符串
396	电压	V	伏特	实型
397	电压调节	V_{C}	伏特	实型
398	电压调节振荡器频率	F_{uco}	赫兹	实型
399	电压调节振荡器频率,高	F_{ucoh}	赫兹	实型
400	电压调节振荡器频率,低	F_{ucol}	赫兹	实型
401	电压控制,最大值	V_{cmax}	伏特	实型
402	电压控制,最小值	V_{cmIn}	伏特	实型
403	额定电压		伏特	实型
404	参考电压	V_{ref}	伏特	实型
405	电压-温度系数		伏特/度 C	实型
406	波长		赫兹	实型
407	宽度		毫米	实型
408	导线直经		毫米	实型
409	工作断态电压　峰值	$V_{wp(off)}$	伏特	实型
410	工作反向电压　峰值	V_{RWM}	伏特	实型
411	工作断态电压	V_{DWM}	伏特	实型
412	工作额定反向电压　峰值		伏特	实型
413	写脉冲宽	T_{w}	秒	实型
414	写脉冲宽最大值	T_{wmax}	安培	实型
415	写脉冲宽最小值	T_{wmIn}	安培	实型
416	零栅压漏电流	I_{DDS}	安培	实型
417	零栅压源电流	I_{SDS}	安培	实型
418	T 度(C)时零功率电阻	r_{T}	欧姆	实型
电路仿真中的面结型二极管参数				
419	饱和电流	IS	A	实型

表 33（续）

序号	定　义	符号	单位	类型
420	欧姆律电阻(线性电阻)	*RS*	欧姆	实型
421	发射系数	*N*		实型
422	过渡时间	*TT*	S	实型
423	零偏量 P-N 电容	*CJO*	F	实型
424	结电位	*VJ*	V	实型
425	结分级系数	*M*		实型
426	激活能	*EG*	eV	实型
427	饱和电流温度系数	*XTI*		实型
428	反向击穿电压	*BV*	V	实型
429	击穿电压时的电流	*IBV*	A	实型
430	正偏置损耗电容系数	*FC*		实型
431	闪变效应噪声系数	*KF*		实型
432	闪变效应噪声指数	*AF*		实型
电路仿真中 JFET 三极管的参数				
433	阈电压	*VTO*	V	实型
434	跨导	*BETA*	A/V²	实型
435	沟道长度调制	*LAMBDA*	1/V	实型
436	漏欧姆电阻	*RD*	欧姆	实型
437	源欧姆电阻	*RS*	欧姆	实型
438	零偏量栅-源结电容	*CGS*	F	实型
439	零偏量栅-漏结电容	*CGD*	F	实型
440	栅结电位	*PB*	V	实型
441	栅结饱和电流	*IS*	A	实型
442	正向偏压损耗电容系数	*FC*		实型
443	阈电压温度系数	*VTOTC*	V/度 C	实型
444	BETA 指数温度系数	*BETATCE*	%/度 C	实型
445	闪变效应噪声系数	*KF*		实型
446	闪变效应噪声指数	*AF*		实型
电路仿真中双极晶体管的参数				
447	传输饱和电流	*IS*	A	实型
448	理想最大正 BETA	*BF*		实型
449	正向电流发射系数	*NF*		实型
450	前向早期电压	*VAF*	V	实型
451	强电流 β 上移	*IKF*	A	实型
452	B-E 泄漏饱和电流	*ISE*	A	实型

表 33（续）

序号	定　义	符号	单位	类型
453	B-E 泄漏发射系数	*NE*		实型
454	理想最大反向β	*BR*		实型
455	反向电流发射系数	*NR*		实型
456	反向早期电压	*VAR*	V	实型
457	强反向电流β上移	*IKR*	A	实型
458	B-C 泄漏饱和电流(Irev)	*ISC*	A	实型
459	B-E 泄漏发射系数	*NC*		实型
460	零偏量基极电阻(Rbase)	*RB*	欧姆	实型
461	R 基的截止电流	*IRB*	A	实型
462	最小基极电阻	*RBM*	欧姆	实型
463	射极电阻	*RE*	欧姆	实型
464	集电极电阻	*RC*	欧姆	实型
465	BE 零偏量损耗电容	*CIE*	F	实型
466	B-E 固有电位	*VJE*	V	实型
467	B-E 结指数系数	*MJE*		实型
468	理想正过渡时间	*TF*	s	实型
469	TF 偏置损耗系数	*XTF*		实型
470	TF 与 VBC 的相关性	*VTF*	V	实型
471	TF 强电流参数	*ITF*	A	实型
472	超相位	*PTF*	度	实型
473	B-C 零偏量损耗电容	*CJC*	F	实型
474	B-C 固有电位	*VJC*	V	实型
475	B-C 结指数系数	*MJC*		实型
476	B-C 电容对基极接连的比率	*XCJC*		实型
477	理想反向过渡时间	*TR*	s	实型
478	零偏量集电极-衬底电容	*CJS*	F	实型
479	衬底-结固有电位	*VJS*	V	实型
480	衬底-结指数因子	*MJS*		实型
481	β-温度指数	*XTB*	eV	实型
482	IS-温度能量间距	*EG*		实型
483	IS-温度指数	*XT*		实型
484	闪变噪声系数	*KF*		实型
485	闪变噪声指数	*AF*		实型
486	正向偏量电容系数	*FC*		实型
487	面积尺寸系数	*AREA*		实型

表 33（续）

序号	定　义	符号	单位	类型
电路仿真中 MOS 晶体管参数				
488	模式复合标识符	*LEVEL*		整型
489	表面电位	*PHI*	V	实型
490	漏极欧姆性电阻	*RD*	欧姆	实型
491	源极欧姆性电阻	*RS*	欧姆	实型
492	零偏量体-漏电容	*CBD*	F	实型
493	零偏量体-源电容	*CVS*	F	实型
494	体结饱和电流	*IS*	A	实型
495	栅-源重叠电容/沟道宽	*CGSO*	F/m	实型
496	栅-漏重叠电容/沟道宽	*CGDO*	F/m	实型
497	栅-体重叠电容/沟道宽	*CGBO*	F/m	实型
498	漏,源扩散层电阻	*RSH*	欧姆	实型
499	零偏体结电容/单位面积	*CJ*	F/m^2	实型
500	体结底部梯度系数	*MJ*		实型
501	零偏体结周长电容/单位长度	*CJSW*	F/m	实型
502	体结侧壁梯度系数	*MJSW*		实型
503	体结饱和电流/单位面积	*JS*	A/m^2	实型
504	氧化层厚度	*TOX*	m	实型
505	衬底搀杂浓度	*NSUB*	cm^{-3}	实型
506	表面态密度	*NSS*	cm^{-2}	实型
507	快速表面态密度	*NFS*	cm^{-3}	实型
508	栅极金属类型＋1＝opp,0＝AL,－1＝sub.	*TPG*		实型
509	金属结深度	*XJ*	m	实型
510	横向扩散长度	*LD*	m	实型
511	表面迁移率	*UO*	$cm^2/V*s$	实型
512	最大漂移速度	*VMAX*	m	实型
513	阈压的宽度效应	*DELTA*		实型
514	迁移率调制(项)	*THETA*	1/V	实型
515	稳态反馈	*ETA*		实型
516	饱和场系数	*KAPPA*		实型
517	沟道长度	*L*	m	实型
518	沟道宽度	*W*	m	实型
519	横向扩散宽度	*WD*	m	实型
520	零偏阈电压	*VTO*	V	实型
521	跨导	*KP*	A/V^2	实型

表 33（续）

序号	定　义	符号	单位	类型
522	体阀参数	*GAMMA*	$V^{0.5}$	实型
523	沟道长度调节	*LAMBDA*	1/V	实型
524	栅极欧姆性电阻	*RG*	欧姆	实型
525	体极欧姆性电阻	*RB*	欧姆	实型
526	漏-源旁路电阻	*RDS*	欧姆	实型
527	体结电势	*PB*	V	实型
528	体结前偏电容系数	*FC*		实型
529	迁移率退化关键性区域	*UCRIT*	V/cm	实型
530	迁移率退化指数	*UEXP*		实型
531	迁移率退化横向域 K	*UTRA*		实型
532	沟道荷载系数	*NEFF*		实型
533	由于漏极的沟道荷载	*XQC*		实型
534	闪变效应噪声系数	*KF*		实型
535	闪变效应噪声指数	*AF*		实型
	混合微电路电阻器属性*			
536	混合电阻器激光微调值	N/A	N/A	实型
537	混合电阻器激光微调过程	N/A	N/A	字符串
538	混合电阻器涂料 ID	N/A	N/A	字符串
539	混合电阻器形状	N/A	N/A	字符串
540	混合电阻器长度	N/A	平方	实型
541	混合电阻器宽度	N/A	模型单位	实型
542	混合电阻器帽长度	N/A	模型单位	实型
543	混合电阻器帽宽度	N/A	模型单位	实型
544	混合电阻器引线长延伸	N/A	模型单位	实型
545	混合电阻器引线宽延伸	N/A	模型单位	实型
546	混合电阻器引线重叠	N/A	模型单位	实型

分层的电气产品设计规则属性

NO	AVC	定义	符号	单位	类型
547	2	组件位置格点	N/A	模型单位	实型
548	2	引线位置格点	N/A	模型单位	实型
549	2	通路位置格点	N/A	模型单位	实型
550	2	导体路径及区域格点	N/A	模型单位	实型
551	1	缺省堆垫尺寸	N/A	模型单位	实型
552	1	组件与组件的位置间隙	N/A	模型单位	实型
553	1	堆垫与堆垫的位置间隙	N/A	模型单位	实型

* 关于混合微电路电阻器属性的定义在这表格后的注释中给出。

表 33（续）

序号	定	义	符号	单位	类型
554	1	导体与导体的位置间隙	N/A	模型单位	实型
555	1	导体与堆垫的位置间隙	N/A	模型单位	实型
556	1	介质与堆垫的间隙	N/A	模型单位	实型
557	1	介质与储电组件的间隙	N/A	模型单位	实型
558	1	介质与导体的重叠	N/A	模型单位	实型
559	2	组件位置取向规则	N/A	N/A	
		• 分层			字符串
		• 方向			
		• 仅正交			字符串
		• 允许斜交			字符串
		• 任意角			字符串
560	3	自动路径定向规则	N/A	N/A	
		• 分层			字符串
		• 方向			
		• 垂直			字符串
		• 水平			字符串
		• 正交			字符串
		• 允许斜交			字符串
		• 任意角			字符串
		• T 型交叉			
		• 允许 T 型交叉			字符串
		• 不允许 T 型交叉			字符串
561	1	无连接规则堆垫	N/A	N/A	字符串
562	1	堆垫规则下的通路	N/A	N/A	
563	2	网络长度规则	N/A	模型单位	实型
564	6	ECL 网络长度规则	N/A	模型单位	
		• TN—最大			实型
		• TN—最小			实型
		• RT—最大			实型
		• RT—最小			实型
		• ST—最大			实型
		• ST—最小			实型
565	1	网络配置规则	<n. a.>	N/A	
		• 星形			字符串
		• Daisy 链			字符串

表 33（续）

序号		定　义	符号	单位	类型
		• ECL-Daisy 链			字符串
		• 用户			字符串
		• ECL 用户			字符串
566	1	网络优先权	N/A	N/A	整型
567	1	网络源引线规则	N/A	N/A	指针
568	1	网络限制规则	N/A	N/A	
		• T 型交叉			字符串
569	1	网络连接电阻器规则	N/A	N/A	指针
570	2	通用设计规则	N/A	N/A	
		• 规则一名			字符串
		• 规则一值			字符串
571	1	引线组件修正规则	N/A	N/A	
		• 移动一引线			字符串
		• 新一垫堆			字符串
572	1	混合电阻器长度步长	N/A	模型单位	实型
573	1	混合电阻器最小尺寸	N/A	模型单位	实型
574	1	混合电阻器最大尺寸	N/A	模型单位	实型
575	1	混合电阻器最小允许面积	N/A	(模型单位)^2	实型
576	1	混合电阻器最大允许面积	N/A	(模型单位)^2	实型
577	1	混合电阻器最小长宽比	N/A	N/A	实型
578	1	混合电阻器最大长宽大比	N/A	N/A	实型
579	1	混合电阻器微调与导体间隙	N/A	模型单位	实型
580	1	混合电阻器缺省方向	N/A	N/A	
		• 水平			字符串
		• 垂直			字符串
581	1	混合电阻器所需方向	N/A	N/A	
		• 水平			字符串
		• 垂直			字符串
582	1	混合电阻器所需层	N/A	N/A	字符串
583	1	混合电阻器漆涂偏差(长度)	N/A	Model	实型
584	1	混合电阻器漆涂偏差(百分比)	N/A	N/A	实型

n）混合微电路电阻属性

对表 33 中关于混合微电路电阻器属性的注释(从 No 536～No546，ALT＝2)。

- LHR1　混合电阻器激光微调值：表示电阻器的激光微调系数。微调系数用占电阻器额定的百分比值表示，微调系数为 100.0 表明电阻器没有被微调。

- LHR2　混合电阻器激光微调过程：指下列情况中的一种(非敏感情况)。
  ——N 无微调；
  ——S 静态(具体数值)；
  ——D 动态(在控制电路中调整)；
  ——SD 静态或动态。
- LHR3　混合电阻器涂料 ID：指电阻器涂料的标识号。
- LHR4　混合电阻器形状：指下列混合电阻器形状中的一种(非敏感情况)。
  ——顶盖型；
  ——矩形；
  ——螺旋型。
- LHR5　混合电阻器长度：指方形电阻器的长度。
- LHR6　混合电阻器宽度：指电阻器的宽度(用模型的空间单位表示)。
- LHR7　混合电阻器盖长：指顶盖型电阻器盖的长度(用模型的空间单位表示)。
- LHR8　混合电阻器盖宽：指顶盖电阻器的盖宽(用模型的空间单位表示)。
- LHR9　混合电阻器引线延伸长度：指引线超出电阻器长度的距离(用模型的空间单位表示)。
- LHR10　混合电阻器引线延伸宽度：指引线超出电阻器宽度的距离(用模型的空间单位表示)。
- LHR11　混合电阻器引线复盖：指电阻器复盖导引线的距离(用模型的空间单位表示)。

o)　设计规则属性

对表 33 中设计规则(从 No547～No584，ALT-2)的注释。

- LDR1　组件置位格点：指组件置位格点间的 X 和 Y 距离，模型空间原点在时间、空间上与某一格点相重合。
- LDR2　导线置位格点：指导线组件置位格点间的 X 和 Y 距离，模型空间原点在时间、空间上与某一格点相重合。
- LDR3　通路位置格点：指通路格点间 X 和 Y 距离，模型空间原点在时间、空间上与某一格点相重合。
- LDR4　导线通路和面积格点：指导线通路和面积置位格点间的 X 和 Y 距离，模型空间原点在时间、空间上和某一格点重合。
- LDR5　垫堆大小的缺省值：指明垫堆(引线、路或孔)大小的缺省值(直径)。
- LDR6　组件间置位间隙：指一对组件置位边界之间的最小间隔。
- LDR7　垫堆与垫堆的置位间隙：指一对垫堆边界间的最小间隔。
- LDR8　导体与导体置位间隙：指一对导体(线路或区域)间的最小间隙。
- LDR9　导体与垫堆置位间隙：指一导体(线或区域)与垫堆(引线、路或孔)间的最小间隔。
- LDR10　介质与垫堆间隙：指介质隔离物与垫堆(引线、路或孔)之间的最小间隔。
- LDR11　介质与储电组件间隙：指介质隔离物与储电组件(混合屏蔽电阻器)间的最小间隔。
- LDR12　介质对导体的覆盖：指介质隔离物超出导体边缘的最小距离。
- LDR13　组件置位定向规则：有两个域，定义如下：
  Layer：规则适用的层是指从这个层到 LEP 层映射属性的预定义的功能层；
  Orientation：特定层(非敏感)所允许的通路定向的类型为下面三种类型之一。
  ——仅正交；
  ——允许斜交；
  ——任何角度。
- LDR14　自动布线取向规则：有三个域，定义如下：
  Layer：规则适用的层是从这个层到 LEP 层映射属性的已预定义的功能层。

Direction:特定层(非敏感)处自动布线通路的占优方向为下面五种方向之一。

——垂直;

——水平;

——正交;

——允许斜交;

——任何角。

TJunctions:是否允许 T 型交叉,由下面(非敏感)字符串之一来说明:

——允许 T 型交叉;

——非 T 型交叉。

- LDR15 无连接规则垫堆:所示层不能用来连接垫堆(引线或路)。这种层应是从这个层到 LEP 层映射属性的预定义的功能层。
- LDR16 垫堆规则下的通路:标识通路,垫堆的子图定义可直接放在表面连接的垫堆之下并连接。
- LDR17 网络长度规则:网络的最小长度与最大长度都被指定,缺省的最小值是 0.0。
- LDR18 ECL 网络长度规则:有六个域,定义如下:

TN__MAX 整个网络的最大长度;

TN__MIN 整个网络的最小长度;

RT__MAX 连接电阻器与最后第二个引线间的最大网络的长度;

RT__MIN 连接电阻器与最后第二个引线间的最小网络的长度;

ST__MAX 源引线与连接电阻器间的最大网络的长度;

ST__MIN 源引线与连接电阻器间的最小网络的长度。

- LDR19 网络配置规则:网络的配置是下面五种之一(非敏感):

——Starburst(缺省配置):路由器可随意连接每个网络,使网络尽可能有效;

——Daisy_Chain:系统中配置网络,可产生数据生成收集链(无物理连接点可有二个以上节点);

——ECL_Daisy_Chain:配置为生成数据生成收集链系统且标记为 ECL 网络;

——User:根据网络流结合中引线顺序在用户指定的数据生成收集链中进行配置;

——ECL_User:为用户确定数据生成收集链但作为 ECL 网络检查。

- LDR20 网络优先权:有高优先权的网络应被路由,即使多个低优先权的网络尚未被路由。路由的优先权由一个 0~100 之间的整数表示。100 表示优先权最高。
- LDR21 网络源引线规则:将指明一个可能的 ECL 网的源引线,该值是指向源引线连接点实体的 DE 指针。
- LDR22 网络限制规则:对网络的任何特殊限制如下说明(非敏感):

——TJunctions:T 型交叉不是网络的一部分。

- LDR23 网络端接电阻器规则:一个 ECL 网络连接引线用指向它的连接点实体的指针 DE 标识。
- LDR24 通用设计规则:一个通用设计规则(即没有并入这份说明中的规则)用两个域来表示:

——Name_Of_Rule:在原有系统中的规则名;

——Rule_Value:与原系统中这个规则有关的值。如果多个域是这个值的一部分,它们将用参数界定符界定。

- LDR25 组件引线修改规则:用两个域来说明组成引线可移动,或在实例中不相连的堆垫可分配(非敏感)。

——Move_Pin:说明引线可移动(零值该引线不能移动);

——New_Padstack:说明新的垫堆可被分配(零值指新的垫堆不被分配)。

- LDR26　混合电阻器长度步长:可以用该步长(用模型的空间单位表示)增加电阻器长度以便能符合特殊的功耗要求。
- LDR27　混合电阻器最小尺寸:以模型空间单位度量的电阻器的最小尺寸(长度或宽度)。
- LDR28　混合电阻器最大尺寸:以模型空间单位度量的电阻器的最大尺寸(长度或宽度)。
- LDR29　混合电阻器最小允许面积:电阻器的最小面积。
- LDR30　混合电阻器最大允许面积:电阻器的最大面积。
- LDR31　混合电阻器最小长宽比:电阻器长与宽的最小长宽比。
- LDR32　混合电阻器最大长宽比:电阻器长与宽的最大长宽比。
- LDR33　混合电阻器微调与导体的间隙:从电阻器到导体通路或导体区域的最小位置距离以便于激光微调。
- LDR34　混合电阻器缺省方向:屏蔽电阻器的缺省方向(水平或垂直)。
- LDR35　混合电阻器所要求方向:屏蔽电阻器所要求的方向(水平或垂直)。
- LDR36　混合电阻器所要求的层:放置电阻器的层,这层应是从这个层到 LEP 层映射属性的预定义的功能层。
- LDR37　混合电阻器漆涂偏差(长度)。
- LDR38　混合电阻器漆涂偏差(百分比值)。

表 34　AEC 属性列表达式(ALT=3)

序号	定　义	单位	数据
1	每小时换气	h^{-1}	实型
2	涂料区域	cm^2	实型
3	承载墙		逻辑
4	承载墙容量	N/cm	实型
5	建筑物名		字符串
6	建筑物性质		字符串
7	单位出口宽度的容量		逻辑
8	天花板孔深	cm	实型
9	天花板类型		字符串
10	易燃性		逻辑
11	集中静载	N	实型
12	集中动载	N	实型
13	制冷		逻辑
14	每平方尺的成本	元(美元)	实型
15	涂料颜色		字符串
16	涂料类型		字符串
17	地板成品的视图	cm	实型
18	最终孔高	cm	实型
19	最终孔宽	cm	实型
20	防火门		逻辑

表 34（续）

序号	定　义	单位	数据
21	防火		逻辑
22	防火额定值	h	实型
23	灭火系统		逻辑
24	防火墙		逻辑
25	地板名称		字符串
26	地板到天花板高	cm	实型
27	地板到地板高	cm	实型
28	地板类型		字符串
29	构架类型		字符串
30	总面积	cm^2	实型
31	总地板面积/每人	cm^2	实型
32	硬件类型		字符串
33	加热		逻辑
34	静水压力	N/cm^2	实型
35	照明水平	cm·坎德拉	实型
36	渗透度	cm^3/min	实型
37	潜热增益	BTU/h	实型
38	光反射(%)		实型
39	门楣高	cm	实型
40	动载荷缩减(%)		实型
41	出口设置		逻辑
42	净面积	cm^2	实型
43	净地板面积/每人	cm^2	实型
44	层数		整型
45	人员载荷		整型
46	开孔类型		字符串
47	可操作性		逻辑
48	相对湿度(%)		实型
49	立柱高	cm	实型
50	立柱高(最大)	cm	实型
51	立柱高(最小)	cm	实型
52	房间的活动性		字符串
53	房间名		字符串
54	毛坯开孔高度	cm	实型
55	毛坯开孔宽度	cm	实型

表 34（续）

序号	定　　义	单位	数据
56	灵敏热增益	BTU/h	实型
57	补偿系数(%)		实型
58	切边		逻辑
59	切边载荷量	N/cm	实型
60	基石高	cm	实型
61	斜度(%)		实型
62	隔烟门		逻辑
63	烟额定值	h	实型
64	隔烟墙		逻辑
65	雪载荷	N/cm^2	实型
66	雪承载能力	N/cm^2	实型
67	土密度	N/cm^2	实型
68	土质		字符串
69	声级	DB	实型
70	声音反射(%)		实型
71	声音传输类别		整型
72	温度	度 F	实型
73	热透射	BTU/h/ft	实型
74	线宽	cm	实型
75	线宽，最大值	cm	实型
76	线宽，最小值	cm	实型
77	均匀静载	N/cm^2	实型
78	均匀动载	N/cm^2	实型
79	出口宽度单元	cm	实型
80	通风	cm^3/min	实型
81	墙类型		字符串
82	风压	N/cm^2	实型
83	工作平面高度	cm	实型

表 35　流程工厂属性列表(ALT＝4)

序号	定　　义	数据类型	默认单位
1	标定管道尺寸	实型	模型单位
2	材料名称	字符串	
3	结束准备	字符串	
4	墙厚	实型	模型单位
5	用户端号	字符串	

表 35（续）

序号	定　义	数据类型	默认单位
6	接点标识号	字符串	
7	无偏差配置代码	整型	
8	无偏差材料代码	整型	
9	说明正文	字符串	
10	材料控制水平	字符串	
11	临界类	字符串	
12	接头类型	字符串	
13	净重/质量值	实型	lb(磅)
14	净重/质量单位	字符串	
15	短管/零部件名	字符串	
16	功能组代码	字符串	
17	零部件类型	字符串	
18	标定管道尺寸类型	字符串	
19	目标标识	字符串	
20	目标修订	字符串	
21	拉丝与部件的连接(寻找号)	字符串	
22	适用范围	字符串	
23	日程	字符串	
24	服务	字符串	
25	冲击的额定值	字符串	
26	子安全	字符串	
27	临界噪声	字符串	
28	墙厚单位	字符串	
29	设备名称	字符串	
30	设备功能	字符串	
31	固体的重心(x)	实型	模型单位
32	固体的重心(y)	实型	模型单位
33	固体的重心(z)	实型	模型单位
34	固体的重心单元	字符串	
35	函数	字符串	
36	分类	字符串	
37	管道规程	字符串	
38	类型	字符串	
39	绝缘规程	字符串	
40	涂漆规程	字符串	

表 35（续）

序号	定　　义	数据类型	默认单位
41	跟踪规程	字符串	
42	状态(详述的,强调的…)	字符串	
43	标志号	字符串	
44	最大设计压力	实型	绝对压强
45	最大设计压力单位	字符串	
46	最大设计温度	实型	度 F
47	最大设计温度单位	字符串	
48	蒸汽压力	实型	绝对压强
49	蒸汽压力单位	字符串	
50	材料说明	字符串	
51	衬垫厚度	实型	模型单位
52	衬垫厚度单位	字符串	
53	主衬垫编码	字符串	
54	等分点标识号	字符串	
55	线/序列号数	字符串	
56	设备环号	字符串	
57	标定管道尺寸单位	字符串	
58	设计面积	字符串	
59	项目	字符串	
60	阀型号	字符串	
61	阀大小	实型	模型单位
62	阀大小单位	字符串	
63	阀编码	字符串	
64	分子量	实型	lb/lb 摩尔
65	分子量单位	字符串	
66	流率	实型	lb/hr
67	流率单位	字符串	
68	流体材料	字符串	
69	仪器型号	字符串	
70	管道规程	字符串	
71	密度	实型	lb/ft^3
72	密度单位	字符串	
73	黏度	实型	厘泊(centipoise)
74	黏度单位	字符串	
75	热容量	实型	BTU/lb F

表 35（续）

序号	定　义	数据类型	默认单位
76	热容量单位	字符串	
77	工作温度	实型	度,F
78	工作温度单位	字符串	
79	工作压力	实型	绝对压强
80	工作压力单位	字符串	
81	组成	字符串	
82	建筑物/排	字符串	
83	视图/层	实型	模型单位
84	视图/层单位	字符串	
85	额定压力	实型	绝对压强
86	额定压力单位	字符串	
87	凸缘表面光洁度	字符串	
88	流向	字符串	
89	项目面积	字符串	
90	注释	字符串	
91	附注标识	字符串	
92	湿重/质量	实型	lbs（磅）
93	湿重/质量单位	字符串	
94	液体重心(x)	实型	模型单位
95	液体重心(y)	实型	模型单位
96	液体重心(z)	实型	模型单位
97	液体重心单元	字符串	
98	外径	实型	模型单位
99	外径单位	字符串	
100	维数标准	字符串	
101	焊缝标识号	字符串	
102	构件名称	字符串	
103	样品选择代码	字符串	
104	制造类别	字符串	
105	物质输出标识号	字符串	
106	穿心式螺栓	逻辑	
107	阀操作类型	字符串	
108	增强垫厚度	实型	模型单位
109	增强垫厚度单位	字符串	
110	增强垫宽度	实型	模型单位

表 35（续）

序号	定　义	数据类型	默认单位
111	增强垫厚宽度单位	字符串	
112	链长	实型	模型单位
113	链长单位	字符串	
114	管道支撑类型	字符串	
115	支撑零部件引用	字符串	
116	插销类型	字符串	
117	插销长度	实型	模型单位
118	插销长度单位	字符串	
119	插销直径	实型	模型单位
120	插销直径单位	字符串	
121	绝缘厚度	实型	模型单位
122	绝缘厚度单位	字符串	
123	绝缘密度	实型	lbs/ft^3
124	绝缘密度单位	字符串	
125	流体编码	字符串	
126	单位数	字符串	
127	项数	字符串	
128	部件数	字符串	
129	安全区	字符串	
130	设计编码	字符串	
131	喷嘴长度＃1	实型	模型单位
132	喷嘴长度＃2	实型	模型单位
133	喷嘴长度单位	字符串	
134	喷嘴弯曲半径	实型	模型单位
135	喷嘴弯曲半径单位	字符串	
136	喷嘴类型	字符串	
137	数量	实型	片
138	数量单位	字符串	
139	管道设备	实型	模型单位
140	管道设备单位	字符串	
141	最小设计墙厚	实型	模型单位
142	最小设计墙厚单位	字符串	
143	物品元件类别	整型	
144	物品元件子类	整型	
145	为有凸缘设备设置的标志	整型	

表 35（续）

序号	定　　义	数据类型	默认单位
146	为组件安装设置的标志	整型	
147	组件角度	实型	度
148	组件角度单位	字符串	
149	从原点到 A 端插座底部的构件长度	实型	模型单位
150	元件 A 单位	字符串	
151	从厚点到 B 端插座底部的元件长度	实型	模型单位
152	元件 B 长度单位	字符串	
153	从原点到 C 端插座底部的构件长度	实型	模型单位
154	元件 C 长度单位	字符串	
155	从原点到 D 端插座底部的构件长度	实型	模型单位
156	元件 D 长度单位	字符串	
157	A 端元件插座深度	实型	模型单位
158	A 端元件插座深度单位	字符串	
159	B 端元件插座深度	实型	模型单位
160	B 端元件插座深度单位	字符串	
161	C 端元件插口深度	实型	模型单位
162	C 端元件插口深度单位	字符串	
163	D 端元件插口深度	实型	模型单位
164	D 端元件插口深度	字符串	
165	A 端元件内层宽度	实型	模型单位
166	A 端元件内层宽度单位	字符串	
167	B 端元件内层宽度	实型	模型单位
168	B 端元件内层宽度单位	字符串	
169	C 端元件内层宽度	实型	模型单位
170	C 端元件内层宽度单位	字符串	
171	D 端元件内层宽度	实型	模型单位
172	D 端元件内层宽度单位	字符串	
173	A 端元件壳厚	实型	模型单位
174	A 端元件壳厚单位	字符串	
175	B 端元件壳厚	实型	模型单位
176	B 端元件壳厚单位	字符串	
177	C 端元件壳厚	实型	模型单位
178	C 端元件壳厚单位	字符串	
179	D 端元件壳厚	实型	模型单位
180	D 端元件壳厚单位	字符串	
181	组件弯曲度	实型	模型单位
182	组件弯曲度单位	字符串	

表 35（续）

序号	定　　义	数据类型	默认单位
183	组件轴线偏移量	实型	模型单位
184	组件轴线偏移量单位	字符串	
185	法兰外径	实型	模型单位
186	法兰外径单位	字符串	
187	法兰厚度	实型	模型单位
188	法兰厚度单位	字符串	
189	凸面法兰直径	实型	模型单位
190	凸面法兰直径单位	字符串	
191	凸面法兰厚度	实型	模型单位
192	凸面法兰厚度单位	字符串	
193	插槽底部至法兰表面的长度	实型	模型单位
194	插槽底部至法兰表面的长度单位	字符串	
195	镗孔直径	实型	模型单位
196	镗孔直径单位	字符串	
197	摩擦系数	实型	
198	摩擦系数描述符	字符串	

注：模型单位指全局参数 14 和 15 中说明的单元。

表 36　电气和 LEP 制造属性列表（ALT＝5）

序号	AVC	定义	符号	单位	类型	备注[a]
1	9	组件物理定向				LMA1
		X 轴旋转度数，最小		度	实型	
		Y 轴旋转度数，最小		度	实型	
		Z 轴旋转度数，最小		度	实型	
		X 轴旋转度数，通常		度	实型	
		Y 轴旋转度数，通常		度	实型	
		Z 轴旋转度数，通常		度	实型	
		X 轴旋转度数，最大		度	实型	
		Y 轴旋转度数，最大		度	实型	
		Z 轴旋转度数，最大		度	实型	
2	9	LEP 物理定向				LMA2
		X 轴旋转度数，最小		度	实型	
		Y 轴旋转度数，最小		度	实型	
		Z 轴旋转度数，最小		度	实型	
		X 轴旋转度数，通常		度	实型	
		Y 轴旋转度数，通常		度	实型	
		Z 轴旋转度数，通常		度	实型	
		X 轴旋转度数，最大		度	实型	
		Y 轴旋转度数，最大		度	实型	
		Z 轴旋转度数，最大		度	实型	

表 36（续）

序号	AVC	定义	符号	单位	类型	备注*
3	3	组件物理厚度 最小 通常 最大		 毫米 毫米 毫米	 实型 实型 实型	LMA3
4	2	组件定位 格式编码 格式编码说明			 字符串 字符串	LMA4
5	1	组件定位深度杆			字符串	LMA5
6	3	组件定位力 最小 通常 最大		 盎司 盎司 盎司	 实型 实型 实型	LMA6
7	1	组件定位机器			字符串	LMA7
8	1	组件定位工具			字符串	LMA8
9	2	组件定位进给器 ID 说明			 字符串 字符串	LMA9
10	3	组件定位进给器 *X* 轴坐标 *Y* 轴坐标 *Z* 轴坐标		 毫米 毫米 毫米	 实型 实型 实型	LMA10
11	1	组件放置选择点 ID			字符串	LMA11
12	1	允许测试点 ID			字符串	LMA12
13	1	实际测试点 ID			字符串	LMA13
14	1	物理组件驱动 ID			字符串	LMA14
15	1	印制线装配 ID			字符串	LMA15
16	1	LEP 装配 ID			字符串	LMA16
17	1	LEP 直通路 ID			字符串	LMA17
18	1	LEP 盲通路 ID			字符串	LMA18
19	1	LEP 基准 ID			字符串	LMA19
20	1	静电荷额定值			字符串	LMA20
21	3	组件置位绑定 ID 材料详述 过程详述			字符串 字符串 字符串	LMA21
22	33	LEP 设计厚度 顶部 底部 总共		 毫米 毫米 毫米	 实型 实型 实型	LMA22

* 备注见表后的注释。

对表 36“电气和 LEP 制造属性列表(ALT=5)”的注释：

● LMA1 组件的物理定向

当所描述的实体将各组件安装到 LEP 时，组件物理定向属性说明了计量器内引用实体的位置。该实体的属性值与组件的实际物理放置定向的 X,Y 或 Z 轴位置有关。将组件放置在 LEP 的工作可以手工完成，也可以使用自动插入装置、分检放置机器、机器人或者其他装配技术。但这与交换文件中的网络子图实例的定向不总是相同的。这些值与计量器中的组件有关(进给器，选样管，圆盘传送带部件，锭块位置等)。若组件有转动，则最终的定向结果便是组件在装配完毕的 LEP 上的实际放置方向。

该属性将会被表示实际电子组件的网络、子图实例引用。该属性也有可能被表示机械组件或支撑装置的子图实例引用。

● LMA2 LEP 物理定向

LEP 的物理定向属性具体说明了 LEP 在一个给定的工作环境中的位置(三维空间：X、Y、Z 轴)。实际 LEP 相对于原始 CAD 模型的定向有偏转，这些值被制造中的后置处理软件用于补偿这种偏转。当考虑 LEP 的偏转时，最终的定向是 LEP 在工作环境坐标系中的实际定向。

对于某一个特定的 LEP 底座，装配过程中可能会有几个不同的工作环境。因此，LEP 物理定向 X、Y 和 Z 轴偏转属性将被组相关引用，组相关用于定义在某一特定过程中相关的组件。若在制造过程中只有一个工作环境，该属性将被定义 LEP 的实体引用。若没有这样的实体存在，属性具有独立的状态。

● LMA3 组件物理厚度

组件物理厚度属性描述了组件被装配到 LEP 后的设计厚度。这样定义该值：从安装了 LEP 组件的表面到组件的最高点(最突处)的距离为厚度。该值会被用于组件相扰检查、插入的后置处理和自动刀具路径的产生。

组件物理厚度的最小值描述了组件被装配到 LEP 的厚度的最小设计值。组件物理厚度的额定值描述了组件被装配到 LEP 后的元件额定设计厚度值。组件物理厚度的最大值描述了组件被装配到 LEP 后元件的最大设计厚度值。

该属性将会被表示实际电子组件的网络子图定义/实例引用。该属性也有可能被表示为机械组件或装配装置的子图定义/实例引用。

● LMA4 组件放置样式

组件放置样式属性描述了某一组件导块的定形样式，无论它们是自动、半自动定形，还是手工定形。尽管没有一个广泛被接受的规定样式命名格式的文件，大多数组织已提出了它们内部的命名规则，就用该规则来作为组件放置样式编码值。该数据通常用于晶体管放大器、转换器和竖直安装的组件。

组件放置样式编码说明值是附加信息，这些信息是关于某一种具体样式编码，如某一特定的管芯或机器的设置。

该属性将由表示实际电子组件的网络子图定义/实例所引用。

● LMA5 组件放置深度栓

组件放置深度栓属性说明在安装组件时，安插装置使用的机器深度栓或距离的实际放置情况。

许多安插装置有一套分级的深度栓，递增量相等，它们用于控制组件的放置。其他安插装置读取一字符串，这个字符串在装配之后从 LEP 表面控制已安装组件的高度。若值是一台安插装置的代码，如“C43”、“D6”或“1a”，则属性中将有字符串。安插装置的后置处理软件使用该代码来校准机器。若值是安插装置用于放置组件的实际线性距离，那么该值在属性中便是一个实数，如“0.125”。该值必须反映按照具体单位测量所得的线性距离。

该属性将由表示实际电子组件的网络子图定义/实例引用。该属性也有可能被表示机械组件或装配装置的子图定义/实例引用。

● LMA6 组件放置力

组件放置力属性说明了放置组件过程中将施于组件的力。安插装置通过使用该数据和一个或多个触觉传感器(TACTILE SENSDRS)的反馈信息，制定组件是否达到所设计的放置标准。这对于超小型电子管(SMT)领域的应用十分重要，因为组件的导线将被推入 LEP 上的焊点，这需要一个已确定的力来保证焊接过程中的良好压焊。

对于各组件而言，该力因组包类型和引线数的不同而不同。

组件放置力的最小值是放置过程中施于组件的最小力。组件放置力的额定值是放置过程中施于组件的额定值。组件放置力的最大值是放置过程中施于组件的最大值。

该属性将会被表示实际电子组件的网络子图定义/实例引用。该属性也有可能被表示机械组件或装配装置的子图定义/实例引用。

● LMA7 组件放置装置

组件放置装置属性说明了将组件安装至 LEP 的装置名称、数目或其他标识符。CAD 或 CAPP 系统在 LEP 的设计阶段使用该数据将组件分配给组件放置装置。

对于某一特定的装配过程，可能有几种不同的安插顺序。因此，组件放置装置属性会被组相关性引用，该组相关性定义了与每个安插顺序相关的组件。若装配过程中没有说明安插顺序，该属性被定义 LEP 的实体所引用。若没有这样的实体存在，则该属性具有独立的状态。

● LMA8 组件放置工具

组件放置工具说明了装配过程中控制某一部分工具的名称。制造后置处理软件使用该数据来决定使用何种端头操纵装置或工具头来取组件。

该属性将会被表示实际电子组件的网络子图定义/实例所引用。该属性也有可能被表示机械组件或装配装置的子图定义/实例所引用。

● LMA9 组件放置进给装置

组件放置进给装置属性说明了进给器的标识号(ID)，或者是各企业自定义的进给器代码和它的说明。ID 值通常是一个短字符串，这个字符串对一个具体的过程是很重要的。

组件放置进给装置说明值是用于组件装置部件进给装置的名称。这可以包括诸如 WAFFLE PACK—2、TR09 或其他具体的机器标识号。通过声明，可确定这些装置物理上将位于工作单元或放置装置的何处，这些名称适用于超小型电子管(SMT)、通孔技术和机械组件。

(注：大多数组件为每一个放置都预置了位置。)

该属性将会被表示实际电子组件的网络子图定义/实例所引用。该属性也有可能被表示机械组件或装配装置的子图定义/实例引用。

● LMA10 组件放置进给装置位置

组件放置进给装置位置属性说明了进给装置输入的坐标位置。该值通常为机器的绝对坐标。通过分析组件放置进给装置的 X、Y、Z 位置和组件放置的检取点的 X、Y、Z 位置，就可以确定组件在它的放置装置的确切位置。此外，通过分析组件放置物理定向和 LEP 物理定向，可确定用于放置一个组件精确的三维运动。

该属性将会被表示实际电子组件的网络、子图定义/实例引用。该属性也有可能被表示机械组件或装配装置的子图定义/实例引用。

● LMA11 组件放置检取点 ID

组件放置检取点 ID 属性说明了组件特性的位置，在放置过程中，放置设备、工具或机器人端头控制装置，将使用组件的属性来进行连接。通常该 ID 为 SMT 组件的中心，但对于一些特殊形状的部件或者一些在夹取部件时要求偏移量和/或不同角度的特殊装配方法，该 ID 也会不同。

该属性会被确定某项特性的任何实体引用。若该属性被一个实体引用，父实体便标记为一个组件放置检取点，属性中的字符串值进一步对其描述。

● LMA12 允许测试点 ID

允许测试点属性说明了 LEP 上的某一物理特性(通路，通孔组件引线，SMT LAND AREA，或专用测试点)给予测点入口或允许测试。来自其他组件，工具定位装置的干扰和/或已具有特性的物理参数(如，一个 SMT 台座(LAND PAD)对于某一种测试技术而言极易损坏)能使某一候选测试点不被允许。

不止一种允许测试点属性可与同一点相关，以此表明可适用于几种测试顺序(如某一特定点可以裸板测试，位于线路中的测试和自动检测，而另一点却只能用于裸板测试)。该属性的典型值可为如下的字符串："PWB"(PRINTED WRRING BARE-BOARD TEST，即印刷电路裸板测试)，"ICT"(IN-CIRCUIT 或联合测试)，"R"(ROBOTIC PROBING，即自动检测)或"NA"(不可用)。

该属性可被任何用于定位导电特性的实体引用。若该属性被一实体引用，父实体可被标记为一个允许测试点，而属性中的字符串值对其进一步描述。若没有被实体引用的允许测试点属性，则不存在允许测试点。

● LMA13 实际测试点 ID

实际测试点属性说明了 LEP 上的某一物理特征(部件通路，通孔组件引线，SMT 台座，或专用测试点)已被确定为测试点。

若该属性被一实体引用，则父实体被标记为一测试点，属性中的字符串值将对其深入描述。

不止一个实际测试点可与同一点相关，以此表明可适用于几种测试方案(如某一特定点可以 PWB 测试、in-circuit 测试和自动检测，而另一点却只能用于 PWB 测试)。该属性也有可能被表示机械组件或装配装置的子图实例引用。该属性的典型值是定义测试仪器的名称/型号的字符串，比如：DITNCO-9 100，HP3065，GR2750，L293 等。该属性的另一用途是根据测试的类别如 PWB、ICT、功能性等来组织测试点。该属性的基本目的是传递设计意图，即在何处且怎样使用测试点信息。

该属性将被确定特征的任何实体引用。

● LMA14 物理组件设备 ID

物理组件设备 ID 属性说明一个对象是一个物理组件。

若该属性被一实体引用，父实体被标记为物理组件设备，而属性中的字符串值对其深入描述。该属性将被网络子图定义或表示物理组件设备的子图定义引用。

● LMA15 印制线路装配 ID

印制线路装配 ID 属性规定一个对象是一个 PWA。

若该属性被一实体引用，父实体被标记为一个 PWA，属性值中的字符串值对其进一步描述。该属性将被定义印制线路装配(PWA)的实体引用。若没有这样的实体存在，该属性具有独立的状态。

● LMA16 LEP 装配系统 ID

LEP 装配系统 ID 属性规定一个对象是一层状电气产品。

若该属性被一实体引用，父实体被标记为一个层状电气产品，属性值中的字符串值对其进一步描述。该属性将被定义 LEP 的实体引用。若没有这样的实体存在，该属性具有独立的状态。

● LMA17 LEP 直通路 ID

LEP 直通路 ID 属性规定一个对象是一个直通路，一个穿透所有 LEP 层的导电孔。

若该属性被一实体引用，父实体被标记为一个直通路，属性中的字符串值对其深入描述。该属性将被网络子图定义或表示直通路的子图定义引用。

● LMA18 LEP 盲通路 ID

LEP 盲通路 ID 属性说明了一个对象是一盲通路，仅穿透 LEP 一层外表面的导电孔。

若该属性被一实体引用，父实体被标记为一个盲通路，属性中的字符串值对其深入描述。该属性将被网络子图定义或者表示盲通路的子图定义引用。

● LMA19 LEP 基准 ID

LEP 基准 ID 属性说明一对象是基准，一作为特定参照点的特征。基准是一个特征(如：一个孔)，这个特征被 LEP 安插设置用来排齐 LEP 底座或一组件，这样便可在 LEP 底座上正确插入或安置引脚。

若该属性被实体引用，父实体被标记为基准，属性中的字符串值对其进行深入的描述。该属性将被表示基准的子图定义引用。

● LMA20 静电释放率

静电释放率属性说明一组件或 LEP 对静电能的敏感性，该属性值是一定义静电存储偏转率(ESP)的字符串。

该属性将被表示实际电气组件或 LEP 的网络子图定义引用。

该属性将被定义组件或 LEP 的实体引用。若没有这样的实体存在，该属性具有独立的状态。

● LMA21 组件放置连接

组件放置连接属性说明了给粘结材料定位的特征。该特征可能用一个点来描述，此时在大多数情况下它表示少量胶水。该特征也可能用一条线或一个多边形来描述，此时它代表一块将要涂上焊团的区域。无论何种情况，组件放置连接材料详述和组件放置连接过程详述值进一步说明了数据的预定含义。

组件放置连接材料详述值说明了用于具体位置的连接材料的类型。属性值是一表明材料的技术要求的字符串。

组件放置连接过程详述值说明了具体位置的连接过程的类型。属性值是一表明过程的技术要求的字符串。

若该属性被实体引用，父实体被标记为连接区域，ID 字符串值对其深入描述(如：粘合剂，胶水，焊锡，糊状物等)。该属性将被定位特征的任何实体引用。

● LMA22 LEP 设计厚度(顶、底和总值)

LEP 设计厚度属性说明了从 LEP 底座的上表面至最高组件顶部的最大允许距离从 LEP 底座的下表面至最低组件底部的最大允许值和 LEP 底座总厚度的最大值。这三个距离是当组件放置后，从 LEP 底座上测量的。

LEP 底座的上、下表面的判定基于哪一面是由 COMP_PLACEMENT_T 功能层和 CCMP_PLACEMENT_B 功能层分别标识的。参见 LEP 层映射属性实体的层(类型 406，格式号 24)。

该属性将被定义 LEP 的实体引用。若没有这样的实体存在，该属性具有独立的状态。

7.81 相关性实例实体（类型 402）

每次当需要一个相关性关系时，就要用到一个Associativity Instance Entity（相关性实例实体）。

相关性实例的格式号表示该实体的含意。如果格式号介于1与5000之间，其定义将在7.81.1和后面的各条详细介绍。如果格式号介于5 001与9 999之间，一个相关定义实体（类型302）将会出现在文件中，实例的结构域(DE Field 3)指向该定义实体的目录条目。

每一个作为相关性实例成员的实体会包含一个指向相关性实例的反向指针（见5.2.4.5.2）。

参数 K 和 $N(1)$，$N(2)$，…$N(K)$ 在相关性定义中被定义（参见7.70）。

7.81.1 预定义相关性

如同在7.70所定义的一样，相关性定义实体（类型302）只能出现在格式号介于5 001与9 999之间的文件中。以下各条包含了由开发者定义的预定义相关性。这些章条还给出了每个相关参数的说明，雷同于本标准中的其他实体的参数说明。

相关性实例实体的参数数据的一般格式如下：

参数数据

索引	名称	类型	说明
1	NE(1)	整型	一类项目数
2	NE(2)	整型	二类项目数
⋮	⋮	⋮	
K	NE(K)	整型	类K项目数
K类项目，共(NE(1)，…，NE(K)项，每项(N(1)，…，N(K))元素。)			
1+k	I(1,1,1)	变量	1类，项目1，元素1
…	I(1,1,2)	变量	1类，项目1，元素2
⋮	⋮	⋮	
…	I(1,1,N(1))	变量	1类，项目1，元素N(1)
…	I(1,2,1)	变量	1类，项目2，元素1
⋮	⋮	⋮	
…	I(1,2,N(1))	变量	1类，项目2，元素N(1)
⋮	⋮	⋮	
…	I(1,NE(1),1)	变量	1类，项目NE(1)，元素1
⋮	⋮	⋮	
…	I(1,NE(1),N(1))	变量	1类，项目NE(1)，元素N(1)
…	I(2,2,1)	变量	2类，项目2，元素1
⋮	⋮	⋮	
…	I(2,1,N(2))	变量	2类，项目1，元素N(2)
…	I(2,2,1)	变量	2类，项目2，元素1
⋮	⋮	⋮	
…	I(2,2,N(2))	变量	2类，项目2，元素N(2)
⋮	⋮	⋮	
…	I(2,NE(2),N(2))	变量	2类，项目NE(2)，元素N(2)

索引	名称	类型	说明
⋮	⋮	⋮	
…	I(K,1,1)	变量	K 类,项目 1,元素 1
⋮	⋮	⋮	
…	I(K,NE(K),N(K))	变量	K 类,项目 NE(K),元素 N(K)

按需要附加的指针(参见 5.2.4.5.2)。

7.82 组相关性(类型 402,格式 1)

Group Associativity(组相关性)允许将实体集作为一个单一的逻辑实体维护。图 115 即为一例。

有四个格式号表示组相关性:

格式	含义说明
1	带有反向指针的无序组
7	不带有反向指针的无序组
14	带有反向指针的有序组
15	不带有反向指针的有序组

第一项(格式=1)定义如下;其余各自定义在 7.86(格式=7)、7.90(格式=14)和 7.91(格式=15)。

a) 定义

索引	赋值	含义
1	1	一类
2	1	需要反向指针
3	2	无序的
4	1	每项一个元素
5	1	该元素为指针

b) 说明

1) 目录条目

编号和名字	值
(1) 实体类型号	402
(3) 结构	<n. a.>
(4) 线型模式	<n. a.>
(5) 层	<n. a.>
(6) 视图	<n. a.>
(7) 变换矩阵	<n. a.>
(8) 标号显示连接	<n. a.>
(9a) 空白状态	* *
(9b) 次级 实体 开关	??
(9c) 实体用途标记	??
(9d) 层次结构	= *

编号和名字	值
(12) 线宽	<n. a.>
(13) 颜色号	<n. a.>
(15) 格式号	1

2) 参数数据

索 引	名 称	类 型	说 明
1	N	整型	项目数目
2	DE(1)	指针	指向第一个实体的目录条目的指针
⋮	⋮	⋮	
1+N	DE(N)	指针	指向最后一个实体的目录条目的指针

按需要附加的指针（参见 5.2.4.5.2）。

7.83 视图可见相关性(类型 402,格式 3)

当一个实体要在一个单视图中显示时,指向该视图实体(类型 410)的指针将置于实体目录条目的域 6 中。

如果一个或多个的实体要在多于一个的视图中显示,但不在所有视图中显示,它们目录条目的域 6 必须引用该实体的一个实例。这种相关性的形式含有两类的信息。第一类含有可见实体的视图个数,后面跟着对这些视图的引用。第二类是可选的,它含有其显示由实例说明的实体个数,后面跟着指向这些实体的指针。

a) 定义

索 引	赋 值	含 义
1	2	两类
	一类	
2	1	需要反向指针
3	2	无序的
4	1	每项一个元素
5	1	元素为指针(指向视图实体)
	二类	
6	2	无需反向指针
7	2	无序的
8	1	每项一个元素
9	1	元素为指针(指向其他实体)

b) 说明

1) 目录条目

编号和名字	值
(1) 实体类型号	402
(3) 结构	<n. a.>
(4) 线型模式	<n. a.>

编号和名字	值
(5) 层	＜n. a.＞
(6) 视图	＜n. a.＞
(7) 变换矩阵	＜n. a.＞
(8) 标号显示连接	＜n. a.＞
(9a) 空白状态	* *
(9b) 次级 实体 开关	00
(9c) 实体用途标记	01
(9d) 层次结构	* *
(12) 线宽	＜n. a.＞
(13) 颜色号	＜n. a.＞
(15) 格式号	3

2) 参数数据

索引	名称	类型	说 明
1	N1	整型	可见视图的数目
2	N2	整型	在视图中显示的实体数目,或者为 0
3	DEV(1)	指针	指向第一个视图实体的目录条目的指针
⋮	⋮	⋮	
2+N1	DEV(N1)	指针	指向最后一个视实体的目录条目的指针
3+N1	DE(1)	指针	指向第一个实体的目录条目的指针,该实体的显示由这个相关性实例指定
⋮	⋮	⋮	
2+N2+N1	DE(N2)	指针	指向最后一个实体的目录条目的指针,该实体的显示由这个相关性实例指定

按需要附加的指针(参见 5.2.4.5.2)。

7.84 视图可见性、颜色、线宽相关性(类型 402,格式 4)

此相关性是格式 3 的一个扩充。许多在多视图中可见的实体,但在各个视图中有不同的线型、颜色号或线宽。这些实体须在目录条目的域 6 中引用该实体的一个实例。

在此相关性实例的参数数据部分,参数 N1 表示含有视图可见性、线型、颜色号及线宽详细定义的块的数目。每一个块含有一个指向视图实体(类型 410)的指针、一个线型值(或为 0)、线型值为 0 时还含有一个指向线型定义实体(类型 304)的指针、一个颜色值或指向颜色定义实体(类型 314)的指针以及一个线宽。参数 N2 表示此相关性成员实体(即具有这种特殊显示特性的实体)的数目或者为 0。

假如有多于一个的实体出现在类二中,类一中全部的显示特性都适用于类二中的每一个实体。

a) 定义

索 引	赋 值	含 义
1	2	两类
一类(视图)		
2	1	需要反向指针
3	2	无序的

索　引	赋　值	含　义
4	5	每项五个元素
	(条目模板)	
5	1	指向视图实体的指针
6	2	线型值
7	1	指向线型定义实体的指针
8	3	颜色号(值)或指针
9	2	线宽(值)
	二类(实体)	
10	2	无需反向指针
11	2	无序的
12	1	每项一个元素
13	1	元素为指针(指向实体)

b) 说明

1) 目录条目

编号和名字	值
(1) 实体类型号	402
(3) 结构	<n. a.>
(4) 线型模式	<n. a.>
(5) 层	<n. a.>
(6) 视图	<n. a.>
(7) 变换矩阵	<n. a.>
(8) 标号显示连接	<n. a.>
(9a) 空白状态	* *
(9b) 次级 实体 开关	00
(9c) 实体用途标记	01
(9d) 层次结构	* *
(12) 线宽	<n. a.>
(13) 颜色号	<n. a.>
(15) 格式号	4

2) 参数数据

索引	名称	类型	说　明
1	N1	整型	含有视图可见性、线型、颜色号及线宽详细定义的块的数目
2	N2	整型	有此显示特性的实体数目,或为 0
3	DEV(1)	指针	指向第一个视图实体的目录条目的指针
4	LF(1)	整型	线型值,或为 0

索引	名称	类型	说　明
5	DEF(1)	指针 或为 0	指向线型定义实体目录条目的指针,(只有当 LF(1)=0 时有效)
6	CN(1)	整型或指针	颜色值 1 或指向颜色定义实体目录条目的指针
7	LW(1)	整型	线宽 1
8	DEV(2)	指针	指向第二个视图实体的目录条目的指针
⋮	⋮	⋮	
2+5＊N1	LW(N1)	整型	最后一个线宽
3+5＊N1	DE(1)	指针	指向第一个实体目录条目的指针
⋮	⋮	⋮	
2+N2+5＊N1	DE(N2)	指针	指向最后一个实体目录条目的指针

按需要附加的指针(参见 5.2.4.5.2)。

7.85 实体标记显示相关性(类型 402,格式 5)

一些实体有一个或多个可能的实体标记显示,这取决于显示这些实体的视图。对于这些实体,目录条目的标记显示域(域 8)含有指向该相关性实例的一个指针。

在相关性实例的参数数据部分,参数 N 表示含有标记放置信息的块数目。每一块引用一个定义视图可见性的视图实体(类型 410)。其余信息(如正文位置,前导字符和层数)适用于该视图的标记。

a) 定义

索　引	赋　值	含　义
1	1	一类
2	2	无需反向指针
3	1	有序的
4	7	每项七个元素
5	1	指向视图实体的指针
6	2	正文位置的 XT 坐标
7	2	正文位置的 YT 坐标
8	2	正文位置的 ZT 坐标
9	1	指向前导字符实体的指针
10	2	实体标记级别数
11	2	指向实体的指针

b) 说明

1) 目录条目

编号和名字	值
(1) 实体类型号	402
(3) 结构	<n. a.>
(4) 线型模式	<n. a.>

编号和名字	值
(5) 层	<n. a.>
(6) 视图	<n. a.>
(7) 变换矩阵	<n. a.>
(8) 标号显示连接	<n. a.>
(9a) 空白状态	* *
(9b) 次级 实体 开关	??
(9c) 实体用途标记	??
(9d) 层次结构	* *
(12) 线宽	<n. a.>
(13) 颜色号	<n. a.>
(15) 格式号	5

2) 参数数据

索引	名称	类型	说　明
1	N	整型	放置标签的个数
2	DEV(1)	指针	指向第一个视实体的目录条目的指针
3	XT(1)	实型	第一个视中正文位置的 XT 坐标
4	YT(1)	实型	第一个视中正文位置的 YT 坐标
5	ZT(1)	实型	第一个视中正文位置的 ZT 坐标
6	DEARRW(1)	指针	指向第一个视中前导字符实体目录条目的指针
7	LLN(1)	整型	第一个视中实体标签级别数
8	DE(1)	指针	指向第一个被显示的实体目录条目的指针
⋮	⋮	⋮	
−5+7*N	DEV(N)	指针	指向最后一个视实体目录条目的指针
−4+7*N	XT(N)	实型	最后一个视中正文位置的 XT 坐标
−3+7*N	YT(N)	实型	最后一个视中正文位置的 YT 坐标
−2+7*N	ZT(N)	实型	最后一个视中正文位置的 ZT 坐标
−1+7*N	DEARRW(N)	指针	指向最后一个视中前导字符实体目录项的指针
7*N	LLN(N)	整型	最后一个视中实体标签级别数
1+7*N	DE(N)	指针	指向最后一个被显示的实体目录条目的指针

按需要附加的指针（参见 5.2.4.5.2）。

7.86 无反向指针的组相关性(类型 402,格式 7)

参见 7.82 关于组的讨论。

a) 定义

索　引	赋　值	含　义
1	1	一类
2	2	无需反向指针
3	2	无序的
4	1	每项一个元素
5	1	元素为指针

b) 说明

1) 目录条目

编号和名字	值
(1) 实体类型号	402
(3) 结构	<n. a.>
(4) 线型模式	<n. a.>
(5) 层	<n. a.>
(6) 视图	<n. a.>
(7) 变换矩阵	<n. a.>
(8) 标号显示连接	<n. a.>
(9a) 空白状态	**
(9b) 次级 实体 开关	??
(9c) 实体用途标记	??
(9d) 层次结构	**
(12) 线宽	<n. a.>
(13) 颜色号	<n. a.>
(15) 格式号	7

2) 参数数据

索引	名称	类型	说　明
1	N	整型	项数
2	DE(1)	指针	指向第一个实体的目录条目的指针
⋮	⋮	⋮	
1+N	DE(N)	指针	指向最后一个实体的目录条目的指针

按需要附加的指针(参见 5.2.4.5.2)。

7.87 单父实体相关性(类型 402,格式 9)

此相关性定义了一种逻辑结构,即一个父节点(独立节点)实体和一个或多个子节点(从属节点)实体。

父节点实体和子节点实体都需要指向这个实例的反向指针。任何必要的显示参数都由父节点实体来定义。

a) 定义

索　　引	赋　　值	含　　义
1	2	二类
一类(父节点)		
2	1	需要反向指针
3	2	无序的
4	1	每项一个元素
5	1	元素为指向父节点实体的指针
二类(子节点)		
6	1	需要反向指针
7	1	有序的
8	1	每项一个元素
9	1	元素为指向子节点实体的指针

b) 说明

1) 目录条目

编号和名字	值
(1) 实体类型号	402
(3) 结构	<n. a.>
(4) 线型模式	<n. a.>
(5) 层	<n. a.>
(6) 视图	<n. a.>
(7) 变换矩阵	<n. a.>
(8) 标号显示连接	<n. a.>
(9a) 空白状态	* *
(9b) 次级 实体 开关	??
(9c) 实体用途标记	??
(9d) 层次结构	* *
(12) 线宽	<n. a.>
(13) 颜色号	<n. a.>
(15) 格式号	9

2) 参数数据

索引	名称	类型	说　　明
1	NP	整型	父节点实体的个数(要求 NP=1)
2	NC	整型	子节点实体的个数
3	DE	指针	指向父节点实体目录条目的指针
4	DE(1)	指针	指向第一个子节点实体的目录条目的指针
⋮	⋮	⋮	
2+NC	DE(NC)	指针	指向最后一个子节点实体的目录条目的指针

按需要附加的指针（参见 5.2.4.5.2）。

7.88 外部引用文件索引相关性（类型 402，格式 12）

外部引用文件索引实体出现在文件中，该文件含有被另一个文件引用的定义。它含有一个符号名列表，这种列表被引用文件以及被引用文件中指向相关定义的目录条目指针所使用。详细内容请参见 6.6.4 和外部引用实体（类型 416）。

a) 定义

索　　引	赋　　值	含　　义
1	1	一类（外部被引用实体）
2	2	无需反向指针
3	2	在类中，项列表无序
4	2	每项的元素数目
5	2	第一个元素为值（外部引用实体符号名）
6	1	第二个元素为指针（内部实体目录条目指针）

b) 说明

1) 目录条目

编号和名字	值
(1) 实体类型号	402
(3) 结构	＜n. a.＞
(4) 线型模式	＜n. a.＞
(5) 层	＜n. a.＞
(6) 视图	＜n. a.＞
(7) 变换矩阵	＜n. a.＞
(8) 标号显示连接	＜n. a.＞
(9a) 空白状态	* *
(9b) 次级 实体 开关	??
(9c) 实体用途标记	??
(9d) 层次结构	* *
(12) 线宽	＜n. a.＞
(13) 颜色号	＜n. a.＞
(15) 格式号	12

2) 参数数据

索引	名称	类型	说　　明
1	N	整型	索引项数目
2	NAME(1)	字符串	第一个外部引用实体的符号名
3	PTR(1)	指针	指向第一个内部实体目录条目的指针
⋮	⋮	⋮	
2N	NAME(N)	字符串	最后一个外部引用实体的符号名
1+2*N	PTR(N)	指针	指向最后一个内部实体目录条目的指针

按需要附加的指针(参见 5.2.4.5.2)。

7.89 带尺寸标注的几何相关性(类型 402,格式 13)

这个实体被带尺寸标注的几何相关性的新格式(类型 402,格式 21)所替代,且不再被前置处理器使用。当这种实体(类型 402,格式 21)经过充分测试,实体(类型 402,格式 13)将被移入废弃实体附录。其作用也将被废除。

此相关性把尺寸实体和所标尺寸的几何实体结合起来。指向标注几何尺寸的实体指针说明了尺寸实体的类型。参见图 126。

a) 定义

索　引	赋　值	含　义
1	2	两类
一类(尺寸实体)		
2	1	需要反向指针
3	2	无序的
4	1	一个元素(指向尺寸的指针)
5	1	该元素为指针
二类(与几何相关)		
6	2	无需反向指针
7	2	无序的
8	1	每项一个元素(指向几何形的指针)
9	1	该元素为指针

b) 说明

1) 目录条目

编号和名字	值
(1) 实体类型号	402
(3) 结构	<n. a.>
(4) 线型模式	<n. a.>
(5) 层	<n. a.>
(6) 视图	<n. a.>
(7) 变换矩阵	<n. a.>
(8) 标号显示连接	<n. a.>
(9a) 空白状态	* *
(9b) 次级 实体 开关	??
(9c) 实体用途标记	??
(9d) 层次结构	* *
(12) 线宽	<n. a.>
(13) 颜色号	<n. a.>
(15) 格式号	13

2） 参数数据

索引	名称	类型	说　明
1	ND	整型	尺寸数目（要求 ND=1）
2	NG	整型	相关几何实体的数目
3	DIMPTR	指针	指向尺寸实体目录条目的指针
4	GEOM(1)	指针	指向第一个几何实体目录条目的指针
⋮	⋮	⋮	
3+NG	GEOM(NG)	指针	指向最后一个几何实体目录条目的指针

按需要附加的指针（参见 5.2.4.5.2）。

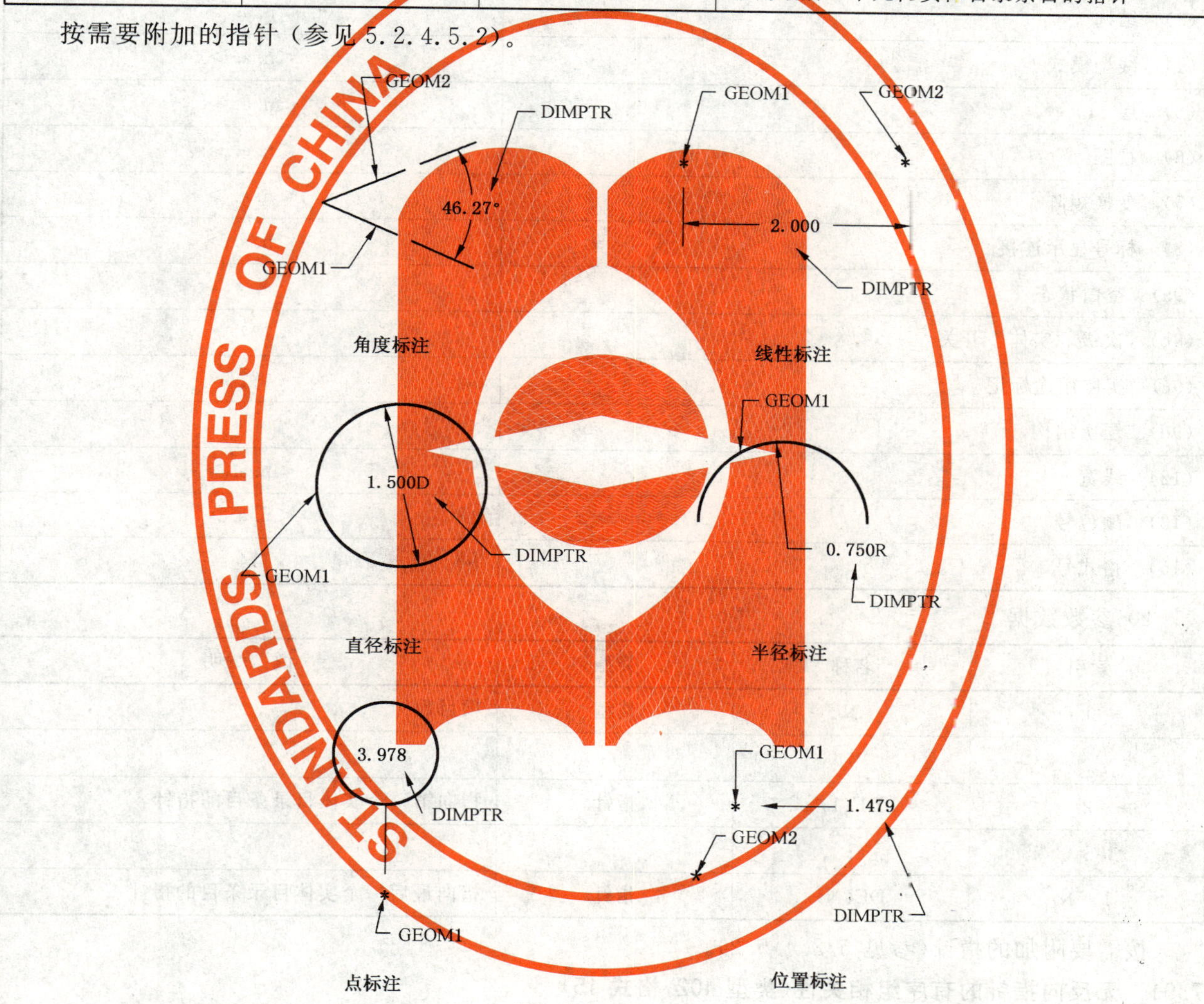

图 126　带尺寸标注的几何相关性

7.90　带反向指针的有序组相关性（类型 402，格式 14）

参见 7.81 关于组的讨论。

a） 定义

索　引	赋　值	含　义
1	1	一类
2	1	需要反向指针
3	1	有序的

索　引	赋　值	含　义
4	1	每项一个元素
5	1	该元素为指针

b) 说明

1) 目录条目

编号和名字	值
(1) 实体类型号	402
(3) 结构	<n. a.>
(4) 线型模式	<n. a.>
(5) 层	<n. a.>
(6) 视图	<n. a.>
(7) 变换矩阵	<n. a.>
(8) 标号显示连接	<n. a.>
(9a) 空白状态	* *
(9b) 次级 实体 开关	??
(9c) 实体用途标记	??
(9d) 层次结构	* *
(12) 线宽	<n. a.>
(13) 颜色号	<n. a.>
(15) 格式号	14

2) 参数数据

索引	名称	类型	说　明
1	N	整型	项目数
2	DE(1)	指针	指向第一个实体目录条目的指针
⋮	⋮	⋮	
1+N	DE(N)	指针	指向最后一个实体目录条目的指针

按需要附加的指针(参见 5.2.4.5.2)。

7.91 无反向指针的有序组相关性(类型 402,格式 15)

参见 7.81 关于组的讨论。

a) 定义

索　引	赋　值	含　义
1	1	一类
2	2	无需反向指针
3	1	有序的
4	1	每项一个元素
5	1	该元素为指针

b） 说明

1） 目录条目

编号和名字	值
(1) 实体类型号	402
(3) 结构	<n. a.>
(4) 线型模式	<n. a.>
(5) 层	<n. a.>
(6) 视图	<n. a.>
(7) 变换矩阵	<n. a.>
(8) 标号显示连接	<n. a.>
(9a) 空白状态	* *
(9b) 次级 实体 开关	??
(9c) 实体用途标记	??
(9d) 层次结构	* *
(12) 线宽	<n. a.>
(13) 颜色号	<n. a.>
(15) 格式号	15

2） 参数数据

索引	名称	类型	说 明
1	N	整型	项目数
2	DE(1)	指针	指向第一个实体目录条目的指针
⋮	⋮	⋮	
1+N	DE(N)	指针	指向最后一个实体目录条目的指针

按需要附加的指针（参见 5.2.4.5.2）。

7.92 平面的相关性(类型 402,格式 16)

此相关用于表明一组实体是共面的。在该组中的实体可能为几何、注解,也可能为结构。如果一个实体引用其从属实体,它们也必须是共面的。

第一个类含有指向转换矩阵实体的指针(类型 124),此转换矩阵实体指明了实体被移到的平面。在这种转换下,前面所提到的平面为 XY 平面的一个影像。正如对目录条目域 7 的描述,0 值即表示单位矩阵实体。该矩阵只是作为相关性信息;要素实体须被恰当地安置在模型空间中。

第二类含有指向共面实体的指针。

a） 定义

索 引	赋 值	含 义
1	2	两类
一类(变换矩阵)		
2	2	无需反向指针
3	1	有序类
4	1	每项的元素数

索　引	赋　值	含　义
5	1	指针
二类(共面实体)		
6	2	无需反向指针
7	2	无序类
8	1	每项的元素数
9	1	指针

b)　说明

1)　目录条目

编号和名字	值
(1)　实体类型号	402
(3)　结构	<n. a.>
(4)　线型模式	<n. a.>
(5)　层	<n. a.>
(6)　视图	<n. a.>
(7)　变换矩阵	<n. a.>
(8)　标号显示连接	<n. a.>
(9a)　空白状态	* *
(9b)　次级　实体　开关	??
(9c)　实体用途标记	??
(9d)　层次结构	* *
(12)　线宽	<n. a.>
(13)　颜色号	<n. a.>
(15)　格式号	16

2)　参数数据

索引	名称	类型	说　明
1	NTR	整型	转换矩阵的个数(要求 NTR=1)
2	N	整型	此相关性指向平面中的实体数
3	DETR	指针	指向从 XY 平面移动数据到共面的转换矩阵目录条目的指针
4	DE(1)	指针	指向确定平面第一个实体目录条目的指针
⋮	⋮	⋮	
3+N	DE(N)	指针	指向确定平面最后一个实体目录条目的指针

按需要附加的指针（参见 5.2.4.5.2）。

7.93　流相关性(类型 402,格式 18)

流相关性表示一个单一信号或者一个单一流体通路。此相关性含有七个类。

第一类中含有类型和函数标志。

类型标志	含　义
0	没有指定(缺省)
1	逻辑流
2	物理流

当逻辑产生式定义(图解)和物理产生式定义(印刷电路板)在同一个文件中,类型标志的使用是强制性的。在这样的文件中,类型标志不能为0。

函数标志视流体通路和导体而不同。

类型标志	含　义
0	没有指定(缺省)
1	电路信号
2	流体通路

流体通路是从一个起始节点实体开始的单一通路。此通路可能会包括附加的中间节点,但是它与流相关实体不同,流相关实体必须描述其各自的分支通路。当接合实体(四类)和连接实体(三类)出现在流路中时,它们必须是有序的。比如,流路的起始点必须列在第一位;流路的终点必须列在最后一位。

第二类包含有指向其他与流相关性关联的指针。这些其他的相关性将会实现可选的流表述。一个明显的例子就是同时含有图解和物理产生式定义的文件。每种类型对应的流相关性是成对的。

第三类是一个链接,它包含的指针列中的指针指向信号或流中的节点实体。

第四类是一种接合,它包含的指针列中的指针指向表示信号或流的图形实现的实体。

第五类包含有与信号和流相关的流的名称。

第六类包含的指针列表中的指针指向显示名称的实体,这种实体用于显示第五类中列出的第一个流名称。其引用将指向一个显示正文的模板,或一个用来表征可变正文实体的一般注释。当引用指向显示正文模板实体时,这些实体提供信号名称显示的位置和属性;用于显示的正文字符串从第五类中列出的第一个流名中得到。

第七类包含一个指向流延续实体的指针列表。流延续通过一个流相关树来表示,在这棵树中,每一个分枝代表整个流中的一个流相关性。这是一有序的列表,其中"主要"的通路延续,如果有的话,在列表的最末端。若没有流延续,则用空指针表示。

a)　定义

索　引	赋　值	含　义
1	7	七类
一类(上下文标志)		
2	2	无需反向指针
3	1	有序的
4	1	每项一个元素
5	2	元素为值
二类(相关的流)		
6	2	无需反向指针
7	2	无序的
8	1	每项一个元素
9	1	指向流相关的指针

索　引	赋　值	含　义
三类(节点(链接))		
10	1	需要反向指针
11	1	有序的
12	1	每项一个元素
13	1	指向节点实体或组相关的指针
四类(连接)		
14	1	需要反向指针
15	1	有序的
16	1	每项一个元素
17	1	指向几何或子图实例的指针
五类(流名称)		
18	2	无需反向指针
19	2	无序的
20	1	每项一个元素
21	2	元素为值
六类(流名称的显示)		
22	2	无需反向指针
23	2	无序的
24	1	每项一个元素
25	1	指向正文显示模板实体或一般注释实体的指针
七类(流延续)		
26	1	需要反向指针
27	1	有序的
28	1	每项一个元素
29	1	元素为指向一个流相关或一组连结相关的指针

b)　说明

1)　目录条目

编号和名字	值
(1)　实体类型号	402
(3)　结构	＜n. a.＞
(4)　线型模式	＜n. a.＞
(5)　层	＜n. a.＞
(6)　视图	＜n. a.＞
(7)　变换矩阵	＜n. a.＞

编号和名字	值
(8) 标号显示连接	＜n. a.＞
(9a) 空白状态	* *
(9b) 次级 实体 开关	??
(9c) 实体用途标记	??
(9d) 层次结构	* *
(12) 线宽	＜n. a.＞
(13) 颜色号	＜n. a.＞
(15) 格式号	18

2) 参数数据

索引	名称	类型	说 明
1	NCF	整型	上下文标记数目(要求 NCF=2)
2	NF	整型	与流相关性关联的数目
3	NC	整型	链接实体的数目
4	NJ	整型	连接实体的数目(几何形或子图)
5	NN	整型	流名称的数目
6	NT	整型	名称显示实体的数目
7	NP	整型	延续流相关性的数目
8	TF	整型	类型标记: 0=没有指定(缺省) 1=逻辑流 2=物理流
9	FF	整型	函数标记: 0=没有指定(缺省) 1=电路信号 2=流体通路
10	SPTR(1)	指针	指向第一个流相关目录条目的指针
⋮	⋮	⋮	
NF+9	SPTR(NF)	指针	指向最后一个流关联实体目录条目的指针
NF+10	CPTR(1)	指针	指向第一个连接实体目录条目的指针
⋮	⋮	⋮	
NF+NC+9	CPTR(NC)	指针	指向最后一个连接实体目录条目的指针
NF+NC+10	JPTR(1)	指针	指向第一个接合实体目录条目的指针
⋮	⋮	⋮	
NF+NC+NJ+9	JPTR(NJ)	指针	指向最后一个连接实体目录条目的指针
NF+NC+NJ+10	NAME(1)	字符串	第一个流名
⋮	⋮	⋮	
NF+NC+NJ+NN+9	NAME(NN)	字符串	最后一个流名

索引	名称	类型	说　明
NF+NC+NJ+NN+10	GPTR(1)	指针	指向第一个名称显示实体目录条目的指针
⋮	⋮	⋮	
NF+NC+NJ+NN+NT+9	GPTR(NT)	指针	指向最后一个名称显示实体目录条目的指针
NF+NC+NJ+NN+NT+10	CFPTR(1)	指针	指向第一个延续流相关实体目录条目的指针
⋮	⋮	⋮	
NF+NC+NJ+NN+NT+NP+9	CFPTR(NP)	指针	指向最后一个延续实体目录条目的指针("主"延续)

按需要附加的指针(参见5.2.4.5.2)。

7.94　分段视图可见的相关性(类型402,格式19)‡

‡ Segmented Views Visible Associativity(分段视图可见的相关性)实体尚未经过测试。参见4.8。

在视图中此实体将显示参数与曲线联系起来。它与视图可见相关性实体(类型402,格式3或格式4)以同样方式工作。该实体由目录条目域6(视图)引用。

要显示的曲线被分割成若干段,这些段与显示参数相关联。段由曲线上的各分割点来定义。第一段起始于最小参数值,并结束于第一个参数分割点,第二段起始于第一个参数分割点,并结束于第二个参数分割点。以此类推。

在给定的视图中,其实例的数据必须以参数分割点递增的顺序排列。这意味着,给定视图中的参数分割点须按递增参数顺序相邻排列。视图的排列并无特别的顺序。最后一个参数分割点必须与最后一个所定义视图的实体最大参数值相等。参数5和参数6取负值时分别表示指向颜色定义和线型定义实体的指针。

如果曲线段显示参数的数据是缺省的,比如,连续分割符,该曲线段的显示参数则就是曲线目录条目中相关的颜色值、线型值、线宽。对于没有能力显示不同曲线段的接收系统,则应用该曲线目录条目中整个曲线的颜色值、线型值、线宽权值。

a)　定义

索　引	赋　值	含　义
1	1	一类
2	2	无需反向指针
3	1	有序类
4	6	每项六个元素
5	1	指向视实体的指针
6	2	分割点的参数
7	2	显示标记(目录条目 Field 9a)
8	3	颜色
9	3	线型
10	2	线宽

b) 说明

1) 目录条目

编号和名字	值
(1) 实体类型号	402
(3) 结构	＜n.a.＞
(4) 线型模式	＜n.a.＞
(5) 层	＜n.a.＞
(6) 视图	＜n.a.＞
(7) 变换矩阵	＜n.a.＞
(8) 标号显示连接	＜n.a.＞
(9a) 空白状态	* *
(9b) 次级 实体 开关	??
(9c) 实体用途标记	??
(9d) 层次结构	* *
(12) 线宽	＜n.a.＞
(13) 颜色号	＜n.a.＞
(15) 格式号	19

2) 参数数据

索引	名称	类型	说 明
1	N	整型	视图(段)的块数目
2	PT(1)	指针	指向第一个视图实体目录条目的指针
3	P(1)	实型	第一个分割点参数
4	DF(1)	整型	第一个显示标记
5	C(1)	整型 或 指针	第一个颜色值 指向第一个颜色定义实体目录条目的指针(如果为负)
6	L(1)	整型 或 指针	第一个线型值 指向第一个线型定义实体目录条目的指针(如果为负)
7	W(1)	整型	第一个线宽
8	PT(2)	指针	指向第二个视实体目录条目的指针(可能与PT1相同,也可能不同)
9	P(2)	实型	第二个分割点参数
⋮	⋮	⋮	
2+6*(N−1)	PT(N)	指针	指向最后一个段的视实体目录条目的指针
3+6*(N−1)	P(N)	实型	最后一个段参数
⋮	⋮	⋮	
7+6*(N−1)	W(N)	整型	最后一个线宽

按需要附加的指针(参见 5.2.4.5.2)。

7.95 管道流的相关性(类型 402,格式 20)‡

‡ Piping Flow Associativity(管道流的相关性)实体尚未经过测试。参见 4.8。

管道流的相关性表示一条单一的流体通路。该相关性中含有七种类。

第一类中有以下类型标记:

类型标记	含　义
0	没有指定(缺省)
1	逻辑的
2	物理的

当逻辑(例:管道和仪器图表)和物理(例:管道生产模型)产生式定义在同一文件中,类型标记的使用是强制性的。在这样的文件中,类型标记不能为 0。

第二类中包含有指向其他与管道流相关性关联的指针。这些其他的相关性可以实现不同的流表示(如:一个同时包括逻辑和物理产生式定义的文件)。每种类型相对应的管道流相关性是成对的。

第三类是一个链表,其中含有指向流中连节点实体的指针列表。

第四类是一个连接,它含有指向表示流的图形实现的实体的指针列表。

第五类含有与该流相关的流名。

第六类含有指向正文显示模板实体的指针列表,该实体定义了列在第五类中的第一个流名的显示。

第七类中含有指向从当前流路分离的流体通路的指针,这是一个有序的列表,通路的“主”延续,如果有的话,总是被列在最后一个。如果主通路没有延续存在,一个空指针将会被用到。

a) 定义

索引	赋值	含　义
1	7	七类
一类(上下文标志)		
2	2	无需反向指针
3	1	有序的
4	1	每项一个元素
5	2	元素为值
二类(相关的流)		
6	2	无需反向指针
7	2	无序的
8	1	每项一个元素
9	1	指向管道流相关性的指针
三类(节点(链))		
10	2	无需反向指针
11	1	有序的
12	1	每项一个元素
13	1	指向节点实体的指针
四类(连接)		
14	2	无需反向指针

索引	赋值	含　义
15	1	有序的
16	1	每项一个元素
17	1	指向几何或子图实例实体的指针
五类(流名称)		
18	2	无需反向指针
19	2	无序的
20	1	每项一个元素
21	2	元素为值
六类(流名称的显示)		
22	2	无需反向指针
23	2	无序的
24	1	每项一个元素
25	1	指向正文显示模板实体的指针
七类(流延续)		
26	2	无需反向指针
27	1	有序的
28	1	每项一个元素
29	1	元素为指针

b) 说明

1) 目录条目

编号和名字	值
(1) 实体类型号	402
(3) 结构	＜n. a.＞
(4) 线型模式	＜n. a.＞
(5) 层	＜n. a.＞
(6) 视图	＜n. a.＞
(7) 变换矩阵	＜n. a.＞
(8) 标号显示连接	＜n. a.＞
(9a) 空白状态	* *
(9b) 次级 实体 开关	??
(9c) 实体用途标记	03
(9d) 层次结构	* *
(12) 线宽	＜n. a.＞
(13) 颜色号	＜n. a.＞
(15) 格式号	20

2) 参数数据

索　引	名称	类型	说　明
1	NCF	整型	上下文标记数目(要求 NCF=2)
2	NF	整型	与管道流相关性关联的数目
3	NC	整型	节点实体的数目
4	NJ	整型	接合实体的数目(几何或子图)
5	NN	整型	流名称的数目
6	NT	整型	用于流名称显示的正文显示模板的数目
7	NP	整型	延续管道流相关性的数目
8	TF	整型	类型标记： 0=没有指定(缺省) 1=逻辑流 2=物理流
9	SPTR(1)	指针	指向第一个流相关实体目录条目的指针
⋮	⋮	⋮	
NF+8	SPTR(NF)	指针	指向最后一个管道流关联实体目录条目的指针
NF+9	CPTR(1)	指针	指向第一个连接点实体目录条目的指针
⋮	⋮	⋮	
NF+NC+8	CPTR(NC)	指针	指向最后一个连接点实体目录条目的指针
NF+NC+9	JPTR(1)	指针	指向第一个接合实体目录条目的指针
⋮	⋮	⋮	
NF+NC+NJ+8	JPTR(NJ)	指针	指向最后一个接合实体目录条目的指针
NF+NC+NJ+9	NAME(1)	字符串	第一个流名
⋮	⋮	⋮	
NF+NC+NJ+NN+8	NAME(NN)	字符串	最后一个流名
NF+NC+NJ+NN+9	GPTR(1)	指针	指向第一个文本显示模板实体目录条目的指针
⋮	⋮	⋮	
NF+NC+NJ+NN+NT+8	GPTR(NT)	指针	指向最后一个文本显示模板实体目录条目的指针
NF+NC+NJ+NN+NT+9	CFPTR(1)	指针	指向第一个延续流相关实体目录条目的指针
⋮	⋮	⋮	
NF+NC+NJ+NN+NT+NP+8	CFPTR(NP)	指针	指向最后一个延续流相关实体目录条目的指针(“主”延续)

按需要附加的指针(参见 5.2.4.5.2)。

7.96 带尺寸标注的几何相关性(类型 402,格式 21)‡

‡ Dimensioned Geometry Associativity(带尺寸标注的几何相关性类型 402,格式 21)尚未经过测试。参见 4.8。

此实体被用于替代现有的带尺寸标注的几何关联实体(类型 402,格式 13)。当这个实体经过测试后,原有的实体(类型 402,格式 13)将被移入废弃实体附录,其作用也将被废除。

此相关性将一个尺寸实体和它所度量的几何实体关联，因此以后在接收数据库中，一旦几何改变，尺寸会自动地重新计算，相关几何将重新绘制。

由于所允许几何的一般性，GEOMn_PNT 的引入帮助后置处理器解决二义性问题。GEOMn_PNT 指向坐标(GPXn,GPYn,CPZn)，该坐标与指针 GEOMn 相关。GEOMn_PNT 是指模型空间中几何上重要的点。“重要的点”的例子，如实体的顶点或线段的端点。

如果尺寸标注中有两个箭头，则应有两个几何指针(GEOM1 和 GEOM2 NG＝2)，即使会对单个指针使用两次，如同标注线段那样，以便于保留 GEOM1_PNT 和 GEOM2_PNT 坐标。例如标注线段，有些后置处理器将会把两点作为多余信息而忽略，而其他后置处理器则会使用这两点的信息。

尺寸定向标记(DOF)用于角度、坐标和线性度量。值 0-3 被角度度量使用(类型 202)。值 47 被线性度量(类型 216，所有格式)和坐标度量(类型 218)使用。

在角度度量的情况下，被测量的角介于第一个几何(GEOM1)和第二个几何(GEOM2)之间。两个几何被投影到尺寸平面，对角度的测量是按照逆时针方向。共有四个这样的角，我们所要求的那个是根据 DOF、GEOM1_PNT 和 GEOM2_PNT 指定的，这里所指的两点均不能为顶点。

在坐标度量的情况下，GEOM1 指向特定的几何，该几何到基准线的距离被测量，GEOM2 置为零，并且相关的 GEOM2_PNT 被置为基准线的原点。DOF 的取值要由所度量距离在尺寸定义空间中的水平值或是垂直值来决定。

DOF 的取值如下(参见图 127 和图 128)：

- 该角在顶点 GEOM1_PNT 的同一侧开始，并结束于 GEOM2_PNT 的同侧。此为缺省值。
- 该角在顶点 GEOM1_PNT 的异侧开始，并结束于 GEOM2_PNT 的同侧。
- 该角在顶点 GEOM1_PNT 的同一侧开始，并结束于 GEOM2_PNT 的异侧。
- 该角在顶点 GEOM1_PNT 的异侧开始，并结束于 GEOM2_PNT 的异侧。
- 该度量为测量 GEOM1_PNT 与 GEOM2_PNT 在模型空间中的准确欧几里德距离。
- 该度量为一种平行测量，它测量 GEOM1_PNT 与 GEOM2_PNT 在尺寸定义空间的 XT-YT 平面上的距离。
- 该度量为一种垂直测量，它测量 GEOM1_PNT 与 GEOM2_PNT 在尺寸定义空间的 YT 方向上的距离。
- 该度量为一种水平测量，它测量 GEOM1_PNT 与 GEOM2_PNT 在尺寸定义空间的 XT 方向上的距离。
- 该度量为一种 AT-ANGLE 测量，它测量 GEOM1_PNT 与 GEOM2_PNT 在定义空间的距离，该空间平行于一条与 XT 轴成 AV 角度的直线。

尺寸位置标记(DLF)表明了相关几何体与被测量位置之间的关系。DLF 的取值如下：

- 端点(缺省)。要测量的位置是与相应 GEOMn_NT 最近的几何的端点。
- 中心点。要测量的位置是相关几何体的中心点，相应 GEOMn_NT 可被忽略。
- 切点。要测量的位置是相关几何体上的一点，该几何体的切线垂直于尺寸被测量的方向。如果有多个点满足，选取与相应 GEOMn_NT 最近的一点。
- 垂直点。要测量的位置是相关几何体上的一点，该几何体的法线垂直于尺寸被测量的方向。如果有多个点满足，选取与相应 GEOMn_NT 最近的一点。
- 相关参数值。要测量的位置是与相应 GEOMn_NT 最近的相关几何体上的一点，如果几何体被改变，新的尺寸位置在结果几何体的相关参数值与原来位置在原来几何体上的相同。
- 相对弧长。要测量的位置是与相应 GEOMn_NT 最近的相关几何体上的一点，如果几何体被改变，新的尺寸位置在结果几何体的相对弧长与原来位置在原来几何体上的相同。

图 129 显示了 DLF 各值的效果。

该特性的实例须有其从属实体开关，以使得在物理上相互依赖。它仅被一个尺寸实体反向指针所引用。

a） 定义

索　引	赋　值	含　义
1	2	两类
一类(尺寸实体)		
2	1	需要反向指针
3	2	无序类
4	3	每项三个元素
5	1	指向尺寸实体的指针
6	2	尺寸定向标记
二类(相关几何体)		
8	2	无需反向指针
9	2	有序类
10	5	每项五个元素
11	1	指向几何体的指针
12	2	尺寸位置标记
13	2	几何体上点的 X 坐标
14	2	几何体上点的 X 坐标
15	2	几何体上点的 Z 坐标

b） 说明

1） 目录条目

编号和名字	值
(1)　实体类型号	402
(3)　结构	＜n. a. ＞
(4)　线型模式	＜n. a. ＞
(5)　层	＜n. a. ＞
(6)　视图	＜n. a. ＞
(7)　变换矩阵	＜n. a. ＞
(8)　标号显示连接	＜n. a. ＞
(9a)　空白状态	* *
(9b)　次级　实体　开关	01
(9c)　实体用途标记	02
(9d)　层次结构	* *
(12)　线宽	＜n. a. ＞
(13)　颜色号	＜n. a. ＞
(15)　格式号	21

2） 参数数据

索引	名称	类型	说　明
1	ND	整型	维数(ND＝1)
2	NG	整型	相关几何体实体的数目
3	DIMPTR	指针	指向尺寸实体目录条目的指针
4	DOF	整型	尺寸定向标记
5	AV	实型	角度值
6	GEOM(1)	指针	指向第一个几何实体目录条目的指针
7	DLF(1)	整型	GEOM(1)的尺寸位置标记
8	GPX(1)	实型	GEOM(1)上的点的坐标
9	GPY(1)	实型	
10	GPZ(1)	实型	
⋮	⋮	⋮	
NG＊5＋1	GEOM(NG)	指针	指向第一个几何实体目录条目的指针，或为零
NG＊5＋2	DLF(NG)	整型	GEOM(NG)的尺寸位置标记
NG＊5＋3	GPX(NG)	实型	GEOM(NG)上的点或基准线原点的坐标
NG＊5＋4	GPY(NG)	实型	
NG＊5＋5	GPZ(NG)	实型	

按需要附加的指针（参见 5.2.4.5.2）。

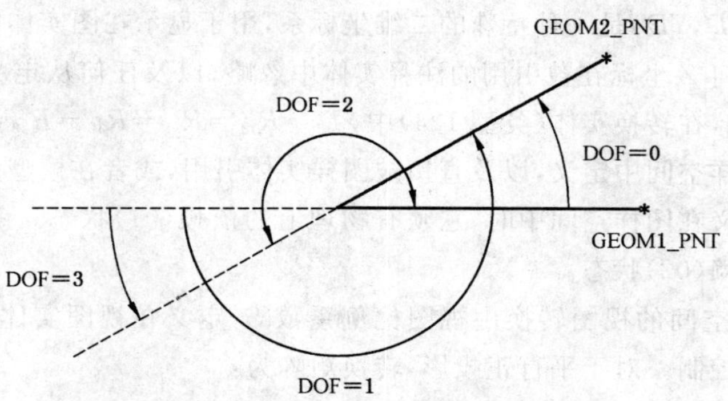

图 127　角尺寸自由度(**DOF**)的使用

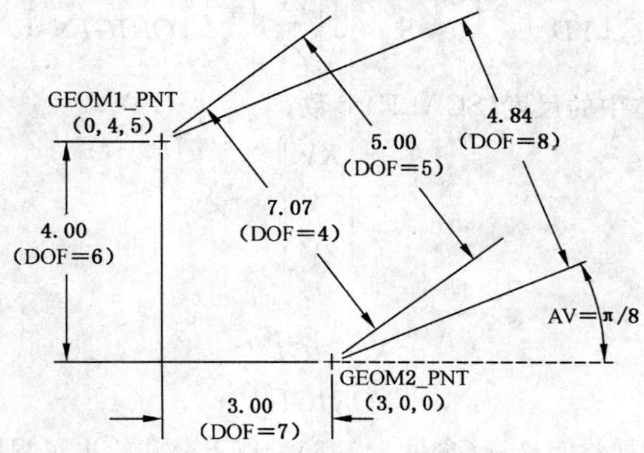

图 128　线性和坐标尺寸自由度(**DOF**)的使用

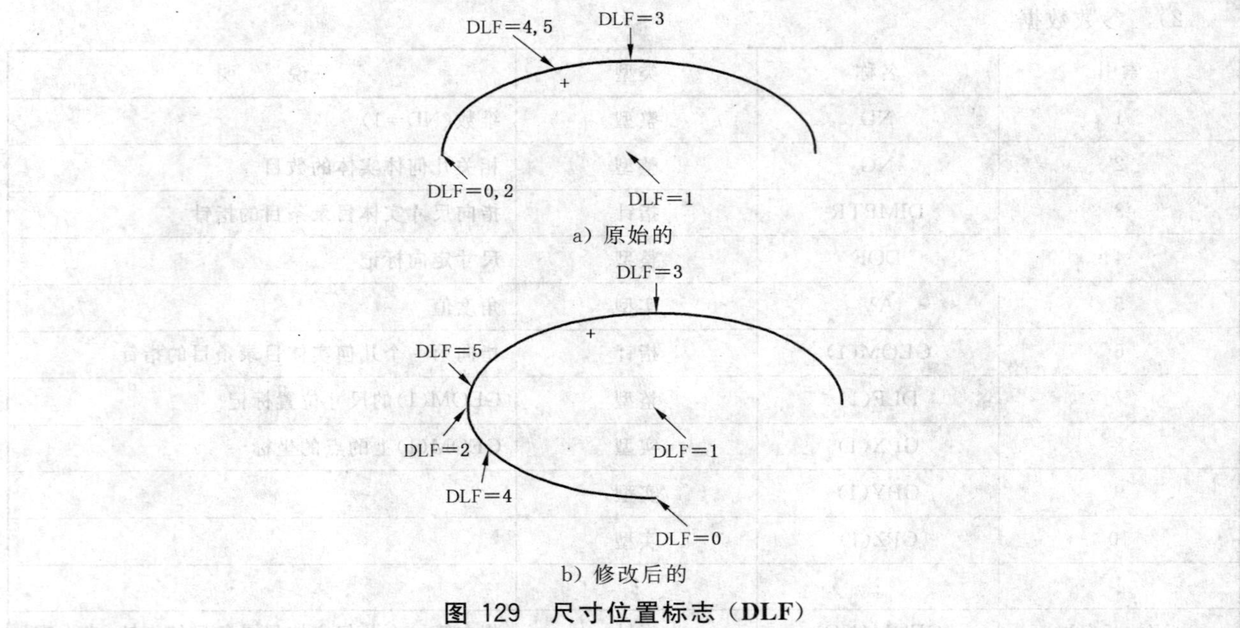

a）原始的

b）修改后的

图 129　尺寸位置标志（DLF）

7.97　图样实体（类型 404）

Drawing Entity（图样实体）指定了一种图，它定义了一组注释实体的集合（如实体使用标记赋为01），这些实体在图样空间和视图中定义。（如在视图空间中模型空间数据投影）。这种集合描绘了一个零部件，这与在标准制图中描绘一个零部件的方法相同。视图通过引用视图实体（类型 410）来确定。如果需要，多个图可以包含在一个文件中，指向同一个模型空间。

如图 130 所示，图位于图样空间之中，其各边与图样坐标系的轴相吻合，以及其左下角在原点（0,0）上。图样空间坐标系（XD,YD）是一种特殊的二维坐标系，用于显示在图实体中的初始位置和被图样实体引用的注释实体。任何 Z 坐标在被引用的注释实体中忽略，以及任何从定义空间到图样空间的转换矩阵必须是二维的（例如，在转换实体（类型 124）中，$T_3=R_{13}=R_{31}=R_{32}=R_{23}=0.0$，$R_{33}=1.0$）。

注释实体可以在图样空间中定义，以及直接被图样实体引用，或者在模型空间中定义以及在单视图中显示。当注释实体定义在图样空间中时，它须有物理上的依赖（01）状态。一个被图样实体引用的视图实体须有逻辑上的依赖（02）状态。

从视图空间到图样空间的视图转换由视图比例系数 S（定义在视图实体中）和视图初始图样位置（定义在图样实体中）来控制。对于平行正投影，转换矩阵为：

$$\begin{bmatrix} XD \\ YD \end{bmatrix} = \begin{bmatrix} S & 0 & 0 \\ 0 & S & 0 \end{bmatrix} \begin{bmatrix} XV \\ YV \\ ZV \end{bmatrix} + \begin{bmatrix} XORIGIN \\ YORIGIN \end{bmatrix}$$

其中，S 代表了视图实体中的尺度（SCALE）参数。

$$\begin{bmatrix} XV \\ YV \\ ZV \end{bmatrix}$$

表示视图空间坐标。

$$\begin{bmatrix} XORIGIN \\ YORIGIN \end{bmatrix}$$

表示转换视图原点的图样空间坐标（参见 7.138）。以下公式给出了视图比例系数的定义：

$$S = L_d / L_m$$

式中：

S——视图比例。

L_d——图样空间单位下的长度。

L_m——模型空间单位下的长度。

以下公式表示视图比例(视图实体(类型 410)中的参数 2)、在模型空间单位下测量的实体长度和在图样空间单位下测量的实体长度的关系：

$$L_d = L_m \cdot S$$

即使当图样单位有别于模型空间单位时(参见图样单位属性(类型 406，格式 17))，以上公式总是适用。

举例说明：在某文件中，其模型空间单位为英寸，而图样空间单位为毫米。以下实例给出了正确的比例系数的使用。

- 2.54 的视图比例，意指模型空间中为 1 英寸长的一条直线在图样中为 25.4 mm 长。
- 5.08 的视图比例，意指模型空间中为 1 英寸长的一条直线在制图上为 50.8 mm 长。

一些 CAD 系统除了平移和缩放操作外，还在视图坐标系和图样坐标系之间支持旋转操作。我们不太可能通过使用图样实体的格式 0，正确地捕捉到模型坐标系、视坐标系和图样坐标系、三者之间的关系。除了平移以外，旋转被用于转换视图坐标系到由格式 0 提供的图样坐标系。格式 1 被定义为在这种情况下要用到哪一个。

对于格式 0，格式 1 的转换由视图比例系数 S 和视图中图样位置原点来控制，除此之外，旋转角 θ 按以下公式应用：

$$\begin{bmatrix} XD \\ YD \end{bmatrix} = S\begin{bmatrix} \cos\theta & -\sin\theta & 0 \\ \sin\theta & \cos\theta & 0 \end{bmatrix}\begin{bmatrix} XV \\ YV \\ ZV \end{bmatrix} + \begin{bmatrix} XORIGIN \\ YORIGIN \end{bmatrix}$$

那些不能在视图坐标系和图样坐标系之间应用旋转的系统，必须通过选择保证其中一个的正确性。当两种坐标系不能同时出现在一个接受系统时，我们推荐使用图样坐标系，而非视图坐标系。要做到这一点，旋转操作必须结合到从模型坐标系到视图坐标系的转换中去。

对于平面裁剪，情况要更复杂一点，因为裁剪是在视图坐标系中完成的。在这种情形下，概念上来讲(当然还存在其他的途径来得到相同的结果)，我们必须做以下各步操作：

- 从模型空间转换到视空间；
- 进行裁剪操作；
- 投影到视平面上；
- 从视图空间到图样空间的转换。

图样的名字将由使用名字属性来提供(类型 406，格式 15)。

图样的大小将由使用图样大小属性来定义(类型 406，格式 16)。

在整体截面定义中，通过使用图样单位属性实体(类型 406，格式 17)，图样空间的单位可以与模型空间单位采用不同的设定。如果该属性没有在图样中引用，则图样的单位与模型的单位一致。

在图样单位中给出了以下值：

- 图样位置的视原点；
- 图样大小；
- 直接引用的注释实体的坐标。

关于图样实体的使用举例，可参考图 130 和图 131。

a) 目录条目

编号和名字	值
(1) 实体类型号	404
(3) 结构	<n. a.>
(4) 线型模式	<n. a.>
(5) 层	<n. a.>
(6) 视图	<n. a.>
(7) 变换矩阵	<n. a.>
(8) 标号显示连接	<n. a.>
(9a) 空白状态	* *
(9b) 次级 实体 开关	00
(9c) 实体用途标记	01
(9d) 层次结构	* *
(12) 线宽	<n. a.>
(13) 颜色号	<n. a.>
(15) 格式号	0—1

b) 图样实体(格式=0)参数数据

索引	名称	类型	说　明
1	N	整型	视图指针的数目,或为零(缺省)
2	VPTR(1)	指针	指向第一个视图实体目录条目的指针
3	XORIGIN(1)	实型	第一个视实体原点的图样空间坐标
4	YORIGIN(1)	实型	第一个视实体原点的图样空间坐标
5	VPTR(2)	指针	指向第二个视实体目录条目的指针
⋮	⋮	⋮	
2+3*N	M	整型	注释实体的数目,或为零(缺省)
3+3*N	DPTR(1)	指针	指向第一个图中注释实体目录条目的指针
⋮	⋮	⋮	
2+M+3*N	DPTR(M)	指针	指向最后一个图中注释实体目录条目的指针

按需要附加的指针(参见5.2.4.5.2)。

c) 图样实体(格式=1)参数数据

索引	名称	类型	说　明
1	N	整型	视指针的数目,或为零(缺省)
2	VPTR(1)	指针	指向第一个视图实体目录条目的指针
3	XORIGIN(1)	实型	第一个视图实体原点的图样空间 X 坐标
4	YORIGIN(1)	实型	第一个视图实体原点的图样空间 Y 坐标
5	ANGLE(1)	实型	第一个视图实体的方向弧度角(缺省为0.0)
⋮	⋮	⋮	
−2+4*N	VPTR(N)	指针	指向最后一个视图实体目录条目的指针
−1+4*N	XORIGIN(N)	实型	最后一个视图实体原点的图样空间 X 坐标
4*N	YORIGIN(N)	实型	最后一个视图实体原点的图样空间 Y 坐标

索引	名称	类型	说　明
1+4*N	ANGLE(N)	实型	最后一个视图实体的方向弧度角(缺省为0.0)
2+4*N	M	整型	注释实体的数目,或为零(缺省)
3+4*N	DPTR(1)	指针	指向第一个视图中注释实体目录条目的指针
⋮	⋮	⋮	
3+M+4*N	DPTR(M)	指针	指向最后一个视图中注释实体目录条目的指针

按需要附加的指针(参见5.2.4.5.2)。

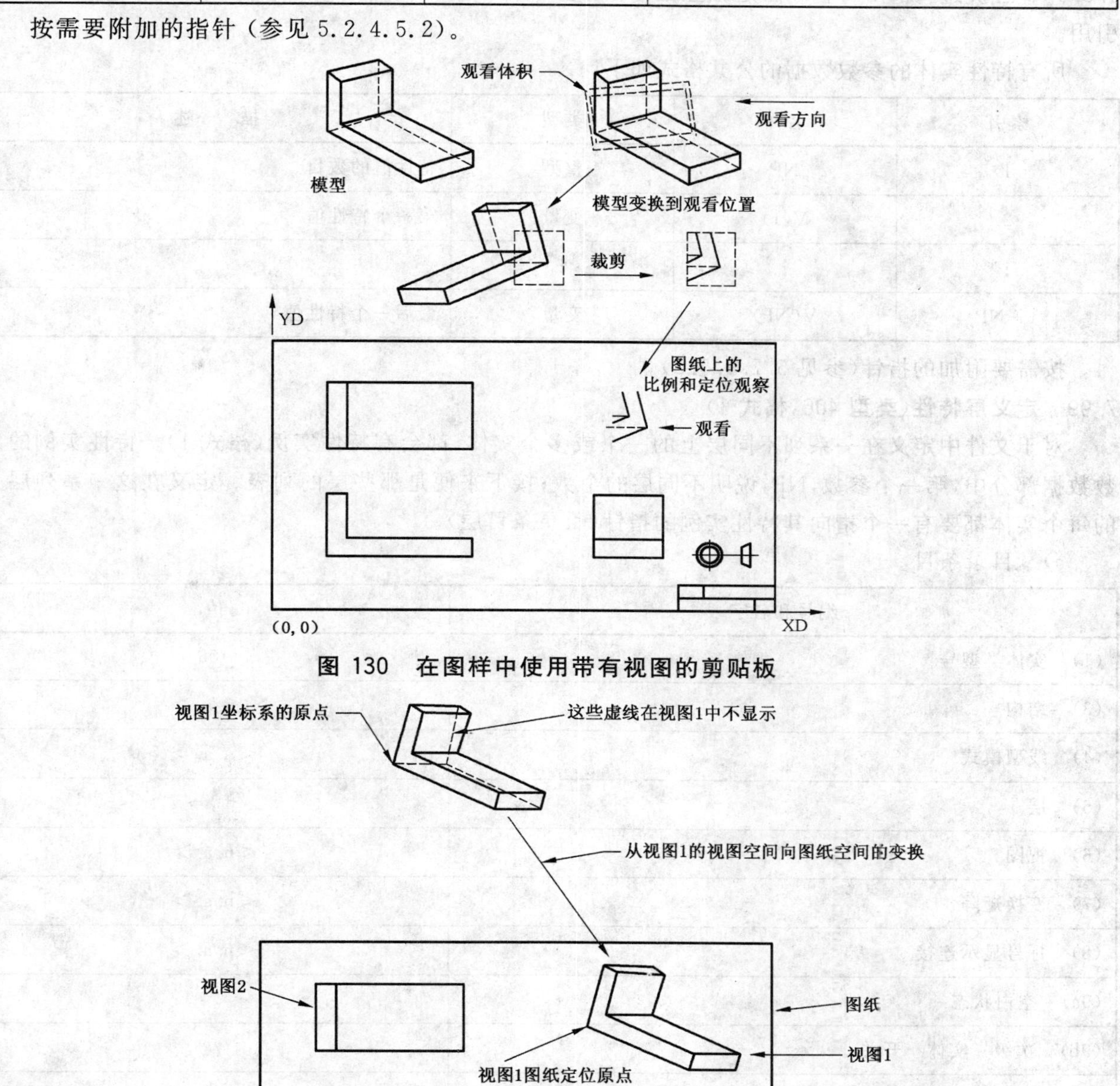

图 130　在图样中使用带有视图的剪贴板

图 131　绘图实体的参数

7.98 特性实体(类型 406)

Property Entity(特性实体)包含有数值数据或正文文字数据。它的格式号码用来说明其含义。从 5 001 到 9 999 范围内的格式号码是为开发者保留的。

注意一种特性也可以引用其他的特性,参与相关性,引用相关的通用注释,或引用一个正文显示模板实体(类型 312)来显示正文信息。

就像在 5.2.4.5.2 中讲述过的那样,特性通常通过第二附加指针组中的一个指针来引用;但是,在 4.5.1 中已讲过,如果一个特性是独立的,那么它可以被具有其目录条目层属性的所有同层的实体引用。

所有特性实体的参数数据的公共格式如下:

索引	名称	类型	描　述
1	NP	整型	特性值的数目
2	V(1)	变量	第一个特性值
⋮	⋮	⋮	
1+NP	V(NP)	变量	最后一个特性值

按需要附加的指针(参见 5.2.4.5.2)。

7.99 定义层特性(类型 406,格式 1)

对于文件中定义在一系列不同层上的一个或多个实体,都会有特性实例(格式 1)。特性实例的参数数据部分中,第一个参数,NP,说明不同层的个数;接下来便是那些层的列表。定义在这一系列层上的每个实体都要有一个指向其特性实例的指针(目录条目层)。

a) 目录条目

编号和名字	值
(1) 实体类型号	406
(3) 结构	<n. a.>
(4) 线型模式	<n. a.>
(5) 层	#,⇒
(6) 视图	<n. a.>
(7) 变换矩阵	<n. a.>
(8) 标号显示连接	<n. a.>
(9a) 空白状态	* *
(9b) 次级 实体 开关	??
(9c) 实体用途标记	* *
(9d) 层次结构	* *
(12) 线宽	<n. a.>
(13) 颜色号	<n. a.>
(15) 格式号	1

注:如果该特性是从属的,其层将被忽略(参见 7.98 和 4.5.1)。

b) 参数数据

索引	名称	类型	描　述
1	NP	整型	特性值的数目
2	L(1)	整型	第一层编号
⋮	⋮	⋮	
1+NP	L(NP)	整型	最后一层编号

按需要附加的指针(参见 5.2.4.5.2)。

7.100 区域约束特性(类型 406,格式 2)

这个特性使定义了区域的实体能在这个区域中设置一个应用程序的限制条件。限制条件说明指定的应用程序的成员项必须完全落在具有这个特性的区域内或者完全落在外面。在所有的特性诸如线宽都被应用的时候,这个限制条件将对实体中用来描绘应用程序的成员项及这个成员项影响范围内的所有点都产生作用。

目录条目特性层号用来确定具有Region Restriction Property(区域约束特性)的 LEP 物理层。表达这些信息的方法如下:

- 创建一个定义层特性(类型 406,格式 1);
- 对每个应用于区域限制特性的 LEP 物理层分配一个层号;
- 通过一个无效的指针,从区域限制特性的目录条目层特性中引用定义层特性。

定义层特性中的值是交换文件层编号。为了确定特定的 LEP 物理层,后置处理器必须引用层到 LEP 层的映像特性中的物理层号(类型 406,格式 24)。

注:边界曲线的目录条目层特性用来确定在哪个层上显示区域的图像。如果图象要显示在每个具有区域限制的层上,边界曲线应该和区域限制特性指向同一个定义层特性。

这个特性的每个特性值应具有以下三个值之一,来说明与应用程序的成员项相关的区域限制。

特性值	描　述
0	无约束
1	成员项必须落在区域内
2	成员项必须落在区域外

a) 目录条目

编号和名字	值
(1) 实体类型号	406
(3) 结构	<n. a.>
(4) 线型模式	<n. a.>
(5) 层	#,⇒
(6) 视图	<n. a.>
(7) 变换矩阵	<n. a.>
(8) 标号显示连接	<n. a.>
(9a) 空白状态	* *
(9b) 次级 实体 开关	??
(9c) 实体用途标记	* *
(9d) 层次结构	* *

编号和名字	值
(12)　线宽	＜n. a.＞
(13)　颜色号	＜n. a.＞
(15)　格式号	2

注：如果该特性是从属的，其层将被忽略(参见 7.98 和 4.5.1)。

b)　参数数据

索引	名称	类型	描　述
1	NP	整型	特性值的数目(NP＝3)
2	EVR	整型	电子通路限制(EVR＝0,1 或 2)
3	ECPR	整型	电子元件限制(ECPR＝0,1 或 2)
4	ECRR	整型	电子线路限制(ECRR＝0,1 或 2)

按需要附加的指针(参见 5.2.4.5.2)。

7.101　层功能特性(类型 406,格式 3)

这个特性确定在发送系统中层的意义或所需的用途。这个特性的实例将应用于同一个文件中具有相同 DE 层值(区域 5)的所有实体,且不需要指针(参见 4.5.1)。参数 2 在发送系统使用层用途索引或表时用来记录一个整型代码数。参数 3 用来记录层用途正文以及这些文字是从参数 2 提供的索引得到的还是独立存在的。参数 2 或参数 3 都可以有一个缺省值。当接收系统或档案文件需要层信息时这个特性可以立刻加入到文件中(通过编辑或合并)。如果这个特性的实例的层值是指向一个定义层特性实体(类型 406,格式 1)的指针,那么参数(2 和 3)的值应适用于不同的层。

a)　目录条目

编号和名字	值
(1)　实体类型号	406
(3)　结构	＜n. a.＞
(4)　线型模式	＜n. a.＞
(5)　层	#,⇒
(6)　视图	＜n. a.＞
(7)　变换矩阵	＜n. a.＞
(8)　标号显示连接	＜n. a.＞
(9a)　空白状态	* *
(9b)　次级　实体　开关	00
(9c)　实体用途标记	* *
(9d)　层次结构	* *
(12)　线宽	＜n. a.＞
(13)　颜色号	＜n. a.＞
(15)　格式号	3

b） 参数数据

索引	名称	类型	描 述
1	NP	整型	特性值的数目(NP=2)
2	FC	整型	功能描述代码(缺省值 0)
3	FD	整型	功能描述(缺省值空指针)

按需要附加的指针(参见 5.2.4.5.2)。

7.102 线的加宽特性(类型 406,格式 5)

这个特性定义实体中用来描述成员项例如 LEP 的金属化条的位置的特性。

对齐标志的含义是:右对齐表示被定义的线段将按照第一定义点到第二定义点的方向形成被加宽线条的右边缘。(整条被加宽的线条在被定义的线条的左边。具体的侧面由点 1 到点 2 的方向确定。见图 132。)左对齐正好相反,而中心对齐表示被定义的线段把要被加宽线条分成两等份。图 132 显示了特性值的示例。

a） 目录条目

编号和名字	值
(1) 实体类型号	406
(3) 结构	<n. a.>
(4) 线型模式	<n. a.>
(5) 层	#,⇒
(6) 视图	<n. a.>
(7) 变换矩阵	<n. a.>
(8) 标号显示连接	<n. a.>
(9a) 空白状态	* *
(9b) 次级 实体 开关	??
(9c) 实体用途标记	* *
(9d) 层次结构	* *
(12) 线宽	<n. a.>
(13) 颜色号	<n. a.>
(15) 格式号	5

注：如果该特性是从属的,其层将被忽略(参见 7.98 和 4.5.1)。

b） 参数数据

索引	名称	类型	描 述
1	NP	整型	特性值的数目(NP=5)
2	WM	实型	金属化宽度
3	CC	整型	有效代码: 0=圆形 1=方形
4	EF	整型	扩展标志: 0=没有扩展 1=扩展一半 2=按参数 6 设置扩展

索引	名称	类型	描　述
5	JF	整型	对齐标志： 0＝中心对齐 1＝左对齐 2＝右对齐
6	E	实型	扩展值，如果参数4＝2(注：该值可以为负)

按需要附加的指针(参见5.2.4.5.2)。

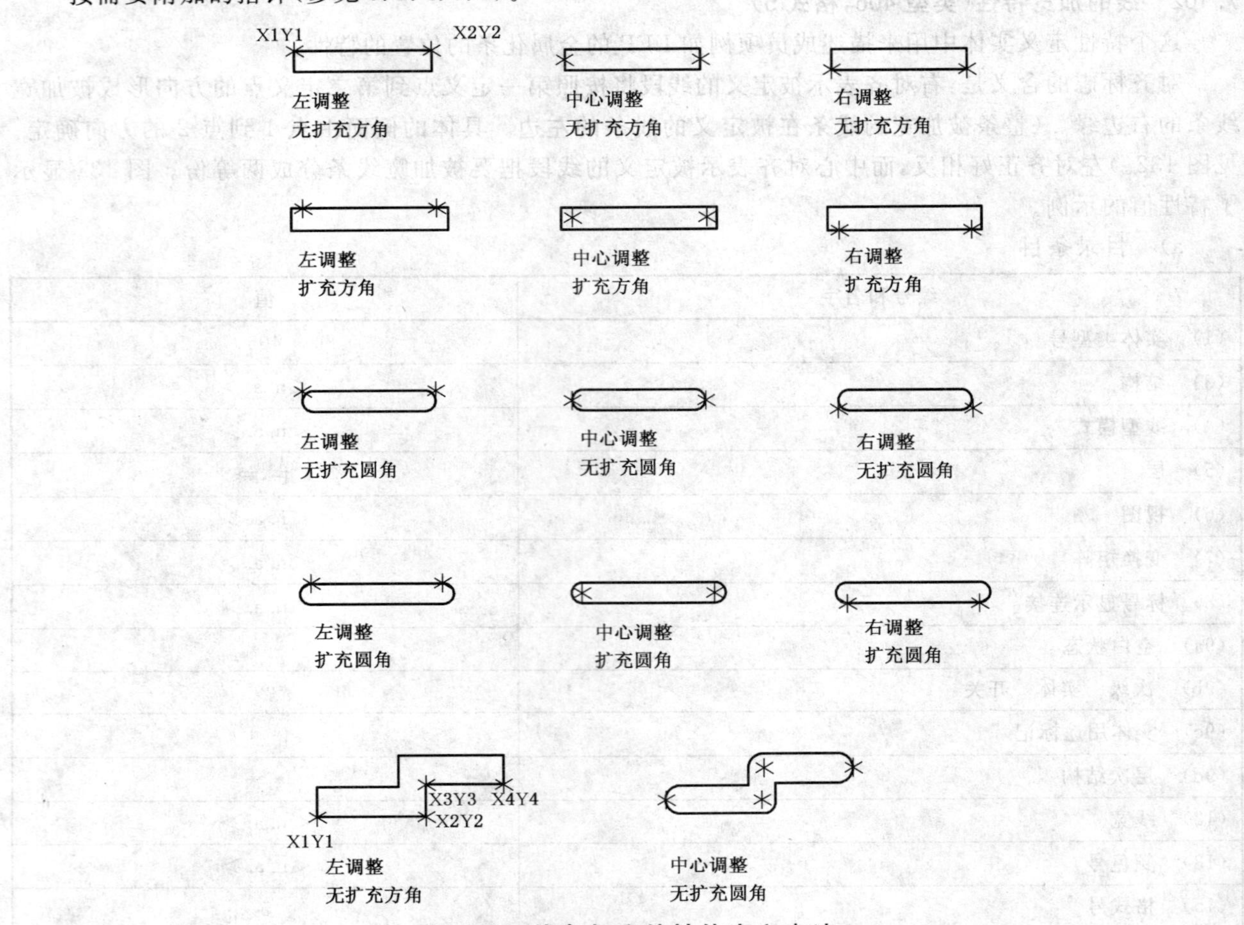

图132　线条加宽特性值定义方法

7.103　钻孔特性(类型406，格式6)

Drilled Hole Property(钻孔特性)在LEP上用一个钻孔来代表并用以识别一个实体。这个特性的参数定义了实际加工时所必需的孔的特征。参数5和6描述的层范围指装配LEP的物理层。

a)　目录条目

编号和名字	值
(1)　实体类型号	406
(3)　结构	＜n. a.＞
(4)　线型模式	＜n. a.＞
(5)　层	＃，⇒
(6)　视图	＜n. a.＞
(7)　变换矩阵	＜n. a.＞

编号和名字	值
(8) 标号显示连接	＜n. a.＞
(9a) 空白状态	* *
(9b) 次级 实体 开关	??
(9c) 实体用途标记	* *
(9d) 层次结构	* *
(12) 线宽	＜n. a.＞
(13) 颜色号	＜n. a.＞
(15) 格式号	5

注：如果该特性是从属的，其层将被忽略(参见 7.98 和 4.5.1)。

b) 参数数据

索引	名称	类型	描　述
1	NP	整型	特性值的数目(NP=5)
2	DDS	实型	钻入直径值
3	FDS	实型	完成直径值
4	PF	整型	绘制显示标志： 0=不 1=是
5	LNL	整型	低层号
6	HNL	整型	高层号

按需要附加的指针(参见 5.2.4.5.2)。

7.104 引用指示器特性(类型 406，格式 7)

Reference Designator Property(引用指示器特性)把一个包含元件引用指定者值的文字字符串贴附到代表元件的实体里。当元件是用网络子图实例实体(类型 420)表示时对于初级引用指定者不能使用该特性，因为子图的参数中已经包括了引用指定者。

a) 目录条目

编号和名字	值
(1) 实体类型号	406
(3) 结构	＜n. a.＞
(4) 线型模式	＜n. a.＞
(5) 层	#，⇒
(6) 视图	＜n. a.＞
(7) 变换矩阵	＜n. a.＞
(8) 标号显示连接	＜n. a.＞
(9a) 空白状态	* *
(9b) 次级 实体 开关	??
(9c) 实体用途标记	* *

编号和名字	值
(9d)　层次结构	* *
(12)　线宽	＜n. a.＞
(13)　颜色号	＜n. a.＞
(15)　格式号	7

注：如果该特性是从属的，其层将被忽略(参见 7.98 和 4.5.1)。

b)　参数数据

索引	名称	类型	描　　述
1	NP	整型	特性值的数目(NP=1)
2	RD	字符串	引用指定者文字

按需要附加的指针(参见 5.2.4.5.2)。

7.105　引脚号特性(类型 406，格式 8)

Pin Number Property(引脚号特性)将一个代表引脚号码的文字字符串贴附到一个代表电子元件引脚的实体上。当引脚使用连接点实体(类型 132)来代表时不能使用该特性，因为连接点实体中已经包括了引脚号码。

a)　目录条目

编号和名字	值
(1)　实体类型号	406
(3)　结构	＜n. a.＞
(4)　线型模式	＜n. a.＞
(5)　层	#,⇒
(6)　视图	＜n. a.＞
(7)　变换矩阵	＜n. a.＞
(8)　标号显示连接	＜n. a.＞
(9a)　空白状态	* *
(9b)　次级　实体　开关	??
(9c)　实体用途标记	* *
(9d)　层次结构	* *
(12)　线宽	＜n. a.＞
(13)　颜色号	＜n. a.＞
(15)　格式号	8

注：如果该特性是从属的，其层将被忽略(参见 7.98 和 4.5.1)。

b)　参数数据

索引	名称	类型	描　　述
1	NP	整型	特性值的数目(NP=1)
2	PN	字符串	引脚号码值

按需要附加的指针(参见 5.2.4.5.2)。

7.106 零件号特性(类型 406,格式 9)

Part Number Property(零件号特性)把一个定义公共零件号码的文字字符串贴附到一个代表物理元件的实体上。任一个参数中的缺省字符串表示其缺省值与数据无关。

a) 目录条目

编号和名字	值
(1) 实体类型号	406
(3) 结构	<n.a.>
(4) 线型模式	<n.a.>
(5) 层	#,⇒
(6) 视图	<n.a.>
(7) 变换矩阵	<n.a.>
(8) 标号显示连接	<n.a.>
(9a) 空白状态	* *
(9b) 次级 实体 开关	??
(9c) 实体用途标记	* *
(9d) 层次结构	* *
(12) 线宽	<n.a.>
(13) 颜色号	<n.a.>
(15) 格式号	9

注:如果该特性是从属的,其层将被忽略(参见 7.98 和 4.5.1)。

b) 参数数据

索引	名称	类型	描 述
1	NP	整型	特性值的数目(NP=4)
2	PN	字符串	通用零件号码或名称
3	MPN	字符串	军事标准(MIL-STD)零件号码
4	VPN	字符串	经销商零件号码或名称
5	IPN	字符串	内部零件号码

按需要附加的指针(参见 5.2.4.5.2)。

7.107 层结构特性(类型 406,格式 10)

Hierarchy Property(层结构特性)确定每个目录条目特性的层。当目录条目状态数 7 和 8 是 02 时该特性将被引用。参数 2 到 7 的合法值是 0 或 1。(参见 5.2.4.4.9.4 中的定义)

a) 目录条目

编号和名字	值
(1) 实体类型号	406
(3) 结构	<n.a.>
(4) 线型模式	<n.a.>
(5) 层	#,⇒
(6) 视图	<n a.>

编号和名字	值
(7) 变换矩阵	<n. a.>
(8) 标号显示连接	<n. a.>
(9a) 空白状态	**
(9b) 次级 实体 开关	??
(9c) 实体用途标记	**
(9d) 层次结构	**
(12) 线宽	<n. a.>
(13) 颜色号	<n. a.>
(15) 格式号	9

注：如果该特性是从属的，其层将被忽略(参见 7.98 和 4.5.1)。

b) 参数数据

索引	名称	类型	描 述
1	NP	整型	特性值的数目(NP=6)
2	LF	整型	线型
3	VU	整型	视图
4	LAB	整型	实体层
5	BL	整型	空白状态
6	LW	整型	线宽
7	CO	整型	颜色号

按需要附加的指针(参见 5.2.4.5.2)。

7.108 列表数据特性(类型 406，格式 11)

Tabular Data Property(列表数据特性)提供了调整点格式数据的结构。它的基本结构是一个按行列顺序排列的二维数组。在简化格式中，这个结构可以只包含一列数值；在较复杂的格式中则可包含多列独立和不独立的变量。

该特性类型是用来定义非独立变量数据值的关键。特性类型 1 到 5 000 是为定义有限元材料特性而保留的。下面这张表列出了特性类型，它们的定义则在接下来的条中。

PTYPE	特性类型	ND
1	弹性模量	3
2	柏松比率	3
3	扭曲模量	3
4	材料矩阵	21
5	质量密度	1
6	线膨胀系数	3
7	层压材料硬度矩阵	6
8	弯曲物材料硬度矩阵	6
9	横向扭曲材料硬度矩阵	3

PTYPE	特性类型	ND
10	弯曲连接材料硬度矩阵	6
11	材料坐标系	3
12	节点载荷/约束数据	自由度数
13	横梁元件截面特性： 如果两个横梁头的特性相同； 否则	8 16
14	横梁端头释放	12
15	偏移量	9 或 18
16	压力复原信息	12 或 24
17	元件厚度	1 或 n
18	不规则质量	1
19	热导	3
20	热容	1
21	膜层传导系数	1
22	电磁辐射参数	4

第一个独立变量的类型由下表给出：

TYPI	变 量 类 型
1	温度
2	压力
3	相对湿度
4	张力率
5	速度
6	加速度
7	时间
8	张力

缺省单位的值是按照 SI 的基本单位和导出单位(参见 IEEE76)给出的。典型的 SI 单位如下：

基本单位	单　位	符　号
长度	米	m
质量	千克	kg
时间	秒	s
电流	安培	A
热力学温度	绝对温度	K
物质的量	摩尔	mol
光强	坎得拉	cd
平面角	弧度	rad
多面角	球面度	sr

导出单位	单位	符号	公式
力	牛顿	N	(kg・m/s)/s
能量	焦耳	J	N・m

杨氏模量(PTYPE=1):杨氏模量表示材料压力与张力的关系。简单的形式如下:

$$\bar{\sigma} = E\bar{\varepsilon}$$

式中:

$\bar{\sigma}$——压力矢量(分量 $\sigma_x,\sigma_y,\sigma_z$);

$\bar{\varepsilon}$——张力矢量(分量 $\varepsilon_x,\varepsilon_y,\varepsilon_z$);

E——弹性模量(矩阵对角线元素 E_{xx},E_{yy},E_{zz})。

该矩阵的 3 个主对角线元素为 E_{xx},E_{yy},E_{zz}。$ND=3$。其矩阵形式为:

$$\begin{bmatrix}\sigma_x\\ \sigma_y\\ \sigma_z\end{bmatrix} = \begin{bmatrix}E_{xx} & 0 & 0\\ 0 & E_{yy} & 0\\ 0 & 0 & E_{zz}\end{bmatrix}\begin{bmatrix}\varepsilon_x\\ \varepsilon_y\\ \varepsilon_z\end{bmatrix}$$

柏松比率(PTYPE=2):柏松比率是 i 方向受力时 j 方向的横向张力的比例系数,也就是:

$$v_{ij} = \varepsilon_i/\varepsilon_j$$

式中:

v——柏松比率;

i——一个直角坐标矢量;

j——另一个直角坐标矢量;

e——张力。

柏松比率是一个由三个主要矩阵元素值 v_{xy},v_{yz},v_{zx} 组成的矢量。非对角线上的元素值是主要元素值的倒数,即 $v_{xy}=1/v_{yx}$。

$ND=3$。

正交各向异性的材料(ORTHOTROPIC MATERIRAL)的矩阵形式:

$$\begin{bmatrix}\varepsilon_x\\ \varepsilon_y\\ \varepsilon_z\end{bmatrix} = \begin{bmatrix}1/E_{xx} & -v_{yx}/E_{yy} & -v_{zx}/E_{zz}\\ -v_{xy}/E_{xx} & 1/E_{yy} & -v_{zy}/E_{zz}\\ -v_{xz}/E_{xx} & -v_{yz}/E_{yy} & 1/E_{zz}\end{bmatrix}\begin{bmatrix}\sigma_x\\ \sigma_y\\ \sigma_z\end{bmatrix}$$

扭曲模量(PTYPE=3):扭曲模量是扭曲压力与扭曲张力之间的比例关系:

$$G = \tau_s/\gamma$$

式中:

G——扭曲模量;

τ_s——扭曲压力;

γ——扭曲张力。

扭曲模量是一个有三个主要值 G_{xy},G_{yz},G_{zx} 的矢量。$ND=3$。

正交各向异性材料(ORTHOTROPIC MATERIRAL)的矩阵形式:

$$\begin{bmatrix}\gamma_{xy}\\ \gamma_{yz}\\ \gamma_{zx}\end{bmatrix} = \begin{bmatrix}1/G_{xy} & 0 & 0\\ 0 & 1/G_{yz} & 0\\ 0 & 0 & 1/G_{zx}\end{bmatrix}\begin{bmatrix}\tau_{sxy}\\ \tau_{syz}\\ \tau_{szx}\end{bmatrix}$$

材料矩阵(PTYPE=4):材料矩阵给出了材料的张量特性。例如:

$$\bar{\sigma} = [C]\bar{\varepsilon}$$

式中：

$\bar{\sigma}$——压力矢量；

$\bar{\varepsilon}$——张力矢量；

$[C]$——材料矩阵。

根据对称性，有 $C_{ji}=C_{ij}$。因此，材料矩阵的 21 个元素是：

C_{11}	C_{24}	C_{55}
C_{12}	C_{34}	C_{16}
C_{22}	C_{44}	C_{26}
C_{13}	C_{15}	C_{36}
C_{23}	C_{25}	C_{46}
C_{33}	C_{35}	C_{56}
C_{14}	C_{45}	C_{66}

$ND=21$。用矩阵表示：

$$\begin{bmatrix}\sigma_x\\\sigma_y\\\sigma_z\\\tau_{xy}\\\tau_{yz}\\\tau_{zx}\end{bmatrix}=\begin{bmatrix}C_{11}&C_{12}&C_{13}&C_{14}&C_{15}&C_{16}\\C_{21}&C_{22}&C_{23}&C_{24}&C_{25}&C_{26}\\C_{31}&C_{32}&C_{33}&C_{34}&C_{35}&C_{36}\\C_{41}&C_{42}&C_{43}&C_{44}&C_{45}&C_{46}\\C_{51}&C_{52}&C_{53}&C_{54}&C_{55}&C_{56}\\C_{61}&C_{62}&C_{63}&C_{64}&C_{65}&C_{66}\end{bmatrix}\begin{bmatrix}\varepsilon_x\\\varepsilon_y\\\varepsilon_z\\\gamma_x\\\gamma_y\\\gamma_z\end{bmatrix}$$

质量密度(PTYPE=5)：质量密度是单位体积内的质量。$ND=1$。

质量密度$=\rho$

热膨胀系数(PTYPE=6)：热膨胀系数计算在一定温度变化下材料的形变程度，也就是说，

$$\varepsilon=\alpha\Delta T \text{ 或 } \alpha=\varepsilon/\Delta T$$

式中：

ε——张力(形变程度)；

α——热膨胀系数；

ΔT——温度差。

热膨胀系数可以表示为有三个主要值的矢量：

$$\alpha_{xx},\alpha_{yy},\alpha_{zz}$$

$ND=3$。

复合材料(PTYPE 7—11)：复合材料将由表格数据特性的联接来描述，就像图 133 描述的那样。所需的 PTYPES 如下：

PTYPE	描　述
7	层压材料硬度矩阵
8	弯曲物材料硬度矩阵
9	横向扭曲材料硬度矩阵
10	弯曲连接材料硬度矩阵
11	材料竺标系

层压材料硬度矩阵(PTYPE=7)：薄膜材料硬度矩阵给出了用作外壳膜的各向异性材料的特性。例如：

$$\bar{f}=t[M]\bar{\varepsilon}$$

式中：

$\bar{f}$——单位长度上的力(f_x,f_y,f_{xy})；

$\bar{\varepsilon}$——中央面张力(ε_x,ε_y,ε_{xy})；

t——壳厚度(见元件属性)；

$[M]$——薄膜材料硬度矩阵。

$\bar{f}$ 和 $\bar{\varepsilon}$ 在外壳材料坐标系中定义，PTYPE=11。

根据对称性，元素 $M_{ji}=M_{ij}$。因此，六个元素组成了薄膜材料的硬度矩阵：

M_{11}

M_{12}

M_{13}

M_{22}

M_{23}

M_{33}

$ND=6$。

矩阵$[M]$是根据薄层压力张力矩阵$[G]_n$计算得到的层压材料硬度矩阵。计算一个含有 m 层的层压材料的$[M]$的一种方法是：

$$[M_{ij}]=\frac{1}{t}\sum_{n=1}^{m}[G_{ij}]_n\Delta t_n$$

式中：

$[G]_n$——层压材料 n 层薄片的压力张力矩阵；

Δt_n——第 n 层的厚度；

t——层压材料的总厚度。

弯曲物材料硬度矩阵(PTYPE=8)：弯曲物材料硬度矩阵定义了各向异性材料用作外壳弯曲物时的特性。例如：

$$\bar{m}=\frac{1}{12}t^3[B]\bar{\chi}$$

式中：

$\bar{m}$——每单位长度的外壳弯曲力矩(列元素 M_x,M_y,M_{xy})；

$\bar{\chi}$——外壳曲率(列元素 χ_x,χ_y,χ_{xy})；

t——外壳厚度(见元件属性)；

$[B]$——弯曲物材料硬度矩阵。

$\bar{m}$ 和 $\bar{\chi}$ 在外壳材料坐标系中定义，PTYPE=11。

根据对称性，元素 $B_{ji}=B_{ij}$。因此，六个元素组成了弯曲压力张力矩阵：

B_{11}

B_{12}

B_{13}

B_{22}

B_{23}

B_{33}

$ND=6$。

矩阵$[B]$是根据薄层矩阵$[G]_n$计算得到的层压材料弯曲矩阵。计算一个含有 m 层的层压材料的$[B]$的一种方法是：

$$[B_{ij}]=\frac{1}{12}t^{-3}\sum_{n=1}^{m}[G_{ij}]_nZ_n^2\Delta t_n$$

式中：

$[G]_n$——层压材料 n 层薄片的压力张力矩阵；

Δt_n——第 n 层的厚度；

t——层压材料的总厚度；

Z_n——外壳的中央面到该层质心的法线距离。

横向扭曲材料硬度矩阵(PTYPE=9)：横向扭曲材料硬度矩阵定义了各向异性材料用作外壳结构时横向扭曲弹性的特性。例如：

$$\overline{V} = t_s[S]\overline{\gamma}$$

式中：

$\overline{V}$——单位长度上的横向扭曲力(列元素 V_x,V_y)；

t_s——有效横向扭曲厚度的5/6；

$[S]$——横向扭曲材料硬度矩阵；

$\overline{\gamma}$——横向扭曲张力,无向(列元素 γ_x,γ_y)。

$\overline{V}$ 和 $\overline{\gamma}$ 在材料坐标系中定义。

根据对称性,元素 $S_{ij}=S_{ji}$。因此,三个元素组成了横向扭曲材料硬度矩阵：

S_{11}

S_{12}

S_{22}

$ND=3$。

矩阵[S]是层压材料的横向扭曲弹性的硬度矩阵。如果该矩阵没有定义,外壳法线偏转不受横向扭曲张力的影响。

弯曲连接材料硬度矩阵(PTYPE=10)：薄层弯曲连接材料硬度矩阵给出了外壳结构中各向异性材料绕中性轴从外壳的中央面弯曲的特性。例如：

$$\overline{f} = t^2[C]\overline{\chi}$$

和

$$\overline{m} = t^2[C]^T\overline{\varepsilon}$$

其中：

$\overline{f}$——单位长度上的力(列元素 f_x,f_y,f_{xy})；

$\overline{m}$——单位长度上的弯曲力矩(列元素 m_x,m_y,m_{xy})；

$\overline{\chi}$——曲率(弯曲张力的量度,米$^{-1}$)(χ_x,χ_y,χ_{xy})；

$\overline{\varepsilon}$——中央面张力(ε_x,ε_y,ε_{xy})；

t——壳厚度。

$\overline{f}$,$\overline{m}$,$\overline{\chi}$ 和 $\overline{\varepsilon}$ 在外壳材料坐标系中定义。

根据对称性,元素 $C_{ji}=C_{ij}$。因此,六个元素组成了薄层弯曲连接材料矩阵：

C_{11}

C_{12}

C_{13}

C_{22}

C_{23}

C_{33}

$ND=6$。

矩阵[C]是根据薄层压力张力矩阵$[G]_n$ 计算得到的层压材料薄层弯曲连接矩阵。计算一个含有 m

组的层压材料的[C]的一种方法是：

$$[C_{ij}] = t^{-2}\sum_{n=1}^{m} Z_n [G_{ij}]_n \Delta t_n$$

式中：

$[G]_n$——n^{th}层薄片的压力张力矩阵，在外壳材料坐标系中定义；

Δt_n——n^{th}层的厚度；

Z_n——外壳的中央面到该层质心的法线的距离；

t——壳的厚度。

材料坐标系(PTYPE＝11)：单元材料坐标系统的定位由一系列定义了矢量的$\overline{D}$方向余弦指定的。矢量$\overline{D}$的用途由单元类型决定。

对于有限元件实体(类型136)的单元拓扑类型1和33，图134描述了用矢量$\overline{D}$来定义单元材料坐标系。对于拓扑类型33，矢量$\overline{D}$由引用节点3定义。

矢量$\overline{D}$的方向余弦用来对外壳中心偏移量进行定位，以建立材料特性定义($\overline{DT}$)的参考平面。

对于有限元实体26的单元拓扑类型2，下面的段落将讨论用矢量$\overline{D}$来定义材料坐标系。

$\overline{D}$在单元表面($F1$)(向外的法线$\overline{N}$)的投影定义了材料坐标系的X方向：

$$\overline{X} = \overline{N} \times \overline{D} \times \overline{N}$$

式中：

$\overline{N}$——元件表面($F1$)的正外法线方向，由元件节连接点定义，即$\overline{N}=\bar{S}_1 \times \bar{S}_2$；

$\bar{S}_1$——从元件表面($F1$)的第一个角到第二个；

$\bar{S}_2$——从元件表面($F1$)的第二个角到第三个。

在全局坐标系中定义矢量$\overline{D}$需要三个方向余弦：

$$D_1$$
$$D_2$$
$$D_3$$

ND＝3。

矢量$\overline{D}$和$\overline{N}$定义了相应的单元材料的X和Z轴。内部负荷和张力的符号约定将用来保证材料类型7—10的定义的一致性。见图135。

内部负荷关系：

$$\begin{Bmatrix} f_x \\ f_y \\ f_{xy} \end{Bmatrix} = \bar{f}\ \text{单位长度受的力} \qquad \begin{Bmatrix} \varepsilon_x \\ \varepsilon_y \\ \varepsilon_{xy} \end{Bmatrix} = \varepsilon\ \text{中央面张力}$$

$$\begin{Bmatrix} M_x \\ M_y \\ M_{xy} \end{Bmatrix} = \overline{M}\ \text{单位长度上的力矩} \qquad \begin{Bmatrix} \chi_x \\ \chi_y \\ \chi_{xy} \end{Bmatrix} = \chi\ \text{弯曲曲率}$$

$$\begin{Bmatrix} V_x \\ V_y \end{Bmatrix} = V\ \text{单位长度受横向扭曲力} \qquad \begin{Bmatrix} \gamma_x \\ \gamma_y \end{Bmatrix} = \gamma\ \text{横向扭曲张力}$$

张力定位关系：

$$\chi_x = \frac{\partial^2 u}{\partial^2 x} \qquad \varepsilon_y = \frac{\partial v}{\partial y} \qquad \varepsilon_{xy} = \frac{\partial u}{\partial y} + \frac{\partial v}{\partial x} \qquad \gamma_y \approx \frac{\partial w}{\partial y}$$

$$\chi_y = \frac{\partial^2 v}{\partial^2 w} \qquad \gamma_x \approx \frac{\partial w}{\partial x} \qquad \chi_{xy} = 2\frac{\partial^2 w}{\partial x \partial y} \qquad \varepsilon_x = \frac{\partial u}{\partial x}$$

式中：

x,y,z——材料坐标系；

u,v,w——材料坐标系中的一个点的位置。

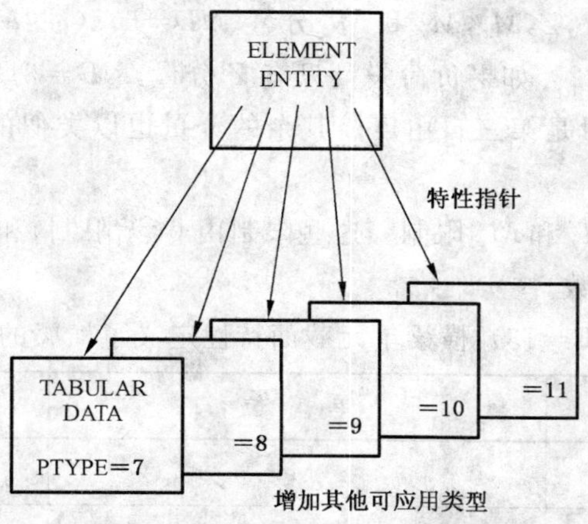

图 133　用来表示一个复合材料特性之间的关系

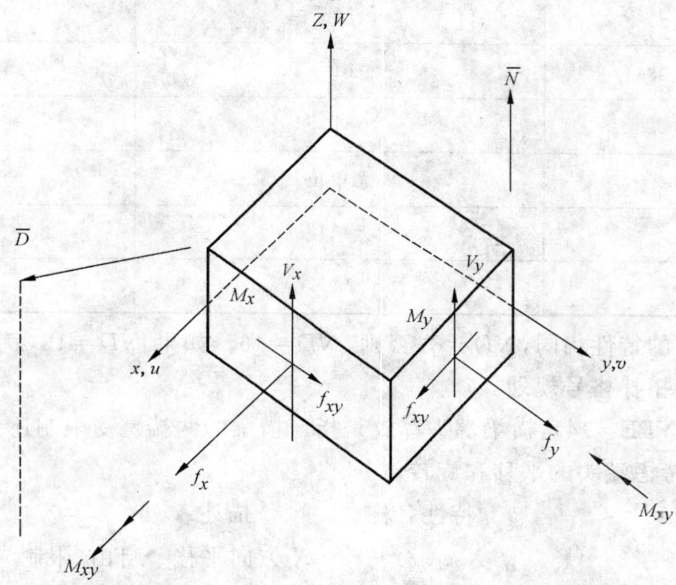

图 134　用矢量 $\overline{D}$ 定义单元材料坐标系

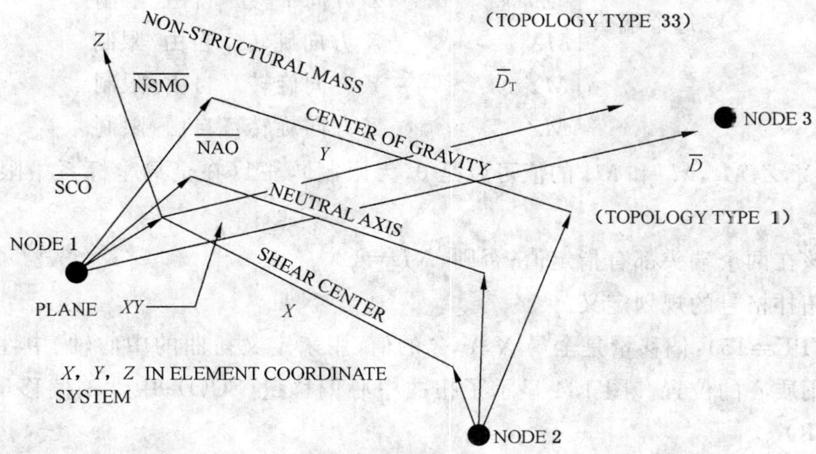

图 135　单元体的力的符号规定

节点负荷与限制数据(PTYPE＝12)：节点负荷与限制数据以下面的形式储存：

PTYPE＝12

ND＝自由度数。

例如，如果负荷矢量有 X,Y,Z,M_x,M_y 和 M_z 分量，ND＝6。(注：M_x,M_y 和 M_z 是指力矩)。如果负荷矢量有 X 和 Y 分量，ND＝2。如果负荷矢量只有 Z 分量，ND＝3。也就是说，X 分量是第一自由度，Y 分量是第二自由度，Z 分量是第三自由度。其余的分量也以类似的方法从 X 分量旋转的第四自由度开始定义。

限制矢量有 X,Y,Z,M_x,M_y 和 M_z 限制。这些限制由 0(无限制)和 1(有限制)描述。对于有限制的，ND＝6；否则，ND＝自由度数。

横梁单元截面特性(PTYPE＝13)：横梁单元截面特性定义了横梁的结构特征。这些特性是：

特性名称	单　位	描　述
AREA	M^2	截面面积
IX	M^4	关于 X 轴的惯性矩
IY	M^4	关于 Y 轴惯性矩
IXY	M^4	惯性积
J	M^4	扭转硬度参数
SRXY	无单位	扭曲硬度比率
SRXZ	无单位	扭曲硬度比率
WC	M^6	弯曲系数

如果横梁两个端头的特性相同，ND＝8；否则，ND＝16。如果 ND＝16，就要指定两套截面特性。它们的声明顺序应按照拓扑格号规划。

横梁端头释放(PTYPE＝14)：横梁端头释放是指定横梁的两端是受限制还是可以自由移动。如果可以自由移动，那么要考虑端头的平移和旋转。

	特性名称	描述	
对每个端头	X	X 方向平移	自由/限制
	Y	Y 方向平移	自由/限制
	Z	Z 方向平移	自由/限制
	MX	X 方向旋转	自由/限制
	MY	Y 方向旋转	自由/限制
	MZ	Z 方向旋转	自由/限制

每个特性 X,Y,Z,M_x,M_y 和 M_z 的值可以是 0(无限制)，＋1(在全局坐标系中限制)，或－1(在单元坐标系中限制)。

横梁释放应该在两个端头都有指定值；否则，ND＝12。

横梁头应由拓扑格号的规划定义。

偏移量(PTYPE＝15)：偏移量是全局 X,Y,Z 的值，用来定义扭曲的中心轴、中性轴和相对于单元端头节点的不规则质心的位置。图 134 显示了扭曲中心偏移量(SCO)；中性轴偏移量(NAO)；不规则质心偏移量(NSMO)。

这些偏移量是相对于横梁端头的全局坐标系(模型空间)中的矢量。

	特性名称	描述
对每个端头	SCOX	扭曲中心在全局 X 方向的偏移量
	SCOY	扭曲中心在全局 Y 方向的偏移量
	SCOZ	扭曲中心在全局 Z 方向的偏移量
	NAOX	中性轴在全局 X 方向的偏移量
	NAOY	中性轴在全局 Y 方向的偏移量
	NAOZ	中性轴在全局 Z 方向的偏移量
	NSMOX	不规则质心在全局 X 方向的偏移量
	NSMOY	不规则质心在全局 Y 方向的偏移量
	NSMOZ	不规则质心在全局 Z 方向的偏移量

ND=9,或 *ND*=18,取决于两个端头有没有都被指定。它们按照拓扑格号的规划。

压力复原信息(PTYPE=16):压力复原信息用来定义在每个横梁端头的四个偏移点,其压力层可从有限元分析程序得到恢复。

这些偏移点以每个端头节点的全局 *X*,*Y*,*Z* 偏移量描述。所有偏移点都落在垂直于横梁单元轴的平面上。这些点从横梁的一个端头到另一端头成对出现。

	特性名称	描述
端头 1 第一对偏移量	SRI1X1	压力复原信息　横梁端头 1*X*—方向对 1
	SRI1Y1	压力复原信息　横梁端头 1*Y*—方向对 1
	SRI1Z1	压力复原信息　横梁端头 1*Z*—方向对 1
端头 2 第一对偏移量	SRI2X1	压力复原信息　横梁端头 2*X*—方向对 1
	SRI2Y1	压力复原信息　横梁端头 2*Y*—方向对 1
	SRI2Z1	压力复原信息　横梁端头 2*Z*—方向对 1
		(第一对偏移量的)
端头 1 第四对偏移量	SRI1X4	压力复原信息　横梁端头 1*X*—方向对 4
	SRI1Y4	压力复原信息　横梁端头 1*Y*—方向对 4
	SRI1Z4	压力复原信息　横梁端头 1*Z*—方向对 4
端头 2 第四对偏移量	SRI1X4	压力复原信息　横梁端头 2*X*—方向对 4
	SRI1Y4	压力复原信息　横梁端头 2*Y*—方向对 4
	SRI1Z4	压力复原信息　横梁端头 2*Z*—方向对 4
		(第四对偏移量的)

单元厚度(PTYPE=17):单元厚度定义了层压材料或夹层板的均匀单元或单片的厚度。*ND*=1 或 *n* 定义如下:

ND	描　述
1	单元厚度
n	层压材料或复合结构材料第 *n* 层的厚度

厚度从 1~*n* 排列。

厚度以 *Z* 正方向度量即局部单元坐标系 *Z* 增加的方向。

特性名称	描　述
T1	均匀层或层压材料第 1 层的厚度
⋮	⋮
T*n*	层压材料第 *n* 层的厚度

不规则质量(PTYPE=18):不规则质量用来定义那些无法用适用于规则单元的体积和密度方法得到的质量。$ND=1$。

特性名称	描　述
NSM	单位长度或单位面积或单位体积的质量

其描述取决于单元的类型。

热导率(PTYPE=19):热导率是流过一个表面的热量和温度的函数的关系。热平衡方程表达了这种关系:

$$\frac{\partial}{\partial x}\left[k_x\frac{\partial T}{\partial x}\right]+\frac{\partial}{\partial y}\left[k_y\frac{\partial T}{\partial y}\right]+\frac{\partial}{\partial z}\left[k_z\frac{\partial T}{\partial z}\right]=\rho C_p\frac{\partial T}{\partial t}-Q_I,$$

式中:

k_n——热导系数($n=X,Y,Z$);

C_p——恒压下的热容;

ρ——材料密度;

T——温度;

t——时间;

Q_I——能量转化成内热的速率。

X,Y 和 Z 定义在局部单元坐标系中。

如果认为 k(热导系数)与方向无关,k 在 X、Y 和 Z 方向可以用常量来代替,即:

$$\frac{\partial}{\partial n}\left[k_n\frac{\partial T}{\partial n}\right]=k_n\frac{\partial^2 T}{\partial n^2},$$

其中 n 是 X、Y 或 Z。

因此,热导率是一个有三个主值 k_x,k_y,k_z 的矢量。这意味着 ND(非独立变量数)=3。用矩阵形式表示,热平衡公式为:

$$[k_x k_y k_z]\begin{bmatrix}\frac{\partial^2 T}{\partial x^2}\\ \frac{\partial^2 T}{\partial y^2}\\ \frac{\partial^2 T}{\partial z^2}\end{bmatrix}=\rho C_p\frac{\partial T}{\partial t}-Q_I$$

现在假设没有内热源 Q_I,而且热流处于稳定状态($\partial T/\partial t_{。}=0$)那么,对上面的等式在一个方向上积分,得到:

$$Q_X=k_x A\frac{\partial T}{\partial x}$$

其中 Q_X 是沿 X 方向穿过与 X 方向垂直的、且面积为 A 的表面的热流。类似地,Y 和 Z 方向的方法也一样。

特性名称	描　述
KX	X 方向的热导系数
KY	Y 方向的热导系数
KZ	Z 方向的热导系数

热容(PTYPE=20):热容表示物质储存热量的能力。热平衡公式说明了热容随空间变化和温度随时间的变化之间的关系。

$$\frac{\partial}{\partial x}\left[k_x\frac{\partial T}{\partial x}\right]+\frac{\partial}{\partial y}\left[k_y\frac{\partial T}{\partial y}\right]+\frac{\partial}{\partial z}\left[k_z\frac{\partial T}{\partial z}\right]=\rho C_p\frac{\partial T}{\partial t}-Q_I,$$

式中：

k_n——热导系数（$n=X,Y,Z$）；

C_p——恒压下的热容；

ρ——材料密度；

T——温度；

t——时间；

Q_I——能量转化成内热的速率。

如果我们认为气压是常量，那么热容也可以认为是常量。$ND=1$。

特性名称	描　述
CP	恒压下的热容

膜层传导系数（PTYPE＝21）：膜层传导系数是有关在热源的表面传导给周围物质的热流量的数量。

$$Q=-h_c A\Delta T,$$

式中：

Q——热流量；

h_c——膜层传导系数；

A——热量通过表面的面积；

ΔT——两个物质之间的温差。

膜层传导系数可以由一个常量来代替。$ND=1$。

特性名称	描　述
HC	膜层传导系数

电磁辐射参数（PTYPE＝22）：用四个值描述规则单元的吸收率、传导率、反射率和发射率的特性。$ND=4$。

特性名称	描　述
A	吸收率常量
T	传导率常量
R	反射率常量
E	发射率常量

a）目录条目

编号和名字	值
(1)　实体类型号	406
(3)　结构	<n. a.>
(4)　线型模式	<n. a.>
(5)　层	#,⇒
(6)　视图	<n. a.>

编号和名字	值
(7) 变换矩阵	<n. a.>
(8) 标号显示连接	<n. a.>
(9a) 空白状态	* *
(9b) 次级 实体 开关	??
(9c) 实体用途标记	* *
(9d) 层次结构	* *
(12) 线宽	<n. a.>
(13) 颜色号	<n. a.>
(15) 格式号	11

注：如果该特性是从属的，层将被忽略(参见 4.98 和 1.6.1)。

b) 参数数据

索引	名称	类型	描 述
1	NP	整型	特性值的数目
2	PTYPE	整型	特性类型
3	ND	整型	非独立变量数
4	NI	整型	独立变量数
5	TYPI(1)	整型	第一独立变量类型
⋮	⋮	⋮	
5＋NI	TYPI(NI)	整型	最后一个独立变量类型
6＋NI	NVALI(1)	整型	第一个独立变量的不同值的个数
⋮	⋮	⋮	
6＋2＊NI	NVALI(NI)	整型	最后一个独立变量的不同值的个数
7＋2＊NI	VALI(1,1)	实型	第一独立变量的第一个可取值
⋮	⋮	⋮	
	NVLI(1,NVALI(1))	实型	第一独立变量的最后一个可取值
⋮	⋮	⋮	
	NVLI(NI,NVALI(NI))	实型	最后一个独立变量的最后一个可取值
	VALD(1,1)	实型	第一数据点的第一独立变量的值
⋮	⋮	⋮	
	VALD(J,K)	实型	第 K 个数据点的第 J 个独立变量的值
⋮	⋮	⋮	
N	VALD(ND,NVALI(NI))	实型	最后一个数据点的最后一个独立变量的值

按需要附加的指针(参见 5.2.4.5.2)。

c) 特性实体表格数据格式的使用实例

考虑把质量密度(PTYPE=5)作为压力的函数。在这个例子中,只有一个独立变量。假设已知两个压力下的密度值。参数数据部分包括:

编　号	名　称	记录的值
1	NP	9
2	PTYPE	5
3	ND	1
4	NI	1
5	TYPI	2
6	NVALI	2
7	VALI1	50
8	VALI2	25
9	VALD(1,1)	33
10	VALD(1,2)	46

同样,按需要附加的指针(参见 5.2.4.5.2)。

考虑杨氏模量(PTYPE=1)为线性、静态、独立的情况。在这种情况下,没有独立变量。参数数据部分包括:

索　引	名　称	记 录 的 值
1	NP	6
2	PTYPE	1
3	ND	3
4	NI	0
5	E*xx*	30.0E6
6	E*yy*	30.0E6
7	E*zz*	30.0E6

同样,按需要附加的指针(参见 5.2.4.5.2)。

7.109 外部引用文件列表特性(类型 406,格式 12)

External Reference File List Property(外部引用文件列表特性)出现在需要引用另一个文件中的定义文件中。它包含这个文件中的实体需要引用的文件名字列表。细节见 6.6.4 和外部引用特性(类型 416)。

a) 目录条目

编号和名字	值
(1) 实体类型号	406
(3) 结构	<n. a.>
(4) 线型模式	<n. a.>
(5) 层	#,⇒
(6) 视图	<n. a.>
(7) 变换矩阵	<n. a.>
(8) 标号显示连接	<n. a.>
(9a) 空白状态	* *
(9b) 次级 实体 开关	??
(9c) 实体用途标记	* *
(9d) 层次结构	* *
(12) 线宽	<n. a.>
(13) 颜色号	<n. a.>
(15) 格式号	12

注：如果该特性是从属的，其层将被忽略(参见 7.98 和 4.5.1)。

b) 参数数据

索引	名称	类型	描 述
1	NP	整型	特性值的数目
2	NAME(1)	字符串	第一外部引用文件名
⋮	⋮	⋮	
1+NP	NAME(NP)	字符串	最后一个外部引用文件名

按需要附加的指针(参见 5.2.4.5.2)。

7.110 公称尺寸特性(类型 406,格式 13)

Nominal Size Property(公称尺寸特性)把一个数值、名字和一个工程标准的参考(可选择)附加到需要特殊尺寸的实体上。公称尺寸值是一个带有对应欲给出的具体名字单位的实型。其名字的数据类型是字符串，下列名字已经有定义：

公称尺寸名字	已有的定义
3HAWG	美国电线标准
3HIPS	铁管尺寸
2HOD	外径表，也就是管形材料

a） 目录条目

编号和名字	值
(1) 实体类型号	406
(3) 结构	＜n. a.＞
(4) 线型模式	＜n. a.＞
(5) 层	＃,⇒
(6) 视图	＜n. a.＞
(7) 变换矩阵	＜n. a.＞
(8) 标号显示联接	＜n. a.＞
(9a) 空白状态	**
(9b) 次级 实体 开关	??
(9c) 实体用途标记	**
(9d) 层次结构	**
(12) 线宽	＜n. a.＞
(13) 颜色号	＜n. a.＞
(15) 格式号	13

注：如果该特性是从属的，其层将被忽略(参见 7.98 和 4.5.1)。

b） 参数数据

索 引	名 称	类 型	描 述
1	NP	整型	特性值的数目
2	SZ	实型	公称尺寸值
3	NM	字符串	公称尺寸名
4	SP	字符串	相关工程标准名(可选)

按需要附加的指针(参见 5.2.4.5.2)。

7.111 流线规范特性(类型 406，格式 14)

Flow Line Specification Property(流线规范特性)把一个或多个文字字符串附加到用来表示一条流线的实体上。

a） 目录条目

编号和名字	值
(1) 实体类型号	406
(3) 结构	＜n. a.＞
(4) 线型模式	＜n. a.＞
(5) 层	＃,⇒
(6) 视图	＜n. a.＞
(7) 变换矩阵	＜n. a.＞
(8) 标号显示联接	＜n. a.＞
(9a) 空白状态	**
(9b) 次级 实体 开关	??
(9c) 实体用途标记	**

编号和名字	值
(9d) 层次结构	**
(12) 线宽	<n. a.>
(13) 颜色号	<n. a.>
(15) 格式号	14

注：如果该特性是从属的，其层将被忽略(参见 7.98 和 4.5.1)。

b) 参数数据

索引	名称	类型	描述
1	NP	整型	特性值的数目
2	L (1)	字符串	基本出线说明名
3	L(2)	字符串	可选
⋮	⋮	⋮	
1+NP	L(NP)	字符串	可选

按需要附加的指针(参见 5.2.4.5.2)。

7.112 名称特性(类型 406，格式 15)

这个特性附加一个描述用户定义的名称的字符串。它可以被任何在参数数据中没有明确命名的实体使用。

a) 目录条目

编号和名字	值
(1) 实体类型号	406
(3) 结构	<n. a.>
(4) 线型模式	<n. a.>
(5) 层	#，⇒
(6) 视图	<n. a.>
(7) 变换矩阵	<n. a.>
(8) 标号显示联接	<n. a.>
(9a) 空白状态	**
(9b) 次级 实体 开关	??
(9c) 实体用途标记	**
(9d) 层次结构	**
(12) 线宽	<n. a.>
(13) 颜色号	<n. a.>
(15) 格式号	15

注：如果该特性是从属的，其层将被忽略(参见 7.98 和 4.5.1)。

b) 参数数据

索引	名称	类型	描述
1	NP	整型	特性值的数目
2	NAME	字符串	实体名

按需要附加的指针(参见 5.2.4.5.2)。

7.113 图样尺寸特性(类型 406,格式 16)

这个特性确定图样单位的尺寸特性。图样的原点被定义在绘制空间的(0,0)上。

a) 目录条目

编号和名字	值
(1) 实体类型号	406
(3) 结构	＜n. a.＞
(4) 线型模式	＜n. a.＞
(5) 层	#,⇒
(6) 视图	＜n. a.＞
(7) 变换矩阵	＜n. a.＞
(8) 标号显示联接	＜n. a.＞
(9a) 空白状态	**
(9b) 次级 实体 开关	??
(9c) 实体用途标记	**
(9d) 层次结构	**
(12) 线宽	＜n. a.＞
(13) 颜色号	＜n. a.＞
(15) 格式号	16

注:如果该特性是从属的,其层将被忽略(参见 7.98 和 4.5.1)。

b) 参数数据

索 引	名 称	类 型	描 述
1	NP	整型	特性值的数目(NP=2)
2	XS	实型	X 大小(沿 XD 轴正方向的绘制长度)
3	YS	实型	Y 大小(沿 YD 轴正方向的绘制长度)

按需要附加的指针(参见 5.2.4.5.2)。

7.114 图样单位特性(类型 406,格式 17)

这个特性根据绘制实体(类型 404)中的说明确定图样空间的单位。图样单位以同公有部分中的模型空间单位一样的格式给出。(参见 5.2.4.3.15)

a) 目录条目

编号和名字	值
(1) 实体类型号	406
(3) 结构	＜n. a.＞
(4) 线型模式	＜n. a.＞
(5) 层	#,⇒
(6) 视图	＜n. a.＞
(7) 变换矩阵	＜n. a.＞
(8) 标号显示联接	＜n. a.＞
(9a) 空白状态	**
(9b) 次级 实体 开关	??
(9c) 实体用途标记	**

编号和名字	值
(9d) 层次结构	**
(12) 线宽	<n.a.>
(13) 颜色号	<n.a.>
(15) 格式号	17

注：如果该特性是从属的，其层将被忽略(参见7.98和4.5.1)。

b) 参数数据

索引	名称	类型	描述
1	NP	整型	特性值的数目(NP=2)
2	FLAG	整型	单位标志
3	UNIT	字符串	单位名称

按需要附加的指针(参见5.2.4.5.2)。

7.115 字符间距特性(类型406，格式18)

当使用固定倾斜度空间的时候，Intercharacter Spacing Property(**字符间距特性**)确定字母间的距离。它对通用标注和文字模板实体产生的文字都有效。间距将以文字高度的百分比形式计算。这个百分比可以是正的、负的或零。

图136给出了两组按不同字符间距值布置的总注释实体(类型212)的几个例子。在这两组中，从顶部到底部，他们表示系统缺省(没有间距)、75%、0%和−50%。注意系统缺省间距对于每一个FC或单个字符可以是不同的。

顶部的一组图示了调整文本框宽度(WT)以保持固定的字符外形比率。底部的一组图示了当文本框宽度保持固定时调整字符外形比率的效果。例如，仅变动特性值。注意为总注释实体指定的文本框宽度不允许拖动字符间距，因此即使变动字符间距值，在底部的一组中的每个文本字符串的最后一个字符也按同一文本框宽度排列。

假设CH、CW和CS分别表示字符高度、字符宽度和字符间距。假设HT、WT和NC分别表示文本框高度、文本框宽度和文本字符串中的字符数目。对于固定倾斜度空间，可建立如下关系：

$$WT = (CW * NC) + (CS * (NC-1))$$

$$CS = (WT-(CW * NC)) / (NC-1)$$

$$CW = (WT-(CS * (NC-1))) / NC$$

即正文框宽度是字符宽度、字符数和$NC-1$间距的函数；当限定文本框的宽度，字符间间距可影响字符宽度。由于文本框高度和字符高度都为固定值，因此即使从文本字符串中增加或删减字符，字符间间距也可定义为正文框高度的函数(WT是NC和CW的函数，在大多数系统中CW可表示成CH的函数)。可建立如下倒数关系：

$$ISPACE = 100.0 * (CS/CH)$$

$$CS = CH * (ISPACE/100.0)$$

这个等式即可用于预处理器也可用于后置处理器以计算接受系统允许的适当值，以保留发送系统给定的字符间间距和字符外表比率。

a) 目录条目

编号和名字	值
(1) 实体类型号	406
(3) 结构	<n.a.>

编号和名字	值
(4) 线型模式	<n. a.>
(5) 层	#,⇒
(6) 视图	<n. a.>
(7) 变换矩阵	<n. a.>
(8) 标号显示联接	<n. a.>
(9a) 空白状态	**
(9b) 次级 实体 开关	??
(9c) 实体用途标记	**
(9d) 层次结构	**
(12) 线宽	<n. a.>
(13) 颜色号	<n. a.>
(15) 格式号	16

注：如果该特性是从属的，其层将被忽略(参见 7.98 和 4.5.1)。

b) 参数数据

索 引	名 称	类 型	描 述
1	NP	整型	特性值的数目(NP=1)
2	ISPACE	实型	文字高度的百分比形式的字符间距(范围 0～100)

按需要附加的指针(参见 5.2.4.5.2)。

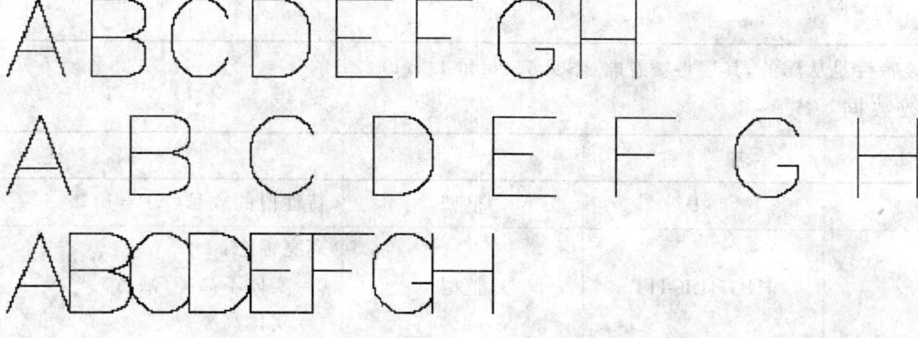

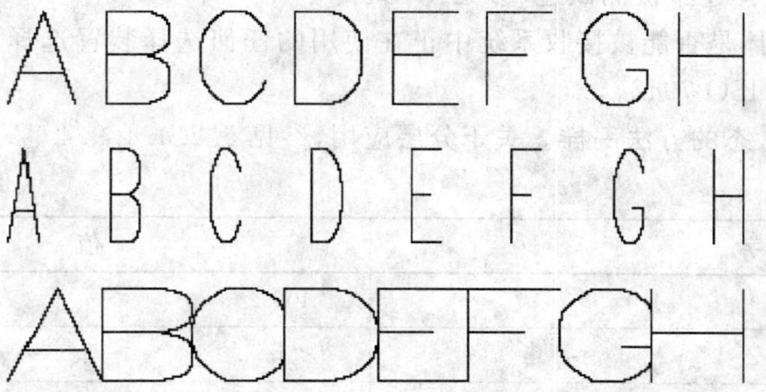

图 136 F40618X.IGS 利用字符间距特性定义的示例

7.116 高亮特性(类型 406,格式 20)‡

‡ Highlight Property(高亮特性)实体还未被测试过(参见 4.8)。

高亮特性的附加说明,一个实体应以能引起注意的方式显示,其显示方式由该系统决定,就像 GKS 一样(参见 ISO 7942)。闪烁或加亮都是可选的实现手段。

高亮特性的分层应用与空白状态的方法一样。关于分层应用,参见 5.2.4.4.9.4。

a) 目录条目

编号和名字	值
(1) 实体类型号	406
(3) 结构	＜n. a.＞
(4) 线型模式	＜n. a.＞
(5) 层	#,⇒
(6) 视图	＜n. a.＞
(7) 变换矩阵	＜n. a.＞
(8) 标号显示联接	＜n. a.＞
(9a) 空白状态	**
(9b) 次级 实体 开关	??
(9c) 实体用途标记	**
(9d) 层次结构	**
(12) 线宽	＜n. a.＞
(13) 颜色号	＜n. a.＞
(15) 格式号	20

注:如果该特性是从属的,其层将被忽略(参见 7.98 和 4.5.1)。

b) 参数数据

索 引	名 称	类 型	描 述
1	NP	整型	特性值的数目(NP=1)
2	HIGHLIGHT	整型	高亮标志: 0=实体不高亮(缺省); 1=实体高亮

按需要附加的指针(参见 5.2.4.5.2)。

7.117 选取特性(类型 406,格式 21)‡

‡ Pick Property(选取特性)实体还未被测试过(参见 4.8)。

选取特性的附加说明:一个实体是否能被接收系统中正在使用的任何选择装置选择。关于图形核心系统(GKS)中捡取的讨论,参见 ISO 7942。

选取特性的分层应用与空白状态的方法一样。关于分层应用,参见 5.2.4.4.9.4

a) 目录条目

编号和名字	值
(1) 实体类型号	406
(3) 结构	＜n. a.＞
(4) 线型模式	＜n. a.＞

编号和名字	值
(5) 层	#,⇒
(6) 视图	<n. a.>
(7) 变换矩阵	<n. a.>
(8) 标号显示联接	<n. a.>
(9a) 空白状态	**
(9b) 次级 实体 开关	??
(9c) 实体用途标记	**
(9d) 层次结构	**
(12) 线宽	<n. a.>
(13) 颜色号	<n. a.>
(15) 格式号	21

注：如果该特性是从属的，其层将被忽略(参见 7.98 和 4.5.1)。

b) 参数数据

索 引	名 称	类 型	描 述
1	NP	整型	特性值的数目(NP=1)
2	PICK	整型	选择标志： 0=实体可选(缺省) 1=实体不可选

按需要附加的指针(参见 5.2.4.5.2)。

7.118 等矩形栅格特性(类型 406，格式 22)‡

‡ Uniform Rectangular Grid Property Entity(等矩形栅格特性实体)还未被测试过(参见 4.8)。

等矩形栅格特性为在绘图中建立一个等矩形栅格提供足够多的信息。它将附加在图样实体上(类型 404)。

a) 目录条目

编号和名字	值
(1) 实体类型号	406
(3) 结构	< n. a. >
(4) 线型模式	< n. a. >
(5) 层	#,⇒
(6) 视图	< n. a. >
(7) 变换矩阵	< n. a. >
(8) 标号显示	< n. a. >
(9a) 空白状态	**
(9b) 次级 实体 开关	??
(9c) 实体用途标记	**
(9d) 层次结构	**
(12) 线宽	< n. a. >
(13) 颜色号	< n. a. >
(15) 格式号	22

注：如果该特性是从属的，其层将被忽略(参见 7.98 和 4.5.1)。

b) 参数数据

索 引	名 称	类 型	描 述
1	NP	整型	特性值的数目(NP=9)
2	FFLAG	整型	有限/无限格标志:0=无限,1=有限
3	LFLAG	整型	线/点格标志:0=点,1=线
4	WFLAG	整型	加权/不加权格标志(加权表示最近的格点将被屏幕位置指示体光标、光笔或其他同类的方式选中)
5	PX	实型	画坐标时格上的点的X坐标。如果格是有限的,这个点成为格的左下角。如果格是无限的,这个点是格上的任意点
6	PY	实型	画坐标时格上的点的Y坐标。如果格是有限的,这个点成为格的左下角。如果格是无限的,这个点是格上的任意点
7	DX	实型	画坐标时X方向的格空间
8	DY	实型	画坐标时Y方向的格空间
9	NX	整型	X方向的点/线数目(格无限则被忽略)
10	NY	整型	Y方向的点/线数目(格无限则被忽略)

按需要附加的指针(参见5.2.4.5.2)。

7.119 相关组类型特性(类型406,格式23)‡

‡ Associativity Group Type Property Entity(相关组类型特性实体)还未被测试过(参见4.8)。

相关组类型特性用来给一个相关组赋一个明确的标识符。这使无序组在有回调指针相关实体(类型402,格式1)和没有回调指针相关实体(类型402,格式7)的情况下、有序组在有回调指针相关实体(类型402,格式14)和在没有回调指针相关实体(类型402,格式15)的情况下,能自动运行。这个特性仅用于这四个相关类型。它包含类型(TYPE)和名称(NAME)。

下面的定义和缩写将在实体的描述中用到。

类型(TYPE):类型域是一个枚举列表,指定一个特殊的相关类型。

值	指定类型
1	插入序列
2	功能组
3	工作单元
4	基准
5	钻入路径
6	协议集序列
7	元件调整序列
8～5 000	其他相关类型
5 001～9 999	开发者定义的类型

名称(NAME):名称域进一步标识这个相关组类型特性。名称域由本地CAD/CAM系统特性、用户或其他来指定。

使用相关组类型特性的例子是把电子元件归类成合适的插入序列。在这个例子中,要插入的实体在没有回调指针相关实体(类型402,格式15)的情况下与有序组组合,而相关组类型特性则被附加到这个相关。类型域包含值1,说明这个相关是一个插入序列。名称域则包含一个字符串"DIPS"(或者其他的有意义的用户指定的名字),这可把它和其他的插入序列(例如,“RESISTORS”)域分开来。

在有些情况下(例如,钻入路径),有必要在一些较小的组里指定一个全面的组。例如,如果每个钻入路径指定一个独一无二的钻入尺寸,那么需要指定个别的钻入路径的序列。在这种情况下,组相关中的一个(适于这个应用的)应该被当作那些个别(子)组相关(从属实体键=02)的父相关(从属试题键=00)。父相关应该具有一个相关组类型特性来指定同子相关一样的相关类型。

a) 目录条目

编号和名字	值
(1) 实体类型号	406
(3) 结构	< n.a. >
(4) 线型模式	< n.a. >
(5) 层	#,⇒
(6) 视图	< n.a. >
(7) 变换矩阵	< n.a. >
(8) 标号显示	< n.a. >
(9a) 空白状态	**
(9b) 次级 实体 开关	??
(9c) 实体用途标记	**
(9d) 层次结构	**
(12) 线宽	< n.a. >
(13) 颜色号	< n.a. >
(15) 格式号	23

注:如果该特性是从属的,其层将被忽略(参见 7.98 和 4.5.1)。

b) 参数数据

索 引	名 称	类 型	描 述
1	NP	整型	特性值的数目(NP=2)
2	TYPE	整型	指定相关的类型
3	NAME	字符串	标识唯一的类型为 TYPE 的相关的实例

按需要附加的指针(参见 5.2.4.5.2)。

7.120 层到 LEP 层的映象特性(类型 406,格式 24)‡

‡ Level to LEP Layer Map Property Entity(层到 LEP 层的映象特性实体)还未被测试过(参见 4.8)。

用层到 LEP 层的映像特性将一个交换文件层号与其对应的本地层标识、物理 LEP 层号和预先定义的功能层标识相关联。因此,交换文件的后置处理器可以根据其映射的物理 LEP 层解释个别实体层号。而且,后置处理器可以通过分析预先定义的功能层号标识知道使用了这个层的什么功能。这个特性可以附加到定义 LEP 的实体上,如果没有这样的实体存在,这个特性可单独存在于文件中。

为了明确说明在本地系统中所要的该层的功能,需要从预先定义的列表中选择功能层标识。没有特殊的方法可以知道 LEP 的哪一面是顶部还是底部,这个选择是任意的。但是,设置一个基线定位以连接其他功能是必要的。通过声明功能层标识,可建立 LEP 的顶部和底部。所有需要标识 LEP 的顶部和底部的相应的功能都将使用这种标识方法。下面的列表给出了现行的一套关键字。

如果层标识关键字后面跟着字符串(T/#/B),它指定实际的层标识可以是(level, level_T, level_# 或 level_B)中的任一个。

level 表示数据在通用层上。(一个通用层属性规定了与一个或多个基于一系列相应的特定层关联的基础实体。)

level_T 表示特定层上的数据映射到最上面的 LEP 层上。

level_# 表示特定层上的数据映射到中间的 LEP 层上。(#代表中间物理层号 2,3,4,5,……,等等)

level_B 表示特定层上的数据映射到最底下的 LEP 层上。

下面的列表给出了预先定义的现行的功能层名列表。这些名字在任何场合下都是不变的。

层标识	描　述
Annotation	一般注释文字和图形
Bond_Pad(T/#/B)	元件粘合衬垫几何学
Breakout(T/#/B)	元件连外导线
Chip_Pad(T/#/B)	元件芯片衬垫
Component_Outline(T/#/B)	元件边界轮廓
Component_Placement(T/#/B)	元件放置实例
Crossover(T/#/B)	交叉导线数据
Deposition_Components(T/#/B)	存放元件实例
Dielectric(T/#/B)	绝缘交叉几何学
Drilled Holes	钻孔几何学
Errors	错误数据
Glue_Mask(T/#/B)	结合部掩饰轮廓
Ground(T/#/B)	导电地平面
Hole_Fill(T/#/B)	孔洞导体填充
Laser-Trim-Path(T/#/B)	激光调整路径
Pad(T/#/B)	元件衬垫几何学
Panel_Outline	面板轮廓
Pin_ID(T/#/B)	元件引脚标识文字
Pin_Placement(T/#/B)	元件引脚实例
Placement_Keepin	元件放置内轮廓
Placement_Keepout	元件放置外轮廓
Power(T/#/B)	导体电源平面几何学
PRD_ID	基础参考指定者文字
Routing_Keepin	路由内轮廓
Routing_Keepout	路由外轮廓
Sheet_Dielectric(T/#/B)	板绝缘数据
Signal(T/#/B)	信号路由几何学
Signal_Guide	信号引导电线

层标识	描　述
Signal_ID	信号标识文字
Silkscreen(T/#/B)	丝屏幕数据
Solder_Mask(T/#/B)	焊接掩饰轮廓
Solder_Paste-Mask(T/#/B)	焊接粘贴掩饰轮廓
Substrate_Outline	衬基数据
Thermal_Outline(T/#/B)	元件热量分布轮廓
Trace_Keepin	形迹内轮廓
Trace_Keepout	形迹外轮廓
Undefined	未定义数据。说明交换文件号的功能在本地系统的一系列层标识中目前没有定义
Unplaced_Components	未装元件
Via_Keepin	中转内轮廓
Via_Keepout	中转外轮廓
Via_Placement	中转实例
Wire-Bond(T/#/B)	电线连接

注：如果在从属于用来定义 LEP 的网络子图形定义中有一个层号，且该层号没有在 LEP 层映射层次特性中列出，那么这个层不与 LEP 物理层相对应，而且将成为一个模型的通用注释。但是，对于与物理层不对应的层，它们将被包含在这个特性中，并由一个等于 0 的物理层和一个等于 UNDEFINED 的功能标识所指定。

a)　目录条目

编号和名字	值
(1)　实体类型号	406
(3)　结构	< n. a. >
(4)　线型模式	< n. a. >
(5)　层	#,⇒
(6)　视图	< n. a. >
(7)　变换矩阵	< n. a. >
(8)　标号显示	< n. a. >
(9a)　空白状态	**
(9b)　次级 实体 开关	??
(9c)　实体用途标记	**
(9d)　层次结构	**
(12)　线宽线宽	< n. a. >
(13)　颜色号	< n. a. >
(15)　格式号	24

注：如果该特性是从属的，其层将被忽略(参见 7.98 和 4.5.1)。

b) 参数数据

索引	名称	类型	描述
1	NP	整型	特性值的数目
2	NLD	整型	层定义的层数
3	IL(1)	整型	第一层定义的交换文件层号线/点格标志:0=点,1=线
4	NILD(1)	字符串	发送系统使用的用来标识映射到第一层交换文件层数的本地层的标识
5	PLN(1)	整型	应用第一层号的物理层号。如果该层没有应用于映射到一个 LEP 物理层的数据,这个域应设置成 0
6	FLN(1)	字符串	第一层号的交换文件层标识
7	IL(2)	整型	第二层定义的交换文件层号
2+4＊NLD	FLN(NLD)	字符串	最后一个层号的交换文件层标识

按需要附加的指针(参见 5.2.4.5.2)。

7.121 LEP 图片层叠特性(类型 406,格式 25)‡

‡ LEP Artwork Stackup Property Entity(LEP 图片层叠特性实体)还未被测试过(参见 4.8)。

LEP 图片层叠特性用来说明哪一个交换文件层将要被结合以便为一个印刷线路板(或其他 LEP)创建一个图片。

这个特性应用于定义 LEP 的实体,如果没有这样的实体存在,则该特性应独立存在于文件中。

a) 目录条目

编号和名字	值
(1) 实体类型号	406
(3) 结构	< n. a. >
(4) 线型模式	< n. a. >
(5) 层	#,⇒
(6) 视图	< n. a. >
(7) 变换矩阵	< n. a. >
(8) 标号显示	< n. a. >
(9a) 空白状态	**
(9b) 次级 实体 开关	??
(9c) 实体用途标记	**
(9d) 层次结构	**
(12) 线宽	< n. a. >
(13) 颜色号	< n. a. >
(15) 格式号	25

注:如果该特性是从属的,其层将被忽略(参见 7.98 和 4.5.1)。

b) 参数数据

索 引	名 称	类 型	描 述
1	NP	整型	特性值的数目
2	ID	字符串	图片层叠标识
3	NV	整型	层数值数目
4	L(1)	整型	第一层号
3+NV	L(NV)	整型	最后一个层号

按需要附加的指针(参见 5.2.4.5.2)。

7.122 LEP 钻孔特性(类型 406,格式 26)‡

‡LEP Drilled Hole Property Entity (LEP 钻孔特性实体)还未被测试过(参见 4.8)。

LEP 钻孔特性用来标识钻孔定位实体,并指定这个钻孔的特征。

DE 特征层号用来指定哪一个物理 LEP 来对钻孔刺入分层。用来传递这些信息的方法如下:

——创建一个定义层特性(类型 406,格式 1)。

——为每一个钻孔将要刺入的物理 LEP 层包含一个层号。

——通过一个无效的指针从 LEP 钻孔特性的 DE 层特征引用一个定义层特性。

定义层特性包含的值是交换文件号(DE 域 5)。为了确定实际的物理 LEP 层,后置处理器会参考 LEP 层映射层特性(类型 406,格式 24)的物理层号。

LEP 孔洞特性应用于下列的基础实体:

- 连接点实体(类型 132),当钻孔用来定义中转引脚时;
- 点实体(类型 116),当钻孔用来定义一个通道、攀升或加工孔。

a) 目录条目

编号和名字	值
(1) 实体类型号	406
(3) 结构	<n. a.>
(4) 线型模式	<n. a.>
(5) 层	♯,⇒
(6) 视图	<n. a.>
(7) 变换矩阵	<n. a.>
(8) 标号显示	<n. a.>
(9a) 空白状态	**
(9b) 次级 实体 开关	??
(9c) 实体用途标记	**
(9d) 层次结构	**
(12) 线宽线宽	<n. a.>
(13) 颜色号	<n. a.>
(15) 格式号	26

注:如果该特性是从属的,其层将被忽略(参见 7.98 和 4.5.1)。

b) 参数数据

索引	名称	类型	描述
1	NP	整型	特性值的数目(NP=3)
2	DDS	实型	孔洞直径尺寸
3	FDS	实型	最终直径尺寸
4	FC	整型	钻孔的功能码： 1=一般装配用途的不镀金孔洞； 2=一般装配用途的镀金孔洞； 3=不镀金加工孔洞； 4=镀金加工孔洞； 5=用于元件引脚和接口的镀金孔洞； 5 001～9 999= 实现定义的孔洞类型

按需要附加的指针(参见5.2.4.5.2)。

7.123 通用数据特性(类型406,格式27)‡

‡Generic Data Property Entity (通用数据特性实体)还未被测试过(参见4.8)。

通用数据特性用来交换创建模型时的由系统操作员定义的信息。这些信息是由系统指定的,而且不映射到预定义特性或相关中。

特性和特性值可以由这个特性的多个实例来定义。这个特性的一个实例应该具有它的设置为依赖于物理(PHYSICALLY DEPENDENT)的从属实体键;它依赖于单个实体,或是一组几何实体。

如果系统不能实现操作员定义的特性,这些实体可以被忽略也可以以字符串形式插入到某些逻辑区域中。

定义。下面的定义和缩写用于实体的描述中。

特性名(NAME)。NAME域用来标识特性。名称域由本地CAD/CAM系统特性、用户或其他来指定。

特性类型(TYPE)。TYP域是一个枚举列表,指定一个特定的特性类型。列表的类型域的值可以通过对说明(Specification)的修改来进行扩充。

值	特性类型
0	无值
1	整型
2	实型
3	字符串
4	指针
5	没用到
6	逻辑型

特性值(VAL)。每个VAL域都包含一个特性值,它的类型由相关的类型域指定。

a) 目录条目

编号和名字	值
(1) 实体类型号	406
(3) 结构	< n.a. >
(4) 线型模式	< n.a. >

编号和名字	值
(5)　层	< n. a. >
(6)　视图	< n. a. >
(7)　变换矩阵	< n. a. >
(8)　标号显示	< n. a. >
(9a)　空白状态	**
(9b)　次级　实体　开关	01
(9c)　实体用途标记	02
(9d)　层次结构	**
(12)　线宽线宽	< n. a. >
(13)　颜色号	< n. a. >
(15)　格式号	27

b)　参数数据

索　引	名　称	类　型	描　述
1	NP	整型	特性值的数目
2	NAME	字符串	特性名
3	NV	整型	TYPE/VALUE 对的数目
4	TYP(1)	整型	第一特性值数据类型
5	VAL(1)	变量	第一特性值
2+2 * NV	TYP(NV)	整型	最后一个特性值数据类型
3+2 * NV	VAL(NV)	变量	最后一个特性值

按需要附加的指针(参见 5.2.4.5.2)。

7.124　尺寸单位特性(类型 406，格式 28)‡

‡Dimension Units Property Entity (尺寸单位特性实体)还未被测试过(参见 4.8)。

尺寸单位特性用于描述单位和格式化尺寸标称值的细目。一个或两个特性可能与相同的尺寸有关，它依赖于已被使用的单一尺寸或双尺寸标注。

单位指示器(UI)参数定义了被使用的单位，它用于计算和显示这个尺寸值。下表定义了有效单位：

值	含　义
0	全局的使用单位
1～11	见 5.2.4.2.14 的含义
100	度
101	度/分
102	度/分/秒
103	弧度
104	百分度
106	厘米/毫米
106	键入文本

CHRSET 线型字符参数与 USTRING 连同使用，允许线型字符(FC)的说明带有特殊符号(例如，

度符号)(见总注解实体(类型 212))。

USTRING 应被附加尺寸的数字值以形成显示值。对于由多数值形成的尺寸,(例如,度/分/秒),USTRING 具有由字符“/”(斜线)分割的 n 个子部分。例如,USTRING 可能是 3H“/”,用厘米和毫米来表示距离。

此特性的单一实例可由几个尺寸来表明。

a) 目录条目

编号和名字	值
(1) 实体类型号	406
(3) 结构	< n. a. >
(4) 线型模式	< n. a. >
(5) 层	< n. a. >
(6) 视图	< n. a. >
(7) 变换矩阵	< n. a. >
(8) 标号显示	< n. a. >
(9a) 空白状态	**
(9b) 次级 实体 开关	02
(9c) 实体用途标记	02
(9d) 层次结构	**
(12) 线宽线宽	< n. a. >
(13) 颜色号	< n. a. >
(15) 格式号	28

b) 参数数据

索 引	名 称	类 型	描 述
1	NP	整型	特性值的数目(NP=6)
2	SPOS	整型	关于主尺寸的辅助尺寸的位置: 0=这是主文本 1=主尺寸之前的辅助尺寸 2=主尺寸之后的辅助尺寸 3=主尺寸之上的辅助尺寸 4=主尺寸之下的辅助尺寸
3	UI	整型	单位指示器
4	CHRSET	整型	字符集解释(缺省=1): 1 = 标准 ASCII 1001 = 符号字形 1 1002 = 符号字形 2 1003 = 制图字形
5	USTRING	字符串	在格式化值中使用的字符串
6	FFLAG	整型	分数标志: 0 = 十进制显示 1 = 分数显示

索　引	名　称	类　型	描　述
7	PREC	整型	精度/分母： 当 FFLAG=0 时表示小数位数 当 FFLAG=1 时表示分数的分母

按需要附加的指针(见 5.2.4.5.2)。

7.125　尺寸公差特性(类型 406,格式 29)‡

‡Dimension Tolerance Property Entity (尺寸公差特性实体)还未被测试过(参见 4.8)。

尺寸公差特性给出了尺寸的公差信息。通过再生尺寸的接收系统使用该信息。一个尺寸可对应 0,1,或 2 个尺寸公差特性。SFLAG 标明了此特性既适用于主尺寸值,也适用于辅助尺寸值。

TYP 标明了应显示的公差格式。图 137 图示了可用的公差格式。

在公差值的单位中,UTOL 和 LTOL 分别表示上下公差值。对双边公差而言,UTOL 作为公差值来适用。仅当一个公差值将显示时,另一个可以忽略。

SSPELG 标明了当上公差显示时加号是否被取消。TRUE 隐含了加号的显示。

当 FFLAG 为 0 时,以十进制数来显示数值,且 PREC 说明了该十进制小数点右边所显示的小数位数。当 FFLAG 为 1 时,以混合分数来显示数值,且 PREC 说明了作为该分数的分母来使用的值。当 FFLAG 为 2 时,以分数来显示数值。下表说明了 FFLAG 和 PREC 的使用:

PREC	Value	FFLAG=0	FFLAG=1	FFLAG=2
0	2.65	3	3	3
1	2.65	2.7	3	$\frac{3}{1}$
2	2.65	2.65	$2\frac{1}{2}$	$\frac{5}{2}$
2	2.4	2.40	$2\frac{1}{2}$	$\frac{5}{2}$
3	2.65	2.650	$2\frac{2}{3}$	$\frac{8}{3}$
3	1.93	1.930	2	$\frac{6}{3}$

如果 PREC = 0,则显示出的数值为整数。

该特性的一个单一实例可以通过几个尺寸来说明。

a)　目录条目

编号和名字	值
(1)　实体类型号	406
(3)　结构	< n. a. >
(4)　线型模式	< n. a. >
(5)　层	< n. a. >
(6)　视图	< n. a. >
(7)　变换矩阵	< n. a. >
(8)　标号显示	< n. a. >
(9a)　空白状态	**
(9b)　次级　实体　开关	02
(9c)　实体用途标记	02

编号和名字	值
(9d) 层次结构	**
(12) 线宽线宽	< n. a. >
(13) 颜色号	< n. a. >
(15) 格式号	29

b) 参数数据

索引	名称	类型	描述
1	NP	整型	特性值的数目(NP=8)
2	SFLAG	整型	辅助公差标志: 0 = 公差适用于主尺寸 1 = 公差适用于辅助尺寸 2 = 显示值为分数
3	TYP	整型	公差类型(无缺省值): 1 = 双边的 2 = 上/下 3 = 单向上方 4 = 单向下方 5 = 范围—(最大之前最小) 6 = 范围—(最大之后最小) 7 = 范围—(最大之上最小) 8 = 范围—(最大之下最小) 9 = 额定+范围—(最大之上最小) 10 = 额定+范围—(最大之下最小)
4	TPFLAG	整型	公差位置(缺省值=2): 1 = 额定值之前位置 2 = 额定值之后位置 3 = 额定值之上位置 4 = 额定值之下位置
5	UTOL	实型	上边或双边公差值
6	LTOL	实型	下边公差值: 0 = 十进制显示 1 = 分数显示
7	SSPFLG	逻辑	符号取消标志(TRUE 隐含取消加号的显示)
8	FFLAG	整型	分数标志: 0 = 以十进制数显示值 1 = 以混合分数显示值 2 = 以分数显示值
9	PREC	整型	显示值精度

按需要附加的指针(见 5.2.4.5.2)。

1.00±0.01

a) 双边的

$1.00^{+0.01}_{-0.02}$

b) 上/下

$1.00^{+0.01}$

c) 单向上方

$1.00_{-0.02}$

d) 单向下方

0.98—1.01

e) 范围—(最大之前最小)

1.01—0.98

f) 范围—(最大之后最小)

0.98
1.01

g) 范围—(最大之上最小)

1.01
0.98

h) 范围—(最大之下最小)

$1.00^{0.98}_{1.01}$

i) 额定+范围—(最大之上最小)

$1.00^{1.01}_{0.98}$

j) 额定+范围—(最大之下最小)

图 137 公差格式示例

7.126 尺寸显示数据特性(类型 406,格式 30)‡

‡Dimension Display Data Property Entity(尺寸显示数据特性实体)还未被测试过(参见 4.8)。

尺寸显示数据特性是可选择的,但应通过尺寸实体引用。此信息很难包含从文本、标题及说明线数据中抽取的信息。通过多个系统存储尺寸显示数据。

当且仅当基本尺寸特性(类型 406,格式 31)也与同样的尺寸有关时,DT = 2。

尺寸中的一个标记的例子是"半径"在"半径 3 ft"中。在此例子中优先的标记位置 LP=1(之前)且标记串 LS = 6H 半径。文本被"3 ft. 半径"所取代,LP = 2。说"优先被使用"是因为如果说明线之间的空间太小以至文字串溢出,那么一个系统必须在上面做一个取代以前的标记。CHRSET,标记的字符字形,当标记是一个特殊字符如只存在于某些字形中的直径符号时,它显得格外重要。在字形 1003 中直径符号有相同的 ASCII 码如常规字形中小写字母"n"。这样,CHRSET = 1003,LS = 1Hn 传达为此标记是一个直径符号。

说明线角度是尺寸定义空间的角度(尺寸文本的平面),它是第一条说明线与箭头间的连线之间沿逆时针方向测量出来的角度。

TA = 0 的含义是文本将出现平行于尺寸定义空间中的 XT 轴。TA = 1 则意味着文本将平行于两个箭头间的连线。

TP = 0 的含义是如果可以在说明线之间放置文本,则应像图 138 所示的那样放置文本。TP = 1 的含义是文本应在第一条说明线的外面,如图 138 所示。

有时对于一些被称做注释的特殊的文本,要被附加到尺寸上。若有一个或多个注释,补充注释位置(SNP)指明了与其余尺寸文本有关的每一块文本将被放置的位置。注释开始(NS)和注释结束(NE)域详细说明了面向尺寸产生注释中的串,包含了每一个补充注释。全都包括在内,注释由 NSth 开始并由 NEth 结束。

当且仅当没有补充注释时,此特性的一个实例应面向一个以上的尺寸。一个特殊尺寸实体应至多引用此特性的一个实例。

a) 目录条目

编号和名字	值
(1) 实体类型号	406
(3) 结构	＜ n. a. ＞
(4) 线型模式	＜ n. a. ＞

编号和名字	值
(5) 层	< n.a. >
(6) 视图	< n.a. >
(7) 变换矩阵	< n.a. >
(8) 标号显示	< n.a. >
(9a) 空白状态	**
(9b) 次级 实体 开关	02
(9c) 实体用途标记	02
(9d) 层次结构	**
(12) 线宽线宽	< n.a. >
(13) 颜色号	< n.a. >
(15) 格式号	30

b) 参数数据

索 引	名 称	类 型	描 述
1	NP	整型	特性值的数目(NP=14)
2	DT	整型	尺寸类型: 0 = 普通的 1 = 引用(通常带圆括号) 2 = 基本的(加框)
3	LP	整型	优先标记位置: 0 = 不存在 1 = 前测量 2 = 后测量 3 = 上测量 4 = 下测量
4	CHRSET	整型	字符集解释(缺省值=1): 仅当 LS 不是空的才有意义 1 = 标准 ASCII 1001 = 符号字形 1 1002 = 符号字形 2 1003 = 制图字形
5	LS	字符串	例如,8HDIAMETER
6	DS	整型	十进制符号: 0 ="."(句号) 1 =","(逗号)
7	WLA	实型	用弧度表示说明线角度。缺省值为 $\pi/2$
8	TA	整型	文本对齐: 0 = 水平 1 = 平行

索 引	名 称	类 型	描 述
9	TL	整型	文本层： 0 = 既不在引导线之上也不在引导线之下(缺省) 1 = 上 2 = 下
10	TP	整型	优先文本定位： 0 = 在说明线之间(缺省) 1 = 在靠近第一条说明线之外 2 = 在靠近第二条说明线之外
11	AH	整型	箭头、方向： 0 = 在内，指向外 1 = 在外，指向内
12	IV	实型	主尺寸初始值
13	K	整型	补充注释数目或为 0
14	SNP(1)	整型	第一 补充注释： 1 = 在其余尺寸文本之前 2 = 在之后，但在相同层的开端 3 = 上 4 = 下
15	NS(1)	整型	第一条注释开始索引
16	NE(1)	整型	第一条注释结束索引
11+3 * K	SNP(K)	整型	最后一条补充注释
12+3 * K	NS(K)	整型	最后注释开始索引
13+3 * K	NE(K)	整型	最后注释结束索引

按需要附加的指针(见 5.2.4.5.2)。

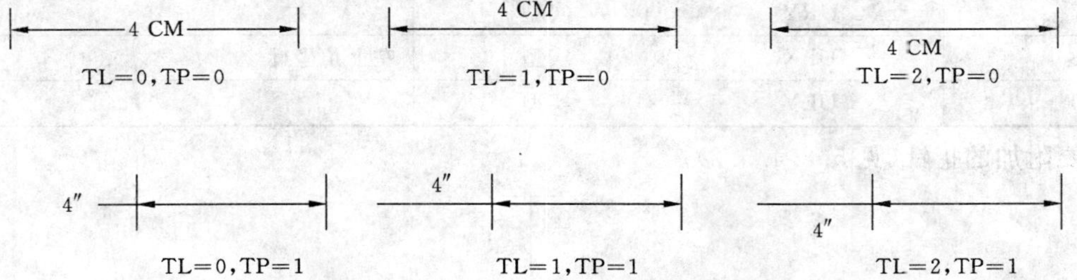

图 138 使用 TP 和 TL 的文本布局

7.127 基本尺寸特性(类型 406,格式 31)‡

‡Basic Dimension Property Entity (基本尺寸特性实体)还未被测试过(参见 4.8)。基本尺寸特性指明了引用尺寸实体将被显示为四周带框的文本。预处理器负责提供该框各角的坐标。此坐标也可能被支持基本尺寸功能性的系统后置处理器忽略;无此固有功能性的系统应通过所提供的坐标画一个框。

此坐标表示一个沿逆时针从左下角开始的有序列表。画一个矩形框将这些点连接起来,从第一个点开始并结束。

此特性继承了面向它的尺寸的层次属性(线型,视图,层,空状态,线宽及颜色号),并且它应有适用于它的相同的变换矩阵处理。

此特性的一个实例应不面向一个以上的尺寸。该实例应有它自己的从属实体交换集给物理依赖。

基本尺寸特性示例如图 139 所示。

a） 目录条目

编号和名字	值
(1) 实体类型号	406
(3) 结构	< n. a. >
(4) 线型模式	< n. a. >
(5) 层	< n. a. >
(6) 视图	< n. a. >
(7) 变换矩阵	< n. a. >
(8) 标号显示	< n. a. >
(9a) 空白状态	**
(9b) 次级 实体 开关	02
(9c) 实体用途标记	02
(9d) 层次结构	**
(12) 线宽	< n. a. >
(13) 颜色号	< n. a. >
(15) 格式号	31

b） 参数数据

索 引	名 称	类 型	描 述
1	NP	整型	特性值的数目(NP＝8)
2	LLX	实型	左下角坐标
3	LLY	实型	
4	LRX	实型	右下角坐标
5	LRY	实型	
6	URX	实型	右上角坐标
7	URY	实型	
8	ULX	实型	左上角坐标
9	ULY	实型	

按需要附加的指针(见 5.2.4.5.2)。

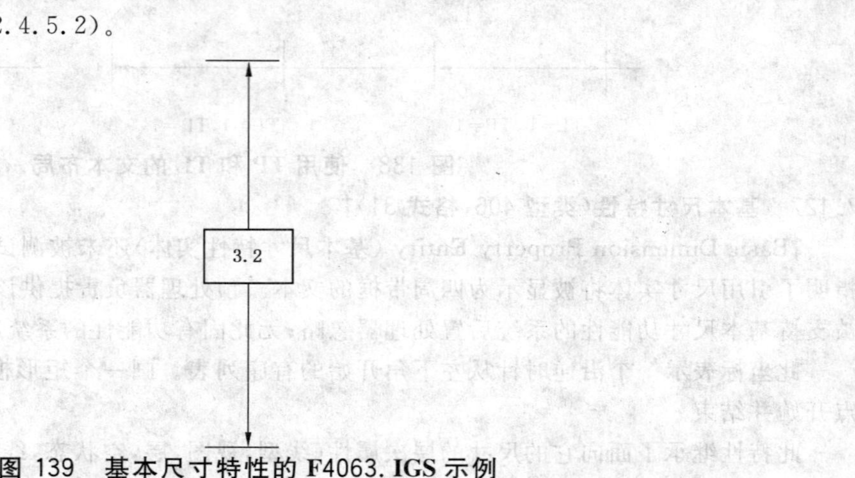

图 139 基本尺寸特性的 F4063. IGS 示例

7.128 图纸批准特性(类型 406,格式 32)‡

‡Drawing Sheet Approval Property Entity (图纸批准特性实体)还未被测试过(参见 4.8)。

图纸批准特性说明了权威注释,它表明一个图必须接受审查。它包括个体名称域,它们的部门或组织功能(ORG),以及日期、时间(DATE)。

该特性可仅被一个绘图实体(类型 404)引用,并表示对一个或多个绘图或图纸的批准。

该特性的多个实例可被相同的实体引用,并指明对不同的个体给出了它们各自的批准。该特性的单一实例可被多个实体引用,并指明相同的个体在相同的时间内已批准了多个图纸。

a) 目录条目

编号和名字	值
(1) 实体类型号	406
(3) 结构	< n. a. >
(4) 线型模式	< n. a. >
(5) 层	< n. a. >
(6) 视图	< n. a. >
(7) 变换矩阵	< n. a. >
(8) 标号显示	< n. a. >
(9a) 空白状态	**
(9b) 次级实体开关	02
(9c) 实体用途标记	02
(9d) 层次结构	**
(12) 线宽	< n. a. >
(13) 颜色号	< n. a. >
(15) 格式号	32

b) 参数数据

索引	名称	类型	描述
1	NP	整型	特性值的数目(NP=3)
2	NAME	字符串	个体名称
3	ORG	字符串	个体部门或组织
4	DATE	字符串	批准的日期和时间(同全局段具有相同的格式,即15HYYYYMMDD.HHNNSS或13HYYMMDD.HHNNSS)

按需要附加的指针(见 5.2.4.5.2)。

7.129 图纸 ID 特性(类型 406,格式 33)‡

‡Drawing Sheet ID Property Entity (图纸 ID 特性实体)还未被测试过(参见 4.8)。

图纸 ID 特性用来标识(a)与其他图纸有关的特殊图纸的顺序,(b)图纸的特定版本。

图纸号(SNUM)通常在一个顺序的系列中。图纸修订版标识符是一个文字数字串。

此特性应只能从一个绘图实体(类型 404)被引用,且每个图纸应只引用一个实例。文件中的每个实例应是唯一的且只被引用一次;即文件中两个图纸应有不同的图纸 ID。

a) 目录条目

编号和名字	值
(1) 实体类型号	406
(3) 结构	< n. a. >
(4) 线型模式	< n. a. >
(5) 层	< n. a. >
(6) 视图	< n. a. >
(7) 变换矩阵	< n. a. >
(8) 标号显示	< n. a. >
(9a) 空白状态	**
(9b) 次级 实体 开关	01
(9c) 实体用途标记	01
(9d) 层次结构	**
(12) 线宽	< n. a. >
(13) 颜色号	< n. a. >
(15) 格式号	33

b) 参数数据

索 引	名 称	类 型	描 述
1	NP	整型	特性值的数目(NP=2)
2	SNUM	整型	图纸号
3	SID	字符串	图纸修订版标识符

按需要附加的指针(见 5.2.4.5.2)。

7.130 下划线特性(类型 406,格式 34)‡

‡Underscore Property Entity (下划线特性实体)还未被测试过(参见 4.8)。

下划线特性用来在通用注解实体(类型 212)的文本串中传送下划线指令。文本串的下划线由通用注解中的文本串的索引号及标有下划线的文本串中第一个和最后一个字符的索引号来详细说明。注:对每个通用注解的文本串可有多个下划线说明。对系统而言,下划线的位置精确是非常重要的。图 140 示出了下划线特性的一个例子:

$$T(1)=1,F(1)=1,L(1)=10$$
$$T(2)=3,F(2)=1,L(2)=4$$
$$T(3)=4,F(3)=5,L(3)=11$$

要求:此特性的一个实例只能被一个生成通用实体(类型 212)引用。下划线的颜色应与生成注解实体的颜色相同。

a) 目录条目

编号和名字	值
(1) 实体类型号	406
(3) 结构	< n. a. >
(4) 线型模式	< n. a. >
(5) 层	< n. a. >

编号和名字	值
(6) 视图	< n. a. >
(7) 变换矩阵	< n. a. >
(8) 标号显示	< n. a. >
(9a) 空白状态	**
(9b) 次级 实体 开关	01
(9c) 实体用途标记	01
(9d) 层次结构	**
(12) 线宽	< n. a. >
(13) 颜色号	< n. a. >
(15) 格式号	34

b) 参数数据

索 引	名 称	类 型	描 述
1	NP	整型	特性值的数目(NP=1+ND * 3)
2	ND	整型	下划线说明号(ND>=1)
3	T(1)	整型	带下划线的第一个文本串的索引
4	F(1)	整型	文本串中标有下划线的第一个字符的索引 T(1)
5	L(1)	整型	文本串中标有下划线的最后一个字符的索引 T(1)
⋮	⋮	⋮	
ND * 3	T(ND)	整型	带下划线的最后一个文本串的索引
1+ND * 3	F(ND)	整型	文本串中标有下划线的第一个字符的索引 T(ND)
2+ND * 3	L(ND)	整型	文本串中标有下划线的最后一个字符的索引 T(ND)

按需要附加的指针(见 5.2.4.5.2)。

7.131 上划线特性(类型 406,格式 35)‡

‡Overscore Property Entity (上划线特性实体)还未被测试过(参见 4.8)。

上划线特性用来在通用注解实体(类型 212)或文本显示模板实体(类型 312)的文本串中传送上划线指令。文本串的上划线由通用注解中的文本串的索引号及标有上划线的文本串中第一个和最后一个字符的索引号来详细说明。对每个生通用注解的文本串可有多个上划线说明。对系统而言,上划线的位置精确是非常重要的。图 140 示出了上划线特性的一个例子:

T(1)= 2,F(1)= 1,L(1)= 9

T(2)= 3,F(2)= 1,L(2)= 4

T(3)= 4,F(3)= 1,L(3)= 7

要求:此特性的一个实例只能被一个通用注解实体(类型 212)引用。上划线的颜色应与生成注解实体的颜色相同。

a) 目录条目

编号和名字	值
(1) 实体类型号	406
(3) 结构	< n. a. >

编号和名字	值
(4) 线型模式	< n. a. >
(5) 层	< n. a. >
(6) 视图	< n. a. >
(7) 变换矩阵	< n. a. >
(8) 标号显示	< n. a. >
(9a) 空白状态	**
(9b) 次级 实体 开关	01
(9c) 实体用途标记	01
(9d) 层次结构	**
(12) 线宽	< n. a. >
(13) 颜色号	< n. a. >
(15) 格式号	35

b) 参数数据

索 引	名 称	类 型	描 述
1	NP	整型	特性值的数目(NP＝1＋ND＊3)
2	ND	整型	上划线说明号(ND＞＝1)
3	T(1)	整型	带下划线的第一个文本串的索引
4	F(1)	整型	文本串中标有上划线的第一个字符的索引 T(1)
5	L(1)	整型	文本串中标有上划线的最后一个字符的索引 T(1)
ND＊3	T(ND)	整型	带上划线的最后一个文本串的索引
1＋ND＊3	F(ND)	整型	文本串中标有上划线的第一个字符的索引 T(ND)
2＋ND＊3	L(ND)	整型	文本串中标有上划线的最后一个字符的索引 T(ND)

按需要附加的指针(见 5.2.4.5.2)。

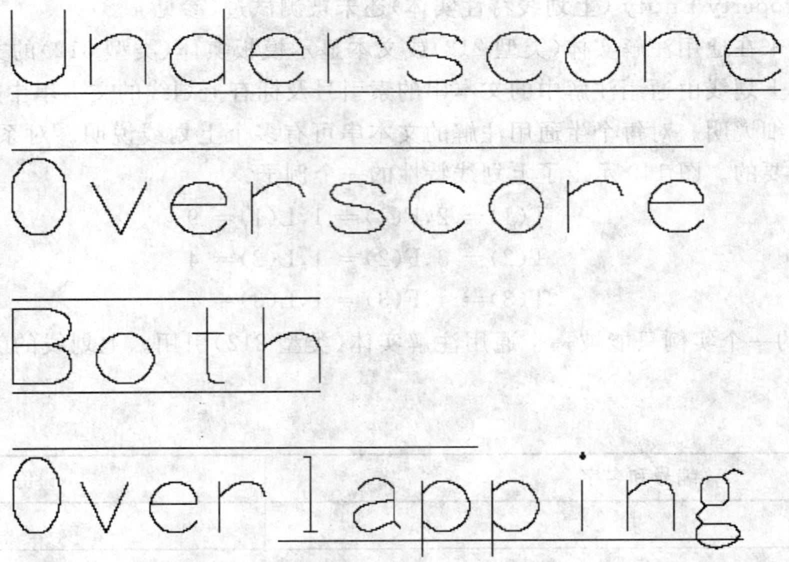

Underscore

Overscore

Both

Overlapping

图 140 定义使用下划线和上划线的 F40635X. IGS 的示例

7.132 封闭特性(类型 406,格式 36)‡

‡Closure Property Entity (封闭特性实体)还未被测试过(参见 4.8)。

封闭特性(类型 406,格式 36)改变了曲线或曲面封闭的概念。此特性在封闭和带更多约束性的“简单”封闭情况之间是有区别的(例如,一个圆和图 8 两者都是“封闭”的,但只有圆是简单封闭曲线)。

U 和 V 有如下定义:$S(u,v)$的未裁剪域是一个矩形,D,由那些点(u,v)构成,如:对已给出的常量 a,b,c,d 有 $a=u=b$ 且 $c=v=d$,同时 $a<b,c<d$。对 D 中的每一有序对儿(u,v),映射 $S=S(u,v)=(x(u,v),y(u,v),z(u,v))$已被定义。

如果参数空间曲线 $u=$ minimum,$u=$ maximum 的模型空间映象是相同的,则在 u 中曲面是封闭的,对 v 而言与此类似。如果除了参数边界 $u=$ minimum,$u=$ maximum,$v=$ minimum,$v=$ maximum 之外它自身不相交,则曲面是“简单封闭”的。

图 141 说明了此特性的使用。

- 在 U 中圆柱是一个简单封闭曲面(值=1,2);
- 在 U 和 V 中环圆纹曲面是一个简单封闭曲面(值=2,2,2);
- 不规则四边形覆盖到圆柱中和自身相交的矩形都是不完全封闭的,且不应引用此特性。

要求:多个几何实体可以引用此特性的单一实例,如果这些实体都有相同的封闭情形。此特性不会被有界曲面实体(类型 143)和裁剪(参数)曲面实体(类型 144)直接引用;然而,被这些曲面实体引用的边界曲线可以引用此特性。不完全封闭曲面不应引用此特性。

a) 目录条目

编号和名字	值
(1) 实体类型号	406
(3) 结构	< n. a. >
(4) 线型模式	< n. a. >
(5) 层	< n. a. >
(6) 视图	< n. a. >
(7) 变换矩阵	< n. a. >
(8) 标号显示	< n. a. >
(9a) 空白状态	00
(9b) 次级 实体 开关	01
(9c) 实体用途标记	03
(9d) 层次结构	00
(12) 线宽	< n. a. >
(13) 颜色号	< n. a. >
(15) 格式号	36

b) 参数数据

索　引	名　称	类　型	描　述
1	NP	整型	特性值的数目(1 或 2;可以不缺省)
2	CLOSEDU	整型	U 曲线或曲面的标志: 0 = 未指定(缺省) 1 = 封闭 2 = 简单封闭

索　引	名　称	类　型	描　述
3	CLOSEDV	整型	V 仅为曲面的标志： 0 = 未指定(缺省) 1 = 封闭 2 = 简单封闭

按需要附加的指针(见 5.2.4.5.2)。

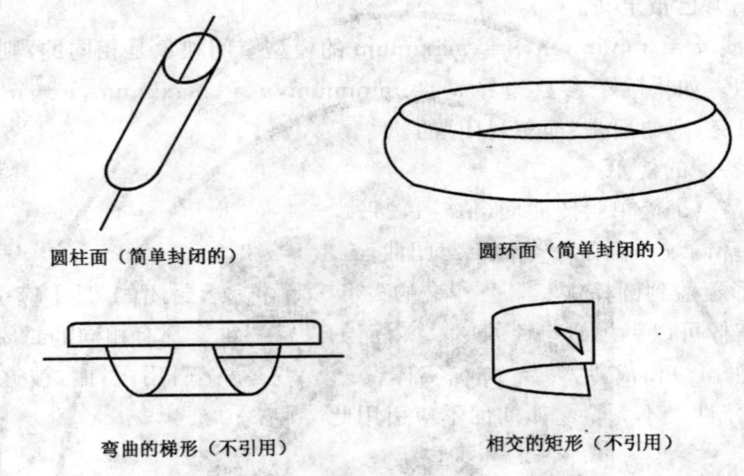

图 141　封闭特性的使用

7.133　信号总线宽度特性(类型 406,格式 37)‡

‡Signal Bus Width Property Entity (信号总线宽度特性实体)还未被测试过,参见 4.8。

信号总线宽度特性用于在单向网络流联接中规定使用多少个比特实现并行连接。当这个特性用于定义多比特网络时,这个特性被分配给每个实体,这些实体是单向网络流联接中连接几何的组成部分。这个构造能够将电子简图中的多比特连接成为物理域中的多比特连接束。

如果在单向网络流联接中,一个连接实体没有分配总线信号宽度特性,该联接将采用一个字节宽度的信号。

a)　目录条目

编号和名字	值
(1)　实体类型号	406
(3)　结构	＜ n. a. ＞
(4)　线型模式	＜ n. a. ＞
(5)　层	＃,⇒
(6)　视图	＜ n. a. ＞
(7)　变换矩阵	＜ n. a. ＞
(8)　标号显示	＜ n. a. ＞
(9a)　空白状态	**
(9b)　次级　实体　开关	??
(9c)　实体用途标记	**
(9d)　层次结构	**

编号和名字	值
(12) 线宽	＜ n. a. ＞
(13) 颜色号	＜ n. a. ＞
(15) 格式号	37

b) 参数数据

索 引	名 称	类 型	描 述
1	NP	整型	特性值的数目(NP=1)
2	DF	整型	规定通过连接几何连接的比特信号数(缺省=1 比特宽度)

按需要附加的指针(见 5.2.4.5.2)。

7.134 统一资源定位符(URL)锚点特性(类型 406,格式 38)‡

‡URL Anchor Property Entity (统一资源定位符(URL)锚点特性实体)还未被测试过(参见 4.8)。

统一资源定位符(URL)锚点特性(类型 406,格式 38)规定了交换文件的互联网环境路径和与实体关联的文件名。这个特性由客户使用,它使用户能够显示互联网环境下的所选择的任何文件。

IGES 文件包括的这个实体可以使 IGES 浏览器能够读取多媒体文件,CAD 建模系统的后置处理器将不处理这个实体。

这个实体不影响常规的 CAD 系统使用交换文件。如果显示交换文件的软件能够使用这个特性的信息,对引用实体上的双击操作将触发读取和浏览这个特性指定的 URL 文件。如果互联网服务器处于不响应状态将不显示 URL 文件。

参数 DF 确定的文件可以是任何多用途的网际邮件扩充协议(MIME)数据类型。既然"模型/iges"是一种合法的 MIME 数据类型,因此它能引用其它 IGES 文件;然而在 CAD 系统环境中这种引用不能替代使用外部引用实体(类型 416)。处理被引用文件需要具有处理 MIME 数据类型的能力,MIME 数据类型不同于 IGES 数据类型。

图形相互交换格式(.gif)中文件 PD 参数 DF 的示例:

45Hhttp://server.location.net/directory/file.gif

a) 目录条目

编号和名字	值
(1) 实体类型号	406
(3) 结构	＜ n. a. ＞
(4) 线型模式	＜ n. a. ＞
(5) 层	＜ n. a. ＞
(6) 视图	＜ n. a. ＞
(7) 变换矩阵	＜ n. a. ＞
(8) 标号显示	＜ n. a. ＞
(9a) 空白状态	**
(9b) 次级 实体 开关	??
(9c) 实体用途标记	**
(9d) 层次结构	**
(12) 线宽	＜ n. a. ＞
(13) 颜色号	＜ n. a. ＞
(15) 格式号	38

b) 参数数据

索　引	名　称	类　型	描　述
1	NP	整型	特性值的数目(NP=1)
2	DF	字符串	显示文件 URL

按需要附加的指针(见 5.2.4.5.2)。

7.135 平面特性(类型 406,格式 39)‡

‡Planarity Property Entity (平面特性实体)还未被测试过(参见 4.8)。

平面特性(类型 406,格式 39)规定了曲线、曲面或注释实体的平面属性。该特性提供了不同于平面的相关性(类型 402,格式 16)的功能。该特性不规定关联性,因为它适用于一个或多个层,因此当处理大量实体时它更有效。

要求:如果多个实体具有相同的平面特征,则它们可以引用该特性的同一个实例。单独使用该特性也是允许的,表示处于相同层上的所有实体都具有同样的平面特征。

a) 目录条目

编号和名字	值
(1) 实体类型号	406
(3) 结构	<n.a.>
(4) 线型模式	<n.a.>
(5) 层	#,⇒
(6) 视图	<n.a.>
(7) 变换矩阵	<n.a.>
(8) 标号显示联接	<n.a.>
(9a) 空白状态	**
(9b) 次级 实体 开关	01
(9c) 实体用途标记	03
(9d) 层次结构	**
(12) 线宽	<n.a.>
(13) 颜色号	<n.a.>
(15) 格式号	39

b) 参数数据

索　引	名　称	类　型	描　述
1	NP	整型	特性值的数目(1,4 或 7;可以不缺省)

按需要附加的指针(见 5.2.4.5.2)。

7.136 连续特性(类型 406,格式 40)

‡Continuity Property Entity (连续特性实体)还未被测试过(参见 4.8)。

连续特性(类型 406,格式 40)规定了引用该特性的整个曲线或曲面的最小连续性要求,实际的连续性可以高于该特性规定的。

要求:如果多个实体具有相同的连续性,则它们可引用该特性的同一个实例。该特性不允许独立使用。C 连续性适用于曲线和曲面,G 连续性仅适用于曲面。除曲线和曲面以外的实体不应显式引用该特性,但允许间接引用(例如将该特性应用于包含非几何实体的一个或多个层上)。后置处理器应忽略任何非曲线或曲面实体对该特性的引用。

该特性的缺省值等效于忽略该特性，因为 C0 连续性是本标准规定的最小连续性要求。

a) 目录条目

编号和名字	值
(1) 实体类型号	406
(3) 结构	<n. a.>
(4) 线型模式	<n. a.>
(5) 层	#,⇒
(6) 视图	<n. a.>
(7) 变换矩阵	<n. a.>
(8) 标号显示联接	<n. a.>
(9a) 空白状态	**
(9b) 次级 实体 开关	01
(9c) 实体用途标记	03
(9d) 层次结构	**
(12) 线宽	<n. a.>
(13) 颜色号	<n. a.>
(15) 格式号	40

b) 参数数据

索 引	名 称	类 型	描 述
1	NP	整型	特性值的数目(1～4；可以不缺省)
2	CONTUC	整型	曲线或曲面的 C 连续(U)(如果引用该特性的实体不是曲线或曲面实体则此取值将被忽略)： 0 = C0 连续性(缺省值)； 1 = C1 连续性； 2 = C2 连续性，等
3	CONTUG	整型	曲线或曲面的 G 连续(U)(如果引用该特性的实体不是曲线或曲面实体则此取值将被忽略)： 0 = G 连续性(缺省值)； 1 = G1 连续性； 2 = G2 连续性，等
4	CONTVC	整型	曲线或曲面的 C 连续(V)(如果引用该特性的实体不是曲线或曲面实体则此取值将被忽略)： 0 = C0 连续性(缺省值)； 1 = C1 连续性； 2 = C2 连续性，等
5	CONTVG	整型	曲线或曲面的 G 连续(V)(如果引用该特性的实体不是曲线或曲面实体则此取值将被忽略)： 0 = G 连续性(缺省值)； 1 = G1 连续性； 2 = G2 连续性，等

按需要附加的指针(见 5.2.4.5.2)。

7.137 单子图实例实体(类型 408)

Singular Subfigure Instance Entity (单子图实例实体)定义了已被定义的子图的一个单一实例的具体值(类型 308),见图 142 和 6.6.2。图 143 示出了子图实例的一个例子:

原图 1∶1,旋转 0°。

旋转 45° 1∶1,旋转 45°。

放大两倍 2∶1, 旋转 180°。

缩小一倍 1∶2, 旋转 90°。

注:旋转被包含在有关联的变换矩阵中。

a) 目录条目

编号和名字	值
(1) 实体类型号	408
(3) 结构	< n. a. >
(4) 线型模式	#,⇒
(5) 层	#,⇒
(6) 视图	0,⇒
(7) 变换矩阵	0,⇒
(8) 标号显示	0,⇒
(9a) 空白状态	??
(9b) 次级 实体 开关	??
(9c) 实体用途标记	??
(9d) 层次结构	??
(12) 线宽	#
(13) 颜色号	#,⇒
(15) 格式号	0

注:当层被设置给全局延迟时,以下所有的可以忽略及可被缺省:线型模式,线宽,颜色号,层,视图及空状态。

b) 参数数据

索 引	名 称	类 型	描 述
1	DE	指针	指针给子图定义实体的 DE
2	X	实型	既与引用实体的模型空间有关也与引用实体的定义空间有关的转换数据
3	Y	实型	
4	Z	实型	
5	S	实型	比例因子(缺省值=1.0)

按需要附加的指针(见 5.2.4.5.2)。

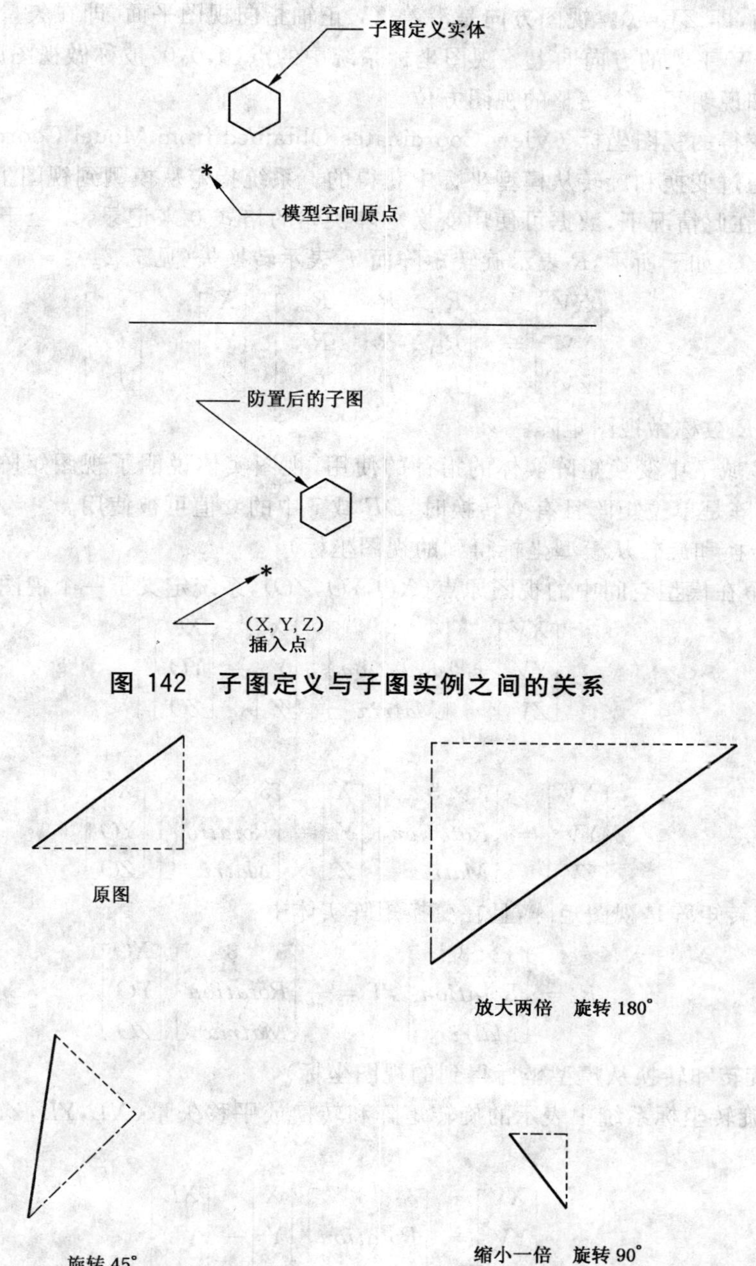

图 142　子图定义与子图实例之间的关系

图 143　子图实例在不同比例和方向情况下的 F408X. IGS 举例

7.138　视图实体(类型 410)

View Entity (视图实体)为指定三维模型空间(X,Y,Z)中一个对象的视图定向定义了一个框架。这个框架也用于支持全部的或部分的模型空间在视图平面上的投影。已说明的有两种类型的投影,一种是本标准所描述的平行正投影,另一种是 7.139 中所描述的透视投影。透视投影未被测试过。见 4.8。

平行正投影(Orthographic Parallel Projection)

一个模型空间中的对象在视图平面上的平行正投影是通过该对象的每个点向视图平面法向投射并找到与视图平面的相交部分而形成的。如图 144 所示。

视图坐标系统 (View Coordinate System)

视图空间可通过一个引入到模型空间的右手法则视图坐标系统(XV,YV,ZV)来描述。此视图空

间为 XV,YV 平面,即 $ZV=0$。视图方向是沿着 ZV 正轴指向视图平面,即在矢量(0,0,-1)的方向上。在产生的视图中 YV 正轴的方向向上。视图坐标系统中的点(0,0,0)被称做视图原点。这样,通过一个视图坐标系统详细说明了一个完整的视图方位。

从模型坐标获得的视图坐标 (View Coordinates Obtained from Model Coordinates)

视图坐标是通过变换和旋转从模型坐标中获得的。系统指定从模型到视图坐标传送数据共有几种方法。无论怎样,在此情况下,数据可使用变换矩阵实体的格式 0 来记录,以至于模型坐标用做输入而视图坐标用做输出。如下所示,R 表示旋转矩阵而 T 表示转换矢(见 7.21):

$$\begin{bmatrix} XV \\ YV \\ ZV \end{bmatrix} = \begin{bmatrix} R_{11} & R_{12} & R_{13} \\ R_{21} & R_{22} & R_{23} \\ R_{31} & R_{32} & R_{33} \end{bmatrix} \begin{bmatrix} X \\ Y \\ Z \end{bmatrix} + \begin{bmatrix} T_1 \\ T_2 \\ T_3 \end{bmatrix}$$

在此情况下,R 被称做视图矩阵。

通过指向 DE 域 7 中变换矩阵实体的指针的使用,视图实体说明了视图矩阵和转换矢量。在特殊情况下,当视图矩阵是单位矩阵且有 0 转换时,DE 域 7 中的 0 值可被使用。

例 1:(通过转换和旋转从模型坐标得到的视图坐标)

通过指定一个在模型空间中的视图原点(XO,YO,ZO),系统定义了一个视图方向,旋转矩阵如下:

$$\begin{bmatrix} XV \\ YV \\ ZV \end{bmatrix} = \begin{bmatrix} 3\times 3 \\ Rotation \\ Matrix \end{bmatrix} \left(\begin{bmatrix} X \\ Y \\ Z \end{bmatrix} - \begin{bmatrix} XO \\ YO \\ ZO \end{bmatrix} \right)$$

或

$$\begin{bmatrix} XV \\ YV \\ ZV \end{bmatrix} = \begin{bmatrix} 3\times 3 \\ Rotation \\ Matrix \end{bmatrix} \begin{bmatrix} X \\ Y \\ Z \end{bmatrix} - \begin{bmatrix} 3\times 3 \\ Rotation \\ Matrix \end{bmatrix} \begin{bmatrix} XO \\ YO \\ ZO \end{bmatrix}$$

无论怎样,旋转矩阵是视图矩阵,且在变换矩阵实体中:

$$R = \begin{bmatrix} 3\times 3 \\ Rotation \\ Matrix \end{bmatrix}, T = - \begin{bmatrix} 3\times 3 \\ Rotation \\ Matrix \end{bmatrix} \begin{bmatrix} XO \\ YO \\ ZO \end{bmatrix}$$

例 2:(通过旋转和转换从模型坐标得到的视图坐标)

通过指定在旋转坐标系统中表示的旋转矩阵和转换或平移矢量(XL,YL,ZL),系统定义了一个视图方向:

$$\begin{bmatrix} XV \\ YV \\ ZV \end{bmatrix} = \begin{bmatrix} 3\times 3 \\ Rotation \\ Matrix \end{bmatrix} \begin{bmatrix} X \\ Y \\ Z \end{bmatrix} - \begin{bmatrix} XL \\ YL \\ ZL \end{bmatrix}$$

无论怎样,旋转矩阵是视图矩阵,且在变换矩阵实体中:

$$R = \begin{bmatrix} 3\times 3 \\ Rotation \\ Matrix \end{bmatrix}, T = - \begin{bmatrix} XL \\ YL \\ ZL \end{bmatrix}$$

视图实体的简单格式 (Simple Form of the View Entity)

视图实体提供了一个视图号以标识不同的视图方向。无论怎样,假设标准索引模式是不存在的。

在它的最简单的格式中,视图实体由指向变换矩阵实体(在 DE 域 7 中)的指针和视图号构成。变换矩阵实体指定了如前面部分已给出的视图矩阵 R 和转换矢量 T。

视图体的投影 (Projection of a View Volume)

在某些情况下,视图体和比例因子可被要求将视图投影控制到由绘图实体说明的二维绘图空间中(见 7.97)。

视图体限定了完成剪取后将被投影的部分数据的上下限。视图体是一个矩形六面体，并由模型坐标系统中定义的平面实体（类型 108）进行限定说明。

平面实体用于定义视图体，它不是任意的平面定义（见图 146）。从模型坐标变换到视图坐标以后，每个平面应垂直于适当的视图坐标系统轴（例如，视图体左边应变换到一个平面中 $XV=$常量）。只有平面实体的未限定格式（类型 108，格式 0）被要求用做剪取平面；如果另一种格式是偶然遇到的，那么限定曲线和显示符号应忽略。

投影操作（Projection Operations）

对视图实体的操作顺序如下：

- 从模型到视图空间的变换；
- 完成剪取（如果包含）；
- 完成到视图平面的投影；
- 从视图空间到绘图空间的变换。

对于绘图实体的格式 0（类型 404），向视图平面的投影和从视图空间到绘图空间的变换可通过下面等式（在正交射影平行投影情况下）来控制，这里 S 是比例因子，它与 XORIGIN 及 YORIGIN 都在绘图实体中定义过（见 7.97）：

$$\begin{bmatrix} XD \\ YD \end{bmatrix} = \begin{bmatrix} S & 0 & 0 \\ 0 & S & 0 \end{bmatrix} \begin{bmatrix} XV \\ YV \\ ZV \end{bmatrix} + \begin{bmatrix} XORIGIN \\ YORIGIN \end{bmatrix}$$

按照格式 0，绘图实体的格式 1 的变换通过视图比例因子 S 和视图原点绘图位置来控制。另外，旋转角度 θ 应用如下：

$$\begin{bmatrix} XD \\ YD \end{bmatrix} = S \begin{bmatrix} \cos\theta & -\sin\theta & 0 \\ \sin\theta & \cos\theta & 0 \end{bmatrix} \begin{bmatrix} XV \\ YV \\ ZV \end{bmatrix} + \begin{bmatrix} XORIGIN \\ YORIGIN \end{bmatrix}$$

实体显示（Entity Display）

特殊视图中实体的显示是通过在实体的目录条目的域 6 中视图值的使用来控制的。如果这个值为 0 或未定义，那么在所有的视图中显示实体都具有它自身的特性，除非显示是被其他参数所控制（例如，由另一个实体如子图定义或绘图指向）。如果这个值是一个指向视图实体的指针，则显示实体只在一个视图中具有它自身的特性。

对于一个实体而言，多视图选择、显示特性可通过使用一个视图可视结合性实体来实现（类型 402，格式 3，4，或 19）。该实体的视图值是一个指向这个结合的指针，取代指向视图实体。

a) 目录条目

编号和名字	值
(1) 实体类型号	410
(3) 结构	< n. a. >
(4) 线型模式	< n. a. >
(5) 层	< n. a. >
(6) 视图	< n. a. >
(7) 变换矩阵	0,⇒
(8) 标号显示	< n. a. >
(9a) 空白状态	??
(9b) 次级 实体 开关	??
(9c) 实体用途标记	01

编号和名字	值
(9d) 层次结构	**
(12) 线宽	< n. a. >
(13) 颜色号	< n. a. >
(15) 格式号	0

b) 参数数据

索引	名称	类型	描述
1	VNO	整型	视图号
2	SCALE	实型	比例因子(缺省=1.0)
3	XVMINP	指针	指向视图体左边的指针(XVMIN 平面)或 0
4	YVMAXP	指针	指向视图体顶部的指针(YVMAX 平面)或 0
5	XVMAXP	指针	指向视图体右边的指针(XVMAX 平面)或 0
6	YVMINP	指针	指向视图体底部的指针(YVMIN 平面)或 0
7	ZVMINP	指针	指向视图体后面的指针(ZVMIN 平面)或 0
8	ZVMAXP	指针	指向视图体前面的指针(ZVMAX 平面)或 0

按需要附加的指针(见 5.2.4.5.2)。

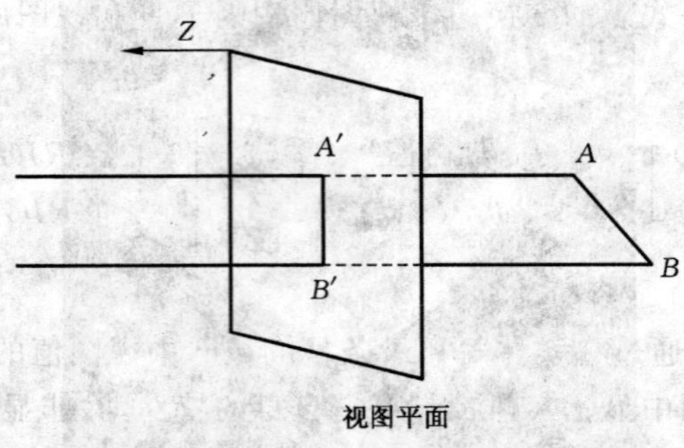

图 144 在视图平面上 ***AB*** 的平行正投影

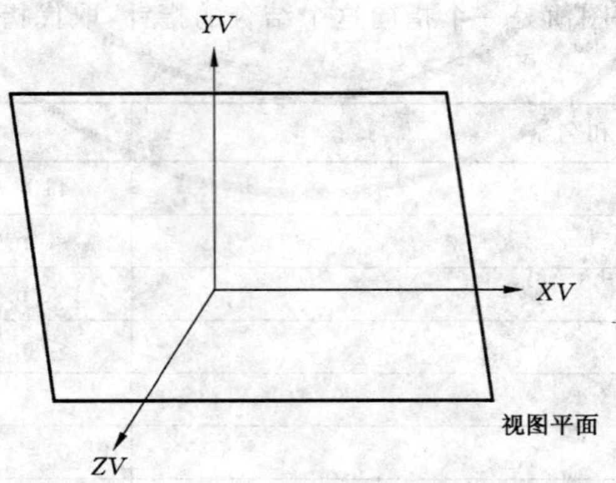

图 145 视图坐标系(视图原点在 ***XV***=***YV***=***ZV***=0)

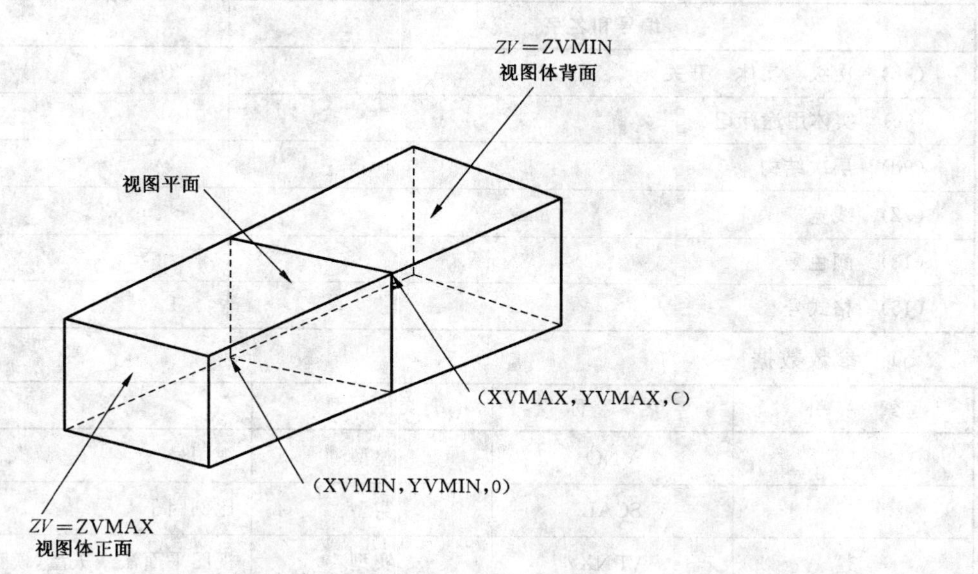

图 146 多平面定义视图体

7.139 透视图实体(类型 410,格式 1)‡

‡Perspective View Entity (透视图实体)未被测试过。见 4.8。

视图实体的第二种格式(类型 410,格式 1)支持透视图(见图 147)。为了避免混淆,DE 域 7(指向变换矩阵实体的指针)应包含值 0。关于需求一个正交的变换矩阵实体(类型 124)的系统,见附录 G 关于如何从参数数据记录中提供信息构造的信息。

任何一个投影都是由一个视图平面和与其相交的投射线定义的。把投射线作为光线来考虑具有指导意义,它由穿过可视对象和照到视图平面的光线来成像。

视图平面被定位在指定的从视图参考点到视图平面的距离上,它垂直于视图平面常矢量。

投射线是由投影中心点定义的。

在透视图中,所有的投射线均从投影中心投射到视图平面,如图 147 所示。

视图坐标系由右手定则定义,其原点在视图参考点上。视图坐标系有 *U*,*V*,和 *W* 三个轴,*V* 轴是通过 VIEW UP 矢量正交投射到视图平面上形成的。*U* 轴是 *V* 轴与视图平面法线的叉积。*W* 轴与视图平面法线相一致,移至通过视图参考点。

视图坐标系用于定义剪取窗口和深度平面。在视图坐标中沿 *U* 轴确定剪取窗口的左右两边,沿 *V* 轴确定剪取窗口的顶部和底边,沿 *W* 轴确定剪取窗口的前后剪取平面。视图平面的用途隐含了剪取平面和深度平面的值可以是负的。

a) 目录条目

编号和名字	值
(1) 实体类型号	410
(3) 结构	＜n.a.＞
(4) 线型模式	＜n.a.＞
(5) 层	＜n.a.＞
(6) 视图	＜n.a.＞
(7) 变换矩阵	0
(8) 标号显示	＜n.a.＞
(9a) 空白状态	??

编号和名字	值
(9b) 次级 实体 开关	??
(9c) 实体用途标记	01
(9d) 层次结构	**
(12) 线宽	< n. a. >
(13) 颜色号	< n. a. >
(15) 格式号	1

b) 参数数据

索 引	名 称	类 型	描 述
1	VNO	整型	视图号
2	SCAL	实型	比例因子
3	VPNX	实型	视图平面法线矢量(模型空间)
4	VPNY	实型	
5	VPNZ	实型	
6	VRPX	实型	视图参考点(模型空间)
7	VRPY	实型	
8	VRPZ	实型	
9	CPX	实型	投影中心(模型空间)
10	CPY	实型	
11	CPZ	实型	
12	VUPX	实型	视图向上矢量(模型空间)
13	VUPY	实型	
14	VUPZ	实型	
15	VPD	实型	视图平面距离(模型空间)
16	UMIN	实型	视图坐标表示剪取窗口的左边
17	UMAX	实型	视图坐标表示剪取窗口的右边
18	VMIN	实型	视图坐标表示剪取窗口的底部
19	VMAX	实型	视图坐标表示剪取窗口的顶部
20	DCI	整型	深度剪取指示器: 0 = 无深度剪取 1 = 后剪取平面 ON 2 = 前剪取平面 ON 3 = 前后剪取平面 ON
21	WMIN	实型	视图坐标表示后剪取平面的位置
22	WMAX	实型	视图坐标表示前剪取平面的位置

按需要附加的指针(见 5.2.4.5.2)。

图 147 透视图的定义

图 147 透视图的定义。虚线表示投射线。缩写代表的含义是:CP = 投影中心,VPN = 正交视图平面,VRP = 视图参照点,VUP = 视图向上的向量。V-axis 是 VUP 向量在视图平面的正投影。

7.140 矩形阵列子图实例实体(类型 412)

Rectangular Array Subfigure Instance Entity (矩形阵列子图实例实体)生成一对象的一组复制品,该对象被称做基本实体,并将它们按行列平等地安置。下列各实体类型作为基本实体使用是有效的:组相关性实例、点、圆弧、圆锥曲线段、参数样条曲线、有理 B 样条曲线、任何注释实体、矩形阵列子图实例、圆形阵列子图实例或子图定义。矩形阵列的行数和列数以及它们各自的水平位移和垂直位移都一起给出了,并且也给出了整个阵列左下角的坐标。这是再生成过程中的第一个实体被放置的地方,称做 1 号位置。由第一列垂直向上计算相继的位置,接着再从右边第二列开始垂直向上计算,依次类推。

基本实体的实例定位阵列是绕平行于 ZT 轴且通过(X,Y)点的直线旋转的。旋转角度从 XT 轴的正半轴按逆时针方向旋转,并用弧度表示。基本实体的实例不由它们的原点定位旋转。

DO-DON'T 标志控制阵列的部分显示。如果 DO 值是可选的,则有半数以下的矩形阵列元素被定义。如果 DON'T 值是可选的,则有半数以上的矩形阵列元素被定义。

a) 目录条目

编号和名字	值
(1) 实体类型号	412
(3) 结构	< n.a. >
(4) 线型模式	#,⇒

编号和名字	值
(5) 层	#,⇒
(6) 视图	0,⇒
(7) 变换矩阵	0,⇒
(8) 标号显示	0,⇒
(9a) 空白状态	??
(9b) 次级 实体 开关	??
(9c) 实体用途标记	??
(9d) 层次结构	??
(12) 线宽	#
(13) 颜色号	#,⇒
(15) 格式号	0

注:当层被设置给全局延迟时(01),以下所有的可以忽略及可被缺省:线型模式,线宽,颜色号,层,视图及空状态。

b) 参数数据

索 引	名 称	类 型	描 述
1	DE	指针	指向基本实体的 DE 的指针
2	S	实型	比例因子(缺省=1.0)
3	X	实型	用做阵列左下角的点的坐标
4	Y	实型	
5	Z	实型	
6	NC	整型	列数
7	NR	整型	行数
8	DX	实型	列之间的水平距离
9	DY	实型	行之间的垂直距离
10	AX	实型	用弧度表示的旋转角度
11	LC	整型	DO-DONT 列表个数(LC=0 表示所有的都被显示)
12	DDF	整型	DO-DON'T 标志: 0 = DO; 1 = DON'T
13	N(1)	整型	开始处理(DO)的第一个位置号,或不处理(DON'T)
12+LC	N(LC)	整型	最后位置号

按需要附加的指针(见 5.2.4.5.2)。

7.141 圆形阵列子图实例实体(类型 414)

Circular Array Subfigure Instance Entity (圆形阵列子图实例实体)生成一对象的一组复制品,该对象被称做基本实体,并围绕一个已给定圆心和半径的虚构圆的边界安置它们。下列各实体类型作为基本实体使用是有效的:组相关性实例、点、线、圆弧、圆锥曲线段、参数样条曲线、有理 B 样条曲线、任何注释实体、矩形阵列子图实例、圆形阵列子图实例或子图定义。基本实体的实例确定,即按照半径和正向测量的始角确定第一个实例定位的位置始角用弧度表示,且由通过(X,Y)点且平行于 ZT 轴的直线按逆时针方向测量。相继的位置均按照给定的变量角度(δ)逆时针方向绕虚构圆分布。

DO-DON'T 标志控制阵列的部分显示。如果 DO 值是可选的，则有半数以下的圆形阵列元素被定义。如果 DON'T 值是可选的，那么有半数以上的圆形阵列元素被定义。

a) 目录条目

编号和名字	值
(1) 实体类型号	414
(3) 结构	< n. a. >
(4) 线型模式	#,⇒
(5) 层	#,⇒
(6) 视图	0,⇒
(7) 变换矩阵	0,⇒
(8) 标号显示	0,⇒
(9a) 空白状态	??
(9b) 次级 实体 开关	??
(9c) 实体用途标记	??
(9d) 层次结构	??
(12) 线宽	#
(13) 颜色号	#,⇒
(15) 格式号	0

注：当层被设置给全局延迟时(01)，以下所有的可以忽略及可被缺省：线型模式、线宽、颜色号、层、视图及空状态。

b) 参数数据

索引	名称	类型	描述
1	DE	指针	指向基本实体的 DE 的指针
2	NE	整型	所有可能实例总的个数
3	X	实型	虚构圆心坐标
4	Y	实型	
5	Z	实型	
6	R	实型	虚构圆半径列数
7	AS	实型	用弧度表示的始角
8	AD	实型	用弧度表示的变量角度(δ)
9	LC	整型	DO-DON'T 列表计算(LC=0 表示所有复制的实体都被显示)
10	DDF	整型	DO-DON'T 标志： 0 = DO; 1 = DON'T
11	N(1)	整型	被处理(DO)的第一个位置号，或不处理(DON'T)
⋮	⋮	⋮	
10+LC	N(LC)	整型	最后位置号

按需要附加的指针(见 5.2.4.5.2)。

7.142 外部引用实体(类型 416)

External Reference Entity (外部引用实体)在参考文件中的实体与引用文件中逻辑相关实体的定义之间提供了一个链接。在保持将此实体作为替换定义的概念的情况下,从属实体转换将被设置为可替换的定义。见 6.6.4 关于链接中的实体使用部分。

五种外部引用实体的格式已定义。有两种格式用于引用定义且其中一种是逻辑引用。当从引用文件中要求单一定义时,使用格式 0,这代表被引用文件包含了定义集合。当整个文件作为单个定义示例时使用格式 1,这表示被引用文件包含了完整的局部装配。对于外部逻辑引用,其中一个文件的实体与另一个文件中的实体相关,应使用格式 2(例如,当每张图纸是一个分割文件,在一张图纸上描绘一个法兰,或与另一张图纸上的法兰紧密配合)。

当一个子图的拷贝在接收系统中以本机格式存在时,使用格式 3 和格式 4。这些格式将仅用于替换子图定义(类型 308)和网络子图定义(类型 320)。格式 3 和格式 4 未测试过。(见 4.8)

当一个子图的拷贝在接收系统中以本机格式存在时,使用外部引用实体的格式 3。这个格式将仅用于替换子图定义(类型 308)和网络子图定义(类型 320)。

当一个子图的拷贝在接收系统中以本机格式存在时,使用外部引用实体的格式 4。这个格式将仅用于替换子图定义(类型 308)和网络子图定义(类型 320)。

注:外部引用实体的格式 3 和格式 4 未测试过。见 4.8。

格式 0,2,3,和 4 要求实体唯一符号的名称。以下提供符号名称的实体和参数被标识。

实体类型号	实体名称	参数索引	描　述
132	连接点	9	CP 函数名称(唯一)
302	相关性定义	(　)	实现者给定的
304	线型定义	(　)	实现者给定的
306	MACRO 定义	2	实体类型标识
308	子图定义	2	子图名称(唯一)
310	文本字形定义	2	字形名称
312	文本显示模板	(　)	实现者给定的
314	颜色定义	(　)	实现者给定的
320	网络子图定义	2	子图名称(唯一)

对于那些标有"设备赋值"的实体,实体唯一符号名称的可能选择是:(1)特性引用指示器(类型 406,7),或(2)实体标号,实体下标。

a) 目录条目

编号和名字	值
(1) 实体类型号	416
(3) 结构	＜ n. a. ＞
(4) 线型模式	＜ n. a. ＞
(5) 层	＜ n. a. ＞
(6) 视图	＜ n. a. ＞
(7) 变换矩阵	＜ n. a. ＞
(8) 标号显示	＜ n. a. ＞
(9a) 空白状态	**

编号和名字	值
(9b) 次级 实体 开关	??
(9c) 实体用途标记	??
(9d) 层次结构	**
(12) 线宽	＜n.a.＞
(13) 颜色号	＜n.a.＞
(15) 格式号	0.4

b) 外部引用实体的格式 0 和格式 2

参数数据

索　引	名　称	类　型	描　述
1	EXTFID	字符串	外部引用文件标识符(包含如引用文件中的全局参数号 4)
2	EXTNAM	字符串	外部引用实体符号的名称

按需要附加的指针(见 5.2.4.5.2)。

c) 外部引用实体的格式 1

参数数据

索　引	名　称	类　型	描　述
1	EXTFID	字符串	外部引用文件标识符(包含如引用文件中的全局参数号 4)

按需要附加的指针(见 5.2.4.5.2)。

d) 外部引用实体的格式 3

参数数据

索　引	名　称	类　型	描　述
1	EXTNAM	字符串	外部引用实体符号的名称

按需要附加的指针(见 5.2.4.5.2)。

e) 外部引用实体的格式 4

参数数据

索　引	名　称	类　型	描　述
1	LIBNAM	字符串	EXTNAM 所存在的库的名称
2	EXTNAM	字符串	外部引用实体符号的名称

按需要附加的指针(见 5.2.4.5.2)。

注：外部引用实体格式 3 和格式 4 未测试过。见 4.8。

7.143 节点载荷/约束实体(类型 418)

Nodal Load/Constraint Entity (节点载荷/约束实体)将载荷或约束与有限元模型中特定的节点联系起来，其通过在节点实体与包含了载荷或约束数据的列表数据特性之间建立一种联系来完成。每个节点和约束要求一个节点载荷/约束实体和一个具有 PTYPE=12 的列表数据特性(格式 11)。

图 148 显示了节点载荷/约束实体与那些带有节点或约束矢量的列表数据特性之间的关系或连接。这个关系或连接也被显示在描述载荷或约束测试执行情况的总注解实体上。在载荷情况描述和总注解实体以及含有载荷情况数量的列表数据特性之间有一一对应关系(见 6.6.6)。

a) 目录条目

编号和名字	值
(1) 实体类型号	418
(3) 结构	< n.a. >
(4) 线型模式	< n.a. >
(5) 层	< n.a. >
(6) 视图	0,⇒
(7) 变换矩阵	0,⇒
(8) 标号显示	0,⇒
(9a) 空白状态	??
(9b) 次级 实体 开关	??
(9c) 实体用途标记	??
(9d) 层次结构	**
(12) 线宽	< n.a. >
(13) 颜色号	< n.a. >
(15) 格式号	0

b) 参数数据

索 引	名 称	类 型	描 述
1	NC	整型	所有情况的总号
2	TYPE	整型	1 = 载荷 2 = 约束
3	DE	指针	指向节点的指针
4	PTR(1)	指针	指向第一个列表数据特性的 DE 的指针
⋮	⋮	⋮	
3+NC	PTR(NC)	指针	指向最后的列表数据特性的 DE 的指针

按需要附加的指针(见 5.2.4.5.2)。

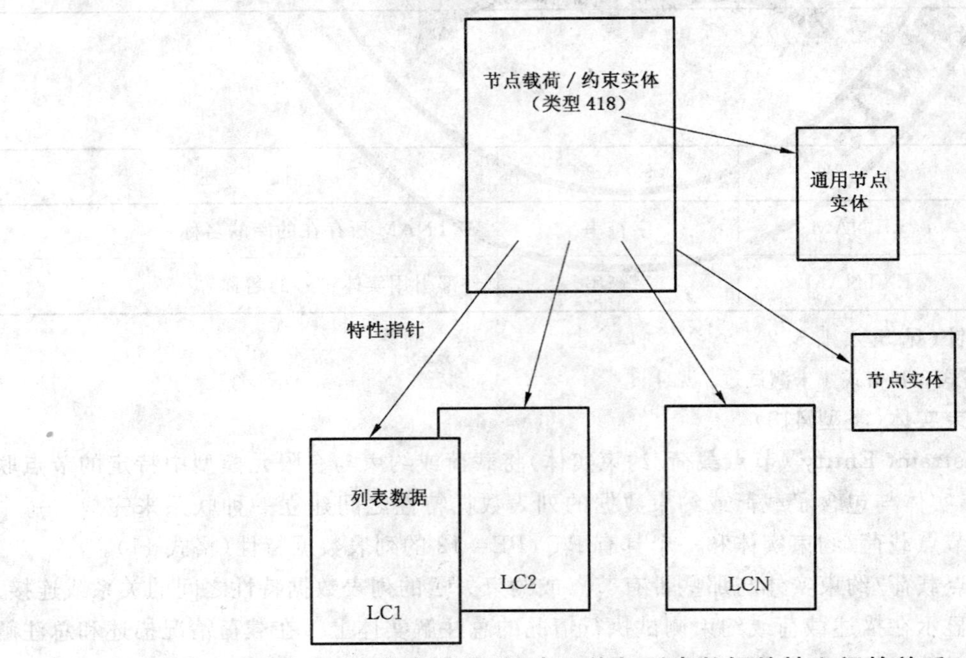

图 148 节点载荷/约束实体与列表数据特性之间的关系

7.144 网络子图实例实体(类型 420)

Network Subfigure Instance Entity (网络子图实例实体)的每个实例都是通过网络子图实例实体进行说明。6.6.2 描述了它的用途。

另外,由网络子图定义实体说明的连接点(连接点实体,类型 132)必须示例并与网络子图实例相关联(见索引 11 和索引 12)。

网络子图实例实体(类型 320)中的连接点与网络子图实例实体(类型 420)之间有直接关系。在实例中相关的(子)连接点实体的号应与定义中的号对应,它们的顺序应完全相同,实例中任何未使用的连接点应由一个空(0)指针表示。

用类型标志域实现区分逻辑设计数据与物理设计数据,如果两者都在文件中出现,则是必需的。

网络子图实例实体允许在 X,Y 和 Z 方向上有不同的比例因子。在 X,Y,Z 平移之前和在被指向已应用的目录条目(任意)的变换矩阵实体之前,执行这个比例变换。该比例变换不适用于模型空间位置坐标(X,Y,Z)。

a) 目录条目

编号和名字	值
(1) 实体类型号	420
(3) 结构	<n.a.>
(4) 线型模式	#,⇒
(5) 层	#,⇒
(6) 视图	0,⇒
(7) 变换矩阵	0,⇒
(8) 标号显示	0,⇒
(9a) 空白状态	??
(9b) 次级 实体 开关	??
(9c) 实体用途标记	??
(9d) 层次结构	??
(12) 线宽	#
(13) 颜色号	#,⇒
(15) 格式号	0

注:当层被设置给全局延迟时(01),线型模式,线宽,颜色号,层,视图及空状态均可忽略及缺省。

b) 参数数据

索引	名称	类型	描述
1	DE	指针	指向网络子图定义实体的 DE 的指针
2	X	实型	既与模型空间有关也与参考实体的定义空间有关的平移
3	Y	实型	
4	Z	实型	
5	XS	实型	在定义空间 X 轴中的比例因子(缺省 1.0)
6	YS	实型	在定义空间 Y 轴中的比例因子(缺省 XS)
7	ZS	实型	在定义空间 Z 轴中的比例因子(缺省 XS)

索　引	名　称	类　型	描　述
8	TF	整型	类型标志： 0 = 未指定(缺省) 1 = 逻辑 2 = 物理
9	PRD	字符串	原始参考指示器
10	DPTR	指针	指向原始参考指示器文本显示模板实体的DE的指针,或空指针。如果是空指针,则文本显示模板实体不被指定
11	NC	整型	相关的(child)连接点实体个数
12	CPTR(1)	指针	指向第一个相关连接点实体的DE的指针或0
⋮	⋮	⋮	
11+NC	CPTR(NC)	指针	指向最后一个相关连接点实体的DE的指针或0

按需要附加的指针(见5.2.4.5.2)。

7.145　属性表实例实体(类型422)

每个属性表(类型322,格式0)的产生都是通过Attribute Table Instance Entity(属性表实例实体)表达的(类型422)。每个实例的目录条目域3(结构)包含一个相应属性表定义实体的目录条目的空指针。该实体的所有格式都有独立状态和依赖状态。更详细的情况见5.2.4.4.9.2。

7.145.1　属性表实例(格式0)

Attribute Table Instance(属性表实例)实体的格式0用于单行或元组的实例。

a)　目录条目

编号和名字	值
(1)　实体类型号	422
(3)　结构	⇒
(4)　线型模式	< n.a. >
(5)　层	< n.a. >
(6)　视图	< n.a. >
(7)　变换矩阵	< n.a. >
(8)　标号显示	< n.a. >
(9a)　空白状态	**
(9b)　次级　实体　开关	??
(9c)　实体用途标记	??
(9d)　层次结构	**
(12)　线宽	< n.a. >
(13)　颜色号	< n.a. >
(15)　格式号	0

b)　参数数据

索引	名称(第一个属性实体)	类　型	描　述
1	AV(1,2)	变量	第一个属性值
2	AV(1,2)	变量	第二个属性值
⋮	⋮	⋮	

索引	名称(第一个属性实体)	类型	描述
AVC(1)	AV(1,AVC(1))	变量	最后一个属性值
⋮	⋮	⋮	
当 M=AVC(1)+ ... + AVC(NA-1)			
	(最后一个属性实例)		
M+1	AV(NA,1)	变量	第一个属性值
M+2	AV(NA,2)	变量	第二个属性值
⋮	⋮	⋮	
M+AVC(NA)	AV(NA,AVC(NA))	变量	最后一个属性值

按需要附加的指针(见 5.2.4.5.2)。

7.145.2 属性表实例(格式 1)

该实体的格式 1 用于以行为主定序的属性表;即,第一个属性值通过最后一个属性给第一行,紧接着下一个属性值通过最后一个属性给第二行,等等。

a) 目录条目

编号和名字	值
(1) 实体类型号	422
(3) 结构	⇒
(4) 线型模式	< n. a. >
(5) 层	< n. a. >
(6) 视图	< n. a. >
(7) 变换矩阵	< n. a. >
(8) 标号显示	< n. a. >
(9a) 空白状态	**
(9b) 次级 实体 开关	??
(9c) 实体用途标记	??
(9d) 层次结构	**
(12) 线宽	< n. a. >
(13) 颜色号	< n. a. >
(15) 格式号	1

b) 参数数据

索引	名称	类型	描述
(属性,第一行,第一列)			
1	NR	整型	行数
2	AV(1,1,1)	变量	第一个属性值
3	AV(1,1,2)	变量	第二个属性值
⋮	⋮	⋮	

索 引	名 称	类 型	描 述
1+AVC(1)	AV(1,1,AVC(1))	变量	最后一个属性值
⋮	⋮	⋮	
当 M=AVC(1)+…+ AVC(NA−1)			
	(属性,第一行,最后一列)		
M+1	AV(1,NA,1)	变量	第一个属性值
M+2	AV(1,NA,2)	变量	第二个属性值
⋮	⋮	⋮	
M+AVC(NA)	AV(1,NA,AVC(NA))	变量	最后一个属性值
⋮	⋮	⋮	
当 M = 1+NR∗(AVC(1)+…+AVC(NA))−AVC(NA)			
	(属性,最后一行,最后一列)		
M+1	AV(NR,NA,1)	变量	第一个属性值
M+2	AV(NR,NA,2)	变量	第二个属性值
M+AVC(NA)	AV(NR,NA,AVC(NA))	变量	最后一个属性值

按需要附加的指针(见 5.2.4.5.2)。

7.146 实体实例实体(类型 430)

Solid Instance Entity (实体实例实体)为复制一个实体表达提供了机制。在这个实体中,允许指向的实体,有:

- 原始实体;
- 布尔树;
- 实体组件实体;
- 实体实例实体;
- 多流型实体 B-Rep 对象实体。

注:由 DE 的域 7 可以指向一个变换矩阵,以任意的要求方式给这个实例定位。

对于实体实例实体,格式号如下:

格 式	含 义
0	所指向的实体是一个原始实体、实体实例、布尔树或实体组件
1	所指向的实体是一个多流型实体 B-Rep 对象实体

a) 目录条目

编号和名字	值
(1) 实体类型号	430
(3) 结构	< n. a. >
(4) 线型模式	#,⇒
(5) 层	#,⇒
(6) 视图	0,⇒
(7) 变换矩阵	0,⇒

编号和名字	值
(8) 标号显示	0,⇒
(9a) 空白状态	??
(9b) 次级 实体 开关	??
(9c) 实体用途标记	??
(9d) 层次结构	??
(12) 线宽	＃
(13) 颜色号	＃,⇒
(15) 格式号	0.1

注：当层被设置给全局延迟时(01)，线型模式，线宽，颜色号，层，视图及空状态均可忽略或缺省。

b) 参数数据

索 引	名 称	类 型	描 述
1	PTR	指针	指向实体的 DE 的指针

按需要附加的指针(见 5.2.4.5.2)。

7.147 顶点实体(类型 502)‡

‡Vertex Entity (顶点实体)未经过测试(见 4.8)。

顶点下的几何是一个三维欧式空间的点，则该顶点可作为边的界定并可参与到面的界定中。

- 定顶点没有缺省值；
- 变换不能用于顶点。

7.147.1 顶点列表实体(类型 502，格式 1)

顶点实体的格式 1 包含了一个或多个顶点的 Vertex List Entity (顶点列表实体)。从属实体的状态应设置成物理依赖(独立的顶点列表是不允许的)。

为了避免二义性，顶点列表实体不应指向变换矩阵实体(类型 124)。顶点的坐标是在模型空间中定义的，以便当需要后处理成点实体(类型 116)时，它们可以在三维空间中有正确位置，这样就可以进行误差的验证测试。

顶点列表实体需要一个三维坐标列表。与此实体有关的任何特性适用于列表中所有顶点。

此列表中顶点的次序无意义。

a) 目录条目

编号和名字	值
(1) 实体类型号	502
(3) 结构	＜ n. a. ＞
(4) 线型模式	＜ n. a. ＞
(5) 层	＃,⇒
(6) 视图	＜ n. a. ＞
(7) 变换矩阵	＜ n. a. ＞
(8) 标号显示	0,⇒
(9a) 空白状态	??
(9b) 次级 实体 开关	01

编号和名字	值
(9c) 实体用途标记	??
(9d) 层次结构	**
(12) 线宽	< n.a. >
(13) 颜色号	< n.a. >
(15) 格式号	1

b) 参数数据

索引	名称	类型	描述
1	N	整型	列表中顶点元组的个数(N>0)
2	X(1)	实型	第一个顶点的坐标
3	Y(1)	实型	
4	Z(1)	实型	
⋮	⋮	⋮	
−1+3*N	X(N)	实型	最后一个顶点的坐标
3*N	Y(N)	实型	
1+3*N	Z(N)	实型	

按需要附加的指针(见 5.2.4.5.2)。

7.148 边实体(类型 504)‡

‡Edge Entity (边实体)未测试过。见 4.8。

边实体表示两个顶点之间对应一条线段的拓扑逻辑结构。此边不是封闭的,因为这不包括限定它的顶点(V_1 和 V_2)。起始顶点和终止顶点不一定是不同的。

边要有一个 $R3$(三维欧式空间)的曲线作为其下属曲线。这些曲线用参数化表示,且它们是连续的,在边下面的曲线不相交。

边的自然方向与其下属的三维欧式空间曲线的方向是一致的。因而随着下属曲线的参数值的增加,边从起始顶点画到终止顶点。

7.148.1 边列表实体(类型 504,格式 1)

边实体的格式 1 是Edge List Entity (边列表实体)。下面列表给出了可与边列表实体一起使用的曲线实体类型:

实体类型号	实体类型
100	圆弧
102	复合曲线
104	圆锥曲线段
106/11	2D 路径
106/12	3D 路径
106/63	简单封闭的平面曲线
110	直线
112	参数样条曲线
126	有理 B 样条曲线
130	偏置曲线

边列表实体应将它的从属实体状态设置到物理依赖(独立的边列表是不允许的)。它的层标志应设置为01。

通过顶点列表实体(类型502,格式1)的DE的指针和进入列表中的列表索引来表示起始顶点和终止顶点。

边列表实体需要在三维欧式空间表示下属曲线。任何与实体有关联的特性都与列表中的成员有关联。

此列表中顶点的次序无意义。

a) 目录条目

编号和名字	值
(1) 实体类型号	504
(3) 结构	< n. a. >
(4) 线型模式	< n. a. >
(5) 层	#,⇒
(6) 视图	< n. a. >
(7) 变换矩阵	< n. a. >
(8) 标号显示	0,⇒
(9a) 空白状态	??
(9b) 次级实体开关	01
(9c) 实体用途标记	??
(9d) 层次结构	01
(12) 线宽	< n. a. >
(13) 颜色号	< n. a. >
(15) 格式号	1

b) 参数数据

索引	名称	类型	描述
1	N	整型	列表中边元组个数(N>0)
2	CURV(1)	指针	第一个模型空间曲线的DE的指针
3	SVP(1)	指针	对于第一个起始顶点,顶点列表实体(类型502,格式1)的DE的指针
4	SV(1)	整型	顶点列表实体中第一个起始顶点的列表索引
5	TVP(1)	指针	对于第一个终止顶点,顶点列表实体的DE的指针
6	TV(1)	整型	顶点列表实体中第一个终止顶点的列表索引
⋮	⋮	⋮	
−3+5∗N	CURV(N)	指针	最后一个模型空间曲线的DE的指针
−2+5∗N	SVP(N)	指针	对于最后一个起始顶点,顶点列表实体的DE的指针
−1+5∗N	SV(N)	整型	顶点列表实体中最后一个起始顶点的列表索引
5∗N	TVP(N)	指针	对于最后一个终止顶点,顶点列表实体的DE的指针
1+5∗N	TV(N)	整型	顶点列表实体中最后一个终止顶点的列表索引

按需要附加的指针(见 5.2.4.5.2)。

7.149 环实体(类型 508)‡

‡Loop Entity (环实体)未测试过。见 4.8。

环实体的格式 1 指定了一个面的界限。环表达了连接在一起的面边,如接合面和单面柱(参考附录 I 中的图)。其下属的几何图形是三维欧式空间的一条连接曲线或单一点。

环实体的格式是由边的重复结构使用构成的。这个结构可以是由边、方向和可选参数空间曲线构成,或是由(在柱的情况下)顶点和可选参数空间曲线构成。如果边使用时参考了另一个边,则需要考虑方向描述边的使用方向与边的自身方向是否一致。边使用应只在壳中使用一次。

设 P 为边 E 的下属曲线的三维空间曲线 C 上的一点,P 和 C 都在曲面 S 上。设 N 为曲面在点 P 处的法矢量。T 为在点 P 的一个矢量,其方向与曲线 C 到在 P 处的方向一致。RT 是一个矢量,其方向与 T 相反。如果边方向为 TRUE,则叉积 $N\times T$ 指向 点 E 的左边。如果边方向为 FALSE,则叉积 $N\times RT$ 指向边的左边。

按常规,环定向使得所限定的面的区域位于左侧。

环被表示为边使用(EU_{ii} ,$i = 1,n$)的有序列表,它有以下特性:

- EU_i 的终止顶点是 $EU_{ii}+1$,$i= 1,n-1$ 的初始顶点;
- 环是封闭的。这意指 EU_n 的终止顶点和 EU_1 的初始顶点是一样的;
- 定义环的方向与它形成的边使用相同;
- 面的区域在形成环的边使用的左边。

环实体的格式物理上依赖于父代实体,即面实体(类型 510,格式 1)。(独立的环是不允许的)

每个边或由指向顶点列表实体(类型 502,格式 1)的列表索引表示,或由指向边列表实体(类型 504,格式 1)的列表索引表示。

a) 目录条目

编号和名字	值
(1) 实体类型号	508
(3) 结构	＜ n. a. ＞
(4) 线型模式	#,⇒
(5) 层	#,⇒
(6) 视图	＜ n. a. ＞
(7) 变换矩阵	＜ n. a. ＞
(8) 标号显示	0,⇒
(9a) 空白状态	??
(9b) 次级 实体 开关	01
(9c) 实体用途标记	??
(9d) 层次结构	??
(12) 线宽	#
(13) 颜色号	#,⇒
(15) 格式号	0.1

b) 参数数据

索引	名称	类型	描述
1	N	整型	边元组个数
2	TYPE(1)	整型	第一边类型: 0=边 1=顶点
3	EDGE(1)	指针	第一顶点列表或边列表实体的 DE 的指针
4	NDX(1)	整型	进入顶点列表或边列表实体的索引
5	OF(1)	逻辑	关于模型空间曲线的方向,第一边的定向标志(True = 一致)
6	K(1)	整型	位于下面的参数空间曲线号,或 0
7	ISOP(1,1)	逻辑	第一参数空间曲线的等参数标志(True=曲线是曲面的等参数,该曲面位于环所限定的面的下面)
8	CURV(1,1)	指针	在第一边中第一参数空间曲线的 DE 的指针
⋮	⋮	⋮	
5+2 * K(1)	ISOP(1,K(1))	逻辑	最后参数空间曲线的等标志
6+2 * K(1)	CURV(1,K(1))	指针	在第一边中最后参数空间曲线的 DE 的指针
⋮	⋮	⋮	
M	TYPE(N)	整型	最后边类型
1+M	EDGE(N)	指针	最后顶点列表或边列表实体的 DE 的指针
2+M	NDX(N)	整型	进入顶点列表或边列表实体的索引
3+M	OF(N)	逻辑	关于模型空间曲线的方向,最后边的定向标志
4+M	K(N)	整型	位于下面的参数空间曲线号,或 0
5+M	ISOP(N,1)	逻辑	第一参数空间曲线的等参标志
6+M	CURV(N,1)	指针	在最后边中第一参数空间曲线的 DE 的指针
⋮	⋮	⋮	
3+M+2 * K(N)	ISOP(N,K(N))	逻辑	左后参数空间曲线的等参标志
4+M+2 * K(N)	CURV(N,K(N))	指针	在最后边中最后参数空间曲线的 DE 的指针

按需要附加的指针(见 5.2.4.5.2)。

7.150 面实体(类型 510)‡

‡Face Entity (面实体)未测试过。见 4.8。

面实体的格式 1 是一个具有限定区域的 $R3$ 的界定(部分的)。面 F 有一个下属曲面 S,且由一个或多个环(L_i, $i=1,m$)来界定。如果是多于一个环来界定一个面,则这些环是分开的。面的区域位于所有界限面的环的左边。关于左边的定义见环实体(类型 508,格式 1)。

面实体的这种格式是物理依赖于它的父代实体,即壳实体(类型 514)。面实体的这种格式需要一个下属曲面,该曲面是下列实体类型之一:

实体类型号	实体类型
114	参数样条曲面
118/1	直纹曲面
120	旋转的曲面

实体类型号	实 体 类 型
122	列表柱面
128	有理B样条曲面
140	偏置曲面
190	‡平面内曲面
192	‡正柱面曲面
194	‡正圆锥曲面
196	‡球面曲面
198	‡环形曲面

- 一部分由面内部(不包括它的界限环)覆盖的面的下属曲面应是定向的、连接的、无句柄尾的有限双复制。由面覆盖的曲面,与它的界限环一起,是不受限制的(见附录I中图I3);
- 面不包含它的界限;
- 面的界限是环。外环可由发送系统任意地关闭;
- 面的界限是分离的。

a) 目录条目

编号和名字	值
(1) 实体类型号	510
(3) 结构	< n. a. >
(4) 线型模式	< n. a. >
(5) 层	#,⇒
(6) 视图	< n. a. >
(7) 变换矩阵	< n. a. >
(8) 标号显示	0,⇒
(9a) 空白状态	??
(9b) 次级 实体 开关	01
(9c) 实体用途标记	??
(9d) 层次结构	??
(12) 线宽	< n. a. >
(13) 颜色号	< n. a. >
(15) 格式号	1

b) 参数数据

索 引	名 称	类 型	描 述
1	SURF	指针	下属曲面的DE的指针
2	N	整型	环的个数(N>0)
3	OF	逻辑	外环标志(True 意指由LOOP1标识的环将被认为是外环。False指无外环被标识。)
4	LOOP(1)	指针	面的第一环的DE的指针
⋮	⋮	⋮	
3+N	LOOP(N)	指针	面的最后环的DE的指针

按需要附加的指针(见 5.2.4.5.2)。

7.151 壳实体(类型 514)‡

‡Shell Entity (壳实体)未经过测试(见 4.8)。

壳表示为一组由边相连的有向面的使用。壳的法线与它的面使用的法线方向相同。如果面使用方向不指明它需要反向,则可以假设面使用的法线在下属曲面的法线方向上。由壳使用的面仅通过边互相连接。

对于壳实体,格式号如下:

格　式	含　义
1	闭合的壳
2	开壳

每个边应至少被开壳面的环引用一次,但不多于两次。每个边应被闭壳面的环准确地引用两次。壳实体的格式 1 和格式 2 可独立地存在。由壳的这些格式引用的所有面实体(类型 510)应是格式 1 并具有下属曲面的几何形状。

- 壳应是一个具有保持相同方向的有向曲面;
- 壳应包含至少一个面的使用;
- 由壳使用的面除了在它们的边上,应自身不相交或相互之间也不相交;
- 由壳使用的边除了在它们的顶点上,应不相交。

关于在壳实体上进一步的详细资料和与其他拓扑实体的关系,见多种实体 B-Rep 目标实体(类型 186)的讨论(见 7.49)。

a) 闭壳实体(类型 514,格式 1)

壳实体的格式 1 是闭合的壳实体。闭壳是二维的连接实体,它将三维空间分成两个弧状连接的开子集(部分),其中之一是有限的。壳的里面被定义为有限区。如果壳实体的此种格式被一个多流形实体 B-Rep 目标实体(类型 186)引用(MBSO),则它应物理依赖于它的父代实体 MSBO。

1) 目录条目

编号和名字	值
(1) 实体类型号	514
(3) 结构	< n. a. >
(4) 线型模式	< n. a. >
(5) 层	#,⇒
(6) 视图	< n. a. >
(7) 变换矩阵	< n. a. >
(8) 标号显示	0,⇒
(9a) 空白状态	??
(9b) 次级 实体 开关	??
(9c) 实体用途标记	??
(9d) 层次结构	??
(12) 线宽	< n. a. >
(13) 颜色号	< n. a. >
(15) 格式号	1

2) 参数数据

索 引	名 称	类 型	描 述
1	N	整型	面的个数(N>0)
2	FACE(1)	指针	第一个面的 DE 的指针
3	OF(1)	逻辑	关于在下面的曲面方向,第一个面的定向标志(True = 一致)
⋮	⋮	⋮	
2 * N	FACE(N)	指针	最后一个面的 DE 的指针
1+2 * N	OF(N)	逻辑	最后一个面的定向标志

按需要附加的指针(见 5.2.4.5.2)。

b) 开壳实体(类型 514,格式 2)

壳实体的格式 2 是开壳实体。开壳是面的集合,它形成一个连接的,带有界定的有向流形,此界定不分割空间。壳的此种格式不应被 MSBO(类型 186)指向。

1) 目录条目

编号和名字	值
(1) 实体类型号	#
(3) 结构	< n. a. >
(4) 线型模式	#,⇒
(5) 层	#,⇒
(6) 视图	0,⇒
(7) 变换矩阵	< n. a. >
(8) 标号显示	0, ⇒
(9a) 空白状态	??
(9b) 次级 实体 开关	??
(9c) 实体用途标记	??
(9d) 层次结构	??
(12) 线宽	#,⇒
(13) 颜色号	#,⇒
(15) 格式号	2

2) 参数数据

索 引	名 称	类 型	描 述
1	N	整型	面的个数(N>0)
2	FACE(1)	指针	第一个面的 DE 的指针
3	OF(1)	逻辑	关于在下面的曲面方向,第一个面的定向标志(True = 一致)
⋮	⋮	⋮	
2 * N	FACE(N)	指针	最后一个面的 DE 的指针
1+2 * N	OF(N)	逻辑	最后一个面的定向标志

按需要附加的指针(见 5.2.4.5.2)。

附 录 A
（资料性附录）
零件文件示例

本附录包含了三个以ASCII格式编写的样本零件例子，为使用本标准提供指导。本附录提供的这些文件并不代表所有预设的应用情况。这些文件包括一个使用结构实体的二维应用、一个带尺寸标注的二维机械零件图样，以及一个具有定义了二维图样视图的三维零件模型。

示例文件1是一个集成电路(IC)单元。在电子设计中，由于使用二维几何图形的优势，因此选择了IC应用。图A.1中，此单元使用的几何图形是由简单的闭合平面曲线实体(类型106，格式63)、直线路径实体和直线加宽特性实体(类型406，格式5)组成的。此结构实体使用了网络子图定义实体的嵌套子图和阵列子图实例实体。连接点实体(类型132)包含在标识信号部分之中。几何形体有五种不同的层，每一层表达一个处理模板。每一目录条目记录的实体标签域包含了(部分的)存在于描述实体应用中的文本。此文件中的实体将是那些在IC应用中使用的典型实体，IC应用在设计系统中既传送单元库也传送完整设计。为模式生成而准备的、带有分解的子图和断裂的几何形体的设计文件，将唯一使用闪烁实体(类型125)。

示例文件2是一个机械零件的二维图样，包含了工程图样中典型的几何实体和注释实体。相关的几何体是点、直线、圆弧和圆锥曲线。关于注释，文件包括了线尺寸、角尺寸、半径尺寸、纵坐标尺寸、总标记和总注解，如图A.2所示。

示例文件3用来描述将视图实体和绘图实体与零件的三维模型一起使用，以便将图纸转送给接收系统，如图A.3所示。在此方式中，三维模型的几何和视图参数是逻辑分离的。如果需要，则利用三维模型和图样，接收系统可以创建附加的视图，并且零件模型的任何变化都可以在所有的视图中反映出来。

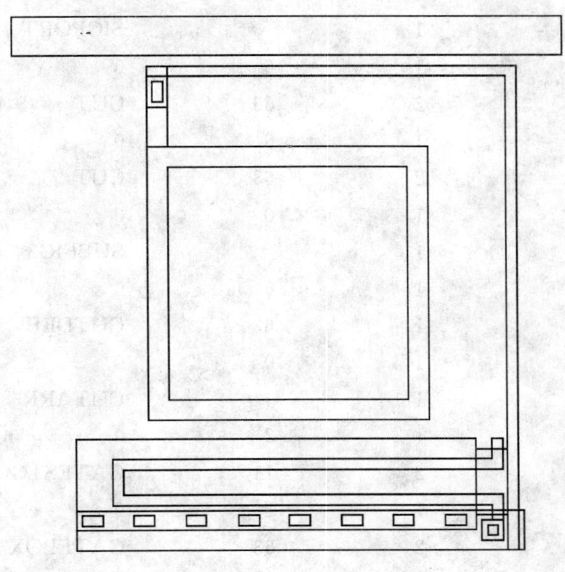

图 A.1 电子元件示例

示例 1:电子元件

```
INTEGRATED CIRCUIT SEMICUSTOM CELL (ONE PART OF A LIBRARY FILE)          S    1
USED IN APPENDIX A OF IGES VERSION 3.0 AND MODIFIED FOR VERSION 4.0      S    2
1H,,1H;,10H5MICRONLIB,5HPADIN,9HEXAMPLE 1,4HHAND,16,38,06,38,13,         G    1
10HIC. LIBRARY,1.0,9,2HUM,1,,13H900729.231212,0.01,265.0,               G    2
25HIGES RFC Review Committee,8HIPO/NIST,6,0;                             G    3
308    01          1    0     0          00020201D    01
308    0           1          SUBFIG1           D    02
106    02          1    1     0          00020200D    03
106    0     4     1    63    VDDPORT           D    04
106    03          1    1     0          00020200D    05
106    0     4     1    63    GNDPORT           D    06
106    04          1    1     0          00020200D    07
106    0     4     1    63    BONDPAD           D    08
106    05          1    7     0          00020200D    09
106    0     5     1    63    GLASSBOX          D    10
320    06          1    0     0          00010201D    11
320    0           1          CELLFIG           D    12
408    07          1    0     0          00030200D    13
408    0           1          INST1             D    14
106    08          1    3     0          00020200D    15
106    0     3     2    63    ACTBOX            D    16
106    10          1    3     0          00020200D    17
106    0     3     1    63    ACTBOX            D    18
106    11          1    3     0          00020200D    19
106    0     3     1    11    ACTSTG            D    20
106    12          1    3     0          00020200D    21
106    0     3     2    63    ACTBOX            D    22
132    14          1    3     0          00020400D    23
132    0           1          SIGPORT           D    24
106    15          1    6     0          00020200D    25
106    0     8     2    63    CUT               D    26
106    17          1    6     0          00020200D    27
106    0     8     2    63    CUT               D    28
308    19          1    0     0          00020201D    29
308    0           1          SUBFIG2           D    30
106    20          1    6     0          00030200D    31
106    0     8     1    63    CUTDEF            D    32
412    21          1    0     0          00030201D    33
412    0           1          CUTARR            D    34
106    22          1    2     0          00020200D    35
106    0     2     2    11    GATESTG           D    36
106    24          1    2     0          00020200D    37
106    0     2     2    63    GATEBOX           D    38
106    26          1    1     0          00020200D    39
106    0     4     1    63    GATEBOX           D    40
406    27          1    0     0          00010200D    41
406    0           1    5     LINWIDTH          D    42
```

```
308,0,6HPADBLK,4,03,05,07,09;                                           01P      01
106,1,5,0.,0.,0.,265.,0.,265.,-20.,0.,-20.,0.,0.;                       03P      02
106,1,5,0.,30.,-245.,245.,-245.,245.,-265.,30.,-265.,30.,-245.;         05P      03
106,1,5,0.,65.,-65.,200.,-65.,200.,-200.,65.,-200.,65.,-65.;            07P      04
106,1,5,0.,75.,-75.,190.,-75.,190.,-190.,75.,-190.,75.,-75.;            09P      05
320,1,5HPADIN,11,13,15,17,19,21,25,27,33,35,37,39,2,,,1,23;             11P      06
408,01,0.,0.,0.;                                                        13P      07
106,1,5,0.,30.,-210.,222.5,-210.,222.5,-255.,30.,-255.,30.,;            15P      08
-210.;                                                                  15P      09
106,1,5,0.,65.,-25.,75.,-25.,75.,-45.,65.,-45.,65.,-25.;                17P      10
106,1,3,0.,77.5,-27.5,240.,-27.5,240.,-262.5,0,1,41;                    19P      11
106,1,5,0.,222.5,-215.,237.5,-215.,237.5,-247.5,222.5,-247.5,;          21P      12
222.5,-215.;                                                            21P      13
132,240.,-265.,0.,,2,1,,,,01,1,1,11;                                    23P      14
106,1,5,0.,67.5,-32.5,72.5,-32.5,72.5,-42.5,67.5,-42.5,67.5,;           25P      15
-32.5;                                                                  25P      16
106,1,5,0.,227.5,-252.5,232.5,-252.5,232.5,-257.5,227.5,-257.5,;        27P      17
227.5,-252.5;                                                           27P      18
308,0,7HCONTACT,1,31;                                                   29P      19
106,1,5,0.,-5.,2.5,5.,2.5,5.,-2.5,-5.,-2.5,-5.,2.5;                     31P      20
412,29,1.0,37.5,-250.,0.,8,1,25.,0.,0.,0;                               33P      21
106,1,6,0.,232.5,-212.5,232.5,-222.5,50.,-222.5,50.,-240.,;             35P      22
232.5,-240.,232.5,-247.5,0,1,41;                                        35P      23
106,1,5,0.,225.,-250.,235.,-250.,235.,-260.,225.,-260.,225.,;           37P      24
-250.;                                                                  37P      25
106,1,5,0.,65.,-30.,75.,-30.,75.,-65.,65.,-65.,65.,-30.;                39P      26
406,5,5.0,1,1,0,0;                                                      41P      27
S 2G 3D 42P 27                                                          T        1
```

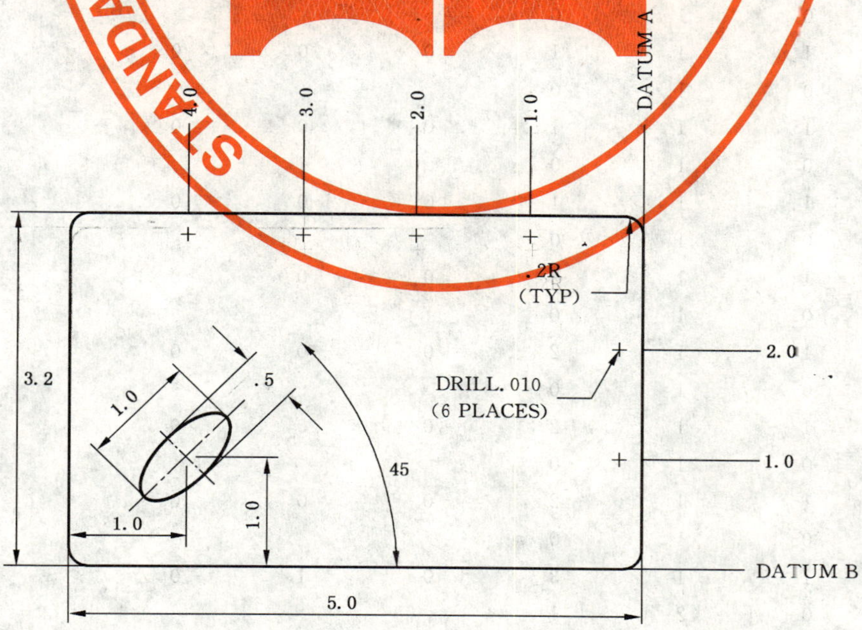

图 A.2　机械零件示例

示例 2:机械零件

```
PLATE.001   SAMPLE MECHANICAL PART WITH ANNOTATION                      S      1
USED AT AUTOFACT-OCTOBER 1982 AND IN VERSION 3.0 APPENDIX A             S      2
                                                                        S      3
ENTITY CONTENT:POINT, LINE, ARC and CONIC                               S      4
               LINEAR, ANGULAR, RADIUS, POINT and ORDINATE DIMENSION    S      5
               GENERAL NOTE, GENERAL LABEL                              S      6
                                                                        S      7
,,8HPANEL123,10HPANEL.IGES,4HEX 2,4HHAND,16,38,7,38,14,8HPANEL123,1.0,  G      1
1,4HINCH,1,0.028,13H900729.231652,0.0005,100.0,                         G      2
25HIGES RFC Review Committee,8HIPO/NIST,6,0;                            G      3
     124       1       1       1       0       0       0       0       0D      1
     124       0       0       2       0                               0D      2
     212       3       1       1       5       0       0       0   10100D      3
     212       0       0       2       0                               0D      4
     214       5       1       1       5       0       0       0   10100D      5
     214       0       0       1       2                               0D      6
     210       6       1       1       5       0       0       0     101D      7
     210       0       0       1       0                               0D      8
     110       7       1       1       1       0       0       0       0D      9
     110       0       0       1       0                               0D     10
     110       8       1       1       1       0       0       0       0D     11
     110       0       0       1       0                               0D     12
     110       9       1       1       1       0       0       0       0D     13
     110       0       0       1       0                               0D     14
     110      10       1       1       1       0       0       0       0D     15
     110       0       0       1       0                               0D     16
     100      11       1       1       1       0       0       0       0D     17
     100       0       0       1       0                               0D     18
     100      12       1       1       1       0       0       0       0D     19
     100       0       0       1       0                               0D     20
     100      13       1       1       1       0       0       0       0D     21
     100       0       0       1       0                               0D     22
     100      14       1       1       1       0       0       0       0D     23
     100       0       0       1       0                               0D     24
     116      15       1       1       2       0       0       0       0D     25
     116       0       0       1       0                               0D     26
     116      16       1       1       2       0       0       0       0D     27
     116       0       0       1       0                               0D     28
     116      17       1       1       2       0       0       0       0D     29
     116       0       0       1       0                               0D     30
     116      18       1       1       2       0       0       0       0D     31
     116       0       0       1       0                               0D     32
     104      19       1       1       3       0       1       0       0D     33
     104       0       0       2       1                               0D     34
     116      21       1       1       2       0       0       0       0D     35
     116       0       0       1       0                               0D     36
```

116	22	1	1	2	0	0	0	0D	37
116	0	0	1	0				0D	38
212	23	1	1	4	0	0	0	10100D	39
212	0	0	1	0				0D	40
214	24	1	1	4	0	0	0	10100D	41
214	0	0	1	2				0D	42
214	25	1	1	4	0	0	0	10100D	43
214	0	0	1	2				0D	44
106	26	1	1	4	0	0	0	10100D	45
106	0	0	1	40				0D	46
106	27	1	1	4	0	0	0	10100D	47
106	0	0	1	40				0D	48
216	28	1	1	4	0	0	0	101D	49
216	0	0	1	0				0D	50
212	29	1	1	4	0	0	0	10100D	51
212	0	0	1	0				0D	52
214	30	1	1	4	0	0	0	10100D	53
214	0	0	1	2				0D	54
214	31	1	1	4	0	0	0	10100D	55
214	0	0	1	2				0D	56
106	32	1	1	4	0	0	0	10100D	57
106	0	0	1	40				0D	58
106	33	1	1	4	0	0	0	10100D	59
106	0	0	1	40				0D	60
216	34	1	1	4	0	0	0	101D	61
216	0	0	1	0				0D	62
212	35	1	1	5	0	0	0	10100D	63
212	0	0	1	0				0D	64
106	36	1	1	5	0	0	0	10100D	65
106	0	0	1	40				0D	66
218	37	1	1	5	0	0	0	101D	67
218	0	0	1	0				0D	68
212	38	1	1	5	0	0	0	10100D	69
212	0	0	1	0				0D	70
106	39	1	1	5	0	0	0	10100D	71
106	0	0	1	40				0D	72
218	40	1	1	5	0	0	0	101D	73
218	0	0	1	0				0D	74
212	41	1	1	5	0	0	0	10100D	75
212	0	0	1	0				0D	76
106	42	1	1	5	0	0	0	10100D	77
106	0	0	1	40				0D	78
218	43	1	1	5	0	0	0	101D	79
218	0	0	1	0				0D	80
212	44	1	1	5	0	0	0	10100D	81
212	0	0	1	0				0D	82
106	45	1	1	5	0	0	0	10100D	83

106	0	0	1	40				0D	84
218	46	1	1	5	0	0	0	101D	85
218	0	0	1	0				0D	86
212	47	1	1	5	0	0	0	10100D	87
212	0	0	1	0				0D	88
106	48	1	1	5	0	0	0	10100D	89
106	0	0	1	40				0D	90
218	49	1	1	5	0	0	0	101D	91
218	0	0	1	0				0D	92
212	50	1	1	5	0	0	0	10100D	93
212	0	0	1	0				0D	94
106	51	1	1	5	0	0	0	10100D	95
106	0	0	1	40				0D	96
218	52	1	1	5	0	0	0	101D	97
218	0	0	1	0				0D	98
212	53	1	1	5	0	0	0	10100D	99
212	0	0	2	0				0D	100
106	55	1	1	5	0	0	0	10100D	101
106	0	0	1	40				0D	102
218	56	1	1	5	0	0	0	101D	103
218	0	0	1	0				0D	104
212	57	1	1	5	0	0	0	10100D	105
212	0	0	2	0				0D	106
106	59	1	1	5	0	0	0	10100D	107
106	0	0	1	40				0D	108
218	60	1	1	5	0	0	0	101D	109
218	0	0	1	0				0D	110
212	61	1	1	5	0	0	0	10100D	111
212	0	0	2	0				0D	112
214	63	1	1	5	0	0	0	10100D	113
214	0	0	1	2				0D	114
222	64	1	1	5	0	0	0	101D	115
222	0	0	1	0				0D	116
212	65	1	1	6	0	0	0	10100D	117
212	0	0	1	0				0D	118
214	66	1	1	6	0	0	0	10100D	119
214	0	0	1	2				0D	120
214	67	1	1	6	0	0	0	10100D	121
214	0	0	1	2				0D	122
106	68	1	1	6	0	0	0	1010100D	123
106	0	0	1	40				0D	124
106	69	1	1	6	0	0	0	10100D	125
106	0	0	1	40				0D	126
216	70	1	1	6	0	0	0	101D	127
216	0	0	1	0				0D	128
212	71	1	1	6	0	0	0	10100D	129
212	0	0	1	0				0D	130

214	72	1	1	6	0	0	0	10100D	131
214	0	0	1	2				0D	132
214	73	1	1	6	0	0	0	10100D	133
214	0	0	1	2				0D	134
106	74	1	1	6	0	0	0	10100D	135
106	0	0	1	40				0D	136
106	75	1	1	6	0	0	0	1010100D	137
106	0	0	1	40				0D	138
216	76	1	1	6	0	0	0	101D	139
216	0	0	1	0				0D	140
212	77	1	1	6	0	0	0	10100D	141
212	0	0	1	0				0D	142
214	78	1	1	6	0	0	0	10100D	143
214	0	0	1	2				0D	144
214	79	1	1	6	0	0	0	10100D	145
214	0	0	1	2				0D	146
106	80	1	1	6	0	0	0	10100D	147
106	0	0	1	40				0D	148
106	81	1	1	6	0	0	0	10100D	149
106	0	0	1	40				0D	150
216	82	1	1	6	0	0	0	101D	151
216	0	0	1	0				0D	152
212	83	1	1	6	0	0	0	10100D	153
212	0	0	1	0				0D	154
214	84	1	1	6	0	0	0	10100D	155
214	0	0	1	2				0D	156
214	85	1	1	6	0	0	0	10100D	157
214	0	0	1	2				0D	158
106	86	1	1	6	0	0	0	10100D	159
106	0	0	1	40				0D	160
106	87	1	1	6	0	0	0	10100D	161
106	0	0	1	40				0D	162
216	88	1	1	6	0	0	0	101D	163
216	0	0	1	0				0D	164
110	89	1	4	6	0	0	0	100D	165
110	0	0	1	0				0D	166
110	90	1	4	6	0	0	0	100D	167
110	0	0	1	0				0D	168
212	91	1	1	6	0	0	0	10100D	169
212	0	0	1	0				0D	170
214	92	1	1	6	0	0	0	10100D	171
214	0	0	1	2				0D	172
214	93	1	1	6	0	0	0	10100D	173
214	0	0	1	2				0D	174
106	94	1	1	6	0	0	0	1010100D	175
106	0	0	1	40				0D	176
106	95	1	1	6	0	0	0	1010100D	177
106	0	0	1	40				0D	178
202	96	1	1	6	0	0	0	101D	179
202	0	0	1	0				0D	180

```
124,0.70710678,-0.70710678,0.0,1.0,0.70710678,0.70710678,0.0,        1P      1
1.0,0.0,0.0,1.0,0.0,0,0;                                              1P      2
212,2,10,0.98,0.1,1,1.571,0.0,0,0,3.21,1.656,0.0,10HDRILL .010,       3P      3
10,1.02,0.1,1,1.571,0.0,0,0,3.210,1.506,0.0,10H(6 PLACES),0,0;        3P      4
214,2,0.150,0.050,0.0,4.800,2.000,4.562,1.546,4.262,1.546,0,0;        5P      5
210,3,1,5,0,0;                                                        7P      6
110,0.0,0.200,0.0,0.0,3.000,0.0,0,0;                                  9P      7
110,0.200,0.0,0.0,4.800,0.0,0.0,0,0;                                 11P      8
110,5.000,0.200,0.0,5.000,3.000,0.0,0,0;                             13P      9
110,0.200,3.200,0.0,4.800,3.200,0.0,0,0;                             15P     10
100,0.0,4.800,3.000,5.000,3.000,4.800,3.200,0,0;                     17P     11
100,0.0,0.200,3.000,0.200,3.200,0.0,3.000,0,0;                       19P     12
100,0.0,0.200,0.200,0.0,0.200,0.200,0.00,0,0;                        21P     13
100,0.0,4.800,0.200,4.800,0.0,5.000,0.200,0,0;                       23P     14
116,4.000,3.000,0.0,0,0,0;                                           25P     15
116,3.000,3.000,0.0,0,0,0;                                           27P     16
116,2.000,3.000,0.0,0,0,0;                                           29P     17
116,1.000,3.000,0.0,0,0,0;                                           31P     18
104,4.000,0.0,16.000,0.0,0.0,-1.000,0.0,0.500,0.0,0.500,0.0,         33P     19
0,0;                                                                 33P     20
116,4.800,1.000,0.0,0,0,0;                                           35P     21
116,4.800,2.000,0.0,0,0,0;                                           37P     22
212,1,3,0.421,0.156,1,1.571,0.0,0,0,-0.639,1.614,0.0,3H3.2,0,0;      39P     23
214,1,0.150,0.050,0.0,-0.454,3.200,-0.454,1.870,0,0;                 41P     24
214,1,0.150,0.050,0.0,-0.454,0.0,-0.454,1.514,0,0;                   43P     25
106,1,3,0.0,0.0,3.200,-0.094,3.200,-0.579,3.200,0,0;                 45P     26
106,1,3,0.0,0.0,0.0,-0.094,0.0,-0.579,0.0,0,0;                       47P     27
216,39,41,43,45,47,0,0;                                              49P     28
212,1,3,0.437,0.156,1,1.571,0.0,0,0,2.032,-0.447,0.0,3H5.0,0,0;      51P     29
214,1,0.150,0.050,0.0,0.0,-0.369,1.932,-0.369,0,0;                   53P     30
214,1,0.150,0.050,0.0,5.000,-0.369,2.519,-0.369,0,0;                 55P     31
106,1,3,0.0,0.0,0.0,0.0,-0.094,0.0,-0.494,0,0;                       57P     32
106,1,3,0.0,5.000,0.0,5.000,-0.094,5.000,-0.494,0,0;                 59P     33
216,51,53,55,57,59,0,0;                                              61P     34
212,1,3,0.374,0.156,1,1.571,1.571,0,0,4.078,4.181,0.0,3H1.0,0,0;     63P     35
106,1,3,0.0,4.000,3.094,4.000,3.188,4.000,3.993,0,0;                 65P     36
218,63,65,0,0;                                                       67P     37
212,1,3,0.421,0.156,1,1.571,1.571,0,0,3.078,4.183,0.0,3H2.0,0,0;     69P     38
106,1,3,0.0,3.000,3.094,3.000,3.188,3.000,3.996,0,0;                 71P     39
218,69,71,0,0;                                                       73P     40
212,1,3,0.437,0.156,1,1.571,1.571,0,0,2.078,4.177,0.0,3H3.0,0,0;     75P     41
106,1,3,0.0,2.000,3.094,2.000,3.188,2.000,3.989,0,0;                 77P     42
218,75,77,0,0;                                                       79P     43
212,1,3,0.437,0.156,1,1.571,1.571,0,0,1.078,4.177,0.0,3H4.0,0,0;     81P     44
106,1,3,0.0,1.000,3.094,1.000,3.188,1.000,3.989,0,0;                 83P     45
218,81,83,0,0;                                                       85P     46
212,1,3,0.374,0.156,1,1.571,0.0,0,0,6.211,0.922,0.0,3H1.0,0,0;       87P     47
```

```
106,1,3,0.0,4.894,1.000,4.988,1.000,6.024,1.000,0,0;                    89P    48
218,87,89,0,0;                                                          91P    49
212,1,3,0.421,0.156,1,1.571,0.0,0,0,6.211,1.922,0.0,3H2.0,0,0;          93P    50
106,1,3,0.0,4.894,2.000,4.988,2.000,6.024,2.000,0,0;                    95P    51
218,93,95,0,0;                                                          97P    52
212,1,7,1.248,0.156,1,1.571,0.,0,0,6.23,-0.078,0.0,7HDATUM B,0,         99P    53
0;                                                                      99P    54
106,1,3,0.0,5.094,0.0,5.188,0.0,6.042,0.0,0,0;                          101P   55
218,99,101,0,0;                                                         103P   56
212,1,7,1.232,0.156,1,1.571,1.571,0,0,5.078,4.193,0.,7HDATUM A,         105P   57
0,0;                                                                    105P   58
106,1,3,0.0,5.000,3.094,5.000,3.187,5.000,4.006,0,0;                    107P   59
218,105,107,0,0;                                                        109P   60
212,2,4,0.35,0.100,1,1.571,0.,0,0,4.029,2.611,0.,4H.2 R,5,0.500,        111P   61
0.100,1,1.571,0.0,0,0,4.029,2.461,0.0,5H(TYP),0,0;                      111P   62
214,2,0.150,0.050,0.0,4.877,3.185,4.862,2.511,4.562,2.511,0,0;          113P   63
222,111,113,4.800,3.000,0,0;                                            115P   64
212,1,3,0.240,0.100,1,1.571,0.0,0,0,1.559,0.602,0.0,3H1.0,0,0;          117P   65
214,1,0.150,0.050,0.0,1.663,0.0,1.663,0.538,0,0;                        119P   66
214,1,0.150,0.050,0.0,1.663,1.000,1.663,0.766,0,0;                      121P   67
106,1,3,0.0,0.200,0.0,0.294,0.0,1.788,0.0,0,0;                          123P   68
106,1,3,0.0,1.000,1.000,1.094,1.000,1.788,1.000,0,0;                    125P   69
216,117,119,121,123,125,0,0;                                            127P   70
212,1,3,0.240,0.100,1,1.571,0.0,0,0,0.537,0.275,0.0,3H1.0,0,0;          129P   71
214,1,0.150,0.050,0.0,1.000,0.325,0.809,0.325,0,0;                      131P   72
214,1,0.150,0.050,0.0,0.0,0.325,0.473,0.325,0,0;                        133P   73
106,1,3,0.0,1.000,1.000,1.000,0.906,1.000,0.200,0,0;                    135P   74
106,1,3,0.0,0.0,0.012,0.0,0.106,0.0,0.200,0,0;                          137P   75
216,129,131,133,135,137,0,0;                                            139P   76
212,1,3,0.240,0.100,1,1.571,0.0,0,0,0.470,1.289,0.0,3H1.0,0,0;          141P   77
214,1,0.150,0.050,0.0,0.971,1.736,0.688,1.453,0,0;                      143P   78
214,1,0.150,0.050,0.0,0.264,1.029,0.459,1.225,0,0;                      145P   79
106,1,3,0.0,1.354,1.354,1.287,1.420,0.882,1.825,0,0;                    147P   80
106,1,3,0.0,0.646,0.646,0.580,0.713,0.175,1.118,0,0;                    149P   81
216,141,143,145,147,149,0,0;                                            151P   82
212,1,2,0.170,0.100,1,1.571,0.0,0,0,1.631,1.622,0.0,2H.5,0,0;           153P   83
214,1,0.150,0.050,0.0,1.863,1.509,2.146,1.226,0,0;                      155P   84
214,1,0.150,0.050,0.0,1.509,1.863,1.226,2.146,0,0;                      157P   85
106,1,3,0.0,1.177,0.823,1.243,0.890,1.951,1.598,0,0;                    159P   86
106,1,3,0.0,0.823,1.177,0.890,1.243,1.598,1.951,0,0;                    161P   87
216,153,155,157,159,161,0,0;                                            163P   88
110,0.500,0.500,0.0,1.500,1.500,0.0,0,0;                                165P   89
110,1.225,0.775,0.0,0.775,1.225,0.0,0,0;                                167P   90
212,1,2,0.220,0.100,1,1.571,0.0,0,0,2.566,0.786,0.0,2H45,0,0;           169P   91
214,1,0.150,0.050,0.0,2.847,0.0,2.754,0.722,0,0;                        171P   92
214,1,0.150,0.050,0.0,2.013,2.013,2.683,0.951,0,0;                      173P   93
```

```
106,1,3,0.0,4.988,0.0,4.894,0.0,2.972,0.0,0,0;                        175P     94
106,1,3,0.0,2.000,2.000,2.066,2.066,2.101,2.101,0,0;                  177P     95
202,169,175,177,0.0,0.0,2.847,171,173,0,0;                            179P     96
S      7G      3D      180P      96                                   T         1
```

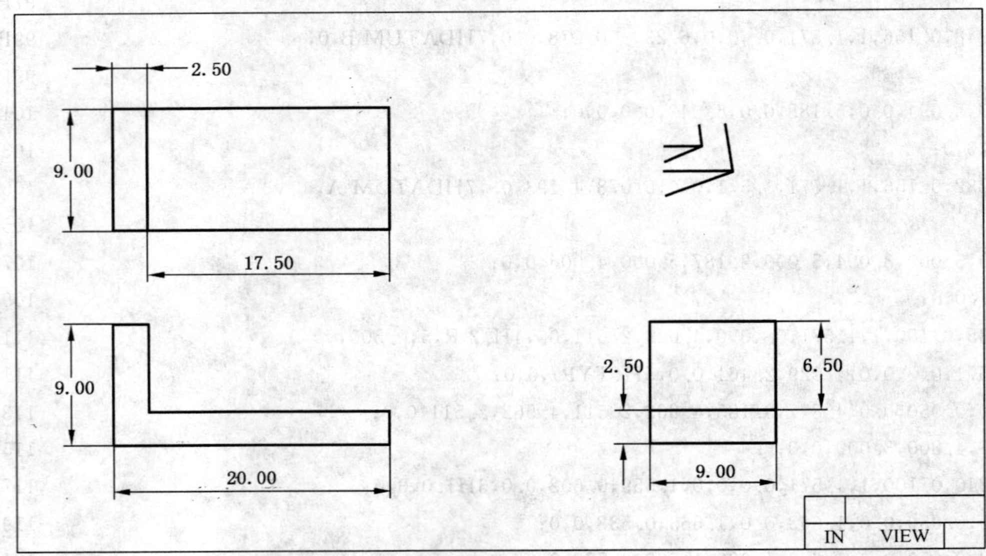

图 A.3 图纸与视图的例子

示例 3:图纸与视图

```
Test file of model with DRAWING (404) and VIEW (410) entities         S      1
                                                                      S      2
This file demonstrates annotation attached to the VIEWS,              S      3
i.e., the dimensions entities are flagged as INDEPENDENT,             S      4
and their DE field 6 points to a VIEW entity. The coordinates         S      5
of the dimensions are in MODEL space, and they have a                 S      6
transformation matrix which is the inverse of the VIEW matrix.        S      7
                                                                      S      8
A companion file demonstrates annotation attached to the DRAWING,     S      9
i.e., the dimension entities are flagged as DEPENDENT,                S     10
and they are pointed to by the PD of the DRAWING entity. The          S     11
coordinates of the dimensions are in DRAWING space.                   S     12
                                                                      S     13
1H,, 1H;, 8HVIEWDWG2, 12HVIEWDWG2.IGS, 13H<unspecified>, 13H<         G      1
unspecified>,
32,38,6,38,15,8HVIEWDWG2,1.,1,2HIN,8,0.016,13H900729.231904,0.0001,71.,  G      2
25HIGES RFC Review Committee,8HIPO/NIST,6,0;                          G      3
     406       1       0       0       0       0       0       0 10300D      1
     406       0       0       1      15                              0D      2
     124       2       0       0       0       0       0       0 10300D      3
     124       0       0       2       0                              0D      4
     108       4       0       0       0       0       0       0 10201D      5
     108       0       0       2       0                              0D      6
     108       6       0       0       0       0       0       0 10201D      7
```

108	0	0	2	0				0D	8
108	8	0	0	0	0	0	0	10201D	9
108	0	0	2	0				0D	10
108	10	0	0	0	0	0	0	10201D	11
108	0	0	2	0				0D	12
410	12	0	0	0	0	3	0	20201D	13
410	0	0	1	0				0D	14
406	13	0	0	0	0	0	0	10300D	15
406	0	0	1	15				0D	16
124	14	0	0	0	0	0	0	10300D	17
124	0	0	1	0				0D	18
108	15	0	0	0	0	0	0	10201D	19
108	0	0	1	0				0D	20
108	16	0	0	0	0	0	0	10201D	21
108	0	0	1	0				0D	22
108	17	0	0	0	0	0	0	10201D	23
108	0	0	1	0				0D	24
108	18	0	0	0	0	0	0	10201D	25
108	0	0	1	0				0D	26
410	19	0	0	0	0	17	0	20201D	27
410	0	0	1	0				0D	28
406	20	0	0	0	0	0	0	10300D	29
406	0	0	1	15				0D	30
124	21	0	0	0	0	0	0	10300D	31
124	0	0	1	0				0D	32
108	22	0	0	0	0	0	0	10201D	33
108	0	0	1	0				0D	34
108	23	0	0	0	0	0	0	10201D	35
108	0	0	1	0				0D	36
108	24	0	0	0	0	0	0	10201D	37
108	0	0	1	0				0D	38
108	25	0	0	0	0	0	0	10201D	39
108	0	0	1	0				0D	40
410	26	0	0	0	0	31	0	20201D	41
410	0	0	1	0				0D	42
406	27	0	0	0	0	0	0	10300D	43
406	0	0	1	15				0D	44
108	28	0	0	0	0	0	0	10201D	45
108	0	0	1	0				0D	46
108	29	0	0	0	0	0	0	10201D	47
108	0	0	1	0				0D	48
108	30	0	0	0	0	0	0	10201D	49
108	0	0	1	0				0D	50
108	31	0	0	0	0	0	0	10201D	51
108	0	0	1	0				0D	52
410	32	0	0	0	0	0	0	20201D	53
410	0	0	1	0				0D	54

110	33	0	1	2	0	0	0	10100D	55
110	1	4	1	0				0D	56
110	34	0	1	2	0	0	0	10100D	57
110	1	4	1	0				0D	58
110	35	0	1	2	0	0	0	10100D	59
110	1	4	1	0				0D	60
110	36	0	1	2	0	0	0	10100D	61
110	1	4	1	0				0D	62
110	37	0	1	2	0	0	0	10100D	63
110	1	4	1	0				0D	64
110	38	0	1	4	0	0	0	10100D	65
110	1	4	1	0				0D	66
110	39	0	1	4	0	0	0	10100D	67
110	1	4	1	0				0D	68
110	40	0	1	4	0	0	0	10100D	69
110	1	4	1	0				0D	70
110	41	0	1	4	0	0	0	10100D	71
110	1	4	1	0				0D	72
406	42	0	1	0	0	0	0	10300D	73
406	0	0	1	15				0D	74
404	43	0	1	0	0	0	0	201D	75
404	0	0	2	0				0D	76
110	45	0	1	2	0	0	0	0D	77
110	1	2	1	0				0D	78
110	46	0	1	2	0	0	0	0D	79
110	1	2	1	0				0D	80
110	47	0	1	2	0	0	0	0D	81
110	1	2	1	0				0D	82
110	48	0	1	2	0	0	0	0D	83
110	1	2	1	0				0D	84
110	49	0	1	2	0	0	0	0D	85
110	1	2	1	0				0D	86
110	50	0	1	2	0	0	0	0D	87
110	1	2	1	0				0D	88
110	51	0	1	2	0	0	0	0D	89
110	1	2	1	0				0D	90
110	52	0	1	2	0	0	0	0D	91
110	1	2	1	0				0D	92
110	53	0	1	2	0	0	0	0D	93
110	1	2	1	0				0D	94
110	54	0	1	2	0	0	0	0D	95
110	1	2	1	0				0D	96
110	55	0	1	2	0	0	0	0D	97
110	1	2	1	0				0D	98
110	56	0	1	2	0	0	0	0D	99
110	1	2	1	0				0D	100
110	57	0	1	2	0	0	0	0D	101

110	1	2	1	0				0D	102
110	58	0	1	2	0	0	0	0D	103
110	1	2	1	0				0D	104
110	59	0	1	2	0	0	0	0D	105
110	1	2	1	0				0D	106
110	60	0	1	2	0	0	0	0D	107
110	1	2	1	0				0D	108
110	61	0	1	2	0	0	0	0D	109
110	1	2	1	0				0D	110
110	62	0	1	2	0	0	0	0D	111
110	1	2	1	0				0D	112
106	63	0	1	2	53	0	0	10101D	113
106	1	3	1	40				0D	114
214	64	0	1	2	53	0	0	10101D	115
214	1	3	1	2				0D	116
212	65	0	1	2	53	0	0	10101D	117
212	1	3	1	0				0D	118
214	66	0	1	2	53	0	0	10101D	119
214	1	3	1	2				0D	120
106	67	0	1	2	53	0	0	10101D	121
106	1	3	1	40				0D	122
216	68	0	1	2	53	0	0	100D	123
216	1	3	1	0				0D	124
106	69	0	1	2	27	0	0	10101D	125
106	1	3	1	40				0D	126
214	70	0	1	2	27	0	0	10101D	127
214	1	3	1	2				0D	128
212	71	0	1	2	27	0	0	10101D	129
212	1	3	1	0				0D	130
214	72	0	1	2	27	0	0	10101D	131
214	1	3	1	2				0D	132
106	73	0	1	2	27	0	0	10101D	133
106	1	3	1	40				0D	134
216	74	0	1	2	27	211	0	100D	135
216	1	3	1	0				0D	136
106	75	0	1	2	41	0	0	10101D	137
106	1	3	1	40				0D	138
214	76	0	1	2	41	0	0	10101D	139
214	1	3	1	2				0D	140
212	77	0	1	2	41	0	0	10101D	141
212	1	3	1	0				0D	142
214	78	0	1	2	41	0	0	10101D	143
214	1	3	1	2				0D	144
106	79	0	1	2	41	0	0	10101D	145
106	1	3	1	40				0D	146
216	80	0	1	2	41	213	0	100D	147
216	1	3	1	0				0D	148

106	81	0	1	2	41	0	0	10101D	149
106	1	3	1	40				0D	150
214	82	0	1	2	41	0	0	10101D	151
214	1	3	1	2				0D	152
212	83	0	1	2	41	0	0	10101D	153
212	1	3	1	0				0D	154
214	84	0	1	2	41	0	0	10101D	155
214	1	3	1	2				0D	156
106	85	0	1	2	41	0	0	10101D	157
106	1	3	1	40				0D	158
216	86	0	1	2	41	213	0	100D	159
216	1	3	1	0				0D	160
106	87	0	1	2	53	0	0	10101D	161
106	1	3	1	40				0D	162
214	88	0	1	2	53	0	0	10101D	163
214	1	3	1	2				0D	164
212	89	0	1	2	53	0	0	10101D	165
212	1	3	1	0				0D	166
214	90	0	1	2	53	0	0	10101D	167
214	1	3	1	2				0D	168
106	91	0	1	2	53	0	0	10101D	169
106	1	3	1	40				0D	170
216	92	0	1	2	53	0	0	100D	171
216	1	3	1	0				0D	172
106	93	0	1	2	41	0	0	10101D	173
106	1	3	1	40				0D	174
214	94	0	1	2	41	0	0	10101D	175
214	1	3	1	2				0D	176
212	95	0	1	2	41	0	0	10101D	177
212	1	3	1	0				0D	178
214	96	0	1	2	41	0	0	10101D	179
214	1	3	1	2				0D	180
106	97	0	1	2	41	0	0	10101D	181
106	1	3	1	40				0D	182
216	98	0	1	2	41	213	0	100D	183
216	1	3	1	0				0D	184
106	99	0	1	2	27	0	0	10101D	185
106	1	3	1	40				0D	186
214	100	0	1	2	27	0	0	10101D	187
214	1	3	1	2				0D	188
212	101	0	1	2	27	0	0	10101D	189
212	1	3	1	0				0D	190
214	102	0	1	2	27	0	0	10101D	191
214	1	3	1	2				0D	192
106	103	0	1	2	27	0	0	10101D	193
106	1	3	1	40				0D	194
216	104	0	1	2	27	211	0	100D	195

```
216     1      3     1     0                            0D   196
106     105    0     1     2     27     0      0   10101D   197
106     1      3     1     40                           0D   198
214     106    0     1     2     27     0      0   10101D   199
214     1      3     1     2                            0D   200
212     107    0     1     2     27     0      0   10101D   201
212     1      3     1     0                            0D   202
214     108    0     1     2     27     0      0   10101D   203
214     1      3     1     2                            0D   204
106     109    0     1     2     27     0      0   10101D   205
106     1      3     1     40                           0D   206
216     110    0     1     2     27     211    0     100D   207
216     1      3     1     0                            0D   208
212     111    0     1     2     0      0      0   10101D   209
212     1      3     1     0                            0D   210
124     112    0     0     0     0      0      0   10300D   211
124     0      0     1     0                            0D   212
124     113    0     0     0     0      0      0   10300D   213
124     0      0     1     0                            0D   214
406     114    0     1     0     0      0      0   10300D   215
406     0      0     1     16                           0D   216
406     115    0     1     0     0      0      0   10300D   217
406     0      0     1     17                           0D   218
406,1,7HCLIPPED;                                        1P     1
124,－0.67499,－0.171,0.71774,0.,－0.24401,0.96977,0.00157,0.,     3P     2
－0.69631,－0.17408,－0.69631,0.;                        3P     3
108,0.67499,0.171,－0.71774,5.0055,0,6.390347,2.455541,－0.379235,     5P     4
0.;                                                     5P     5
108,－0.24401,0.96977,0.00157,3.55308,0,3.025032,4.420965,     7P     6
2.494731,0.;                                            7P     7
108,－0.67499,－0.171,0.71774,2.99094,0,0.992841,1.088152,     9P     8
5.360119,0.;                                            9P     9
108,0.24401,－0.96977,－0.00157,1.9103,0,4.358156,－0.877273,    11P    10
2.486153,0.;                                           11P    11
410,4,1.,5,7,9,11,0,0,0,1,1;                           13P    12
406,1,5HRIGHT;                                         15P    13
124,0.,0.,－1.,0.,0.,1.,0.,0.,1.,0.,0.,0.;              17P    14
108,0.,0.,1.,36.,0,0.,0.,36.,0.;                       19P    15
108,0.,1.,0.,24.59627,0,0.,24.59627,0.,0.;             21P    16
108,0.,0.,－1.,36.,0,0.,0.,－36.,0.;                    23P    17
108,0.,－1.,0.,24.59627,0,0.,－24.59627,0.,0.;          25P    18
410,3,1.,19,21,23,25,0,0,0,1,15;                       27P    19
406,1,3HTOP;                                           29P    20
124,1.,0.,0.,0.,0.,0.,－1.,0.,0.,1.,0.,0.;              31P    21
108,－1.,0.,0.,36.,0,－36.,0.,0.,0.;                    33P    22
108,0.,0.,－1.,24.59627,0,0.,0.,－24.59627,0.;          35P    23
108,1.,0.,0.,36.,0,36.,0.,0.,0.;                       37P    24
```

```
108,0.,0.,1.,24.59627,0,0.,0.,24.59627,0.;                     39P     25
410,2,1.,33,35,37,39,0,0,0,1,29;                               41P     26
406,1,5HFRONT;                                                 43P     27
108,-1.,0.,0.,36.,0,-36.,0.,0.,0.;                             45P     28
108,0.,1.,0.,24.59627,0,0.,24.59627,0.,0.;                     47P     29
108,1.,0.,0.,36.,0,36.,0.,0.,0.;                               49P     30
108,0.,-1.,0.,24.59627,0,0.,-24.59627,0.,0.;                   51P     31
410,1,1.,45,47,49,51,0,0,0,1,43;                               53P     32
110,67.,0.,0.,67.,2.,0.;                                       55P     33
110,60.,4.,0.,60.,2.,0.;                                       57P     34
110,57.,4.,0.,57.,0.,0.;                                       59P     35
110,70.,4.,0.,57.,4.,0.;                                       61P     36
110,70.,2.,0.,57.,2.,0.;                                       63P     37
110,0.,40.,0.,0.,0.,0.;                                        65P     38
110,70.,40.,0.,0.,40.,0.;                                      67P     39
110,70.,0.,0.,70.,40.,0.;                                      69P     40
110,0.,0.,0.,70.,0.,0.;                                        71P     41
406,1,7HDRAWING;                                               73P     42
404,4,13,51.,29.,27,46.,8.,41,7.,24.,53,7.,8.,10,55,57,59,61,63, 75P    43
65,67,69,71,209,0,3,73,215,217;                                75P     44
110,0.,9.,0.,0.,9.,-9.;                                        77P     45
110,2.5,9.,0.,2.5,9.,-9.;                                      79P     46
110,2.5,2.5,0.,2.5,2.5,-9.;                                    81P     47
110,20.,2.5,0.,20.,2.5,-9.;                                    83P     48
110,20.,0.,0.,20.,0.,-9.;                                      85P     49
110,0.,0.,0.,0.,0.,-9.;                                        87P     50
110,0.,9.,-9.,0.,0.,-9.;                                       89P     51
110,2.5,9.,-9.,0.,9.,-9.;                                      91P     52
110,2.5,2.5,-9.,2.5,9.,-9.;                                    93P     53
110,20.,2.5,-9.,2.5,2.5,-9.;                                   95P     54
110,20.,0.,-9.,20.,2.5,-9.;                                    97P     55
110,0.,0.,-9.,20.,0.,-9.;                                      99P     56
110,0.,9.,0.,0.,0.,0.;                                         101P    57
110,2.5,9.,0.,0.,9.,0.;                                        103P    58
110,2.5,2.5,0.,2.5,9.,0.;                                      105P    59
110,20.,2.5,0.,2.5,2.5,0.;                                     107P    60
110,20.,0.,0.,20.,2.5,0.;                                      109P    61
110,0.,0.,0.,20.,0.,0.;                                        111P    62
106,1,3,0.,0.,0.,0.,-0.5,0.,-4.;                               113P    63
214,1,1.,0.5,0.,0.,-3.5,7.625,-3.5;                            115P    64
212,1,5,3.75,1.,1,1.5707963267949,0.,0,0,8.,-4.,0.,5H20.00;    117P    65
214,1,1.,0.5,0.,20.,-3.5,12.125,-3.5;                          119P    66
106,1,3,0.,20.,0.,20.,-0.5,20.,-4.;                            121P    67
216,117,115,119,113,121;                                       123P    68
106,1,3,0.,0.,0.,0.,-0.5,0.,-3.5;                              125P    69
214,1,1.,0.5,0.,0.,-3.,2.125,-3.;                              127P    70
212,1,4,3.,1.,1,1.5707963267949,0.,0,0,2.5,-3.5,0.,4H9.00;     129P    71
```

```
214,1,1.,0.5,0.,9.,-3.,5.875,-3.;                                    131P     72
106,1,3,0.,9.,0.,9.,-0.5,9.,-3.5;                                    133P     73
216,129,127,131,125,133;                                             135P     74
106,1,3,0.,2.5,0.,2.5,-0.5,2.5,-4.;                                  137P     75
214,1,1.,0.5,0.,2.5,-3.5,8.625,-3.5;                                 139P     76
212,1,5,3.75,1.,1,1.5707963267949,0.,0,0,9.,-4.,0.,5H17.50;          141P     77
214,1,1.,0.5,0.,20.,-3.5,13.125,-3.5;                                143P     78
106,1,3,0.,20.,0.,20.,-0.5,20.,-4.;                                  145P     79
216,141,139,143,137,145;                                             147P     80
106,1,3,0.,0.,9.,0.,9.5,0.,12.5;                                     149P     81
214,1,1.,0.5,0.,0.,12.,-3.,12.;                                      151P     82
212,1,4,3.,1.,1,1.5707963267949,0.,0,0,6.,11.5,0.,4H2.50;            153P     83
214,1,1.,0.5,0.,2.5,12.,5.5,12.;                                     155P     84
106,1,3,0.,2.5,9.,2.5,9.5,2.5,12.5;                                  157P     85
216,153,151,155,149,157;                                             159P     86
106,1,3,0.,0,0.,-0.5,0.,-3.5,0.;                                     161P     87
214,1,1.,0.5,0.,-3.,0.,-3.,3.5;                                      163P     88
212,1,4,3.,1.,1,1.5707963267949,0.,0,0,-4.5,4.,0.,4H9.00;            165P     89
214,1,1.,0.5,0.,-3.,9.,-3.,5.5;                                      167P     90
106,1,3,0.,0.,9.,-0.5,9.,-3.5,9.;                                    169P     91
216,165,163,167,161,169;                                             171P     92
106,1,3,0.,0.,0.,-0.5,0.,-3.5,0.;                                    173P     93
214,1,1.,0.5,0.,-3.,0.,-3.,3.5;                                      175P     94
212,1,4,3.,1.,1,1.5707963267949,0.,0,0,-4.5,4.,0.,4H9.00;            177P     95
214,1,1.,0.5,0.,-3.,9.,-3.,5.5;                                      179P     96
106,1,3,0.,0.,9.,-0.5,9.,-3.5,9.;                                    181P     97
216,177,175,179,173,181;                                             183P     98
106,1,3,0.,0.,0.,-0.5,0.,-3.,0.;                                     185P     99
214,1,1.,0.5,0.,-2.5,0.,-2.5,-2.;                                    187P    100
212,1,4,3.,1.,1,1.5707963267949,0.,0,0,-4.,5.,0.,4H2.50;             189P    101
214,1,1.,0.5,0.,-2.5,2.5,-2.5,4.5;                                   191P    102
106,1,3,0.,0.,2.5,-0.5,2.5,-3.,2.5;                                  193P    103
216,189,187,191,185,193;                                             195P    104
106,1,3,0.,9.,2.5,9.5,2.5,13.,2.5;                                   197P    105
214,1,1.,0.5,0.,12.5,2.5,12.5,4.5;                                   199P    106
212,1,4,3.,1.,1,1.5707963267949,0.,0,0,11.,5.,0.,4H6.50;             201P    107
214,1,1.,0.5,0.,12.5,9.,12.5,6.5;                                    203P    108
106,1,3,0.,9.,9.,9.5,9.,13.,9.;                                      205P    109
216,201,199,203,197,205;                                             207P    110
212,1,7,8.25,1.,1,1.5707963267949,0.,0,0,58.,0.5,0.,7HIN VIEW;       209P    111
124,0.,0.,1.,0.,0.,1.,0.,0.,-1.,0.,0.,0.;                            211P    112
124,1.,0.,0.,0.,0.,0.,1.,0.,0.,-1.,0.,0.;                            213P    113
406,2,70.,40.;                                                       215P    114
406,2,1,2HIN;                                                        217P    115
S  13G  3D  218P  115                                                 T       1
```

附　录　B
（资料性附录）
样条曲线和曲面

B.1　简介

本标准的第 7 章包括四种不同的样条表示：

1）　参数分段三次多项式曲线；

2）　有理 B 样条 曲线；

3）　双三次曲面片网格(表示曲面)；

4）　有理 B 样条 曲面。

CAD/CAM 系统采用的多数样条类型可以映射到这些表达上而不需修改形状。第 7 章支持的样条类型包括：参数化三次、分段线段、Wilson- Fowler、修正的 Wilson- Fowler、有理和无理的 B-splines (B 样条)、有理和正交笛卡儿产品 B-splines 曲面。样条类型不支持张力样条和扩展孔斯面片样条曲面。

B.2　样条函数

在 7.14 中，样条曲线由许多包括 X、Y、Z 坐标的三次样条函数表示，每个三次样条函数 $S(u)$ 定义如下：

1）　N：段数，

2）　$T(1)$；：：：；$T(N+1)$：端点和将三次多项式线段分段的断点，

3）　$A(i)$；$B(i)$；$C(i)$；$D(i)$；$i=1$；：：：；N：在每个 N 段表示样条多项式的系数，

4）　CTYPE：提交系统的样条类型(1＝线性，2＝二次的，3＝三次的，4＝Wilson-Fowler，5＝修正的)参见 7.14。

5）　H：连续的程度，参见 7.14。

评价在点 u 的样条，首先决定线段包括 u，例如，线段 i 如 $T(i)$ · u · $T(i+1)$，然后评价三次多项式线段，如计算：

$$S(u)=A(i)+B(i)\cdot(uu)+C(i)\cdot(uu)^2+D(i)\cdot(uu)^3$$

当 $uu=u-T(i)$：

多项式根据相对位移 uu 而变动，因此样条在断点的值可以从表示中直接得到。(例如，$S(T(i))=A(i)$，$i=1,\cdots,N$ 和 $S(T(N+1))=TP0$)。计算使用了相对位移还减少了浮点圆整的错误。

这个特殊的“分段多项式”的格式仅是在 CAD/CAM 系统中表示样条段的一个多项式。其他的表示包括：

1）　端点 E_1、E_2 和端点处的斜率 S_1、S_2：这些样条曲线可以通过 Hermite 基函数计算而得。

2）　四个点的值：样条值可以采用 Lagrange(拉格郎日)或 Newton(牛顿)插值计算公式计算。

3）　端点和控制点：从控制点出发计算样条有许多模式，这里不具体讨论。样条还可以表示为 B 样条基函数的线性组合。在 CAD/CAM 系统中，B 样条被直接用于曲线拟合(例如，B 样条 Bezier 多边形以及非直接的各种样条计算(例如，计算三次样条插补)。对于给定的每个段点(或断点或节点或剖分点)集合 $T(1),\cdots,T(N+1)$ 和顺度 H，可以建立 B 样条函数集合 $B(1,u),B(2,u),\cdots,B(n^*,u)$(参见 DEBO78)。那么，对于带断点和连续的任何分段多项式 $S(u)$ 都有一个 B 样条系数集合 $a(1),\cdots,a(n^*)$，因此 $S(u)$ 可以表示为这些 B 样条的组合：

$$S(u)=a(1)\cdot B(1,u)+a(2)\cdot B(2,u)+\cdots+a(n^*)\cdot B(n^*,u)$$

当 $n^{*}=(N-1)\cdot(3-H)+4$

B 样条可以通过分段多项式计算,反之亦然。

B.3 样条曲线

本条相关的内容可参见 7.14。

曲线拟合的通用方法是参数化曲线,例如,表示每个曲线即可以是两个又可以是三个函数(每个函数对应一个坐标)。

$$X(u)=S_x(u),$$
$$Y(u)=S_y(u),$$
$$Z(u)=S_z(u)。$$

使用参数 u 变量的 $T(1)$ 到 $T(N+1)$ 描绘曲线。所有的样条函数表示的以前的段形成参数曲线,并且从一种表示向另外一种表示变换样条曲线的算法很容易从相应函数转换算法多重应用中找到。

Wilson-Fowler 曲线:二十世纪六十年代初,开发了用于曲线拟合的 Wilson-Fowler 样条(一种特殊的参数三次曲线)。它现在仍然用在许多成套的制图系统中使用。在 Wilson-Fowler 表示中,每个样条线段在一个单独的坐标系定义,它的 X 轴起始于一个线段的端点然后向另外一端延伸。每个样条线段由一个三次样条函数 Swf(x)和两个端点坐标定义。通过旋转参数样条 $(u,\text{Swf}(u))$返回当前的坐标系,这些 Wilson-Fowler 样条可以被变换为 7.14 定义的样条。然而,7.14 定义的多数样条不能变换成 Wilson-Fowler 样条。

B.4 有理 B 样条曲线

本条相关的内容可参见 7.23。

有理 B 样条曲线可以参数化表示。

$$G(t)=\frac{\sum_{i=0}^{K}W(i)P(i)b_i(t)}{\sum_{i=0}^{K}W(i)b_i(t)}$$

这些符号表示如下:

$W(i)$是权值(正实数)。

$P(i)$是控制点(点在 R^3)。

b_i 是 B 样条基函数。

当给出了次数 M、节点序列和 T,可做如下规定:

当 $N=K-M+1$,则节点序列包括非递减实数集合。

$T(-M),\cdots,T(0),\cdots,T(N),\cdots\cdots,T(N+M)$。

当 $T(0)\leqslant V(0)\leqslant V(1)\leqslant T(N)$,曲线参数 t 的取值范围是:$V(0)\leqslant t\leqslant T(1)$。

B 样条基函数 b_i 是每个非负分段 M 次多项式。函数 b_i 取自区间$[T(i-M),T(i+1)]$。在任何两个邻近结值 $T(j),T(j+1)$间,函数都可以表示为不同的分段 M 次多项式。

对于 $T(0)$和 $T(N)$间的参数 t 值,基函数满足:

$$\sum_{i=0}^{K}b_i(t)=1$$

当权值都是正的时,曲线 $G(t)$包括凸起外壳的所有控制点。

现在有几种方法准确定义 B 样条基函数。递归处理方法如下:

假设 $N(t|t_{i-M},\cdots,t_{i+1})$表示$[t_{i-M},t_{i+1}]$间的 M 次 B 样条基函数。使用这种表示,0 次函数是只不过是半开区间的特征函数:

$$N(t\mid a,b)=\substack{1\text{如果}a\leqslant t<b\\0\text{如果}t<a\text{或}t\geqslant b}$$

k 次函数可以依据 $k-1$ 次函数定义。

$$N(t \mid s_0,\cdots,s_k)=\frac{(t-s_0)N(t \mid s_0,\cdots,s_{k-1})}{s_{k-1}-s_0}+\frac{(s_k-t)N(t \mid s_1,\cdots,s_k)}{s_k-s_1}$$

由于分母可能为 0，因此采用传统定义的 0/0=0。

有理 Bezie 曲线可以正确地表示为有理 B 样条曲线。

B.5 样条曲面

参照 7.14 样条曲线的定义，样条曲面定义在 7.15。例如，还将其他原函数拼接在一起。参数化双三次修补网格曲面可定义为：

1) M:u 中的网格线数；
2) $TU(1),\cdots,TU(M+1)$:u 中的断点；
3) N:v 中的网格线数；
4) $TV(1),\cdots,TV(N+1)$:v 中的断点数；
5) $A_x(i;j),B_x(i;j),\cdots,A_y(i;j),\cdots,A_z(i;j),\cdots$，当 $i=1,\cdots,M;j=1,\cdots,N$:定义每个三坐标修补的双三次多项式 3＊16 系数集合。
6) CTYPE:样条类型。(1=线性的，2=二次的，3=三次的，4=Wilson- Fowler，5= 修正的 Wilson- Fowler，6=B 样条)，并且
7) PTYPE:样条类型。(1=笛卡儿产品，2=未规定)。

评价点 u,v 处的样条，首先要确定对参数网格点 u,v 处的修补。例如修补 i,j，当 $TU(i)\cdot\leqslant u\leqslant\cdot TU(i+1)$ 和 $TV(j)\leqslant\cdot v\cdot\leqslant TV(j+1)$。然后，评估双三次多项式修补，如当 $uu=u-TU(i)$ 和 $vv=v-TV(j)$ 计算：

$$\begin{aligned}X(u;v)=&A_x(i;j)\cdot vv^0\cdot uu^0+B_x(i;j)\cdot vv^0\cdot uu^1+C_x(i,j)\cdot vv^0\cdot uu^2+D_x(i;j)\cdot vv^0\cdot uu^3+\\&E_x(i;j)\cdot vv^1\cdot uu^0+F_x(i;j)\cdot vv^1\cdot uu^1+G_x(i;j)\cdot vv^1\cdot uu^2+H_x(i;j)\cdot vv^1\cdot uu^3+\\&K_x(i;j)\cdot vv^2\cdot uu^0+L_x(i;j)\cdot vv^2\cdot uu^1+M_x(i;j)\cdot vv^2\cdot uu^2+N_x(i;j)\cdot vv^2\cdot uu^3+\\&P_x(i;j)\cdot vv^3\cdot uu^0+Q_x(i;j)\cdot vv^3\cdot uu^1+R_x(i;j)\cdot vv^3\cdot uu^2+S_x(i;j)\cdot vv^3\cdot uu^3\\&Y(u;v)=A_y(i;j)\cdots\\&Z(u;v)=A_z(i;j)\cdots\end{aligned}$$

样条曲面的修补等同于双三次曲面的修补。双三次曲面的修补的参数给出了下标、斜体等(如点/表示曲线)。

然而，由于标准中规定的样条比 CAD/CAM 系统中使用的样条更通用(如 APT Wilson-Fowler 样条)，超出了规范样条格式范围的形状保存转化可能会出现问题。遇到的困难包括唯一断点间隔和平滑第二段的约束。因此，转换必须通过插补和平滑过程来实现。

B.6 有理 B 样条曲面

本条相关的内容可参见 7.24。

有理 B 样条曲面可参数化表示为：

$$G(s;t)=\frac{\sum_{i=0}^{K1}\sum_{j=0}^{K2}W(i,j)P(i,j)b_i(s)b_j(t)}{\sum_{i=0}^{K1}\sum_{j=0}^{K2}W(i,j)b_i(s)b_j(t)}$$

仿照有理 B 样条曲线使用的表示：

$W(i,j)$ 是权值(正实数)。

$P(i,j)$ 是控制点(点在 R^3)。

b_i 是由节点序列 $S(-M_1),\cdots,S(N_1+M_1)$ 定义的 M_1 次 B 样条基函数。b_j 是由节点序列 $T(-M_2),\cdots,T(N_2+M_2)$ 定义的 M_2 次 B 样条基函数。其中，$N_1=K_1-M_1+1$、$N_2=K_2-M_2+1$。

当满足 $U(0)<U(1)\leqslant S(N_1)$ 和 $T(0)\leqslant V(0)<V(1)\leqslant T(N_2)$ 时，曲面参数化时 s 和 t 取值范围是：

$U(0) \leqslant s \leqslant U(1)$和$V(0) \leqslant t \leqslant V(1)$。有理 Bezier 曲面可以正确地表示为有理 B 样条曲面。

如果曲面是关于第一个参数变量的周期函数，PROP4 =1 否则 PROP4 =0。如果曲面是关于第二个参数变量的周期函数，PROP5 =1 否则 PROP5 =0。周期标志可解释为纯信息的。标记为周期性的曲面是为了正确地评价非周期性曲面的案例。

附 录 C
（资料性附录）
圆 锥 曲 线

圆锥曲线以两种不同的方式保持与数据的高度一致：

1） 精确性。圆锥曲线方程对数字变动是灵敏的；系数微小的变动都能导致满足圆锥曲线方程的坐标点的较大变动。

2） 稳定性。根据某个变量的值是正、负或0来确定圆锥曲线的类型。在浮点运算方式，0.0在计算机中是得不到的。而且，当希望得到负的计算结果时，系数值的微小变动很容易使计算结果为正值，反之亦然。

假设数据可以由带保留几何特性的Conic Arc Entity(圆锥曲线段实体)表示(长、短半轴、渐进线、准线等)，这些数据组成了描述曲线的点。

如果可以得到几何实体，Conic Arc Entity(类型104)将用于以下描述。

尽管圆锥曲线的准确性可以随着系数值变动范围的减小而提高，但是这里要讨论的主要问题是稳定性问题。在这个表示中不显式地定义几何特性，就不能直接地从数学上获得保持稳定的方式。

如果发送和接受系统明白使用自己数据库中的Conic Arc Entity的A-F格式，预处理将不变动数据格式。这样就最大程度地保证信息的准确性，也不会引起数据稳定性问题。

下面为椭圆、双曲线和抛物线的推荐的值集合：

椭 圆	
$A=AXISY^2$	$B=0$
$C=AXISX^2$	$D=0$
$E=0$	$F=-A\cdot C$
当AXISY和AXISX是椭圆的长、短半轴	

注：在下面双曲线的表示中，F总是正的。

双曲线：案例#1(图C.1)	
$A=-AXISY^2$	$B=0$
$C=+AXISX^2$	$D=0$
$E=0$	$F=-A\cdot C$
当 AXISX=1/2横半轴长度； AXISY=1/2纵半轴长度	

双曲线：案例#2(图C.2)	
$A=+AXISY^2$	$B=0$
$C=-AXISX^2$	$D=0$
$E=0$	$F=-A\cdot C$
当 AXISX=1/2共轭轴长度； AXISY=1/2横轴长度	

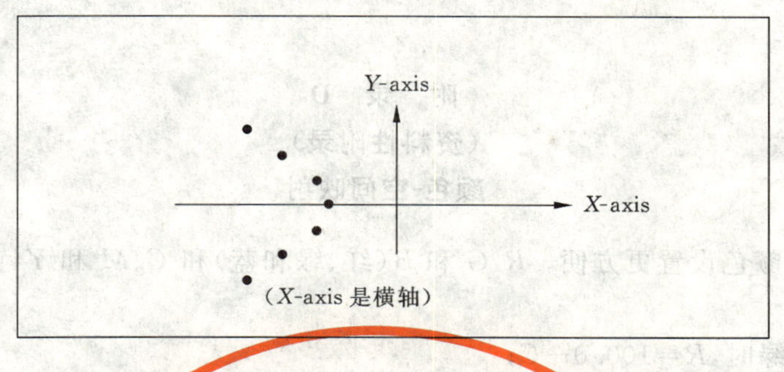

图 C.1 案例 1:双曲线沿 X 轴方向对齐

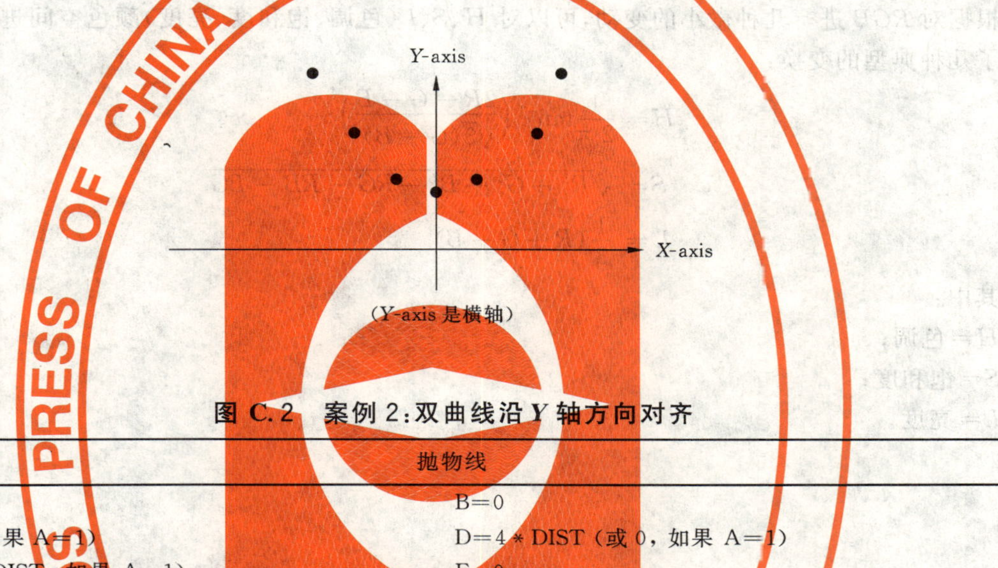

图 C.2 案例 2:双曲线沿 Y 轴方向对齐

抛物线	
A=0(或 1)	B=0
C=1(或 0,如果 A=1)	D=4 * DIST(或 0,如果 A=1)
E=0(或 4 * DIST,如果 A=1)	F=0
当 DIST 是顶点到焦点的距离	

预处理圆锥曲线操作:

应该将圆锥曲线段变成标准格式,轴分别平行于 X、Y 轴并且中心在原点。将使用 Transformation Matrix Entity(变换矩阵实体)(类型 124),将圆锥曲线段变换到指定的空间位置。在这种格式中,系数的格式是 0.0 就可以保证正确变换。特别要提的是,对于椭圆、双曲线 B、D 和 E 是 0.0,对于抛物线 B 和 F、A 和 E 并且 C 和 D 是 0.0。

对于后置处理器来说,从方程式确定圆锥曲线类型变得更容易。

附　录　D
（资料性附录）
颜色-空间映射

除了 RGB 这里的颜色设置更方便。R、G 和 B（红、绿和蓝）和 C、M 和 Y（蓝绿、红紫和黄）的关系如下：

当 R＝红，C＝蓝绿时，$R=100.0-C$；

当 G＝绿，M＝红紫时，$G=100.0-M$；

当 B＝蓝，Y＝黄时，$B=100.0-Y$。

根据对 RGB 进行几种微小的变动，可以对 H、S、L（色调、饱和度、亮度）颜色空间进行定义。下面给出了几种典型的变换：

$$H=\frac{1}{2\pi}\tan^{-1}\left(\frac{2R-G-B}{\sqrt{3}(G-B)}\right)$$

$$S=\sqrt{R^2+G^2+B^2-RG-RB-BG}$$

$$L=\frac{1}{3}(R+G+B)$$

其中：

H＝色调；

S＝饱和度；

L＝亮度。

附　录　E
（资料性附录）
ASCII 格式转换效果

本附录给出了从正规的 ASCII 格式向压缩的 ASCII 格式文件的转换程序。程序用采用 FORTRAN 77 语言。程序不能实现从压缩的 ASCII 格式文件向正规的 ASCII 文件的转换。如果文件包括任何压缩的字符串，如 ASCII 字符“D”不能转化为逗号。

```
C*************************************************************************
C     THIS PROGRAM IS WRITTEN IN VAX 4.2 FORTRAN 77 SOURCE.  ITS PURPOSE IS
C     TO CONVERT BETWEEN REGULAR ASCII FORMAT AND COMPRESSED ASCII FORMAT.
C
      PROGRAM IGES
C
C     PROGRAM ORIGINALLY WRITTEN BY J. M.  SPAETH 7-24-84
C                                      GENERAL ELECTRIC CORP.  RE. & DEV.
C     RE-WRITTEN BY LEE KLEIN 9-20-84
C                                      GENERAL DYNAMICS CAD/CAM POMONA DIV.
C     REVISED BY LEE KLEIN 7-28-86
C                                      GENERAL DYNAMICS CAD/CAM POMONA DIV.
C     REVISED BY LEE KLEIN 8-1-86
C                                      GENERAL DYNAMICS CAD/CAM POMONA DIV.
C     REVISED BY LEE KLEIN 8-7-86
C                                      GENERAL DYNAMICS CAD/CAM POMONA DIV.
C     REVISED BY ROBERT COLSHER 22 AUG 1986
C                                      IGES DATA ANALYSIS COMPANY
C
C     PURPOSE:
C              TO CONVERT NEW FORM OF IGES OUTPUT TO OLD FORM AND
C              OLD FORM TO NEW.
C
C     INPUT:
C              YOU MUST GIVE THE NAME (INCLUDING DIRECTORY IF DIFFERENT) OF
C              THE FILE CONTAINING THE NEW FORM OF OUTPUT. YOU MUST ALSO
C              GIVE THE NAME OF THE FILE TO CONTAIN THE CONVERTED OUTPUT.
C
C*************************************************************************
C     SPECIAL NOTES:
C
C     1. THE DOLLAR SIGN IN I/O FORMAT STATEMENTS IS THERE TO SUPPRESS
C        THE CARRIAGE RETURN AT THE END OF THE PROMPT LINE.
C     2. IN COMPILERS THAT DO NOT ACCEPT A VARIABLE LENGTH OUTPUT FORMAT,
C        SOME MEANS OF COMPRESSING BLANK PADDED LINES MUST BE USED.
C     3. SEE CHANGE NOTES THROUGHOUT THE CODE
C
C*************************************************************************
```

```
      CHARACTER * 80 LINE1
      CHARACTER * 60 INFILE,OUTFIL
C
C     PROMPT AND GET FILE NAMES...
C
      GOTO 1010
1000  WRITE( * ,1900)
1010  WRITE( * ,1910)
      WRITE( * ,1920)
      READ( * ,1930)INFILE
      WRITE( * ,1940)
      READ( * ,1930)OUTFIL
C
C     READ THE FIRST LINE...
C
      OPEN(UNIT=10,FILE=INFILE,STATUS='OLD',ERR=1000)
      READ(10,1950)LINE1
      CLOSE(10)
C
C     CHECK TO SEE WHICH FORM THE INPUT IS IN...
C
C     ONLY A 'C'OMPRESS RECORD CAN OCCUR AT BEGINNING OF 'NEW' FILE
C     ONLY A 'S'TART RECORD CAN OCCUR AT BEGINNING OF 'OLD' FILE
C
      IF (LINE1(73:73).EQ.'C') THEN
       CALL OLDFRM(INFILE,OUTFIL)
      ELSE IF (LINE1(73:73).EQ.'S') THEN
        CALL NEWFRM(INFILE,OUTFIL)
       ELSE
        WRITE( * ,1960)' File contains ILLEGAL record format'
        CLOSE(10)
        STOP
       ENDIF
      WRITE( * ,1960)' '
      WRITE( * ,1960)' IGES conversion complete'
      WRITE( * ,1960)' '
C
C     FORMATS
C
1900  FORMAT(/1X,'Error in file name.  Try again.')
1910  FORMAT(/1X,' * * *  IGES FILE CONVERSION PROGRAM * * *'/)
1920  FORMAT($,' Enter input file name: ')
1930  FORMAT(A60)
1940  FORMAT($,' Enter output file name: ')
1950  FORMAT(A80)
1960  FORMAT(A)
C
```

```
      END
C**************************************************************************
C
      SUBROUTINE OLDFRM(INFILE,OUTFIL)
C
C     OLD FORM CONVERSION
C
C     PROGRAM ORIGANALLY WRITTEN BY J. M. SPAETH 7-24-84
C                                   GENERAL ELECTRIC CORP. RE. & DEV.
C     RE-WRITTEN BY LEE KLEIN 9-20-84
C                                   GENERAL DYNAMICS CAD/CAM POMONA DIV.
C     REVISED BY ROBERT COLSHER 22 AUG 1986
C                                   IGES DATA  ANALYSIS COMPANY
C
C     PURPOSE:
C              TO CONVERT NEW FORM OF IGES OUTPUT TO OLD FORM...
C
C     VARIABLE DECLARATIONS...
C
      CHARACTER * (*) INFILE,OUTFIL
      CHARACTER * 8   BLNK,INARR(20),NEWARR(20)
      CHARACTER * 80  INLINE
      CHARACTER * 160 OUTARR
      INTEGER          ICNT1,ICNT2,ICNT3,IA,IB,IC
      INTEGER          IJ,IK,IL,IT
C
C     INITIALIZE OUTARR TO BLANKS...
C
      OUTARR(1:160)=' '
C
C     OPEN INPUT AND TEMP FILES...
C
      OPEN(UNIT=1,FILE='FILE1.TMP',STATUS='NEW',CARRIAGECONTROL='LIST')
      OPEN(UNIT=2,FILE='FILE2.TMP',STATUS='NEW',CARRIAGECONTROL='LIST')
      OPEN(UNIT=3,FILE='FILE3.TMP',STATUS='NEW',CARRIAGECONTROL='LIST')
      OPEN(UNIT=4,FILE='FILE4.TMP',STATUS='NEW',CARRIAGECONTROL='LIST')
      OPEN(UNIT=9,FILE=OUTFIL,STATUS='NEW',CARRIAGECONTROL='LIST')
      OPEN(UNIT=10,FILE=INFILE,STATUS='OLD')
C
C     INITIALIZE COUNTERS...
C
      ICNT1 = -1
      ICNT2 = 1
      ICNT3 = 0
C
C     READ THE FILE AND SEPARATE INTO PARTS...
C
```

```
2000 READ(10,2900,END=2090)INLINE
     IF ((INLINE(73:73).EQ.'S').OR.(INLINE(73:73).EQ.'G')) GOTO 2010
     IF (INLINE(73:73).EQ.'T') GOTO 2020
     IF ((INLINE(1:1).EQ.'@').OR.(INLINE(1:1).EQ.'D')) GOTO 2040
C
C    IF IT IS AN C THAN DELETE IT OFF BY READING THE NEXT LINE
C
     IF (INLINE(73:73).EQ.'C') GOTO 2000
C
C    PUT THE PARAMETER DATA  INTO FILE4.TMP...
C
     WRITE(4,2910) (INLINE(1:64),ICNT1,'P',ICNT2)
     ICNT2 = ICNT2 + 1
     GOTO 2000
C
C    WRITE HEADER LINES INTO FILE1.TMP...
C
2010 WRITE(1,2900)INLINE
     GOTO 2000
C
C    WRITE TERMINATION  LINE INTO FILE2.TMP...
C
2020 WRITE(2,2900)INLINE
     GOTO 2000
C
C    WRITE DIRECTORY ENTRY LINES INTO FILE3.TMP...
C
2030 WRITE(3,2920) (OUTARR(1:8),ICNT2,OUTARR(17:80))
     WRITE(3,2900) OUTARR(81:160)
     ICNT1 = ICNT1 + 2
     GOTO 2000
C
C    REWRITE TO DE LINES IN THE NEW FORM...
C
C    GO THRU INLINE ONE CHAR.  AT  A TIME LOOKING FOR THE
C    DELIMETER (@, ,_)...
C
2040 IL = 1
2050 IF (IL.GT.80) GOTO 2000
       IF (INLINE(IL:IL).EQ.';') GOTO 2030
       IF (INLINE(IL:IL).NE.'@') GOTO 2080
C
C    DETERMINE IF THE FIELD IS ONE OR TWO CHARACTERS...
C
         IF (INLINE(IL+2:IL+2).EQ.'_') THEN
           IC=ICHAR(INLINE(IL+1:IL+1))-48
           IL=IL+2
```

```
          ELSE
             IA=ICHAR(INLINE(IL+1:IL+1))-48
             IB=ICHAR(INLINE(IL+2:IL+2))-48
             IC=10*IA+IB
        IL=IL+3
       ENDIF
C
C      AT THIS POINT IC IS THE NUMBER OF THE RECORD FIELD BEING
C      PROCESSED, AND INLINE(IL)=USCORE
C
       IT=0
       IK=0
       IJ=(IC-1)*8+1
C
C      RESET THE FIELD TO BE CHANGED TO ALL BLANKS IN ORDER TO CREATE
C      A COMPLETELY NEW FILED...
C
       OUTARR(IJ:IJ+7)=' '
C
C      WE WILL NOW CONTINUE THRU THE LINE PICKING OFF THE CHAR.
C      OF THE RECORD FIELD ONE AT A TIME UNTIL A DELIMETER IS HIT...
C

2060   IK=IK+1
        IF (INLINE(IL+IK:IL+IK).EQ.'@') GOTO 2070
        IF (INLINE(IL+IK:IL+IK).EQ.' ') THEN
         IF (INLINE(IL+IK+1:IL+IK+1).EQ.' ') GOTO 2070
        ENDIF
        IF (INLINE(IL+IK:IL+IK).EQ.';') GOTO 2070
        IT=IT+1
       IJ=(IC-1)*8+IT
       OUTARR(IJ:IJ)=INLINE(IL+IK:IL+IK)
       IF (IC.EQ.1) THEN
        OUTARR(IJ+80:IJ+80)=INLINE(IL+IK:IL+IK)
       ENDIF
       GOTO 2060
2070   IL=IL+IT
2080   IL = IL + 1
       GOTO 2050
C
C      REWIND ALL FILES BEFORE WE WRITE THEM TO OUTPUT...
C
2090   REWIND 1
       REWIND 2
       REWIND 3
       REWIND 4
C
```

```
C     WRITE START  AND GLOBAL RECORDS TO OUTPUT FILE...
C
2100  READ(1,2900,END=2110) INLINE
      WRITE(9,2900) INLINE
      GOTO 2100
C
C     WRITE THE DE RECORDS TO OUTPUT FILE.   THEY NOW BECOME RE-FORMATTED...
C
2110  READ(3,2930,END=2140) (INARR(I),I=1,10)
      READ(3,2930) (INARR(I),I=11,20)
      DO 2130 IP=1,20
       IF ((IP.NE.9).AND.(IP.NE.18)) GOTO 2120
       NEWARR(IP)=INARR(IP)
       GOTO 2130
C
C     CHANGE THOSE FIELDS THAT  MUST BE RIGHT JUSTIFIED
C
2120  NEWARR(IP)=BLNK(INARR(IP))
2130  CONTINUE
      ICNT3=ICNT3+1
      WRITE(9,2940) ((NEWARR(J),J=1,9),'D',ICNT3)
      ICNT3=ICNT3+1
      WRITE(9,2940) ((NEWARR(J),J=11,19),'D',ICNT3)
      GOTO 2110
C
C     WRITE THE PD LINES TO THE OUTPUT FILE...
C
2140  READ(4,2900,END=2150) INLINE
      WRITE(9,2900) INLINE
      GOTO 2140
C
C     WRITE THE TERMINATE LINES TO THE OUTPUT FILE...
C
2150  READ(2,2900,END=2160) INLINE
      WRITE(9,2900) INLINE
      GOTO 2150
C
C     NOW CLOSE THE FILES AND DELETE THE TEMP ONES...
C
2160  CONTINUE
      CLOSE(UNIT=1,STATUS ='DELETE')
      CLOSE(UNIT=2,STATUS ='DELETE')
      CLOSE(UNIT=3,STATUS ='DELETE')
      CLOSE(UNIT=4,STATUS ='DELETE')
      CLOSE(9)
      CLOSE(10)
      RETURN
```

```
C
C     FORMATS
C
2900  FORMAT(A80)
2910  FORMAT(A64,1I8,1A1,1I7)
2920  FORMAT(A8,I8,A64)
2930  FORMAT(10A8)
2940  FORMAT(9A8,A,I7)
C
      END
C*************************************************************************
C
      CHARACTER*(*) FUNCTION BLNK(BUF)
C
C     START FUNCTION BLNK HERE
C
C     WRITTEN BY P. R. KENNICOTT 9-29-83.
C                                GENERAL ELECTRIC CORP. RE. & DEV.
C     RE-WRITTEN BY LEE KLEIN 9-2-84.
C                                GENERAL DYNAMICS CAD/CAM POMONA DIV.
C     REVISED BY LEE KLEIN 8-7-86
C                                GENERAL DYNAMICS CAD/CAM POMONA DIV.
C     REVISED BY ROBERT COLSHER 22 AUG 1986
C                                IGES DATA ANALYSIS COMPANY
C
C     PURPOSE:
C             TO REMOVE BLANKS FROM END OF A CHARACTER STRING (RIGHT JUSTIFY)
C
C     INPUT:
C           BUF STRING WITH TRAILING BLANKS
C
C     OUTPUT:
C             BLANK STRING WITH TRAILING BLANKS REMOVED
C
C     METHOD:
C             FIND FIRST BLANK, THEN TRANSLATE OUTPUT STRING
C
C     RESTRICTIONS:
C                   1. BUF <= 512 CHARACTERS.
C                   2. LENGTHS OF BUF & BLANK MUST BE =.
C                   3. FIRST CHARACTER MUST NOT BE BLANK OR NO CONVERSION.
C
C
C     VARIABLE DECLARATIONS...
C
      CHARACTER*(*) BUF
      INTEGER I
```

```
      CHARACTER * 512 IBUF
C
C     SET UP COUNTERS...
C
      N=INDEX(BUF(1:),' ')-1
      M=LEN(BUF)
C
C     CHECK FOR SIZE TOO BIG...
C
      IF (M.GT.512) STOP 'Buffer too big at function BLNK'
C     CHECK FOR FIRST CHAR A BLANK...
C
      IF (BUF(1:1).EQ.' '.OR.BUF(M:M).NE.' ') THEN
       BLNK=BUF
       RETURN
      ENDIF
C
C     OK PROCESS STRING...
C
      DO 3000 I=1,N
3000   IBUF(M-I+1:M-I+1)=BUF(N-I+1:N-I+1)
      IBUF(1:M-N)=' '
      BLNK=IBUF
      RETURN
      END

C**********************************************************************
C
      SUBROUTINE NEWFRM(INFILE,OUTFIL)
C
C     START NEW SUBROUTINE HERE
C
C     PROGRAM ORIGANALLY WRITTEN BY J. M. SPAETH 7-24-84
C                                   GENERAL ELECTRIC CORP. RE. & DEV.
C     RE-WRITTEN BY LEE KLEIN 9-20-84
C                                   GENERAL DYNAMICS CAD/CAM POMONA DIV.
C     REVISED BY LEE KLEIN 8-7-86
C                                   GENERAL DYNAMICS CAD/CAM POMONA DIV.
C     REVISED BY ROBERT COLSHER 22 AUG 1986
C                                   IGES DATA ANALYSIS COMPANY
C
C     PURPOSE:
C           TO CONVERT OLD FORM OF IGES OUTPUT TO NEW FORM...
C
C     VARIABLE DECLARATIONS...
C
      INTEGER PDRCD
```

```
      CHARACTER * 80 INLINE
      CHARACTER * (*) INFILE,OUTFIL
C
C     OPEN THE INPUT AND TEMP FILES...
C
      OPEN(UNIT=10,FILE=INFILE,STATUS='OLD')
      OPEN(UNIT=1,FILE='TEST.TMP',STATUS='NEW',CARRIAGECONTROL='LIST')
      OPEN(UNIT=2,FILE='FILE2.TMP',STATUS='NEW',RECL=80,
     +      ACCESS='DIRECT',FORM='FORMATTED')
      OPEN(UNIT=3,FILE='FILE3.TMP',STATUS='NEW')
      OPEN(UNIT=7,FILE='FILE5.TMP',STATUS='NEW')
C
C     WRITE THE HEADER WITH A "C" TO SHOW COMPRESSED ASCII FORM...
C
      WRITE(1,4900)'C',1
C
C     SEPERATE THE PD AND DE RECORDS, WHILE WRITING G,S, &T LINES
C     TO THE OUTPUT FILE...
C
4000  READ(10,4910,END=4040) INLINE
      IF (INLINE(73:73).EQ.'D') GOTO 4010
      IF (INLINE(73:73).EQ.'P') GOTO 4020
      IF (INLINE(73:73).EQ.'T') GOTO 4030
C
C     WRITE HEADER LINES INTO A TEST.TMP...
C
      WRITE (1,4910) INLINE
      GOTO 4000
C
C     WRITE DIRECTORY LINES INTO FILE3.TMP...
C
4010  WRITE (3,4910) INLINE
      GOTO 4000
C
C     WRITE PARAMETER DATA INTO FILE2.TMP...
C
4020  READ (INLINE(74:80),4920) PDRCD
      WRITE (2,REC=PDRCD,FMT=4910) INLINE
      GOTO 4000
C
C     WRITE TERMINATE RECORD INTO FILE5.TMP...
C
4030  WRITE (7,4910) INLINE

4040  CALL XPD
      REWIND 7
```

```
4050 READ(7,4910,END=4060) INLINE
     WRITE (1,4910) INLINE
     GOTO 4050
4060 CALL CMPRES(OUTFIL)
C
C    CLOSE FILES AND DELETE TEMP ONES...
C
C
     CLOSE(UNIT=1,STATUS='DELETE')
     CLOSE(UNIT=2,STATUS='DELETE')
     CLOSE(UNIT=3,STATUS='DELETE')
     CLOSE(UNIT=4)
     CLOSE(UNIT=7,STATUS='DELETE')
     CLOSE(UNIT=10)
     RETURN
C
C    FORMATS
C
4900 FORMAT(72X,A,I7)
4910 FORMAT(A80)
4920 FORMAT(I7)
C
     END
C************************************************************************
C
     SUBROUTINE XPD
C
C    PROGRAM ORIGINALLY WRITTEN BY J. M. SPAETH 7-24-84
C                                   GENERAL ELECTRIC CORP. RE. & DEV.
C    REVISED BY LEE KLEIN 8-7-86
C                                   GENERAL DYNAMICS CAD/CAM POMONA DIV.
C    REVISED BY ROBERT COLSHER 22 AUG 1986
C                                   IGES DATA ANALYSIS COMPANY
C
C    PURPOSE:
C            TO TRANSFER ALL PD & DE RECORDS FORM TEMPORY FILES TO
C            OUTPUT FILE IN MERGED FORM...
C
C    VARIABLE DECLARATIONS...
C
     CHARACTER * 1      SCOLN/';'/
     CHARACTER * 8      BLNK,LSTDAT(20),NEWDAT(20),NUDAT
     CHARACTER * 80     PDLINE,DELIN1,DELIN2
     CHARACTER * 160    NEWDE
     INTEGER            LFLD(20),FLDNUM,FLDBEG,FLDEND
     INTEGER            CHRPTR,NEWPTR,PDPTR,PDCNT
C
```

```
C     REWIND THE FILES...
C
      REWIND 3
C
C     INITIALIZE LAST DATA SO AS NOT TO EQUAL NEXT DATA...
C
      DO 5000 FLDNUM=1,20
      LSTDAT(FLDNUM) = 'XXXXXXXX'
5000  CONTINUE
C
C     GET NEW DE RECORD
C
5010  READ(3,5900,END=5100) DELIN1
      READ(3,5900) DELIN2
      READ(DELIN1(9:16),5910) PDPTR
      READ(DELIN2(25:32),5910) PDCNT
      DELIN1(73:73)=' '
      DELIN2(73:73)=' '
C
C     CLEAR OUT THE DE RECORD BUFFER...
C
      NEWDE(1:160) = ' '
C
C     GET THE DATA FROM EACH FIELD OF THE DE RECORD SET...
C
      FLDBEG = -7
      FLDEND = 0
      DO 5020 FLDNUM=1,10
       FLDBEG=FLDBEG + 8
       FLDEND=FLDEND + 8
       READ(DELIN1(FLDBEG:FLDEND),5920) NEWDAT(FLDNUM)
       READ(DELIN2(FLDBEG:FLDEND),5920) NEWDAT(FLDNUM+10)
5020  CONTINUE
C
C     FIELD 9 MUST BE ZERO FILLED
C
      DO 5030 I = 1,8
      IF (NEWDAT(9)(I:I).EQ.' ')NEWDAT(9)(I:I) = '0'
5030  CONTINUE
C
C     FIELD 18 MUST BE RIGHT JUSTIFIED...
C
      NEWDAT(18)=BLNK(NEWDAT(18))
C
C     DETERMINE THE LENGTH OF THE DATA WITHIN EACH FIELD
C
      DO 5050 FLDNUM=1,20
```

```
      DO 5040 I=1,8
       IF (NEWDAT(FLDNUM)(I:I).NE.' ') THEN
        LFLD(FLDNUM)= 9 - I
        GOTO 5050
       ENDIF
5040  CONTINUE
5050 CONTINUE
C
C    WRITE THE DE SEQUENCE NUMBER AT THE BEGINNING OF THE OUTPUT DE RECORD
C
     NUDAT=NEWDAT(10)
     ENCODE(LFLD(10)+1,5930,NEWDE(1:LFLD(10)+1)) NUDAT(9-LFLD(10):8)
     CHRPTR = LFLD(10) + 2
C
C    SEARCH NEW DE RECORD SET FOR CHANGED DATA; WHEN FOUND WRITE CHANGED
C    DATA TO OUTPUT DE RECORD...
C
     DO 5060 FLDNUM=1,20
C
C    SKIP FIELDS THAT NO LONGER NEED PROCESSING...
C
      IF ((FLDNUM.EQ. 2).OR.
     +     (FLDNUM.EQ.10).OR.
     +     (FLDNUM.EQ.11).OR.
     +     (FLDNUM.EQ.20)) GOTO 5060
     IF (NEWDAT(FLDNUM).NE.LSTDAT(FLDNUM)) THEN
      IF (FLDNUM.GT.9) THEN
       ENCODE(4,5940,NEWDE(CHRPTR:CHRPTR+3)) FLDNUM
       CHRPTR=CHRPTR+4
      ELSE
       ENCODE(3,5950,NEWDE(CHRPTR:CHRPTR+2)) FLDNUM
       CHRPTR=CHRPTR+3
      ENDIF
      IF (LFLD(FLDNUM).NE.0) THEN
       IF (FLDNUM.NE.9) THEN
        READ(NEWDAT(FLDNUM)(9-LFLD(FLDNUM):8),5960)
     +          NEWDE(CHRPTR:CHRPTR-1+LFLD(FLDNUM))
        CHRPTR=CHRPTR+LFLD(FLDNUM)
       ELSE
C
C    FIELD 9 IS A SPECIAL CASE...
C
         READ(NEWDAT(9)(1:8),5960) NEWDE(CHRPTR:CHRPTR+7)
         CHRPTR=CHRPTR+8
        ENDIF
       ENDIF
      ENDIF
```

```
C
C     STORE DATA FROM CURRENT DE RECORD SET TO COMPARE WITH NEXT SET
C
       LSTDAT(FLDNUM)=NEWDAT(FLDNUM)
5060  CONTINUE
      NEWDE(CHRPTR:CHRPTR) = SCOLN
C
C     IF OUTPUT DE RECORD > 80 CHAR'S, WRITE 2 LINES...
C
      IF (CHRPTR.GT.80) THEN
       DO 5070 I=1,11
        IF (NEWDE(82-I:82-I).EQ.'@') GOTO 5080
5070   CONTINUE
5080   WRITE(1,5970)NEWDE(1:81-I)
       NEWDE(1:80)=NEWDE(82-I:161-I)
      ENDIF
      WRITE(1,5900) NEWDE(1:80)
C
C     ERASE UNNECESSARY DATA FROM PD RECORD AND WRITE TO OUTPUT FILE;
C
      DO 5090 IL=1,PDCNT
      READ (2,5900,REC=PDPTR) PDLINE
      PDPTR = PDPTR+1
      PDLINE(65:80) = ' '
      WRITE(1,5900) PDLINE
5090  PDLINE(1:80) = ' '
C
C     END OF LOOP GET NEXT DE RECORD...
C
      GOTO 5010
5100  CONTINUE
      RETURN
C
C     FORMATS
C
5900  FORMAT(A80)
5910  FORMAT(I8)
5920  FORMAT(A8)
5930  FORMAT ('D',A)
5940  FORMAT('@',I2,'_')
5950  FORMAT('@',I1,'_')
5960  FORMAT(A)
5970  FORMAT(A<81-I>)
C
      END

C*************************************************************************
C
      SUBROUTINE CMPRES(OUTFIL)
```

```
C
C     START OF SUBROUTINE
C
C     PROGRAM ORIGINALLY WRITTEN BY J. M. SPAETH 7-24-84
C                                      GENERAL ELECTRIC CORP. RE. & DEV.
C     REVISED BY LEE KLEIN 8-7-86
C                                      GENERAL DYNAMICS CAD/CAM POMONA DIV.
C     REVISED BY ROBERT COLSHER 22 AUG 1986
C                                      IGES DATA ANALYSIS COMPANY
C
C     PURPOSE:
C              TO CLEAR AWAY ALL TRAILING BLANKS FROM THE OUTPUT FILE
C
C     VARIABLE DECLARATIONS...
C
      CHARACTER * 80 TEXT
      CHARACTER * (*) OUTFIL
      INTEGER         LENGTH
C
C     REWIND THE INPUT FILE AND OPEN THE OUTPUT FILE
      REWIND 1
      OPEN (UNIT=4,NAME=OUTFIL,STATUS='NEW',CARRIAGECONTROL='LIST',
      +          ERR=6000)
      GOTO 6010
C
C     GETS HERE IF THERE IS AN ERROR IN THE OUTPUT FILE NAME...
C
6000  WRITE(*,6900)'Error in OUTPUT file name.  Output written to file',
      +      ' IGES.OUT'
      OPEN (UNIT=4,NAME='IGES.OUT',STATUS='NEW',CARRIAGECONTROL='LIST')
C
C     READ RECORD LINES INTO BUFFER ONE AT A TIME...
C
6010  READ(1,6910,END=6999) TEXT
      LENGTH = 80
C
C     GO THRU EACH LINE DELETING TRAILING BLANKS
C
6020  IF (TEXT(LENGTH:LENGTH).NE.' ') GOTO 6030
      LENGTH=LENGTH-1
      IF (LENGTH.GT.1) GOTO 6020
C
C     WRITE PROCESSED LINES TO THE OUTPUT FILE
C
6030  WRITE(4,6920) TEXT(1:LENGTH)
C
      GOTO 6010
C
6999  CONTINUE
      RETURN
```

```
C
C     FORMATS
C
6900  FORMAT(1X,A,A)
6910  FORMAT(A80)
6920  FORMAT(A<LENGTH>)
C
      END
```

附　录　F
（资料性附录）
废除的实体

F.1　通则

补充的新实体和格式极大地增加了转换特定数据结构的能力，给出的新实体和格式否定了本标准以前版本的其他实体和格式。与本标准版本一致的文件将不包括否定了或废除了的结构、格式和实体。为了便于对以前版本创建文件的解释，列出了这些实体和格式的参数表。新实体或格式与以前版本的实体和格式对照如下：

废除实体/格式		合法实体/格式	
402/2	外部逻辑引用文件索引	402/12	外部引用文件索引
402/6	视图列表	402/3	可见视图
402/8	信号串	402/18	流
402/10	正文节点	312	正文显示模板
402/11	连接节点	132	连接点
406/4	区域填充特性	230	剖面
406/19	线型特性	304/3	线型定义

另外，否定了圆锥曲线实体（类型 104）的格式 0，废除了通用注释实体 FC0（类型 212），并且否定了使用单父相关性（类型 402，格式 9）在有界平面区域上创建孔。

F.2　废除通用注释 FC 0

FC 0 给通用注释实体（类型 212）规定了一个废除符号字体，并禁止使用。它在这里列出（见图 F.1）是为了参照处理与规范 1.0 版一致的文件。

0	⧗	20		40	@	60	`
1	÷	21	!	41	A	61	∠
2	⩽	22	"	42	B	62	⌭
3	⩾	23	#	43	C	63	▱
4	△	24	$	44	D	64	⌓
5	√	25	%	45	E	65	○
6	×	26	&	46	F	66	//
7	≡	27	'	47	G	67	⌰
8	≠	28	(	48	H	68	↗
9	∫	29	)	49	I	69	⌯
A	⊃	2A	*	4A	J	6A	⌖
B	∨	2B	+	4B	K	6B	⌒
C	∧	2C	,	4C	L	6C	⊥
D	≈	2D	-	4D	M	6D	Ⓜ
E	Σ	2E	.	4E	N	6E	∅
F	↑	2F	/	4F	O	6F	○
10	↓	30	0	50	P	70	Ⓟ
11	→	31	1	51	Q	71	℄
12	←	32	2	52	R	72	◎
13	ϕ	33	3	53	S	73	Ⓢ
14	θ	34	4	54	T	74	⌴
15	γ	35	5	55	U	75	⏀
16	ψ	36	6	56	V	76	⟁
17	ω	37	7	57	W	77	⟐
18	λ	38	8	58	X	78	⍋
19	α	39	9	59	Y	79	⧖
1A	δ	3A	:	5A	Z	7A	Y
1B	μ	3B	;	5B	[	7B	{
1C	π	3C	<	5C	\	7C	|
1D	—	3D	=	5D	]	7D	}
1E	±	3E	>	5E	ˆ	7E	~
1F	°	3F	?	5F	_	7F	Z

图 F.1　FC0 规定的废除通用注释字体

F.3　废除使用单父相关性

单父相关性的使用被否定。它的功能作用现在是使用剪裁(参数)曲面实体(类型 144)或有界曲面实体(类型 143)实现的。

本版本废除了以前版本中出现的以下规范描述。

固定平面的有界部分减去那个平面的一些部分的情况是通过使用单父相关性(类型 402,格式 9)表达的。外部封闭曲线定义为父有界平面,每个内部封闭曲线定义为子有界平面,以便被父平面减去。这些平面(父与子)中的每一个在文件中都是单个的平面实体,并且有一个指向相关性结构的反向指针。子平面实体将有一个 01(实际依赖的)附属实体开关类。

F.4 外部逻辑引用文件索引(类型 402,格式 2)

文件中出现的 **External Logical Reference File Index Entity (外部逻辑引用文件索引实体)**包括引用其他文件,它包括引用文件使用的符号名列表和指向引用文件中相应定义的 DE 指针。详见 6.6.4 和外部引用实体(类型 416)。

a) 定义

索引	设定值	含　义
1	1	一类(外部引用实体)
2	2	不需要反向指针
3	2	类中条目的无序表
4	2	条目中的项数
5	2	第一项是值(外部引用实体符号名)
6	1	第二项是指针(内部实体 DE 指针)

b) 描述

1) 目录条目

实体类型号:402

格式号:2

2) 参数数据

索　引	名　称	类　型	描　述
1	N	整型	索引条目数
2	NAME1	字符串	第一个外部引用实体符号名
3	PTR1	指针	指向第一个内部实体的 DE 指针
⋮	⋮	⋮	
2 * N	NAMEN	字符串	上一个外部引用实体符号名
1+2 * N	RTR	指针	指向上一个内部实体的 DE 指针

按需要附加的指针(见 5.2.4.5.2)。

F.5 视图列表相关性(类型 402,格式 6)

View List Associativity (视图列表相关性)有两类。第一类仅有一个条目,它是指向特定视图的目录条目的指针;第二类是实体表(指向他们各自的目录条目),在 1 类中的视图引用内是可见的,这两类中都需要反向指针。视图以及视图中所有可见的实体必须有指向视图表相关性实例的指针。

a) 定义

索引	设定值	含　义
1	2	两类
	1 类(视图)	
2	1	需要反向指针
3	2	无序
4	1	条目中的项数;或每个条目一项
5	1	指向视图目录条目的指针
	2 类(实体)	
6	1	需要反向指针
7	2	无序
8	1	每个条目一项
9	1	指向视图中可见实体目录条目的指针

b)　描述

1)　目录条目

实体类型号:　402

格式号:　6

2)　参数数据

索引	名称	类型	描　述
1	1	整型	第一类中的单个条目
2	N1	整型	第二类中的实体数
3	DEV	指针	指向视图实体 DE 的指针
4	DE1	指针	指向参数 3 中规定的视图中第一个可见实体 DE 的指针
⋮	⋮	⋮	
3+N1	DEN1	指针	指向最后一个可见实体的 DE 的指针

按需要附加的指针(见 5.2.4.5.2)。

F.6　信号串相关性(类型 402,格式 8)

信号串相关性有四类,用于表示单独信号串。1 类按顺序给出应保留的所有信号名;2 类收集串中的一组连接节点并可认为 2 类是信号指定连接;3 类把信号串与原理图上的一组几何实体相关联;4 类把与实现板或芯片有关的信号串与原理图相关联。

几何实体可能是 2 类、3 类的成员,它包括组合曲线实体(类型 102),数据决实体(类型 106,格式 11 或 12)或复合曲线实体成员的任何实体。

a)　定义

索引	设定值	含　义
1	4	四类
	1 类(信号名)	
2	2	不需要反向指针

索引	设定值	含 义
3	1	有序的
4	1	每个条目一项
5	2	该项是值
	2 类(连接)	
6	1	需要反向指针
7	2	无序
8	1	每个条目一项
9	1	指向连接节点的指针
	3 类(原理图)	
10	1	需要反向指针
11	1	有序的
12	1	每个条目一项
13	1	指向几何的指针
	4 类(实际布置)	
14	1	需要反向指针
15	1	有序的
16	1	每个条目一项
17	1	指向几何的指针

b) 描述

1) 目录条目

实体类型号:402

格式号:8

2) 参数数据

索引	名 称	类 型	描 述
1	NS	整型	信号名数目
2	N1	整型	连接节点数
3	N2	整型	原理信号串中的实体数
4	N3	整型	实际信号串中的实体数
5	SIG1	字符串	信号名
⋮	⋮	⋮	
4+NS	SIGN	字符串	信号名
5+NS	PC1	指针	指向第一个连接节点实体 DE 的指针
⋮	⋮	⋮	
4+NS+N1	PCN1	指针	指向最后连接节点实体 DE 的指针
5+NS+N1	PS1	指针	指向原理图逻辑信号串中的第一个实体的 DE 指针

索引	名称	类型	描　述
⋮	⋮	⋮	
4＋NS＋N1＋N2	PSN2	指针	指向原理逻辑信号串中的最后一个实体的 DE 指针
5＋NS＋N1＋N2	PP1	指针	指向实际信号串中的第一个实体的 DE 指针
⋮	⋮	⋮	
4＋NS＋N1＋N2＋N3	PSN3	指针	指向实际信号串中的最后一个实体的 DE 指针

按需要附加的指针(见 5.2.4.5.2)。

F.7　正文节点相关性(类型 402,格式 10)

正文节点的目的是为将来的附加正文起模板的作用。当正文节点实例化作为子图定义部分时,正文节点定义为相关性和允许引用正文节点自身的复合实例。

按照复合实例实体的通用规则,目录条目域 9 中数字 5～6 位具有值 04,1 类包括指向表示点原始位置的指针,当有复合实例时,随后是指向复合实例的指针。

2 类包括与正文模板定义有关的通用注释参数,它与正文本身正好相反。总之,除正文串外,它包括所有参数。当作为指向点表示正文节点几何位置的指针时,由于位置指针包括在 1 类中,所以在 2 类中的位置被省略。

正文节点实例包括这个相关性。点指示实例的位置,并且一个或多个通用注释通过几何实体的正文指针附加到节点。如果通用注释中的参数是空的,相关性 2 类中的同一参数值取缺省;非空时参数值取代缺省。在来自子图的复合实例情况中,通用注释表示正文将附加到实例点(1 类中的指针 2,3,…)。

作为正文类型实体,在每个实体中可通过每个实体域中的反向指针或正文指针指向正文节点。

注意相关性定义参数 11 有一个例外值(字体特征)。值 3 意味着既可以是指针又可以是数据项,正值指数据项,负值的绝对值为指针地址。

a)　定义

索引	设定值	含　义
1	2	两类
	1 类(几何指针)	
2	1	需要反向指针
3	1	有序的
4	1	每个条目一项
5	1	该项是指向点实体的指针
	2 类(正文描述)	
6	2	不需要反向指针
7	1	有序的
8	7	每个条目七项
9	2	正文框宽

索引	设定值	含　　义
10	2	正文框高
11	3	字体码特征
12	2	斜角
13	2	旋转角
14	2	镜像标记
15	2	旋转内部正文标记

b)　描述

1)　目录条目

实体类型号:402

格式号:10

2)　参数数据

索 引	名 称	类 型	描　　述
1	NP	整型	几何指针数
2	NTD	整型	正文描述数(NTD=1)
3	GP1	指针	指向点实体 DE 的指针(原始位置)
4	GP2	指针	指向实例点实体 DE 的指针(第一个实例)
⋮	⋮	⋮	
NP+2	GPNP	指针	指向实例点实体 DE 的指针(NP−1 个实例)
NP+3	WT	实型	正文框宽
NP+4	HT	实型	
NP+5	FC	整型	字体码字符(缺省=1)或指针
NP+6	SL	实型	弧度单位的正文斜角。缺省值是 π/2,指无斜角
NP+7	A	实型	弧度单位的正文旋转角
NP+8	M	整型	镜像标记(0＝无镜像,1＝YT 镜像轴,2＝XT 镜像轴)
NP+9	VH	整型	旋转内部正文标记(0＝水平正文,1＝垂直正文)

按需要附加的指针(见 5.2.4.5.2)。

F.8　连接节点相关性(类型 402,格式 11)

连接节点的目的是实现一个或多个实体间的逻辑连接。在电气情况,逻辑连接意味着电连接,但连接节点也适用于其他应用,如管道。

连接节点定义为第二类,即无定义的二类相关性。

与复合实例实体的通用规则一致,目录条目域 9 的数字 5～6 位值为 04,1 类包括指向几何表示连接节点的原始位置的指针。如果复合实例存在,随后是指向复合实例的指针。每个几何实体都是点实体。在单实例连接节点情况,点表示连接节点的位置;在复合实例连接节点情况(如子图定义中的连接节点),类中的第一个点表示定义位置(在子图定义中),其他点表示连接节点实例位置。

第二类是为了描述连接节点的特性，如物理连接约定；在将来需求更加成熟时，定义将扩展。

连接节点的名称可在它的实体标记中找到。如名称长度大于8个字符，实体标记为空格，并且在名称特性中找到的名称附加到实体中。在复合实例连接节点情况，通过同样的方法分开的名称可附加到实例点。

a） 定义

索 引	设 定 值	含 义
1	2	两类
	1类（几何指针）	
2	1	需要反向指针
4	1	每个条目一项
5	1	指针（指向点实体）
	2类（连接实体）	
6	2	不需要反向指针
7	2	无序类
8	1	每个条目一项
9	2	该项是值

b） 描述

1） 目录条目

实体类型号：402

格式号：11

2） 参数数据

索 引	名 称	类 型	描 述
1	NC	整型	指向点的指针数
2	NP	整型	第二类中的条目数
3	PT1	指针	指向定义点实体（原始位置）DE 的指针
4	PT2	指针	指向实例点实体（第一个实例）DE 的指针
NC+2	PTNC	指针	指向最后一个实例点实体（NC－1个实例）的 DE 的指针
NC+3	DT1	数据	第一个数据条目
⋮	⋮	⋮	
NC+NP+2	DTNP	数据	上一个数据条目

按需要附加的指针（见5.2.4.5.2）。

F.9 区域填充特性（类型406，格式4）

本特性协助定义任何封闭区域的功能值，它把该区域划分为填充状态。这个特性用于标识region-defining（区域-定义）实体，并将其定义为功能区域（或区域间隙）或其他用途，区域的实际功能可能决定层的连接或子图隶属关系。

a） 描述

1） 目录条目

实体类型号：406

格式号：4

2） 参数数据

索　引	名　称	类　型	描　述
1	NP	整型	特性值的数目(NP=2)
2	FC	整型	填充号 0=实体填充 1=未填充(如实体填充间的结合面曲线) 2=网格填充 填充码=2用途表示有一个关联性把填充网格描述与填充区链接。使用关联性允许废除方法的实现。建议网格填充方法使用类型230剖面区域实体
3	O	指针	废弃 注意：本参数的以前错误实现是作为网格填充剖面实体填充线性段DE的指针。以前的实现用非零值表示

按需要附加的指针(见5.2.4.5.2)。

F.10 线型特性(类型406，格式19)‡

‡ **Line Font Property Entity**(线型特性实体)未被测试过(参见4.8)。

这个特性，从预定义列表而不是从字典条目域4(不是缺省的线型样式就是使用线型定义实体(类型304)定义重复样式)，指定了线型样式。线型样式代码清单参见表32；线型样式的图示可参见图119。

不要刻意保留准确的视觉等价。接受系统将使用基于样式代码的相似的但不必等同的样式，目的是要保留代码隐含功能。如果接受系统没有相似的样式，后置处理器将使用指向这个特性的实体DE4域中指定的样式。

a） 目录条目

编号和名字	值
(1) 实体类型号	406
(3) 结构	< n.a. >
(4) 线型模式	< n.a. >
(5) 层	#，⇒
(6) 视图	< n.a. >
(7) 变换矩阵	< n.a. >
(8) 标号显示	< n.a. >
(9a) 空白状态	**
(9b) 次级 实体 开关	??
(9c) 实体用途标记	**
(9d) 层次结构	**
(12) 线宽	< n.a. >
(13) 颜色号	< n.a. >
(15) 格式号	19

注：如果该特性是从属的，其层将被忽略(参见7.98和4.5.1)。

b） 参数数据

索 引	名 称	类 型	描 述
1	NP	整型	特性值的数目（NP=1）
2	LFPC	整型	线型样式代码（见图 119）

按需要附加的指针（见 5.2.4.5.2）。

附 录 G
（资料性附录）
由透视投影转换成平行投影

对于仅支持平行投影的CAD系统，推荐使用视图参考点、视图正上方矢量和视图平面法矢来构造相应的视图变换矩阵。构造合适的变换矩阵过程如下：

(1) 通过平移使视点变为原点；

(2) 通过旋转使视图法矢变为正向 Z 轴；

(3) 通过旋转使视图正上方矢量在视图平面上的投影变为正向 Y 轴。

平移视点到原点的 4×4 变换矩阵：

$$T=\begin{bmatrix}1 & 0 & 0 & 0\\ 0 & 1 & 0 & 0\\ 0 & 0 & 1 & 0\\ -VRPx & -VRPy & -VRPz & 1\end{bmatrix}$$

将视图平面法矢变为正 Z 轴并将视图正上方矢量投影变为正 Y 轴的旋转矩阵可以构造如下。设视图平面单位法矢为：

$$T_z=\frac{VPN}{\|VPN\|}=Z'$$

视图正上方与视图平面法矢叉乘为：

$$T_z=\frac{VUP\times VPN}{\|VUP\times VPN\|}=X'$$

Z'与 X'叉乘为：

$$r_y=r_z\times r_x=Y'$$

则用于构造视图坐标系的导出旋转矩阵是：

$$R=\begin{bmatrix}T_{1x} & T_{1y} & T_{1z} & 0\\ T_{2x} & T_{2y} & T_{2z} & 0\\ T_{3x} & T_{3y} & T_{3z} & 0\\ 0 & 0 & 0 & 0\end{bmatrix}$$

最终的变换矩阵通过平移矩阵与旋转矩阵相乘得到。这就是，从原始轴测投影参数产生平行视图的最终变换矩阵是：

$$T\times R$$

附 录 H
（资料性附录）
不推荐使用的二进制格式

在5.2和5.3中定义的格式，共称为ASCII格式，它具有面向字符的记录行。本附录描述一种不推荐使用的以二进制位表示数据流的方法，作为ASCII格式的一种替代。包括ASCII字符在内的数据，以8个二进制位组成字节。

这些数据可被认为"透明的"，以位流形式通过用户选择的通讯协议是可传递的。除此之外，所有实体参数化和数据组织都等同于ASCII格式。

H.1 常数

以下常数需在二进制格式中表示：

- 整数；
- 实数；
- 串常数；
- 指针；
- 语言常数。

在每个值或同一类值集合之前设一控制字节，除非另有规定。控制字节规定随后的值或同一类值集合的格式、随后使用该格式值的数量以及跟随控制字节之后的初始值是否有其他不同值。如果控制字节表明跟随集合初始值后不存在其他值，则随后规定数目的值都假设等同于控制字节后的初始值。

控制字节的重复部分是无符号的并且偏置了1，即重复域指示的真正数目是比无符号值大1。

控制字节格式如图H.1所示。

H.1.1 整数

整数的结构是一位符号位，后跟长度为$I-1$的二进制补码整数，如图H.2所示。

整数数据的长度I，可由生成文件的系统作出两种选择。

单精度数据长度是I_s，双精度数据长度是I_d，定义见H.2.1。

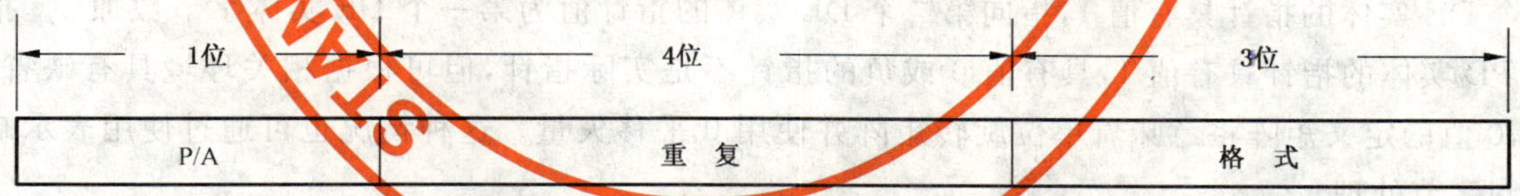

图 H.1 二进制格式中使用的控制字节格式

P/A＝0 如果重复值集合只有第一个值是实际存在的。

＝1 如果所有期望值是实际存在的。

重复＝控制字节适用的(随后值的数目－1)。

格式＝0 如果使用缺省值；

＝1 如果是单长整数；

＝2 如果是双长整数；

＝3 如果是单精度浮点；

＝4 如果是双精度浮点；

＝5 如果是指针；

＝6 如果是正文串。

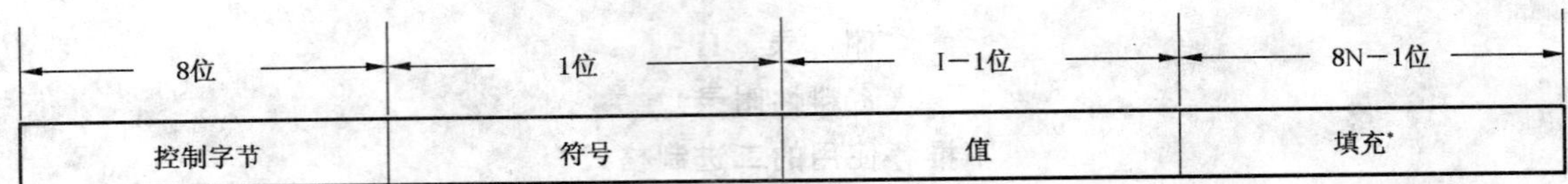

* 如果整数的长度 I 不是 8 位的倍数，则在 PAD 填充域补足 1 至 7 位的零。

图 H.2　二进制格式中整数的格式

H.1.2　实数

实数结构是符号位后跟着 NX 位的偏离指数值，指数值为 2 的幂，再随后是 NF 位的二进制分数部分（NX 和 NF 定义在 H.2.1）。数字的值是符号加上分数部分乘 2 的指定。符号域占 1 位。符号位 0 表示正数，符号位 1 表示负数。指数域占 NX 位并可理解为无符号整数 BX，即经偏置处理过。指数的非偏离值 X 要扣除偏离值：$B = 2**(NX-1)$

分数域占 NF 位，可理解为单位化的分数部分 F 的低阶位，F 实际上占（$NF+1$）位。分数位于 0.5（包括 0.5）和 1（不包括 1）之间。由于多数单位化分数的有效位是 1，它不显式地表示。

带有非 0 偏离指数的数具有值：

$$(-1)^{\mathrm{SIGN}} * 2^{(\mathrm{BX-B})} * F$$

实数结构如图 H.3 所示。

实数数据长度可通过规定每个指数（NX）长度和每个分数部分（NF）长度选择。

H.1.3　串常数

跟随控制位是长度为 I_s 的字符数，定义在 H.2.1 中。当字符数超过 I_s 证书的长度范围时，串被分为子串。为了表示当前串后的其他子串，使用了负字符数。子串中的字符数是负字符数的绝对值，正字符计数表示该子串是最后一个子串。

串长度结构如图 H.4 所示。

H.1.4　指针

指针结构是一个 32 位整数。指针表示它指向的 DE 实体或 PD 实体字节数的相对字节位置。指向第一个 DE 实体的指针具有值 1，指向第二个 DE 实体的指针值为第一个 DE 实体字节数加 1。指向第一个 PD 实体的指针具有值 1，具有值 0 或负的指针不是实际指针，但可根据相关环境具有缺省含义。例如，0 值的定义矩阵将意味着单位旋转矩阵并使用 0 平移矢量。这种情况也可通过使用表示缺省值的控制字节处理。

H.1.5　语言常数

Language Constants.（语言常数）是宏定义实体的串常数，在 ASCII 格式中变量前没有 nH 并使用记录分界符结束。在二进制格式中，语言常数格式等同于串常数。每个语言常数（宏语句）将是单个的串常数。

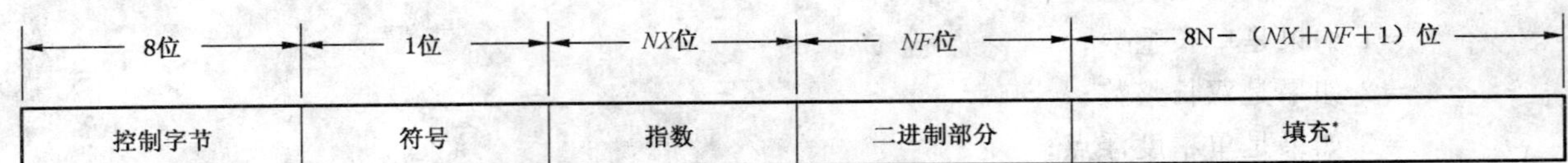

* 如果浮点数长度 $NX+NF+1$ 不是 8 位的倍数，PAD 才有 1 至 7 位 0 填充。

图 H.3　二进制格式中实数的格式

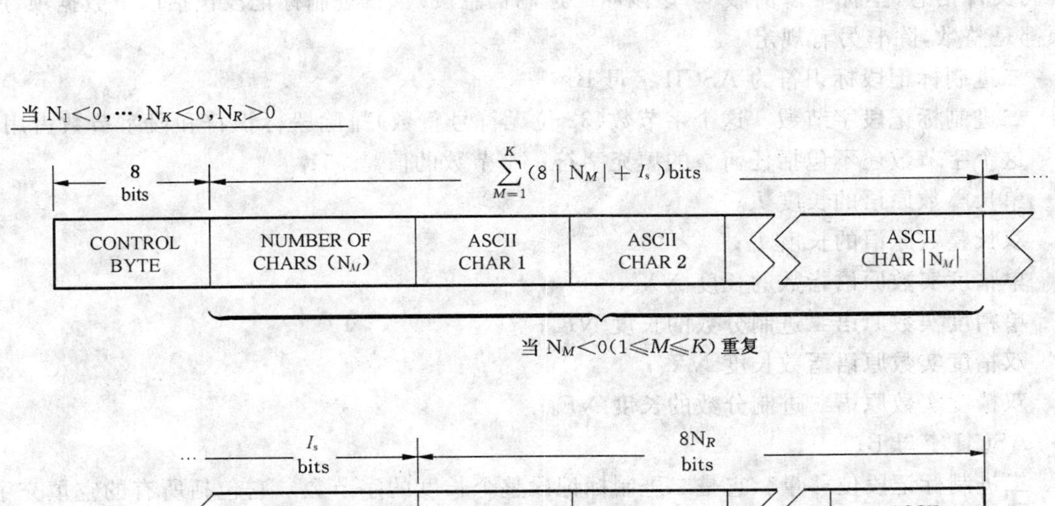

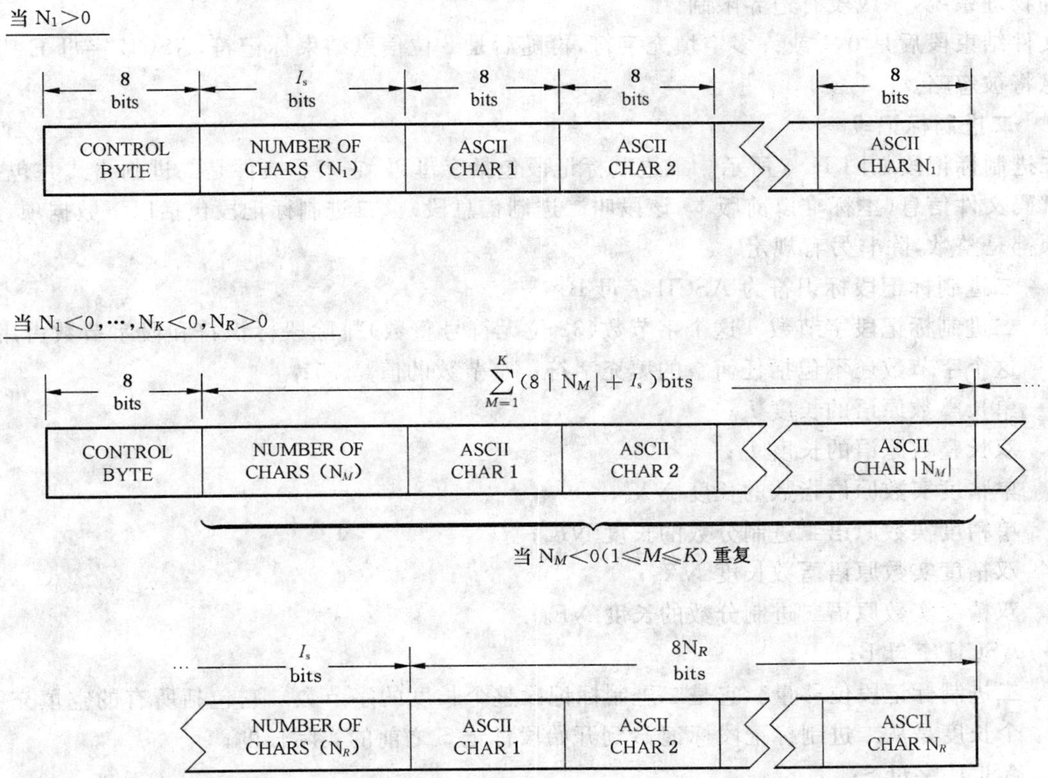

图 H.4 二进制格式中串常数的结构

H.2 文件结构

通用文件结构如图 H.5 所示并包括下列 6 部分：

- 二进制标记段；
- 开始段；
- 全局段；
- 目录条目段；
- 参数数据段；
- 结束段。

二进制标记段	BINARY FLAG SECTION
开始段	START SECTION
全局段	GLOBAL SECTION
目录条目段	DIRECTORY ENTRY SECTION
参数数据段	PARAMETER DATA SECTION
结束段	TERMINATE SECTION

图 H.5 二进制格式中的通用文件结构

每段后是 0,1 或许多 8 位空填充字符,这些字符不属于段并无含义。它们的存在是为了适应创建文件的物理系统,字或段有边界限制。

文件结束段后是 0,1 或许多空填充字符,再随后是 8 位信息结束标记符,ASCII 字母 E。E 后的任何信息将被忽略。

H.2.1 二进制标记段

二进制标记段如图 H.6 所示。二进制标记段包括字母码,它表示文件是二进制格式并包括必须的后置解码文件信息(本标准以前版本,该段叫二进制信息段)。二进制标记段包括以下数据项,所有这些数据项都是整数,除非另有规定。

- 二进制标记段标识符为 ASCII 字母 B;
- 二进制标记段字节数。这个字节数(32 位无符号整数)排除段标识符和段字节数占用的 5 位;这个字节数还不包括任何空的填充字符。字节数的值是 75;
- 单长整数原语的长度 I_s;
- 双长整数原语的长度 I_d;
- 单精度实数原语指数的长度 NX_s;
- 单精度实数原语二进制分数的长度 NF_s;
- 双精度实数原语指数长度 NX_d;
- 双精度实数原语二进制分数的长度 NF_d;
- ASCII 字母 B;
- 二进制标记段位移量。它是二进制标记段整个长度的字节数。它包括所有的空填充字符。这个长度是从二进制标记段标记 B 到开始段标记 S 之前的实际长度;
- ASCII 字母 S;
- 开始段位移量。它是开始段整个长度的字节数。它包括所有的控制字节和空填充字符。这个长度是从开始段标记 S 到全局段标记 G 之前的实际长度;
- ASCII 字母 G;
- 全局段位移量。它是全局段整个长度的字节数。它包括所有的控制字节和空填充字符。这个长度是从全局段标记 G 到目录条目段标记 D 之前的实际长度;
- ASCII 字母 D;
- 目录条目段位移量。它是目录条目段整个长度的字节数。它包括所有的控制字节和空填充字符。这个长度是从目录条目段标记 D 到参数数据段标记 P 之前的实际长度;
- ASCII 字母 P;
- 参数数据段位移量。它是参数数据段整个长度的字节数。它包括所有的控制字节和空填充字符。这个长度是从参数数据段标记 P 到结束段标记 T 之前的实际长度;
- ASCII 字母 T;
- 结束段位移量。它是结束段整个长度的字节数。它包括所有的控制字节和空填充字符。这个长度是从结束段标记 T 到文件结束标记符 E 之前的实际长度;
- 31 个未赋值字节;
- ASCII 字母 B;
- 空格或六个 ASCII 零;
- ASCII 字符 1。

本段没有使用控制字节,因此二进制标记段 73 列至 80 列的字符具有与 ASCII 格式段标识位相似的格式并可用于判断文件是 ASCII 格式或二进制格式。如文件第一个 80 字节行 73 列是 S 则为 ASCII 文件(或压缩 ASCII 文件),如为 B 则为二进制文件。

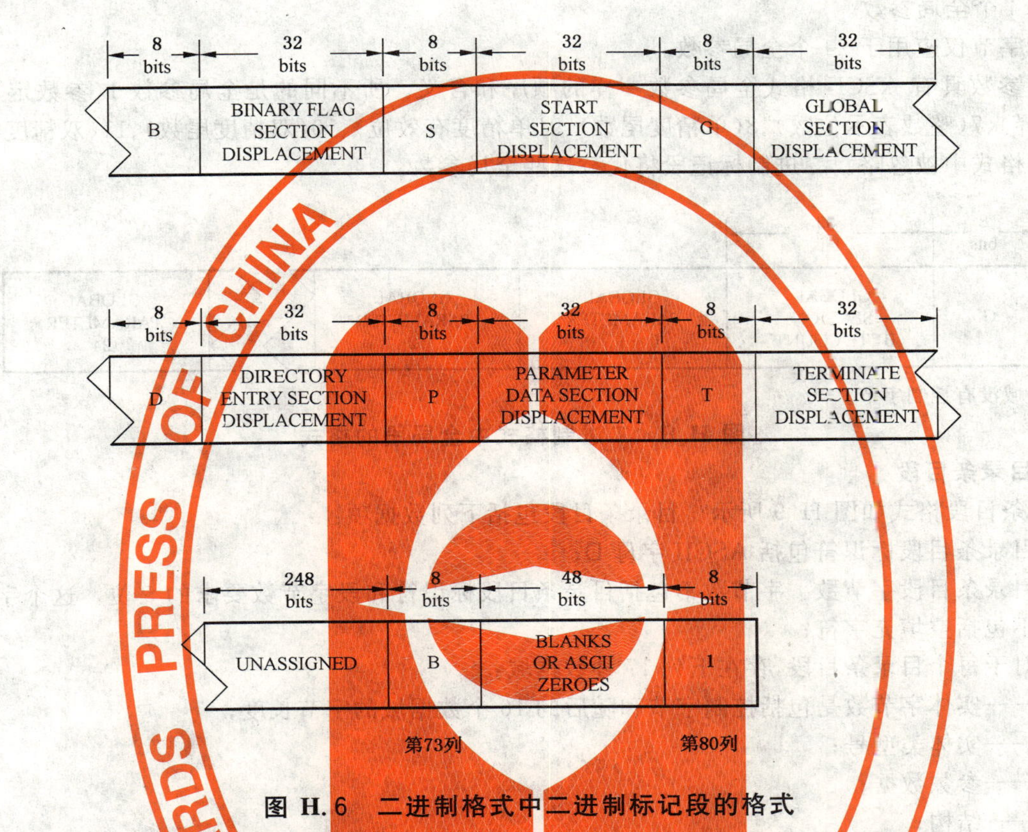

图 H.6 二进制格式中二进制标记段的格式

注：二进制标记段没有包含控制字节的域。

H.2.2 开始段

开始段格式如图 H.7 所示，它包括下列数据项：

- 开始段标识符为 ASCII 字母 S；
- 开始段字节数。字节数不包括开始段标识符和段字节数要求的 5 位。这个字节数还不包括空填充字符；
- 一种或多种语言或正文原语逻辑上等同于 ASCII 格式的 1 至 72 列，ASCII 格式与语言/正文原形不要求物理一致。一种语言/正文原语可以包括对应的几个完全或部分的 ASCII 记录。回车符可嵌入到语言/正文原语中。控制字节仅应用于语言和正文原语。在段标识符和字节数前无控制字节。

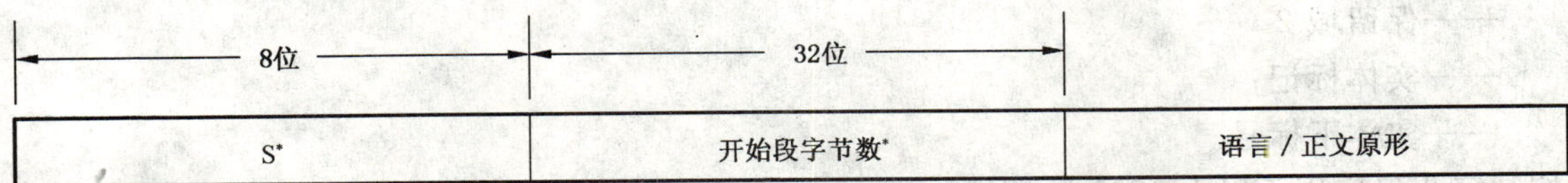

* 8 位中没有控制字节。

图 H.7 二进制格式中开始段的格式

H.2.3 全局段

全局段格式如图 H.8 所示。全局段包括下列数据项：

- 全局段标识符为 ASCII 字母 G；
- 全局段字节数。字节数不包括全局段标识符和段字节数要求的 5 位。这个字节数还不包括空填充字符；
- 24 个全局参数。

控制字节仅应用于 24 个全局参数。

全局参数具有 ASCII 格式全局参数一样的顺序和含义。所不同的是全局参数 1(参数定界符)、2(记录定界)、7(整数表示位数)、8(单精度尾数)、9(单精度有效位)、10(双精度尾数)、11(双精度有效位)在二进制格式中被忽略。二进制标记段将代替这些全局参数。

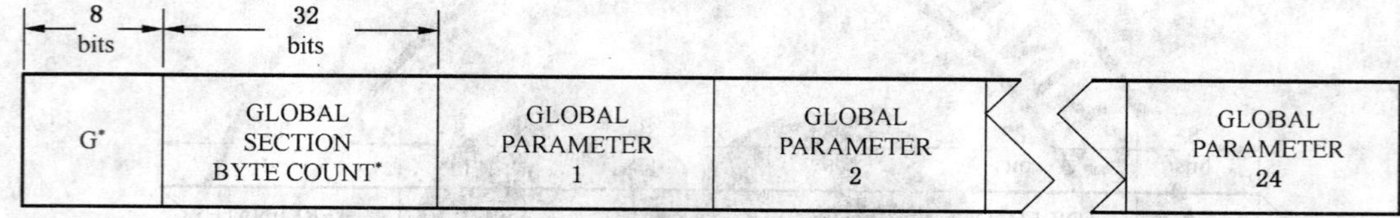

* 这个域没有控制字节。

图 H.8 二进制格式中全局段的格式

H.2.4 目录条目段

目录条目段格式如图 H.9 所示。目录条目段包括下列数据项：

- 目录条目段标识符包括 ASCII 字母 D；
- 目录条目段字节数。字节数不包括目录条目段标识符和段字节数要求的 5 位。这个字节数还不包括空填充字符；
- 对于每个目录条目段，存在下列 17 种数据域：

——实体字节数是包括控制字节和随后的 16 个数据域的字节长度；
——实体类型号；
——参数数据；
——结构；
——线型模式；
——层；
——视图；
——变换矩阵；
——标记显示相关性；
——状态号；
——线宽；
——颜色号；
——格式号；
——保留域 1；
——保留域 2；
——实体标记；
——实体下标号。

控制字节仅应用于以上 16 个数据域。

目录条目数据域除实体字节数外，都与 ASCII 格式中域相同且具有同样的序列。在单个文件中，每个实体(字节)的 DE 记录长度是一致的。如果将来要附加域，最好增加每个目录条目的域数并将新域加到现存域的后面。

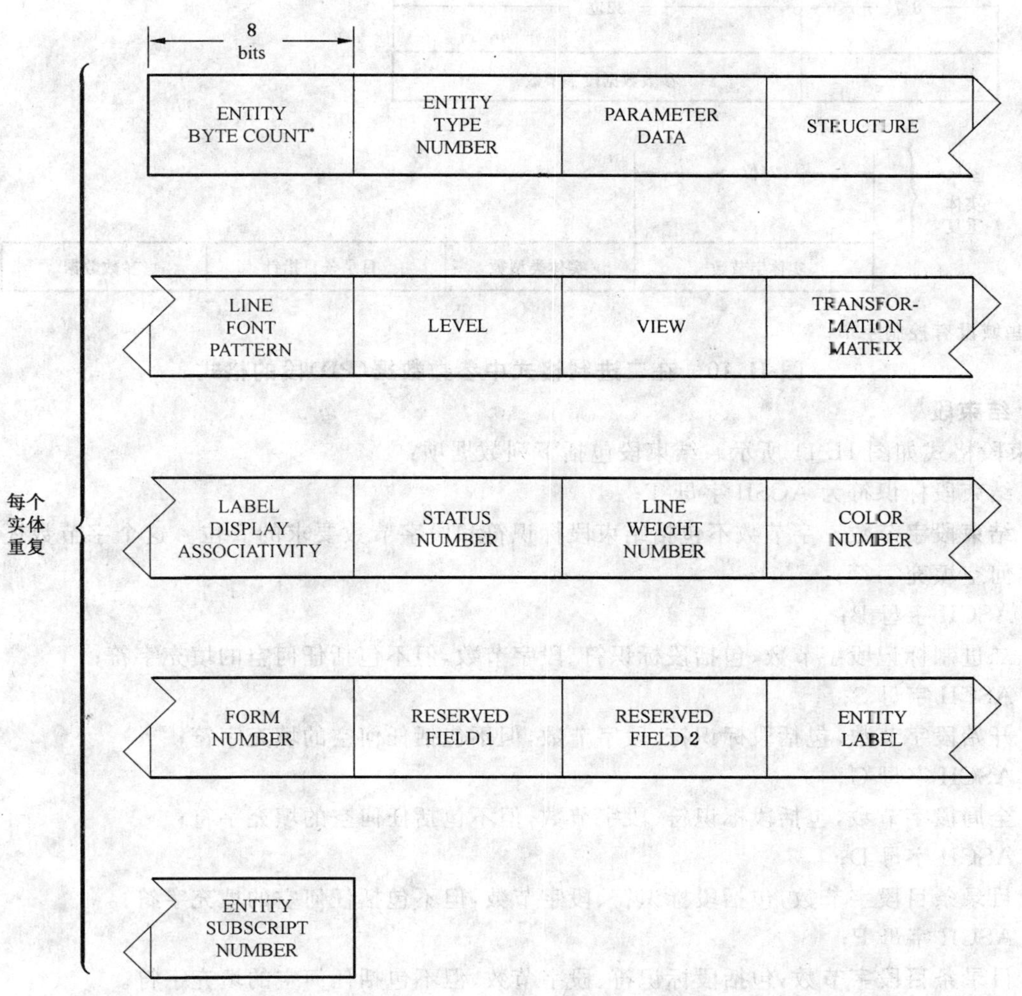

* 这些域没有控制字节。

图 H.9　二进制格式中目录条目段的格式

H.2.5　参数数据段

参数数据段的格式如图 H.10 所示。参数数据段包括下列数据项：

- 参数数据段标识符为 ASCII 字母 P；
- 参数数据段字节数。字节数不包括参数数据段标识符和段字节数要求的 5 位。这个字节数还不包括空填充字符；
- 对于每个参数数据条目，需要下列数据域：
  ——实体字节数，包括控制字节和该实体所有数据域；
  ——实体类型；
  ——目录条目指针（相对于目录条目段）；
  ——参数数据。

控制字节仅应用于实体类型、目录条目指针和参数数据域。

参数数据条目域（除实体字节数）等同于 ASCII 格式中的域且具有相同序列。

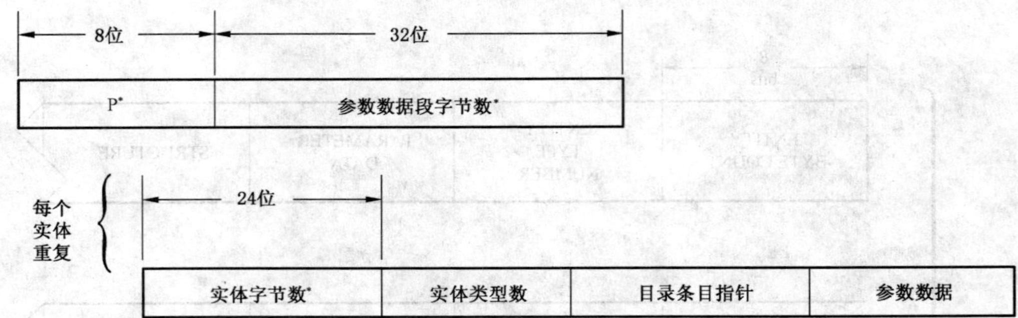

*这些域没有控制字节。

图 H.10 在二进制格式中参数数据(PD)段的格式

H.2.6 结束段

结束段格式如图 H.11 所示。结束段包括下列数据项：

- 结束段标识符为 ACSII 字母 T；
- 结束段字节数。字节数不包括结束段标识符和段字节数要求的 5 位。这个字节数还不包括任何空填充字符；
- ASCII 字母 B；
- 二进制标记段字节数，包括段标识符、段字节数，但不包括任何空的填充字符；
- ASCII 字母 S；
- 开始段字节数，包括段标识符、段字节数，但不包括任何空的填充字符；
- ASCII 字母 G；
- 全局段字节数，包括段标识符、段字节数，但不包括任何空的填充字符；
- ASCII 字母 D；
- 目录条目段字节数，包括段标识符、段字节数，但不包括任何空的填充字符；
- ASCII 字母 P；
- 目录条目段字节数，包括段标识符、段字节数，但不包括任何空的填充字符。

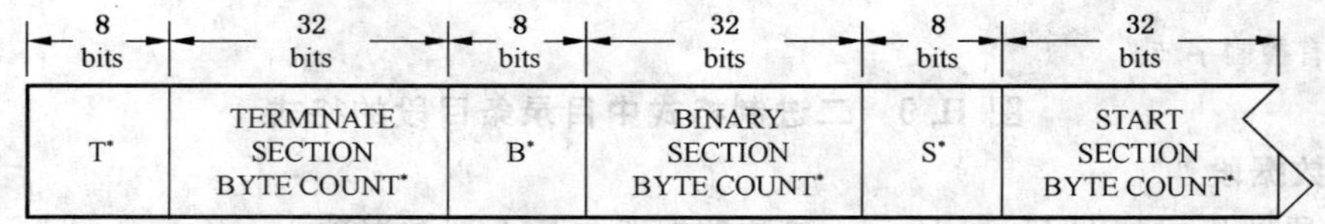

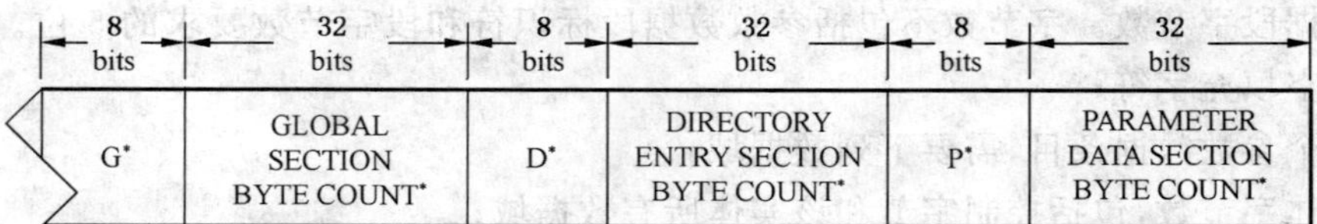

*这些域没有控制字节。

图 H.11 二进制格式中结束段的格式

附 录 I
（资料性附录）
流形实体边界表示(B-Rep)对象

流形实体 B-Rep 对象(MSBO)的边界表示利用了一个连通、有向、有界和封闭的二维流形曲面，即壳及其所包含的边和顶点构成一个图。嵌入的图把曲面分成用弧连接的区，称作面。边和顶点因此构成了面的边界。嵌入的图可能不连通。由于图被标记，因此图中的每个实体都有哇一的标识。

当在三维体上钻出通孔时，在该体的二维曲面边界上相应的操作是增加了一个柄。这个操作可想象为切去两个圆盘并用圆柱管连接它们的边界。例如，对球体加一个柄而产生圆环，再加一个柄得到双环，等等。曲面中的柄数是亏格，以 H 表示。

I.1 欧拉公式

有关实体拓扑特性的各种等式和不等式都是从欧拉示性数的不变关系式导出的。典型的用途是用它检查拓扑结构的完整性。不满足欧拉条件意味着不是流形实体 B-Rep 对象。系统可能使用如下欧拉公式检查流形实体 B-Rep 对象的合法性。

$$V-E+2F-L-2(S-H)=0$$

公式中 V、E、F、L、S 分别指不重合的顶点数、边数、面数、环数和壳数。H 是壳的总亏格数。如果 H 的值不知道，以上等式将变成不等式，欧拉公式是流形实体 B-Rep 对象(MSBO)合法的必要条件。

下面视图阐述了流形实体 B-Rep 对象(MSBO)的概念化表示。图 I.1 阐述了怎样用平面剪切面处理圆柱。图 I.2 阐述了球体的表示和球体的欧拉公式。图 I.3 阐述了圆环的欧拉公式。

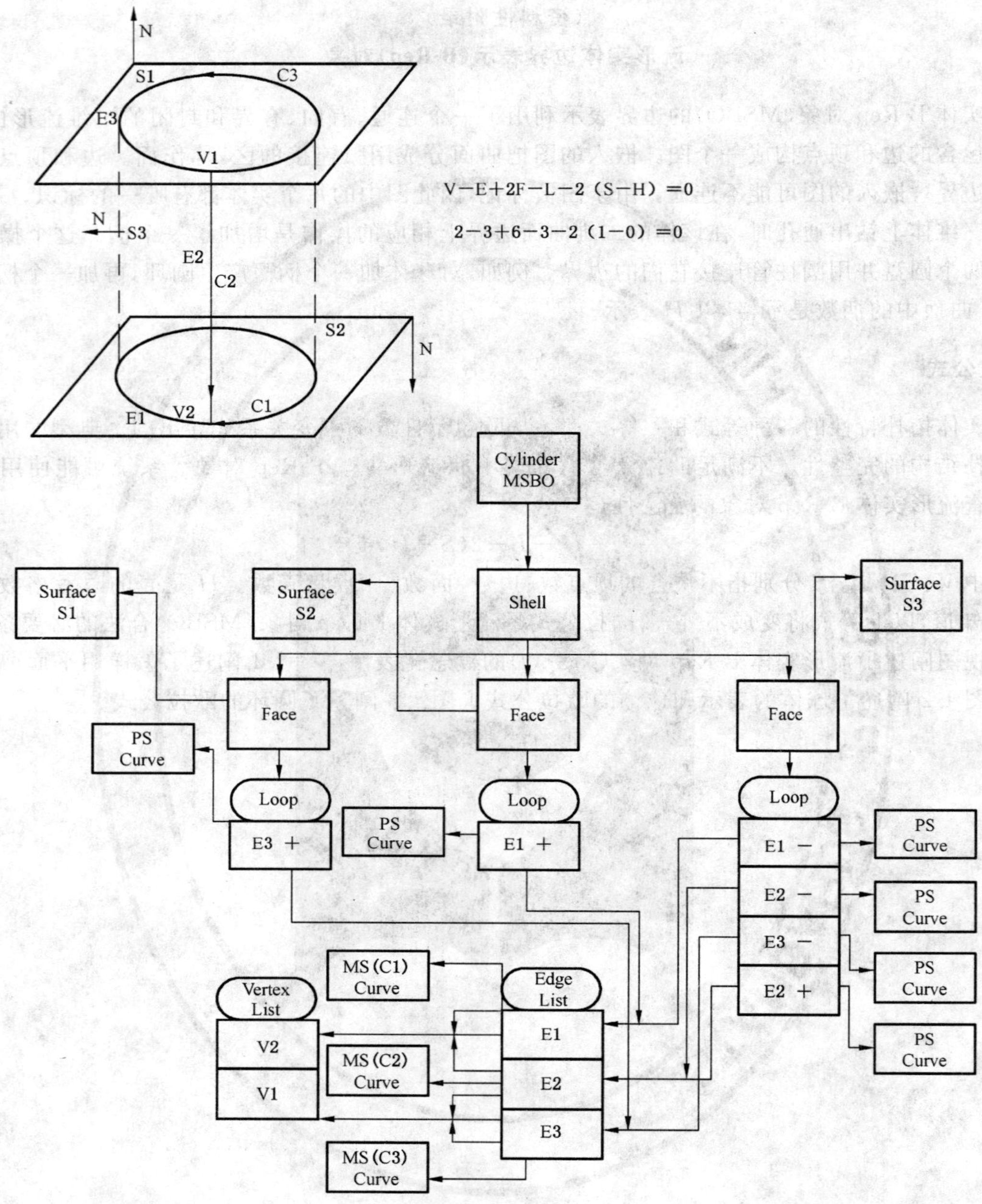

图 I.1　一个可能的流形实体 B-Rep 对象（MSBO）和带压盖平面的圆柱欧拉公式

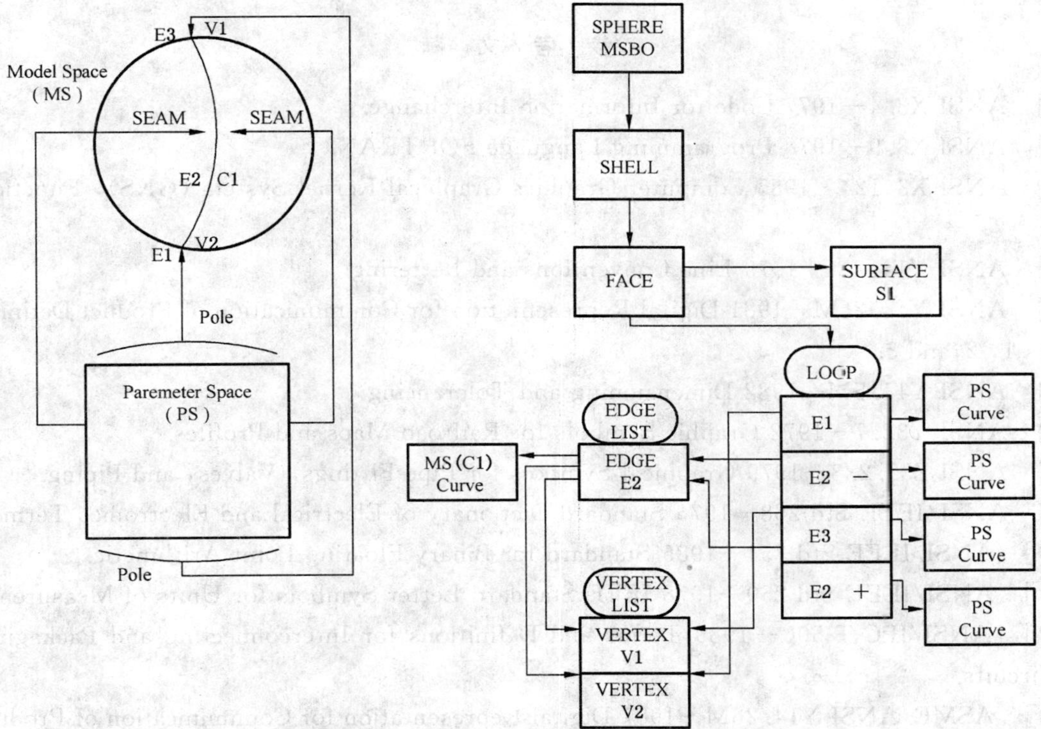

V−E+2F−L−2(S−H)=0

2−1+2−1−2(1−0)=0

图 I.2 一个可能的流形实体 B-Rep 对象(MSBO)表示和球体的欧拉公式

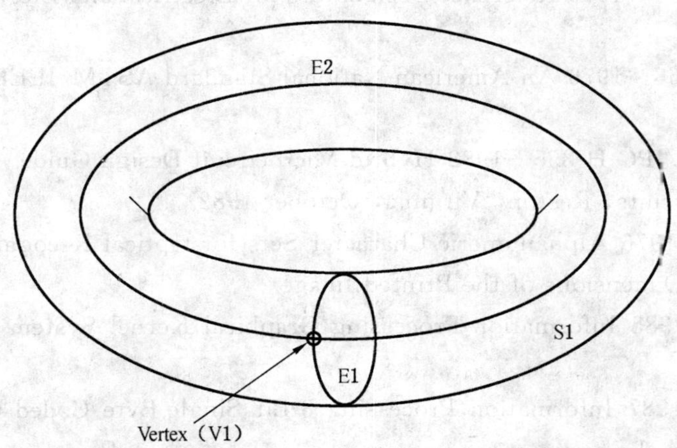

V−E+2F−L−2(S−H)=0

1−2+2−1−2(1−1)=0

图 I.3 圆环的欧拉公式

参 考 文 献

[1] ANSI X3. 4—1977 Code for Information Interchange.

[2] ANSI X3. 9—1978 Programming Language FORTRAN.

[3] ANSI X3. 124—1985 Computer Graphics-Graphical Kernel System (GKS), Functional Description.

[4] ANSI Y14. 2M—1979 Line Conventions and Lettering.

[5] ANSI Y14. 26M—1981 Digital Representation for Communication of Product Definition Data, Parts 1, 2, and 3.

[6] ANSI Y14. 5M—1982 Dimensioning and Tolerancing.

[7] ANSI Y32. 7—1972 Graphic Symbols for Railroad Maps and Profiles.

[8] ANSI Z32. 2. 3—1979 Graphical Symbols for Pipe Fittings, Valves, and Piping.

[9] ANSI/IEEE Std 268—1976 Standard Dictionary of Electrical and Electronics Terms.

[10] ANSI/IEEE Std 754—1985 Standard for Binary Floating-Point Arithmetic.

[11] ANSI/IEEE Std 260—1978 IEEE Standard Letter Symbols for Units of Measurement.

[12] ANSI/IPC-T-50C—1985 Terms and Definitions for Interconnecting and Packaging Electronic Circuits.

[13] ASME/ANSI Y14. 26M—1987 Digital Representation for Communication of Product Definition Data.

[14] ASME Y14. 26M—1989 Digital Representation for Communication of Product Definition Data.

[15] IEEE Std 200—1975 Reference Designators for Electrical and Electronics Parts and Equipment.

[16] IEEE Std 268—1976 An American National Standard ASTM/IEEE Standard Metric Practice.

[17] ISHM-1402/IPC-H-855—1982 Hybrid Microcircuit Design Guide. The International Society for Hybrid Microcircuits, Reston, Virginia, October 1982.

[18] ISO 1073：1976 Alphanumeric Character Sets for Optical Recognition Part II: Character Set OCRB-Shapes and Dimensions of the Printed Image.

[19] ISO 7942:1985 Information Processing Graphical Kernel System (GKS) Functional Description.

[20] ISO 8859:1987 Information Processing 8-Bit Single-Byte Coded Graphic Character Sets Part Latin Alphabet No. 1.

[21] JIS C6226—1983 Code of the Japanese Graphic Character Set for Information Interchange.

[22] Joblove, G. H. and D. Greenberg. Color Spaces for Computer Graphics. SIGGRAPH Proceedings, 1978.

[23] Kaplan, W. Advanced Calculus. Addison-Wesley, 1952.

[24] MIL-STD-12D Abbreviations for Use on Drawings, Specifications, Standards, and in Technical Documents. U. S. Department of Defense, May 1981.

[25] MIL-STD-1331 Parameters to be Controlled for the Specification of Microcircuits. U. S. Department of Defense, August 1970.

[26] MIL-STD-19500G General Specification for Semiconductors. U. S. Department of De-

fense, August 1987.

[27] NBSIR 80—1978(R) Initial Graphics Exchange Specification (IGES), Version 1.0. U.S. National Bureau of Standards, 1980.

[28] NBSIR 82-2631 (AF) Initial Graphics Exchange Specification (IGES), Version 2.0. U.S. National Bureau of Standards, 1982.

[29] NBSIR 86-3359 Initial Graphics Exchange Specification (IGES), Version 3.0. U.S. National Bureau of Standards, 1986.

[30] NBSIR 88-3813 Initial Graphics Exchange Specification (IGES), Version 4.0. U.S. National Bureau of Standards, 1988.

[31] NISTIR 4412 Initial Graphics Exchange Specification (IGES), Version 5.0. U.S. National Institute of Standards and Technology, 1990.

[32] Initial Graphics Exchange Specification (IGES), Version 5.1. USPRO/IPO, September, 1991.

[33] USPRO/IPO-100 IGES 5.2 Digital Representation for Communication of Product Definition Data. U.S. Product Data Association, 1993.

[34] DoCarmo, M. P., Differential Geometry of Curves and Surfaces, Prentice Hall, 1976.